核电厂金属材料手册

中广核工程有限公司
苏州热工研究院有限公司　编

中国电力出版社
CHINA ELECTRIC POWER PRESS

内 容 提 要

　　《核电厂金属材料手册》是中广核核电设备自主化和国产化科研成果的重要组成部分，充分反映了近年来关键设备金属材料国产化工作所取得的成绩和宝贵经验，顺应了当前国内核电行业发展的需求。本手册以 CPR1000 堆型为基础，对核电厂金属材料的使用进行全面归纳总结，通过解剖核电厂设备，收集目前已掌握核电厂金属材料役前及在役的性能数据，并对 RCC-M、ASME、俄罗斯核电规范、国内相应标准等进行比较，解析设备用各项材料性能数据与国内外相关标准要求，为核电厂金属材料选材提供参考。

　　本手册在内容上力求可靠、准确、简明和实用，对重要金属材料化学成分及力学性能进行对比分析，突出金属材料的技术条件、工艺性能和使用性能。同时也将在役核电厂设备的失效案例作为重要内容，对核电厂设计、制造、安装、运行和检修不同阶段金属材料相关典型质量问题进行经验反馈，兼备"经验反馈手册"的作用。

　　本书可供从事核电厂设计、制造、安装、调试、运行和检修工作的技术人员学习使用，也可供大专院校相关专业师生参考。

图书在版编目（CIP）数据

核电厂金属材料手册/中广核工程有限公司，苏州热工研究院有限公司编 . —北京：中国电力出版社，2017.8

　　ISBN 978-7-5198-0596-8

　　Ⅰ . ①核…　　Ⅱ . ①中…　　②苏…　　Ⅲ . ①核电厂—金属材料—手册　　Ⅳ . ① TG14-62　　② TM623.4-62

　　中国版本图书馆 CIP 数据核字（2017）第 067075 号

出版发行：中国电力出版社
地　　　址：北京市东城区北京站西街 19 号（邮政编码 100005）
网　　　址：http：//www.cepp.sgcc.com.cn
责任编辑：郑艳蓉（010—63412379）　　杨　帆（010—63412747）
责任校对：闫秀英　常燕昆
装帧设计：左　铭
责任印制：蔺义舟

印　　　刷：北京盛通印刷股份有限公司
版　　　次：2017 年 8 月第一版
印　　　次：2017 年 8 月北京第一次印刷
开　　　本：787 毫米×1092 毫米　16 开本
印　　　张：34
字　　　数：803 千字
印　　　数：0001—2000 册
定　　　价：188.00 元

编委会

P reface 前 言

发展核能在应对全球气候变化、发展低碳经济、优化能源结构等方面的重要性日益凸显，推进核电建设是我国能源中长期发展的重要方向。金属材料是核电工程设备的基础，特别是核岛一回路压力边界设备和常规岛主设备金属材料，其质量和性能的稳定性对核电厂的安全性和使用寿命极其重要。

作为目前全球在建核电机组规模最大的专业化核电工程管理公司，中广核工程有限公司在核电厂批量化建设以及自主化研发过程中积累了大量金属材料的经验和数据，同时苏州热工研究院也参与了金属材料评定和性能研究工作。为了进一步提高核电机组的设计、制造、安装、运行和检修等各个环节的全过程金属材料管理水平，充分发掘在役机组金属材料的可用潜力，有效延长其使用寿命，同时也为正在推进中的自主三代核电技术提供参考数据，中广核工程有限公司与苏州热工研究院联合编写了这本《核电厂金属材料手册》，以供从事核电厂研发、设计、制造、安装、运行和检修工作者查阅和使用。

本手册内容共分 13 章。第 1 章介绍金属材料基础知识；第 2 章介绍核级设备用铸件；第 3 章介绍核级设备用锻件；第 4 章介绍核级板材；第 5 章介绍核级管材；第 6 章介绍核级热交换器传热管；第 7 章介绍核级设备用棒材；第 8 章介绍燃料包壳和燃料格架用金属材料；第 9 章介绍堆内构件、控制棒驱动机构和主设备支承用金属材料；第 10 章介绍汽轮机和发电机用铸锻件；第 11 章介绍常规岛及电厂辅助系统金属材料，包括汽水分离再热器、凝汽器、加热器、除氧器、泵、阀门和管道；第 12 章介绍核级设备用焊接填充材料，包括核级设备用焊接填充材料的分类、成分与性能、质量管理与经验反馈；第 13 章主要介绍 EPR、AP1000、高温气冷堆、华龙一号等先进核电堆型的金属材料性能特点。其中第 2~10 章的内容主要包括工作条件及用材要求、材料性能数据、部件的制造工艺及力学性能和经验反馈。

本手册的顺利成稿，感谢中国广核电力股份有限公司何大波、刘峤、孙峰、张瑜、刘飞华、刘彦章、尹长泉、石英、杨志鹏、乔木和张微啸，以及苏州热工研究院有限公司张国栋、余伟炜、李成涛、牛绍蕊、王宝亮、李燕、朱平、罗坤杰、史芳杰、钱王洁、徐超亮和关矞心的支持与帮助。

希望这本手册能为广大热爱和从事核电事业的人士提供有益的知识和借鉴，为我国核电专业队伍的成长及核电建设做出贡献。

由于编写人员的工作经验和水平所限，本手册难免存在纰漏，敬请广大读者批评指正。

《核电厂金属材料手册》编委会
2017 年 5 月

目 录

第1章

金属材料基础知识

金属通常分为黑色金属和有色金属。黑色金属通常包括铁及其合金、钢、锰及铬等；有色金属包括轻金属（铝、镁、锂等），重金属（铜、锌、镍、铅等），贵金属（金、银、铂族），稀有金属（钛、锆、钒、钨、钼等）；另外，还有类金属（铀、钍）等。在金属材料中钢铁材料由于其众多优异性能，不但能满足大多数条件下的应用，而且价格低廉，因此钢铁材料的产量在金属材料中具有绝对优势，占世界金属总产量的95%。在世界金属矿储量中，铁矿资源比较丰富和集中，就世界地壳中金属矿产储量来讲，则非铁金属矿储量大于铁矿储量，如铁只占5.1%，而非铁金属中铝为8.8%，镁为2.1%，钛为0.6%。但非铁金属冶炼较困难，所需能源消耗大，因而生产成本高，限制了生产总量的增长幅度。

到目前为止，工业化生产的金属材料可分为钢铁材料（包括碳钢、低合金钢、合金钢、高温合金、铸钢和铸铁），非铁金属材料（包括铝合金、镁合金、铜合金、钛合金、锆合金、锌合金等），金属功能材料（包括磁性合金、电性合金、弹性合金、减振合金、形状记忆合金、储氢合金等），以及近代发展起来的金属间化合物材料和金属基复合材料。

第1节 铁碳相图及钢的基本组织介绍

1.1.1 Fe-Fe$_3$C 相图

合金相图表示在平衡条件下（极其缓慢加热和冷却）合金成分、温度和组织状态之间的关系图形，又称合金状态图。采用热分析法，对铁碳合金系中不同成分的铁碳合金进行加热熔化，观察它们在极其缓慢加热和冷却过程中内部组织的变化，测出其相变临界点，并标于"温度"和"成分"坐标中，绘制成相图。铁碳合金相图是研究铁碳合金的重要工具，了解和掌握铁碳合金相图，对于钢铁材料的研究和使用，各种热加工工艺的制定以及工艺废品原因的分析等方面都有重要的指导意义。

在铁碳合金中，铁与碳可形成一系列稳定的化合物（Fe$_3$C、Fe$_2$C、FeC），当碳的质量分数超过6.69%时，铁碳合金脆性大，没有实用价值。所以在铁碳合金相图中，只有Fe-Fe$_3$C这一部分相图有实际意义。因此，铁碳合金相图实际上是Fe-Fe$_3$C相图。图1-1是Fe-Fe$_3$C相图，图中各特性点的温度，碳浓度及含义见表1-1。各特性点的符号是国际通用的，不能随意更换。

相图的液相线是$ABCD$，固相线是$AHJECF$，相图中有五个单相区：

$ABCD$以上——液相区（L）；

  $AHNA$——δ 固溶体区（δ）；

  $NJESGN$——奥氏体区（γ 或 A）；

  $GPQG$——铁素体区（α 或 F）；

  $DFKL$——渗碳体区（Fe$_3$C 或 C_m）。

  相图中有七个两相区，它们分别存在于相邻两个单相区之间。这些两相区分别是：$L+\delta$、$L+\gamma$、$L+$Fe$_3$C、$\delta+\gamma$、$\gamma+\alpha$、$\gamma+$Fe$_3$C 及 $\alpha+$Fe$_3$C。

  铁碳相图上有三条水平线，分别是 HJB——包晶转变线；ECF——共晶转变线；PSK——共析转变线。Fe-Fe$_3$C 相图由包晶反应、共晶反应和共析反应三部分连接而成。

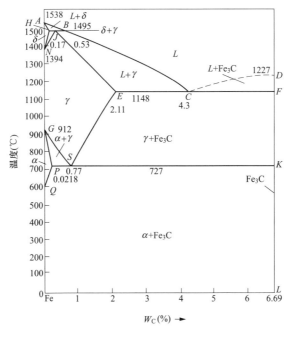

图 1-1 Fe-Fe$_3$C 相图

表 1-1   **铁碳合金相图中的特性点**

符 号	温度（℃）	碳含量（%）	说 明
A	1538	0	纯铁的熔点
B	1495	0.53	包晶转变时液态合金的成分
C	1148	4.3	共晶点
D	1227	6.69	渗碳体的熔点
E	1148	2.11	碳在 γ-Fe 中的最大溶解度
F	1148	6.69	渗碳体的成分
G	912	0	α-Fe 与 γ-Fe 相互转变温度（A_3）
H	1495	0.09	碳在 δ-Fe 中的最大溶解度
J	1495	0.17	包晶点
K	727	6.69	渗碳体的成分

符　号	温度（℃）	碳含量（%）	说　明
N	1394	0	γ-Fe 与 δ-Fe 相互转变温度
P	727	0.0218	碳在 α-Fe 中的最大溶解度
S	727	0.77	共析点（A_1）

注　Fe-Fe$_3$C 相图中，PSK 线称为 A_1 线，GS 线称为 A_3 线，ES 线称为 A_{cm} 线，以上 3 条线是钢固态相变的临界点，在 Fe-Fe$_3$C 合金热处理过程中具有非常重要意义，下文会做详细介绍。

　　Fe 和 Fe$_3$C 是组成 Fe-Fe$_3$C 相图的两个基本组元。由于铁和碳之间不同的相互作用，铁碳合金相图中存在固溶体和金属化合物两类不同的固态相结构。

1.1.2　钢的基本组织

　　钢的基本组织包括奥氏体、铁素体、渗碳体、珠光体、贝氏体、马氏体、莱氏体、魏氏组织和碳化物等，它们的具体含义及特征如下所述。

1.1.2.1　奥氏体

　　奥氏体是碳或其他合金元素溶于 γ-Fe 中形成的间隙固溶体，用 γ 或 A 表示。奥氏体具有面心立方晶格结构，由于面心立方晶格原子间的空隙比体心立方晶格大，因此溶碳能力强。在 727℃时可溶碳为 0.77%，随着温度升高溶碳能力增加，在 1148℃溶碳量最高，为 2.11%。奥氏体的晶粒呈多边形。铁-碳合金中的奥氏体在室温下是不稳定的，把奥氏体过冷到不同温度时，可以发生珠光体转变、贝氏体转变及马氏体转变。奥氏体晶粒的大小对上述三种转变的组织和性能影响很大。

　　合金钢中加入扩大 γ 相区的合金元素如 Ni、Mn 等，可使奥氏体在室温，甚至在低温时成为稳定相，这种以奥氏体组织状态使用的钢称为奥氏体钢。奥氏体的强度和硬度都不高，强度约为 392MPa，硬度约为 160～200HB。碳的溶入也不能有效地提高奥氏体的强度和硬度。面心立方晶格滑移系多，故奥氏体塑性好，延伸率可达 40%～50%。面心立方晶格为密排晶体结构，故奥氏体比容小，其中铁原子的自扩散激活能大，扩散系数小，热强性能好，故奥氏体钢可作为高温用钢。奥氏体具有顺磁性，故奥氏体钢可作为无磁性钢。奥氏体的导热性能差，线膨胀系数高，故奥氏体钢又可用作热膨胀灵敏的仪表元件。

1.1.2.2　铁素体

　　铁素体是碳和其他合金元素溶入 α-Fe 中所形成的间隙固溶体，以 α 或 F 表示。碳溶于 δ-Fe 中而形成的固溶体为 δ 固溶体，以 δ 表示，也是铁素体。铁素体为体心立方晶格，由于晶格中最大间隙半径比碳原子半径小许多，α-Fe 几乎不能溶碳，但由于有晶格缺陷存在，α-Fe 中仍能溶入微量碳，在 727℃时溶碳能力最大，碳的质量分数约为 0.0218%。随着温度的降低，溶碳量逐渐减少，在 600℃时溶碳量约为 0.0057%，在室温时，溶碳量约为 0.0008%，因此其室温时的性能几乎与纯铁相同。

　　铁素体强度约为 180～280MPa，硬度为 80～100HB。铁素体在 770℃以下具有铁磁性。铁素体是低、中碳钢和低合金钢的主要显微组织。按钢的成分和形成条件的不同，铁素体的形态有等轴状、块状、网状和针状。一般随钢中铁素体含量的增加，钢的塑性和韧性提高，强度下降。钢中加入缩小 γ 区的合金元素如 Si、Ti 和 Cr 等，可得到室温和高温下都是铁素体组织的铁素体钢。含铬量为 12%～30%，其组织为铁素体的铁基合金为铁素体不锈钢，这种钢的抗腐蚀性能良好。

1.1.2.3 渗碳体

渗碳体是铁和碳形成的一种具有复杂晶格的金属化合物，在碳素钢中用分子式 Fe_3C 表示，在合金钢中为合金渗碳体，用 C 表示。渗碳体具有复杂的斜方晶格结构。由于碳在 α-Fe 中的溶解度很小，所以常温下碳在铁碳合金中主要以渗碳体形式存在。渗碳体中碳的含量是固定值为 6.69%（W_C），熔点为 1227℃。渗碳体的性质硬而脆，硬度大于 820HB，强度为 3087MPa，塑性和冲击韧性近于零。渗碳体在固态下不发生同素异形转变，它在 230℃ 以下具有弱铁磁性，在此温度以上则失去铁磁性。渗碳体在钢和铸铁中一般呈片状、球状和网状形态存在，它的形状、大小、数量和分布对钢的性能有很大影响，是铁碳合金的重要强化相。在多元合金中可能与其他元素形成固溶体，其中的铁原子可被其他金属原子如 Mn、Cr 所取代，成为合金渗碳体。

1.1.2.4 珠光体

珠光体是铁素体和渗碳体组成的机械混合物，一般为片层状分布，是一种双相组织，片层间距和片层厚度主要取决于奥氏体分解时的过冷度。按片层间距的大小，又可将珠光体分为粗珠光体、细珠光体和极细珠光体三类。在 650℃-A_1 区间形成的珠光体为粗珠光体，片层间距约为 150～450nm，可在低倍显微镜下分辨清楚，简称珠光体，用 P 表示。在 600～650℃ 形成的细珠光体称为索氏体，用 S 或 C 表示。片层间距约为 300～350nm，放大 2000 倍可分清片层特征。在 550～600℃ 形成的极细珠光体称为屈氏体，用 T 表示，片层间距约为 250nm 以下，只有在电子显微镜下才能观察到片层特征。

珠光体的性能介于铁素体和渗碳体之间，并取决于珠光体的分散程度，片层越薄，其硬度和强度越高。粗珠光体的硬度约为 130HB，强度约为 735MPa，细珠光体的硬度为 250～320HB，极细珠光体的硬度为 330～400HB。珠光体的强度比铁素体高，韧性比铁素体低，但不脆。

钢在高温长期应力作用下，珠光体组织中的片状渗碳体将逐渐转变为球状珠光体，并缓慢地集聚长大，即发生珠光体球化现象，从而对钢的热强性能造成不利的影响。

1.1.2.5 贝氏体

贝氏体是过饱和的铁素体和渗碳体两相混合物，是过冷奥氏体的中温转变产物，用 B 表示。贝氏体转变既有珠光体转变，又有马氏体转变的某些特征。钢中贝氏体的形态，随钢的化学成分和形成温度而异，常见的贝氏体形态有三种，即上贝氏体、下贝氏体和粒状贝氏体。在较高温度区域内形成的贝氏体为上贝氏体，上贝氏体呈羽毛状，由平行的条状铁素体和分布在条间的片状或短杆状的渗碳体组成。由于铁素体内位错密度高，故强度高、韧性差，是生产上不希望得到的组织。在低温范围（即在靠近马氏体转变温度）内形成的贝氏体为下贝氏体。下贝氏体中铁素体的形态和马氏体有些相似，并且与奥氏体中碳的含量有关，碳含量低时呈板条状，碳含量高时呈透镜片状，碳含量中等则两种形态兼有。下贝氏体中过饱和铁素体具有高密度位错胞亚结构，铁素体内均匀分布着弥散的碳化物，由于碳化物极细，在光学显微镜下无法分辨，看到的是与回火马氏体极为相似的黑色针状组织，在电子显微镜下可清晰看到碳化物呈短杆状，沿着与铁素体长轴呈 55°～60° 的方向整齐排列。下贝氏体强度高，塑性适中，韧性和耐磨性好。在低、中碳及合金钢连续冷却时，有时会出现粒状贝氏体，其特征是在块状铁素体中含有碳化物及一些不规则的细小岛状组织，岛状组织的组成物是残余奥氏体和马氏体。粒状贝氏体的强度、韧性与回火索氏体相近。

1.1.2.6　马氏体

马氏体是碳与合金元素在 $\alpha\text{-Fe}$ 中的过饱和固溶体，是合金在冷却过程中所发生的马氏体转变产物的统称，用 M 表示。它是由高温相面心立方晶格的奥氏体过冷到马氏体转变温度后开始形成的体心立方晶格的过饱和 $\alpha\text{-Fe}$ 固溶体。它处于亚稳态，有变成稳定状态的潜在趋向，马氏体的组织形态随钢的含碳量、合金元素以及马氏体形成温度的改变而改变，通常可分为五种，即板条状马氏体、透镜片状马氏体、蝴蝶状马氏体、薄板状马氏体及薄片状马氏体。其中以板条状马氏体和透镜片状马氏体最为常见。

板条状马氏体主要存在于低、中碳钢及不锈钢中，它的立体形态可以呈扁条状，也可以呈薄板状，相邻板条间夹有厚约 200nm 的薄壳状残余奥氏体。板条状马氏体内部存在有大量的位错，而孪晶极少，故板条状马氏体又称为位错马氏体。

透镜片状马氏体常见于中、高碳钢和高镍的 Fe-Ni 合金，它的立体外形呈双凸透镜状，与试样磨面相截则呈针状或竹叶状，故又称为针状马氏体。透镜片状马氏体内的亚结构主要是精细孪晶，故又称为孪晶马氏体。马氏体的形成温度越低，则孪晶区所占的比例就越大。

板条马氏体具有良好的韧性，而高碳孪晶马氏体，由于滑移系少，位错不易移动，易造成应力集中，因而具有高的强度，而韧性很差，硬度约为 60HRC。在相同屈服强度条件下，位错型马氏体的断裂韧性较孪晶马氏体高，为了保证马氏体的韧性，应控制马氏体的含碳量不大于 0.4%～0.5%，在生产中应尽量获得位错型马氏体。

1.1.2.7　莱氏体

莱氏体是铁碳合金共晶反应的产物。在共析温度以上，由奥氏体和渗碳体组成的共晶体称为高温莱氏体；在共析温度以下，由珠光体和渗碳体组成的共晶体称为低温莱氏体，用 Ld 表示。

莱氏体存在于铸铁、高碳合金钢中，含碳 4.3% 的铁碳合金可完全转变成为莱氏体。莱氏体的组织形态一般呈树枝状或鱼骨状的共晶奥氏体分布在共晶碳化物的基体上，组织粗大。

莱氏体中由于有大量渗碳体存在，其性能与渗碳体相似，即硬度高、塑性差，例如，高速钢的莱氏体，其硬度约为 66HRC。这种组织缺陷不能用热处理矫正，必须借助于反复热加工，将粗大的共晶碳化物和二次碳化物破碎，并使其均匀分布在基体内。

1.1.2.8　魏氏组织

魏氏组织是亚共析钢因过热形成的粗晶奥氏体，在一定的过冷条件下，除在原来奥氏体晶界上析出块状 $\alpha\text{-Fe}$ 外，还有从晶界向晶内生长的互成一定角度或彼此平行的片针状 $\alpha\text{-Fe}$。当钢在热加工、正火或退火热处理过程中，发生过热将使钢的奥氏体晶粒粗大，此时配合适当的冷却速度时，将形成魏氏组织。钢中一旦出现魏氏组织，其力学性能将有所下降，尤其是冲击功和断面收缩率将出现大幅下降。为防止出现魏氏组织，在确定的加热条件下，主要是控制冷却速度，采用完全退火可消除魏氏组织。在合金钢中，Mo、Cr 和 Si 不利于形成魏氏组织，但 Mn 有利于形成魏氏组织。

1.1.2.9　碳化物

碳化物是碳与其他元素，主要是与过渡族元素所形成的一类化合物。碳化物是合金中，特别是一般钢铁中的重要组成相之一。与碳形成化合物的元素，大都在原子结构中具有一个未被填满的电子层，而且电子层越不满的元素与碳的亲和力越大，所形成的碳化物就越稳定。在钢铁中，一般将 Ti、Zr、V 和 Nb 等列为强碳化物形成元素，而将 Cr、Mn 及 Fe 等列为弱碳化物形成元素，W、Mo 居其间。碳化物按其晶格结构特点应归属于间隙相，并可分为两类：一类具有较简单的结构，如 TiC、VC 和 ZrC 等；另一类具有较复杂的结构，如 Fe_3C、Cr_7C_3、$Cr_{23}C_6$ 等。前一类较稳定，具有很高的熔点和硬度，除用作钢的强化相外，还可用作硬质合金、高温金属陶瓷材料的主要组成部分；后一类稳定性较差，熔点和硬度稍低，是一般钢铁中的强化相，并常以复合的形式存在，如 $(Fe，Mn)_3C$、$(Fe，Cr)_3C$、$(Fe，Cr)_7C$、$(Fe，W)_6C$、$(Fe，Mo)_6C$ 等。

第 2 节　钢中的合金元素

合金元素在钢中能够改变钢铁材料的使用性能和工艺性能，使钢铁材料能够得到更加优良的或特殊的性能。在使用性能方面，有高的强度和韧性的配合，或高的低温韧性，在高温下有高的蠕变强度、硬度及抗氧化性，或具有良好的耐腐蚀性。在工艺性能方面，有良好的热塑性、冷变形性、切削性、淬透性和焊接性等。这主要是合金元素加入后改变了钢和铁的内部组织。合金元素的加入产生了合金元素与铁、碳及合金元素之间的相互作用，改变了钢铁中各相的稳定性，并产生了许多新相，从而改变了原有的组织或形成新的组织。这些元素之间在原子结构、原子尺寸及晶体点阵之间的差异，则是产生这些变化的根源。

1.2.1　合金元素在钢中的分布

在钢中经常加入的合金元素有 Si、Mn、Cr、Ni、Mo、W、V、Ti、Nb、Zr、Al、Co、B、RE 等，在某种情况下 P、S、N 等也可以起合金元素的作用。这些元素加入到钢中之后究竟以什么状态存在呢？一般来说，它们或是溶于碳钢原有的相（如铁素体、奥氏体、渗碳体等）中，或者是形成碳钢中原来没有的新相。概括来讲，它们有以下四种存在形式：

（1）溶入铁素体、奥氏体和马氏体中，以固溶体的溶质形式存在。

（2）形成强化相，如溶入渗碳体形成合金渗碳体，形成特殊碳化物或金属间化合物等。

（3）形成非金属夹杂物，如合金元素与 O、N、S 作用形成氧化物、氮化物和硫化物等。

（4）有些元素如 Pb、Cu 等既不溶于铁，也不形成化合物，而是在钢中以游离状态存在。在高碳钢中碳有时也以自由状态（石墨）存在。

在这四种可能的存在形式中，合金元素究竟以哪一种形式存在，主要取决于合金元素的本质，即取决于它们与铁和碳的相互作用情况。

1.2.2　合金元素的作用

钢中添加的合金元素，通过对钢的基体相和各种形式的析出相的影响，对钢的特性起作用。当然对性能起决定作用的还是基体相，在钢中通常是铁素体、贝氏体、马氏体或者是不同比例构成的双相或多相组织，从而形成不同的钢种，限定于各种用途。

1. 影响奥氏体形成的元素

钢加热时，常温基体相铁素体趋于热力学不平衡状态，最终转变为高温相奥氏体，这是一种扩散型转变。无限固溶于 γ-Fe 的元素 Mn、Co、Ni 和有限固溶于 γ-Fe 的元素 C、N、Cu 都扩大 γ 相区，而无限固溶于 α-Fe 的元素 V、Cr 和有限固溶于 α-Fe 的元素 Ti、Mo、Al、P 则缩小 γ 相区，从而对奥氏体的形成产生不同程度的影响。这些元素中，C 和 N 在基体相中构成间隙固溶体，畸变和温度对其溶解度起主要作用。除 C、N 外的其他合金元素进入固溶体形成置换固溶体，原子尺寸对溶解度起重要作用。溶质原子在奥氏体中并不均匀，但也不随机分布，而是有偏聚和短程有序两种现象。研究结果指出，强碳氮化物形成元素阻碍碳化物溶解，如 MC 型化合物，NbC、VC 和 TiC 等。又能提高碳在 γ-Fe 中的扩散激活能，减缓碳的扩散，对 γ-Fe 的形成有一定的阻碍作用。弱碳氮化物形成元素 W 和 Mo，非碳氮化物形成元素 Ni 和 Co，则有利于 γ-Fe 的形成。随着加热温度的提高，合金元素的晶界偏聚将消失，碳化物溶解加速，实现扩散均匀化。晶粒长大的驱动力是晶界两侧晶粒的表面自由能之差，元素 C、P、Mn 提高表面自由能，促进晶界的移动，晶粒长大。

2. 影响铁素体形成的元素

这里所述的铁素体，不是指结构形态各异的广义的 α-Fe 相，而仅仅指在 γ-Fe 晶内形成的，又沿着晶界优先长大的等轴 α-Fe。奥氏体向铁素体的转变，受 Fe 原子扩散过程的控制，也受 C 原子从铁素体前沿向奥氏体中扩散的影响。一般不发生合金元素在 α/γ 相的重新分配，只是出现 α/γ 间界前沿的合金元素的富集区和贫化区，所以铁素体长大的速率将较高。在局部平衡条件下，Mn、Ni、Si、Mo、Co、Al、Cr、Cu 等才是促进铁素体形核的元素。

3. 影响珠光体形成的元素

珠光体是 α-Fe 和碳化物的层状（或粒状）混合相，珠光体转变是一个形核长大的过程。合金元素对反应孕育期、碳化物的形成、α-Fe 形核长大的影响实际上是合金元素的重新分布。因此，Cr、Mn、Ni 元素提高了形核功和转变激活能，实现浓度起伏和能量起伏的条件，致使形核率和长大速度都降低。

4. 影响贝氏体形成的元素

贝氏体转变是在 550～250℃ 间完成的半扩散型的相转变，转变过程只是碳进行长程扩散，而不需要合金元素的重新分布。碳是影响贝氏体形成的最重要元素；元素 Ni、Cr、Mn 的综合影响，降低形成贝氏体最大速率的温度，从而控制了贝氏体反应；含钼钢中添加硼，可以得到单一的贝氏体组织；元素 V 和 Ti，使贝氏体形成开始点降低。

5. 影响马氏体形成的元素

马氏体转变是钢从奥氏体状态快速冷却，在较低温度下发生的无扩散型相变，是强化金属的重要手段之一。大多数固溶于 γ-Fe 的合金元素，除元素 Co 和 Al 外，都降低马氏体转变临界温度 Ms 点，间隙固溶元素 C 和 N 比金属溶质原子的影响大得多。用合金元素在奥氏体相和马氏体相中熵的差值来表征马氏体反应的驱动力。

合金元素在钢中的主要作用见表 1-2。

表 1-2 合金元素在钢中的作用

元素	作　用
铬（Cr）	铬能增加钢的淬透性并有二次硬化作用，可提高钢的硬度和耐磨性而不使钢变脆。当含量超过 12％时，使钢有良好的高温抗氧化性和耐氧化性介质腐蚀的作用，还增加钢的热强性。铬为不锈耐酸钢及耐热钢的主要合金元素。 铬能提高碳素钢轧制状态的强度和硬度，降低伸长率和断面收缩率。当铬含量超过 15％时，强度和硬度将下降，伸长率和断面收缩率则相应地有所提高。含铬钢的零件经研磨容易获得较高的表面加工质量。 铬在调质结构钢中的主要作用是提高淬透性，使钢经淬火回火后具有较好的综合力学性能，在渗碳钢中还可以形成含铬的碳化物，从而提高材料表面的耐磨性。 含铬的弹簧钢在热处理时不易脱碳。铬能提高工具钢的耐磨性、硬度和红硬性，有良好的回火稳定性。在电热合金中，铬能提高合金的抗氧化性、电阻和强度
镍（Ni）	镍在钢中可以强化铁素体并细化珠光体，总的效果是提高强度，对塑性的影响不显著。一般来说，对不需调质处理而在轧制、正火或退火状态下使用的低碳钢，一定的含镍量能提高钢的强度而不显著降低其韧性。随着镍含量的增加，钢的屈服强度比抗拉强度提高更快。因此，含镍钢的屈服比较普通碳素钢高。镍在提高钢强度的同时，对钢的韧性、塑性以及其他工艺性能的损害较其他合金元素的影响小。对于中碳钢，由于镍降低珠光体的转变温度，使珠光体变细；又由于镍降低共析点的含碳量，因而和相同碳含量的碳素钢比，其珠光体数量较多，使含镍的珠光体铁素体钢的强度较相同含碳量的碳素钢高。反之，若使钢的强度相同，含镍钢的碳含量可以适当降低，因而能使钢的韧性和塑性有所提高。镍可以提高钢对疲劳的抗力和减小钢对缺口的敏感性。镍降低钢的低温脆性转变温度，这对低温用钢有极重要的意义。含镍3.5％的钢可在－100℃时使用，含镍9％的钢则可在－196℃时工作。镍不增加钢对蠕变的抗力，因此一般不作为热强钢的强化元素。 镍含量高的铁镍合金，其线膨胀系数随镍含量增减有显著的变化，利用这一特性，可以设计和生产具有极低或一定线膨胀系数的精密合金、双金属材料等。 此外，镍加入钢中不仅能耐酸，而且也能抗碱，对大气及盐都有抗腐蚀能力，镍是不锈耐酸钢中的重要元素之一
钼（Mo）	钼在钢中能提高淬透性和热强性，防止回火脆性，增加剩磁和矫顽力以及在某些介质中的抗蚀性。 在调质钢中，钼能使较大断面的零件淬深、淬透，提高钢的抗回火性或回火稳定性，使零件可以在较高温度下回火，从而更有效地消除（或降低）残余应力，提高塑性。 在渗碳钢中钼除具有上述作用外，还能在渗碳层中降低碳化物在晶界上形成连续网状的倾向，减少渗碳层中残留奥氏体，相对地增加了表面层的耐磨性。 在锻模钢中，钼还能保持钢有比较稳定的硬度，增加对变形、开裂和磨损等的抗力。 在不锈耐酸钢中，钼能进一步提高对有机酸（如蚁酸、醋酸、草酸等）以及过氧化氢、硫酸、亚硫酸、硫酸盐、酸性染料、漂白粉液等的抗腐蚀性。特别是由于钼的加入，防止了氯离子存在所产生的点腐蚀倾向。 含 1％左右钼的 W12Cr4V4Mo 高速钢具有高的耐磨性、回火硬度和红硬性等
钨（W）	钨在钢中除形成碳化物外，部分地溶入铁中形成固溶体。其作用与钼相似，按质量分数计算，一般效果不如钼显著。钨在钢中的主要用途是增加回火稳定性、红硬性、热强性以及由于形成碳化物而增加的耐磨性。因此，它主要用于工具钢，如高速钢、热锻模具钢等。 钨在优质弹簧钢中形成难熔碳化物，在较高温度回火时，能延缓碳化物的聚集过程，保持较高的高温强度。钨还可以降低钢的过热敏感性、增加淬透性和提高强度。65Si2MnWA 弹簧钢热轧后空冷就具有较高的硬度，50mm² 截面的弹簧在油中即能淬透，可作承受大负荷、耐热（不大于 350℃）、受冲击的重要弹簧。30W4Cr2VA 高强度耐热优质弹簧钢，具有大的淬透性，1050～1100℃淬火，550～650℃回火后抗拉强度达 1470～1666Pa。它主要用于制造在高温（不大于 500℃）条件下使用的弹簧。 由于钨的加入，能显著提高钢的耐磨性和切削性，所以，钨是合金工具钢的主要元素

续表

元　素	作　用
钒（V）	钒和碳、氮、氧有极强的亲合力，与之形成相应的稳定化合物。钒在钢中主要以碳化物的形态存在。其主要作用是细化钢的组织和晶粒，降低钢的过热敏感性，提高钢的强度和韧性。当在高温溶入固溶体时，增加淬透性；反之，如以碳化物形态存在时，降低淬透性。钒增加淬火钢的回火稳定性，并产生二次硬化效应。钢中的含钒量，除高速工具钢外，一般均不大于 0.5%。钒在普通低合金钢中能细化晶粒，提高正火后的强度和屈服比及低温韧性，改善钢的焊接性能。钒在合金结构钢中由于在一般热处理条件下会降低淬透性，故在结构钢中常和锰、铬、钼以及钨等元素联合使用。钒在调质钢中主要是提高钢的强度和屈服比，细化晶粒，降低过热敏感性。在渗碳钢中因钒能细化晶粒，可使钢在渗碳后直接淬火，不需二次淬火。 钒在弹簧钢和轴承钢中能提高强度和屈服比，特别是提高比例极限和弹性极限，降低热处理时脱碳敏感性，从而提高了表面质量。无铬含钒的轴承钢，碳化物弥散度高，使用性能良好。钒在工具钢中细化晶粒，降低过热敏感性，增加回火稳定性和耐磨性，从而延长工具的使用寿命
钛（Ti）	钛和氮、氧、碳都有极强的亲合力，与硫的亲合力比铁强。因此，钛是一种良好的脱氧去气剂和固定氮和氧的有效元素。钛虽然是强碳化物形成元素，但不和其他金属元素联合形成复合化合物。碳化钛结合力强，稳定，不易分解，在钢中只有加热到 1000℃ 以上才缓慢地溶入固溶体中。在未溶入之前，碳化钛微粒有阻止晶粒长大的作用。由于钛和碳之间的亲合力远大于铬和碳之间的亲合力，在不锈钢中常用钛来固定其中的碳以消除铬在晶界处的贫化，从而消除或减轻钢的晶间腐蚀。 钛也是强铁素体形成元素之一，强烈地提高钢的 A_1 和 A_3 温度。钛在普通低合金钢中能提高塑性和韧性。由于钛固定了氮和硫并形成碳化钛，提高钢的强度。经正火使晶粒细化，析出形成碳化物可使钢的塑性和冲击韧性得到显著改善。含钛的合金结构钢，有良好的力学性能和工艺性能，主要缺点是淬透性稍差。 在高铬不锈钢中通常须加入约 5 倍碳含量的钛，不但能提高钢的抗蚀性（主要是抗晶间腐蚀）和韧性；还能阻止钢在高温时的晶粒长大倾向和改善钢的焊接性能
铌（Nb）	铌常和钽共生，它们在钢中的作用相近。铌和钽部分溶入固溶体，起固溶强化作用。溶入奥氏体时显著提高钢的淬透性。但以碳化物和氧化物微粒形态存在时，细化晶粒并降低钢的淬透性。它能增加钢的回火稳定性，有二次硬化作用。微量铌可以在不影响钢的塑性或韧性的情况下提高钢的强度。由于有细化晶粒作用，能提高钢的冲击韧性并降低其脆性转变温度。当含量大于碳含量的 8 倍时，几乎可以固定钢中所有的碳，使钢具有很好的抗氢性能。在奥氏体钢中可以防止氧化介质对钢的晶间腐蚀。由于固定碳和沉淀硬化作用，能提高热强钢的高温性能，如蠕变强度等。 铌在建筑用普通低合金钢中能提高屈服强度和冲击韧性，降低脆性转变温度，对焊接性能有益。在渗碳及调质合金结构钢中在增加淬透性的同时，提高钢的韧性和低温性能。能降低低碳马氏体耐热不锈钢的空冷硬化性，避免回火脆性，提高蠕变强度
锆（Zr）	锆是强碳化物形成元素，它在钢中的作用与铌、钛、钒相似。加入少量的锆元素有脱气、净化和细化晶粒的作用，有利于钢的低温性能，改善冲压性能，它常用于制造燃气发动机和弹道式导弹结构使用的超高强度钢和镍基高温合金中
钴（Co）	钴多用于特殊的钢和合金中，含钴高速钢在高温下能保持高的硬度，与钼同时加入马氏体时效钢中可以获得超高强度和良好的综合力学性能。此外，钴在热强钢和磁性材料中也是重要的合金元素。 钴降低钢的淬透性，因此，单独加入碳素钢中会降低调质后的综合力学性能。钴能强化铁素体，加入碳素钢中，在退火或正火状态下能提高钢的硬度、屈服点和抗拉强度，对伸长率和断面收缩率有不利的影响，冲击韧性也随钴含量的增加而下降。由于钴具有抗氧化性能，在耐热钢和耐热合金中得到应用。在钴基合金燃气涡轮中更显示了它特有的作用

元　素	作　　用
硅（Si）	硅溶于铁素体和奥氏体中能提高钢的硬度和强度，其作用仅次于磷，较锰、镍、铬、钨、钼和钒等元素强。但含硅超过 3% 时，将显著降低钢的塑性和韧性。硅能提高钢的弹性极限、屈服强度和屈服比，以及疲劳强度和疲劳比等。这是硅或硅锰钢可作为弹簧钢种的原因。 硅能降低钢的密度、热导率和电导率。能促使铁素体晶粒粗化，降低矫顽力。有减小晶体的各向异性倾向，使磁化容易，磁阻减小，可用来生产电工用钢，所以硅钢片的磁滞损耗较低。硅能提高铁素体的磁导率，使硅钢片在较弱磁场下有较高的磁感强度。但在强磁场下硅降低钢的磁感强度。硅因有强的脱氧力，从而减小了铁的磁时效作用。 含硅的钢在氧化气氛中加热时，表面将形成一层 SiO_2 薄膜，从而提高钢在高温时的抗氧化性。硅能促使铸钢中的柱状晶成长，降低塑性。硅钢若加热或冷却较快，由于热导率低，钢的内部和外部温差较大，因而易开裂。 硅能降低钢的焊接性能。因为与氧的亲和力硅比铁强，在焊接时容易生成低熔点的硅酸盐，增加溶渣和熔化金属的流动性，引起喷溅现象，影响焊缝质量。硅是良好的脱氧剂。用铝脱氧时酌加一定量的硅，能显著提高硅的脱氧能力。硅在钢中本来就有一定的残存，这是由于炼铁炼钢作为原料带入的。在沸腾钢中，硅限制在小于 0.07%，有意加入时，则在炼钢时加入硅铁合金
锰（Mn）	锰是良好的脱氧剂和脱硫剂。钢中一般都含有一定量的锰，它能消除或减弱由于硫所引起的钢的热脆性，从而改善钢的热加工性能。 锰和铁形成固溶体，提高钢中铁素体和奥氏体的硬度和强度；同时又是碳化物形成元素，进入渗碳体中取代一部分铁原子。锰在钢中由于降低临界转变温度，起到细化珠光体的作用，也间接地起到提高珠光体钢强度的作用。锰稳定奥氏体组织的能力仅次于镍，也强烈增加钢的淬透性。目前已用含量不超过 2% 的锰与其他合金元素配合制成多种合金钢。 锰具有资源丰富、效能多样的特点，获得了广泛的应用，如含锰较高的碳素结构钢、弹簧钢。 在高碳高锰耐磨钢中，锰含量可达 10%～14%，经固溶处理后有良好的韧性，当受到冲击而变形时，表面层将因变形而强化，具有高的耐磨性。 锰与硫形成熔点较高的 MnS，可防止因 FeS 而导致的热脆现象。锰有增加钢晶粒粗化的倾向和回火脆性敏感性。若冶炼浇铸和锻轧后冷却不当，容易使钢产生白点
铝（Al）	铝主要用来脱氧和细化晶粒。在渗氮钢中促使形成坚硬耐蚀的渗氮层。铝能抑制低碳钢的时效，提高钢在低温下的韧性。含量高时能提高钢的抗氧化性及在氧化性酸和 H_2S 气体中的耐蚀性，能改善钢的电、磁性能。铝在钢中固溶强化作用大，提高渗碳钢的耐磨性和疲劳强度。 在耐热合金中，铝与镍形成化合物，从而提高热强性。含铝的铁铬铝合金在高温下具有接近恒电阻的特性和优良的抗氧化性，适于作电热合金材料，如铬铝电阻丝。 某些钢脱氧时，如果铝用量过多，则会使钢产生反常组织和有促进钢的石墨化倾向。在铁素体及珠光体钢中，铝含量较高时会降低其高温强度和韧性，并给冶炼、浇铸等方面带来若干困难
铜（Cu）	铜在钢中的突出作用是改善普通低合金钢的抗大气腐蚀性能，特别是和磷配合使用时，加入铜还能提高钢的强度和屈服比，而对焊接性能没有不利的影响。含铜 0.20%～0.50% 的钢轨钢（U-Cu），除耐磨外，其耐蚀寿命为一般碳素钢钢轨的 2～5 倍。 铜含量超过 0.75% 时，经固溶处理和时效后可产生时效强化作用。含量低时，其作用与镍相似，但较弱。含量较高时，对热变形加工不利，在热变形加工时导致铜脆现象。2%～3% 铜在奥氏体不锈钢中可提高对硫酸、磷酸及盐酸等的抗腐蚀性及对应力腐蚀的稳定性

续表

元素	作用
硼（B）	硼在钢中的主要作用是增加钢的淬透性，从而节约其他较稀贵的金属，如镍、铬、钼等。为了这一目的，其含量一般规定在 $0.001\%\sim0.005\%$ 范围内。它可以代替 1.6% 的镍，0.3% 的铬或 0.2% 的钼，以硼代钼应注意，因钼能防止或降低回火脆性，而硼却略有促进回火脆性的倾向，所以不能用硼将钼完全代替。 中碳碳素钢中加硼，由于提高了淬透性，可使 20mm 厚以上的钢材调质后性能大为改善，因此，可用 40B 和 40MnB 钢代替 40Cr 钢，可用 20Mn2TiB 钢代替 20CrMnTi 渗碳钢。但由于硼的作用随钢中碳含量的增加而减弱，甚至消失，在选用含硼渗碳钢时，必须考虑到零件渗碳后，渗碳层的淬透性将低于芯部的淬透性这一特点。 弹簧钢一般要求完全淬透，通常弹簧截面不大，采用含硼钢有利。对高硅弹簧钢的作用波动较大，不便采用
稀土（RE）	一般听说的稀土元素，是指元素周期表中原子序数从 57～71 号的镧系元素（15 个），加上 21 号钪和 39 号钇，共 17 个元素。它们的性质接近，不易分离。未分离的叫混合稀土，比较便宜。 稀土元素能提高锻轧钢材的塑性和冲击韧性，特别是在铸钢中尤为显著。它还能提高耐热钢、电热合金和高温合金的抗蠕变性能。 稀土元素也可以提高钢的抗氧化性和耐蚀性。抗氧化性的效果超过硅、铝、钛等元素。它能改善钢的流动性，减少非金属夹杂，使钢组织致密、纯净。 普通低合金钢中加入适量的稀土元素，有良好的脱氧去硫作用，可以提高冲击韧性（特别是低温韧性），改善各向异性性能。 稀土元素在铁铬铝合金中增加合金的抗氧能力，在高温下保持钢的细晶粒，提高高温强度，因而使电热合金的寿命得到显著提高
氮（N）	氮能部分溶于铁中，有固溶强化和提高淬透性的作用，但不显著。由于氮化物在晶界上析出，能提高晶界高温强度，增加钢的蠕变强度。与钢中其他元素化合，有沉淀硬化作用。对钢抗腐蚀性能影响不显著，但钢在表面渗氮后，不仅增加其硬度和耐磨性，也可显著改善抗蚀性。在低碳钢中，残留氮会导致时效脆性
硫（S）	提高硫和锰的含量，可改善钢的切削性能，在易切削钢中硫作为有益元素加入。硫在钢中偏析严重，劣化钢的质量，在高温下，降低钢的塑性，是一种有害元素，它以熔点较低的 FeS 的形式存在。单独存在的 FeS 的熔点只有 1190℃，而在钢中与铁形成共晶体的共晶温度更低，只有 988℃，当钢凝固时，FeS 在原生晶界处析出。钢在 1100～1200℃进行轧制时，晶界上的 FeS 就将熔化，大大地削弱了晶粒之间的结合力，导致钢的热脆现象，因此对硫应严加控制，一般控制在 $0.020\%\sim0.050\%$。为了防止因硫导致的脆性，应加入足够的锰，使其形成熔点较高的 MnS。若钢中含硫量偏高，焊接时由于 SO_2 的产生，将在焊接金属内形成气孔和疏松
磷（P）	磷在钢中固溶强化和冷作硬化作用强。作为合金元素加入低合金结构钢中，能提高其强度和钢的耐大气腐蚀性，但降低其冷冲压性能。磷与硫和锰联合使用，能增加钢的切削性能，增加加工件的表面质量，用于易切钢，所以易切钢含磷也较高。磷溶于铁素体，虽然能提高钢的强度和硬度，最大的害处是偏析严重，增加回火脆性，显著降低钢的塑性和韧性，致使钢在冷加工时容易脆裂，也即所谓"冷脆"现象。磷对焊接性也有不良影响。磷是有害元素，应严加控制，一般含量不大于 $0.030\%\sim0.040\%$

1.2.3　合金元素在钢中的主要强化机制

1.2.3.1　细晶强化

通过细化晶粒而使金属材料力学性能提高的方法称为细晶强化，工业上通过细化晶粒以提高材料强度。通常金属是由许多晶粒组成的多晶体，晶粒的大小可以用单位体积内晶粒的数量来表示，数量越多，晶粒越细。实验表明，在常温下的细晶粒金属比粗晶粒金属有更高的强度、硬度、塑性和韧性。这是因为细晶粒受到外力发生塑性变形可分散在更多的晶粒内进行，塑性变形较均匀，应力集中较小；此外，晶粒越细，晶界面积越大，晶界越曲折，越不利于裂纹的扩展。故工业上将通过细化晶粒以提高材料强度的方法称为细晶强化。

在低 C-Mn 钢中，Nb、V、Ti 等强碳氮化物形成元素有效地细化铁素体晶粒尺寸。这些元素及 Al、N 的细化晶粒的作用通常用于正火钢，但是在控制轧制的微合金钢中则有更明显的效果，实验室内最佳控制轧制状态的最小平均铁素体晶粒尺寸为 $1\sim2\mu m$，而工业生产则为 $5\sim10\mu m$。微合金元素 Nb、V、Ti 细化晶粒主要是以如下机制抑制奥氏体再结晶：①在固溶体中的溶质拖曳作用；②细小析出物在 γ 晶界的钉扎作用；③在变形晶粒内的位错排列作用。这些作用的结果是推迟奥氏体再结晶直到奥氏体晶粒承受更大的变形，大大提高了 γ 再结晶开始所要求的临界变形量，以致一旦发生再结晶，将有较高的形核率，得到细小的晶粒尺寸。细化晶粒是唯一能够同时提高钢的强度和韧性的方法。在一般的普碳钢中大约一半的强度来自于晶粒细化，可见晶粒细化是钢中最为重要的强化方式之一。因此，多年来人们一直通过多种手段致力于晶粒细化的研究。钢铁材料晶粒细化到 μm 或亚 μm 级范围内。钢铁材料从传统晶粒尺寸（$10\mu m$ 或稍大）细化到 $1\mu m$，强度将提高一倍。

1.2.3.2　析出强化

析出强化指金属在过饱和固溶体中溶质原子偏聚区和（或）由之脱溶出的微粒弥散分布于基体中而导致硬化的一种热处理工艺。如奥氏体沉淀不锈钢在固溶处理后或经冷加工后，在 $400\sim500℃$ 或 $700\sim800℃$ 进行沉淀硬化处理，可获得很高的强度。即某些合金的过饱和固溶体在室温下放置或者将它加热到一定温度，溶质原子会在固溶点阵的一定区域内聚集或组成第二相，从而导致合金的硬度升高的现象。

Nb、V、Ti 在钢中形成的细小碳氮化物起着阻止 γ 晶粒长大，抑制再结晶及在 γ 未再结晶区形变时熔化生核的作用，同时又具有很强的析出强化作用。即使在相当低的浓度下，也可以见到固溶与析出的过程。NbC、VN、TiC 是低碳微合金钢中三种基本的化合物，晶体结构相似，又互相溶解。这些化合物析出强化的原型，不仅在于位错的迁移所造成的切变和 Oroman 机构的交互作用，还在于析出相与铁素体的晶体学关系。微合金元素原子在基体中的扩散控制着析出速率，强化效果与析出物质点的平均直径成反比，与析出物质点体分量的平方根成正比。微合金钢的控制轧制和控制冷却，正是利用了 Nb、V、Ti 微合金元素的细化晶粒和析出强化的效应，获得高达 $400\sim600MPa$ 的屈服强度和良好的韧性。

1.2.3.3　固溶强化

溶入固溶体中的溶质原子造成晶格畸变，晶格畸变增大了位错运动的阻力，使滑移难以进行，从而使合金固溶体的强度与硬度增加。这种通过融入某种溶质元素来形成固溶体而使金属强化的现象称为固溶强化。在溶质原子浓度适当时，可提高材料的强度和硬度，而其韧性和塑性却有所下降。

一般来说，组成固溶体的纯金属的平均值总是低于固溶体的抗拉强度、屈服强度和硬度，并且随着溶质浓度的提高，硬度、强度将显著提高，这种现象称为固溶强化。另外，组成固溶体的纯金属的平均值高于其本身的塑性和韧性。随着溶质原子的溶入，将引起固溶体电阻、磁矫顽力等物理性能发生改变。浓度提高，电阻增加，并且温度变化与固溶体的电阻值关系不大。因此，一些高电阻材料应用在工程技术上，大多是固溶体合金。仍然保持溶剂的晶体结构是固溶体的一个重要特点。工业材料中大部分固溶体的溶剂基本上是金属，因此固溶体的晶体结构比较简单。但是由于溶入了溶质原子，使晶体结构某些方面发生了变化。元素 Mn、Si 及 N 的固溶强化，在低合金高强度钢中，其强化贡献是很小的。几乎所有的固溶元素对钢的韧性都不利，尤以元素 C 和 N 为甚。

第 3 节　钢 的 热 处 理

　　钢的热处理就是通过加热、保温和冷却的方法改变钢的结构以获得工件所要求性能的一种热加工技术。钢在加热和冷却过程中的组织转变规律为制定正确的热处理工艺提供了理论依据，为使钢获得限定的性能要求，其热处理工艺参数的确定必须使具体工件满足钢的组织转变规律性。

　　钢在加热和冷却过程中的固态相变是其热处理的基础，下面以 $Fe-Fe_3C$ 相图为例进一步说明钢固态相变的几个重要的临界温度点，如图 1-2 所示。

　　由图 1-2 可知，共析钢加热至 $Fe-Fe_3$C 相图 PSK 线即 A_1 线以上全部转变为奥氏体，亚、过共析钢则必须加热到 GS 线即 A_3 线和 ES 线即 A_{cm} 线以上才能获得单相奥氏体。钢从奥氏体状态缓慢冷却至 A_1 线以下，将发生共析转变，形成珠光体。而在通过 A_3 线或 A_{cm} 线时，则分别从奥氏体中析出过剩相铁素体和渗碳体。但是铁碳相图反映的是热力学上近于平衡时铁碳合金的组织状态与温度及合金成分之间的关系。A_1 线、A_3 线和 A_{cm} 线是钢在缓慢加热和冷却过程中组织转变的临界点。实际

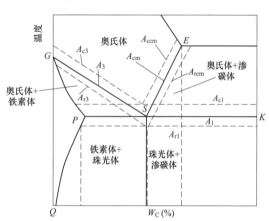

图 1-2　加热和冷却过程合金固态相变临界点

上，钢进行热处理时其组织转变并不按照铁碳相图上所示的平衡温度进行，通常都有不同程度的滞后现象。即实际转变温度要偏离平衡的临界温度。加热或冷却速度越快，则滞后现象越严重。如图 1-2 所示，通常把加热时的实际临界温度标以字母"c"，如 A_{c1}、A_{c3}、A_{ccm}；而把冷却时的实际临界温度标以字母"r"，如 A_{r1}、A_{r3}、A_{rcm} 等，具体含义见表 1-3。

表 1-3　　　　　　　　　　　　临 界 点 含 义

临界点	含　　义
A_{c1}	钢加热，开始形成奥氏体的温度（℃）
A_{c3}	亚共析钢加热时，所有铁素体均转变为奥氏体的温度（℃）
A_{ccm}	过共析钢加热时，所有渗碳体和碳化物完全溶入奥氏体的温度（℃）
A_{r1}	钢高温奥氏体化后冷却时，奥氏体分解为铁素体和珠光体的温度（℃）
A_{r3}	亚共析钢高温奥氏体化后冷却时，铁素体开始析出的温度（℃）
A_{rcm}	过共析钢高温奥氏体化后冷却时，渗碳体或碳化物开始析出的温度（℃）

　　根据加热、冷却方式及获得的组织和性能的不同，钢的热处理工艺可分为普通热处理（退火、正火、淬火和回火）、表面热处理（表面淬火和化学热处理）及形变热处理等。

　　按照热处理在零件整个生产工艺过程中位置和作用的不同，热处理工艺又分为预备热处理和最终热处理。

1.3.1　钢的退火与正火

　　退火和正火是生产上应用很广泛的预备热处理工艺。在机器零件加工工艺过程中，退火和正火是一种先行工艺，具有承上启下的作用。大部分机器零件及工、模具的毛坯经退火或正火后，不仅可以消除铸件、锻件及焊接件的内应力及成分和组织的不均匀性，而且也能改善和调整钢的力学性能和工艺性能，为下道工序作好组织性能准备。对于一些受力不大、性能要求不高的机器零件，退火和正火亦可作为最终热处理。对于铸件，退火和正火通常就是最终热处理。

　　退火是将钢加热至临界点 A_{c1} 以上或以下温度，保温以后随炉缓慢冷却以获得近于平衡状态组织的热处理工艺。其主要目的是均匀化钢的化学成分及组织，细化晶粒，调整硬度，消除内应力和加工硬化，改善钢的成形及切削加工性能，并为淬火作好组织准备。

　　退火工艺种类很多，按加热温度可分为在临界温度（A_{c1} 或 A_{c3}）以上或以下的退火。前者又称相变重结晶退火，包括完全退火、扩散退火、不完全退火和球化退火。后者包括再结晶退火及去应力退火。按照冷却方式，退火可分为等温退火和连续冷却退火。

　　正火是将钢加热到 A_{c3} 或 A_{ccm} 以上适当温度，保温以后在空气中冷却得到珠光体类组织的热处理工艺。与完全退火相比，二者的加热温度相同，但正火冷却速度较快，转变温度较低。因此，相同钢材正火后获得的珠光体组织较细，钢的强度、硬度也较高。

　　正火过程的实质是完全奥氏体化加伪共析转变。当钢中碳的含量为 0.6%～1.4% 时，正火组织中不出现先共析相，只有伪共析珠光体或索氏体。碳的含量小于 0.6% 的钢，正火后除了伪共析体外，还有少量铁素体。

　　正火可以作为预备热处理，为机械加工提供适宜的硬度，又能细化晶粒、消除应力、消除魏氏组织和带状组织，为最终热处理提供合适的组织状态。正火还可作为最终热处理，为某些受力较小、性能要求不高的碳素钢结构零件提供合适的力学性能。正火还能消除过共析钢的网状碳化物，为球化退火作好组织准备。对于大型工件及形状复杂或截面变化剧烈的工件，用正火代替淬火和回火可以防止变形和开裂。

1.3.2　钢的淬火与回火

　　钢的淬火与回火是热处理工艺中最重要、也是用途最广泛的工序。淬火可以显著提高钢的强度和硬度。为了消除淬火钢的残余内应力，得到不同强度、硬度和韧性配合的性能，需要配以不同温度的回火。所以淬火和回火又是不可分割的、紧密衔接在一起的两种热处理工艺。淬、回火作为各种机器零件及工、模具的最终热处理是赋予钢件最终性能的关键性工序，也是钢件热处理强化的重要手段之一。

　　淬火是将钢加热至临界点 A_{c3} 或 A_{c1} 以上一定温度，保温以后以大于临界冷却速度的速度冷却得到马氏体（或下贝氏体）的热处理工艺。淬火的主要目的是使奥氏体化后的工件获得尽量多的马氏体并配以不同温度回火获得各种需要的性能。例如，淬火加低温回火可以提高工具、轴承、渗碳零件或其他高强度耐磨件的硬度和耐磨性；结构钢通过淬火加高温回火可以得到强韧结合的优良综合力学性能；弹簧钢通过淬火加中温回火可以显著提高钢的弹性极限。

回火是将淬火钢在 A_1 以下温度加热，使其转变为稳定的回火组织，并以适当方式冷却到室温的工艺过程。回火的主要目的是减少或消除淬火应力，保证相应的组织转变，提高钢的韧性和塑性，获得硬度、强度、塑性和韧性的适当配合，以满足各种用途工件的性能要求。

1.3.3　钢的形变热处理

形变热处理是将压力加工与热处理操作相结合，对金属材料施行形变强化和相变强化的一种综合强化工艺。采用形变热处理不仅可获得单一的强化方法难以达到良好的强韧效果，而且还可大大简化工艺流程，使产生连续化，从而带来较大的经济效益。因此，多年来已在冶金和机械制造等工业中得到广泛应用，并也由此而推动了形变热处理理论的深入和发展。

形变热处理种类繁多，名称也颇不统一，但通常可按变形与相变过程的相互顺序将其分成三种基本类型，即相变前形变、相变中形变及相变后形变等方法。其中又可按形变温度（高温、低温等）和相变类型（珠光体、贝氏体、马氏体及时效等）分成若干种类。此外，近年来又出现将形变热处理与化学热处理、表面淬火工艺相结合而派生出来的一些复合形变热处理方法等。

1.3.4　钢的表面热处理

钢的表面热处理是使零件表面获得高的硬度和耐磨性，而心部仍保持原来良好的韧性和塑性的一类热处理方法。与化学热处理不同的是，它不改变零件表面的化学成分，而是依靠使零件表层迅速加热到临界点以上（心部温度仍处于临界点以下），并随之淬冷来达到强化表面的目的。

依据加热方法不同，表面热处理主要分为感应加热表面热处理、火焰加热表面热处理、电接触加热表面热处理和近年来新发展起来的激光热处理等。本部分主要简述一下感应加热表面热处理和激光加热表面热处理。

1.3.4.1　感应加热表面热处理

感应加热表面热处理是目前应用最广、发展最快的一种表面热处理方法，其主要优点在于：

（1）加热速度快、热效率高，这是因为处在交变磁场中的零件靠自身产生的热量来加热，其热损失少，热效率可达 60％以上，且加热速度数秒内可达几百度至几千度。

（2）热处理质量高，因为加热时间短，零件无氧化和脱碳，且用于零件心部处于低温状态，强度较高，故淬火形变小。

（3）便于实现机械化和自动化，且产品质量稳定等。

1.3.4.2 激光加热表面热处理

自 20 世纪 60 年代激光问世以来，以其极高的潜在价值特性引起了各技术部门的重视，在不长的时间里，即在激光理论、控制技术和应用等方面得到了迅速的发展，而由于它的广泛应用又有力的推动各项技术的发展。目前在以激光作为热源对材料进行热处理的试验研究和实用方面已取得了可喜的成果，充分显示了激光热处理的优点和效果，有望成为一种有效的新型热处理方法在工业中得到应用。

激光热处理具有的优点：

（1）处理过程极快，故大气气氛对表面的影响一般较小。

（2）热能是由光束传递给零件表面，属于无接触加热，不会发生因接触引起的表面沾污。

（3）由于采用了特制的望远镜头聚焦，其焦深很长（可达 100～150mm），因此零件表面在焦深范围内上下变动，对光能的吸收无影响，这对处理表面凹凸不平的零件来说是非常有利的，并且可使一台热处理装置同时适用多种尺寸和形状不同、外形复杂的零件，使设备简化，工夹具等辅助装置减少。

（4）因加热区域小且扫描式的加热，热处理变形小。

（5）可进行局部表面合金化处理，即通过激光照射有涂层的表面，使其超过熔点，从而形成一层薄的具有特殊性能的合金化表层。

（6）容易实现自动化，并可节约能量和改善劳动条件。

1.3.5 钢的化学热处理

钢的化学热处理是将钢件在特定的介质中加热保温，以改变其表面化学成分和组织，从而获得所需要机械或化学性能的工艺的总称。随着工业技术的发展，对机械零件提出了各式各样的要求，如发动机上的齿轮和轴，不仅要求齿牙轴颈的表面硬而耐磨，还必须能够传递很大的扭矩和承受相当大的冲击负荷；在高温燃气下工作的涡轮叶片，不仅要求表面能抵抗高温氧化和热腐蚀，还必须有足够的高温强度等。所有这类对零件表面和心部有不同要求，在采用同一种材料制作零件并采用同一种热处理的情况下是不可能很好得到满足，这就推动了化学热处理的发展。

目前工业上广泛应用的化学热处理方法都是在零件表面渗入某种元素，即渗入法。依据所渗入的元素，可以将化学热处理分为渗碳、渗氮、渗铝、渗硼等。如果同时渗入两种以上的元素，则称之为共渗，如氮碳共渗、铬铝共渗等。概括地说，一切渗入法化学热处理的过程，都可以分为三个相互衔接而又同时进行的阶段，即分解、吸收和扩散。

分解是指零件周围介质的分解，以形成渗入元素的活性原子。例如，$CH_4 = 2H_2 + [C]$，$2NH_3 = 3H_2 + 2[N]$，其中的 [C]、[N] 分别为活性的碳、氮原子。

吸收是指活性原子被金属表面吸收的过程。吸收的先决条件是活性原子能溶解于表面层金属，否则吸收过程将不能进行。例如，碳不能熔于铜中，如钢件表面镀一层铜，便可阻断对碳的吸收过程，使钢件防止渗碳。

扩散是指渗入原子在基体金属中的扩散，这是化学热处理得以不断进行和获得一定深度渗层的保证。从扩散的一般规律可知，要使扩散进行得快，必须要有大的驱动力（浓度梯度）和足够高的温度。

保证三阶段的协调进行是成功地实施化学热处理的关键。

第 4 节　金属的物理性能

金属材料的性能是选择材料的主要依据。金属材料的性能一般分为工艺性能和使用性能。使用性能是指金属零件在使用条件下金属材料表现出来的性能。金属材料的使用性能决定了它的使用范围。使用性能包括物理性能、化学性能和力学性能。

金属在力、热、光、电等物理作用下所反映的特性为金属的物理性能，其主要物理性能指标见表 1-4。

表 1-4　　　　　　　　　　　金属的物理性能

名称及符号	计算公式或表示方法	含 义 及 说 明
弹性模量 E（MPa）	$$E=\frac{\sigma}{\varepsilon}=\frac{FL_0}{S_0\Delta l}$$ 式中　σ——应力，MPa； 　　　ε——应变，%； 　　　F——拉伸载荷，N； 　　　L_0——试样原始长度，mm； 　　　S_0——试样原横截面积，mm²； 　　　Δl——绝对伸长量，mm	材料在弹性变形范围内，应力与应变的比值称为弹性模量，表征材料抵抗弹性变形的能力。其数值的大小反映材料弹性变形的难易程度，相当于使材料产生单位弹性变形所需要的应力。工程应用中要求弹性变形较小的部件，必须选用弹性模量值高的材料。弹性模量可通过拉伸试验测定
切变模量 G（MPa）	$$G=\frac{32ML_0}{\pi\Phi d_0}$$ 式中　d_0——试样直径，mm； 　　　L_0——试样标距长度，mm； 　　　M——扭矩，N·mm； 　　　Φ——扭转角，(°)	材料在弹性变形范围内，切应力与切应变的比值称为切变模量。它是材料常数，表征材料抵抗切应变的能力，有时也称为剪切模量或刚性模量。在各向同性材料中，它与弹性模量 E 和泊松比之间有如下关系：$G=E/[2(1+\nu)]$，实验室常采用扭转试验测定材料的切变模量
泊松比 ν	$$\nu=\left|\frac{\varepsilon_1}{\varepsilon_2}\right|$$ 式中　ε_1——纵向应变，%； 　　　ε_2——横向应变，%	材料在均匀分布的轴向应力作用下，在弹性变形的比例极限范围内，横向应变与纵向应变比值的绝对值称为泊松比，又称横向变形系数。对于各向同性材料，在弹性变形的比例极限范围内，此值为一常数，超出此范围，此值随平均应力及使用的应力范围而变，不再称为泊松比。对于各向异性材料，存在多个泊松比。常用碳钢材料的泊松比值在 0.24～0.28。泊松比与弹性模量 E、切变模量 G 之间有如下关系 $$\nu=E/2G-1$$
密度 ρ（t/m³）	$$\rho=\frac{m}{V}$$ 式中　m——物体的质量，t； 　　　V——物体的体积，m³	表示金属单位体积的质量。不同金属材料的密度是不同的，材料的密度值直接关系到由它所制成的部件的重量和紧凑程度
熔点 t_R（℃）	—	物质的晶态与液态平衡共存的温度称为熔点。晶体的熔点与所受到的压强有关。在一定的压强下，晶体的熔点与凝固点相同。熔点是制定材料热加工工艺规范的重要依据之一。对于非晶体材料如玻璃，没有熔点，只有软化温度范围

名称及符号	计算公式或表示方法	含 义 及 说 明
比热容 c [J/(kg·K)]	$$c = \dfrac{\dfrac{dQ}{dT}}{m}$$ 式中　dQ/dT——热容，J/K； 　　　m——质量，kg	单位质量的物体每升高1℃所吸收的热量，或每降低1℃所放出的热量成为该物质的比热容。它是制定材料热加工工艺规范的重要工艺参数
热扩散率 α （m²/s）	$$\alpha = \dfrac{\lambda}{c_p\rho}$$ 式中　λ——热导率，W/(m·K)； 　　　c_p——比定压热容，J/(kg·K)； 　　　ρ——密度，kg/m³	是反映温度不平均的物体中温度均匀化速度的物理量，表征不稳定导热过程的速度变动特性
热导率 λ [W/(m·K)]	$$q = -\lambda\dfrac{dt}{dn}$$ 式中　q——热流量密度，W/m²； 　　　dt/dn——某界面法相方向处的温度梯度，负号为温降方向； 　　　λ——热导率，W/(m·K)	表征金属材料热传导速度的物理量。在单位时间内，当沿着热流方向的单位长度上温差为1℃时，单位面积许可过的热量，称为该材料的热导率。热导率数值大的材料，其导热性好；反之，则差。它是衡量材料导热性好坏的一个重要性能指标
线膨胀系数 α （1/K 或 1/℃）	$$\alpha = \dfrac{l_2 - l_1}{l_1(t_2 - t_1)} = \dfrac{\Delta l}{l_1(t_2 - t_1)}$$ 式中　l_2——加热后的长度，mm； 　　　l_1——原来的长度，mm； 　　　$t_2 - t_1$——温度差，K 或℃； 　　　Δl——增加的长度，mm	金属温度每升高1℃时所增加的长度与原来长度的比值成为线膨胀系数。在不同温度区段，材料的线膨胀率是不同的，通常给定的数值系指某特定温区的平均线膨胀系数。它是衡量材料热膨胀性大小的性能指标。线膨胀系数值高的材料，受热后膨胀性大；反之，则小
电阻率 ρ （Ω·m）	$$\rho = R\dfrac{S}{l}$$ 式中　R——导体电阻，Ω； 　　　S——导体横截面积，m²； 　　　l——导体长度，m	长度为1m截面积为1m²的导体所具有的电阻值为电阻率，是表示材料通过电流时阻力大小的指标，电阻率高的材料电阻大，导电性能差；反之，导电性能好
电导率 γ （S/m）	$$\gamma = \dfrac{1}{\rho} = \dfrac{1}{R}\cdot\dfrac{l}{S}$$ 式中　$1/R$——电导，S； 　　　S——导体横截面积，m²； 　　　l——导体长度，m	导体维持单位电位梯度（即电位差）时，流过单位面积的电流称为电导率，它是反映导体中电场和电流密度关系的物理量，是衡量导体导电性能好坏的指标，与电阻率互为倒数。在金属中以银的导电性最好，其导电率规定为100%。其他金属材料与银相比，所得百分数就是该材料的电导率
铁损 P （W/kg）	一般在50Hz工频交流下的铁芯，其单位损耗可直接由该材料的比损耗（即单位铁损）曲线或数据表中查出	单位重量的电机或变压器铁芯材料在交变磁场作用下所消耗的功率称为铁芯耗损，简称铁损。它包括磁滞损耗、涡流损耗和剩余损耗，采用铁损低的材料可降低产品的总损耗，提高产品效率
磁导率 μ （H/m）	$$\mu = \dfrac{B}{H}$$ 式中　B——磁感应强度，T； 　　　H——磁场强度，A/m	磁感应强度与磁场强度的比值称为磁导率。它是衡量磁性材料磁化难易程度的性能指标。磁导率数值越高，材料越容易被磁化。对于钢铁等磁性材料来说，磁导率不是一个固定值，而是与钢铁的性质及磁饱和程度有关，按磁导率大小，磁性材料通常分为软磁材料（μ 值达数万甚至数百万）和硬磁材料（μ 值约为1）两大类

名称及符号	计算公式或表示方法	含 义 及 说 明
磁感应强度 B（T）	$$B = \frac{F}{Il}$$ 式中　F ——磁场作用力，N； I ——电流强度，A； l ——导线长度，m	磁场中某一点的磁感应强度等于放在那一点与磁场方向垂直的通电导线所受的磁场作用力，与导线中的电流强度和导线长度乘积的比值。它是表征磁场强度与方向特性的物理量，是衡量磁性材料磁性强弱的重量性能指标。采用磁感应强度高的材料，可缩小铁芯体积、减轻产品重量，也可以节约导线，降低由导体电阻引起的损耗
矫顽力 H_0 （A/m）	—	矫顽力是衡量磁性材料退磁和保磁能力的性能指标，磁性材料经过一次磁化并去除磁场强度后，磁感应强度并不消失，仍保留一定的剩余磁感应强度，即剩磁，这种性质称为顽磁性。为消除剩磁感应强度而施加的反向磁场强度的绝对值，即为铁磁体的矫顽磁力或简称为矫顽力。对于软磁材料，其矫顽力越小越好；对于硬磁材料，则要求矫顽力越高越好

第 5 节　金属的化学性能

金属材料的化学性能是指金属材料在室温或高温条件下，抵抗各种腐蚀性介质对它进行化学侵蚀的一种能力。金属材料的化学性能，主要在于耐腐蚀性。金属材料抵抗周围介质腐蚀破坏作用的能力称为耐腐蚀性。

1.5.1　化学腐蚀

化学腐蚀是金属与周围介质直接起化学作用的结果，它包括气体腐蚀和金属在非电解质中腐蚀两种腐蚀形式。其特点是腐蚀过程不产生电流，并且腐蚀产物沉积在金属表面上。如纯铁在水中或在高温下受蒸汽和气体的作用而引起的生锈现象，就是化学腐蚀的典型例子。

1.5.2　电化学腐蚀

金属与酸、碱、盐等电解质溶液接触时发生作用而引起的腐蚀，称为电化学腐蚀。它的特点是腐蚀过程中有电流产生（即所谓微电池作用），其腐蚀产物（铁锈）不覆盖在作为阳极的金属表面上，而是在距离阳极金属的一定距离处。引起电化学腐蚀的原因，一般认为与金属的电极电位有关。电化学腐蚀的过程比化学腐蚀要复杂得多，其危害性也比较大。金属材料遭受到腐蚀破坏，大多属于这一类型的腐蚀。

按照腐蚀破坏特征的不同，常见的腐蚀类型及其含义与特征见表 1-5。

表 1-5	常见金属腐蚀类型及其含义与特征
腐蚀类型	含　义　及　特　征
均匀腐蚀	在金属材料的整个暴露表面或大面积上均匀地发生化学或电化学反应，金属宏观地变薄的现象，称为均匀腐蚀。又叫一般腐蚀或连续腐蚀，这种腐蚀是均匀地分布在整个金属内外表面上，使表面不断减少，最终使受力零件破坏，这是钢材最常见的腐蚀形式，危害性较小，对金属的力学性能影响不大
晶间腐蚀	沿金属晶粒边界发生腐蚀的现象称为晶间腐蚀。这种腐蚀是在金属内部沿晶粒边缘进行的，属金属材料中危险性最大的一种腐蚀。发生晶间腐蚀后，金属的外形尺寸几乎不变，大多数仍能保持金属光泽，但是金属的强度和延性下降，冷弯后表面出现裂缝，严重者失去金属声。做断面金相检查时，可发现晶界或其邻近区将发生局部腐蚀，甚至晶粒脱落。腐蚀沿晶界扩展，较为均匀
选择性腐蚀	合金中某元素或某组织在腐蚀过程中选择性地受到腐蚀的现象，称为选择性腐蚀。有色金属合金，铸铁及不锈钢均可能发生选择性腐蚀
应力腐蚀开裂	金属在持久拉应力（包括外加载荷、热应力及冷、热加工、焊接后残余应力等）和特定的腐蚀介质联合作用下出现的脆性开裂现象，称为应力腐蚀开裂。金属发生应力腐蚀开裂时，出现腐蚀裂纹甚至断裂，裂缝的起点往往是点腐蚀的小孔，腐蚀小坑的底部。裂缝扩展有沿晶界、穿晶粒和混合型三种。主裂缝通常垂直于应力方向，多半有分枝。裂缝端部尖锐，裂缝内壁与金属外表面的腐蚀程度通常很轻微，而裂缝端部的扩张速度则很快，断口具有脆性裂缝的特征，危害性很大
腐蚀疲劳	金属受到腐蚀介质和交变应力或脉动应力的联合作用而引起的破损现象，称为腐蚀疲劳，其特点是产生腐蚀坑和大量裂缝，以致使金属的疲劳极限不复存在。腐蚀疲劳一般具有多个裂源，裂缝多半穿晶粒，一般不分枝，裂缝端部较纯，断口的大部为腐蚀产物所覆盖，小部呈脆性破坏。消除这种腐蚀的主要手段是及时对金属进行消除应力处理
点腐蚀	金属的大部分表面不发生腐蚀或腐蚀很轻微，而局部地出现腐蚀小孔，并向深处发展的腐蚀现象称为点腐蚀。这种腐蚀是集中在金属表面不大的区域内，并迅速地向深处发展，最后穿透金属，是一种危害性较大的腐蚀破坏，它常在静止的介质中发生，且通常是沿重力方向发展
磨损腐蚀	腐蚀性流体与金属表面发生相对运行，尤其是在出现涡流及流体急剧改变方向时，流体既对金属表面已经生成的腐蚀产物产生机械的冲刷破坏作用，又与裸金属发生化学或电化学反应，加速金属的腐蚀，称为磨损腐蚀。发生磨损腐蚀时，金属以腐蚀产物的形式从金属表面脱离而不是像纯粹的机械磨损那样以固体金属粉末的形式脱落，金属表面常出现带有方向性的凹槽、沟道、波纹、圆孔等腐蚀外形
氢脆	由于腐蚀过程中产生的氢与金属作用，导致金属材料强度降低而产生的一种脆性破坏，称为氢脆。它是氢与应力共同作用的结果。腐蚀产生的氢通常以原子状态存在，在金属中沿晶界向最大的二向应力集中区集中，一旦有机会就可能形成分子，在金属内产生巨大内应力，导致材料发生脆性破坏。氢脆断裂可能是沿晶的，也可能是穿晶的。氢脆裂纹的分叉现象要比应力腐蚀小得多，裂纹旁伴随有脱碳现象

1.5.3　腐蚀率

腐蚀率是指将试样置于试验介质中，经一定时间后测量其重量变化所求得的材料的全面腐蚀（即均匀腐蚀）速度。

腐蚀率可用单位时间、单位面积上的质量损失来表示，计算公式如下：

$$K = \frac{m_0 - m}{S_t}$$

式中　K——腐蚀率，g/(m² · h)；

　　　S——试验前试样表面积，m²；

　　　t——试验时间，h；

　　　m_0——试验前试样的质量，g；

　　　m——试验后试样的质量，g。

腐蚀率也可用年腐蚀深度 R 来表示，R 和 K 的关系如下：

$$R = 8.76 \frac{K}{\rho}$$

式中　R——年腐蚀深度，mm/a；

　　　ρ——金属的密度，g/cm³。

根据腐蚀速率大小，金属材料的耐腐蚀性能分为 6 类 10 级，见表 1-6。

表 1-6　　　　　　　　　　　　金属材料耐腐蚀性能的分类及级别

类号	分类名称	级　别	年腐蚀深度（mm/a）
Ⅰ	耐腐蚀性极强	1	≤0.001
Ⅱ	耐腐蚀性很强	2	0.001～0.005
		3	0.005～0.01
Ⅲ	耐腐蚀性强	4	0.01～0.05
		5	0.05～0.10
Ⅳ	耐腐蚀性较强	6	0.10～0.50
		7	0.50～1.0
Ⅴ	耐腐蚀性弱	8	1.0～5.0
		9	5.0～10.0
Ⅵ	耐腐蚀性极弱	10	>10

第 6 节　金属的力学性能

材料的力学性能是指材料在不同环境（如温度、介质、湿度）下，承受各种外加载荷（拉伸、压缩、弯曲、扭转、冲击、交变应力等）时所表现出的力学特征。由于载荷施加的方式多种多样，而环境、介质的变化又十分复杂，所以金属在这些条件下所表现的行为就会大不相同，致使金属材料力学性能所研究的内容非常广泛，它已发展成为介于金属学和材料力学之间的一门边缘学科。因为金属构件的承载条件一般用各种力学参量（如应力、应变和冲击能量等）来表示，因此，人们便将表征金属材料力学行为的力学参量的临界值或规定值称为金属材料力学性能指标，如强度指标、塑性指标和韧性指标等。金属的力学性能见表 1-7。

表 1-7 金属的力学性能

名称及符号	含 义 及 说 明
抗拉强度 R_m （MPa）	表征金属材料抵抗拉伸断裂的最大应力称为抗拉强度，也称强度极限，可用拉伸试验测定。对于塑性材料，它表征的是材料最大均匀变形的抗力，并不表征材料的真实断裂抗力；对于没有或只有很小塑性变形的脆性材料才反映材料的真实断裂抗力
抗压强度 σ_{bc} （MPa）	表征金属材料抵抗压缩载荷而不失效的最大应力称为抗压强度，也称压缩强度，可用压缩试验测定。对于脆性或低塑性材料，在压力作用下发生破裂，此时压缩强度有明确的值；而对于塑性材料，压缩时不会发行脆断，此时的压缩强度可用产生一定压缩变形时所需的压应力来定义
抗弯强度 σ_{bb} （MPa）	表征金属材料抵抗弯矩作用而不失效的能力称为抗弯强度，也称弯曲强度，可用弯曲试验测定。对于脆性材料，弯曲时发生断裂，可测定出抗弯强度；对于塑性材料，弯曲时试样不发生断裂，故弯曲试验只是用于比较各种材料在一定弯曲条件下的塑性变形能力或用于鉴别零件的表面质量
抗扭强度 τ_b （MPa）	表征金属材料抵抗扭矩作用而不失效的能力称为抗扭强度，也称扭转强度，可用扭转试验测定
剪切强度 τ （MPa）	表征金属材料抵抗剪切载荷而不失效的能力称为剪切强度。对于脆性材料，可用剪切试验直接测定，对于塑性材料，因其剪切时发生较大的塑性变形，因此采用扭转试验测定
屈服点 $R_{p0.2}$ 条件屈服强度 $R_{p0.2}$ （MPa）	表征金属材料抵抗塑性变形的能力，金属材料受拉伸载荷作用时，当载荷不再增加而变形继续增加的现象叫屈服，发生屈服时的应力称为屈服点。材料发生屈服应力首次下降前的最大应力为上屈服点；当不计初始瞬时效应时，屈服阶段的最小应力为下屈服点。对于存在明显屈服点的材料，其屈服强度等于屈服点所对应的应力；对于没有明显屈服点的材料，则规定塑性变形量为0.2%时的应力为条件屈服强度
蠕变速率 ε 稳态蠕变速率 ε_k （%/h）	金属材料在一定的温度和应力的长期作用下，随时间的延长发生缓慢塑性变形的现象称为蠕变，单位时间的蠕变变形量，即蠕变曲线的斜率称为蠕变速率，或称为蠕变速度
蠕变极限 σ_V （MPa）	金属材料抵抗蠕变变形的能力。可分为物理蠕变极限和条件蠕变极限。物理蠕变极限是指在一定的温度下金属材料不发生蠕变的能力。很显然，物理蠕变极限的高低取决于变形测试设备所能发现的最小变形的能力。工程中常用的是条件蠕变极限。它是使金属材料在给定温度下产生规定的蠕变速度或者在规定时间内产生规定的总塑性变形量的应力
持久强度 σ_τ^t （MPa）	在一定的温度下，在规定的时间内的蠕变试验中引起金属材料断裂的应力，是材料抗高温蠕变断裂能力的衡量指标，记为 σ_τ^t，上标 t 表示温度，下标 τ 表示时间
断后伸长率 A （%）	表征金属材料塑性变形能力的指标，可通过拉伸试验测定。试样拉断后标距部分的实际伸长量与原标距的百分比称为断后伸长率，用 A 表示。对于试样标距长度是直径10倍的圆形试样以及 $l=11.3\sqrt{S}$ （S 为试样横截面积）的矩形截面试样的断后伸长率记为 $A_{11.3}$；对于 $l=5d_0$ 的圆柱试样以及 $l=5.65\sqrt{S}$ 的矩形截面试样的断后伸长率记为 A，A 值越高，材料的塑性就越好
断面收缩率 Z （%）	表征金属材料塑性变形能力的指标，可通过拉伸试验测定。试样拉断后，缩颈处横截面积的最大减缩量与原始横截面积的百分比称为断面收缩率，用 Z 表示，Z 值越高，材料的塑性越好

续表

名称及符号	含 义 及 说 明
持久塑性 δ （%）	用蠕变断裂后的试样的延伸率 A 和断面收缩率 Z 来表征。它反映了材料在温度应力长期作用下的塑性性能，是衡量材料蠕变脆性的一个重要指标
韧性	表征金属材料在断裂前塑性变形和裂纹扩展时吸收能量的能力，是金属材料强度和塑性的综合性能指标。表征材料韧性的主要参量有冲击吸收功，冲击韧性、脆性转变温度和无塑性转变温度，以及断裂韧性等
冲击吸收功 KV、KU(J)	采用规定形状和尺寸的 V 形或 U 形缺口试样，在冲击试验力的作用下，一次折断时耗费于产生两个新的自由表面和一部分体积塑性变形所需的能量为冲击吸收功。其值越高，表明材料的韧性越好，抗冲击破坏的能力越强
冲击韧性 A_{KV} （J/cm²）	表征金属材料抵抗冲击破坏的能力。进行冲击试验时所得冲击吸收功除以试样缺口底部处横截面积的商为材料的冲击韧性。常用于显示试样对缺口的敏感性，以及检查材料的冷脆、热脆和回火脆性等性能，但数值易受试样缺口形状和尺寸、加载速度、温度等因素的影响。不同形状尺寸的冲击韧性值不能相互直接比较
脆性转变温度 FTP（塑性破坏转变温度） FTE（弹性破坏转变温度） FATT（断口形貌转变温度） NDT（无塑性转变温度） （℃）	温度降低时，金属材料由韧性状态变化为脆性状态的温度区域，称为脆性转变温度或称韧性-脆性转变温度。在脆性转变温度区域以上，金属材料处于韧性状态，断裂形式主要为韧性断裂；在脆性转变温度区域以下，材料处于脆性状态，断裂形式主要为脆性断裂（如解理断裂）。体心立方晶格和密排六方晶格结构材料，一般均存在脆性转变温度。对于面心立方晶格材料，由于在液氮温度下仍呈韧性状态，故不存在脆性转变温度。 脆性转变温度有多种表示方法，除与试样尺寸、加载方式及加载速度等因素有关外，还与表示方法有关，不同材料只能在相同条件下进行比较。在工程应用中，为防止构件脆断，应选用脆性转变温度低于构件下限工作温度的材料。对于含 N、P、As、Bi 和 Sb 等杂质元素较多，在长期运行过程中有可能发生脆化、回火脆性等现象的材料，其脆性转变温度会随运行时间的延长而升高。近年来，脆性转变温度以及脆性转变温度的增量已成为构件材料性能的考核指标之一
硬度	表征金属材料相对的软硬程度的力学性能指标。常用压入法、动力法和划痕法三种方法测定。压入硬度表征金属材料抵抗塑性变形的能力；动力硬度表征材料形变功的大小；划痕硬度表征材料抵抗磨削的能力。一般金属材料的硬度越高，强度也越高，耐磨性越高，而塑性和韧性越差
布氏硬度 HB HBS（钢球） HBW（硬质合金球）	由瑞典人 J. A. Brinell 首先提出。按压入法测定布氏硬度，采用淬硬的钢球或硬质合金球压入金属表面。压痕面积除以加在钢球上的载荷所得之商，即为金属的布氏硬度值 HB。当压头为钢球时（适用于 HB<450），布氏硬度用 HBS 表示，当压头为硬质合金球时（适用于 HB<650），用 HBW 表示
洛氏硬度 HR HRA HRB HRC	由美国人 S. P. Rockwell 提出。按压入法测定洛氏硬度。以锥角为 120° 的金刚石圆锥或直径为 1.588mm 的钢球为压头，先以初载荷 F_0 压入试件表面，再施加主载荷 F_1，保持一定时间后卸去主载荷，在初载荷下测量残余压入深度，并按压痕的深度计算硬度值。洛氏硬度按不同类型压头和载荷的配合，可获得多种硬度标度，其中常用的有 HRA、HRB 和 HRC
维氏硬度 HV	由英国 Vickers 公司提出。按压入法测定维氏硬度。以相对夹角为 136° 的金刚石正四棱锥为压头，在载荷 F 作用下压入试件表面，再按压痕平均对角线长度计算出压痕表面积。压痕面积除以载荷所得之商，即为维氏硬度值

续表

名称及符号	含 义 及 说 明
肖氏硬度 HS	由美国人 A. F. Shore 提出，按动态加载法测定肖氏硬度，将规定重量和形状的金刚石或钢球压头。从规定高度 h_0 落到试件表面，在被测金属弹性变形能作用下回跳，按回跳告诉 h 计算的硬度值为肖氏硬度值 HS
动态布氏硬度 HB	常用手锤式布氏硬度计按动态加载法测定布氏硬度。采用直径为 D 的钢球置于标准硬度杆（硬度值为 HB_0）与被测试件之间，用手锤敲击，测出标准杆和被测试件的压痕直径，并以此计算布氏硬度值
莫氏硬度	由德国人 F. Mohs 提出，按划痕法测硬度，采用 10 种软硬程度不同的参比材料与被测材料相互进行划线比较，判定材料的硬度值
平面应变断裂韧性 K_{Ic}(N/mm$^{3/2}$)	K_{Ic} 是按标准试验方法测定的应力强度因子 K_{I} 的临界值，它表征材料抵抗裂纹的能力，是度量材料韧性好坏的一个定量指标。I 指 I 型裂纹尖端处于平面应变状态
裂纹张开位移 COD (mm)	指弹性材料受 J 型（张开型）加载时，原始裂纹尖端部位地张开位移，是弹塑性材料裂纹尖端应力、应变场强度的间接量度。当裂纹张开位移 σ 值达到某一临界值 σ_c 时，裂纹开始扩展。试验测定的启裂或失稳 COD 值可用于工程结构安全性评定。在试样尺寸相同条件下，测定的 COD 值可用于材料和工艺质量的相对评定
延性断裂韧度 J_{Ic}(N/mm)	J 积分是围绕裂纹尖端从裂纹一侧表面到另一侧表面的线积分的数学表达式。用以表征裂纹前缘地区的应力-应变场强度，它的一些特征值可作为材料的断裂韧度量度。延性断裂韧度 J_{Ic} 与裂纹开始扩展时的 J 值接近，是裂纹开始稳态扩展时 J 的工程估计值
疲劳裂纹扩展速率 $\dfrac{\mathrm{d}a}{\mathrm{d}N}$（mm/周）	用断裂力学参量描述疲劳裂纹在压临界扩展阶段内，每一循环周次内裂纹沿垂直于拉应力方向扩展的距离，称疲劳裂纹扩展速率以 $\mathrm{d}a/\mathrm{d}N$ 表示。它主要决定于应力强度因子范围 ΔK
应力腐蚀裂纹扩展速率 $\mathrm{d}a/\mathrm{d}t$（mm/周）	用断裂力学参量描述带裂纹试样在介质中静态加载条件下裂纹的扩展规律
疲劳裂纹扩展门槛值 ΔK_{th}(N/mm$^{3/2}$)	疲劳试验中，疲劳裂纹扩展速率接近于零或停止扩展时所对应的应力强度因子范围，即为 ΔK_{th}。标准规定当 $\mathrm{d}a/\mathrm{d}N=10^7$mm/周时所对应的 ΔK 即为 ΔK_{th}
松弛强度（MPa）	试样或零件在给定温度下，如果维持总变形量不变，随时间的延长其弹性变化不断转变为塑性变形，从而使应力不断减小的过程称为松弛。应力随时间而变化的曲线为应力松弛曲线。该曲线分为两个阶段。第一阶段中应力随时间急剧下降；第二阶段应力下降趋缓、最后不再下降，故把第二阶段剩余应力下降的极限定义为松弛极限；工程上把达到某一设计要求时间的剩余应力称为松弛强度。它是在松弛条件下工作的部件选材的重要依据
缺口敏感性	金属试样或部件上的缺口会造成二向不等拉伸应力状态，并产生应力集中，从而有利于脆性断裂。这种在缺口条件下，材料趋于早期脆性断裂的程度成为缺口敏感性。灰铸铁的缺口敏感性小于钢，高碳或中碳钢在淬火加低温回火状态下的缺口敏感性高，而退火或调质钢的缺口敏感性小
静载下的缺口敏感度 q_{J}	在静拉伸或静弯曲加载条件下，衡量材料在缺口状态下脆化趋势的性能指标。该指标可为螺栓类部件的选材、确定其冷热加工工艺提供重要的技术依据
疲劳缺口敏感度 q	表征由于材料表面存在缺口而导致其疲劳强度下降的程度。灰铸铁，$q=0$，对缺口不敏感；中强钢，$q=0.4\sim0.5$；高强钢（$\sigma_b=1200\sim1400$MPa），$q=0.6\sim0.8$

名称及符号	含 义 及 说 明
减振性 减振系数 σ	一个处于自由振动状态的物体，即使置于真空中，也会因其振动能量逐渐转化为热能而衰耗下去，这种由于内部原因所造成的振动能耗损现象叫内耗。 金属材料通过内耗吸收振动能量，并把它转变为热能的能力叫减振性，减振性的高低以减振系数 σ 来表示。σ 越大，表示减振性越高
疲劳	材料、零件或结构在循环应力或循环应变长期作用下，在某些薄弱部位或应力集中部位产生裂纹，直至失效或断裂的现象
高周疲劳	低应力（低于材料的屈服强度或弹性极限）长寿命（循环周次一般大于 10^5）的疲劳破坏。其特点是突发性、高度局部性及堆缺陷和应力集中的敏感性
低周疲劳	在循环应变作用下（其应力超过材料的屈服强度），循环周次通常在 10^5 次以下的疲劳，也称为应变疲劳或塑性疲劳。低周疲劳试验通常在控制恒应变条件下进行，材料的应力-应变滞后回线主要由塑性应变产生
高温疲劳	材料在高温和循环应力或应变作用下发生的破坏现象称之为高温疲劳。高温一般指高于材料的蠕变温度（蠕变温度约等于 $0.3T_m \sim 0.5T_m$，T_m 为以绝对温度表示的熔点温度）或高于再结晶温度
热疲劳	由于温度变化而产生的热应力或热应变循环作用造成的疲劳失效称之为热疲劳，也是塑性变形损伤逐渐积累的结果，可看作是温度周期变化下的低周疲劳
腐蚀疲劳	在腐蚀介质和循环应力或循环应变共同作用下造成的疲劳叫腐蚀疲劳。其应力-寿命曲线上无水平段，即不存在无限寿命的疲劳极限
接触疲劳	零件在高接触压力反复作用下产生的疲劳叫接触疲劳。经过多次应力循环后，零件工作表面局部区域产生小片或小块金属剥落，形成麻点或凹坑
磨损	机件运转过程中由于摩擦作用，在机件摩擦面上发生一系列的机械、物理、化学相互作用，致使机件表面出现尺寸变化、损耗，甚至毁坏的现象叫磨损
氧化磨损	机件表面相对运动时（不论是滚动摩擦还是滑动摩擦）。在发生塑性变形的同时，由于不断进行着已形成的氧化膜在摩擦接触点处遭到破坏后又形成新的氧化膜，致使不断有氧化膜自金属表面脱离。使机件摩擦而逐渐遭到磨损的过程。氧化磨损可在各种大小比压（单位面积上的压力）和滑动速度下产生。当磨损速度小于 $0.1 \sim 0.5 \mu m/h$ 时，表面光亮，有均匀分布的极细微的磨纹
咬合磨损	咬合磨损是指两对磨零件表面某些摩擦点处氧化膜被破坏，形成了金属结合，而这些结合点处强度往往高于基体金属的强度。在随后相对移动时破坏就出现在强度较弱的区域，此时有金属屑粒被粘拉下来，或机件表面为已强化的结合点擦伤，这种磨损叫咬合磨损，这种磨损只发生在滑动摩擦条件下，在大的比压和小的滑动速度下出现机件表面有严重的摩擦伤痕
热磨损	由于摩擦时产生大量摩擦热使润滑油变质，使表层金属加热到软化温度，在接触点处发生局部金属粘着，出现较大金属质点的撕裂脱落，甚至熔化的现象，热磨损通常发生在滑动摩擦时，或在很大的比压和大的滑动速度下（对钢来说，$v > 3 \sim 4m/s$）。机件表面布满撕裂划痕
磨粒磨损	在滑动摩擦条件下，在机件表面摩擦区存在有硬质磨粒（外界进入的磨粒或表面剥落的碎屑），使磨面发生局部塑性变形、磨粒嵌入和被磨粒切削，使磨面逐渐被磨损。在各种大小的比压和滑动速度下均可出现磨粒磨损

名称及符号	含 义 及 说 明
磨损量（磨损值）	磨损量是衡量金属材料耐磨性好坏的指标，通常在阿姆斯勒型磨损试验机上进行测定。它是用试样在规定的试验条件下经过一定时间或一定距离摩擦后，用称重法或尺寸法来测定
相对耐磨系数 g	用来相对地表示金属材料耐磨性好坏的一个指标，它是在模拟耐磨试验机上进行测定的。通常采用硬度为 HRC52～53 的 65Mn 钢作为标准试样，取相同试验条件下，标准试样的绝对磨损值（重量磨耗或体积磨耗）与被测定材料的绝对磨损值之比，就是被试材料的相对耐磨系数。相对耐磨系数的数值越大，就说明这种材料的耐磨性越好，反之就不好

第 7 节 金属的焊接性能

1.7.1 金属的焊接性

金属焊接性是金属材料本身对焊接加工的适应性，主要指在一定的焊接工艺条件下（包括焊接材料、焊接方法、焊接工艺参数和结构形式等），能否获得优质焊接接头的难易程度以及该接头能否在规定的使用条件下可靠运行。它包括两方面内容：一是焊接接头的接合性能，即在一定焊接工艺条件下，能否得到优质而无缺陷焊接接头的能力；一是使用性能，即焊接接头或焊后的整体构件能否满足技术要求所规定的各种使用条件。影响焊接性的因素很多，对钢铁材料而言，有选用的材料、结构及其接头的设计、工艺方法及其规范，接头服役的环境条件等因素。

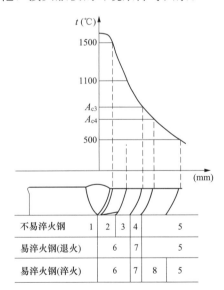

图 1-3 焊接热影响区的分布特征

1—熔合区；2—过热区；3—正火区；

4—不完全重结晶区；5—母材；

6—淬火区；7—部分淬火区；8—回火区

1.7.2 焊接接头热影响区的基本组织

焊接接头一般包括焊缝金属区、熔合线、热影响区几部分。热影响区系指焊缝两侧金属因焊接加热致使组织和性能发生变化的区域。热影响区组织性能的变化不仅取决于所受的热循环，而且还取决于母材的成分和原始状态，如图 1-3 所示。

1.7.2.1 不易淬火钢热影响区的组织分布及性能

不易淬火钢是指在焊后自然冷却条件下不易形成马氏体的钢种，如普通低碳钢等。如图 1-3 所示，不易淬火钢的热影响区由熔合区、过热区、正火区和不完全结晶区四部分组成。

（1）熔合区。熔合区包括填充金属熔化区和半熔化区（即加热温度在液相线和固相线之间），半熔化区由于化学成分和组织性能有较大的不均匀性，其强度、韧性较差，应引起注意。

（2）过热区。受热温度一般在 1100℃ 左右，该区晶粒开始急剧长大，冷却后会得到粗大的过热组织，也叫粗晶区。此区容易产生脆化和引起裂纹。

（3）正火区（相变重结晶区）。受热温度在 A_{c3} 以上到晶粒开始急剧长大的温度范围内，此区晶粒未显著长大，冷却后得到均匀而细小的珠光体和铁素体，相当于正火热处理组织，具有好的综合性能。

（4）不完全重结晶区。受热温度处于 $A_{c1} \sim A_{c3}$ 之间，此区组织不均匀，晶粒大小不一，其力学性能不均匀。

以上四区是低碳钢、低合金钢热影响区的基本组织特征。但有些母材在焊前，经过冷轧或冷加工变形后，则会在处于受热温度接近 $500℃ \sim A_{c1}$ 之间的范围内，金属发生再结晶过程，使加工硬化作用消失，强度下降，塑性、韧性提高。但对于有时效敏感性的钢，在 $A_{c1} \sim 300℃$ 温度范围内，如时间稍长、极易发生应变时效，使此区脆化，因此，此区又叫时效脆化区，虽其金属组织无明显变化，但具有缺口敏感性，焊接时应注意。

1.7.2.2　易淬火钢热影响区的组织分布及性能

易淬火钢是指在焊后空冷条件下容易淬火形成马氏体等淬硬组织的钢种、如调质钢和中碳钢等。

（1）完全淬火区。受热温度处于固相线到 A_{c3} 之间，此区由于晶粒长大，得到粗大的马氏体，如冷却速度不同，还可能出现马氏体和贝氏体混合组织。淬火组织容易产生脆性和裂纹。

（2）不完全淬火区。受热温度处于 $A_{c1} \sim A_{c3}$ 之间，相当于不完全重结晶区。随母材元素含量或冷却速度的不同，也可能出现贝氏体、索氏体、珠光体等混合组织。

（3）回火区。如母材在焊前是经过调质处理的钢材，还会存在一个回火软化区。如母材焊前调质回火温度为 t_1 时，焊接过程中，当受热温度超过此回火温度 t_1（且小于 A_{c1} 时），则发生过回火软化现象。如低于 t_1，其组织性能不变。

1.7.3　焊接裂纹

焊接裂纹可以通过肉眼或探伤手段发现。焊接裂纹的分类：如按裂纹产生的部位可分焊缝裂纹、熔合区裂纹、根部裂纹、焊趾裂纹、弧坑裂纹等；如按裂纹产生的机理可分热裂纹、再热裂纹、冷裂纹、应力腐蚀裂纹等。焊接裂纹是焊接接头中最严重的缺陷，在结构和设备部件中，都不允许存在。表 1-8 中是各种焊接裂纹的基本特征及存在位置等情况。

表 1-8　　　　　　　　　　　　各种焊接裂纹分类表

裂纹分类		基 本 特 征	敏感的温度区间	母材	位置	裂纹走向
热裂纹	结晶裂纹	在结晶后期，由于低熔共晶形成的液态薄膜削弱了晶粒间的连结，在拉伸应力作用下发生开裂	在固相线温度以上稍高的温度（固液状态）	杂质较多的碳钢、低中合金钢、奥氏体钢、镍基合金及铝	焊缝上，少量在热影响区	沿奥氏体晶界
	多边化裂纹	已凝固的结晶前沿，在高温和应力的作用下，晶格缺陷发生移动和聚集，形成二次边界，它在高温处于低塑性状态，在应力作用下产生的裂纹	固相线以下再结晶温度	纯金属及单相奥氏体合金	焊缝上，少量在热影响区	沿奥氏体晶界

裂纹分类		基 本 特 征	敏感的温度区间	母材	位置	裂纹走向
热裂纹	液化裂纹	在焊接热循环最高温度的作用下，在热影响区和多层焊的层间发生重熔，在应力作用下产生的裂纹	固相线以下稍低温度	含 S、P、C 较多的镍铬高强钢、奥氏体钢、镍基合金	热影响区及多层焊的层间	沿晶界开裂
再热裂纹		厚板焊接结构消除应力处理过程中，在热影响区的粗晶区存在不同程度的应力集中时，由于应力松弛所产生附加变形大于该部位的蠕变塑性，则发生再热裂纹	$600 \sim 700℃$ 回火处理	含有沉淀强化元素的高强钢、珠光体钢、奥氏体钢、镍基合金等	热影响区的粗晶区	沿晶界开裂
冷裂纹	延迟裂纹	在淬硬组织、氢和拘束应力的共同作用下而产生的具有延迟特征的裂纹	在 M_s 点以下	中、高碳钢、低、中合金钢、钛合金等	热影响区，少量在焊缝	沿晶或穿晶
	淬硬脆化裂纹	主要是由淬硬组织，在焊接应力作用下产生的裂纹	M_s 点附近	含碳的 NiCrMo 钢、马氏体不锈钢、工具钢	热影响区，少量在焊缝	沿晶或穿晶
	低塑性脆化裂纹	在较低温度下，由于母材的收缩应变，超过了材料本身的塑性储备而产生的裂纹	在 $400℃$ 以下	铸铁、堆焊硬质合金	热影响区及焊缝	沿晶或穿晶
层状撕裂		主要是由于钢板的内部存在有分层的夹杂物（沿轧制方向），在焊接时产生的垂直于轧制方向的应力，致使在热影响区或稍远的地方，产生"台阶"式层状开裂	约 $400℃$ 以下	含有杂质的低合金高强钢厚板结构	热影响区附近	穿晶或沿晶
应力腐蚀裂纹（SCC）		某些焊接结构（如容器和管道等），在腐蚀介质和应力的共同作用下产生的延迟开裂	任何工作温度	碳钢、低合金钢、不锈钢、铝合金等	焊缝和热影响区	沿晶或穿晶

第 8 节　材料的辐照效应

反应堆材料除应具有足够的力学性能、耐蚀和热强性外，还应具备抗辐照的特点，即要求辐照损伤引起的性能变化小。辐照损伤是指材料受载能粒子轰击后产生的点缺陷和缺陷团及其演化的离位峰、层错、位错环、贫原子区和微空洞以及析出的新相等。这些缺陷引起材料性能的宏观变化，称为辐照效应。辐照效应因危及反应堆安全，深受反应堆设计、制造和运行人员的关注，且是反应堆材料研究的重要内容。辐照效应包含了冶金与辐照产生的缺陷影响，所以是一个涉及面比较广的多学科问题。其理论比较复杂，模型和假设也比较多。其中有的已得到证实，有的尚处于假设、推论和研究阶段。

1.8.1　辐照损伤类型

反应堆中射线的种类很多，也很强，但对金属材料而言，主要影响来自快中子，而 α、

β 和 γ 的影响则较小。最终材料在反应堆内受中子辐照后主要产生以下几种效应：

1. 电离效应

电离效应指反应堆中产生的带电粒子和快中子与材料中的原子相碰撞，产生高能离位原子，高能的离位原子与靶原子轨道上的电子发生碰撞，使电子跳离轨道，产生电离的现象。从金属键特征可知，电离时原子外层轨道上丢失的电子，很快就会被金属中共有的电子所补充，因此电离效应对金属材料的性能影响不大。但对高分子材料会产生较大影响，因为电离破坏了它的分子键。

2. 离位效应

碰撞时，若中子传递给原子的能量足够大，原子将脱离点阵节点而留下一个空位。当离位原子停止运动而不能跳回原位时，便停留在晶格间隙之中形成间隙原子。此间隙原子和它留下的空位合称为 Frenkel 缺陷。堆内快中子引起的离位效应会产生大量初级离位原子，随之又产生级联碰撞，伴生许多点缺陷，它们的变化行为和聚集形态是引起结构材料辐照效应的主要原因。

3. 嬗变

嬗变即受撞击的原子核吸收一个中子变成异质原子的核反应。（n，α）和（n，p）是材料辐照损伤研究中最重要的两类核嬗变反应。这两类嬗变反应分别产生 He 和 H 原子，对材料的结构和性能产生更加复杂的影响。例如，在高注量的快中子辐照条件下，Ni 会发生显著的（n，α）反应，即 Ni 吸收中子后引起核嬗变反应放出 α 粒子（He）。最终导致快堆燃料元件包壳用奥氏体不锈钢的氦脆问题。

4. 离位峰中的相变

有序合金在辐照时转变为无序相或非晶态，这是在高能快中子或高能离子辐照下，产生液态离位峰快速冷却结果。无序或非晶态区被局部淬火保存下来，随着注量的增加，这种区域逐渐扩大，直到整个样品成为无序或非晶态。

1.8.2 辐照损伤机理

辐照损伤的机理可以用离位峰理论和热峰理论来解释。

1.8.2.1 离位峰理论

离位峰是描绘级联碰撞结束时的 Frenkel 缺陷分布模型，它是由 Brinkman 提出的。他认为 PKA 的高密度碰撞会驱使沿途碰撞链上的原子向外运动，因此在级联碰撞区域中心附近的缺陷，主要是空位，而间隙原子则分布在中心空位区的周边外围。这种空位和间隙原子相互分离的现象称为离位峰，其形态如图 1-4 所示。

1.8.2.2 热峰理论

与离位峰相伴而生的还有热峰（如图 1-5 所示），即局部微区温度急升骤降的现象。从

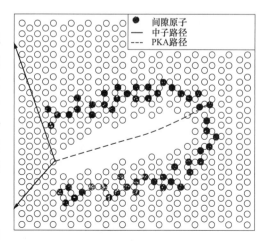

图 1-4　离位峰的原始形式

离位峰模型不难理解产生热峰的原因。因离位峰外层的间隙原子比较集中，它们的剩余能（低于 E_d）虽无力再使其他原子离位，但会引起原子热振动。显然，在间隙原子密集处就会使该区能量偏高，导致该微区的温度骤然升到很高温度、甚至达到熔点，但因它的体积很小，很快又被周围未受扰动的原子冷却下来，从而形成热峰。热峰周围温度分布的变化如图 1-6 所示，因间隙原子分布的随机性，相应而生的热峰温度高低也不同，其特点是热峰温度越高，存在的时间就越短，热峰区域就越小。

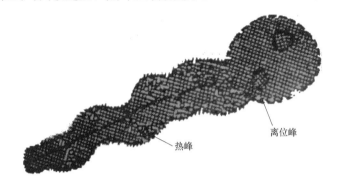

图 1-5   高能原子通过形成的热峰和离位峰

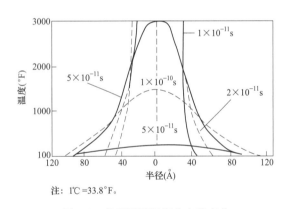

注：1℃ =33.8°F。

图 1-6   热峰周围温度分布的变化

1.8.3   辐照效应

辐照产生的晶体缺陷（辐照损伤）是引起材料性能变化（辐照效应）的根源，由于性能的变化直接关系到反应堆的安全和寿命，工程上最关心的是辐照效应。尽管在理论上，二者有一定的内在关系，但因辐照对材料性能的影响，由冶金扩大到中子场下的作用，就使它们之间的影响因素增多，且比较敏感和复杂。因此，辐照损伤对辐照效应的影响规律，主要是从大量实验中寻求趋势。概括来说，金属材料辐照后，均表现出强度升高，随之伴生塑性下降和脆性增加。这是由于辐照点缺陷及其演化的缺陷团，使位错启动和运动的阻力增加所致。因此辐照诱发点缺陷产生后的变化行为与组态是决定辐照效应的关键问题，也是理解宏观性能变化的微观依据。

1. 性能改变

辐照导致材料的硬化和脆化。材料的屈服强度、抗拉强度、韧脆转变温度、杨氏模量及高温蠕变速率增加；而导致塑性指标、密度、冲击功、断裂韧性、疲劳寿命及热导率减小。

2. 辐照肿胀

辐照导致材料中产生大量的缺陷，缺陷聚积后产生空位位错环和间隙位错环。空位位错环不易坍塌，因为核反应产生的氦气易聚集在空位位错环内，而使其形成三维的空洞，造成体积膨胀；间隙位错环坍塌后在原晶体中多了一个原子面，使体积增加。因此辐照导致材料的肿胀。

3. 氦脆

由于（n，α）反应产生大量的氦气，一旦氦泡在晶界聚集，就会造成材料的脆化，形成沿晶的断裂。而（n，p）反应的氢气容易逸出，对材料的影响不大。

4. 辐照生长

一些材料在中子辐照下表现为定向的伸长和缩短，而密度基本不变，这种现象称为辐照生长。辐照生长与温度无关，体积不变，生长量仅与辐照的中子注量有关。

5. 水的辐照分解

水在反应堆条件下会产生辐照分解，水的辐照分解过程很复杂，入射线在与水作用过程中，能量逐渐下降，引起水的强电离、弱电离和水分子的激发，产生 H、OH、HO_2、H_2、H_2O_2 等，对堆内构件造成腐蚀。

6. 辐照诱导放射性

材料中的某些核素吸收中子后会转变成放射性核素，即发生嬗变，这就是辐照诱导的放射性。

第 9 节　金属材料选用原则

金属材料的选用同其他各类材料一样，是一个复杂的问题，它是各种机械产品设计中极为重要的一环。要生产出高质量的产品，必须从产品的结构设计、选材、冷热工艺、生产成本等方面进行综合考虑。

正确、合理选材是保证产品最佳性能、工作寿命、使用安全和经济性的基础。现就金属材料选用的一般原则做以下介绍。

1. 所选用材料必须满足产品零件工作条件的要求

各种机械产品，由于它们的用途、工作条件等的不同，对其组成的零部件也自然有着不同的要求，具体表现在受载大小、形式及性质的不同，受力状态、工作温度、环境介质、摩擦条件等的不同。

在选材时，应根据零件工作条件的不同，具体分析对材料使用性能的不同要求。一般来说，机械零件的失效形式有以下三种：①断裂失效，包括塑性断裂、疲劳断裂、蠕变断裂、低应力脆断、介质加速断裂等；②过量变形失效，主要包括过量的弹性变形和塑性变形失效；③表面损伤失效，如磨损、腐蚀、表面疲劳失效等。

2. 所选材料必须满足产品零件工艺性能的要求

材料工艺性能的好坏，对零件加工的难易程度、生产效率和生产成本等方面都起着十分重要的作用。

金属材料的基本加工方法：包括切削加工、压力加工、铸造、焊接和热处理等。

切削加工（包括车、铣、刨、磨、钻等）性能：一般通过切削抗力大小、零件表面粗糙度、切屑排除的难易及切削刀具磨损程度来衡量其好坏。例如，1Cr18Ni9Ti 材料，切削加工性能就比较差。

压力加工性能（包括锻造性能、冲压性和轧制性能）：一般来说，低碳钢的压力加工性能比高碳钢好，而碳钢则比合金钢好。

　　铸造性能：主要包括流动性、收缩率、偏析及产生裂纹、缩孔等。不同的材料，其铸造性能差异很大，在铁碳合金中铸铁的铸造性能要比铸钢好。

　　焊接性：一般以焊缝处出现裂纹、脆性、气孔或其他缺陷的倾向来衡量焊接性能好坏。

　　热处理工艺性：主要包括淬硬性、淬透性、淬火变形、开裂、过热敏感性、回火脆性、回火稳定性等。

　　材料工艺性能的好坏，对单件和小批量生产来说并不显得十分突出，而在批量生产条件下，就明显地反映出它的重要性。例如：批量极大的普通螺钉、螺母对力学性能要求不高，而要求上自动机床加工时，为了提高生产率，就需要选用切削加工性能优良的钢种（易切结构钢）。又如对齿轮及轴的材料来说，往往要求材料有好的淬透性。

　　3. 所选材料应满足经济性的要求

　　在满足零件使用性能和质量的前提下，应注意材料的经济性。

　　对设计选材来说，保证经济性的前提是准确的计算，按零件使用的受力、温度、耐腐蚀等条件来选用适合的材料，而不是单纯追求某一项指标，能用碳钢的不用合金钢；能用低合金钢的，不用高合金钢；能用普通钢的，不用不锈耐热钢。这对批量大的零件来说就显得更重要。另外，还应从材料的加工费用来考虑，尽量采用无切屑或少切屑新工艺（如精铸、精锻等新工艺）。

　　此外，在选材时还应尽量立足于国内条件和国家资源，同时应尽量减少材料的品种、规格等。这些都直接影响到选材的经济性。

　　在选用代用材料时，一般应考虑原用材料的要求及具体零件的使用条件和对寿命的要求。不可盲目选用更高一级的材料或简单地以优代劣，以保证选用材料的经济性。

第 10 节　钢铁材料的分类和编号

1.10.1　中国钢铁材料的分类和编号

　　中国现有两个国家标准表示钢铁产品牌号，即 GB/T 221《钢铁产品牌号表示方法》和 GB/T 17616《钢铁及合金牌号统一数字代号体系》。前者仍采用汉语拼音、化学元素符号及阿拉伯数字相结合的原则命名钢铁牌号，后者要求凡列入国家标准和行业标准的钢铁产品，应同时列入产品牌号和统一数字代号，相互对照并列使用。

　　1.10.1.1　中国钢铁材料的分类

　　1. 按用途分类

　　根据钢材的用途可以分为三类：

　　（1）结构钢。用于制造各种工程结构（船舶、桥梁、车辆、压力容器等）和各种机器零件（轴、齿轮、各种连接件等）的钢种称为结构钢。其中用于制造工程结构的钢又称为工程用钢或构件用钢，它包括碳钢中的甲类钢、乙类钢、特类钢以及普通低合金钢；机器零件用钢则包括渗碳钢、调质钢、弹簧钢、滚动轴承钢等。

　　（2）工具钢。工具钢是用于制造各种加工工具的钢种。根据工具的不同用途，又可分为刃具钢、模具钢、量具钢。

　　（3）特殊性能钢。特殊性能钢是指具有某种特殊的物理或化学性能的钢种，包括不锈钢、耐热钢、耐磨钢、电工钢等。

2. 按化学成分分类

按照钢的化学成分可分为碳素钢和合金钢两大类。

(1) 碳素钢分为①低碳钢，$W_C \leqslant 0.25\%$；②中碳钢，$W_C = 0.25\% \sim 0.6\%$；③高碳钢，$W_C > 0.6\%$。

(2) 合金钢分为①低合金钢，合金元素总含量 $W \leqslant 5\%$；②中合金钢，合金元素总含量 $W = 5\% \sim 10\%$；③高合金钢，合金元素总含量 $W > 10\%$。另外，根据钢中所含主要合金元素种类的不同，也可分为锰钢、铬钢、铬镍钢、硼钢等。

3. 按显微组织分类

(1) 按平衡状态或退火状态的组织分类，可以分为亚共析钢、共析钢、过共析钢和莱氏体钢。

(2) 按正火组织分类，可分为珠光体钢、贝氏体钢、马氏体钢和奥氏体钢。

(3) 按室温时的显微组织分类，可分为铁素体钢、奥氏体钢和复相钢。

4. 按品质分类

主要是按钢中的 P、S 等有害杂质的含量分类，可分为普通质量钢、优质钢、高级优质钢和特级优质钢。例如，优质碳素结构钢的优质钢等级 W_P、W_S 均不大于 0.035%，高级优质钢等级 W_P、W_S 均不大于 0.030%；合金结构钢的优质钢等级 W_P、W_S 均不大于 0.035%，高级优质钢等级 W_P、W_S 均不大于 0.025%。

1.10.1.2 中国钢铁产品牌号表示方法

GB/T 221 规定了我国钢铁产品牌号表示方法的基本原则，该标准规定了钢铁产品牌号表示方法，适用于编写生铁、碳素结构钢、低合金结构钢、优质碳素结构钢、易切削钢、合金结构钢、弹簧钢、工具钢、轴承钢、不锈钢、耐热钢、焊接用钢、冷轧电工钢、电磁纯铁、原料纯铁、高电阻电热合金及有关专用钢等产品牌号。

钢铁产品牌号的表示，通常采用大写汉语拼音字母、化学元素符号和阿拉伯数字相结合的方法表示。为了便于国际交流和贸易的需要，也可采用大写英文字母或国际惯例表示符号。常用化学元素符号见表 1-9。

表 1-9　　常用化学元素符号

元素名称	化学元素符号	元素名称	化学元素符号	元素名称	化学元素符号	元素名称	化学元素符号
铁	Fe	锂	Li	钐	Sm	铝	Al
锰	Mn	铍	Be	锕	Ac	铌	Nb
铬	Cr	镁	Mg	硼	B	钽	Ta
镍	Ni	钙	Ca	碳	C	镧	La
钴	Co	锆	Zr	硅	Si	铈	Ce
铜	Cu	锡	Sn	硒	Se	钕	Nd
钨	W	铅	Pb	碲	Te	氮	N
钼	Mo	铋	Bi	砷	As	氧	O
钒	V	铯	Cs	硫	S	氢	H
钛	Ti	钡	Ba	磷	P	—	—

注　混合稀土元素符号用 "RE" 表示。

采用汉语拼音字母或英文字母表示产品名称、用途、特性和工艺方法时，一般从产品名称中选取有代表性的汉字的汉语拼音的首位字母或英文单词的首位字母。当和另一产品所取字母重复时，改取第二个字母或第三个字母，或同时选取两个（或多个）汉字或英文单词的首位字母。采用汉语拼音字母或英文字母，原则上只取一个，一般不超过三个。产品名称、用途、特性和工艺方法表示符号见表 1-10。

表 1-10 　　　　　　　产品名称、用途、特性和工艺方法表示符号

名　　称	采用符号	字　体	位　　置
炼钢用生铁	L	大写	牌号头
铸造用生铁	Z	大写	牌号头
球墨铸铁用生铁	Q	大写	牌号头
脱碳低磷粒铁	TL	大写	牌号头
含钒生铁	F	大写	牌号头
耐磨生铁	NM	大写	牌号头
碳素结构钢	Q	大写	牌号头
低合金高强度钢	Q	大写	牌号头
耐候钢	NH	大写	牌号尾
保证淬透性钢	H	大写	牌号尾
碳素工具钢	T	大写	牌号头
船用锚链钢	CM	大写	牌号头
船用钢	采用国际符号		
汽车大梁用钢	L	大写	牌号尾
矿用钢	K	大写	牌号尾
压力容器用钢	R	大写	牌号尾
焊接气瓶用钢	HP	大写	牌号头
车辆车轴用钢	LZ	大写	牌号头
机车车轴用钢	JZ	大写	牌号头
管线用钢	L	大写	牌号头
沸腾钢	F	大写	牌号尾
半镇静钢	b	小写	牌号尾
镇静钢	Z	大写	牌号尾
特殊镇静钢	TZ	大写	牌号尾
质量等级	A	大写	牌号尾
	B	大写	牌号尾
	C	大写	牌号尾
	D	大写	牌号尾
	E	大写	牌号尾

1. 生铁

生铁产品牌号通常由两部分组成：

第一部分：表示产品用途、特性及工艺方法的大写汉语拼音字母。

第二部分：表示主要元素平均含量（以千分之几计）的阿拉伯数字。炼钢用生铁、铸造用生铁、球墨铸铁用生铁、耐磨生铁为硅元素平均含量。脱碳低磷粒铁为碳元素平均含量，含钒生铁为钒元素平均含量。

例如，L04，Z34，Z30。

2. 碳素结构钢和低合金结构钢

（1）碳素结构钢和低合金结构钢的牌号通常由四部分组成：

第一部分：前缀符号+强度值（以 N/mm^2 或 MPa 为单位），其中通用结构钢前缀符号为代表屈服强度的拼音的字母"Q"。

第二部分（必要时）：钢的质量等级，用英文字母 A、B、C、D、E、F…表示。

第三部分（必要时）：脱氧方式表示符号，即沸腾钢、半镇静钢、镇静钢、特殊镇静钢分别用"F""b""Z""TZ"表示。镇静钢、特殊镇静钢表示符号通常可以省略。

第四部分（必要时）：产品用途、特性和工艺方法表示符号。

例如，40 号钢，45 号钢。

（2）根据需要，低合金高强度结构钢的牌号也可以采用二位阿拉伯数字（表示平均含碳量，以万分之几计）加表 1-9 规定的元素符号及必要时加代表产品用途、特性和工艺方法的表示方法，按顺序表示。

例如，Q235，Q345A，12MnV，16Mn。

3. 优质碳素结构钢和优质碳素弹簧钢

优质碳素结构钢牌号通常由五部分组成：

第一部分：以二位阿拉伯数字表示平均含碳量（以万分之几计）。

第二部分（必要时）：较高含锰量的优质碳素结构钢，加锰元素符号 Mn。

第三部分（必要时）：钢材冶炼质量，即高级优质钢、特级优质钢分别以 A、E 表示，优质钢不用字母表示。

第四部分（必要时）：脱氧方式表示符号，即沸腾钢、半镇静钢、镇静钢分别以"F""b""Z"表示，但镇静钢表示符号通常可以省略。

第五部分（必要时）：产品用途、特性或工艺方法表示符号。

优质碳素弹簧钢的牌号表示方法与优质碳素结构钢相同。

例如，65 号钢，70 号钢，85 号钢。

4. 易切削钢

易切削钢牌号通常由三部分组成：

第一部分：易切削钢表示符号"Y"。

第二部分：以二位阿拉伯数字表示平均碳含量（以万分之几计）。

第三部分：易切削元素符号，如含钙、铅、锡等易切削元素的易切削钢分别以 Ca、Pb、Sn 表示。加硫和加硫磷易切削钢，通常不加易切削元素符号 S、P。较高锰含量的加硫或加硫磷易切削钢，本部分为锰元素符号 Mn。为区分牌号，对较高硫含量的易切削，在牌号尾部加硫元素符号 S。

例如，YF35V，YF40V，YF40MnV。

5. 车辆车轴及机车车辆用钢

车辆车轴及机车车辆用钢牌号通常由两部分组成：

第一部分：车辆车轴用钢表示符号"LZ"或机车车辆用钢表示符号"JZ"。

第二部分：以二位阿拉伯数字表示平均碳含量（以万分之几计）。

例如，LZ50，JZ50。

6. 合金结构钢和合金弹簧钢

（1）合金结构钢牌号通常由四部分组成：

第一部分：以二位阿拉伯数字表示平均碳含量（以万分之几计）。

第二部分：合金元素含量，以化学元素符号及阿拉伯数字表示。具体表示方法为：平均含量小于 1.50％时，牌号中仅标明元素，一般不标明含量；平均含量为 1.50％～2.49％、2.50％～3.49％、3.50％～4.49％、4.50％～5.49％…时，在合金元素后相应写成 2、3、4、5…。

第三部分：钢材冶金质量，即高级优质钢、特级优质钢分别以 A、E 表示，优质钢不用字母表示。

第四部分（必要时）：产品用途、特性或工艺方法表示符号。

例如，40Cr，20CrMnTi，40CrNiMo。

（2）合金弹簧钢的表示方法与合金结构钢相同。

例如，55Si2Mn，55SiMnVB，60Si2MnA。

7. 非调质机械结构钢

非调质机械结构钢牌号通常由四部分组成：

第一部分：非调质机械结构钢表示符号"F"。

第二部分：以二位阿拉伯数字表示平均碳含量（以万分之几计）。

第三部分：合金元素含量，以化学元素符号及阿拉伯数字表示，表示方法同合金结构钢第二部分。

第四部分（必要时）：改善切削性能的非调质机械结构钢加硫元素符号 S。

例如，F45V，F35MnVN，F40MnV。

8. 工具钢

工具钢通常分为碳素工具钢、合金工具钢、高速工具钢三类。

（1）碳素工具钢。碳素工具钢牌号通常由四部分组成：

第一部分：碳素工具钢表示符号"T"。

第二部分：阿拉伯数字表示平均碳含量（以千分之几计）。

第三部分（必要时）：较高含锰量碳素工具钢，加锰元素符号 Mn。

第四部分（必要时）：钢铁冶金质量，即高级优质碳素工具钢以 A 表示，优质钢不用字母表示。

例如，T10，T10A。

（2）合金工具钢。合金工具钢牌号通常由两部分组成：

第一部分：平均碳含量小于 1.00％时，采用一位数字表示碳含量（以千分之几计）。平均含碳量不小于 1.00％时，不标明含碳量数字。

第二部分：合金元素含量，以化学元素符号及阿拉伯数字表示，表示方法同合金结构钢第二部分。低铬（平均铬含量小于1%）合金工具钢，在铬含量（以千分之几计）前加数字"0"。

例如，9SiCr，Cr12MoV，9Mn2V。

（3）高速工具钢。高速工具钢牌号表示方法与合金结构钢相同，但在牌号头部一般不标明表示碳含量的阿拉伯数字。为了区别牌号，在牌号头部可以加"C"表示高碳高速工具钢。

9. 轴承钢

轴承钢分为高碳铬轴承钢、渗碳轴承钢、高碳铬不锈轴承钢和高温轴承钢等四大类。

（1）高碳铬轴承钢。高碳铬轴承钢牌号通常由两部分组成：

第一部分：（滚珠）轴承钢表示符号"G"，但不标明碳含量。

第二部分：合金元素"Cr"符号及其含量（以千分之几计）。其他合金元素含量，以化学元素符号及阿拉伯数字表示，表示方法同合金结构钢第二部分。

（2）渗碳轴承钢。在牌号头部加符号"G"，采用合金结构钢的牌号表示方法。高级优质渗碳轴承钢，在牌号尾部加"A"。

例如，碳含量为0.17%～0.23%，铬含量为0.35%～0.65%，镍含量为0.40%～0.70%，钼含量为0.15%～0.30%的高级优质渗碳轴承钢，其牌号表示为"G20CrNiMoA"。

（3）高碳铬不锈轴承钢和高温轴承钢。在牌号头部加符号"G"，采用不锈钢和耐热钢的牌号表示方法。

例如，碳含量为0.90%～1.00%，铬含量为17.0%～19.0%的高碳铬不锈轴承钢，其牌号表示为G95Cr18；碳含量为0.75%～0.85%，铬含量为3.75%～4.25%，钼含量为4.00%～4.50%的高温轴承钢，其牌号表示为G80Cr4Mo4V。

例如，GCr15，G20CrMo，GCr15SiMn。

10. 钢轨钢、冷镦钢

钢轨钢、冷镦钢牌号通常由三部分组成：

第一部分：钢轨钢表示符号"U"、冷镦钢（铆螺钢）表示符号"ML"。

第二部分：以阿拉伯数字表示平均碳含量，优质碳素结构钢同优质碳素结构钢第一部分；合金结构钢同合金结构钢第一部分。

第三部分：合金元素含量，以化学元素符号及阿拉伯数字表示，表示方法同合金结构钢第二部分。

例如，U71Mn，ML35，ML42CrMo。

11. 不锈钢和耐热钢

牌号采用表1-9规定的化学元素符号和表示各元素含量的阿拉伯数字表示。各元素含量的阿拉伯数字表示应符合以下规定。

（1）碳含量。用两位或三位阿拉伯数字表示碳含量最佳控制值（以万分之几或十万分之几计）。

1）只规定碳含量上限者，当碳含量上限不大于0.10%时，以其上限的3/4表示碳含量；当碳含量上限大于 0.10% 时，以其上限的 4/5 表示碳含量。对超低碳不锈钢（即碳含量不大于 0.030%），用三位阿拉伯数字表示碳含量最佳控制值（以十万分之几计）。

2）规定上、下限者，以平均碳含量×100 表示。

（2）合金元素含量。合金元素含量以化学元素符号及阿拉伯数字表示，表示方法同合金结构钢第二部分。钢中有意加入的 Nb、Ti、Zr、N 等合金元素，虽然含量很低，也应在牌号中标出。

例如，2Cr13，0Cr18Ni9，4Cr9Si2。

12. 焊接用钢

焊接用钢包括焊接用碳素钢、焊接用合金钢和焊接用不锈钢等。

焊接用钢牌号通常由两部分组成：

第一部分：焊接用钢表示符号"H"。

第二部分：各类焊接用钢牌号表示方法。其中优质碳素结构钢、合金结构钢和不锈钢应分别符合本节内容的规定。

13. 冷轧电工钢

冷轧电工钢分为取向电工钢和无取向电工钢，牌号通常由三部分组成：

第一部分：材料公称厚度（单位为 mm）100 倍的数字。

第二部分：普通级取向电工钢表示符号"Q"、高磁导率级取向电工钢表示符号"QG"或无取向电工钢表示符号"W"。

第三部分：取向电工钢，磁极化强度在 1.7T 和频率在 50Hz，以 W/kg 为单位及相应厚度产品的最大比总损耗值的 100 倍；无取向电工钢，磁极化强度在 1.5T 和频率在 50Hz，以 W/kg 为单位及相应厚度产品的最大比总损耗值的 100 倍。

例如，35QG135，50WW270。

14. 电磁纯铁

电磁纯铁牌号通常由三部分组成：

第一部分：电磁纯铁表示符号"DT"。

第二部分：以阿拉伯数字表示不同牌号的顺序号。

第三部分：根据电磁性能不同，分别采用加质量等级表示符号"A""C""E"。

例如，DT4，DT4E，DT4C。

15. 原料纯铁

原料纯铁牌号通常由两部分组成：

第一部分：原料纯铁表示符号"YT"。

第二部分：以阿拉伯数字表示不同牌号的顺序号。

例如，YT00，YT01。

16. 高电阻电热合金

高电阻电热合金牌号采用表 1-9 规定的化学元素符号和阿拉伯数字表示。牌号表示方法与不锈钢和耐热钢的牌号表示方法相同（镍铬基合金不标出含碳量）。

例如，铬含量为 18.00%～21.00%，镍含量为 34.00%～37.00%，碳含量不大于 0.08% 的合金（其余为铁），其牌号表示为 06Cr20Ni35。

1.10.2 法国钢铁材料分类和编号

NF 是法国标准（Normes Francaises）的标准代号，它是由法国标准化协会（AFNOR）制定的。法国各类钢的分类包括非合金钢和碳素钢、合金钢、工具钢。

1. 非合金钢和碳素钢

这类钢通常是指除 C 和 Fe 以外，钢中残余元素的含量（%）均不得超过表 1-11 中的数值，表中未列出的其他残余元素的含量亦不得超过 0.1%。

表 1-11　　　　　　　　　　　　钢中残余元素含量 W_t 　　　　　　　　　　（%）

元素	Mn	Si	Cr	Ni	Mo	V	W	Co	Al	Ti	Cu	P	S	P+S
含量	1.2	1.0	0.25	0.50	0.10	0.05	0.30	0.30	0.30	0.30	0.30	0.12	0.10	0.20

（1）普通钢（A 类钢）。

1）AD×钢。这是一般商品钢，要求有一定延展性，抗拉强度为 33～50kgf/mm²。

2）其他类钢。其钢号表示方法：钢号开头为"A"，表示一般用钢；"A"后面的数字是表示抗拉强度（kgf/mm² 或 MPa）不低于该数值；其数字所表示的抗拉强度范围见表 1-12。

表 1-12　　　　　　　　　　　数字表示的抗拉强度范围　　　　　　　　　（kgf/mm²）

数字	33	37	42	48	56	65	75	85	95
抗拉强度	33～40	37～44	42～50	48～56	56～65	65～75	75～86	85～95	95～105

注　1kgf/m² = 9.806 65Pa。

3）专门用途的钢在数字后再标以各种大写字母来表示。例如，T——结构用钢，N——船体用钢，C——锅炉或受压装置用钢，BA——混凝土用钢。

4）钢号最后所标的数字，表示钢的质量等级；其符号有 1、2、2bis、3、3bis、4、4bis（bis 表示冷加工状态）七种。而每一种质量符号都有其相应的质量指数 N。常用的质量等级为 No.1、No.2、No.3、No.4，其相应的各钢种的质量指数 N 列于表 1-13。

表 1-13　　　　　　　　　　　　各钢号的质量指数 N

钢号质量等级	No.1	No.2	No.3	No.4
A33	98	110	116	121
A37	96	109	114	119
A42	94	106	112	116
A48	94	106	112	116
A56	94	106	114	116
A65	98	108	114	118
A75	—	108	—	119
A85	—	110	—	—
A95	—	110	—	—

5）钢中硫、磷含量的高低，采用小写字母 a，b，c，…，m 来表示硫、磷含量依次降

低（见表1-14）。

表 1-14 钢中 W_P、W_S 和 W_P+W_S 的等级及其符号

符号	W_P	W_S	W_P+W_S	符号	W_P	W_S	W_P+W_S
a	0.09	0.065	0.14	f	0.04	0.035	0.065
b	0.08	0.06	0.12	g	0.025	0.035	0.060
c	0.06	0.05	0.10	h	0.030	0.025	0.055
d	0.05	0.05	0.09	k	0.020	0.025	0.045
e	0.04	0.04	0.07	m	0.020	0.015	0.035

注 A类钢只从b级到e级。

（2）非合金结构钢（即结构用碳素钢）。

1）CC类钢。钢号有CC10，CC12，CC20，CC28，CC45，CC55。在CC后面的数字表示钢的平均碳含量的万分之几，例如，CC20表示平均碳含量为0.20%的碳素钢。其磷、硫含量一般均为0.040%，个别为0.050%。

2）XC类钢。其碳含量的范围较CC类钢更窄；磷、硫含量亦限制严格。这类钢的钢号如：XC10，XC12，XC15，XC18，XC85，XC90，XC100，XC130，数字亦表示钢的平均碳含量的万分之几。在数字后标有"TS"的，对磷、硫含量的限制更严格。

2. 合金钢

按照钢中合金元素含量的不同，可分为低合金钢和高合金钢，其钢号表示方法亦有所不同。

（1）低合金钢（合金元素总量低于5%）。

1）含碳量是以 W_C 的100倍的数字来表示。

2）各主要合金元素采用大写字母来表示，见表1-15。

3）各合金元素的含量多少，是采用主元素实际平均含量百分数乘以表1-16中所列的该元素的指数来表示。

4）钢中主要合金元素的含量如低于表1-16所列的含量，则钢号中不必标出，但硼例外。

表 1-15 合金元素的缩写字母和含量指数

元素名称及化学符号	钢号中采用的字母	指数	元素名称及化学符号	钢号中采用的字母	指数
铬 Cr	C	4	锡 Sn	E	10
钴 Co	K	4	镁 Mg	G	10
锰 Mn	M	4	钼 Mo	D	10
镍 Ni	N	4	磷 P	P	10
硅 Si	S	4	铅 Pb	Pb	10
铝 Al	A	10	钨 W	W	10
铍 Be	Be	10	钒 V	V	10
铜 Cu	U	10	锌 Zn	Z	10

表 1-16		钢号中不必标出的主要合金元素 W_t			（％）
元素名称	Mn 和 Si	Ni	Cr	Mo	V
含量	1.20	0.20	0.25	0.10	0.05

例如，42CD4：其中 42 表示 W_C 的 100 倍数字即 W_C 为 0.42％；主要合金元素采用大写字母表示；查表 1-15：C 表示 Cr；D 表示 Mo；4 表示主元素 Cr 含量，按表 1-15 除以相应指数 4，其含量为 1％。即表示平均含量为 C：0.42％，W_{Cr} 约为 1％，$W_{Mo}>0.10％$ 的 Cr-Mo 钢。

例如，20CDV5.08：其中 20 表示 C％ 的 100 倍数字即 W_C 为 0.20％；主要合金元素采用大写字母表示；C 表示 Cr；D 表示 Mo；V 表示 V；5 表示主元素 Cr 含量，按表 1-15 除以相应指数 4，其含量为 1.25％；08 表示 W_{Mo}，按表 1-15 Mo 的相应指数为 10，因此 W_{Mo} 为 0.8％。即表示平均含量 W_C 为 0.20％，W_{Cr} 为 1.25％，W_{Mo} 为 0.08％，W_V 大于 0.05％ 的 Cr-Mo-C 钢。

5）硫系易切削钢在表示合金元素的字母后再加"F"。

例如，45MF4：45 表示 W_C 的 100 倍数字即 W_C 为 0.45％；主要合金元素 M 表示 Mn；F 表示硫系易切削钢；4 表示 W_{Mn} 为 1％。即表示平均含量 W_C 为 0.45％，W_{Mn} 1％ 的含硫易切削钢。

（2）高合金钢（其中有一种合金元素超过 5％）。

1）钢号开头冠以大写字母"Z"。

2）合金元素的含量直接以实际的平均含量的百分数来表示，不再乘以指数。

3）当表示合金元素的数字小于 10 时，则在该数字之前冠以"0"。

4）其他表示方法和低合金钢相同。

例如，Z12N5：其中 Z 表示高合金钢；12 表示 W_C 为 0.12％；N 表示 Ni；5 表示含 W_{Ni}（5％），即表示平均含 W_C 为 0.12％，W_{Ni} 为 5％ 的 Ni 结构钢。

例如，Z8CN18-08：其中 Z 表示高合金钢；8 表示 C 含量为 0.08％；C 表示 Cr；N 表示 Ni；18 表示 W_{Cr} 为 18％；08 表示 W_{Ni} 为 8％，即表示平均 W_C 为 0.08％、W_{Cr} 为 18％、W_{Ni} 为 8％ 的 Cr-Ni 结构钢。

1.10.3　美国钢铁材料分类和编号

美国有多家学会、协会从事钢铁标准化工作，涉及钢铁材料标准的标准化机构，主要有：

AISI——美国钢铁学会；

ACI——美国合金铸造学会；

ANSI——美国国家标准学会；

ASTM——美国材料与试验协会；

SAE——美国汽车工程师协会；

ASME——美国机械工程师协会；

AWS——美国焊接学会。

UNS 是金属与合金牌号统一数字体系的简称。它是由 ASTM E507 和 SAE J1086 等技术标准推荐使用的。ANSI 标准广泛用于整个工业，但该学会本身不制定标准，只是从其他标准化机构中选取一部分标准发布为国家标准，其标准号采用双编号如：ANSI/ASTM，牌号是采用另一编号标准中的牌号。ASTM 标准广泛用于钢铁材料，它的特点是能够代表标准制定部门、钢铁企业和用户三方协商一致的意见，因此被广泛使用。

1. 结构钢

大多数牌号的表示符合 SAE 系统的规定。碳素结构钢棒材 1005～1095 共 49 个牌号，10 代表碳素钢。较高锰含量碳素钢棒材 1513～1572 共 16 个牌号，15 代表较高锰含量碳素钢。易切削结构钢 1108～1151，1211～1215 和 12L13～12L15 共 23 个牌号。11 表示硫系易切削结构钢，12 表示硫磷复合易切削结构钢，12L 表示铅硫复合易切削结构钢。合金结构钢 1330～E9310 和硼钢 50B44～94B30 共 90 个牌号。牌号前两位数字的代表钢类均符合 SAE 系统规定。弹簧钢 1050 碳素弹簧钢、5160 合金弹簧钢和含硼弹簧钢 51B60 等均分别属于碳素钢和合金结构钢标准。以上各类钢详况可参阅 ASTM A29/A29M 标准。H 钢（保证淬透性钢）碳素结构钢（H 钢）有 1038H～15B62H12 个牌号；合金结构钢（H 钢）有 1330H～94B30H74 个牌号，共有 86 个牌号。除牌号尾部加字母 H 和化学成分略有差异（调整）外，其余均与碳素钢和合金结构钢相同。标准号为 ASTM A304。高碳铬轴承钢 ASTM A295 标准中共有 52100、5195、K19526、1070M 和 5160 五个牌号，无规律。低合金高强度钢涉及 ASTM（A242、A441、A529、A572、A588、A606、A607、A618、A633、A656、A690、A707、A715、A808、A812、A841 和 A871）17 个标准。Typel、Gr42、GrA、Grla、CrⅡ、65 和 80 等共 49 个牌号，其中有的无牌号，仅有化学成分。

2. 工具钢

碳素工具钢 ASTM A686 标准中有 W1-A～W5 共 5 个牌号。合金工具钢 ASTM A680 标准中有：H10～H43 热作模具钢 15 个牌号；A2～A10 空冷硬化冷作工具钢 9 个牌号；D2～D7 高碳高铬冷作工具钢 5 个牌号；O1～O7 油淬冷作工具钢 4 个牌号；S1～S7 耐冲击工具钢 6 个牌号；P1～P21 低碳型工具钢 8 个牌号；F1、F2 碳钨合金工具钢 2 个牌号；L2～L6 特殊用途工具钢 3 个牌号；6G～6F6 其他工具钢 6 个牌号。以上九类合计 58 个牌号。

高速工具钢 ASTM A600 标准中有：T1～T15 钨系高速工具钢 7 个牌号；M1～M62 钼系高速工具钢 20 个牌号；M50、M52 中间型高速工具钢 2 个牌号。以上三类合计 29 个牌号。

3. 铸钢件

高强度铸钢采用力学性能抗拉强度和屈服强度（屈服点）的最低值组成牌号，一般工程用铸钢除用力学性能值表示牌号外，还有用字母加数字组成牌号的。不锈钢、耐热铸钢则按 ACI 标准规定的用字母和数字的组合来表示牌号。C 表示 650℃ 以下使用的不锈铸钢，H 表示高于 650℃ 时使用的耐热钢，牌号中第二个字母表示镍元素的含量范围，见表 1-17。

表 1-17　　　　　　　　　　　牌号中第二个字母与镍元素含量 W_t　　　　　　　　　　（％）

字母	Ni 含量范围	字母	Ni 含量范围
A	<1.0	I	14.0～18.0
B	<2.0	K	18.0～22.0
C	<4.0	N	23.0～27.0
D	4.0～7.0	T	33.0～37.0
E	8.0～11.0	U	37.0～41.0
F	9.0～12.0	W	58.0～62.0
H	11.0～14.0	X	64.0～68.0

工程与结构用铸钢 ASTM A27 标准中有 GradeN1、415-205 等 7 个牌号。高强度铸钢 ASTM A148 标准中有 Grade 550-345、1795-1450L 等 15 个牌号。不锈、耐蚀铸钢 ASTM A743 标准中有 CF-8、CH-10、CA-15CB-6、CM-3M、CN-3M 和 CK-35Mn 七种 34 个牌号。耐热铸钢 ASTM A297 标准中有 HF、HP 等 14 个牌号。高锰铸钢 ASTM A128 标准有 A、B-1～B-4、C、D、E1、E2 和 F 等 10 个牌号。

4. 铸铁

灰铸铁用字母符号和数字组合成牌号。ASTM A48 标准中 No.20（A、B、C、S），No.60（A、B、C、S）9 类 36 个牌号。

球墨铸铁有普通球墨铁和特殊用途球墨铸铁两类，但其牌号均是用三组数字组合而成。第一组数字为代号，第二组数字为抗拉强度最低值（MPa），第三组数字表示伸长率最低值（％）。

可锻铸铁均以数字组合表示牌号。按 ASTM A47M 标准，铁素体可锻铸铁用数字组合表示牌号，标准中有 22010、32510 和 35510 共 3 个牌号；ASTM A220M 标准中用数字与字母组合表示珠光体可锻铸铁牌号，标准中有 280M10，620M1 等 8 个牌号。280 表示抗拉强度最低值（MPa），10 表示伸长率最低值（％）。抗磨白口铸铁的牌号构成与其他铸铁牌号不同。既有数字级别Ⅰ、Ⅱ、Ⅲ，又有 A、B、C、D 类别，同时附有合金元素符号及其含量。ASTM A532 有ⅡB15％Cr-Mo 等 10 个牌号。

奥氏体铸铁分奥氏体灰铸铁和奥氏体球墨铸铁两种。奥氏体灰铸铁用 1 型～6 型表示牌号，ASTM A436 标准中有 8 个牌号。奥氏体球墨铸铁用 D2～D5S 表示牌号，ASTM A439 中有 9 个牌号。

参　考　文　献

[1] 崔忠圻. 金属学与热处理 [M]. 北京：机械工业出版社，1999.

[2] 姜求志，王金瑞. 火力发电厂金属材料手册 [M]. 北京：中国电力出版社，2000.

[3] 阮於珍. 核电厂材料 [M]. 北京：原子能出版社，2010.

[4] 安继儒，田龙刚. 金属材料手册 [M]. 北京：化学工业出版社，2008.

[5] 杨文斗. 反应堆材料学 [M]. 北京：原子能出版社，2000.

第2章

核级设备用铸件

铸件具备机加工投资小、工艺灵活性大、生产周期短等优点,在机械工业中得到了广泛的应用。

核电厂核级设备用铸件因其使用的特殊性和要求,为稳定铸件的工艺质量,对铸造工艺方案、原材料、工艺流程、质量控制等都有严格的规定。当前,核电厂核级设备用铸件主要包括反应堆冷却剂主管道、主泵泵壳、循环水泵叶轮等设备或部件。

第1节 工作条件及用材要求

主管道是在压水堆核电厂反应堆一回路系统中将压力容器、主泵和蒸汽发生器相连接的管道部件,属核安全一级部件,同时也是反应堆冷却剂压力边界的重要组成部分,对反应堆的安全和正常运行起重要的保障作用。主管道是核电厂正常、非正常、事故和试验工况下防止核反应裂变产物外泄至安全壳的重要屏障。

反应堆冷却剂泵又称主泵,用于驱动冷却剂在反应堆冷却剂系统内循环流动,连续不断地把堆芯中产生的热量传递给蒸汽发生器二次侧给水。主泵在高压、高温、强辐照的恶劣条件下工作,一般工作环境为腐蚀性流体(如硼酸水)。

主管道、主泵在高温、高压、强辐照的恶劣条件下工作,同时还有高流速的高纯水的腐蚀以及高频疲劳的作用,因此在其服役期间必须具有可靠的密封性和完整性。为满足此要求,主管道、主泵泵壳材料应具备以下性能特点:

(1)抗应力腐蚀、晶间腐蚀和均匀腐蚀的能力强。

(2)基体组织稳定、夹杂物少,具有足够的强度、塑性和热强性。

(3)铸造和焊接性能好,生产工艺成熟。

(4)成本低,有类似工况的使用经验。

(5)Co 含量尽量低。

核级设备用铸件主要包括主管道、主泵泵壳、典型阀门和泵用铸件。表 2-1 为核级设备用铸件常用材料牌号、特性及主要应用范围。

表 2-1　　　　　　　核级设备用铸件常用材料牌号、特性及其主要应用范围

材料牌号（技术条件）	特　性	主要应用范围	近似牌号
Z3CN20.09M（RCC-M M3401、M3402、M3403、M3405、M3406-2007）	双相不锈钢兼有奥氏体和铁素体不锈钢的特性。例如，与铁素体不锈钢相比，γ＋α 双相不锈钢韧性高，脆性转变温度低，耐晶间腐蚀性能和焊接性能均显著提高；同时，仍保留了铁素体不锈钢的一些特点，如：475℃脆性，σ 相的析出脆性以及导热系数高，线膨胀系数小，具有超塑性等。与奥氏体不锈钢相比，双相不锈钢的强度，特别是屈服强度显著提高且耐晶间腐蚀，耐应力腐蚀，耐疲劳腐蚀等的性能有明显改善	主管道（直管、弯头和 45°斜管嘴）、主泵泵壳和叶轮等	CF3/CF3A、（ASME SA351）、ZG04Cr20Ni9（NB/T 20007.24—2013、NB/T 20007.25—2013、NB/T 20007.26—2012、NB/T 20007.27—2013）
23M5M、20CD4M（RCC-M M1115-2007）	可焊碳钢承压铸件具有良好的塑性和强度，良好的铸造性能和焊接性能	主泵电动机基座	ZG23Mn、ZG20CrMnMo（NB/T 20005.6—2013）
20MN5M（RCC-M M1111、M112、M1114-2007）	可焊碳钢承压铸件具有良好的塑性和强度，良好的铸造性能和焊接性能	蒸汽发生器水室封头、主蒸汽隔离阀阀体	ASME SA 216 WCC 级、ZG270-480H（GB/T 7659—2010）
FGS Ni20Cr2（RCC-M M6201-2007）	奥氏体球墨铸铁件具有耐热、耐蚀、耐磨和其他特殊用途。奥氏体球墨铸铁就是奥氏体球状铸铁或球状石墨铸铁，其特点是大体上由本身的球状石墨并无片状石墨。它含有某些碳化物和足够量的生成奥氏体组织的合金元素。这种铸铁不仅常温力学性能高，有极好的抗热冲击性和抗热蠕变性，极好的耐蚀性及高温抗氧化性，而且有低的热膨胀性和很好的低温冲击韧性	核岛重要厂用水泵泵壳	A439Gr.D-2（ASTM A439）、QTANi20Cr2（NB/T 20008.17—2012）
20M5M（RCC-M M1112-2007）	可焊碳钢承压铸件具有良好的塑性和强度，良好的铸造性能和焊接性能	设备冷却水泵泵壳	ZG235-470（NB/T 20005.5—2013）
Z5CND13.04、Z5CN12.01（RCC-M M3201、M3208-2007）	主要为承压马氏体不锈钢铸件	1、2、3级马氏体不锈钢承压铸件、泵用马氏体不锈钢 ABC 类非承压铸造内件	ZG06Cr13Ni4Mo、ZG08Cr12Ni1（NB/T 20007.19—2013、NB/T 20007.20—2013）

第 2 节　材料性能数据

2.2.1　Z3CN20.09M、CF3/CF3A、ZG04Cr20Ni9

2.2.1.1　用途

Z3CN20.09M 钢采用的 RCC-M 标准包括 M3401、M3402、M3403、M3405 和 M3406，

主要用于主管道直管、弯头和 45°斜管嘴、主泵泵壳和叶轮等设备和部件，其近似牌号为 CF3/CF3A（ASME SA351）及 ZG04Cr20Ni9（NB/T 20007.24、NB/T 20007.25、NB/T 20007.26、NB/T 20007.27）。具体应用如下：

- RCC-M M3401-2007 Chromium Nickel（Containing No Molybdenum）Austenitic-Ferritic Stainless Steel Castings for PWR Reactor Coolant Pump Casings

- RCC-M M3402-2007 Class 1，2 and 3 Pressure-Retaining Austenitic-Ferritic Stainless Steel Castings

- RCC-M M3403-2007 Cast Elbows and Inclined Nozzles Made from Chromium-Nickel Austenitic-Ferritic Stainless Steel without Molybdenum for PWR Reactor Coolant System Piping

- RCC-M M3405-2007 Non-Pressure-Retaining Category A，B and C Chromium Nickel Austenitic-Ferritic Stainless Steel Cast Internal Pump Parts（Containing No Molybdenum）for Pressurized Water Reactors

- RCC-M M3406-2007 Centrifugally Cast Chromium Nickel Austenitic-Ferritic Stainless Steel Pipes（Containing No Molybdemum）for PWR Reactor Coolant System Piping

- ASME SA351-2007 Castings，Austenitic，Austenitic-Ferritic（Duplex），for Pressure-Containing Parts

- NB/T 20007.24—2013 压水堆核电厂用不锈钢 第 24 部分：反应堆冷却剂泵蜗壳用奥氏体-铁素体不锈钢承压铸件

- NB/T 20007.25—2013 压水堆核电厂用不锈钢 第 25 部分：泵用不含钼的铬镍奥氏体-铁素体不锈钢 ABC 类非承压铸造内件

- NB/T 20007.26—2012 压水堆核电厂用不锈钢 第 26 部分：反应堆冷却剂管道用奥氏体-铁素体不锈钢离心浇铸管

- NB/T 20007.27—2013 压水堆核电厂用不锈钢 第 27 部分：反应堆冷却剂管道用奥氏体-铁素体不锈钢铸造弯头和斜接管嘴

2.2.1.2 技术条件

Z3CN20.09M 钢及其近似牌号 CF3/CF3A、ZG04Cr20Ni9 钢的化学成分见表 2-2。

表 2-2 　　　　Z3CN20.09M、CF3/CF3A 和 ZG04Cr20Ni9 钢的化学成分 W_t 　　　（％）

元　素		C	Si	Mn	S	P	Cr
Z3CN20.09M（RCC-M M3401、M3402、M3403、M3405、M3406-2007）	熔炼分析及成品分析	≤0.040[①]	≤1.50	≤1.50	≤0.015	≤0.030	19.00~21.00
CF3/CF3A（ASME SA351-2007）	熔炼分析及成品分析	≤0.03	≤2.00	≤1.50	≤0.040	≤0.040	17.0~21.0

续表

元　素		C	Si	Mn	S	P	Cr
ZG04Cr20Ni9⑤ (NB/T 20007.24—2013、 NB/T 20007.25—2013、 NB/T 20007.26—2012、 NB/T 2007.27—2013)	熔炼分析及 成品分析	≤0.040	≤1.50	≤1.50	≤0.015	≤0.030	19.00～21.00

元　素		Ni	Cu	Co	Mo	N	B
Z3CN20.09M (RCC-M M3401、 M3402、 M3403、M3405、 M3406-2007)	熔炼分析及 成品分析	8.00～ 11.00	≤1.00	≤0.20 (目标 ≤0.10)②	③	④	—
CF3/CF3A (ASME SA351—2007)	熔炼分析及 成品分析	8.0～12.0	—	—	≤0.50	—	—
ZG04Cr20Ni9⑤ (NB/T 20007.24—2013、 NB/T 20007.25—2013、 NB/T 20007.26—2012、 NB/T 20007.27—2013)	熔炼分析及 成品分析	8.00～ 11.00	≤0.10	≤0.20 (目标 ≤0.10)	提供 数据	提供 数据	≤0.0018⑥

① RCC-M M3406-2007、NB/T 20007.26—2012 中的熔炼分析≤0.038。

② RCC-M M3402、M3405-2007、NB/T 20007.25—2013 中规定 Co 含量应根据 B2400、C2400 和 D2400 的要求在设备规格书或其他有关合同文件中规定。

③ Mo 残余含量应作为数据提供。

④ N 残余含量应作为数据提供。

⑤ NB/T 20007.26—2012、NB/T 20007.27—2013 中 Nb、V、Al 残余含量提供数据。

⑥ 仅对成品进行分析。

铁素体含量的测定：在不考虑氮含量的情况下，按 RCC-M MC1000 中的舍夫勒（Schaeffler）图评定的铁素体含量应为 12%～20%（目标值为 15%～18%）。评定应根据熔炼分析结果进行。第 2 次评定应根据成品分析结果进行，并作为数据资料提供。

Z3CN20.09M、CF3/CF3A 和 ZG04Cr20Ni9 钢的力学性能见表 2-3。

表 2-3　　Z3CN20.09M、CF3/CF3A 和 ZG04Cr20Ni9 钢的力学性能

试验项目	拉　伸						冲击
试验温度（℃）	室温			350℃			0℃
性　能	$R_{p0.2}$ (MPa)	R_m (MPa)	A_{5d} (%)	$R_{p0.2}^t$ (MPa)	R_m (MPa)	A_{5d} (%)	最小平 均值（J）
Z3CN20.09M (RCC-M M3401、 M3402、M3403、 M3405、M3406-2007)	≥210	≥480	≥35	≥120①	≥320②	—	80
CF3/CF3A (ASME SA351-2007)	≥205	≥485	≥35	—	—	—	—

试验项目	拉　伸						KV
试验温度（℃）	室　温			350℃			0℃
性　能	$R_{p0.2}$ (MPa)	R_m (MPa)	A_{5d} (%)	$R^t_{p0.2}$ (MPa)	R_m (MPa)	A_{5d} (%)	最小平均值（J）
ZG04Cr20Ni9 (NB/T 20007.24—2013、 NB/T 20007.25—2013、 NB/T 20007.26—2012、 NB/T 20007.27—2013)	≥210	≥480	≥35	≥120	≥320	提供数据	80③

① RCC-M M3406-2007、NB/T 20007.26—2012 中要求 $R^t_{p0.2}$≥125MPa。

② RCC-M M3405-2007、NB/T 20007.25—2013 未要求 R_m 值。

③ 1级设备增加到100J，三个冲击试样吸收能量的平均值应满足表中的规定，仅允许其中一个试样的结果低于规定值，但不得低于规定值的70%。

2.2.1.3　工艺要求

1. 主泵泵壳

（1）冶炼。采用电炉或其他技术相当的冶炼工艺冶炼。

（2）铸造。铸造工艺由铸造厂选定。

（3）机械加工。主泵泵壳应按采购图的要求进行加工。

（4）交货状态——热处理。弯管和管嘴应以固溶热处理状态交货，固溶热处理的温度应在1050～1150℃之间。若考虑到尺寸公差，制造商认为有必要对铸件进行稳定化热处理时，该操作应在400℃温度下至少保温48h，随后缓慢冷却。铸件固溶热处理应完全浸没在水中进行淬火。

2. 1、2、3级设备中的承压铸件

（1）冶炼。采用电炉或其他技术相当的冶炼工艺冶炼。

（2）铸造。铸造工艺由铸造厂选定。

（3）交货状态——热处理。铸件应以热处理状态交货，最终性能热处理应包括温度在1050～1150℃之间的固溶热处理。

3. 铸造弯管和斜管嘴

（1）冶炼。采用电炉或其他技术相当的冶炼工艺冶炼。

（2）铸造。铸造工艺由铸造厂选定。

（3）机械加工。弯管和管嘴应按采购图的要求进行加工。

（4）交货状态——热处理。弯管和管嘴应以固溶热处理状态交货，固溶热处理的温度应在1050～1150℃之间。铸件固溶热处理应完全浸没在水中进行淬火。

4. 用于压水堆泵的 A、B、C 类非承压内铸件

（1）冶炼。采用电炉或其他技术相当的冶炼工艺冶炼。

（2）铸造。铸造工艺由铸造厂选定。

（3）交货状态——热处理。铸件应以热处理状态交货，固溶热处理温度应在1050～1150℃之间。相对于名义保温温度，整个铸件在保温期间所允许的最大温度偏差为±20℃。铸件固溶热处理应完全浸没在水中进行淬火。

5. 离心浇注管

（1）冶炼。采用电炉或其他技术相当的冶炼工艺冶炼。

（2）离心铸造。钢管应通过在金属铸模中水平离心浇注而制成。

（3）机械加工。钢管应按尺寸采购表中的要求进行机加工。

（4）交货状态——热处理。钢管应以固溶热处理状态交货。固溶热处理的温度应在 1050～1150℃之间。采用与钢管接触的热电偶测量热处理温度。在制造大纲中应注明热电偶在钢管上的位置。钢管应整体浸没水中进行固溶热处理。

2.2.1.4　性能资料

1. 物理性能

Z3CN20.09M 钢的热导率、线膨胀系数、弹性模量分别见表 2-4～表 2-7。

表 2-4　　　　　　　　　　Z3CN20.09M 钢的热导率　　　　　　　　　　［W/(m·K)］

温度（℃）	20	50	100	150	200	250	300	350	400
热导率	14.7	15.2	15.8	16.7	17.2	18.0	18.6	19.3	20.0
温度（℃）	450	500	550	600	650	700	750	800	—
热导率	20.5	21.1	21.7	22.2	22.7	23.2	23.7	24.1	—

表 2-5　　　　　　　　　　Z3CN20.09M 钢的热扩散率　　　　　　　　　$\times 10^{-6}\,\mathrm{m}^2/\mathrm{s}$

温度（℃）	20	50	100	150	200	250	300	350	400
热扩散率	4.08	4.06	4.05	4.07	4.13	4.22	4.33	4.44	4.56
温度（℃）	450	500	550	600	650	700	750	800	—
热扩散率	4.67	4.75	4.86	4.94	5.01	5.06	5.11	5.17	—

表 2-6　　　　　　　　　　Z3CN20.09M 钢的线膨胀系数　　　　　　　　$\times 10^{-6}\,℃^{-1}$

温度（℃）	20	50	100	150	200	250	300	350	400	450
线膨胀系数 A	16.40	16.84	17.23	17.62	18.02	18.41	18.81	19.20	19.59	19.99
线膨胀系数 B	16.40	16.54	16.80	17.04	17.20	17.50	17.70	17.90	18.10	18.24

注　系数 A 为热膨胀瞬间系数；系数 B 为在 20℃ 与所处温度之间的平均热膨胀系数。

表 2-7　　　　　　　　　　Z3CN20.09M 钢的弹性模量　　　　　　　　　　（GPa）

温度（℃）	0	20	50	100	150	200	250
弹性模量	198.5	197	195	191.5	187.5	184	180
温度（℃）	300	350	400	450	500	550	600
弹性模量	176.5	172	168	164	160	155.5	151.5

2. 许用应力

Z3CN20.09 钢的许用应力见表 2-8。

表 2-8　　　　　　　　　　Z3CN20.09 钢的许用应力　　　　　　　　　　（MPa）

温度（℃）	50	100	150	200	250	300	340	350	360	370
许用应力	138	138	137	122	114	110	105	105	104	104
屈服强度	200	174	152	136	126	120	118	117	116	115

3. 金相

离心铸造奥氏体不锈钢低倍组织如图 2-1 所示，Z3CN20.09 高倍组织如图 2-2 所示。

图 2-1 离心铸造奥氏体不锈钢低倍组织

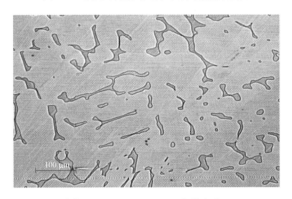

图 2-2 Z3CN20.09M 高倍组织

4. 疲劳特性

Z3CN20.09M 钢在室温、350℃ 温度下不同名义总应变幅时的典型循环应力响应曲线如图 2-3 所示。

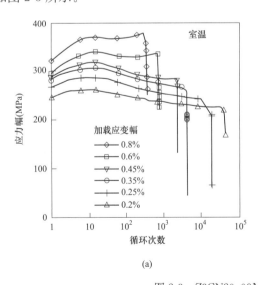

(a)

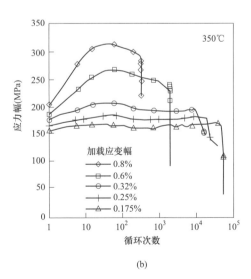

(b)

图 2-3 Z3CN20.09M 的循环应力响应曲线

（a）室温疲劳；（b）高温疲劳

5. 等温转变图

如图 2-4 所示为 CASS 的等温转变图，在低温下（小于 475℃）会产生 G、α′、ε、π 相，这些相的析出与反应堆运行温度相关，其他诸如 R 相、碳化物、氮化物等在较高温度范围内出现。

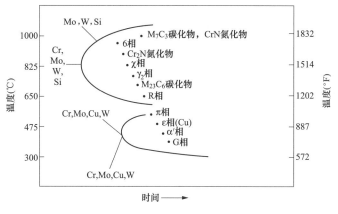

图 2-4　CASS 等温转变图

6. 热老化后材料的性能变化

热老化后 CASS 材料冲击性能的变化和冲击功与延性断裂韧度 J_{Ic} 之间的关系分别如图 2-5 和图 2-6 所示。

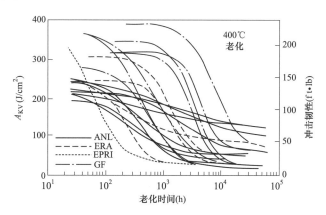

图 2-5　不同批次 CASS 在 400℃下老化后冲击性能下降趋势

2.2.2　23M5M、20CD4M 及 ZG23Mn、ZG20CrMnMo

2.2.2.1　用途

23M5M 和 20CD4M 主要用于主泵电动机基座材料，其近似牌号为 ZG23Mn 和 ZG20CrMnMo，具体应用如下：

（1）RCC-M M1115-2007 Carbon or Alloy Steel Motor Support Stand Castings for Pressurized Water Reactor Coolant Pumps

（2）NB/T 20005.6—2013 压水堆核电厂用碳钢和低合金钢 第 6 部分：反应堆冷却剂泵

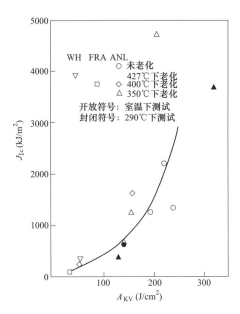

图 2-6　热老化后 CASS 冲击功和 J_{IC} 之间的关系图

电动机机座铸件。

2.2.2.2　技术条件

23M5M 钢和 20CD4M 钢及其近似牌号 ZG23Mn 钢和 ZG20CrMnMo 钢的化学成分见表 2-9。

表 2-9　　　23M5M、ZG23Mn 钢和 20CD4M、ZG20CrMnMo 钢的化学成分 W_{t}　　　（％）

元　　素		C	Si	Mn	S	P
23M5M （RCC-M M1115-2007）	熔炼/ 成品分析	0.20～0.25	≤0.60	1.00～1.50	≤0.020	≤0.020
20CD4M （RCC-M M1115-2007）		0.18～0.22	0.20～0.40	0.80～1.20	≤0.020	≤0.020
ZG23Mn （NB/T 20005.6—2013）	熔炼/ 成品分析	0.20～0.25	≤0.60	1.00～1.50	≤0.020	≤0.020
ZG20CrMnMo （NB/T 20005.6—2013）		0.18～0.22	0.20～0.40	0.80～1.20	≤0.020	≤0.020

元　　素		Cr	Ni	Mo	Al
23M5M （RCC-M M1115-2007）	熔炼/ 成品分析	≤0.30	≤0.50	≤0.25	—
20CD4M （RCC-M M1115-2007）		1.00～1.30	—	0.40～0.60	0.020～0.040
ZG23Mn （NB/T 20005.6—2013）	熔炼/ 成品分析	≤0.30	≤0.50	≤0.25	—
ZG20CrMnMo （NB/T 20005.6—2013）		1.00～1.30	—	0.40～0.60	0.020～0.040

23M5M 钢和 20CD4M 钢及其近似牌号 ZG23Mn 钢和 ZG20CrMnMo 钢的力学性能见表

2-10。

表 2-10　　23M5M、ZG23Mn 钢和 20CD4M、ZG20CrMnMo 钢的力学性能

试验项目	拉　伸				冲击		冲击		落锤试验
试验温度	室温				0℃①		40℃		15℃
性　能	$R_{p0.2}$ (MPa)	R_m (MPa)	A_{5d} (%)	Z (%)	最小平均值 (J)	最小单个值② (J)	最小单个值 (J)	侧向膨胀值 (mm)	延展性③
23M5M、20CD4M (RCC-M M1115-2007)	≥345	≥550	≥18	≥35	56	40	68	≥0.90	不断裂
ZG23Mn、ZG20CrMnMo (NB/T 20005.6—2013)	≥345	≥550	≥18	≥35	56	40	68	≥0.90	不断裂

① 假如电动机机座主法兰是承压部件，该指标值应予保证，否则试验结果仅作为数据提供。

② 每组三个试样中，仅允许一个试验值小于最小平均值。

③ 本试验主要验证 15℃的延展性，不是测定 NDT 温度。

2.2.2.3　工艺要求

1. 23M5M 和 20CD4M

(1) 冶炼。采用电炉或其他相当的冶炼工艺冶炼。

(2) 铸造。铸造工艺由铸造厂（车间）选定。

(3) 机械加工。部件按采购图进行机械加工。

(4) 交货状态——热处理。部件以热处理状态交货。性能热处理应包括均匀化、奥氏体化以及水淬加回火。均匀化和奥氏体化温度由铸造厂（车间）选定。最低回火温度如下：

1) 23M5M 钢为 625℃。

2) 20CD4M 钢为 665℃。

2. ZG23Mn 和 ZG20CrMnMo

(1) 冶炼。钢应采用电炉冶炼，也可采用其他技术相当的冶炼工艺。

(2) 铸造。铸造工艺由铸件制造厂选定，并在制造大纲中注明。

(3) 机械加工。应按照零件采购图进行机加工。

(4) 交货状态——热处理。铸件以性能热处理状态交货。性能热处理应包括均匀化、奥氏体化以及水淬火加回火。均匀化和奥氏体化温度由铸造厂选定，最低回火温度要求如下（这些热处理条件应在制造大纲中注明）：

1) ZG23Mn 钢最低回火温度为 625℃。

2) ZG20CrMnMo 钢最低回火温度为 665℃。

2.2.2.4　性能资料

1. 物理性能

23M5M 钢和 20CD4M 钢的热导率见表 2-11，热扩散率见表 2-12，线膨胀系数见表 2-13，弹性模量见表 2-14。

表 2-11　　　　　　　　23M5M 钢和 20CD4M 钢的热导率　　　　　　　［W/(m・K)］

温度（℃）\材料	20	50	100	150	200	250	300
20M5M	54.6	53.3	51.8	50.3	48.8	47.3	45.8
20CD4M	32.8	32.7	32.5	32.3	32.2	32.0	31.9

续表

材料＼温度（℃）	350	400	450	500	550	600	650
20M5M	44.3	42.9	41.4	39.9	38.5	37.0	35.5
20CD4M	31.7	31.6	31.4	31.3	31.1	31.0	30.8

表 2-12　　　　　　　23M5M 钢和 20CD4M 钢的热扩散率　　　　　$\times 10^{-6} m^2/s$

材料＼温度（℃）	20	50	100	150	200	250	300
20M5M	14.70	14.07	13.40	12.65	11.95	11.27	10.62
20CD4M	8.83	8.69	8.57	8.16	7.90	7.66	7.42

材料＼温度（℃）	350	400	450	500	550	600	650
20M5M	10.00	9.33	8.63	7.92	7.23	6.52	5.8
20CD4M	7.15	6.83	6.52	6.18	5.83	5.47	5.08

表 2-13　　　　　　　23M5M 钢和 20CD4M 钢的线膨胀系数　　　　　$\times 10^{-6} ℃^{-1}$

材料＼温度（℃）		20	50	100	150	200	250	300	350	400	450
20M5M	A	10.92	11.36	12.11	12.82	13.53	14.20	14.85	15.50	16.15	16.79
	B	10.92	11.14	11.50	11.87	12.24	12.57	12.89	13.24	13.58	13.93
20CD4M	A	11.22	11.63	12.32	12.86	13.64	14.27	14.87	15.43	15.97	16.49
	B	11.22	11.45	11.79	12.14	12.47	12.78	13.08	13.40	13.72	14.02

注　系数 A 为热膨胀瞬间系数；系数 B 为在 20℃ 与所处温度之间的平均热膨胀系数。

表 2-14　　　　　　　23M5M 钢和 20CD4M 钢的弹性模量　　　　　（GPa）

材料＼温度（℃）	0	20	50	100	150	200	250	300	350	400	450	500	550	600
20M5M	205	204	203	200	197	193	189	185	180	176	171	166	160	155
20CD4M	205	204	203	200	197	193	189	185	180	176	171	166	160	155

2. 许用应力

23M5M 钢的基本许用应力强度值见表 2-15。

表 2-15　　　　　　　23M5M 钢的基本许用应力强度值 S_m　　　　　（MPa）

20℃时最小 R_e	20℃时最小 R_m	20℃时 S_y	20℃时 S_u	下列温度时的基本许用应力强度值 S_m		
				50℃	100℃	150℃
345	550	345	550	183	183	183
345	550	345	550	183	183	183

3. 疲劳特性

23M5M 钢的疲劳曲线如图 2-7 所示，其中各数据点值见表 2-16。

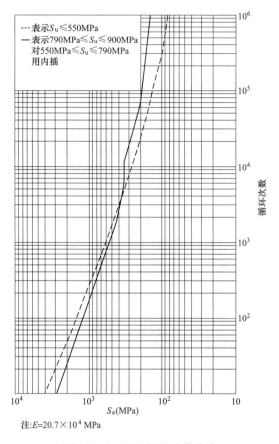

注:$E=20.7\times10^4$ MPa

图 2-7　23M5M 钢的疲劳曲线

表 2-16　　　　　　　　23M5M 钢的疲劳曲线中各数据点值（弹性模量 $E=207$GPa）

循环次数（周）	10	20	50	100	200	500	1000	2000	5000
790MPa$\leqslant S_u\leqslant$900MPa	2900	2210	1590	1210	930	690	540	430	340
$S_u\leqslant$550MPa	4000	2830	1900	1410	1070	725	570	440	330

循环次数（周）	10^4	1.2×10^4	2×10^4	5×10^4	10^5	2×10^5	5×10^5	10^6	—
790MPa$\leqslant S_u\leqslant$900MPa	305	295	250	200	180	165	152	138	—
$S_u\leqslant$550MPa	260	—	215	160	138	114	93	86	—

2.2.3　20MN5M、ZG270-480H

2.2.3.1　用途

20MN5M 主要用于压水堆蒸汽发生器水室封头、主蒸汽隔离阀阀体，其近似牌号为 ASME SA216 WCC 和 ZG270-480H，具体应用如下：

● RCC-M M1111-2007 Carbon Steel Channel Head Castings For PWR Steam Generators

● RCC-M M1112-2007 Class 1，2 And Pressure Retaining Carbon Steel Castings

● RCC-M M1114-2007 Cast Carbon Steel Steam Isolation Valve Bodies For Pressurized

Water Nuclear Reactors

● ASME SA216-2007 Steel Castings，Carbon，Suitable for Fusion Welding for High-Temperature Service

● GB/T 7659—2010 焊接结构用铸钢件

2.2.3.2 技术条件

20MN5M 钢及其近似牌号 ASME SA216 WCC、ZG270-480H 钢的化学成分、力学性能分别见表 2-17 和表 2-18。

表 2-17   20MN5M、WCC 和 ZG270-480H 钢的化学成分 W_t （%）

元 素		C	Si	Mn	S	P
20MN5M（RCC-M M1111-2007）	熔炼分析	≤0.23	—	—	≤0.012	≤0.015
	成品分析	≤0.25	≤0.55	≤1.20	≤0.015	≤0.020
20MN5M（RCC-M M1112-2007）	熔炼分析	≤0.22	≤0.55	≤1.20	≤0.020	≤0.020
	成品分析	≤0.25	≤0.60	≤1.20	≤0.020	≤0.020
20MN5M（RCC-M M1114-2007）	熔炼分析	≤0.22	≤0.55	≤1.20	≤0.020	≤0.020
	成品分析	≤0.25	≤0.60	≤1.20	≤0.020	≤0.020
ASME SA216 WCC 级		≤0.25④	≤0.60	≤1.20④	≤0.045	≤0.040
ZG270-480H④（GB/T 7659—2010）		0.17～0.25	≤0.60	0.80～1.20	≤0.025	≤0.025
元 素		Cu	Ni	Cr	Mo	V
20MN5M（RCC-M M1111-2007）	熔炼分析	—	≤0.50	≤0.25	≤0.25	—
	成品分析	≤0.25	≤0.50	≤0.25	≤0.25	≤0.02
20MN5M（RCC-M M1112-2007）	熔炼分析	≤0.50①	≤0.50①	≤0.40①	≤0.25①	≤0.03①
	成品分析	—	—	—	—	—
20MN5M（RCC-M M1114-2007）	熔炼分析	≤0.50	≤0.50②	≤0.40②	≤0.25②	≤0.03
	成品分析	≤0.50	≤0.50	≤0.40	≤0.25	≤0.03
ASME SA216 WCC 级		≤0.30③	≤0.50③	≤0.50③	≤0.20③	≤0.03③
ZG270-480H④（GB/T 7659—2010）		≤0.40	≤0.40	≤0.35	≤0.15	≤0.05

① RCC-M M1112-2007 中规定熔炼分析中这 5 种元素的总含量应≤1%。

②RCC-M M1114-2007 中规定熔炼分析中这 3 种元素的总含量应≤1%。

③规定残余元素的总含量≤1%。

④实际碳含量比表中的碳上限每减少 0.01%，允许实际锰含量超出表中锰上限 0.04%，但总超出量不得大于 0.2%。

表 2-18   20MN5M、ASME SA216 WCC 级和 ZG270-480H 钢的力学性能

试验项目	拉 伸							
试验温度	室温				300℃		350℃	
性能	$R_{p0.2}$ (MPa)	R_m (MPa)	A_{5d} (%)	Z (%)	$R^t_{p0.2}$ (MPa)	R_m (MPa)	$R^t_{p0.2}$ (MPa)	R_m (MPa)
20MN5M（RCC-M M1111-2007）	≥275	≥485	≥20	≥35	—	—	≥200	≥435

续表

试验项目	拉　　伸							
试验温度	室温				300℃		350℃	
性能	$R_{p0.2}$ (MPa)	R_m (MPa)	A_{5d} (%)	Z (%)	$R^t_{p0.2}$ (MPa)	R_m (MPa)	$R^t_{p0.2}$ (MPa)	R_m (MPa)
20MN5M (RCC-M M1112-2007)	≥275	≥485	≥20	≥35	≥210	≥435	—	—
20MN5M (RCC-M M1114-2007)	≥275	≥485	≥20	≥35	≥180	≥435	—	—
ASME SA216 WCC 级	≥275	485~655	≥22	≥35	—	—	—	—
ZG270-480H (GB/T 7659—2010)	≥270	≥480	≥20	≥35	—	—	—	—

试验项目	冲　　击					弯　　曲
试验温度	0℃		−20℃		+20℃	室　温
性能	最小平均值 (J)	最小单个值① (J)	最小平均值 (J)	最小单个值 (J)	最小单个值 (J)	弯至 90°
20MN5M (RCC-M M1111-2007)	56	40	40	28	72	不得有任何表面裂缝、裂纹或气泡。铸造缺陷引起的显示，其最大尺寸小于 5mm 的予以接受
20MN5M (RCC-M M1112-2007)	40	28	—	—	—	—
20MN5M (RCC-M M1114-2007)	56	40	—	—	—	—
ASME SA216 WCC 级	—		—		—	—
ZG270-480H (GB/T 7659—2010)	冲击吸收功≥40		≥35		—	—

① 每组 3 块试样中，最多只允许 1 个结果低于规定的平均值。

2.2.3.3　工艺要求

1. 20MN5M

（1）冶炼。应采用电炉或其他相当的冶炼工艺冶炼。

（2）铸造。铸造工艺由铸造厂（车间）选定。

（3）机械加工。阀体按采购图上的说明进行机械加工。

（4）交货状态——热处理。阀体应以热处理状态交货。性能热处理包括淬火或正火加回火。淬火前的奥氏体化温度和回火温度由铸造厂（车间）选定。

2. ZG270-480H

铸钢的熔炼方法和铸造工艺由供方决定，铸件应进行清理和精整。

铸件应进行热处理。除另有规定外，热处理工艺由供方决定。热处理按照 GB/T 16923、GB/T 16924 规定执行。

供方可对铸件缺陷进行补焊，焊补条件由供方确定，如需方另有要求，则按合同的规定执行。

2.2.3.4 性能资料

20MN5M 钢的性能资料包括物理性能、许用应力、高温强度、疲劳性能。

1. 物理性能

20MN5M 钢的热导率见表 2-19，热扩散系数见表 2-20，线膨胀系数见表 2-21，弹性模量见表 2-22。

表 2-19　　　　　　　　　　　　20MN5M 钢的热导率　　　　　　　　　　[W/(m·K)]

温度（℃）	20	50	100	150	200	250	300
热导率	54.6	53.3	51.8	50.3	48.8	47.3	45.8
温度（℃）	350	400	450	500	550	600	650
热导率	44.3	42.9	41.4	39.9	38.5	37.0	35.5

表 2-20　　　　　　　　　　20MN5M 钢的热扩散系数　　　　　　　　（$\times 10^{-6}$ m²/s）

温度（℃）	20	50	100	150	200	250	300
热扩散率	14.7	14.07	13.4	12.65	11.95	11.27	10.62
温度（℃）	350	400	450	500	550	600	650
热扩散率	10	9.33	8.63	7.92	7.23	6.52	5.8

表 2-21　　　　　　　　　　20MN5M 钢的线膨胀系数　　　　　　　　（$\times 10^{-6}$ ℃$^{-1}$）

温度（℃）	20	50	100	150	200	250	300	350	400	450
线膨胀系数 A	10.92	11.36	12.11	12.82	13.53	14.2	14.85	15.5	16.15	16.79
线膨胀系数 B	10.92	11.14	11.5	11.87	12.24	12.57	12.89	13.24	13.58	13.93

注　系数 A 为热膨胀瞬间系数；系数 B 为在 20℃ 与所处温度之间的平均热膨胀系数。

表 2-22　　　　　　　　　　　20MN5M 钢的弹性模量　　　　　　　　　（GPa）

温度（℃）	0	20	50	100	150	200	250	300	350	400	450	500	550	600
弹性模量	205	204	203	200	197	193	189	185	180	176	171	166	160	155

2. 许用应力

20MN5M 钢的基本许用应力强度值见表 2-23。

表 2-23　　　　　　　　　20MN5M 钢的基本许用应力强度值　　　　　　　（MPa）

产品形式	20℃ 屈服强度	下列温度（℃）下的许用应力强度值 S_m									
		50℃	100℃	150℃	200℃	250℃	300℃	340℃	350℃	360℃	370℃
铸件	≥275	161	161	161	158	151	139	134	133	133	132

3. 高温强度

20MN5M 钢的高温屈服强度和抗拉强度分别见表 2-24 和表 2-25。

表 2-24　　　　　　　　　20MN5M 钢的高温屈服强度值　　　　　　　　（MPa）

产品形式	20℃	50℃	100℃	150℃	200℃	250℃	300℃	340℃	350℃	360℃	370℃
铸件	≥275	276	250	245	237	227	209	201	200	200	199

表 2-25				20MN5M 钢的高温抗拉强度值					（MPa）	
产品形式	50℃	100℃	150℃	200℃	250℃	300℃	340℃	350℃	360℃	370℃
铸件	483	483	483	483	483	483	483	483	483	483

4. 疲劳特性

20MN5M 钢的疲劳曲线如图 2-8 所示，具体数据点见表 2-26。

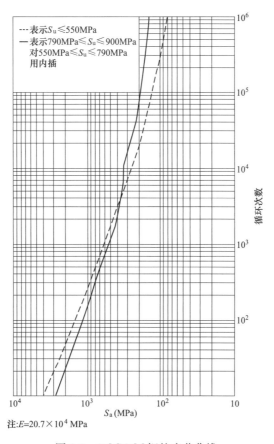

注：$E=20.7\times10^4$ MPa

图 2-8 20MN5M 钢的疲劳曲线

表 2-26				20MN5M 钢的疲劳数据点					
循环次数（周）	10	20	50	100	200	500	1000	2000	5000
790MPa≤S_u≤900MPa	2900	2210	1590	1210	930	690	540	430	340
S_u≤550MPa	4000	2830	1900	1410	1070	725	570	440	330
循环次数（周）	10^4	1.2×10^4	2×10^4	5×10^4	10^5	2×10^5	5×10^5	10^6	—
790MPa≤S_u≤900MPa	305	295	250	200	180	165	152	138	—
S_u≤550MPa	260	—	215	160	138	114	93	86	—

2.2.4 FGS Ni20Cr2、A439 Gr.D-2、QTANi20Cr2

2.2.4.1 用途

FGS Ni20Cr2 主要为重要厂用水泵壳材料，其近似牌号为 A439 Gr.D-2 和

QTANi20Cr2，具体应用如下：

● RCC-M M6201-2007 Class 2 and 3 Type EN-GJS 350-22 U-RT and FGS Ni20 Cr2 Unalloyed and Alloyed Ductile Iron Castings

● ASTM A439 Standard Specification for Austenitic Ductile Iron Castings

● NB/T 20008.17—2012 压水堆核电厂用其他材料 第17部分：2 3 级非合金及合金球墨铸铁件

2.2.4.2 技术条件

FGS Ni20Cr2 及其近似牌号 ASTM A439 Gr.D-2、QTANi20Cr2 的化学成分见表 2-27。

表 2-27　　　　　FGS Ni20Cr2、A439 Gr.D-2 和 QTANi20Cr2 的化学成分 W_t　　　　　（%）

元　素		C	Si	Mn	P
FGS Ni20Cr2（RCC-M M6201）	熔炼及成品分析	≤3.0	1.5～3.0	0.7～1.25	≤0.08
Gr.D-2① （ASTM A439）	成品分析	≤3.0	1.50～3.00	0.70～1.25	≤0.08
QTANi20Cr2（NB/T 20008.17—2012）	熔炼及成品分析	≤3.0	1.5～3.0	0.7～1.25	≤0.08

元　素		Cu	Ni	Cr
FGS Ni20Cr2（RCC-M M6201）	熔炼及成品分析	≤0.5	18.0～22.0	1.0～2.5
Gr.D-2① （ASTM A439）	成品分析	—	18.00～22.00	1.75～2.75
QTANi20Cr2（NB/T 20008.17—2012）	熔炼及成品分析	≤0.5	18.0～22.0	1.0～2.5

① 温度超过 425℃时，加入 0.7%～1.0%钼将提高力学性能。

FGS Ni20Cr2、ASTM A439 Gr.D-2 和 QTANi20Cr2 的力学性能见表 2-28。

表 2-28　　　　　FGS Ni20Cr2、ASTM A439 Gr.D-2、QTANi20Cr2 的力学性能

试验项目	拉　伸			KV		布氏硬度
试验温度	室温			20℃		室温
性　　能	$R_{p0.2}$ (MPa)	R_m (MPa)	A_{5d} (%)	平均值 (J)	单个值① (J)	HB
FGS Ni20Cr2 （RCC-M M6201）	≥210	≥370	≥7	≥17	≥14	140～200
Gr.D-2① （ASTM A439）	≥207	≥400	≥8.0	—	—	139～202
QTANi20Cr2 （NB/T 20008.17—2012）	≥210	≥370	≥7	≥17	≥14	140～200

① 每组三个试样中，只允许一个试样试验结果低于规定的平均值，但不低于规定的单个最小值。

2.2.4.3 工艺要求

1. FGS Ni20Cr2

（1）冶炼。采用冲天炉或电炉冶炼。

（2）铸造。铸造工艺由铸造厂选定。

（3）机械加工。铸件应按采购图进行机加工。

（4）交货状态——热处理。铸件应以经过热处理的、稳定化处理的状态交货。与规定的保温时间相比，整个炉料在保温期间所允许的最大温度偏差为±20℃。如果铸件热处理

后性能达不到要求，可重新热处理。

2. ASTM A439

（1）铸造冶炼。采用冲天炉、电炉和坩埚炉等任一种炉型进行熔化冶炼。

（2）热处理。根据制造厂与需方的协议，铸件可以加热到 621～650℃，并在该温度范围内，按铸件最厚截面的厚度保温 1～2h/in 以消除应力，铸件的升温和冷却要均匀。对于最厚截面不超过 1in 的铸件，升温和冷却速度应不超过 222℃/h；对于较厚的铸件最厚截面处的升温和冷却速度应不超过 222℃除以用英寸表示的最大截面厚度所得商值。在冷却阶段，铸件可以在温度降到 315℃后，在静止空气中冷却。

当铸件在高温工况下会引起尺寸变化时，根据制造厂与买方的协议，可对铸件进行稳定化处理，即将铸件加热到 870℃保温 1h/in（截面厚），但保温时间至少为 1h，否则，含有过饱和碳的奥氏体就会在使用过程中析出碳而导致尺寸变化。

根据制造厂与买方协议，可对带有激冷边棱或过量碳化物的铸件在 955～1040℃下进行退火 0.5～5h，随后，在静止空气中均匀冷却。

（3）交货状态。铸件应符合买方提供的图纸规定的尺寸。铸件表面不能有粘砂，并相当光滑，浇口、冒口、毛刺以及其他附铸块均应清除。

3. QTANi20Cr2

（1）冶炼。铸铁的冶炼工艺由制造厂自行决定，可采用冲天炉、电炉冶炼或其他相当的冶炼方法冶炼。铸铁的冶炼工艺应在制造大纲中注明。

（2）铸造。铸造工艺由铸铁件制造厂确定，并列入制造大纲中。

（3）机械加工。产品铸铁件应按照订货方图纸进行机加工。

（4）交货状态——热处理。铸铁件应以热处理并经稳定化处理后交货，具体工艺由铸铁件制造厂确定。工艺应包括加热速度、保温温度、保温时间及冷却速度等信息，并应在制造大纲中予以明确。热处理保温期间，炉温与名义保温温度的最大允许偏差为 ±15℃，保留热处理记录。

2.2.5　20M5M、ZG235-470

2.2.5.1　用途

20M5M 钢主要为碳钢承压铸件材料，其近似牌号为 ZG235-470 钢，具体应用如下：

● RCC-M M1112-2007 Class 1，2 and 3 Pressure Retaining Carbon Steel Castings

● NB/T 20005.5—2013 压水堆核电厂用碳钢和低合金钢 第 5 部分 123 级承压铸件

2.2.5.2　技术条件

20M5M 钢及其近似牌号 ZG235-470 钢的化学成分、力学性能见表 2-29 和表 2-30。

表 2-29　　　　　　　　20M5M 钢和 ZG235-470 钢的化学成分 W_t　　　　　　　（%）

元　素		C	Si	Mn	S	P
20M5M（RCC-M M1112-2007）	熔炼分析	≤0.22	≤0.40	≤1.20	≤0.020	≤0.020
	成品分析	≤0.25	≤0.50	≤1.20	≤0.020	≤0.020
ZG235-470（NB/T 20005.5—2013）	熔炼分析	≤0.22	≤0.40	≤1.20	≤0.020	≤0.020
	成品分析	≤0.25	≤0.50	≤1.20	≤0.020	≤0.020

表 2-30   **20M5M 钢和 ZG235-470 钢的力学性能**

试验项目	拉 伸						冲 击	
试验温度	室温				300℃		0℃	
性能	$R_{p0.2}$ (MPa)	R_m (MPa)	A_{5d} (%)	Z (%)	$R_{p0.2}^t$ (MPa)	R_m (MPa)	最小平均值 (J)	最小单个值[1] (J)
20M5M (RCC-M M1112-2007)	≥235	≥470	≥20	≥35	≥185	≥425	40	28
ZG235-470 (NB/T 20005.5—2013)	≥235	≥470	≥20	≥35	≥185	≥425	56[2] 40[3]	40[2] 28[3]

① 每组 3 块试样中，最多只允许 1 个结果低于规定的平均值。

② 1 级铸件。

③ 2、3 级铸件。

2.2.5.3 工艺要求

1. 20M5M

(1) 冶炼。应采用电炉或其他相当的冶炼工艺冶炼。

(2) 铸造。铸造工艺由铸造厂（车间）选定。

(3) 机械加工。部件按采购图上的说明进行机械加工。

(4) 交货状态——热处理。部件应以热处理状态交货。性能热处理包括正火或淬火加回火。淬火前奥氏体化温度和回火温度由铸造厂（车间）选定。

2. ZG235-470

(1) 冶炼。采用电炉或其他相当或更好的熔炼工艺冶炼。

(2) 铸造。铸造工艺由铸造厂确定，并在制造大纲中予以说明。

(3) 机械加工。按采购图中的尺寸说明进行机加工。

(4) 交货状态——热处理。铸件应以正火或淬火加回火热处理状态交货。热处理工艺由铸造厂确定。在热处理保温期间，每一铸件偏离热处理规定温度的最大允许偏差为 ±15℃。

2.2.5.4 性能资料

1. 物理性能

20M5M 钢的热导率、热扩散率、线膨胀系数、弹性模量等分别见表 2-31～2-34。

表 2-31   **20M5M 钢的热导率**   [W/(m·K)]

温度（℃）	20	50	100	150	200	250	300	350	400	450	500	550	600	650
热导率	54.6	53.3	51.8	50.3	48.8	47.3	45.8	44.3	42.9	41.4	39.9	38.5	37.0	35.5

表 2-32   **20M5M 钢的热扩散率** $(\times 10^{-6} m^2/s)$

温度（℃）	20	50	100	150	200	250	300
热扩散率	14.70	14.07	13.40	12.65	11.95	11.27	10.62
温度（℃）	350	400	450	500	550	600	650
热扩散率	10.00	9.33	8.63	7.92	7.23	6.52	5.8

表 2-33		20M5M 钢的线膨胀系数								$(\times 10^{-6}\,{}^{\circ}\!C^{-1})$
温度（℃）	20	50	100	150	200	250	300	350	400	450
线膨胀系数 A	10.92	11.36	12.11	12.82	13.53	14.20	14.85	15.50	16.15	16.79
线膨胀系数 B	10.92	11.14	11.50	11.87	12.24	12.57	12.89	13.24	13.58	13.93

注　系数 A 为热膨胀瞬间系数；系数 B 为在 20℃ 与所处温度之间的平均热膨胀系数。

表 2-34			20M5M 钢的弹性模量										(GPa)
温度（℃）	0	20	50	100	150	200	250	300	350	400	450	500	550	600
弹性模量	205	204	203	200	197	193	189	185	180	176	171	166	160	155

20M5M 钢的基本许用应力强度值见表 2-35。

表 2-35				20M5M 钢的基本许用应力强度值										(MPa)
20℃时最小 R_e	20℃时最小 R_m	20℃时 S_y	20℃时 S_u	下列温度时的基本许用应力强度值 S_m									
				50℃	100℃	150℃	200℃	250℃	300℃	340℃	350℃	360℃	370℃
235	470	212	470	141	141	141	139	133	122	117	117	117	117

20M5M 钢的高温屈服强度和抗拉强度分别见表 2-36 和表 2-37。

表 2-36				20M5M 钢的高温屈服强度 S_y 值										(MPa)
20℃时最小 R_e	20℃时最小 R_m	20℃时 S_y	20℃时 S_u	下列温度时的屈服强度值 S_y									
				50℃	100℃	150℃	200℃	250℃	300℃	340℃	350℃	360℃	370℃
235	470	212	470	212	212	212	208	199	183	176	176	176	175

表 2-37				20M5M 钢的高温抗拉强度 S_u 值										(MPa)
20℃时最小 R_e	20℃时最小 R_m	20℃时 S_y	20℃时 S_u	下列温度时的抗拉强度值 S_u									
				50℃	100℃	150℃	200℃	250℃	300℃	340℃	350℃	360℃	370℃
235	470	212	470	470	470	470	470	470	470	470	470	470	470

2. 疲劳性能

20M5M 钢的疲劳曲线如图 2-9 所示，其中各数据点值见表 2-38。

表 2-38	20M5M 钢的疲劳曲线中各数据点值（弹性模量 $E=207$GPa）								
循环次数（周）	10	20	50	100	200	500	1000	2000	5000
790MPa≤S_u≤900MPa	2900	2210	1590	1210	930	690	540	430	340
S_u≤550MPa	4000	2830	1900	1410	1070	725	570	440	330
循环次数（周）	10^4	1.2×10^4	2×10^4	5×10^4	10^5	2×10^5	5×10^5	10^6	—
790MPa≤S_u≤900MPa	305	295	250	200	180	165	152	138	—
S_u≤550MPa	260	—	215	160	138	114	93	86	—

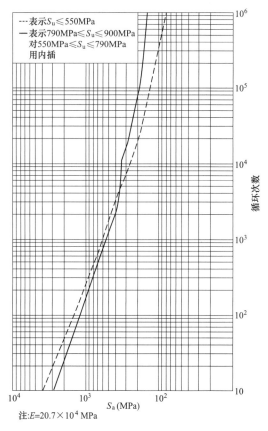

图 2-9 20M5M 钢的疲劳曲线

2.2.6 Z5CND13.04、Z5CN12.01、ZG06Cr13Ni4Mo 和 ZG08Cr12Ni1

可焊马氏体不锈钢非承压铸造内件具有良好的塑性和强度，良好的铸造性能和焊接性能。适用于可焊碳钢承压铸件。

2.2.6.1 用途

Z5CND13.04 钢和 Z5CN12.01 钢主要为承压马氏体不锈钢铸件，其近似牌号为 ZG06Cr13Ni4Mo 钢和 ZG08Cr12Ni1 钢，具体应用如下：

● RCC-M M3201-2007 Martensitic Stainless Chromium-Nickel-Molybdenum Steel Castings for Non-Pressure-Retaining Internal，Category A，B and C Parts of Pressurized Water Reactor Pumps

● RCC-M M3208-2007 Class 1，2 and 3 Pressure-Retaining Martensitic Steel Castings

● NB/T 20007.19—2013 压水堆核电厂用不锈钢 第 19 部分：1、2、3 级马氏体不锈钢承压铸件

● NB/T 20007.20—2013 压水堆核电厂用不锈钢 第 20 部分：泵用马氏体不锈钢 A、B、C 类非承压铸造内件

2.2.6.2 技术条件

Z5CND13.04 钢和 Z5CN12.01 钢及其近似牌号 ZG06Cr13Ni4Mo 钢和 ZG08Cr12Ni1 钢

的化学成分、力学性能见表 2-39 和表 2-40。

表 2-39　Z5CND13.04、Z5CN12.01 和 ZG06Cr13Ni4Mo、ZG08Cr12Ni1 钢的化学成分 W_t（%）

元　素		C	Si	Mn	S	P
Z5CND13.04 (RCC-M M3201-2007)	熔炼/成品分析	≤0.060	0.30～0.80	≤1.00	≤0.020	≤0.030
Z5CN12.01 (RCC-M M3201-2007)	熔炼/成品分析	≤0.080	≤0.60	0.40～0.80	≤0.020	≤0.030
ZG06Cr13Ni4Mo (NB/T 20007.20—2013)	熔炼/成品分析	≤0.060	0.30～0.80	≤1.00	≤0.020	≤0.030
ZG08Cr12Ni1 (NB/T 20007.20—2013)	熔炼/成品分析	≤0.080	≤0.60	0.40～0.80	≤0.020	≤0.030

元　素		Cr	Ni	Mo	B
Z5CND13.04 (RCC-M M3201-2007)	熔炼/成品分析	12.00～13.50	3.50～4.50	0.40～0.70	—
Z5CN12.01 (RCC-M M3201-2007)	熔炼/成品分析	11.50～13.00	0.90～1.30	≤0.50	—
ZG06Cr13Ni4Mo (NB/T 20007.20—2013)	熔炼/成品分析	12.00～13.50	3.50～4.50	0.40～0.70	提供数据
ZG08Cr12Ni1 (NB/T 20007.20—2013)	熔炼/成品分析	11.50～13.00	0.90～1.30	≤0.50	提供数据

表 2-40　Z5CND13.04、Z5CN12.01 和 ZG06Cr13Ni4Mo、ZG08Cr12Ni1 钢的力学性能

试　验　项　目	拉　伸			冲　击	
试　验　温　度	室　温			0℃	
性能	$R_{p0.2}$ (MPa)	R_m (MPa)	A_{5d} (%)	最小平 均值 (J)	最小单 个值[1] (J)
Z5CND13.04 (RCC-M M3201-2007)	≥550	750～900	≥15	40	28
Z5CN12.01 (RCC-M M3201-2007)	≥380	540～700	≥18	32	24
ZG06Cr13Ni4Mo (NB/T 20007.20—2013)	≥550	750～900	≥15	40	28
ZG08Cr12Ni1 (NB/T 20007.20—2013)	≥380	540～700	≥18	32	24

[1] 每组 3 块试样中，每组三个试样中最多只允许 1 个结果低于规定的平均值。

2.2.6.3　工艺要求

1. Z5CND13.04、Z5CN12.01

（1）冶炼。应采用电弧炉、中频或高频感应炉炼钢，也可采用其他技术相当的冶炼工艺。

（2）铸造。铸造工艺由铸造厂选定，该方法应在制造大纲中加以明确。

（3）机械加工。铸件应按采购图进行加工。

（4）交货状态——热处理。铸件以热处理状态交货。力学性能热处理为淬火之后回火。回火前的奥氏体化温度及回火温度，由铸造厂按能达到本规范要求的选定。名义回火温度应高于 600℃。

2. ZG06Cr13Ni4Mo、ZG08Cr12Ni1

（1）冶炼。应采用电弧炉、中频或高频感应炉炼钢，也可采用其他技术相当的冶炼工艺。

（2）铸造。铸造工艺由铸造厂确定，并在制造大纲中说明。

（3）机械加工。铸件应按采购图进行机加工，表面粗糙度应满足无损检测的要求。

（4）交货状态——热处理。铸件应以热处理状态交货，热处理工艺应在制造大纲中说明。ZG06Cr13Ni4Mo 钢和 ZG08Cr12Ni1 钢两种钢的性能热处理工艺为：淬火后回火，回火前的奥氏体化温度及回火温度，由铸造厂按力学性能的要求选定。ZG06Cr13Ni4Mo 钢和 ZG08Cr12Ni1 钢的回火温度应高于 600℃，在热处理保温阶段炉温温差不超过 ±15℃。

2.2.6.4　性能资料

Z5CND13.04 钢的热导率、线膨胀系数、弹性模量分别见表 2-41～表 2-44。

表 2-41　　　　　　　　　　Z5CND13.04 钢的热导率　　　　　　　　[W/(m・K)]

温度（℃）	20	50	100	150	200	250	300
热导率	22.7	23.1	23.9	24.7	25.5	26.3	27.1
温度（℃）	350	400	450	500	550	600	650
热导率	27.9	28.7	29.5	30.3	31.1	31.9	32.7

表 2-42　　　　　　　　　　Z5CND13.04 钢的热扩散率　　　　　　　　$(\times 10^{-6}\,\mathrm{m^2/s})$

温度（℃）	20	50	100	150	200	250	300	350	400	450	500	550	600	650
热扩散率	6.24	6.90	6.13	6.09	6.94	5.99	5.96	5.94	5.90	5.85	5.82	5.85	5.92	6.09

表 2-43　　　　　　　　　　Z5CND13.04 钢的线膨胀系数　　　　　　　　$(\times 10^{-6}\,℃^{-1})$

温度（℃）	20	50	100	150	200	250	300	350	400	450
线膨胀系数 A	9.42	9.77	10.36	10.89	11.41	11.87	12.35	12.66	12.98	13.47
线膨胀系数 B	9.42	9.60	9.96	10.20	10.44	10.69	10.95	11.19	11.40	11.59

注　系数 A 为热膨胀瞬间系数；系数 B 为在 20℃ 与所处温度之间的平均热膨胀系数。

表 2-44　　　　　　　　　　Z5CND13.04 钢的弹性模量　　　　　　　　（GPa）

温度（℃）	0	20	50	100	150	200	250
弹性模量	216.5	215.4	213	209.4	206	201.8	197.5
温度（℃）	300	350	400	450	500	550	—
弹性模量	193.5	189	184.5	179	173.5	167	—

第 3 节 实际部件的制造工艺及力学性能

2.3.1 Z3CN20.09M

一回路主管道的直管、弯头、45°斜接管，主泵泵壳和叶轮的实际制造工艺、材料成分及性能数据介绍如下。

2.3.1.1 主管道直管

1. 主管道直管制造工艺

（1）冶炼。直管的冶炼采用电弧炉＋AOD 炉冶炼工艺。

（2）浇注。采用漏底钢包一次浇注完成。充分保证镇静时间，严格控制浇注温度、浇注时间、浇注速度的调整等。浇注的直管毛坯图如图 2-10 所示。

（3）固溶处理。直管热处理时外形图与毛坯图相同。热处理温度为 1050～1150℃，热处理恒温期间温度允许偏

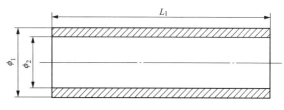

图 2-10 浇注的直管毛坯图

差范围为±15℃，至少持续 6h，水池中流动水淬火。热处理前炉预热不高于 500℃，加热速率不高于 150℃/h，热电偶须放置在如图 2-11 所示位置。

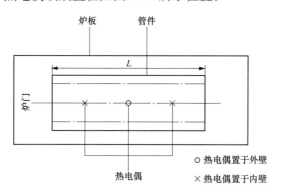

图 2-11 热电偶摆放位置

2. 主管道直管实际性能

某核电厂主管道直管的化学成分见表 2-45。

表 2-45　　　　　　　　　　　主管道直管的化学成分分析 W_t　　　　　　　　　　　（%）

元　素		C	Si	Mn	S	P	Cr	Ni
Z3CN20.09M	熔炼分析（标准要求）	≤0.038	≤1.50	≤1.50	≤0.015	≤0.030	19.00～21.00	8.00～11.00
	熔炼分析（实测值）	0.022	0.86	1.14	0.007	0.029	20.47	9.14
	成品分析（实测值）	0.022	0.82	1.15	0.012	0.029	20.41	9.01

续表

元　　素		Mo	Cu	Co	N	Nb+Ta	Ti	B	铁素体含量①
Z3CN2 0.09M	熔炼分析（标准要求）	—	≤1.00	≤0.10	—	≤0.15	—	≤0.0018	12~20
	熔炼分析（实测值）	0.21	0.10	0.058	<0.020	0.02	0.04	0.0005	18~19
	成品分析（实测值）	0.20	0.10	0.053	<0.020	0.02	0.04	0.0005	18~19

① 铁素体含量根据 Schaeffler 图计算。

主管道直管的热处理工艺见表 2-46。

表 2-46　　　　　　　　　　主管道直管的固溶热处理

热　处　理　要　求		热处理实际情况
装炉	进炉温度≤400℃	35℃
加热	平均加热速度≤100℃/h	96℃/h
保温	温度：1085~1115℃	1090~1110℃
	时间：5.5~6.5h	6.0h
冷却	转移时间≤300s	104s
	工件入水前水温≤50℃	29℃
	工件入水后最高水温≤80℃	47℃

主管道直管的力学性能见表 2-47。

表 2-47　　　　　　　　　　主管道直管的力学性能

试验项目	拉　　伸					冲　　击
试验温度	室　　温			350℃		0℃
性能	$R_{p0.2}$（MPa）	R_m（MPa）	A_{5d}（%）	$R_{p0.2}^t$（MPa）	R_m（MPa）	最小平均值（J）
RCC-M M3406-2007 要求值	≥210	≥480	≥35	≥120	≥320	80
实际性能（切向）	266	550	57.0	178	400	286　276　269

主管道直管的铁素体含量测定示意图如图 2-12 所示，采用 RCC-M MC1344（2000 版本＋2002 补遗）开展，结果见表 2-48。

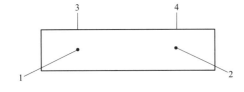

图 2-12　直管（冲击试样）铁素体测定示意图

表 2-48　　主管道直管的铁素体含量测定

测　定　值（%）			
位置 1	位置 2	位置 3	位置 4
17.6	17.0	17.7	15.8

2.3.1.2　主管道弯头

1. 主管道弯头制造工艺

（1）造型。面砂为耐热性、导热性能强的铬矿砂，背砂用石英砂，最外层的填砂为石英砂。芯砂为 100％新砂。型砂的筛选严格控制其粒度和酸碱度。树脂的使用根据对型砂酸碱度、室温等因素的综合考虑。固化剂的添加使用快剂慢剂搭配，控制型砂硬化时间，以保证造型工有足够的操作时间，不使硬化时间过长。

（2）冶炼。弯头的冶炼采用电弧炉＋AOD 炉冶炼工艺。

（3）浇铸。浇铸系统采用开放式、长浇道、平衡布置。采用漏底式钢包一次浇铸完毕。弯头毛坯如图 2-13 所示。

（4）均匀化热处理。均匀化热处理温度为 1050～1150℃，至少持续 4h，水池中流动水淬火。热处理前炉预热不高于 900℃，加热速率不高于 150℃/h。

（5）固溶热处理。热处理温度为 1050～1150℃，热处理恒温期间温度允许偏差范围为 ±20℃，至少持续 6h，水池中流动水淬火。热处理前炉预热不高于 500℃，加热速率不高于 150℃/h。弯头热电偶摆放位置如图 2-14 所示。

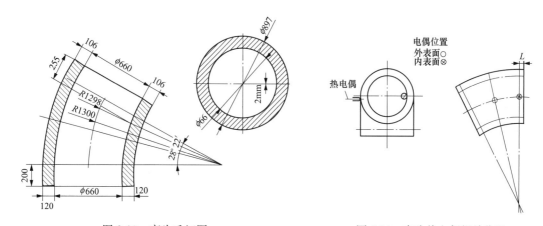

图 2-13　弯头毛坯图　　　　　　　　图 2-14　弯头热电偶摆放位置

2. 主管道弯头实际性能

某核电厂主管道弯头设备制造完工报告（EOMR）中的材料化学成分、热处理、铁素体含量测定以及力学性能分别见表 2-49～表 2-51。

表 2-49　　　　　　　　　　主管道直管的化学成分分析 W_t　　　　　　　　　（％）

元素		C	Si	Mn	S	P	Cr	Ni
Z3CN20.09M	熔炼分析（标准要求）	≤0.040	≤1.50	≤1.50	≤0.015	≤0.030	19.00～21.00	8.00～11.00
	熔炼分析（实测值）	0.031	1.25	1.17	0.005	0.021	20.14	8.97
	成品分析（实测值）	0.034	1.26	1.11	0.003	0.019	20.2	8.84

续表

元　素		Mo	Cu	Co	N	Nb+Ta	Ti	B	铁素体含量[①]（%）
Z3CN20.09M	熔炼分析（标准要求）	—	≤1.00	≤0.10	—	≤0.15	—	≤0.0018	12～20
	熔炼分析（实测值）	0.084	0.13	0.058	0.021	0.01	0.04	0.0005	17～18
	成品分析（实测值）	0.075	0.11	0.057	0.022	0.01	0.04	0.0005	18～19

① 铁素体含量根据 Schaeffler 图计算。

表 2-50　　　　　　　　主管道直管的固溶热处理

热　处　理　要　求		热处理实际情况
装炉	进炉温度≤400℃	34℃
加热	平均加热速度≤100℃/h	88℃/h
保温	温度：1080～1120℃	1100～1115℃
	时间：7～8h	7.5h
冷却	转移时间≤180s	58s
	工件入水前水温≤50℃	36℃
	工件入水后最高水温≤80℃	44℃

表 2-51　　　　　　　　主管道直管的力学性能

试验项目	拉　　伸					冲　　击		
试验温度	室温			350℃		0℃		
性能	$R_{p0.2}$（MPa）	R_m（MPa）	A_{5d}（%）	$R_{p0.2}^t$（MPa）	R_m（MPa）	最小平均值（J）		
RCC-M M3406-2007	≥210	≥480	≥35	≥120	≥320	80		
实际性能	264	546	63.0	172	397	286	276	269

注　取样方向拉伸为切向，冲击为内壁 1/4 处。

　　主管道弯头的铁素体含量测定示意图如图 2-15 所示，采用 RCC-M MC1344（2000 版本＋2002 补遗）开展，结果见表 2-52。

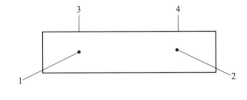

图 2-15　直管（冲击试样）铁素体测定示意图

表 2-52　　主管道直管的铁素体含量测定

测定值（%）			
位置 1	位置 2	位置 3	位置 4
20.5	21.6	19.1	19.6

2.3.1.3 45°斜接管

1. 主管道 45°斜接管制造工艺

（1）造型。面砂为耐热性、导热性能强的铬矿砂，背砂用石英砂，最外层的填砂为石英砂。芯砂为 100%新砂。型砂的筛选严格控制其粒度和酸碱度。树脂的使用根据对型砂酸碱度、室温等因素的综合考虑。固化剂的添加使用快剂慢剂搭配，控制型砂硬化时间，以保证造型工有足够的操作时间，不使硬化时间过长。

（2）冶炼。斜接管的冶炼采用电弧炉＋AOD 炉冶炼工艺。

（3）浇铸。浇铸系统采用开放式、长浇道、平衡布置。采用漏底式钢包一次浇铸完毕。45°斜接管毛坯如图 2-16 所示。

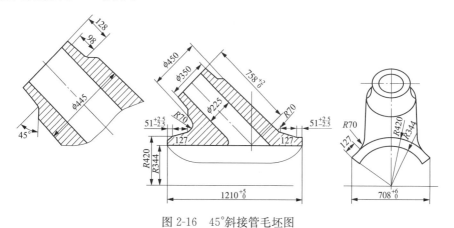

图 2-16　45°斜接管毛坯图

（4）均匀化热处理。均匀化热处理温度为 1050～1150℃，至少持续 4h，水池中流动水淬火。热处理前炉预热不高于 900℃，加热速率不高于 150℃/h。

（5）固溶热处理。热处理温度为 1050～1150℃，热处理恒温期间温度允许偏差范围为±20℃，至少持续 6h，水池中流动水淬火。热处理前炉预热不高于 500℃，加热速率不高于 150℃/h。热处理时，热电偶摆放位置如图 2-17 所示。

2. 主管道 45°斜接管实际性能

某核电厂主管道 45°斜接管设备制造完工报告（EOMR）中的材料化学成分、热处理、铁素体含量测定以及力学性能分别见表 2-53～表 2-55。

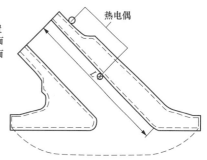

图 2-17　热处理时热电偶摆放位置图

表 2-53		主管道 45°斜接管的化学成分分析 W_t						（%）
元　素		C	Si	Mn	S	P	Cr	Ni
Z3CN20.09M	熔炼分析	≤0.040	≤1.50	≤1.50	≤0.015	≤0.030	19.00～21.00	8.00～11.00
	熔炼分析	0.03	0.84	1.06	0.005	0.027	20.33	8.77
	成品分析	0.032	0.86	1.07	0.004	0.029	20.26	8.94

续表

元　素		Mo	Cu	Co	N	Nb+Ta	Ti	B	铁素体含量[①]（%）
Z3CN20.09M	熔炼分析	—	≤1.00	≤0.10	—	≤0.15	—	≤0.0018	12~20
	熔炼分析	0.09	0.09	0.049	<0.020	0.01	0.04	0.0005	17-18
	成品分析	0.085	0.07	0.04	<0.020	0.01	0.04	0.0005	16-17

① 铁素体含量根据 Schaeffler 图计算。

表 2-54　　主管道 45°斜接管的热处理

热　处　理　要　求		热处理实际情况
装炉	进炉温度≤400℃	30℃
加热	平均加热速度≤100℃/h	93℃/h
保温	温度：1080~1120℃	1095~1105℃
	时间 9~10h	9.5h
冷却	转移时间≤180s	61s
	工件入水前水温≤50℃	32℃
	工件入水后最高水温≤80℃	34℃

表 2-55　　主管道 45°斜接管的力学性能

试验项目	拉　伸					冲　击
试验温度	室温			350℃		0℃
性能	$R_{p0.2}$（MPa）	R_m（MPa）	A_{5d}（%）	$R^t_{p0.2}$（MPa）	R_m（MPa）	最小平均值（J）
RCC-M M3406-2007	≥210	≥480	≥35	≥120	≥320	80
实际性能	266	561	49.0	199	375	274　274　265

注　取样方向：拉伸为切向，冲击为内壁 1/4 处。

主管道 45°斜接管的铁素体含量测定示意图如图 2-18 所示，采用 RCC-M MC1344（2000 版本＋2002 补遗）开展，结果见表 2-56。

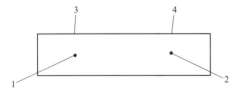

图 2-18　45°斜接管（冲击试样）铁素体测定示意图

表 2-56　　主管道 45°斜接管的铁素体含量测定

测　定　值（%）			
位置 1	位置 2	位置 3	位置 4
16.8	17.0	17.3	17.8

2.3.1.4　泵壳

1. 泵壳制造工艺

（1）流程。技术准备→模型制作→模型检查→造型→冶炼→浇注→保温→落砂→冒口切割→尺寸检查→机械加工→固溶热处理→理化检验→尺寸检查→机械加工→加工面 VT（目视检验）/PT（渗透检验）检查→表面修整和粗打磨→毛坯表面 VT/PT 检查→VT/PT

缺陷挖除→VT/PT 检查（在凹坑处）→焊补→补焊处 VT/PT 检查→100％RT 检查→RT 缺陷挖除→VT/PT 检查，较大区域射线探伤（必要时）→焊补→补焊处 VT/PT 检查，大缺陷补焊处 RT→机械加工→表面精打磨→检查（尺寸/VT/PT）→缺陷清除→VT/PT 检查（在凹坑处）→焊补→补焊处 VT/PT 检查→稳定化热处理→机械加工→检查（尺寸/VT/PT）→缺陷清除→VT/PT 检查（在凹坑处）→焊补→补焊处 VT/PT 检查→表面抛光→打印最终标识→清洁/钝化→水压试验前文件以及记录检查→预水压试验→水压试验→机械加工（切除加长部分）→加工面检查（尺寸/VT/PT）→完工检查→清洁/钝化→包装/发运。

（2）铸造工艺设计。结合计算机凝固模拟技术，利用 MAGMA 模拟软件对铸造工艺设计进行优化和改进，以满足铸件 PT 及整体 RT 探伤的质量要求。

（3）造型。采用碱性酚醛树脂自硬砂工艺，面砂采用新铬铁矿砂，背砂为石英砂。

1）所有铸件表面、冒口根部使用新铬铁矿砂作面砂；内腔芯子使用新石英砂做填砂；外皮及外侧芯子靠铸件表面不小于 150mm 厚的范围用"50％新砂＋50％再生砂做中间砂。

2）所有铸件表面的铬铁矿砂铺设厚度为 15～35mm（圆角部位 40～50mm）；冒口根的铬铁矿砂铺设厚度为不小于 35mm；对操作较困难的部位容许增大铬铁矿砂的铺设厚度。

（4）冶炼。采用电炉→LF 炉＋VOD 炉精炼的冶炼工艺。炉料准备：精选炉料，严格控制炉料中的残余元素含量。按内控成分严格控制炉前化学成分，确保铁素体含量符合规范要求。

（5）浇注。采用 1 包浇注，包孔直径 $2\times\phi100mm$ 包孔，直横水口为 $2\times\phi140mm$。浇注前，复查型腔的清洁度、型芯的排气及压铁情况。在浇注前先将型腔内充满氩气，在浇注过程中采用氩气保护浇注。在铸件浇注过程中进行钢包取样。控制钢水的浇注温度在 1520～1540℃。泵壳浇注时间为 120～150s。

（6）保温落砂。泵壳浇注后在砂型中就地保温缓冷。在泵壳（冒口根部位）冷却到 200℃以下后进行打箱和落砂（参考保温时间为 15 天）。清除铸件内腔的芯砂及芯骨，去除铸件的浇注系统、飞边及毛刺。

（7）冒口切割。切割去除铸件的冒口，不能损伤铸件表面。并采用机械加工的方式将切割下来的冒口解剖为 3 个试块（300mm×300mm×300mm），分别标识为试块 1-1、1-2、1-3，并同泵壳同炉进行固溶热处理。

（8）固溶热处理。固溶热处理温度：1050～1100℃，热处理工艺曲线如图 2-19 所示。名义保温温度应控制在 1070±15℃范围内，保温时间为 13～14h。

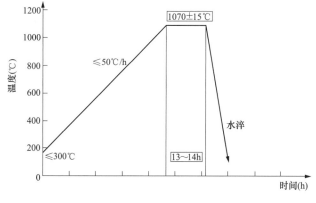

图 2-19　泵壳固溶热处理工艺曲线

铸件从出炉到入水的时间≤5min，铸件固溶处理前水池的水温≤20℃。

固溶热处理采用燃气热处理炉，图 2-20 所示为热电偶布置示意图。

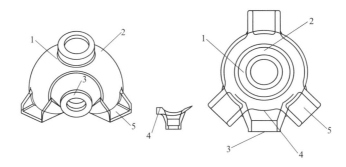

图 2-20　热电偶布置示意图

注：1、2、3、4、5 为外接热电偶位置，热电偶 1、2 相对 90°，其中热电偶 4 在法兰内表面。

（9）稳定化热处理。

1）在焊补、机加工完成后，进行尺寸稳定化热处理。

2）泵壳稳定化热处理前应进行表面除油和污染物的清洁。

3）稳定化热处理工艺。稳定化热处理温度：入炉温度小于 120℃，升温速度小于 50℃/h，保温温度 400±15℃，保温时间 48h，炉冷至 120℃ 后空冷。稳定化热处理工艺曲线如图 2-21 所示。

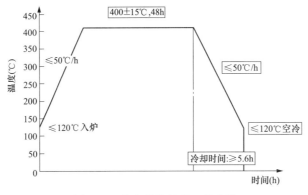

图 2-21　稳定化热处理工艺曲线

2. 主泵泵壳实际性能

某核电厂主泵泵壳设备制造完工报告（EOMR）中的材料化学成分见表 2-57，其固溶热处理曲线如图 2-22 所示，铸锭的稳定化热处理曲线如图 2-23 所示，主泵泵壳的力学性能见表 2-58。

表 2-57		主泵泵壳的化学成分分析 W_t						（%）
元　　素		C	Si	Mn	S	P	Cr	Ni
Z3CN20.09M	熔炼分析 （标准要求）	≤0.040	≤1.50	≤1.50	≤0.015	≤0.030	19.00～21.00	8.00～11.00
	熔炼分析 （实测值）	0.026	0.83	0.78	0.001	0.02	19.84	8.51
	成品分析 （实测值）	0.026	0.84	0.76	<0.003	0.023	20	8.52

续表

元　素		Mo	Cu	Co	N	Nb	B	铁素体含量
Z3CN20.09M	熔炼分析（标准要求）	—	≤1.00	≤0.10	—	—	≤0.0018	12～20
	熔炼分析（实测值）	0.162	0.09	0.04	0.0442	—	0.0002	18.61
	成品分析（实测值）	0.17	0.09	0.046	0.05	<0.01	<0.0010	19.0～20.0

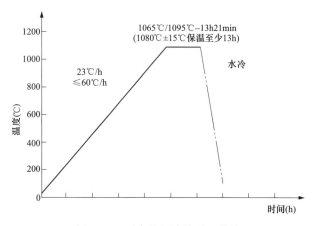

图 2-22　泵壳的固溶热处理曲线

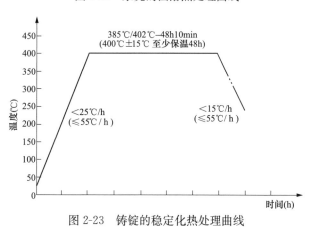

图 2-23　铸锭的稳定化热处理曲线

表 2-58　　　　　　　　　　　　　主泵泵壳的力学性能

试验项目	拉　　伸								冲　　击
试验温度	室温				350℃				0℃
性能	$R_{p0.2}$ (MPa)	R_m (MPa)	A_{5d} (%)	Z (%)	$R_{p0.2}^t$ (MPa)	R_m (MPa)	A_{5d} (%)	Z (%)	最小平均值（J）
RCC-M M3406-2007	≥210	≥480	≥35	—	≥120	≥320	—	—	80
实际性能	292	553	50.1	72	138.1	358.5	32.2	62	213.2，242.7，276.5　均值 244.2

2.3.1.5　主泵叶轮

某核电厂主泵叶轮壳设备制造完工报告（EOMR）中的材料化学成分见表 2-59，力学性能见表 2-60。

表 2-59　　　　　　　　　　　　　　　主泵叶轮的化学成分分析 W_t　　　　　　　　　　　　（%）

元　素		C	Si	Mn	Cr	Ni	Mo
Z3CN20.09M	熔炼分析（标准要求）	≤0.040	≤1.50	≤1.50	19.00～21.00	8.00～11.00	提供数据
	熔炼分析（实测值）	0.017	0.75	1.31	20.71	8.72	0.025
	成品分析（实测值）	0.021	0.75	1.32	20.51	8.76	0.026

元　素		P	S	Cu	B	Co	Ta	Nb
Z3CN20.09M	熔炼分析（标准要求）	≤0.030	≤0.015	≤1.00	≤0.0015	≤0.10	—	—
	熔炼分析（实测值）	0.03	0.011	0.075	0.0013	0.044	0.01	0.04
	成品分析（实测值）	0.028	0.009	0.075	0.001	0.044	<0.010	0.039

元　素		Nb+Ta	N	Pb	Ti	Sb	Bi
Z3CN20.09M	熔炼分析（标准要求）	≤0.15	提供数据	—	—	—	—
	熔炼分析（实测值）	0.05	0.029	0.002	0.0047	0.002	0.001
	成品分析（实测值）	0.049	0.027	0.002	0.0068	<0.0020	<0.0010

元　素		As	Cd	La	Hg	Zn	铁素体含量[①]
Z3CN20.09M	熔炼分析（标准要求）	—	—	—	—	—	—
	熔炼分析（实测值）	0.038	0.0027	0.0008	<0.0005	0.0254	19.13
	成品分析（实测值）	0.034	0.0027	0.0008	<0.0005	0.0254	18.36

① 通过 Schaeff's（MC1290）计算。

表 2-60　　　　　　　　　　　　　　　主泵叶轮的力学性能

试验项目	拉　伸						冲　击
试验温度	室温			350℃			0℃
性能	$R_{p0.2}$（MPa）	R_m（MPa）	A_{5d}（%）	$R_{p0.2}^t$（MPa）	R_m（MPa）	A_{5d}（%）	最小平均值（J）
RCC-M M3406-2007	≥210	≥480	≥35	≥120	≥350	—	80
实际性能	259	534	54	151	386	35.5	260，240，224　均值241

热处理工艺要求：固溶，初始温度 50℃，升温速率 57℃/h，固溶温度 1100℃，保温时间 6h。

2.3.2　23M5M

主泵电动机支撑材料的化学成分和力学性能分别见表 2-61 和表 2-62。

表 2-61　　　　　　　　　　　　23M5M 材料的化学成分 W_t　　　　　　　　　　（%）

元　素		C	Si	Mn	S	P	
23M5M	企业标准	≤0.100	0.15～0.60	0.8～1.8	≤0.025	≤0.025	
	实际成分	0.049	0.28	1.13	0.007	0.009	
元　素		Cr	Ni	Mo	Cu	Co	V
23M5M	企业标准	≤0.30	≤1.5	0.25～0.65	≤0.015	≤0.10	≤0.04
	实际成分	0.031	0.83	0.27	0.014	≤0.001	0.012

热处理工艺要求：升温速率，350℃以上，≤70℃/h；在 600～625℃保温 15～20h；冷却速率，350℃以上，≤70℃/h，空冷。实际热处理工艺：升温速率：70℃/h；620℃保温 15～20h；冷却速率，350℃以上，≤70℃/h，空冷。

表 2-62　　　　　　　　　　　　23M5M 材料的力学性能

试验项目		拉　伸				冲　击		冲　击	
试验温度		室温				0℃		-20℃	
性能		$R_{p0.2}$（MPa）	R_m（MPa）	A_{5d}（%）	$R_{p0.2}$（MPa）	最小平均值（J）	最小单个值（J）	最小平均值（J）	最小单个值（J）
23M5M	企标	≥345	550～700	≥20	—	56	40	40	28
	实际	571	625	24	70	180/187/188		177/165/196	

第 4 节　经 验 反 馈

根据美国电力研究协会（EPRI）、法国电力公司（EDF）研究表明：承压设备用铸造奥氏体不锈钢的主要老化机理为热老化。

在轻水堆（LWR）运行温度下长期服役，铸造奥氏体不锈钢（CASS，指带有少量铁素体的奥氏体不锈钢）部件断裂韧性将随服役时间延长而下降，这种现象称为热老化（Thermal ageing）。

所有运行温度在 250℃以上，ASME SA-351 系列 CF3/CF3A（类似 Z3CN20.09M）、CF8/CF8A、CF3M、CF8M 等使用 CASS 的设备或部件在理论上都有热老化的风险。在压水堆核电厂中，铸造奥氏体不锈钢一般包括一回路主管道及其附件、主泵泵壳、部分止回阀等。

1. 事件描述

阿贡国家实验室（ANL）等机构研究表明，在反应堆设计寿期内，热老化现象肯定会发生。热老化可导致材料的临界裂纹尺寸减小，韧脆转变温度上升，这就增大了脆性断裂发生的概率。若材料的断裂韧性降低到非常低的水平，而同时部件有较明显的缺陷（铸造缺陷或运行中产生的缺陷，如裂纹），则一回路压力边界管道、安注管嘴以及其他铸造奥氏体不锈钢部件的结构完整性将受到威胁。

法国 EDF 大部分机组在 20 世纪 70 年代设计建造，材料选择时没有考虑热老化的风险，所以面临着材料热老化的问题。

日本在这方面也做了不少的研究工作。例如，Takuyo Yamada 等人对铁素体含量分别为 8％、15％、23％的离心铸造不锈钢管试样分别在 350℃和 400 ℃下进行加速老化试验，测量和观察了材料力学性能和微观组织的变化情况，最后揭示出了沉淀析出相的产生过程同材料显微组织、力学性能变化之间的关系。

2. 原因分析

对于 CASS 材料，热老化脆化的程度取决于材料的级别和热处理方式，研究表明 CASS 发生热老化主要是因为铁素体相的开裂和铁素体/奥氏体相边界的分离。对于 CASS 在 500℃以下，热老化的微观组织机理与铁素体中析出的其他相有关，主要过程如下：

（1）调幅分解产生的富 Cr 的 α' 相。

（2）α' 相的形核和长大。

（3）G 相（富 Ni 和富 Si），$M_{23}C_6$ 碳化物和 $\gamma2$ 奥氏体。

（4）在铁素体/奥氏体的相边界处额外析出和/或生长的碳化物。

热老化对奥氏体相没有太大影响，调幅分解产生的富 Cr 的 α' 相被认为是热老化脆化的主要原因。在铁素体－奥氏体双相结构中，铁素体对脆化失效有额外的强化效应。对于连贯的铁素体相或者较高的铁素体含量更容易发现脆化现象。此外，铁素体/奥氏体相边界会因为高 C 或高 N 钢产生的碳化物和氮化物而使裂纹更容易扩展。

3. 事件反馈

热老化会导致材料的断裂韧性随着服役时间延长而下降，根据国际上的经验反馈，一回路奥氏体不锈钢铸件的热老化可以通过回复退火和更换等措施进行缓解；也可通过热电势测量来监督热老化所导致的断裂韧性下降。

美国核管会（NRC）报告中的试验研究发现，发生脆化的铸造不锈钢韧性的损失具有回复的可能性。通过对一回路奥氏体不锈钢铸件的缓解技术调研表明，脆化的铸造不锈钢韧性的损失可以通过热退火的方式进行回复，但目前仅仅处于试验研究阶段。

法国的经验反馈表明，如果弯头部件对热老化敏感，且很难更换，可以在更换蒸汽发生器的同时更换弯头以节约成本。

法国里昂国立应用科学学院与法国电力公司（EDF）、法国原子能委员会、欧盟联合研究中心能源研究所的联合或独立研究均证明热电势（Thermoelectric Power，TEP）能有效反映铸造奥氏体不锈钢热老化后的组织结构变化，比硬度、电阻等参量灵敏，EDF 已经建立数据库并将该技术正式应用于核电厂主管道的现场测量和评估，能很好地监测服役过程中铸造奥氏体不锈钢部件的组织性能变化。日本核安全系统研究所也证实热电势能够比硬度、电阻、正电子湮没、超声波等更灵敏可靠地反映铸造奥氏体不锈钢时效过程中的组织结构变化。因此可以通过热电势测量来监督热老化导致的断裂韧性下降。

参 考 文 献

［1］ BYUN T S and BUSBY J T . Cast Stainless Steel Aging Research Plan ［R］. Materials Science & Technology Division Oak Ridge National Laboratory，ORNL/LTR-2012/440，September 2012.

［2］ CHOPRA O K . Estimation of fracture toughness of cast stainless steels during thermal aging in LWR Systems ［R］，US Nuclear Regulatory Commission Report，NUREG/CR-4513，Argonne National Laboratory，1994.

［3］ Materials Reliability Program：A Review of Thermal Aging Embrittlement in Pressurized Water Reactors （MRP-80），EPRI，Palo Alto，CA：2003. 1003523.

［4］ 薛飞，束国刚，余伟炜，等 . 热老化对核电主管道材料冲击性能影响及老化趋势研究 . 工程力学，2010（8）：246-250.

［5］ DIAZ A A , MATHEWS R A, HIXONL J , DOCTOR S R . Assessment of Eddy Current Testing for the Detection of Cracks in Cast Stainless Steel Reactor Piping Components，UREG/CR-6929，Pacific Northwest National Laboratory，U. S. Nuclear Regulatory Commission Office of Nuclear Regulatory Research Washington，DC 20555－0001，February 2007.

［6］ 薛飞，余伟炜，邆文新，等 . 压水堆核电厂主管道材料的低周疲劳行为研究 . 机械强度，2011（6）：890-894.

［7］ MASSOUD J P，COSTE J F，LEBORGNE J M，et al. Thermal aging of PWR duplex stainless steel components development of a thermoelectrical technique as a non destructive evaluation method of aging ［C］//Proceedings of the Seventh International Conference on Nuclear engineering. 1999：1-9.

［8］ KAWAGUCHI Y，YAMANAKA S. Applications of thermoelectric power measurement to deterioration diagnosis of nuclear material and its principle ［J］. Journal of Nondestructive，23（2），2004.

第 3 章

核级设备用锻件

核电厂大型核级设备（即通常所说的核岛主设备）用锻件主要集中在反应堆冷却剂系统中。本章主要针对压水堆核电厂核级设备用锻件进行介绍，包括反应堆压力容器、蒸汽发生器、稳压器、反应堆冷却剂泵（简称主泵）等设备用锻件。

第1节 工作条件及用材要求

目前，世界各国压水堆核电厂的一级承压设备中反应堆压力容器、稳压器和蒸汽发生器的壳体和蒸汽发生器的管板等均采用低合金高强度钢制造。美国、日本、法国和德国等都采用的是 MnMoNi 系钢，其主要化学成分并没有显著差异。而俄罗斯则采用 CrNiMoV 系钢，该钢种不仅 Cr、Ni、Mo 含量高，而且含有 V 元素。我国已建成和在建的核电厂一般采用的是 MnMoNi 系钢，例如大亚湾、岭澳以及岭东核电厂的 16MND5 钢，该钢种与美国的 A508 Gr. 3 Class1 钢（锻件）和 A533-B 钢（板材）相当。

反应堆压力容器是装载堆芯、支撑堆内所有构件和容纳一回路冷却剂并维持其压力的承压壳体，它与一回路管道共同组成冷却剂压力边界。当燃料元件破损时，压力容器还具有密封放射性、阻止裂变产物逸散的功能，即起到了反应堆第二道安全屏障的作用。压力容器还是反应堆中最大且不可更换的设备。压力容器堆芯壳体等锻件要在高温、高压、流体冲刷和腐蚀条件下运行，而且还承受着反应堆堆芯极强的辐照。

反应堆压力容器材料易受到来自堆芯的中子轰击而引起辐照脆化。影响钢的辐照脆化程度的因素很多，其中外部影响因素主要是辐照温度和中子通量，这些因素不可能随意改变；而钢自身的品质，尤其是钢中合金元素含量及杂质含量是影响辐照脆化的重要因素，这些因素可以因炼钢技术的提高和热处理方式的变化而改进。这些溶质元素（合金元素和杂质元素）与基体辐照缺陷（如位错环等）存在着强烈的相互作用，最终将加速溶质原子的沉淀析出，导致材料的韧性降低。因此，RPV 用钢对化学成分有着极其严格的要求。

因此，反应堆压力容器材料应具备以下性能：①强度高、塑韧性好、耐腐蚀，与冷却剂相容性好且具备防脆断能力；②纯净度高、偏析和夹杂物少、晶粒细、组织稳定；③容易冷热加工，包括焊接性能好和淬透性大；④成本低，高温高压下使用经验丰富等；⑤沿截面具有良好的性能均一性；⑥具有良好的焊接性，且再热裂纹敏感性低；⑦对中子辐照具有较高的稳定性。

蒸汽发生器壳体的工作环境，除了没有堆内的强辐照外，基本与压力容器相同，特别是蒸汽发生器下封头的一回路侧与压力容器更为接近。稳压器大锻件所用材料和考核指标与蒸汽发生器一致，外形尺寸和结构较蒸汽发生器简单，其制造难度也简单些。

　　蒸汽发生器用锻件主要有封头、筒体及管板等。相对于压力容器用锻件而言（管板锻件除外），其壁厚均较薄，淬透性较好，易获得好的低温冲击韧性和强度。蒸汽发生器用锻件为低合金钢（对应 ASTM A508 Gr. 3 Class2 钢和 RCC-M 标准中的 18MND5 钢），相对于压力容器用锻件，两者成分要求基本一致，只是在性能要求上有所区别。这就需要在设计蒸汽发生器时，适当提高强化元素（主要是 C、Mn 元素）的含量。

　　主泵用于驱动高温高压放射性冷却剂，使其循环流动，连续不断地把堆芯中产生的热量传递给蒸汽发生器，它是一回路主系统中唯一高速旋转的设备。从蒸汽发生器出口的冷却剂流经主冷却剂管道（过渡段），由主泵加压经过主冷却剂管道（冷段），进入反应堆进口接管，在反应堆内冷却剂温度升高把热量带出，由反应堆出口接管经主冷却剂管道（热段），进入蒸汽发生器底部水室，通过蒸汽发生器传热管进行热交换，然后再由蒸汽发生器底部水室排出，形成反应堆冷却剂的循环。

　　核级设备用锻件关注的范围包括反应堆压力容器、蒸汽发生器、稳压器、主泵等用锻件。表 3-1 为核级设备用锻件的常用材料牌号、技术条件、特性、主要应用范围和近似牌号。

表 3-1　　核级设备用锻件的常用材料牌号、特性及其主要应用范围和近似牌号

材料牌号（技术条件）	特　　性	主要应用范围	近似牌号
16MND5（RCC-M M2111、M2111、M2112、M2113、M2114、M2117、M2131-2007）	16MND5 为低合金钢，其导热性能好，热膨胀系数低，对应力腐蚀开裂的敏感性低，加工性能和可焊性好。在快中子辐照下强度增加、延伸率下降，韧脆转变温度升高	反应堆压力容器的堆芯壳体、容器接管段、下封头过渡段、顶盖法兰、进出口接管、接管段筒体、主泵法兰	ASTM A508 Gr. 3 Class1 16MnNiMo（NB/T 20006.1—2011，NB/T 20006.2—2011，NB/T 20006.3—2011，NB/T 20006.4—2011）
18MND5（RCC-M M2115、M2119、M2133、M2134、M2143-2007）	18MND5 为低合金钢，其导热性能好，热膨胀系数低，对应力腐蚀开裂的敏感性低，加工性能和可焊性好。在快中子辐照下强度增加、延伸率下降，韧脆转变温度升高	蒸汽发生器的椭圆封头、锥形筒体、筒体、管板、水室封头	ASTM A508 Gr. 3 Class2 18MnNiMo（NB/T 20006.1—2011，NB/T 20006.2—2011，NB/T 20006.3—2011，NB/T 20006.4—2011）
Z10C13（RCC-M M3203-2007）	Z10C13 钢属于半马氏体型不锈钢，材料具有较高的强度、韧性、较好的耐蚀性和冷变形能力，具有良好的减振性能。Z10C13 主要用于对韧性要求较高和具有不锈钢的受冲击载荷的部件	蒸汽发生器管束支承板	06Cr13（NB/T 20007.21—2012）
Z6CNNb18.11（RCC-M M3309-2007）	Z6CNNb18.11 钢为铌稳定的奥氏体不锈钢。此钢耐晶间腐蚀性能良好。在酸、碱、盐等腐蚀介质中的耐蚀性能基本同于含 Ti 的 0Cr18Ni10Ti 钢。具有良好的耐蚀性能、焊接性能	主泵泵轴	06Cr18Ni11Nb（NB/T 20007.4—2012）347（ASME SA276-2004）

续表

材料牌号（技术条件）	特　　性	主要应用范围	近似牌号
30M5 25NCD8.05 20NCD8.06 （RCC-M M2132-2007）	30M5 钢为含锰较高的低碳渗碳钢，因锰高故其强度、塑性、可切削性和淬透性均比 15 钢稍高，渗碳与淬火时表面形成软点较少，宜进行渗碳、碳氮共渗处理，得到表面耐磨而心部韧性好的综合性能。热轧或正火处理后韧性好。一般在正火状态下使用，用于制造螺栓、螺母、杠杆及在高应力下工作的零件	主泵泵轴组件	30Mn25CrNi2Mo、20Cr2Mn2Mo（NB/T20006.13—2012）
X2CrNiMo18.12（控氮）（RCC-M M3321-2007）	X2CrNiMo18.12（控氮）钢是在 Z2CND17.12 钢的基础上，将原来视为杂质元素的 N，实质上看做合金元素（含量控制在核规范≤0.1％的上限 0.06％～0.08％），用元素 N 的强烈的固溶强化效应（比元素 C 还强烈）提高钢的强度，却无元素 C 的晶间腐蚀之害，而且 N 还改善了钢的耐局部腐蚀性能（点腐蚀和缝隙腐蚀），又不影响钢的塑性和韧性，这就形成了 X2CrNiMo18.12（控氮）钢，由于元素 N 增大了 Ni 当量，Cr 的量便可适当提高，既使当量平衡，又对抗蚀性有利	压水堆稳压器波动管道	026Cr18Ni12Mo2N（NB/T 20007.13—2012） TP316LN（ASME SA376-2004）

第 2 节　材料性能数据

3.2.1　16MND5、A508 Gr. 3 Class1、16MnNiMo

3.2.1.1　用途

16MND5 锻件采用的 RCC-M 标准包括 M2111、M2112、M2113、M2114、M2116、M2117、M2131、M2141，主要应用在反应堆压力容器的堆芯壳体、容器接管段、下封头过渡段、顶盖法兰、进出口接管、接管段筒体、稳压器的上下封头、筒体、接管、人孔接管等，具体应用如下：

- RCC-M M2111-2007 Manganese-Nickel-Molybdenum Alloy Steel Forgings for Pressurized Water Nuclear Reactor Shells in The Beltline Region
- RCC-M M2111Bis-2007 Manganese-Nickel-Molybdenum Alloy Steel Forgings for Pressurized Water Nuclear Reactor Shells in The Beltline Region Obtained from Hollow Ingots
- RCC-M M2112-2007 Manganese-Nickel-Molybdenum Alloy Steel Forgings for Pressurized Water Nuclear Reactor Shells Outside the Beltline Region
- RCC-M M2112Bis-2007 Manganese-Nickel-Molybdenum Alloy Steel Forgings for

Pressurized Water Nuclear Reactor Shells Outside the Beltline Region Obtained from Hollow Ingots

● RCC-M M2113-2007 Manganese-Nickel-Molybdenum Alloy Steel Forgings for Transition Rings and Flanges of Pressurized Water Nuclear Reactor Vessels

● RCC-M M2114-2007 Manganese-Nickel-Molybdenum Alloy Steel Forgings for Pressurized Water Nuclear Reactor Vessel Nozzles

● RCC-M M2117-2007 Manganese-Nickel-Molybdenum Alloy Steel Main Flange Forgings for Pressurized Water Reactor Coolant Pumps

● RCC-M M2131-2007 Manganese-Nickel-Molybdenum Alloy Steel Forgings for Pressurized Water Nuclear Reactor Vessel Heads

● ASTM A508-2004 Standard Specification for Quenched and Tempered Vacuum-Treated Carbon and Alloy Steel Forgings for Pressure Vessels

● NB/T 20006.1—2011 压水堆核电厂用合金钢 第 1 部分：承受强辐射的反应堆压力容器筒体用锰-镍-钼钢锻件

● NB/T 20006.2—2011 压水堆核电厂用合金钢 第 2 部分：不承受强辐射的反应堆压力容器筒体用锰-镍-钼钢锻件

● NB/T 20006.3—2011 压水堆核电厂用合金钢 第 3 部分：反应堆压力容器过渡段和法兰用锰-镍-钼钢锻件

● NB/T 20006.4—2011 压水堆核电厂用合金钢 第 4 部分：反应堆压力容器接管嘴用锰-镍-钼钢锻件

● NB/T 20006.5—2012 压水堆核电厂用合金钢 第 5 部分：反应堆压力容器封头用锰-镍-钼钢锻件

● NB/T 20006.12—2011 压水堆核电厂用合金钢 第 12 部分：反应堆冷却剂泵主法兰用锰-镍-钼钢锻件

3.2.1.2　技术条件

16MND5、A508 Gr. 3 Class1 和 16MnNiMo 钢的化学成分和力学性能分别见表 3-2 和表 3-3。

表 3-2　　　　16MND5、A508 Gr. 3 Class1 和 16MnNiMo 钢的化学成分 W_t　　　　（％）

材料（技术条件）	C	Mn	P	S	Si
16MND5（RCC-M M2111-2007）（熔炼分析）	≤0.20	1.15～1.55	≤0.008	≤0.005	0.10～0.30
16MND5（RCC-M M2111-2007）（成品分析）	≤0.22	1.15～1.60	≤0.008	≤0.005	0.10～0.30
A508 Gr. 3 Class1（ASTM A508-2004）（熔炼分析）	≤0.25	1.20～1.50	≤0.025	≤0.025	≤0.40
16MnNiMo（NB/T 20006—2011）（熔炼分析）	≤0.20	1.15～1.55	≤0.008	≤0.008	0.10～0.30
16MnNiMo（NB/T 20006—2011）（成品分析）	≤0.22	1.15～1.60	≤0.008	≤0.008	0.10～0.30
材料（技术条件）	Ni	Cr	Mo	V	Cu
16MND5（RCC-M M2111-2007）（熔炼分析）	0.50～0.80	≤0.25	0.45～0.55	≤0.01	≤0.20
16MND5（RCC-M M2111-2007）（成品分析）	0.50～0.80	≤0.25	0.43～0.57	≤0.01	≤0.20
A508 Gr. 3 Class1（ASTM A508-2004）（熔炼分析）	0.40～1.00	≤0.25	0.45～0.60	≤0.05	≤0.20
16MnNiMo（NB/T 20006—2011）（熔炼分析）	0.50～0.80	≤0.25	0.45～0.55	≤0.01	≤0.08
16MnNiMo（NB/T 20006—2011）（成品分析）	0.50～0.80	≤0.25	0.43～0.57	≤0.01	≤0.08

续表

材料（技术条件）	Al	Ca	B	Ti	Nb
16MND5（RCC-M M2111-2007）（熔炼分析）	目标值 ≤0.04	—	—	—	—
16MND5（RCC-M M2111-2007）（成品分析）	≤0.04	—	—	—	—
A508 Gr.3 Class1（ASTM A508-2004）（熔炼分析）	≤0.025	≤0.015	≤0.003	≤0.015	≤0.01
16MnNiMo（NB/T 20006—2011）（熔炼分析）	≤0.04	—	—	—	—
16MnNiMo（NB/T 20006—2011）（成品分析）	≤0.04	—	—	提供数据	—

材料（技术条件）	Co	As	Sn	Sb	H
16MND5（RCC-M M2111-2007）（熔炼分析）	—	—	—	—	—
16MND5（RCC-M M2111-2007）（成品分析）	—	—	—	—	—
A508 Gr.3 Class1（ASTM A508-2004）（熔炼分析）	—	—	—	—	—
16MnNiMo（NB/T 20006—2011）（熔炼分析）	≤0.03	—	—	—	—
16MnNiMo（NB/T 20006—2011）（成品分析）	≤0.03	提供数据	提供数据	提供数据	≤0.00008

材料（技术条件）	O	N
16MND5（RCC-M M2111-2007）（熔炼分析）	—	—
16MND5（RCC-M M2111-2007）（成品分析）	—	—
A508 Gr.3 Class1（ASTM A508-2004）（熔炼分析）	—	—
16MnNiMo（NB/T 20006—2011）（熔炼分析）	—	—
16MnNiMo（NB/T 20006—2011）（成品分析）	提供数据	提供数据

表 3-3　　　　16MND5、A508 Gr.3 Class1 和 16MnNiMo 钢的力学性能

试验项目 试验温度（℃） 性　能	取样方向	拉　伸				
		室　温				350
		$R_{p0.2}$（MPa）	R_m（MPa）	A_{5d}（%）	Z（%）	$R_{p0.2}^t$（MPa）
16MND5 （RCC-M M2111-2007）	轴向（横向）	—	—	—	—	—
16MND5 （RCC-M M2111-2007）	周向（纵向）	≥400	550～670	≥20	—	≥300
16MND5（RCC-M M2112、 M2113、M2114、M2117、 M2131-2007）	轴向（横向）	—	—	—	—	—
16MND5（RCC-M M2112、 M2113、M2114、M2117、 M2131-2007）	周向（纵向）	≥400	550～670	≥20	—	≥300
16MND5 （RCC-M M2117-2007）	周向	≥400	550～670	≥20	≥38	—
A508 Gr.3 Class1 （ASTM A508-2004）	—	345	550～725	≥18	≥38	—
16MnNiMo （NB/T 20006—2011）	轴向（横向）	—	—	—	—	—
16MnNiMo （NB/T 20006—2011）	周向（纵向）	≥400	550～670	≥20	提供数据	≥300

续表

试验项目	取样方向	拉　伸			冲　击	
试验温度（℃）		350			0	
性　能		R_m（MPa）	A_{5d}（%）	Z（%）	最小平均值（J）	单试样最低值[1]（J）
16MND5 （RCC-M M2111-2007）	轴向 （横向）	—	—	—	56	40
16MND5 （RCC-M M2111-2007）	周向 （纵向）	≥497	—	—	80	60
16MND5 （RCC-M M2112、M2113、M2114、M2117、M2131-2007）	轴向 （横向）	—	—	—	56	40
16MND5 （RCC-M M2112、M2113、M2114、M2117、M2131-2007）	周向 （纵向）	≥497	—	—	72	56
16MND5 （RCC-M M2117-2007）	周向	—	—	—	56	40
A508 Gr. 3 Class1 （ASTM A508-2004）	—	—	—	—	41	34
16MnNiMo （NB/T 20006—2011）	轴向 （横向）	—	—	—	56	40
16MnNiMo （NB/T 20006—2011）	周向 （纵向）	≥497	提供数据	提供数据	80	60

试验项目	取样方向	冲　击		
试验温度（℃）		−20		+20
性能		最小平均值（J）	单试样最低值[1]（J）	单试样最低值[1]（J）
16MND5 （RCC-M M2111-2007）	轴向 （横向）	40	28	104
16MND5 （RCC-M M2111-2007）	周向 （纵向）	56	40	120
16MND5（RCC-M M2112、M2113、M2114、M2117、M2131-2007）	轴向 （横向）	40	28	72
16MND5（RCC-M M2112、M2113、M2114、M2117、M2131-2007）	周向 （纵向）	56	40	88
16MND5（RCC-M M2117-2007）	周向	—	—	—
A508 Gr. 3 Class1 （ASTM A508-2004）	—	—	—	—
16MnNiMo （NB/T 20006—2011）	轴向 （横向）	40	28	104
16MnNiMo （NB/T 20006—2011）	周向 （纵向）	56	40	120

① 每组 3 个试样中，最多只允许 1 个结果低于规定的最小平均值。

3.2.1.3 工艺要求

1. 16MND5 锻件的工艺要求

(1) 冶炼。必须在电炉中熔炼，并加 Al 镇静及真空脱气。

(2) 锻造。为清除缩孔和大部分偏析，钢锭应保证足够的切除量，至少在钢锭头部切掉 13%，在底部切掉 7%。总锻造比应大于 3。

(3) 机械加工。性能热处理前，部件粗加工外形应尽可能接近交货状态外形，这些外形图应列入制造大纲；性能热处理后，部件应在最终超声波检测前加工至交货状态外形。

(4) 热处理。锻件应以热处理状态交货。该热处理即性能热处理，应包括下述工序：

1) 奥氏体化（取 850～925℃之间的某一温度）。

2) 浸水淬火或喷淋淬火。

3) 为达到所要求的性能，选择某一温度进行回火，随后在静止的空气中冷却。回火的名义保温温度在 635～665℃之间。

应用放置在锻件上的热电偶测量温度。热电偶的位置应在制造大纲中标明。

如锻件需重新热处理，则应按照上述相同规定进行重新热处理。

2. A508 Gr.3 Class1 锻件的工艺要求

(1) 冶炼。

1) 除采用二次钢包精炼或重熔工艺时，允许采用 ASTM A788 标准熔炼工艺外，钢应用碱性电炉工艺冶炼。

2) 在浇铸钢锭前和浇铸中，为了除掉有害气体特别是氢，对熔炼钢水应进行真空处理。

3) 切头。每个钢锭应切取足够的料头，以保证没有缩孔和过度偏析。

(2) 热处理。

1) 预备热处理。锻制后和重新加热前应把锻件冷却，以保证其完全奥氏体化。预备热处理可以用来改善加工性能和增强随后热处理的效果。

2) 性能热处理。应把锻件加热到奥氏体化的温度，然后在适当的流体介质中用喷淋和浸入法进行淬火。除了对 2 和 3 级钢制定了 S13 补充要求外，其余最低的回火温度为 650℃。

该钢可采用多级奥氏体化工艺，为此，锻件先充分奥氏体化并水淬，然后重新加热到临界区温度范围内，以达到部分奥氏体化，并再次水淬。完成奥氏体化/淬火周期后，锻件应在亚临界温度下回火。

3. 16MnNiMo 锻件的工艺性能

(1) 冶炼。应采用电炉炼钢，并加钼镇静剂真空脱气的冶炼工艺或其他等效的冶炼工艺。

(2) 锻造。为清除缩孔和主要偏析部分，钢锭应保证足够的切除量，至少在钢锭顶部切掉 13%，在底部切掉 7%。钢锭重量和切除量百分比应记录。如采用电渣重熔工艺，生产的钢锭的顶部和底部切除量由锻件制造厂和采购方协商规定。总锻造比应大于 3。

(3) 机械加工。性能热处理前，部件热处理外形尺寸（应在制造大纲中给出）应尽可能地接近交货件外形尺寸；性能热处理后，锻件应在最终超声检测前加工至交货状态外形尺寸。锻件的表面粗糙度应符合无损检测要求。

(4) 热处理。锻件应以热处理状态交货。该热处理即性能热处理，应包括以下工序：

1) 奥氏体化（取 850～925℃之间的某一温度）。

2) 浸水淬火或喷淋淬火。

3）为达到所要求的性能，选择某一温度进行回火，随后在静止的空气中冷却。回火的名义保温温度在 635~665℃ 之间。在回火温度下，应保证足够的保温时间，以获得稳定的组织和性能。

3.2.1.4　性能资料

1. 物理性能

16MND5 钢的热导率、热扩散率、线膨胀系数和弹性模量见表 3-4~表 3-7。

表 3-4		16MND5 钢的热导率				[W/(m·K)]	
温度（℃）	20	50	100	150	200	250	300
热导率	37.7	38.6	39.9	40.5	40.5	40.2	39.5
温度（℃）	350	400	450	500	550	600	650
热导率	38.7	37.7	36.6	35.5	34.3	33.0	31.8

表 3-5		16MND5 钢的热扩散率				$(\times 10^{-6}\,\mathrm{m^2/s})$	
温度（℃）	20	50	100	150	200	250	300
热扩散率	10.81	10.75	10.57	10.31	9.91	9.42	8.93
温度（℃）	350	400	450	500	550	600	650
热扩散率	8.41	7.86	7.26	6.63	6.03	5.41	4.78

表 3-6	16MND5 钢的线膨胀系数				$(\times 10^{-6}\,℃^{-1})$
温度（℃）	20	50	100	150	200
线膨胀系数	11.22	11.63	12.32	12.86	13.64
温度（℃）	250	300	350	400	450
线膨胀系数	14.27	14.87	15.43	15.97	16.49

表 3-7		16MND5 钢的弹性模量				（GPa）	
温度（℃）	0	20	50	100	150	200	250
弹性模量	205	204	203	200	197	193	189
温度（℃）	300	350	400	450	500	550	600
弹性模量	185	180	176	171	166	160	155

2. 许用应力

16MND5 钢的基本许用应力强度值见表 3-8。

表 3-8		16MND5 钢的基本许用应力强度值				（MPa）	
最小 R_e	最小 R_m	S_y	S_u	基本许用应力强度值 S_m			
20℃				50℃	100℃	150℃	200℃
400	550	345	552	184	184	184	184
基本许用应力强度值 S_m					
250℃	300℃	340℃	350℃	360℃	370℃
184	184	184	184	184	184

3. 不同温度下的力学性能

RCC-M 中规定 16MND5 钢不同温度下的屈服强度和抗拉强度值见表 3-9 和表 3-10。

表 3-9   **16MND5 钢不同温度下的屈服强度值**   （MPa）

最小 R_e	屈服强度值 S_y				
20℃	20℃	50℃	100℃	150℃	200℃
400	345	340	326	318	311
	屈服强度值 S_y				
250℃	300℃	340℃	350℃	360℃	370℃
308	303	300	299	298	298

表 3-10   **16MND5 钢不同温度下的抗拉强度值**   （MPa）

最小 R_m	抗拉强度值 S_u				
20℃	20℃	50℃	100℃	150℃	200℃
550	552	552	552	552	552
	抗拉强度值 S_u				
250℃	300℃	340℃	350℃	360℃	370℃
552	552	552	552	552	552

4. 疲劳性能

16MND5 疲劳曲线如图 3-1 所示，其中各数据点值见表 3-11。

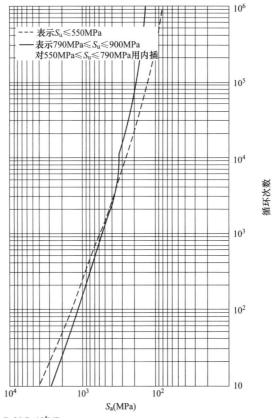

注：$E=20.7×10^4$MPa

图 3-1   16MND5 钢的疲劳曲线

表 3-11   16MND5 疲劳曲线中各数据点值

循环次数（周）	10	20	50	100	200	500	1000	2000	5000
790MPa≤S_u≤900MPa	2900	2210	1590	1210	930	690	540	430	340
S_u≤550MPa	4000	2830	1900	1410	1070	725	570	440	330

循环次数（周）	$1.0×10^4$	$1.2×10^4$	$2.0×10^4$	$5.0×10^4$	$1.0×10^5$	$2.0×10^5$	$5.0×10^5$	$1.0×10^6$
790MPa≤S_u≤900MPa	305	295	250	200	180	165	152	138
S_u≤550MPa	260	—	215	160	138	114	93	86

A508 Gr. 3 Class1 锻件的疲劳性能试验结果如图 3-2 和图 3-3 所示。

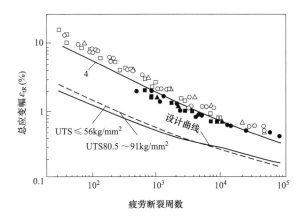

图 3-2   A508 Gr. 3 Class1 钢 400mm 厚锻件的疲劳试验结果

注：UTS—抗拉强度

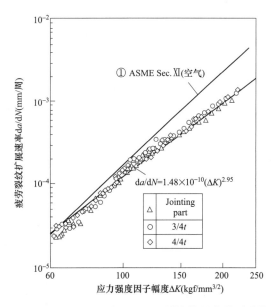

图 3-3   A508 Gr. 3 Class1 钢 400mm 厚锻件的疲劳裂纹扩展速率

（ASME Ⅺ-美国锅炉与压力容器规范第Ⅺ卷）

5. 断裂韧性

A508 Gr.3 Class1 钢锻件的断裂韧性试验结果如图 3-4 所示，断裂韧性（K_{Ic}）与 RT_{NDT} 的关系如图 3-5 所示，静态断裂韧性（K_{Ia}）与 RT_{NDT} 的关系如图 3-6 所示。动态断裂韧性（K_{Id}）与 RT_{NDT} 的关系如图 3-7 所示。断裂韧性试验用 A508 Gr.3 Class1 钢的化学成分为 C：0.20%～0.23%，Si：0.20%～0.27%，Mn：1.42%～1.50%，P：0.004%～0.003%，S：0.003%～0.002%，Ni：0.73%～0.77%，Cr：0.12%～0.13%，Mo：0.50%～0.52%，V：0.017%～0.020%。

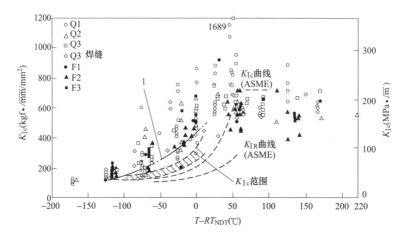

图 3-4　A508 Gr.3 Class1 钢锻件的 K_{Ic} 与 RT_{NDT} 的关系

注：Q1、Q2、Q3—A533-B 钢；F1、F2、F3—A508 Gr.3 Class1 钢；1—CT（紧凑拉伸试样）

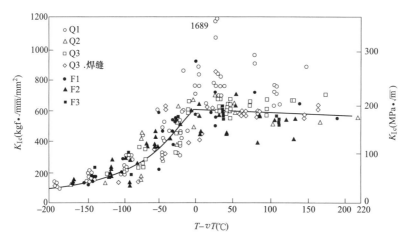

图 3-5　A508 Gr.3 Class1 钢锻件的 K_{Ic} 与 T-vT 的关系

注：Q1、Q2、Q3—A533-B 钢；F1、F2、F3—A508 Gr.3 钢

3.2.2　18MND5、18MnNiMo

3.2.2.1　用途

锻件 18MND5 钢采用的 RCC-M 标准包括 M2115、M2119、M2133、M2134、M2143，

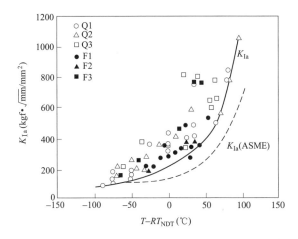

图 3-6　A508 Gr. 3 Class1 钢锻件的 K_{Ia} 与 RT_{NDT} 的关系

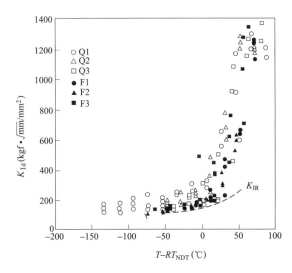

图 3-7　A508 Gr. 3 Class1 钢锻件的 K_{Id} 与 RT_{NDT} 的关系

具体应用如下：

● RCC-M M2115-2007 18MND5 Manganese-Nickel-Molybdenum Alloy Steel Forgings for PWR Steam Generator Tube Plates

● RCC-M-M2119-2007 18MND5 Manganese-Nickel-Molybdenum Alloy Steel Forgings for PWR Components

● RCC-M-M2133-2007 18MND5 Manganese-Nickel-Molybdenum Alloy Steel Forgings for Steam Generator Shells

● RCC-M-M2134-2007 18MND5 Manganese Nickel Molybdenum Alloy Steel Ellipsoidal Domes for Steam Generator Channel Heads

● RCC-M-M2143-2007 18MND5 Manganese-Nickel-Molybdenum Alloy Steel Forgings for Pressurized Water Nuclear Reactor Steam Generator Channel Heads

● NB/T 20006.6—2011 压水堆核电厂用合金钢 第 6 部分：蒸汽发生器管板用锰-镍-

钼钢锻件

  ● NB/T 20006.7—2012 压水堆核电厂用合金钢 第 7 部分：蒸汽发生器筒体用锰-镍-钼钢锻件

  ● NB/T 20006.8—2012 压水堆核电厂用合金钢 第 8 部分：蒸汽发生器上封头用锰-镍-钼钢锻件

  ● NB/T 20006.9—2013 压水堆核电厂用合金钢 第 9 部分：蒸汽发生器水室封头用锰-镍-钼钢锻件

3.2.2.2　技术条件

18MND5 和 18MnNiMo 钢的化学成分见表 3-12，力学性能见表 3-13。

表 3-12　　　　　　　　　18MND5 和 18MnNiMo 钢的化学成分 W_t　　　　　　　　（%）

材料（技术条件）	C	Mn	P	S	Si
18MND5（RCC-M M21-15、M2119、M2133、M2134、M2143-2007）（熔炼分析）	≤0.20	1.15～1.60	≤0.012	≤0.012	0.10～0.30
18MND5（RCC-M M21-15、M2119、M2133、M2134、M2143-2007）（成品分析）	≤0.22	1.15～1.60	≤0.012	≤0.012	0.10～0.30
18MnNiMo（NB/T 20006—2011）（熔炼分析）	≤0.20	1.15～1.60	≤0.012	≤0.012	0.10～0.30
18MnNiMo（NB/T 20006—2011）（成品分析）	≤0.22	1.15～1.60	≤0.012	≤0.012	0.10～0.30

材料（技术条件）	Ni	Cr	Mo	V	Cu
18MND5（RCC-M M21-15、M2119、M2133、M2134、M2143-2007）（熔炼分析）	0.50～0.80	≤0.25	0.45～0.55	≤0.01[①]	≤0.20
18MND5（RCC-M M21-15、M2119、M2133、M2134、M2143-2007）（成品分析）	0.50～0.80	≤0.25	0.45～0.55	≤0.01[①]	≤0.20
18MnNiMo（NB/T 20006—2011）（熔炼分析）	0.50～0.80	≤0.25	0.45～0.55	≤0.01	≤0.20
18MnNiMo（NB/T 20006—2011）（成品分析）	0.50～0.80	≤0.25	0.45～0.55	≤0.01	≤0.20

材料（技术条件）	Al	As	Sn	Sb	B
18MND5（RCC-M M2115、M2119、M2133、M2134、M2143-2007）（熔炼分析）	目标值≤0.04	—	—	—	—
18MND5（RCC-M M2115、M2119、M2133、M2134、M2143-2007）（成品分析）	≤0.04	—	—	—	—
18MnNiMo（NB/T 20006—2011）（熔炼分析）	≤0.04	—	—	—	—
18MnNiMo（NB/T 20006—2011）（成品分析）	≤0.04	提供数据	提供数据	提供数据	提供数据

材料（技术条件）	H	O	N
18MND5（RCC-M M2115、M2119、M2133、M2134、M2143-2007）（熔炼分析）	—	—	—
18MND5（RCC-M M2115、M2119、M2133、M2134、M2143-2007）（成品分析）	—	—	—
18MnNiMo（NB/T 20006—2011）（熔炼分析）	—	—	—
18MnNiMo（NB/T 20006—2011）（成品分析）	≤0.00008	提供数据	提供数据

　① RCC-M M2119、M2133 中 V 元素含量要求≤0.03%。

表 3-13　18MND5 和 18MnNiMo 钢的力学性能

试验项目	取样方向	拉　伸				
试验温度（℃）		室　温				350
性　能		$R_{p0.2}$ (MPa)	R_m (MPa)	A_{5d}（%）	Z（%）	$R^t_{p0.2}$ (MPa)
18MND5（RCC-M M2115-2007） 18MnNiMo（NB/T 20006.6—2011）	轴向	—	—	—	—	—
18MND5（RCC-M M2115-2007） 18MnNiMo（NB/T 20006.6—2011）	周向 （纵向）	≥420	580～700	≥18	—	≥350
18MND5（RCC-M M2119-2007）	—	≥450	600～700	≥18	—	≥380
18MND5（RCC-M M2133、M2134-2007） 18MnNiMo（NB/T 20006.7/8—2012）	轴向	—	—	—	—	—
18MND5（RCC-M M2133、M2134-2007） 18MnNiMo（NB/T 20006.7/8—2012）	周向	≥450	600～700	≥18	提供数据③	≥380
18MND5（RCC-M M2143-2007） 18MnNiMo（NB/T 20006.9—2013）	周向	≥420	580～700	≥18	提供数据④	≥350
18MND5（RCC-M M2143-2007） 18MnNiMo（NB/T 20006.9—2013）	径向	—	—	—	—	—

试验项目	取样方向	拉　伸			冲　击	
试验温度（℃）		350			0	
性　能		R_m (MPa)	A_{5d}（%）	Z（%）	最小平均值（J）	单试样最低值①（J）
18MND5（RCC-M M2115-2007） 18MnNiMo（NB/T 20006.6—2011）	轴向	—	—	—	56	40
18MND5（RCC-M M2115-2007） 18MnNiMo（NB/T 20006.6—2011）	周向 （纵向）	≥522	提供数据②	提供数据②	56	40
18MND5（RCC-M M2119-2007）	—	≥540	—	—	56	40
18MND5（RCC-M M2133、M2134-2007） 18MnNiMo（NB/T 20006.7/8—2012）	轴向	—	—	—	56	40
18MND5（RCC-M M2133、M2134-2007） 18MnNiMo（NB/T 20006.7/8—2012）	周向	≥540	提供数据③	提供数据③	80	60
18MND5（RCC-M M2143-2007） 18MnNiMo（NB/T 20006.9—2013）	周向	≥522	提供数据④	提供数据④	56	40
18MND5（RCC-M M2143-2007） 18MnNiMo（NB/T 20006.9—2013）	径向	—	—	—	72	56

试验项目	取样方向	冲　击			RT_{NDT}测定
试验温度（℃）		−20		+20	—
性能		最小平均值（J）	单试样最低值①（J）	单试样最低值①（J）	RT_{NDT}（℃）
18MND5（RCC-M M2115-2007） 18MnNiMo（NB/T 20006.6—2011）	轴向	40	28	72	—
18MND5（RCC-M M2115-2007） 18MnNiMo（NB/T 20006.6—2011）	周向 （纵向）	40	28	72	—

续表

试 验 项 目		冲　　击			RT_{NDT}测定
试验温度（℃）	取样方向	-20		$+20$	—
性　　能		最小平均值（J）	单试样最低值[①]（J）	单试样最低值[①]（J）	RT_{NDT}（℃）
18MND5（RCC-M M2119-2007）	—	40	28	72	—
18MND5（RCC-M M2133、M2134-2007） 18MnNiMo（NB/T 20006.7/8—2012）	轴向	40	28	72	—
18MND5（RCC-M M2133、M2134-2007） 18MnNiMo（NB/T 20006.7/8—2012）	周向	56	40	88	—
18MND5（RCC-M M2143-2007） 18MnNiMo（NB/T 20006.9—2013）	周向	40	28	72	≤NDT 最低 （提供实测数据）
18MND5（RCC-M M2143-2007） 18MnNiMo（NB/T 20006.9—2013）	径向	56	40	88	

① 每组 3 个试样中只允许 1 个结果低于最小平均值。

② NB/T 20006.6 中对 18MnNiMo 的要求。

③ NB/T 20006.7/8 中对 18MnNiMo 的要求。

④ NB/T 20006.9 中对 18MnNiMo 的要求。

对于 18MND5 钢的拉伸性能，RCC-M M2115、M2119、M2133、M2134、M2143 中规定设备规范可以采用 16MND5 钢的要求值，具体见表 3-14。

表 3-14　　　　　　　　　　　　　　16MND5 钢的拉伸性能

试　验　项　目	拉　　伸				
试验温度（℃）	室　　温			350	
性能指标	$R_{\text{p0.2}}$（MPa）	R_{m}（MPa）	A_{5d}（%）	$R_{\text{p0.2}}^{\text{t}}$（MPa）	R_{m}（MPa）
周向（纵向）	≥400	550～670	≥20	≥300	≥497

3.2.2.3　工艺要求

1. 18MND5 锻件的工艺要求

（1）冶炼。应采用电炉炼钢，并加铝镇静及真空脱气的冶炼工艺或其他等效的冶炼工艺。

（2）锻造。为清除缩孔和大部分偏析，钢锭应保证足够的切除量。按 RCC-M M380 规定计算的总锻造比应大于 3。

（3）机械加工。性能热处理前，部件粗加工外形应尽可能接近交货状态外形，这些外形图应列入制造大纲；性能热处理后，部件应在最终超声波检测前加工至交货状态外形。

（4）热处理。锻件应以热处理状态交货。该热处理即性能热处理，包括下述工序：

1）奥氏体化（取 850～925℃之间的某一温度）。

2）浸水淬火。

3）未达到所要求的性能，选择某一温度进行回火，随后在静止的空气中冷却。回火的名义保温温度在 635～665℃之间。

应采用放置在部件上的热电偶测量温度。热电偶的位置应在制造大纲中标明。供货商应对热处理记录做出评估。如该部件需重新热处理，则应按照上述相同规定进行重新热处理。

2. 18MnNiMo 锻件的工艺要求

（1）冶炼。应采用电炉炼钢，并加铝镇静及真空脱气的冶炼工艺或其他等效的冶炼工艺。

（2）锻造。为清除缩孔和主要偏析部分，钢锭应保证足够的切除量。钢锭重量和切除量百分比应记录，总锻造比应大于 3。

（3）机械加工。性能热处理前，锻件热处理外形尺寸（应在制造大纲中给出）应尽可能地接近交货件外形尺寸；性能热处理后，锻件应在最终超声检测前加工至交货状态外形尺寸。锻件的表面粗糙度应符合无损检测要求。

（4）热处理。锻件应以热处理状态交货。该热处理即性能热处理，应包括下述工序：

1）奥氏体化（取 850～925℃之间的某一温度）。

2）浸水淬火。

3）未达到所要求的性能，选择某一温度进行回火，随后在静止的空气中冷却。回火的名义保温温度应在 635～665℃之间。在回火温度下，应保证足够的保温时间，以获得稳定的组织和性能。

如该部件需重新热处理，则应按照上述相同规定进行重新热处理。

3.2.2.4　性能资料

1. 物理性能

18MND5 钢的热导率见表 3-15，热扩散系数见表 3-16，线膨胀系数见表 3-17，弹性模量见表 3-18。

表 3-15		18MND5 钢的热导率				$[W/(m \cdot K)]$	
温度（℃）	20	50	100	150	200	250	300
热导率	37.7	38.6	39.9	40.5	40.5	40.2	39.5
温度（℃）	350	400	450	500	550	600	650
热导率	38.7	37.7	36.6	35.5	34.3	33.0	31.8

表 3-16		18MND5 钢的热扩散系率				$(\times 10^{-6} m^2/s)$	
温度（℃）	20	50	100	150	200	250	300
热扩散率	10.81	10.75	10.57	10.31	9.91	9.42	8.93
温度（℃）	350	400	450	500	550	600	650
热扩散率	8.41	7.86	7.26	6.63	6.03	5.41	4.78

表 3-17		18MND5 钢的线膨胀系数			$(\times 10^{-6}℃^{-1})$
温度（℃）	20	50	100	150	200
线膨胀系数	11.22	11.63	12.32	12.86	13.64
温度（℃）	250	300	350	400	450
线膨胀系数	14.27	14.87	15.43	15.97	16.49

表 3-18　　　　　　　　　　　**18MND5 钢的弹性模量**　　　　　　　　　　　（GPa）

温度（℃）	0	20	50	100	150	200	250
弹性模量	205	204	203	200	197	193	189
温度（℃）	300	350	400	450	500	550	600
弹性模量	185	180	176	171	166	160	155

2. 许用应力

18MND5 钢的基本许用应力强度值见表 3-19。

表 3-19　　　　　　　　　　　**18MND5 钢的基本许用应力强度值**

产品形式	尺寸	20℃最低屈服强度（MPa）	许用应力强度值（MPa）				
			50℃	100℃	150℃	200℃	250℃
锻件	—	420	193	193	193	193	193
锻件	—	450	200	200	200	200	200
板材	>125 mm	420	193	193	193	193	193
	≤125mm	450	200	200	200	200	200

产品形式	尺寸	20℃最低屈服强度（MPa）	许用应力强度值（MPa）				
			300℃	340℃	350℃	360℃	370℃
锻件	—	420	193	193	193	193	193
锻件	—	450	200	200	200	200	200
板材	>125 mm	420	193	193	193	193	193
	≤125mm	450	200	200	200	200	200

3. 高温强度

18MND5 钢的高温屈服强度值见表 3-20，高温抗拉强度值见表 3-21。

表 3-20　　　　　　　　　　　**18MND5 钢的室温与高温屈服强度值**　　　　　　　　　　　（MPa）

产品形式	尺寸	屈服强度值（MPa）					
		20℃	50℃	100℃	150℃	200℃	250℃
锻件	—	≥420	414	393	380	374	365
锻件	—	≥450	444	421	407	400	391
板材	>125 mm	≥420	414	393	380	374	365
	≤125mm	≥450	430	413	403	395	390

产品形式	尺寸	屈服强度值（MPa）					
		300℃	340℃	350℃	360℃	370℃	—
锻件	—	355	348	346	343	341	—
锻件	—	380	372	370	367	365	—
板材	>125 mm	355	348	346	343	341	—
	≤125mm	383	378	377	376	375	—

表 3-21		18MND5 钢的高温抗拉强度值				(MPa)
产品形式	尺寸	抗拉强度值 （MPa）				
		50℃	100℃	150℃	200℃	250℃
锻件	—	580	580	580	580	580
锻件	—	444	600	600	600	600
板材	>125 mm	414	580	580	580	580
	≤125mm	430	600	600	600	600

产品形式	尺寸	抗拉强度值 （MPa）				
		300℃	340℃	350℃	360℃	370℃
锻件	—	580	580	580	580	580
锻件	—	600	600	600	600	600
板材	>125 mm	580	580	580	580	580
	≤125mm	600	600	600	600	600

4. 疲劳特性

18MND5 钢的疲劳曲线如图 3-8 所示，具体数据点见表 3-22。

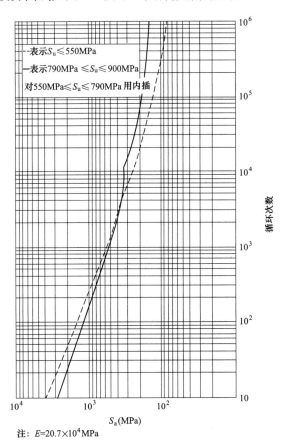

注：$E=20.7 \times 10^4$ MPa

图 3-8　18MND5 钢的疲劳曲线

表 3-22   **18MND5 钢的疲劳数据点**

循环次数（周）	10	20	50	100	200	500	1000	2000	5000
790MPa≤S_u≤900MPa	2900	2210	1590	1210	930	690	540	430	340
S_u≤550MPa	4000	2830	1900	1410	1070	725	570	440	330

循环次数（周）	1.0×10^4	1.2×10^4	2.0×10^4	5.0×10^4	1.0×10^5	2.0×10^5	5.0×10^5	1.0×10^6
790MPa≤S_u≤900MPa	305	295	250	200	180	165	152	138
S_u≤550MPa	260	—	215	160	138	114	93	86

3.2.3   Z6CNNb18.11、347、06Cr18Ni11Nb

3.2.3.1   用途

Z6CNNb18.11 钢主要用作主泵泵轴，其近似牌号为 347 和 06Cr18Ni11Nb，具体应用如下：

- RCC-M M3309-2007 Niobium Stabilized Austenitic Stainless Steel Forgings for The Manufacture of Shafts for Pwr Reactor Coolant Pumps
- ASME SA276-2004 Stainless Steel Bars and Shapes
- NB/T 20007.4—2012 压水堆核电厂用不锈钢 第4部分：反应堆冷却剂泵轴用铌稳定化奥氏体不锈钢锻件

3.2.3.2   技术条件

Z6CNNb18.11 钢及其近似牌号 347 和 06Cr18Ni11Nb 钢的化学成分和力学性能见表 3-23 和表 3-24。

表 3-23   **Z6CNNb18.11、347 和 06Cr18Ni11Nb 钢的化学成分 W_t**   （%）

材料（技术条件）	C	Si	Mn	S	P
Z6CNNb18.11（RCC-M M3309-2007）（熔炼分析和成品分析）	≤0.080	≤1.00	≤2.00	≤0.015	≤0.030
347（ASME SA276-2004）	≤0.080	≤1.00	≤2.00	≤0.030	≤0.045
06Cr18Ni11Nb（NB/T 20007.4—2012）（熔炼分析）	≤0.080	≤1.00	≤2.00	≤0.030	≤0.045
06Cr18Ni11Nb（NB/T 20007.4—2012）（成品分析）	≤0.080	≤1.00	≤2.00	≤0.020	≤0.035

材料（技术条件）	Cr	Ni	Nb	Cu	Co
Z6CNNb18.11（RCC-M M3309-2007）（熔炼分析和成品分析）	17.00～20.00	9.00～13.00	≥8×C%～1.00[①]	≤1.00	≤0.20
347（ASME SA276-2004）	17.00～19.00	9.00～13.00	Nb+Ta≥10×C%	—	—
06Cr18Ni11Nb（NB/T 20007.4—2012）（熔炼分析）	17.00～20.00	9.00～13.00	8×C%～1.10	≤1.00	≤0.20
06Cr18Ni11Nb（NB/T 20007.4—2012）（成品分析）	17.00～20.00	9.00～13.00	8×C%～1.10[②]	≤1.00	≤0.20

① 部分 Nb 可能被 Ta 所取代，该情况下 Nb+Ta≥10×C%。

② 若 Nb 含量小于 8 倍 C 含量，则应保证 Nb+Ta 的含量等于或者大于 10 倍 C 含量。

表 3-24 　　　　　　　　Z6CNNb18.11、347 和 06Cr18Ni11Nb 钢的力学性能

试验项目	取样方向	拉　　伸				
试验温度（℃）		室　　温				350
性　　能		$R_{p0.2}$(MPa)	R_m(MPa)	A_{5d}(%)	Z（%）	$R^t_{p0.2}$(MPa)
Z6CNNb18.11（RCC-M M3309-2007）	纵向	≥210	≥480	≥40	—	≥140
	横向	≥210	≥480	≥30	—	提供数据
347（ASME SA276-2004）	热加工棒、锻材退火	≥205	≥515	≥40	≥50	—
	≤ø12.70 冷加工棒、退火	≥310	≥620	≥30	≥40	
	≥ø12.70 冷加工棒、退火	≥205	≥515	≥30	≥40	
06Cr18Ni11Nb（NB/T 20007.4—2012）	纵向	≥210	≥480	≥40	—	≥140
	横向	≥210	≥480	≥30	—	提供数据

试验项目	取样方向	拉　伸	KV 冲击	
试验温度（℃）		350	室　温	
性能		R_m(MPa)	最小平均值（J）	单个值（J）
Z6CNNb18.11（RCC-M M3309-2007）	纵向	≥340	100[①]	—
	横向	提供数据	60	—
347（ASME SA276-2004）	热加工棒、锻材退火	—	—	—
	≤ø12.70 冷加工棒、退火	—	—	—
	≥ø12.70 冷加工棒、退火	—	—	—
06Cr18Ni11Nb（NB/T 20007.4—2012）	纵向	≥340	100[a]	72
	横向	提供数据	60	42

① 每组三个试样中，仅允许一个试验值小于最小平均值。

3.2.3.3　工艺要求

1. Z6CNNb18.11

（1）冶炼。应采用电炉或其他技术相当的冶炼工艺。

（2）锻造。为清除缩孔和大部分偏析，钢锭应保证足够的切除量。按 RCC-M M380 规定计算的总锻造比应大于 3。

（3）机械加工。轴在热处理前，应尽可能加工至交货件的外形。所允许的最大超厚尺寸（指半径）为 30mm。如果外形尺寸不能直接通过锻造而达到，则由坯件经粗加工制得。此外形尺寸图应在制造大纲中给出。

性能热处理后和最终超声波检测前，部件应机加工至交货状态的外形。

所达到表面粗糙度应能保证无损检测的结果足够精确。

（4）热处理。部件应以热处理状态交货。固溶热处理温度在1050～1150℃之间。部件以水淬的方式进行固溶热处理。为了保证有效的冷却，部件或以旋转方式浸入水中，或以固定方式浸入强制循环的水中。

轴还应在850～870℃之间进行稳定化热处理，保温时间为12～24h。

热处理期间，部件应以垂直方向悬吊。保温后的冷却速度不得超过50℃/h，直到温度达到150℃为止。

2. 06Cr18Ni11Nb

（1）冶炼。应采用电炉冶炼，也可采用其他技术相当的冶炼工艺。

（2）锻造。为了清除缩孔和大部分偏析，钢锭应保证足够的切除量。钢锭重量和切除百分率应予记录。按NB/T 20007.4标准附录B规定计算的总锻造比应大于3。

（3）机械加工。锻件在热处理前，应尽可能加工至交货件的外形。半径方向最大允许的机加工余量为30mm。如果外形尺寸不能直接通过锻造而达到，则由坯件经粗加工制得，并在制造大纲中给出。热处理后，锻件应在最终超声检测前加工至交货件的外形。锻件表面的粗糙度应满足无损检测的要求。

（4）热处理。锻件应以固溶热处理及稳定化热处理状态交货。固溶热处理温度应在1050～1150℃之间。锻件应以水淬的方式进行固溶热处理。为了保证有效的冷却，可采用如下方式：将锻件放在水中保持旋转，或将锻件固定在强制循环水中。

锻件还应在850～870℃之间进行稳定化热处理，保温时间为12～24h。

稳定化热处理期间，部件应以垂直方向悬吊。保温后的冷却速度不应超过50℃/h，直到温度达到150℃为止。固溶热处理和稳定化热处理的细节应在制造大纲中注明。在所有热处理的保温期间，锻件偏离热处理保温温度的最大允许偏差为±15℃。

3.2.3.4　性能资料

1. 物理性能

Z6CNNb18.11钢的密度8.00×10^3 kg/m^3，熔点1398～1427℃，其他物理性能见表3-25～表3-26。

表 3-25　Z6CNNb18.11钢的热导率　[W/(m·K)]

温度（℃）	20	50	100	150	200	250	300	350	400
热导率	14.7	15.2	15.8	16.7	17.2	18.0	18.6	19.3	20.0
温度（℃）	450	500	550	600	650	700	750	800	
热导率	20.5	21.1	21.7	22.2	22.7	23.2	23.7	24.1	

表 3-26　Z6CNNb18.11钢的热扩散率　$(\times 10^{-6} m^2/s)$

温度（℃）	20	50	100	150	200	250	300	350	400
热扩散率	4.08	4.06	4.05	4.07	4.13	4.22	4.33	4.44	4.56
温度（℃）	450	500	550	600	650	700	750	800	
热扩散率	4.67	4.75	4.86	4.94	5.01	5.06	5.11	5.17	

表 3-27		Z6CNNb18.11 钢的线膨胀系数				（$\times 10^{-6}$℃$^{-1}$）
温度（℃）	20	50	100	150	200	
线膨胀系数 A[①]	16.40	16.84	17.23	17.62	18.02	
线膨胀系数 B[②]	16.40	16.54	16.80	17.04	17.20	
温度（℃）	250	300	350	400	450	
线膨胀系数 A[①]	18.41	18.81	19.20	19.59	19.99	
线膨胀系数 B[②]	17.50	17.70	17.90	18.10	18.24	

① 系数 A 为线膨胀瞬间系数$\times 10^{-6}$℃$^{-1}$或$\times 10^{-6}$K^{-1}。

② 系数 B 为在 20℃与所处温度之间的平均热膨胀系数$\times 10^{-6}$℃$^{-1}$或$\times 10^{-6}$K^{-1}。

表 3-28		Z6CNNb18.11 钢的弹性模量					（GPa）
温度（℃）	0	20	50	100	150	200	250
弹性模量	198.5	197	195	191.5	187.5	184	180
温度（℃）	300	350	400	450	500	550	600
弹性模量	176.5	172	168	164	160	155.5	151.5

06Cr18Ni11Nb 钢的物理性能见表 3-29。

表 3-29	06Cr18Ni11Nb 钢的物理性能							
密度（t/m³）	8.00							
熔点（℃）	1398～1427							
温度（℃）	室温	93	149	204	260	316	371	427
弹性模量 E（10^3MPa）	204	198	93	188	184	179	174	169
切变模量 G（10^3MPa）	—	77.3	75.2	73.1	71.0	68.9	66.8	64.7
泊松比	—	—	0.30	—	0.31	—	0.29	—
比热容 c[J/（kg·K）]	431			490				561
电阻率 ρ（10^{-6}Ω·m）	0.73	0.80	—	0.88	—	0.91	—	0.99
线膨胀系数（与20℃之间）α（10^{-6}K^{-1}）	—	16.5	—	17.0	—	—	—	18.0
密度（t/m³）	8.00							
熔点（℃）	1398～1427							
温度（℃）	482	538	593	649	704	760	816	
弹性模量 E（10^3MPa）	165	160	155	150	146	141	136	
切变模量 G（10^3MPa）	62.6	60.5	58.4	56.9	54.8	52.7	50.6	
泊松比	0.33	—	0.31	—	0.35	—	0.28	
比热容 c[J/（kg·K）]	—	—	—	607	—	—	657	
电阻率 ρ（10^{-6}Ω·m）	—	1.07	—	1.11	—	1.16	1.20	
线膨胀系数（与20℃之间）α（10^{-6}K^{-1}）	—	—	—	18.7	—	—	—	

2. 许用应力

Z6CNNb18.11 钢的许用应力值见表 3-30。

表 3-30　　　　　　　Z6CNNb18.11 钢的基本许用应力强度值 S_m　　　　　　　（MPa）

最小 R_e	最小 R_m	S_y	S_u	基本许用应力强度值 S_m				
20℃				50℃	100℃	150℃	200℃	250℃
210	480	207	483	138	138	138	132	128

基本许用应力强度值 S_m				
300℃	340℃	350℃	360℃	370℃
126	125	125	125	125

3. 冷塑性成型

钢的冷塑性变形能力良好，可冷轧、冷拔、冷墩、弯曲、卷边等。钢的形变强化能力强（见表 3-31），冲压的极限拉伸系数 2.08，工作拉伸系数 1.8～1.9。冷塑性变形量大时可分步进行，中间施以再结晶退火。

表 3-31　　　　　　　06Cr18Ni11Nb 钢的拉伸性能与冷变形量的关系

冷变形量（%）		0	10	20	30	40	50	60
拉伸性能	R_m（MPa）	675	731	858	998	1111	1181	1209
	$R_{p0.2}$（MPa）	274	548	745	886	970	1005	1041
	A（%）	50	32	13	8	5	4	3

4. 疲劳特性

Z6CNNb18.11 钢的疲劳性能见表 3-32 和图 3-9，06Cr18Ni11Nb 钢的应变疲劳特性如图 3-10 所示。

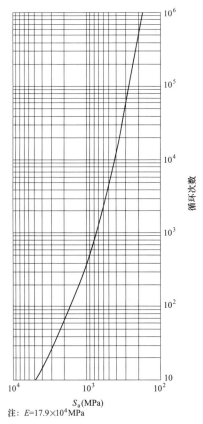

注：$E=17.9\times10^4$MPa

图 3-9　Z6CNNb18.11 钢的疲劳曲线图

表 3-32 Z6CNNb18.11 钢的疲劳性能数据

循环次数（周）	10	20	50	100	200	500	1000	2000
S_a（MPa）	4480	3240	2190	1655	1275	940	750	615
循环次数（周）	5000	10^4	2×10^4	5×10^4	10^5	2×10^5	5×10^5	10^6
S_a（MPa）	485	405	350	295	260	230	200	180

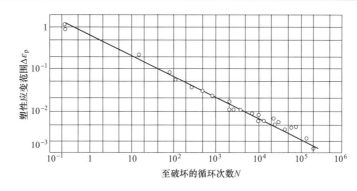

图 3-10　06Cr18Ni11Nb 钢的低周疲劳曲线

5. 持久与蠕变

06Cr18Ni11Nb 钢的持久强度与蠕变特性见图 3-11～图 3-13。

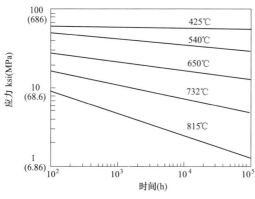

图 3-11　06Cr18Ni11Nb 钢退火棒材的持久强度

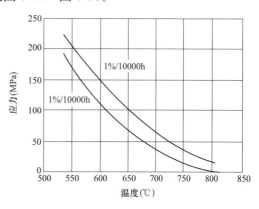

图 3-12　06Cr18Ni11Nb 钢退火态的蠕变强度

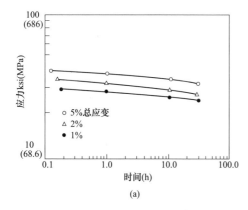

(a)

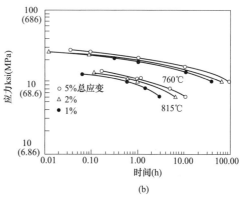

(b)

图 3-13　06Cr18Ni11Nb　钢退火态 1.27mm 薄板的总蠕变应变曲线

(a) 650℃；(b) 760℃，815℃

6. 耐蚀性

（1）均匀腐蚀　06Cr18Ni11Nb 钢在反应堆中的腐蚀特性见表 3-33～表 3-37。

表 3-33　06Cr18Ni11Nb 钢在压水堆冷却剂中的腐蚀[①]

温度（℃）		260	305	305	260	260
试样状态		机加工	电抛光	酸洗	敏化	敏化打磨
气体溶解量（mL/kg）	O_2	—	—	—	—	—
	H_2	75	500	500	200	100
pH		7	11	11	11	11
添加剂		—	—	—	LiOH	—
腐蚀率[①]［mg/（dm² · M）］		1	2	4	5	15
温度（℃）		204～316	260		288	343
试样状态		敏化打磨	敏化打磨		固溶后细磨	固溶后细磨
气体溶解量（mL/kg）	O_2	—	—	金属向水中的转移速率	<0.04	<0.05
	H_2	—	100		50	50
pH		7～10	6～9		9.5	9.5
添加剂		—	0.7～4.22g/L（H_3BO_3）		NH_4OH	NH_4OH
腐蚀率[①]［mg/（dm² · M）］		5	—12（未脱膜）		5	4

[①] 脱膜样品。

表 3-34　06Cr18Ni11Nb 钢在压水堆冷却剂堆内中的腐蚀[①]

试样状态	中子积分通量	温度（℃）	气体溶解量（mL/kg）		pH	添加剂	腐蚀率[①]［mg/(dm² · M)］
			O_2	H_2			
酸洗或电抛光	$7.5×10^{16}$	305	—	500	11	—	2
电抛光	$3.3×10^{19}$	282	—	—		—	—2
酸洗	$1.4×10^{20}$	316	0.3～1	25	4.5～9.5	NH_3，HNO_3	5

[①] 脱膜样品。

表 3-35　06Cr18Ni11Nb 钢在 Na 中的腐蚀[①]

温度（℃）	510	593	593	649	704	1000	500	500	500
动态	—	—	—	—	—	—	—	—	—
静态	—	—	—	—	—	—	—	—	—
溶解氧（$×10^{-6}$）							100	1000	5000
时间（h）	—	500	500	—	—	400	—	—	—
质量变化速率[①]［mg/(dm² · M)］	<—10	+146	+22	<—10	<—10	+1870	<—10	—50	—50

[①] 脱膜样品。

表 3-36　06Cr18Ni11Nb 钢在 He 中的腐蚀

介　质　条　件	温度（℃）	时间（h）	质量变化（mg/dm²）
$250×10^{-6}CO+250×10^{-6}H_2$	650	2000	+21
$250×10^{-6}CO+250×10^{-6}H_2$	760	3000	+42
$2500×10^{-6}CO+2500×10^{-6}H_2$	650	1500	+8
$2500×10^{-6}CO+2500×10^{-6}H_2$	760	1500	+35

（2）应力腐蚀　06Cr18Ni11Nb 钢在 MgCl₂、含氧 NaCl、KOH 和 NaOH 水溶液中的应力腐蚀特性如图 3-14 所示。

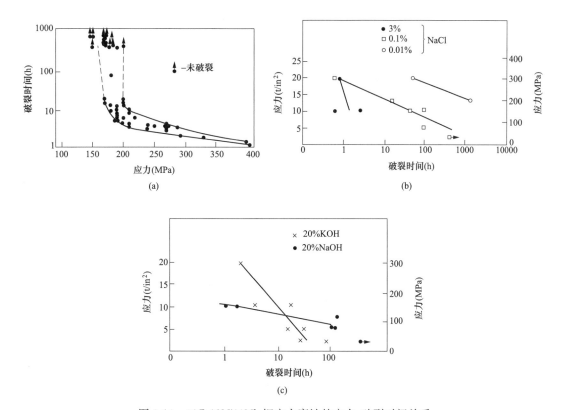

图 3-14　06Cr18Ni11Nb 钢应力腐蚀的应力-破裂时间关系

（a）在 MgCl₂中，固溶态，电解抛光；（b）含氧 NaCl 水溶液中，250℃；

（c）KOH 和 NaOH 水溶液中，300℃

7. 抗辐照

中子辐照对 06Cr18Ni11Nb 钢拉伸性能的影响见图 3-1 和表 3-37。

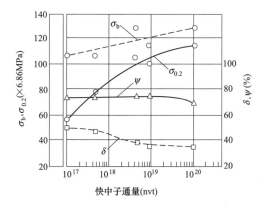

图 3-15　中子辐照对 06Cr18Ni11Nb 钢拉伸性能的影响

表 3-37　　　　　　　　　　06Cr18Ni11Nb 钢受中子辐照后的拉伸性能

温度（℃）		100	204～260	90	90	38	38	38
中子通量[①]（mvt）		3.9×10^{19}	2.5×10^{19}	1.2×10^{19}	1.2×10^{19}	2.4×10^{20}	7.2×10^{20}	2.6×10^{21}
R_m (MPa)	a[②]	670	679	670	1125	616	616	616
	b[②]	788	707	775	1358	748	753	735
	c[②]	+176	+5.6	+15.7	+20.7	+21.4	+22.2	+19.4
$R_{p0.2}$ (MPa)	a	254	—	334	1027	390	390	390
	b	662	—	713	1351	672	667	691
	c	+161	—	+114	+31.6	+72.4	+77.1	+77.2
A (%)	a	49	56.6	53.4	17.5	69.4	69.4	69.4
	b	25	54.5	33.9	11.0	51.6	50.6	44
	c	−48.5	−3.7	−36.5	−37.2	−25.6	−27.1	−36.5
Z (%)	a	71	—	77.1	60.6	81.5	81.5	81.5
	b	62	—	55.3	78.5	77.8	65	
	c	−12.7	—	−4.8	−8.7	−3.7	−4.5	−20.2

温度（℃）		38	257	257	257	257	257
中子通量[①]（mvt）		3.8×10^{21}	3.0×10^{18}	3.0×10^{19}	4.3×10^{20}	2.9×10^{18}	1.2×10^{20}
R_m (MPa)	a[②]	616	890	890	890	1608	1608
	b[②]	791	947	1063	1200	1887	1852
	c[②]	+28.4	+6.3	+19.5	+34.9	+17.3	+15.2
$R_{p0.2}$ (MPa)	a	390	—	—	—	—	—
	b	733	—	—	—	—	—
	c	+88	—	—	—	—	—
A (%)	a	69.4	—	—	—	—	—
	b	32	—	—	—	—	—
	c	−53.8	—	—	—	—	—
Z (%)	a	81.5	—	—	—	—	—
	b	74.0	—	—	—	—	—
	c	−9.2	—	—	—	—	—

① 中子密度。

② a 为未辐照的对比试样；b 为辐照后的性能；c 为变化率%。

3.2.4　30M5、25NCD8.05、20NCD8.06、30Mn、25CrNi2Mo、20Cr2Mn2Mo

3.2.4.1　用途

30M5、25NCD8.05、20NCD8.06、30Mn、25CrNi2Mo、20Cr2Mn2Mo 钢用于压水堆核电厂反应堆冷却剂泵电动机轴系驱动轴、中间轴和电动机联轴器等，具体应用如下：

● RCC-M　M2132-2007　Manganese-Nickel-Chromium-Molybdenum　Steel　Alloy Forgings for PWR Reactor Coolant Pump Shaft Assemblies

● NB/T 20006.13—2012 压水堆核电厂用合金钢 第 13 部分：反应堆冷却剂泵电动机轴系用合金钢锻件

3.2.4.2　技术条件

30M5、25NCD8.05、20NCD8.06、30Mn、25CrNi2Mo、20Cr2Mn2Mo 钢的化学成分和力学性能见表 3-38 和表 3-39。

表 3-38　化学成分 W_t　（%）

材料（技术条件）	C	Mn	P	S	Si
30M5（RCC-M M2132-2007）（熔炼分析）	≤0.35	≤1.30	≤0.025	≤0.020	0.10～0.40
30M5（RCC-M M2132-2007）（成品分析）	≤0.35	≤1.30	≤0.030	≤0.025	0.10～0.50
25NCD8.05（RCC-M M2132-2007）（熔炼分析）	0.22～0.30	0.40～0.70	≤0.015	≤0.015	0.10～0.35
25NCD8.05（RCC-M M2132-2007）（成品分析）	0.22～0.30	0.40～0.75	≤0.020	≤0.020	0.10～0.40
20NCD8.06（RCC-M M2132-2007）（熔炼分析）	0.19～0.25	1.40～1.60	≤0.015	≤0.020	0.25～0.40
20NCD8.06（RCC-M M2132-2007）（成品分析）	0.19～0.28	1.40～1.60	≤0.020	≤0.025	0.25～0.50
30Mn（NB/T 20006.13—2012）（熔炼分析）	≤0.35	≤1.30	≤0.025	≤0.020	0.10～0.40
30Mn（NB/T 20006.13—2012）（成品分析）	≤0.35	≤1.30	≤0.030	≤0.025	0.10～0.50
25CrNi2Mo（NB/T 20006.13—2012）（熔炼分析）	0.22～0.30	0.40～0.70	≤0.015	≤0.015	0.10～0.35
25CrNi2Mo（NB/T 20006.13—2012）（成品分析）	0.22～0.30	0.40～0.75	≤0.020	≤0.020	0.10～0.40
20Cr2Mn2Mo（NB/T 20006.13—2012）（熔炼分析）	0.19～0.25	0.25～0.40	≤0.015	≤0.020	0.25～0.40
20Cr2Mn2Mo（NB/T 20006.13—2012）（成品分析）	0.19～0.28	0.25～0.5	≤0.020	≤0.025	0.25～0.50
材料（技术条件）	**Ni**	**Cr**	**Mo**	**Al**	**V**
30M5（RCC-M M2132-2007）（熔炼分析）	≤0.50	≤0.40	≤0.25	—	—
30M5（RCC-M M2132-2007）（成品分析）	≤0.50	≤0.40	≤0.25	≤0.10	—
25NCD8.05（RCC-M M2132-2007）（熔炼分析）	1.90～2.30	1.20～1.50	0.35～0.50	≤0.10	≤0.08
25NCD8.05（RCC-M M2132-2007）（成品分析）	1.90～2.35	1.20～1.55	0.35～0.50	≤0.10	≤0.08
20NCD8.06（RCC-M M2132-2007）（熔炼分析）	≤0.30	1.80～2.00	0.25～0.35	≤0.10	—
20NCD8.06（RCC-M M2132-2007）（成品分析）	≤0.30	1.80～2.00	0.25～0.35	≤0.10	—
30Mn（NB/T 20006.13—2012）（熔炼分析）	≤0.50	≤0.40	≤0.25	—	—
30Mn（NB/T 20006.13—2012）（成品分析）	≤0.50	≤0.40	≤0.25	≤0.10	—
25CrNi2Mo（NB/T 20006.13—2012）（熔炼分析）	1.90～2.30	1.20～1.50	0.35～0.50	≤0.10	≤0.08
25CrNi2Mo（NB/T 20006.13—2012）（成品分析）	1.90～2.35	1.20～1.55	0.35～0.50	≤0.10	≤0.08
20Cr2Mn2Mo（NB/T 20006.13—2012）（熔炼分析）	≤0.30	1.80～2.00	0.25～0.35	≤0.10	—
20Cr2Mn2Mo（NB/T 20006.13—2012）（成品分析）	≤0.30	1.80～2.00	0.25～0.35	≤0.10	—

表 3-39 力学性能

| 试验项目 | 取样方向 | 拉　伸 | | | | KV 冲击 | |
| 试验温度（℃） | | 室　温 | | | | 0 | |
性能		$R_{p0.2}$ (MPa)	R_m(MPa)	A_{5d}(%)	Z(%)	最小平均值（J）[①]	最小单个值（J）
30M5 (RCC-M M2132-2007)	轴向	≥280	≥550	≥20	≥40	40	28
	切向	≥280	≥550	≥18	≥30	—	—
25NCD8.05 (RCC-M M2132-2007)	轴向和切向	≥500	≥700	≥15	≥35	56	40
20NCD8.06 (RCC-M M2132-2007)	轴向	—	—	—	—	40	28
	切向	≥500	≥600	≥13	≥30	—	—
30Mn (NB/T 20006.13—2012)	轴向	≥280	≥550	≥20	≥40	40	28
	切向	≥280	≥550	≥18	≥30	—	—
25CrNi2Mo (NB/T 20006.13—2012)	轴向和切向	≥500	≥700	≥15	≥35	56	40
	轴向	—	—	—	—	40	28
20Cr2Mn2Mo (NB/T 20006.13—2012)	切向	≥500	≥600	≥13	≥30	—	—
	轴向	≥280	≥550	≥20	≥40	40	28

① 每组 3 个试样中，最多只允许 1 个结果低于规定的最小平均值。

3.2.4.3　工艺要求

1. 30M5、25NCD8.05、20NCD8.06

（1）冶炼。应采用电炉炼钢或其他技术相当的冶炼工艺炼钢，并镇静及真空脱气。

（2）制造。为了清除缩孔和部分的偏析，钢锭应保证足够的切除量。按 RCC-M M380 计算的总锻造比应不小于 3。

（3）机械加工。性能热处理前，部件粗加工外形应尽可能接近交货状态外形。轴的半径上最大允许余量为 30mm。如果通过锻造不能直接得到该外形，则可通过机加工获得。性能热处理后，部件应在最终超声波检测前加工至交货状态外形。

（4）热处理。锻件应以热处理状态交货。该热处理即性能热处理，包括下述工序：

1）奥氏体化。

2）水淬或油淬。

3）为达到要求的性能，选择某一温度进行回火，随后在静止的空气中冷却（对 30M5 钢和 20NCD8.06 钢）或随炉冷却（对 25NCD8.05 钢）。

2. 30Mn、25CrNi2Mo、20Cr2Mn2Mo

（1）冶炼。应采用电炉冶炼，也可采用其他技术相当或更优的冶炼工艺，并镇静和真空脱气。

（2）制造。为了清除缩孔和部分的偏析，钢锭应保证足够的切除量。钢锭重量和切除百分比应予以记录，总锻造比应大于 3。

（3）机械加工。性能热处理前，锻件粗加工外形应尽可能接近交货状态外形。轴的半径上最大允许余量为 30mm。通过锻造如果不能得到该外形，则可通过机加工获得。该外形尺寸应在制造大纲中给出。性能热处理后，在最终超声检测前，锻件应加工至交货状态的外形。

（4）热处理。锻件应以热处理状态交货。该热处理即性能热处理，应包括下述工序：

1）奥氏体化处理。

2）水淬或油淬。

3）为达到要求的性能，选择某一温度进行回火，随后在静止的空气中冷却（对 30Mn 钢和 20Cr2Mn2Mo 钢）或随炉冷却（对 25CrNi2Mo 钢）。

3.2.4.4　性能资料

1. 物理性能

30M5 钢的热导率、热扩散率、线膨胀系数和弹性模量分别见表 3-40～表 3-43。

表 3-40　　30M5 钢的热导率　　[W/(m·K)]

温度（℃）	20	50	100	150	200	250	300
热导率	54.6	53.3	51.8	50.3	48.8	47.3	45.8
温度（℃）	350	400	450	500	550	600	650
热导率	44.3	42.9	41.4	39.9	38.5	37.0	35.5

表 3-41　　30M5 钢的热扩散率　　$(\times 10^{-6} m^2/s)$

温度（℃）	20	50	100	150	200	250	300
热扩散率	14.70	14.07	13.40	12.65	11.95	11.27	10.62
温度（℃）	350	400	450	500	550	600	650
热扩散率	10.00	9.33	8.63	7.92	7.23	6.52	5.8

表 3-42　　30M5 钢的线膨胀系数　　$(\times 10^{-6}℃^{-1})$

温度（℃）	20	50	100	150	200
线膨胀系数 A[①]	10.92	11.36	12.11	12.82	13.53
线膨胀系数 B[②]	10.92	11.14	11.50	11.87	12.24
温度（℃）	250	300	350	400	450
线膨胀系数 A[①]	14.20	14.85	15.50	16.15	16.79
线膨胀系数 B[②]	12.57	12.89	13.24	13.58	13.93

①系数 A 为线膨胀瞬间系数 $\times 10^{-6}℃^{-1}$ 或 $\times 10^{-6} K^{-1}$。

②系数 B 为在 20℃ 与所处温度之间的平均热膨胀系数 $\times 10^{-6}℃^{-1}$ 或 $\times 10^{-6} K^{-1}$。

表 3-43　　30M5 钢的弹性模量　　（GPa）

温度（℃）	0	20	50	100	150	200	250
弹性模量	205	204	203	200	197	193	189
温度（℃）	300	350	400	450	500	550	600
弹性模量	185	180	176	171	166	160	155

2. 许用应力

30M5 钢的许用应力强度值见表 3-44。

表 3-44　　　　　　　　　　**30M5 钢的基本许用应力强度值**　　　　　　　　（MPa）

最小 R_e	最小 R_m	S_y	S_u	基本许用应力强度值 S_m					
20℃					50℃	100℃	150℃	200℃	250℃
280	550	280	550		183	183	—	—	—

基本许用应力强度值 S_m				
300℃	340℃	350℃	360℃	370℃
—	—	—	—	—

3.2.5　X2CrNiMo18.12（控氮）、026Cr18Ni12Mo2N、TP316LN

3.2.5.1　用途

X2CrNiMo18.12（控氮）、026Cr18Ni12Mo2N、TP316LN 钢主要为稳压器波动管用不锈钢，具体应用如下：

● RCC-M M 3321-2007 Forged Tubes and Elbows Made from Grade X2CrNi 19.10 Controlled Nitrogen Content and X2CrNiMo18.12 Controlled Nitrogen Content Austenitic Stainless Steel for Reactor Coolant Piping

● ASME SA376-2004 Specification for Seamless Austentitic Steel Pipe for High-Temperature Central-Station

● NB/T 20007.13—2012 压水堆核电厂用不锈钢 第 13 部分：反应堆冷却剂管道用控氮奥氏体不锈钢锻造管和弯管

3.2.5.2　技术条件

X2CrNiMo18.12（控氮）、026Cr18Ni12Mo2N 和 TP316LN 钢的化学成分和力学性能见表 3-45 表 3-46。

表 3-45　　**X2CrNiMo18.12（控氮）、026Cr18Ni12Mo2N 和 TP316LN 钢的化学成分 W_t**　　（%）

材料（技术条件）	C	Mn	P	S	Si	Ni
X2CrNiMo18.12（控氮） (RCC-M M3321-2007)	≤0.035	≤2.00	≤0.030[①]	≤0.015[①]	≤1.00	11.50～12.50
026Cr18Ni12Mo2N (NB/T 20007.13—2012)	≤0.035	≤2.00	≤0.030	≤0.015	≤1.00	11.50～12.50
TP316LN (ASME SA376-2004)	≤0.035	≤2.00	≤0.045	≤0.030	≤0.75	11.0～14.0

材料（技术条件）	Cr	Mo	N	Co	Cu	B
X2CrNiMo18.12（控氮） (RCC-M M3321-2007)	17.00～18.20	2.25～2.75	≤0.080	≤0.20 （目标≤0.10）	≤1.00	≤0.0018
026Cr18Ni12Mo2N (NB/T 20007.13—2012)	17.00～18.20	2.25～2.75	≤0.080	≤0.20 （目标≤0.10）	≤1.00	≤0.0018
TP316LN (ASME SA376-2004)	16.0～18.0	2.00～3.00	0.10～0.16	—	—	—

① 对于成品分析，其最大保证值应再加 0.005%。

表 3-46　　X2CrNiMo18. 12（控氮）、026Cr18Ni12Mo2N 和 TP316LN 钢的力学性能

试验项目	拉　　伸					KV 冲击
试验温度（℃）	室　　温			300		0
性能	$R_{p0.2}$（MPa）	R_m（MPa）	A_{5d}（%）	$R^t_{p0.2}$（MPa）	R_m（MPa）	最小平均值（J）
X2CrNiMo18. 12（控氮）（RCC-M M3321-2007）	≥210	≥510	≥35	130	407	≥100
026Cr18Ni12Mo2N（NB/T 20007. 13—2012）	≥210	≥510	≥35	130	407	≥100①
TP316LN（ASME SA376-2004）	≥205	≥515	纵向≥35 横向≥25	—	—	—

① 若室温拉伸试验中 A%＜45%，则需执行此项试验。

3.2.5.3　工艺要求

1. X2CrNiMo18.12（控氮）

（1）冶炼。应采用电弧炉或其他技术相当的冶炼工艺。

（2）轧制。为清除缩孔和主要偏析部分，钢锭头尾应保证足够的切除量，钢锭或连铸坯的压缩比应不小于 3。

（3）机械加工。在最终超声检测前，工件应按采购图的要求进行机加工。

（4）热处理。钢管应以热处理状态交货，最终性能热处理应包括温度在 1050～1150℃的固溶热处理。

2. 026Cr18Ni12Mo2N

（1）冶炼。采用电炉冶炼，也可采用电弧炉粗炼、炉外精炼的冶炼方法。经供需双方协议，可采用其他冶炼方法。

（2）锻造或轧制（挤压）。锻件采用锤锻、压锻、轧制（挤压）或其他等效的工艺方法制造。为清除缩孔和主要偏析部分，钢锭应保证足够的切除量。钢锭重量和切除量百分比应记录。按 NB/T 20007.13—2012 附录 B 计算的总锻造比应大于 3。

（3）机械加工。在最终超声检测前，工件应按采购图的要求进行机加工。被检测表面的粗糙度应满足无损检测要求。

（4）热处理。固溶热处理前，工件的结构尺寸应尽可能接近交货状态。交货状态为固溶处理状态。固溶处理保温温度为 1050～1150℃。

3. TP316LN

（1）制造。钢管可以使热精整或冷精整，根据需要采用适当精整处理。

（2）热处理。热处理应先加热到最低 1040℃之后，在水中淬火或以其他方式快速冷却。

3.2.5.4　性能资料

1. 物理性能

X2CrNiMo18.12（控氮）钢的热导率、热扩散率、线膨胀系数和弹性模量分别见表 3-47～表 3-50。

表 3-47　　　　　　　　X2CrNiMo18.12（控氮）钢的热导率　　　　　　　[W/(m·K)]

温度（℃）	20	50	100	150	200	250	300	350	400
热导率	14.0	14.4	15.2	15.8	16.6	17.3	17.9	18.6	19.2
温度（℃）	450	500	550	600	650	700	750	800	
热导率	19.9	20.6	21.2	21.8	22.4	23.1	23.7	24.3	

表 3-48　　　　　　　　X2CrNiMo18.12（控氮）钢的热扩散率　　　　　　（×10⁻⁶ m²/s）

温度（℃）	20	50	100	150	200	250	300	350	400
热扩散率	3.89	3.89	3.89	3.94	3.99	4.06	4.17	4.26	4.37
温度（℃）	450	500	550	600	650	700	750	800	
热扩散率	4.50	4.64	4.75	4.85	4.95	5.04	5.11	5.17	

表 3-49　　　　　　　X2CrNiMo18.12（控氮）钢的线膨胀系数　　　　（×10⁻⁶℃⁻¹）

温度（℃）		20	50	100	150	200	250	300	350	400	450
线膨胀系数 α	A	15.54	16.00	16.49	16.98	17.47	17.97	18.46	18.95	19.45	19.94
	B	15.54	15.72	16.00	16.30	16.60	16.86	17.1	17.36	17.6	17.82

注　系数 A 为热膨胀瞬间系数；系数 B 为在 20℃ 与所处温度之间的平均热膨胀系数。

表 3-50　　　　　　　　X2CrNiMo18.12（控氮）钢的弹性模量　　　　　　（GPa）

温度（℃）	0	20	50	100	150	200	250
弹性模量	198.5	197	195	191.5	187.5	184	180
温度（℃）	300	350	400	450	500	550	600
弹性模量	176.5	172	168	164	160	155.5	151.5

2. 许用应力

X2CrNiMo18.12（控氮）钢的许用应力强度值见表 3-51。

表 3-51　　　　　　X2CrNiMo18.12（控氮）钢的基本许用应力强度值　　　　　（MPa）

最小 R_e	最小 R_m	S_y	S_u	基本许用应力强度值 S_m				
20℃				50℃	100℃	150℃	200℃	250℃
400	550	400	550	183	—	180	176	175

基本许用应力强度值 S_m（MPa）				
300℃	340℃	350℃	360℃	370℃
170	166	165	163	161

第 3 节　实际部件的制造工艺及力学性能

3.3.1　16MND5

3.3.1.1　反应堆压力容器堆芯筒体

反应堆压力容器 16MND5 堆芯筒体锻件制造工艺如下。

1. 制造流程

炼钢→铸锭→锻造→锻后热处理（正火、回火）→初粗加工（探伤）→粗加工→淬火、回火→标识、取样检验→精加工→UT、MT、PT、DT、VT→标识→报告审查→包装出厂。

2. 炼钢和铸锭

应精选杂质元素含量低的优质原材料。钢水需在电炉内冶炼，钢包内精炼。在浇注前和浇注钢锭的过程中进行真空处理，以便得到纯净的钢水。通过在钢水中加入铝来达到去除氧的目的。钢锭重 281t，锻造在 12 500t 或以上吨位水压机上进行。锻件重 168 500kg，总锻比 7。冶炼及铸造工艺过程如图 3-16 所示。

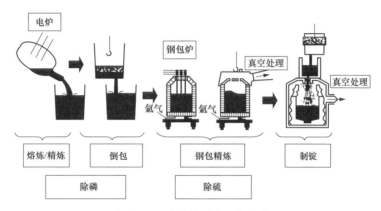

图 3-16　冶炼及铸造工艺过程

3. 热处理

正火和回火（N&T）：在锻后正火和回火期间（产品已放入炉内），时间和温度须在时间-温度图中进行记录，该记录为至少两个附于产品最高和最低温度部位的热电偶所显示的时间-温度图，正火和回火工艺如图 3-17 所示。

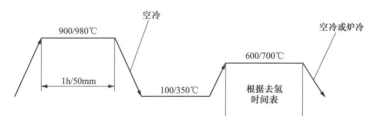

图 3-17　正火和回火工艺

淬火和回火（Q&T）：在性能热处理的淬火和回火期间（产品已放入炉内），时间和温度须在时间-温度图中进行记录，该记录为两个附于产品最高和最低温度部位的热电偶所显示的时间-温度图，淬火和回火工艺如图 3-18 所示。

图 3-18　淬火和回火工艺（350℃以上，升温速度最大为 140℃/h）

4. 化学成分和力学性能要求

堆芯筒体锻件用 16MND5 材料的化学成分和力学性能要求分别见表 3-52 和表 3-53。

表 3-52　　　　　　　　　　　　　**16MND5 钢的化学成分要求 W_t**　　　　　　　　（%）

元素	C	Mn	P	S	Si	Ni
熔炼分析	0.16～0.20	1.20～1.55	≤0.006	≤0.005	0.10～0.30	0.50～0.80
成品分析	0.16～0.20	1.20～1.60	≤0.006	≤0.005	0.10～0.30	0.50～0.80
元素	Cr	Mo	V	Cu	Al	Co
熔炼分析	≤0.15	0.45～0.55	≤0.01	≤0.05	≤0.04	≤0.03
成品分析	≤0.15	0.43～0.57	≤0.01	≤0.05	≤0.04	≤0.03
元素	As	Sn	Sb	B	H、O、N	
熔炼分析	≤0.010	≤0.010	≤0.002	≤0.0003	提供数据	
成品分析	≤0.010	≤0.010	≤0.002	≤0.0003	提供数据	

表 3-53　　　　　　　　　　　　　　　　**16MND5 钢的力学性能**

试验项目		拉　　　伸							
试验温度		室温				350			
性能		$R_{p0.2}$(MPa)	R_m(MPa)	A_{5d}(%)	Z(%)	$R_{p0.2}^t$(MPa)	R_m(MPa)	A_{5d}(%)	Z(%)
规定值[①]	轴向（横向）	—	—	—	—	—	—	—	—
	周向（纵向）	≥400	552～670	≥20	≥45	≥300	≥510	提供数据	提供数据
试验项目		冲　　　击							
试验温度（℃）		0		−20		+20			
性能		最小平均值 (J)	单试样最低值[②] (J)	最小平均值 (J)	单试样最低值 (J)	单试样最低值 (J)			
规定值[①]	轴向（横向）	56	40	40	28	104			
	周向（纵向）	80	60	56	40	120			
试验项目		落锤试验+KV 冲击试验		KV-T℃曲线试验		K_{Ic}曲线			
试验温度（℃）				−60～+80		（参考范围）			
性能		RT_{NDT}（℃）		上平台能量（J）	KV-T℃曲线	KV-T℃曲线			
规定值[①]	轴向（横向）	≤−20		≥130	提供曲线	提供曲线			
	周向（纵向）								

①横向纵向是指试样相对锻件主加工方向的取向（横向垂直于主加工方向，纵向平行于主加工方向）。

②每组 3 个试样中只允许 1 个结果低于最小平均值。

反应堆压力容器堆芯筒体实际化学成分分析见表 3-54，锻造工艺见表 3-55，热处理工艺见表 3-56 和表 3-57，力学性能见表 3-58～表 3-60。

表 3-54　　　　　　　　　　**堆芯筒体熔炼和成品化学成分分析 W_t**　　　　　　　　（%）

元素	C	Mn	P	S	Si	Ni	Cr
熔炼分析	0.18	1.42	0.003	0.002	0.18	0.74	0.13
成品分析	0.19	1.41	0.005	0.002	0.22	0.73	0.12

续表

元素	Mo	V	Cu	Al	B	Co	As
熔炼分析	0.47	<0.005	0.03	0.02	0.0002	0.005	0.008
成品分析	0.48	<0.01	0.03	0.01	0.0002	<0.02	0.006

元素	Sn	Sb	H	O	N
熔炼分析	0.003	<0.0015	1.1ppm	21ppm	101ppm
成品分析	0.002	0.0007	0.7ppm	14ppm	102ppm

注　ppm 的含义为百万分之一。

表 3-55　　　　　　　　　　锻造工艺

检 验 项 目	要求值（%）	实测值（%）
水口切除量	≥7	7
冒口切除量	≥13	19.14
总锻造比	≥3	7

表 3-56　　　　　　　　　　锻后正回火工艺

检验项目	正 火		回 火	
	要求值	实测值	要求值	实测值
保温温度（℃）	920±10	915～925	670±10	665～675
保温时间（h）	≥7	7	≥36	36
升温速率（℃/h）	功率升温	24	≤60	37
冷却方式	吊下空冷	吊下空冷	炉冷	炉冷

表 3-57　　　　　　　　　　调质热处理

检验项目	正 火		淬 火		回 火	
	要求值	实测值	要求值	实测值	要求值	实测值
保温温度（℃）	920±10	915～920	890±10	880～895	650±10	640～660
保温时间（h）	5	5	5	5	10	10
升温速率（℃/h）	≤100	23	≤100	30	≤60	50
冷却方式	空冷	空冷	水冷	水冷	空冷	空冷

表 3-58　　　　　　　　　　堆芯筒体拉伸试验结果

取样位置	试验温度（℃）	屈服强度（MPa）	抗拉强度（MPa）	延伸率（%）	断面收缩率（%）
0°A01 周向 T/4 HTMP	室温	438	580	27.0	74.0
0°A03 周向 T/4 HTMP+SSRHT	室温	429	575	29.0	75.0

续表

取样位置	试验温度（℃）	屈服强度（MPa）	抗拉强度（MPa）	延伸率（%）	断面收缩率（%）
0°A02 周向 HTMP	350	377	550	30.5	77.0
0°A04 周向 HTMP+SSRHT	350	370	530	29.0	74.5

表 3-59   堆芯筒体冲击试验结果

取样位置	试验温度（℃）	冲击功（J）	纤维面积（%）	侧膨胀（%）
0°A（59，60，61）周向 T/4 HTMP	20	296	100	2.46
		296	100	2.48
		296	100	2.47
0°A（62，63，64）周向 T/4 HTMP	0	296	100	2.36
		192	65	2.20
		296	100	2.35
0°A（65，66，67）周向 T/4 HTMP	−20	193	60	2.40
		168	60	2.00
		120	40	1.59
0°A（17，18，19）周向 T/4 HTMP	20	215	80	2.24
		196	80	2.18
		293	100	2.62
0°A（20，21，22）周向 T/4 HTMP	0	296	100	2.60
		161	40	1.77
		195	65	2.40
0°A（23，24，25）周向 T/4 HTMP	−20	88	25	1.30
		128	40	1.70
		150	50	1.90
0°A（68，69，70）周向 T/4 HTMP	0	296	100	2.70
		296	100	2.72
		296	100	2.71
0°A（26，27，28）周向 T/4 HTMP	20	153	50	1.96
		188	80	2.22
		188	80	2.39
0°A（29，30，31）周向 T/4 HTMP	20	296	100	2.30
		159	50	1.90
		178	70	2.20
0°A（32，33，34）周向 T/4 HTMP	20	126	40	1.78
		161	60	2.30
		139	50	1.95

表 3-60　　　　　　　　　　堆芯筒体不同温度冲击试验结果

试验温度（℃）	10	60	80	—10	—60	20	0	—20
冲击功（J）	169	262	296	183	56	215	296	88
	185	273	226	166	20	196	161	128
	156	296	278	152	23	296	195	150
纤维面积（%）	50	100	100	60	15	80	100	25
	60	100	100	50	0	80	40	40
	40	100	100	50	0	100	65	50
侧膨胀（%）	2.08	2.11	2.6	1.9	0.9	2.24	2.6	1.3
	1.9	2.19	2.18	2	0	2.18	1.77	1.2
	2	2.2	2.2	1.87	0	2.62	2.4	1.9

3.3.1.2　反应堆压力容器出口接管

反应堆压力容器出口接管的制造工艺如下。

1. 制造流程

炼钢→铸锭→锻造→锻后热处理（正火、回火）→初粗加工（UT）→粗加工→淬火、回火→标识、取样→精加工→UT、MT、PT、DT、VT→标识→报告审查→包装出厂。

2. 炼钢和铸锭

原材料：应精选杂质元素含量低的优质原材料。钢水需在电炉内冶炼，钢包内精炼。在浇注前和浇注钢锭的过程中进行真空处理，以便得到纯净的钢水。通过在钢水中加入铝来达到去除氧的目的。锻造在 6000t 或以上吨位水压机上进行，锻件重 155t，锻件的总锻造比为 7.2。

3. 热处理

用于热处理的炉子需是燃气炉或电阻炉。出口接管锻件的热处理：正火和回火（N&T）、淬火和回火（Q&T）。

（1）正火和回火（N&T）。在锻后正火和回火期间（产品已放入炉内），时间和温度须在时间-温度图中进行记录，正火和回火的工艺如图 3-19 所示。

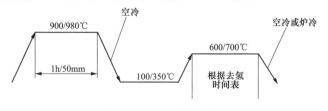

图 3-19　正火和回火工艺

（2）淬火和回火（Q&T）。在性能热处理的淬火和回火期间（产品已放入炉内），时间和温度须在时间-温度图中进行记录，淬火和回火的工艺如图 3-20 所示。

4. 化学成分和力学性能要求

出口接管锻件用 16MND5 钢的化学成分和力学性能要求分别见表 3-61 和表 3-62。

图 3-20　淬火和回火工艺（350℃以上，升温速度最大为 140℃/h）

表 3-61　　　　　　　　　　　16MND5 钢的化学成分要求 W_t　　　　　　　（%）

元素	C	Si	Mn	P	S	Cr	Ni	Mo
熔炼分析	0.16～0.20	0.10～0.30	1.20～1.55	≤0.008	≤0.005	≤0.15	0.50～0.80	0.45～0.55
成品分析	0.16～0.20	0.10～0.30	1.20～1.60	≤0.008	≤0.005	≤0.15	0.50～0.80	0.43～0.57

元素	V	Cu	Al	Co	As	Sn	Sb	B	H、O、N
熔炼分析	≤0.01	≤0.08	≤0.04	≤0.03	≤0.010	≤0.010	≤0.002	≤0.0003	提供数据
成品分析	≤0.01	≤0.08	≤0.04	≤0.03	≤0.010	≤0.010	≤0.002	≤0.0003	提供数据

表 3-62　　　　　　　　　　　16MND5 钢的力学性能要求

试验项目		拉　　伸							
试验温度（℃）		室　温				350			
性能		$R_{p0.2}$ (MPa)	R_m (MPa)	A_{5d} (%)	Z (%)	$R_{p0.2}^t$ (MPa)	R_m (MPa)	A_{5d} (%)	Z (%)
规定值[1]	轴向（横向）	—							
	周向（纵向）	≥400	552～670	≥20	≥45	≥300	≥510	提供数据	提供数据

试验项目		冲击					落锤试验 +KV 冲击试验	KV-T℃曲线试验	
试验温度（℃）		0		−20		+20	—	−60～+80	（参考范围）
性能		最小平均值 (J)	单试样最低值[2] (J)	最小平均值 (J)	单试样最低值 (J)	单试样最低值 (J)	RT_{NDT}（℃）	上平台能量（J）	KV-T ℃曲线
规定值[1]	轴向（横向）	56	40	40	28	72	≤−20 （提供实测数据）	≥130	提供曲线
	周向（纵向）	72	56	56	40	88			

① 横向纵向是指试样相对锻件主加工方向的取向（横向垂直于主加工方向，纵向平行于主加工方向）。

② 每组 3 个试样中只允许 1 个结果低于最小平均值。

出口接管锻件用 16MND5 钢的实际化学成分和力学性能见表 3-63～表 3-69。

表 3-63　　　　　　　　　　出口接管化学成分分析 W_t　　　　　　（%）

元素	C	Mn	P	S	Si	Ni	Cr
熔炼分析	0.18	1.42	0.002	0.002	0.18	0.75	0.14
成品成分	0.17	1.34	0.005	0.002	0.2	0.72	0.12

续表

元素	Mo	V	Cu	Al	B	Co	As
熔炼分析	0.5	＜0.005	0.04	0.02	0.0002	0.005	0.004
成品成分	0.47	＜0.01	0.03	＜0.01	0.0002	＜0.02	0.002

元素	Sn	Sb	H	O	N
熔炼分析	0.003	＜0.0015	1.4ppm	12ppm	92ppm
成品成分	＜0.002	＜0.0007	0.7ppm	17ppm	89ppm

表 3-64　　　　　　　　　　　　　　锻造工艺

检 验 项 目	要 求 值（％）	实 测 值（％）
水口切除量	≥7	7.7
冒口切除量	≥13	19.35
总锻造比	≥3	7.2

表 3-65　　　　　　　　　　　　　锻后正回火工艺

检验项目	正　火		回　火	
	要求值	实测值	要求值	实测值
保温温度（℃）	920±10	915～925	670±10	665～675
保温时间（h）	≥12	12	≥47	47
升温速率（℃/h）	功率升温	19	≤70	30
冷却方式	吊下空冷	吊下空冷	炉冷	炉冷

表 3-66　　　　　　　　　　　　　调质热处理

检验项目	正　火		淬　火		回　火	
	要求值	实测值	要求值	实测值	要求值	实测值
保温温度（℃）	920±10	920～925	890±10	885～895	650±10	640～650
保温时间（h）	9	9	9	9	18	18
升温速率（℃/h）	≤100	48	≤100	40	≤60	50
冷却方式	空冷	空冷	水冷	水冷	空冷	空冷

表 3-67　　　　　　　　　　　　出口接管拉伸试验结果

取样位置	试验温度（℃）	屈服强度（MPa）	抗拉强度（MPa）	延伸率（％）	断面收缩率（％）
B1 0°周向	室温	440	575	28.0	74.5
B1 0°周向 SPWHT	室温	430	570	28.5	74.5

取样位置	试验温度（℃）	屈服强度（MPa）	抗拉强度（MPa）	延伸率（%）	断面收缩率（%）
B1 0°周向	350	379	560	29.5	74.0
B1 0°周向 SPWHT	350	374	530	28.5	74.0
B2 180°周向	室温	439	575	30.0	75.0
B2 180°周向 SPWHT	室温	431	570	30.0	74.5
B2 180°周向	350	370	540	30.0	74.0
B2 180°周向 SPWHT	350	372	530	30.5	75.0

表 3-68　　　　　　　　出口接管冲击试验结果

取样位置	试验温度（℃）	冲击功（J）	纤维面积（%）	侧膨胀（%）
A1 0°轴向	0	296	100	2.57
		296	100	2.42
		296	100	2.51
A1 0°轴向	20	296	100	2.52
		296	100	2.53
		296	100	2.57
A1 0°轴向	−20	178	65	1.97
		202	75	2.04
		188	70	2.14
A1 0°轴向 SPWHT	0	296	100	2.5
		296	100	2.53
		296	100	2.48
A2 180°轴向	0	296	100	2.44
		296	100	2.49
		296	100	2.42
A2 180°轴向	20	296	100	2.56
		296	100	2.6
		296	100	2.58
A2 180°轴向	−20	296	100	2.49
		154	55	2.06
		174	55	2.1
A2 180°轴向 SPWHT	0	296	100	2.35
		296	100	2.43
		296	100	2.4

续表

取样位置	试验温度（℃）	冲击功（J）	纤维面积（%）	侧膨胀（%）
B1 0°周向	0	296	100	2.5
		296	100	2.47
		296	100	2.39
B1 0°周向	20	296	100	2.67
		296	100	2.6
		296	100	2.62
B1 0°周向	−20	190	70	2.05
		126	35	1.95
		296	100	2.58
B1 0°周向 SPWHT	0	296	100	2.28
		296	100	2.41
		296	100	2.35
B2 180°周向	0	296	100	2.54
		296	100	2.28
		296	100	2.4
B2 180°周向	20	296	100	2.64
		296	100	2.63
		296	100	2.54
B2 180°周向	−20	296	100	2.4
		296	100	2.3
		170	55	2.0
B2 180°周向 SPWHT	0	296	100	2.41
		296	100	2.14
		296	100	2.43

表 3-69　　　　　　　　　　出口接管不同温度冲击试验结果

试验温度（℃）	80	60	40	−40	−60	0	20	−20
冲击功（J）	296	296	296	224	20	296	296	190
	296	296	296	136	16	296	296	126
	296	296	296	124	20	296	296	296
纤维面积（%）	100	100	100	80	0	100	100	70
	100	100	100	35	0	100	100	35
	100	100	100	35	0	100	100	100
侧膨胀（%）	2.61	2.58	2.61	2.6	0	2.5	2.67	2.05
	2.62	2.57	2.55	1.08	0	2.39	2.6	1.95
	2.63	2.56	2.54	1.7	0	2.47	2.62	2.58

3.3.1.3　反应堆压力容器下封头

反应堆压力容器下封头的制造工艺如下。

1. 制造流程

炉料准备→冶炼（粗炼＋精炼）→熔炼分析→铸锭→锻造→锻后热处理（正火＋回火）→粗加工→超声波检测→性能热处理（正火＋调质）→取样和标识→试样的模拟热处理→化学成分检验→力学性能检验→金相检验→精加工→UT→PT→MT→标识→清洁→包装→运输→交货。

2. 冶炼

钢的冶炼应精选炉料，采用电炉粗炼钢水，精炼炉真空精炼，真空浇注工艺，精确控制化学成分，尽可能减少钢水的有害元素和夹杂物的含量，冶炼工艺如图 3-21 所示。

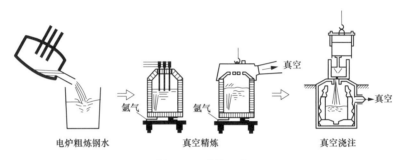

图 3-21　冶炼工艺

3. 锻造

锻压时的温度控制在 1200～900℃，钢锭重量 80t，锻造比按 RCC-M M380 标准的要求，总锻比不小于 3；切底率不小于 7％，切冒率不小于 20％。

4. 锻后热处理

锻件锻压后经 900～980℃正火，650～700℃回火处理，改善锻件内部组织及晶粒度，消除内应力，进一步降低氢的含量并使其尽可能均匀分布，为后续的性能热处理做好准备。下封头锻后热处理工艺规范如图 3-22 所示。

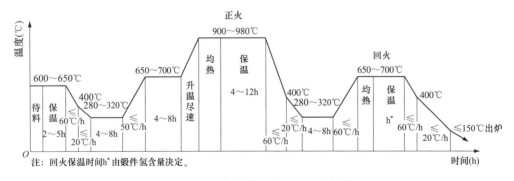

图 3-22　下封头锻后热处理工艺规范

5. 性能热处理

下封头性能热处理工艺规范包括正火工艺、淬火工艺和回火工艺，如图 3-23 所示。

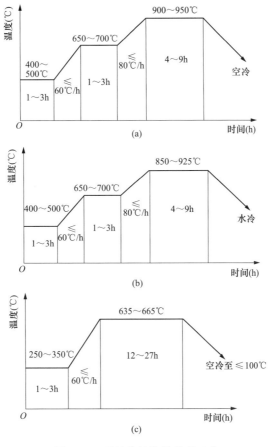

图 3-23　下封头性能热处理工艺
（a）正火工艺；（b）淬火工艺；（c）回火工艺

反应堆压力容器下封头用 16MND5 材料的实际化学成分和力学性能见表 3-70～表 3-76。

表 3-70　　　　　　　　　　　　　　下封头化学成分分析 W_t　　　　　　　　　　　　　　（％）

元　素		C	Mn	P	S	Si	Ni	Cr
熔炼分析		0.18	1.46	0.002	0.002	0.17	0.74	0.13
成品分析	A 料 T/4 处	0.16	1.45	<0.005	0.002	0.2	0.74	0.12
	B 料 T/4 处	0.17	1.45	<0.005	0.002	0.2	0.74	0.12
元　素		Mo	V	Cu	Al	B	Co	As
熔炼分析		0.51	<0.005	0.04	0.02	<0.0002	0.005	0.006
成品分析	A 料 T/4 处	0.5	<0.01	0.02	0.01	0.0002	<0.02	0.0014
	B 料 T/4 处	0.5	<0.01	0.02	0.01	0.0002	<0.02	0.0015
元　素		Sn	Sb	H	O	N		
熔炼分析		0.004	0.0015	1.4ppm	13ppm	100ppm		
成品分析	A 料 T/4 处	0.0012	0.0015	0.5ppm	18ppm	104ppm		
	B 料 T/4 处	0.0012	0.0015	0.5ppm	24ppm	104ppm		

表 3-71   下封头锻造工艺

检 验 项 目	要求值（%）	实测值（%）
水口切除量	≥7	10
冒口切除量	≥13	18.8
总锻造比	≥3	16

表 3-72   下封头锻后正回火工艺

检验项目	正 火		回 火	
	要求值	实测值	要求值	实测值
保温温度（℃）	920±10	915～925	670±10	665～675
保温时间（h）	≥7	7	≥36	36
升温速率（℃/h）	功率升温	24	≤60	37
冷却方式	吊下空冷	吊下空冷	炉冷	炉冷

表 3-73   下封头调质热处理

检验项目	淬 火		回 火	
	要求值	实测值	要求值	实测值
保温温度（℃）	890±10	885～895	650±10	645～650
保温时间（h）	4	4	8	8
升温速率（℃/h）	≤100	29	≤60	29
冷却方式	水冷	水冷	空冷	空冷

表 3-74   下封头拉伸试验结果

取样位置	试验温度（℃）	屈服强度（MPa）	抗拉强度（MPa）	延伸率（%）	断面收缩率（%）
A01 0°T/4 周向 HTMP	室温	451	585	29.0	75.5
A03 0°T/4 周向 HTMP+SSRHT	室温	447	580	30.0	76.0
周向 HTMP	350	389	560	28.5	78.0
周向 HTMP+SSRHT	350	383	545	30.0	80.0

表 3-75   下封头冲击试验结果

取样位置	试验温度（℃）	冲击功（J）	纤维面积（%）	侧膨胀（%）
A17-19 0°T/4 周向 HTMP	20	296	100	2.41
		296	100	2.39
		296	100	2.49
A20-22 0°T/4 周向 HTMP	0	296	100	2.41
		296	100	2.37
		296	100	2.32

续表

取　样　位　置	试验温度（℃）	冲击功（J）	纤维面积（%）	侧膨胀（%）
A23-25 0°T/4 周向 HTMP	−20	220	80	2.27
		296	100	2.31
		296	100	2.34
A62-64 0°T/4 径向 HTMP	20	296	100	2.48
		296	100	2.48
		296	100	2.54
A65-67 0°T/4 径向 HTMP	0	296	100	2.47
		296	100	2.41
		296	100	2.45
A68-70 0°T/4 径向 HTMP	−20	296	100	2.40
		296	100	2.38
		296	100	2.40
A41-43 0°T/4 周向 HTMP+SSRHT	0	296	100	2.41
		296	100	2.37
		296	100	2.51
A71-73 0°T/4 径向 HTMP+SSRHT	0	296	100	2.52
		296	100	2.42
		296	100	2.43

表 3-76　　　　　　　　　　　　　下封头不同温度冲击试验结果

试验温度（℃）	冲击功（J）			纤维面积（%）			侧膨胀（%）		
80	296	296	296	100	100	100	2.51	2.50	2.52
60	296	296	296	100	100	100	2.24	2.30	2.28
40	296	296	296	100	100	100	2.49	2.45	2.47
−40	216	178	296	65	65	100	1.90	2.00	2.30
−60	174	162	152	60	60	55	2.15	2.08	2.00
0	296	296	296	100	100	100	2.41	2.37	2.32
20	296	296	296	100	100	100	2.41	2.39	2.49
−20	220	296	296	80	100	100	2.27	2.31	2.34

3.3.2　18MND5

　　蒸汽发生器下部筒体用 18MND5 钢的化学成分见表 3-77，交货状态试验结果和模拟消除应力热处理后的力学性能见表 3-78 和表 3-79。

表 3-77　　　　　　　　　　　　18MND5 钢的化学成分 W_t　　　　　　　　　　　（％）

元　素	C	Mn	P	S	Si	Ni	Cr
标准要求（成品分析）	≤0.20	1.15～1.60	≤0.012	≤0.012	0.10～0.30	0.50～0.80	≤0.25
标准要求（熔炼分析）	≤0.17	1.45	0.004	0.01	0.19	0.68	0.14
成品分析　底部	0.17	1.46	0.004	0.002	0.19	0.66	0.14
成品分析　顶部	0.18	1.48	0.006	0.001	0.22	0.71	0.17

元　素	Mo	V	Cu	Al	H_2	N_2	As	Sn
标准要求（成品分析）	0.45～0.55	≤0.01	≤0.20	目标值 ≤0.04	≤1.5ppm	INFO	INFO	INFO
标准要求（熔炼分析）	0.49	0.001	≤0.06	≤0.01	0.97ppm	42ppm	0.003	0.003
成品分析（底部）	0.49	0.001	0.06	0.01	—	58ppm	0.003	0.004
成品分析（顶部）	0.48	0.005	0.05	0.03	—	66ppm	0.003	0.005

表 3-78　　　　　　　　　　　　18MND5 钢的交货状态试验结果

试验项目		拉　伸							
试验温度（℃）		室温				350			
性能		$R_{p0.2}$(MPa)	R_m(MPa)	A_{5d}(%)	Z(%)	$R_{p0.2}^t$(MPa)	R_m(MPa)	A_{5d}(%)	Z(%)
周向	标准要求值	—	—	—	—	—	—	—	—
周向	实际值	—	—	—	—	—	—	—	—
轴向	标准要求值	≥450	600～700	≥18	—	≥380	≥540	—	—
轴向	实际值	478	612	28	74	411	558	21	73

试验项目		冲　击					
试验温度（℃）		0		—20		+20	
性能		最小平均值（J）	单试样最低值（J）	最小平均值（J）	单试样最低值（J）	单试样最低值（J）	
周向	标准要求值	56	40	40	28	72	
周向	实际值	184	187　　189	162	159　　165	228　226　231	
轴向	标准要求值	80	60	56	40	88	
轴向	实际值	179	203　　201	180	146　　155	238　233　239	

表 3-79　　　　　　　　　　18MND5 钢模拟消除应力热处理后进行的力学性能

试验项目	试验温度（℃）	性能	周　向		轴　向	
			标准要求值	实际值	标准要求值	实际值
拉伸	室温	$R_{p0.2}$（MPa）	—	—	≥450	494
拉伸	室温	R_m（MPa）	—	—	600～700	636
拉伸	室温	A_{5d}（%）	—	—	≥18	24
拉伸	室温	Z（%）	—	—	—	73

续表

试验项目	试验温度（℃）	性能	周向 标准要求值	周向 实际值	轴向 标准要求值	轴向 实际值
拉伸	350	$R_{p0.2}^t$（MPa）	—	—	≥380	407
		R_m（MPa）	—	—	≥540	544
		A_{5d}（%）	—	—		20
		Z（%）	—	—		73
冲击	0	最小平均值（J）	56	184	80	181
		单试样最低值（J）	40	167	60	202
				171		184

核电厂蒸汽发生器管板用 18MND5 钢的化学成分见表 3-80。

表 3-80　　　　　　　　　18MND5 钢的化学成分 W_t　　　　　　　（%）

元素	C	Mn	P	S	Si	Ni	Cr
标准要求（成品分析）	≤0.20	1.15～1.60	≤0.012	≤0.012	0.10～0.30	0.50～0.80	≤0.25
标准要求（熔炼分析）	≤0.18	1.53	0.004	0.001	0.19	0.68	0.14
成品分析 底部	0.17	1.46	0.004	0.002	0.19	0.66	0.14
成品分析 顶部	0.18	1.48	0.006	0.001	0.22	0.71	0.17

元素	Mo	V	Cu	Al	H2	N2	As	Sn
标准要求（成品分析）	0.45～0.55	≤0.01	≤0.20	目标值 ≤0.04	≤1.5ppm	INFO	INFO	INFO
标准要求（熔炼分析）	0.49	0.001	≤0.06	≤0.01	0.97ppm	42ppm	0.003	0.003
成品分析 底部	0.49	0.001	0.06	0.01	—	58ppm	0.003	0.004
成品分析 顶部	0.48	0.005	0.05	0.03	—	66ppm	0.003	0.005

3.3.3　Z6CNNb18.11

核电厂主泵泵轴用 Z6CNNb18.11 钢的化学成分和力学性能见表 3-81 和表 3-82。

表 3-81　　　　　　　　　Z6CNNb18.11 钢的化学成分 W_t　　　　　　　（%）

元素	C	Mn	Si	S	P	Ni
标准要求（成品分析）	≤0.080	≤2.00	≤1.00	≤0.015	≤0.030	9.00～13.00
标准要求（熔炼分析）	0.036	1.69	0.53	0.0005	0.028	9.32
成品分析	0.04	1.71	0.54	0.001	0.026	9.39

元素	Cr	Co	Cu	Ta	Nb
标准要求（成品分析）	17.00～20.00	≤0.10	≤1.00	≤0.15	8×C%～1.00
标准要求（熔炼分析）	18.64	0.05	0.12	<0.010	0.42
成品分析	18.53	0.05	0.12	<0.010	0.44

表 3-82 Z6CNNb18.11 钢的力学性能

试验项目	试验温度（℃）	性能指标	纵　向		横　向	
			标准要求值	实测值	标准要求值	实测值
拉伸	室温	$R_{p0.2}$（MPa）	≥210	260	≥210	256
		R_m（MPa）	≥480	612	≥480	605
		A_{5d}（%）	≥40	54	≥30	52
		Z（%）	提供数据	72	提供数据	55
	350	$R_{p0.2}^t$（MPa）	≥140	161	提供数据	155
		R_m（MPa）	≥340	433	提供数据	428
		A_{5d}（%）	提供数据	38	提供数据	39
		Z（%）	提供数据	72	提供数据	60
KV 冲击	室温	最小平均值（J）	≥100	276，286，273	≥60	138，137，148
			≥100	257，257，276	≥60	135，144，132
			≥100	224，232，237	≥60	137，132，127

3.3.4　30M5

核电厂主泵中间轴用 30M5 钢的化学成分和热处理工艺见表 3-83～表 3-84。

表 3-83 30M5 钢的化学成分 W_t （%）

元　素	C	Mn	Si	S	P	Ni	Cr	Mo	Cu
标准要求	≤0.035	≤1.30	0.10～0.40	≤0.020	≤0.025	≤0.50	≤0.40	≤0.25	—
实测值（熔炼分析）	0.32	1.07	0.25	0.002	0.01	0.23	0.24	0.12	0.16
实测值（成品分析）	0.33	1.09	0.26	0.003	0.011	0.23	0.25	0.12	0.15
元素	Sn	Al	V	Nb	Ti	B	As	Sb	Co
标准要求	—	—	—	—	—	—	—	—	—
实测值（熔炼分析）	0.011	0.026	0.003	0.003	0.011	0.0003	0.005	0.0022	0.008
实测值（成品分析）	0.012	0.023	0.004	0.002		0.0003	0.005	0.0024	

表 3-84 30M5 钢的热处理工艺

检验项目	要　求　值	实　测　值
入炉温度（℃）	水淬，27	回火，19
升温速率（℃/h）	≤69	48
保温温度	最小/最大：880±15℃/881±3℃	最大/最小：670±15℃/672±3℃
保温时间	最小/最大：6h/6h20min	最小/最大：6h/6h40min
冷却方式	水冷	空气冷却（在 450℃将其浸入水中）

第 4 节　经 验 反 馈

承压设备用核级锻件的主要老化机理为反应堆压力容器堆芯壳体的中子辐照脆化和顶盖的硼酸腐蚀。

3.4.1　反应堆压力容器堆芯筒体中子辐照脆化

反应堆压力容器堆芯筒体锻件最重要的老化机理为中子辐照脆化，中子辐照脆化会使材料的韧脆转变温度升高，压力容器可能出现脆性断裂的风险。因此，国内外都把防脆断作为研究和考核核电厂安全的重点。影响钢辐照脆化程度的因素很多，而且很复杂，不仅取决于中子注量，还与材料的化学成分、辐照温度、中子注量率、冷热加工工艺等因素有关。

目前采用在堆内放置监督管，定期取样的方法。即在运行的反应堆内放入足够数量，具有代表性的监督试样（包括母材、焊缝和焊缝热影响区材料），样品由与反应堆压力容器同炉、同工艺的材料制作，分成若干份，放入监督管，随堆辐照，定期取出，进行样品的力学性能试验实测其 RT_{NDT} 升高值，并与预先估计的 ΔRT_{NDT} 值比较，做发展趋势的判断。

1. 事件描述

Yankee 核电厂运营商为了解决涉及中子辐照脆化的 Yankee 反应堆压力容器问题，工作人员执行了对 Yankee 压力容器的安全性评估。结果发现，对于 Yankee 核电厂的运营商来说，可能不满足 10 CFR 50.60 和 10 CFR 50.61 中规定的要求。Yankee 压力容器的夏比 USE 值只有 35.5ft·lb，低于 10 CFR Part 50 附录 G 中规定的 50ft·lb（68J）。然而，Yankee 核电厂的运营商没有执行 10 CFR Part 50 附录 G 中 Ⅳ.A.1 或 Ⅴ.C 章节中的行动要求。

Yankee 核电厂早在 1965 年就终止了材料监督大纲，因此，当 1983 年 7 月 26 日 10 CFR Part 50 附录 H 开始生效时，Yankee 核电厂当时没有材料监督大纲，此外，Yankee 核电厂在 1965 之前的辐照监督试样也只有母材。

Yankee 核电厂的运营商已经通过使用 Regulatory Guide 1.99，Revision 2 中的方法来预测中子辐照的效应。工作人员提升了对运营商方法的关注，具体的关注对象包括中子辐照的温度，压力容器材料的化学成分和材料监督大纲的结果。

Yankee 核电厂的中子辐照温度在 454～520℉之间，这个温度低于 Regulatory Guide 1.99 Revision 2 中规定的名义温度 550℉，相对较低的中子辐照温度增加了中子辐照效应，这个监管导则显示中子辐照温度不超过 525℉，认为辐照脆化效应应该比通过导则方法预测的数值要大。说明运营商调整后的导则不足以解决这种效应。

Yankee 核电厂监督大纲中的结果表明参考温度的增加超过了按照 Regulatory Guide 1.99，Revision 2 程序名义值加 2 这个标准偏差值。调整后的导则表明运营商应使用可信的监督数据来预测由于中子辐照而导致的参考温度数值的增大。Yankee 核电厂的运营商利用未辐照试样的试验结果确定的参考温度来外推，确定了申请者的外推法不够保守。

Yankee 核电厂压力容器焊缝材料的化学成分未知，材料对中子辐照脆化的敏感性取决其化学成分。运营商假定了焊缝材料的化学成分和在 Mol，Belgium 的 BR-3 反应堆压力容器相当，Yankee 核电厂焊缝材料的熔炼炉号不可用。运营商假定的化学成分没有遵守规范中要求的对特定电站的要求，因为化学成分，特别是铜含量，取决于焊丝的熔炼炉号。

这些因素帮助工作人员发现 Yankee 核电厂运营商没有充分考虑到电站特定的信息，并以此为基础按照 10 CFR 50.61 中规定的程序来评估。当考虑到电站的特定信息，Yankee 核电厂的反应堆压力容器可能已经超过了 10 CFR 50.61 标准中的筛选标准。

2. 原因分析

缓解反应堆压力容器辐照脆化的主要措施包括以下内容。

（1）严格控制钢中的杂质含量，尤其是 Cu、P、S 的含量，作为杂质，P、S 的含量需要控制是一般的常识，而 Cu 的含量在普通钢中是不加控制的，因为 Cu 在普通钢中被看成是有益的合金元素，它可以细化晶粒，增加韧性。而在压力容器钢中它的作用恰好相反，Cu 的存在会增加辐照脆性。由于 Cu 的存在，Ni 也会与 Cu 协同起增加辐照脆性的作用。因此，在压力容器中 Cu 是要加以限制的元素。

（2）采用环形锻件焊接，避免活性区的竖直焊缝，并且使焊缝远离中子注量率峰值位置。

（3）加大容器内壁与堆芯之间的水间隙，减少径向中子泄漏，以降低容器接受的快中子注量。

3. 事件反馈

为了改善压力容器的使用性能，提高安全性。多年来，各国在工艺上的努力从来都没有停止过。主要的工艺改进包括以下内容。

（1）冶炼。

1）为了在锻造工序得到沿厚度方向均匀的材料，改善焊接性能，降低 NDT，必须得到纯净的钢水。工艺上采用钢包精炼、真空除气、氩气搅拌、真空脱碳、脱氧以及随后加铝的方法得到晶粒细、偏析低，Cu、P、S 等杂志含量低的优质钢。

2）随着锻件尺寸及重量的增大，其锻件所需钢锭的重量也不断变大（如 AP1000 的一体化顶盖及堆芯区的筒体锻件需要 400t 等级钢锭）。随着钢锭重量的增加，对多包合浇技术、反偏析补偿技术、夹杂物、气体元素及有害元素控制技术等提出了高的要求，从而加大了冶炼难度。

（2）锻造。随着锻件尺寸、重量的增加及一体化程度的加强（如一体化顶盖实际上原由顶封头和顶盖法兰两个锻件组成，现已改为整体锻造成型），这就对锻造成型控制、工装辅具设计及制造、硬件设施（压机、操作机、行车等）的极限能力均提出了新的挑战，锻造难度明显增加。

（3）热处理。随着核电厂安全等级及运行年限的提高，对锻件的各项性能考核指标也提出了更高的要求（如 AP1000 堆芯区筒体的无塑性转变温度 NDT 已提高至 $-23.3℃$ 不断裂）。但锻件尺寸尤其是壁厚的增加，恶化了热处理条件，限制了锻件性能的提高，这就对热处理技术提出了更为严格的要求。如性能热处理炉温度场的均匀性及温控精度的控制，强化淬火水槽循环条件及水温控制措施等，这对锻件最终性能都会有显著的影响。

综上所述，冶炼、锻造和热处理是压力容器大锻件成功制造的三个关键环节，各环节相互影响、相互制约，任一环节出现问题均有可能造成锻件最终报废。要想有效提高锻件的合格率，需严格控制每一个工序。

3.4.2　反应堆顶盖硼酸腐蚀

1. 事件描述

2002 年 2 月，Davis-Besse 核电厂（B&W 设计的 PWR，925Mwe，1977 年建成投产）在进行压力壳顶盖贯穿件管座检查时发现 3 个控制棒驱动机构（CRDM）管座有 3 条轴向裂纹信号，其中一个管座还有一条周向裂纹信号，不过还没有穿透。存在裂纹信号的是第 1、2、3 号 CRDM 管座，都位于顶盖的中央部位。目视检查发现 3 号管座的顺坡侧有一个空洞，用超声方法确定，空洞呈上小下大的袋状，最宽部位约 10～12.5cm，深度约 18cm，减薄区顶盖最小剩余厚度只有 1cm，而顶盖内表面不锈钢堆焊层的正常厚度就是 1cm。减薄区域顶盖堆焊层在 10cm 的范围内发生了向上的凹进，表明材料已经屈服，这部分不锈钢堆焊层已经成为反应堆冷却剂承压边界。

因为反应堆顶盖大空洞部分只剩下不到 10mm 厚的不锈钢堆焊层，并且已经处在屈服状态。一旦被爆开，便是一次大的失水事故。反应堆的安全将面临极大的威胁。Davis-Besse 反应堆压力容器顶盖俯视图如图 3-24 所示，这部分压

图 3-24　Davis-Besse 反应堆压力容器顶盖俯视图

力边界仅剩下 1cm 厚的不锈钢内衬层，并且在内衬层上也发现了裂纹，图 3-25 为堆积在 CRDM 管嘴附近的硼酸腐蚀产物，图 3-26 为 RPV 顶盖被硼酸腐蚀的近表面视图。

图 3-25　堆积在 CRDM 管嘴附近的硼酸腐蚀产物

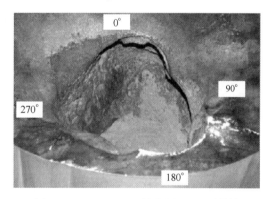

图 3-26　Davis-Besse 核电厂 RPV 顶盖被硼酸腐蚀的近表面视图

2. 原因分析

根据事件分析报告，事件的直接原因是一回路水压力腐蚀导致 CRDM 接管管嘴（因科镍合金 600 材料）出现裂缝，从而使硼酸积聚在碳钢材料的反应堆压力容器封头，而长期的硼酸腐蚀最终造成了孔穴的产生。

反应堆压力容器顶盖的硼酸腐蚀机理的解释，硼酸对压力容器顶盖产生腐蚀的过程分为四个阶段。第一阶段由于硼酸的少量泄漏在缝隙处产生缝隙腐蚀出现裂纹；第二阶段由于泄漏的硼酸溶液中水分的蒸发使硼酸浓度增加，进而使压力容器顶盖和控制棒密封壳体结合处的缝隙增大；第三阶段随着缝隙的增大和硼酸的不断泄漏，形成一个明显的硼酸容池，造成自上而下的硼酸腐蚀路径；第四阶段硼酸大量聚集，造成深度腐蚀。

3. 事件反馈

初步原因分析指出硼酸是祸因之一。过去根据 NRC 要求制定的监督硼酸泄漏和防止硼酸腐蚀损伤反应堆冷却剂承压边界的大纲计划都建立在这样一个假定上：运行时顶盖温度达到 260℃，而干的硼酸晶体腐蚀性不强；预测只有在停机期间，即顶盖温度降至 100℃ 以下时，硼酸溶解在水中材料才会发生耗损。然而，Davis-Besse 核电厂的发现，与此又不大相符。

为了研究硼酸对压力容器顶盖腐蚀的影响关系，由阿贡国家实验室（Arogonne National Laboratory，ANL）进行了与反应堆压力容器顶盖同种材料得硼酸腐蚀试验。通过该腐蚀试验，对硼酸腐蚀压力容器顶盖的腐蚀速率等获取了丰富的数据。

参 考 文 献

［1］刘建章. 核结构材料. 北京：核工业出版社，2007.

［2］广东核电培训中心. 900MW 压水堆核电厂系统与设备. 北京：原子能出版社，2007.

［3］900MW 压水堆核电厂系统与设备. 北京：原子能出版社，2005.

［4］杨文斗. 反应堆材料学. 北京：原子能出版社，2006.

第4章

核 级 板 材

第1节　工作条件及用材要求

目前，世界各国压水堆核电厂一级承压设备中的反应堆压力容器、稳压器和蒸汽发生器壳体和管板等均采用低合金高强度钢制造。美国、日本、法国、德国等国都采用的是MnMoNi系钢，它们的主要化学成分并没有显著的差异。而俄罗斯则是采用CrNiMoV系钢，该钢中不仅Cr、Ni、Mo等元素含量较高，而且还含有V元素。我国在役和在建压水堆核电厂中的核级板材大多采用的是MnMoNi钢，例如，大亚湾、岭澳以及岭东核电厂的16MND5与美国SA533-B板材相似。承压设备用核级板材应具有以下性能：

（1）强度高、塑韧性好、抗辐照性好、耐腐蚀性好，与冷却剂相容性好。

（2）纯净度高、偏析和夹杂物少、晶粒细、组织稳定。

（3）冷热加工性能好，包括良好的焊接性能和淬透性能。

（4）成本低，高温高压下使用经验丰富等。

承压设备用核级板材的常用材料牌号、技术条件、特性、主要应用范围和近似牌号见表4-1。

表 4-1　　　承压设备用核级板材常用材料牌号、特性及其主要应用范围

材料牌号（技术条件）	特　　性	主要应用范围	近似牌号（技术条件）
P265GH（RCC-M M1131-2007）	P265GH 钢属于碳素结构钢，主要应用于核电厂安全壳钢衬里，在相对较为密封的环境里，外部环境为高温、高湿、表面有涂层保护，是防止核泄漏的重要屏障之一	安全壳钢衬里	Q265HR（NB/T 20005.7-2010）
16MND5（RCC-M M2121、M2122、M2142-2007）	16MND5 钢为低合金钢，其导热性能好，热膨胀系数低，对应力腐蚀开裂的敏感性小，加工性能和可焊性好。在快中子辐照下强度增加、断后伸长率下降，韧脆转变温度升高	主要应用在压力容器封头、稳压器封头	A533-B Class1（ASTM A533-2009）、16MnNiMoHR（NB/T 20006.15—2013）
18MND5（RCC-M M2125、M2126、M2127、M2128-2007）	18MND5 钢为低合金钢，其导热性能好，热膨胀系数低，对应力腐蚀开裂的敏感性小，加工性能和可焊性好。在快中子辐照下强度增加、断后伸长率下降，韧脆转变温度升高	蒸汽发生器的管板	18MnNiMo（NB/T 20006.6—2011）

续表

材料牌号（技术条件）	特　性	主要应用范围	近　似　牌　号
Z10C13（RCC-M M3203-2007）	Z10C13 钢属于半马氏体型不锈钢，材料具有较高的强度、韧性，较好的耐蚀性和冷变形能力，具有良好的减振性能。主要用于对韧性要求较高的部件	蒸汽发生器管束支承板	—
Z2CND18-12（控氮）（RCC-M M3307-2007）	Z2CND18-12（控氮）钢是在 Z2CND17-12 钢的基础上，将原来视为杂质元素的 N，实质上看作合金元素（含量控制在核规范不大于 0.1% 的上限 0.06%～0.08%），用元素 N 的强烈的固溶强化效应（比元素 C 还强烈）提高钢的强度，却无元素 C 的晶间腐蚀之害，而且 N 还改善了钢的耐局部腐蚀性能（点腐蚀和缝隙腐蚀），又不影响钢的塑性和韧性，这就形成了 Z2CND18-12（控氮），由于元素 N 增大了 Ni 当量，Cr 的量便可适当提高，既使当量平衡，又对抗蚀性有利	压水堆核电厂 1、2、3 级奥氏体不锈钢板	026Cr18Ni12Mo2N（NB/T 20007.5—2010）316LN（ASME SA240-2007）

第 2 节　材料性能数据

4.2.1　P265GH、Q265HR

4.2.1.1　用途

P265GH 钢属于碳素结构钢，主要应用于核电厂安全壳钢衬里，在相对较为密封的环境里，外部环境为高温、高湿，表面有涂层保护，是防止核泄漏的重要屏障之一，具体应用如下：

● RCC-M M1131-2007 Product Procurement Specification for Class 1，2and 3 Carbon Steel Plates

● EN 10028-2-2003 Flat Products Made of Steels for Pressure Purpose

● NB/T 20005.7—2010 压水堆核电厂用碳钢和低合金钢　第 7 部分：1、2、3 级钢板

4.2.1.2　技术条件

P265GH 钢和近似牌号 Q265HR 的化学成分要求和力学性能要求见表 4-2～表 4-5。

表 4-2　　　　P265GH 钢和近似牌号 Q265HR 的化学成分要求 W_t　　　　（%）

材料（技术条件）	C	Si	Mn	P	S	Al	N
P265GH（RCC-M M1131-2007）[①]	≤0.20	≤0.40	0.80～1.40	≤0.025	≤0.015	≥0.020	≤0.012
Q265HR（NB/T 20005.7—2010）（熔炼分析）	≤0.20	≤0.40	0.80～1.40	≤0.025	≤0.015	≥0.020	≤0.012
Q265HR（NB/T 20005.7—2010）（成品分析）	≤0.22	≤0.46	0.75～1.50	≤0.030	≤0.020	≥0.015	≤0.014

续表

材料（技术条件）	Cr	Cu	Mo	Nb	Ni	Ti	V	其他
P265GH（RCC-M M1131-2007）[①]	≤0.30	≤0.30	≤0.08	≤0.020	≤0.30	≤0.03	≤0.02	Cr＋Cu＋Mo＋Ni≤0.70
Q265HR（NB/T 20005.7—2010）（熔炼分析）	≤0.30	≤0.30	≤0.08	≤0.020	≤0.30	≤0.030	≤0.020	—
Q265HR（NB/T 20005.7—2010）（成品分析）	≤0.35	≤0.35	≤0.11	≤0.030	≤0.35	≤0.040	≤0.030	—

① 参照 EN 10028-2-2003。

表 4-3　　　　　　　　　　　　　　**P265GH 钢的力学性能要求**

材料（技术条件）	钢板厚度 t（mm）	R_{eH}（MPa）	R_m（MPa）	A（%）	KV（J）		
					−20℃	0℃	20℃
P265GH（RCC-M M1131-2007）[①]	≤16	≥265	410～530	≥22	≥27	≥34	≥40
	16＜t≤40	≥255	410～530				
	40＜t≤60	≥245	410～530				
	60＜t≤100	≥215	410～530				
	100＜t≤150	≥200	400～530				
	150＜t≤250	≥185	390～530				

① 参照 EN 10028-2-2003。

表 4-4　　　　　　　　　　　　　　**Q265HR 钢的力学性能要求**

材料（技术条件）	钢板厚度 t（mm）	R_{eH}（MPa）	R_m（MPa）	A（%）	Z（%）	
					平均值	最小值
Q265HR（NB/T 20005.7—2010）	6～16	≥265	410～530	≥23	35	25
	＞16～40	≥255	410～530			
	＞40～60	≥245	410～530			
	＞60～100	≥215	410～530	≥22		
	＞100～150	≥200	400～530			

材料（技术条件）	钢板厚度 t（mm）	冲击吸收能 KV（J）					弯曲试验
		0℃	−20℃		−40℃		180°
			表层	内部	表层	内部	
Q265HR（NB/T 20005.7—2010）	6～16	≥34	≥24	≥19	≥19	≥14	$d=1a$
	＞16～40						
	＞40～60						
	＞60～100						
	＞100～150						

注　弯曲试验中压头直径 d 等于 1 倍试样厚度 a。

表 4-5　　　　　　　　　　　　P265GH 钢和 Q265HR 钢的高温最小屈服强度值

材料 （技术条件）	钢板厚度 t(mm)	$R_{p0.2}$(MPa)								R_{m}(MPa)
		50℃	100℃	150℃	200℃	250℃	300℃	350℃	400℃	300℃
P265GH（RCC-M M1131-2007）[①]	≤16	≥256	≥241	≥223	≥205	≥188	≥173	≥160	≥150	≥369[②]
	16<t≤40	≥247	≥232	≥215	≥197	≥181	≥166	≥154	≥145	
	40<t≤60	≥237	≥223	≥206	≥190	≥174	≥160	≥148	≥139	
	60<t≤100	≥208	≥196	≥181	≥167	≥153	≥140	≥130	≥122	
	100<t≤150	≥193	≥182	≥169	≥155	≥142	≥130	≥121	≥114	
	150<t≤250	≥179	≥168	≥156	≥143	≥131	≥121	≥112	≥105	
Q265HR（NB/T 20005.7—2010）	≤16	≥256	≥241	≥223	≥205	≥188	≥173	≥160	≥150	≥369
	>16～40	≥247	≥232	≥215	≥197	≥181	≥166	≥154	≥145	
	>40～60	≥237	≥223	≥206	≥190	≥174	≥160	≥148	≥139	
	>60～100	≥208	≥196	≥181	≥167	≥153	≥140	≥130	≥122	
	>100～150	≥193	≥182	≥169	≥155	≥142	≥130	≥121	≥114	

① 参照 EN 10028-2-2003。

② 参照 RCC-M M1131-2007。

4.2.1.3　工艺性能

（1）冶炼。钢用电炉或其他相当或更好的工艺冶炼。

（2）交货状态。钢板以正火或淬火加回火状态交货。当用户要求并在合同中注明时，对交货后还需进行加工的钢板可以非热处理状态交货。

（3）热处理。正火温度为 890～950℃；有时，需进行 590～650℃回火。

4.2.1.4　性能资料

1. 物理性能

P265GH 钢的热导率、热扩散率、线膨胀系数、弹性模量等分别见表 4-6～表 4-9。

表 4-6　　　　　　　　　　　P265GH 钢的热导率　　　　　　　　　[W/(m·K)]

温度（℃）	20	50	100	150	200	250	300	350	400	450	500	550	600	650
热导率	54.6	53.3	51.8	50.3	48.8	47.3	45.8	44.3	42.9	41.4	39.9	38.5	37.0	35.5

表 4-7　　　　　　　　　　　P265GH 钢的热扩散率　　　　　　　　（×10⁻⁶ m²/s）

温度（℃）	20	50	100	150	200	250	300
热扩散率	14.70	14.07	13.40	12.65	11.95	11.27	10.62
温度（℃）	350	400	450	500	550	600	650
热扩散率	10.00	9.33	8.63	7.92	7.23	6.52	5.80

表 4-8　　　　　　　　　　　P265GH 钢的线膨胀系数　　　　　　（×10⁻⁶℃⁻¹）

温度（℃）	20	50	100	150	200	250	300	350	400	450
线膨胀系数 A	10.92	11.36	12.11	12.82	13.53	14.20	14.85	15.50	16.15	16.79
线膨胀系数 B	10.92	11.14	11.50	11.87	12.24	12.57	12.89	13.24	13.58	13.93

注　系数 A 为热膨胀瞬间系数；系数 B 为在 20℃与所处温度之间的平均热膨胀系数。

表 4-9 P265GH 钢的弹性模量 (GPa)

温度（℃）	0	20	50	100	150	200	250	300	350	400	450	500	550	600
弹性模量	205	204	203	200	197	193	189	185	180	176	171	166	160	155

P265GH 钢的基本许用应力强度值见表 4-10。

表 4-10 P265GH 钢的基本许用应力强度值 (MPa)

尺寸（mm）	20℃屈服强度 S_y	20℃抗拉强度 S_u	下列温度（℃）的基本许用应力强度值 S_m							
			50	100	150	200	250	300	340	350
≤30	245	410	137	137	137	127	117	105	96	95
>30	215	410	137	134	127	124	117	105	96	95

2. 疲劳性能

P265GH 钢的疲劳曲线如图 4-1 所示，其中各数据点值见表 4-11。

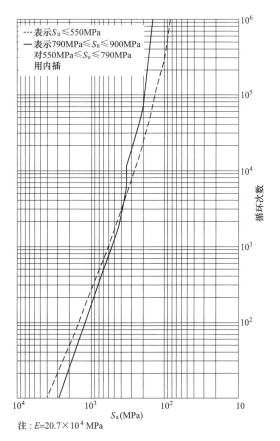

注：$E=20.7 \times 10^4$ MPa

图 4-1 P265GH 的疲劳曲线（金属温度不超过 370℃）

表 4-11 P265GH 疲劳曲线中各数据点值（弹性模量 $E=207$GPa）

循环次数（周）	10	20	50	100	200	500	1000	2000	5000
790MPa≤S_u≤900MPa	2900	2210	1590	1210	930	690	540	430	340
S_u≤550MPa	4000	2830	1900	1410	1070	725	570	440	330

循环次数（周）	10^4	1.2×10^4	2×10^4	5×10^4	10^5	2×10^5	5×10^5	10^6	—
790MPa≤S_u≤900MPa	305	295	250	200	180	165	152	138	—
S_u≤550MPa	260	—	215	160	138	114	93	86	—

4.2.2 16MND5、A533-B Class1、16MnNiMoHR

4.2.2.1 用途

16MND5 板材采用的 RCC-M 标准包括 M2121、M2122、M2142，主要应用在压力容器封头、稳压器封头等，具体应用如下：

- RCC-M M2121-2007 Manganese-Nickel-Molybdenum Heavy Alloy Steel Plates for Dished Heads of Pressurized Water Nuclear Reactor Vessels
- RCC-M M2122-2007 Manganese-Nickel-Molybdenum Heavy Alloy Steel Plates for Dished Heads of Pressurized Water Nuclear Reactor Vessels
- RCC-M M2142-2007 PWR Steam Generator Channel Head Forgings Made from Dished，Pierced Manganese-Nickel-Molybdenum Alloy Steel Plate
- ASTM A-533-2009 Standard Specification for Pressure Vessel Plates，Alloy Steel，Quenched and Tempered，Manganese-Molybdenum and Manganese-Molybdenum-Nickel
- NB/T 20006.15—2013 压水堆核电厂用合金钢 第 15 部分：承压边界用锰-镍-钼钢厚钢板

4.2.2.2 技术条件

16MND5 钢和近似牌号 16MnNiMoHR、A533-B 钢的化学成分和力学性能分别见表 4-12 和表 4-13。

表 4-12　　16MND5 钢和 A533-B、16MnNiMoHR 钢的化学成分 W_t　　（%）

材料（技术条件）		C	Mn	P	S	Si	Ni
16MND5（RCC-M M2121、M2122、M2142-2007）	熔炼分析	≤0.20	1.15~1.55	≤0.008	≤0.008	0.10~0.30	0.50~0.80
	成品分析	≤0.22	1.15~1.60	≤0.008	≤0.008	0.10~0.30	0.50~0.80
16MnNiMoHR（NB/T 20006.15—2013）	熔炼分析	≤0.20	1.15~1.60	≤0.012	≤0.012①	0.10~0.30	0.50~0.80
	成品分析	≤0.22	1.15~1.60	≤0.012	≤0.012①	0.10~0.30	0.50~0.80
A533-B Class1（ASTM A533-2009）	熔炼分析	≤0.25	1.15~1.50	≤0.025	≤0.025	0.15~0.40	0.40~0.70
	成品分析	≤0.25	1.07~1.62	≤0.025	≤0.025	0.13~0.45	0.37~0.73

材料（技术条件）		Cr	Mo	V	Cu	Al	Co
16MND5（RCC-M M2121、M2122、M2142-2007）	熔炼分析	≤0.25	0.45~0.55	≤0.01	≤0.20	目标值≤0.04	≤0.03
	成品分析	≤0.25	0.43~0.57	≤0.01	≤0.20	≤0.04	≤0.03
16MnNiMoHR（NB/T 20006.15—2013）	熔炼分析	≤0.25	0.45~0.55	≤0.01	≤0.20	≤0.04	—
	成品分析	≤0.25	0.43~0.57	≤0.01	≤0.20	≤0.04	—
A533-B Class1（ASTM A533-2009）	熔炼分析	—	0.45~0.60	—	—	—	—
	成品分析	—	0.41~0.64	—	—	—	—

注　当订货合同要求保证钢板厚度方向拉伸性能时，熔炼分析和成品分析的硫含量应小于或等于 0.005%。

表 4-13 16MND5 钢和 A533-B Class1、16MnNiMoHR 钢的力学性能

试 验 项 目		拉 伸				
试 验 温 度		室温			350	
性 能		$R_{p0.2}$（MPa）	R_m（MPa）	A_{5d}（%）	$R_{p0.2}$（MPa）	R_m（MPa）
16MND5（RCC-M M2121、	纵向	—	—	—	—	—
M2122、M2142②-2007）	横向	≥400	550～670	≥20	≥300	≥497
16MnNiMoHR（NB/T	纵向	—	—	—	—	—
20006.15—2013）	横向	≥400	550～670	≥20	≥300	≥497
A533-B Class1（ASTM A533-2009）		≥345	550～690	≥18		

试 验 项 目		冲 击				
试 验 温 度（℃）		0		—20		＋20
性 能		最小平均值（J）	最小单个值①（J）	最小平均值（J）	最小单个值①（J）	最小单个值（J）
16MND5（RCC-M M2121、	纵向	80	60	56	40	88
M2122、M2142②-2007）	横向	80	60	40	28	72
16MnNiMoHR（NB/T	纵向	80	60	56	40	88
20006.15—2013）	横向	56	40	40	28	72
A533-B Class1（ASTM A533-2009）		—	—	—	—	—

① 每组 3 个试样中，最多只允许 1 个结果低于规定的最小平均值。

② RCC-M M2142 中，纵向和轴向的冲击吸收能要求一致，详见横向冲击吸收能。

4.2.2.3 工艺性能

1. 16MND5

（1）冶炼。钢应采用电炉冶炼，并加铝镇静及真空脱气。

（2）轧制。为了清除缩孔和主要偏析部分，钢锭应保证足够的切除量。

（3）热处理。

1）850～925℃之间的某一温度奥氏体化。

2）浸水淬火。

3）在选定的温度下回火以达到要求的性能，随后在静止的空气中冷却。回火的名义保温温度应在 635～665℃之间，按板厚来确定保温时间，每 25mm 板厚至少保温 30min。

2. A533-B Class1

（1）冶炼。该钢应为镇静钢，并符合 ASTM A20/A20M 标准细奥氏体晶粒度的要求。

（2）热处理。所有钢板都应进行热处理，此时应将其加热到 1550～1800°F（845～980℃）范围内的某一适宜温度，保温足够时间使整个板厚上温度均匀，然后在水中淬火。接着在适宜的温度下进行回火以达到规定的性能，但回火温度不应低于 1100°F（595℃），保温时间最少为 1.2min/mm（按厚度计算），但不少于 1/2h。

3. 16MnNiMoHR

（1）冶炼。钢应采用电炉冶炼，并加铝镇静及真空脱气。

（2）轧制。为去除缩孔和主要偏析部分，应保证钢锭有足够的切除量。钢锭重量和锭头、锭尾切除百分率应予记录。

4.2.2.4 性能资料

1. 物理性能

16MND5 钢的热导率、热扩散率、线膨胀系数和弹性模量见表 4-14~表 4-17。

表 4-14 16MND5 钢的热导率 $[W/(m \cdot K)]$

温度（℃）	20	50	100	150	200	250	300	350	400	450	500	550	600	650
热导率	37.7	38.6	39.9	40.5	40.5	40.2	39.5	38.7	37.7	36.6	35.5	34.3	33.0	31.8

表 4-15 16MND5 钢的热扩散率 $(\times 10^{-6} \, m^2/s)$

温度（℃）	20	50	100	150	200	250	300
热扩散率	10.81	10.75	10.57	10.31	9.91	9.42	8.93
温度（℃）	350	400	450	500	550	600	650
热扩散率	8.41	7.86	7.26	6.63	6.03	5.41	4.78

表 4-16 16MND5 钢的线膨胀系数 $(\times 10^{-6} \, ℃^{-1})$

温度（℃）	20	50	100	150	200	250	300	350	400	450
线膨胀系数	11.22	11.63	12.32	12.86	13.64	14.27	14.87	15.43	15.97	16.49

表 4-17 16MND5 钢的弹性模量 （GPa）

温度（℃）	0	20	50	100	150	200	250	300	350	400	450	500	550	600
弹性模量	205	204	203	200	197	193	189	185	180	176	171	166	160	155

2. 许用应力

16MND5 钢的基本许用应力强度值见表 4-18。

表 4-18 16MND5 钢的基本许用应力强度值 （MPa）

20℃屈服强度 S_y	20℃抗拉强度 S_u	基本许用应力强度值 S_m									
		50℃	100℃	150℃	200℃	250℃	300℃	340℃	350℃	360℃	370℃
345	552	184	184	184	184	184	184	184	184	184	184

3. 不同温度下的力学性能

RCC-M 中规定 16MND5 钢在不同温度下的屈服强度和抗拉强度值见表 4-19 和表 4-20。

表 4-19 16MND5 钢在不同温度下的屈服强度值 （MPa）

最小 R_e	屈服强度值 S_y										
20℃	20℃	50℃	100℃	150℃	200℃	250℃	300℃	340℃	350℃	360℃	370℃
400	345	340	326	318	311	308	303	300	299	298	298

表 4-20 16MND5 钢在不同温度下的抗拉强度值 （MPa）

最小 R_m	抗拉强度值 S_u										
20℃	20℃	50℃	100℃	150℃	200℃	250℃	300℃	340℃	350℃	360℃	370℃
550	552	552	552	552	552	552	552	552	552	552	552

A533-B Class 1 钢的高温瞬时力学性能如图 4-2 和图 4-3 所示。

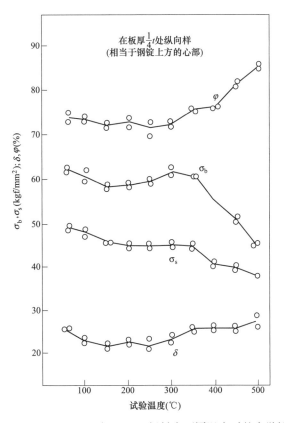

图 4-2 A533-B Class1 钢 90mm 板材在不同温度时的力学性能

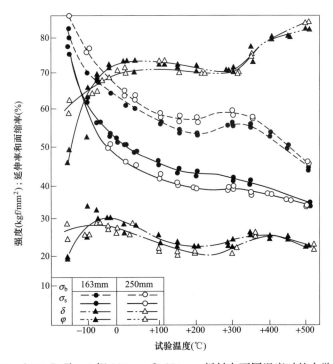

图 4-3 A533-B Class1 钢 163mm 和 250mm 板材在不同温度时的力学性能

4. 疲劳性能

16MND5 钢的疲劳曲线如图 4-4 所示，其中各数据点值见表 4-21。

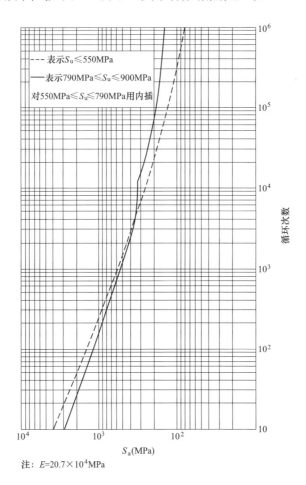

注：$E=20.7\times10^4$MPa

图 4-4　16MND5 钢的疲劳曲线（金属温度不超过 370℃）

表 4-21　　　　　　　　　16MND5 钢的疲劳曲线中各数据点值

循环次数（周）	10	20	50	100	200	500	1000	2000	5000
790MPa≤S_u≤900MPa	2900	2210	1590	1210	930	690	540	430	340
S_u≤550MPa	4000	2830	1900	1410	1070	725	570	440	330
循环次数（周）	10^4	1.2×10^4	2×10^4	5×10^4	10^5	2×10^5	5×10^5	10^6	—
790MPa≤S_u≤900MPa	305	295	250	200	180	165	152	138	—
S_u≤550MPa	260	—	215	160	138	114	93	86	—

A533-B Class1 钢 163mm 板材的疲劳性能试验结果如图 4-5 和图 4-6。

5. 断裂韧性

A533-B Class1 钢 163mm 和 250mm 板材的断裂韧性与温度的关系如图 4-7 所示。

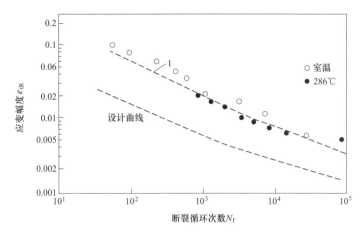

图 4-5 A533-B Class1 钢 163mm 板材的低循环疲劳试验结果

1—美国锅炉与压力容器规范第Ⅲ卷最佳吻合曲线

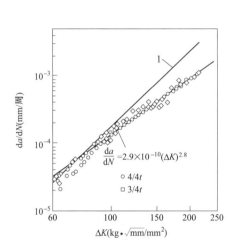

图 4-6 A533-B Class1 钢 163mm 板材
横向试样的疲劳裂纹扩展速率（da/dN）
与应力强度因子幅度（ΔK）的关系

1—美国锅炉与压力容器规范第Ⅵ卷（空气中）

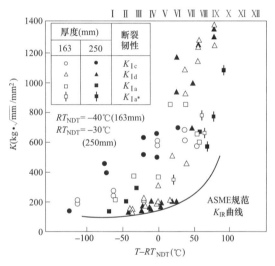

图 4-7 A533-B Class1 板材的
断裂韧性与温度的关系

6. 辐照稳定性

中子辐照试验用 A533-B Class1 钢的化学成分见表 4-22，辐照试验条件见表 4-23，辐照对 A533-B Class1 钢的力学性能的影响见表 4-24，辐照对 A533-B Class1 钢的夏比冲击试验结果的影响见表 4-25 和图 4-8，辐照对 A533-B Class1 钢的断裂韧性等的影响见图 4-9。

表 4-22　　　　　　　辐照用 A533-B Class1 钢板材和焊缝金属的化学成分 W_t　　　　　　（％）

编号	板材厚度（mm）	C	Si	Mn	P	S	Ni	Cu	Cr	Mo
P_1	163	0.18	0.21	1.41	0.006	0.002	0.68	0.01	0.09	0.49
P_2	250	0.18	0.24	1.40	0.004	0.003	0.69	0.01	0.09	0.53
P_2 焊	焊缝金属	0.05	0.33	1.55	0.010	0.003	0.76	0.01	0.06	0.40

表 4-23   辐照用 A533-B Class1 钢的辐照条件

编号	试验温度（℃）	中子注入量（n/cm²）	编号	试验温度（℃）	中子注入量（n/cm²）
P_1	280	3.7×10^{18}	P_2 热	284	2.9×10^{19}
P_1 热	280	3.8×10^{18}	P_2 焊	284	2.9×10^{19}
P_2	306	2.8×10^{19}			

注 P_1 热为 P_1 热影响区；P_2 热为 P_2 热影响区；P_2 焊为 P_2 焊缝。

表 4-24   辐照对 A533-B Class1 钢力学性能的影响

编号	试验温度（℃）	屈服强度（MPa）			抗拉强度（MPa）			断后伸长率（%）		
		辐照		相差（%）	辐照		相差（%）	辐照		相差（%）
		前	后		前	后		前	后	
P_1	20	529	547	＋3	625	641	＋3	25	22	－12
	150	478	491	＋3	578	600	＋4	22	—	—
	286	446	484	＋9	600	625	＋4	22	—	—
P_2	20	481	509	＋6	611	627	＋3	24	21	－13
	150	441	446	＋6	583	599	＋3	20	19	－5
	290	425	460	＋6	614	629	＋2	23	20	－13

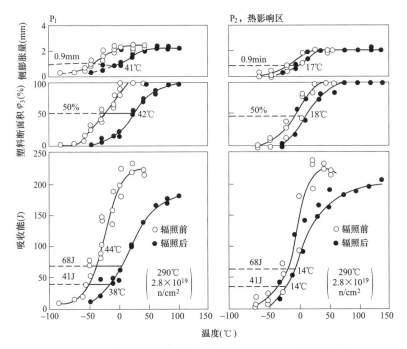

图 4-8   辐照对 A533-B Class1 钢板材夏比冲击结果的影响

表 4-25   辐照对 A533-B Class1 钢的夏比冲击性能的影响

编号	T_{rs}（℃）			T_{r68}（℃）			T_{r41}（℃）		
	辐照前	辐照后	相差	辐照前	辐照后	相差	辐照前	辐照后	相差
P_1	－26	－12	14	－47	－43	4	－57	－57	0
P_1（热影响区）	－57	－46	11	－68	－63	5	－80	－75	5

编 号	$T_{rs}(℃)$			$T_{r68}(℃)$			$T_{r41}(℃)$		
	辐照前	辐照后	相差	辐照前	辐照后	相差	辐照前	辐照后	相差
P_2	−26	16	42	−46	−2	44	−58	−20	38
P_2（热影响区）	−61	−61	12	−69	−69	0	−86	−72	14
P_2（焊缝金属）	−43	8	51	−49	7	56	−55	−19	36

注　T_{rs}—塑（韧）性断面率在 50% 以上时的温度；T_{r68}—吸收能为 68J 时的温度；T_{r41}—吸收能为 41J 时的温度。

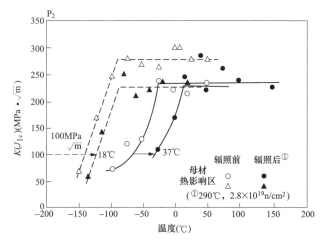

图 4-9　辐照对 A533-B Class1 钢板材及焊缝热
影响区断裂韧性的影响

7. 冲击韧性和无塑性转变温度

A533-B Class1 钢板材其冲击性能和无塑性转变温度试验结果见表 4-26～表 4-28 和图 4-10。

表 4-26　　　　　　　　　A533-B Class1 钢 90mm 板材的夏比冲击性能

板材厚度方向取样位置	取样方向	E_0(kgf·m)	$T_{rS}(℃)$	$T_{r50}(℃)$	$T_{r35}(℃)$
表层	L	27.6	−83	−102	<−120
	T	25.9	−80	−98	−118
1/4t	L	27.1	−45	−80	<−120
	T	23.8	−40	−68	<−80
1/2t	L	25.6	−44	−68	−88
	T	19.7	−38	−55	<−80
	R	9.2	−11	−10	<−60

注　取样方向：L 纵向，T 横向，R 厚度方向；模拟焊后热处理为 620℃×20h；取样位置：相当于钢锭上部的心部；$E0$ 为 0℃时的冲击功；T_{rS}为夏比冲击试验塑（韧）性断面率为 50% 以上的温度；T_{r50}为吸收能为 6.9kgf·m 时的温度；T_{r35}为侧膨胀量为 0.89mm 时的温度。

表 4-27   **A533-B Class1 钢 90mm 板材的落锤冲击性能 T_{NDT} 值**

厚度方向取样位置	试验温度（℃）				T_{NDT}（℃）
靠表面层处	−60	−75	−80	—	−80
	⊘0.5⊘0.5 ⊘0.5⊘1.0	⊘2.0⊘2.5 ⊘2.0⊘1.5	● ●	—	
1/2t	−40	−45	−50	−60	−45
	⊘2.0⊘3.5 ⊘2.5⊘1.5	◑6.5 ◑2.5	◑4.0◑6.0 ◑5.5	● ●	

注   1. 试样自横向切断，其部位相当于钢锭上部的中心部位。

     2. ⊘ 为没有断裂；◑ 为一侧断裂；● 为两侧均断裂；数字为裂纹长度。

表 4-28   **A533-B Class1 钢 120mm 板材的冲击性能 T_{NDT} 值**

取样方向	取样位置	试验温度（℃）			T_{NDT}（℃）
		−40	−35	−30	
C 向	1/4t	○	○	○	−35
		●	●	○	

注   ● 为断裂；○ 为未断裂。

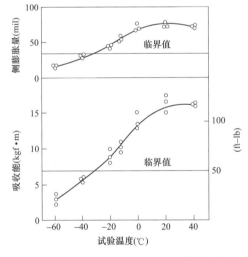

图 4-10   A533-B Class1 钢的夏比冲击试验塑-脆转变温度，C 向试样，1/4t

4.2.3   18MND5、18MnNiMoHR

4.2.3.1   用途

18MND5 采用的 RCC-M 标准包括 M2125、M2126、M2127、M2128 等，主要应用于稳压器和蒸汽发生器等承压设备用核级板材，具体应用如下：

● RCC-M M2125-2007 18MND5 Manganese-Nickel-Molybdenum Alloy Steel Plates 30 to 110 mm Thick for PWR Pressurizer and Steam Generator Supports

● RCC-M M2126-2007 18MND5 Manganese-Nickel-Molybdenum Alloy Steel Plates for

Pressurized Water Reactor Pressure-Retaining Boundaries

● RCC-M M2127-2007 18MND5 Manganese-Nickel-Molybdenum Alloy Steel Hot-Formed Weldless Heads for Pressure-Retaining Boundaries of Pressurized Water Nuclear Reactors

● RCC-M M2128-2007 Heads Obtained by Hot Forming of Two Welded Half-Plates Made of 18MND5 Manganese-Nickel-Molybdenum Alloy Steel for Pressure Retaining Boundaries of PWR Reactor Vessels

● NB/T 20006.15—2013 压水堆核电厂用合金钢 第 15 部分：承压边界用锰-镍-钼钢厚钢板

4.2.3.2 技术条件

18MND5 钢和近似牌号 18MnNiMoHR 的化学成分要求见表 4-29，力学性能要求见表 4-30。

表 4-29   **18MND5 钢的化学成分要求 W_t**   （%）

元 素		C	Mn	P	S	Si	Ni
18MND5（RCC-M M2125、M2126、M2127、M2128-2007）	熔炼分析	≤0.20	1.15~1.60	≤0.008①	≤0.008①	0.10~0.30	0.50~0.80
	成品分析	≤0.22	1.15~1.60	≤0.008①	≤0.008①	0.10~0.30	0.50~0.80
18MnNiMoHR（NB/T 20006.15—2013）	熔炼分析	≤0.20	1.15~1.60	≤0.012	≤0.012	0.10~0.30	0.50~0.80
	成品分析	≤0.22	1.15~1.60	≤0.012	≤0.012	0.10~0.30	0.50~0.80
元 素		Cr	Mo	V	Cu	Al	
18MND5（RCC-M M2125、M2126、M2127、M2128-2007）	熔炼分析	≤0.25	0.45~0.55	≤0.03	≤0.20	目标值≤0.04	
	成品分析	≤0.25	0.43~0.57	≤0.03	≤0.20	≤0.04	
18MnNiMoHR（NB/T 20006.15—2013）	熔炼分析	≤0.25	0.45~0.55	≤0.01	≤0.20	≤0.04	
	成品分析	≤0.25	0.43~0.57	≤0.01	≤0.20	≤0.04	

① RCC-M M2125 中 P、S 含量≤0.012%。

表 4-30   **18MND5 钢和 18MnNiMoHR 钢的力学性能要求**

试 验 项 目			拉 伸				
试验温度（℃）			室温			350℃	
性能			$R_{p0.2}$（MPa）	R_m（MPa）	A_{5d}（%）	$R_{p0.2}$（MPa）	R_m（MPa）
18MND5（RCC-M M2125-2007）	规定值		≥450	600~700	≥18	≥380	≥540
18MND5（RCC-M M2126、M2127、M2128-2007）	厚度 ≤125mm	纵向	—	—	—	—	—
		横向	≥450	600~720	≥20	≥380	≥540
	厚度 >125mm	纵向	—	—	—	—	—
		横向	≥420	580~700	≥20	≥350	≥522
18MnNiMoHR（NB/T 20006.15—2013）	厚度 ≤125mm	纵向	—	—	—	—	—
		横向	≥450	600~700	≥18	≥380	≥540
	厚度 >125mm	纵向	—	—	—	—	—
		横向	≥420	580~700	≥18	≥350	≥522

试　验　项　目			冲　　击				
试验温度（℃）			0		−20		＋20
性　　能			最小平均值（J）	最小单个值①（J）	最小平均值（J）	最小单个值①（J）	单最小单个值（J）
18MND5（RCC-M M2125-2007）	规定值		56	40	—	—	72
18MND5（RCC-M M2126、M2127、M2128-2007）	厚度 ≤125mm	纵向	80	60	56	40	88
		横向	80	60	40	28	72
	厚度 >125mm	纵向	80	60	56	40	88
		横向	80	60	40	28	72
18MnNiMoHR（NB/T 20006.15—2013）	厚度 ≤125mm	纵向	80	60	56	40	88
		横向	56	40	40	28	72
	厚度 >125mm	纵向	80	60	56	40	88
		横向	56	40	40	28	72

① 每组 3 个试样中只允许 1 个结果低于最小平均值。

对于 18MND5 钢的拉伸性能，RCC-M M2125、M2126、M2127 中规定设备规范可以采用 16MND5 钢的要求值，具体见表 4-31。

表 4-31　　　　　　　　　　　　　16MND5 钢的拉伸性能

试验项目	拉　　伸				
试验温度（℃）	室温			350	
性能指标	$R_{p0.2}$（MPa）	R_m（MPa）	A_{5d}（%）	$R_{p0.2}^t$（MPa）	R_m（MPa）
横向	≥400	550～670	≥20	≥300	≥497

4.2.3.3　工艺性能

1. 轧制

为了清除缩孔和大部分的偏析，钢锭应保持足够的切除量。

2. 热处理

该钢的性能热处理，包括下述工序：

1）奥氏体化（取 850～925℃ 之间的某一温度）。

2）浸水淬火。

3）为达到所要求的性能，选择某一温度进行回火，随后在静止的空气中冷却。回火保温温度在 635～665℃ 之间。

按板厚来确定保温时间，每 25mm 板厚至少保温 0.5h。

供货商应对热处理记录做出评估。该钢板需重新热处理，则应按照上述相同规定进行重新热处理。

4.2.3.4　性能资料

18MND5 钢的性能资料包括物理性能、许用应力、高温强度、疲劳性能。

1. 物理性能

18MND5 钢的热导率见表 4-32，热扩散系数见表 4-33，线膨胀系数见表 4-34，弹性模量见表 4-35。

表 4-32　　　　　　　　　　　　　　18MND5 钢的热导率　　　　　　　　　　　　[W/(m·K)]

温度（℃）	20	50	100	150	200	250	300	350	400	450	500	550	600	650
热导率	37.7	38.6	39.9	40.5	40.5	40.2	39.5	38.7	37.7	36.6	35.5	34.3	33.0	31.8

表 4-33　　　　　　　　　　　　　　18MND5 钢的热扩散系数　　　　　　　　　　（$\times 10^{-6}$m²/s）

温度（℃）	20	50	100	150	200	250	300
热扩散率	10.81	10.75	10.57	10.31	9.91	9.42	8.93
温度（℃）	350	400	450	500	550	600	650
热扩散率	8.41	7.86	7.26	6.63	6.03	5.41	4.78

表 4-34　　　　　　　　　　　　　　18MND5 钢的线膨胀系数　　　　　　　　　　（$\times 10^{-6}$℃$^{-1}$）

温度（℃）	20	50	100	150	200	250	300	350	400	450
线膨胀系数	11.22	11.63	12.32	12.86	13.64	14.27	14.87	15.43	15.97	16.49

表 4-35　　　　　　　　　　　　　　18MND5 钢的弹性模量　　　　　　　　　　　　（GPa）

温度（℃）	0	20	50	100	150	200	250	300	350	400	450	500	550	600
弹性模量	205	204	203	200	197	193	189	185	180	176	171	166	160	155

2. 许用应力

18MND5 钢板材的基本许用应力强度值见表 4-36。

表 4-36　　　　　　　　　　　18MND5 钢板材的基本许用应力强度值　　　　　　　　（MPa）

尺寸（mm）	20℃屈服强度 S_y	20℃抗拉强度 S_u	许用应力强度值									
			50℃	100℃	150℃	200℃	250℃	300℃	340℃	350℃	360℃	370℃
>125	420	580	193	193	193	193	193	193	193	193	193	193
≤125	435	600	200	200	200	200	200	200	200	200	200	200

3. 高温强度

18MND5 钢板材高温屈服强度值见表 4-37，高温抗拉强度值见表 4-38。

表 4-37　　　　　　　　　　　18MND5 钢板材的高温屈服强度值　　　　　　　　　　（MPa）

尺寸（mm）	20℃	50℃	100℃	150℃	200℃	250℃	300℃	340℃	350℃	360℃	370℃
>125	≥420	414	393	380	374	365	355	348	346	343	341
≤125	≥450	430	413	403	395	390	383	378	377	376	375

表 4-38　　　　　　　　　　　18MND5 钢板材的高温抗拉强度值　　　　　　　　　　（MPa）

尺寸（mm）	50℃	100℃	150℃	200℃	250℃	300℃	340℃	350℃	360℃	370℃
>125	414	580	580	580	580	580	580	580	580	580
≤125	430	600	600	600	600	600	600	600	600	600

4. 疲劳特性

18MND5 钢的疲劳曲线如图 4-11 所示，具体数据点见表 4-39。

表 4-39　　　　　　　　　　　　　　18MND5 钢的疲劳数据点

循环次数（周）	10	20	50	10^2	200	500	10^3	2000	5000
790MPa≤S_u≤900MPa	2900	2210	1590	1210	930	690	540	430	340
S_u≤550MPa	4000	2830	1900	1410	1070	725	570	440	330

循环次数（周）	10^4	1.2×10^4	2×10^4	5×10^4	10^5	2×10^5	5×10^5	10^6
790MPa≤S_u≤900MPa	305	295	250	200	180	165	152	138
S_u≤550MPa	260	—	215	160	138	114	93	86

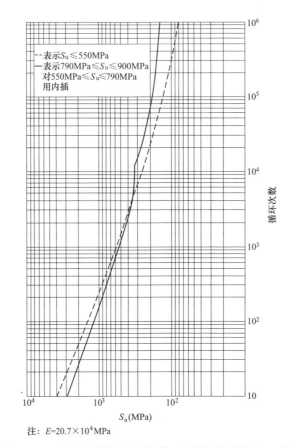

注：$E=20.7\times10^4$MPa

图 4-11　18MND5 钢的疲劳曲线（金属温度不超过 370℃）

4.2.4　Z10C13

4.2.4.1　用途

Z10C13 钢属于半马氏体型不锈钢，材料具有较高的强度、韧性，较好的耐蚀性和冷变形能力，具有良好的减振性能。Z10C13 钢主要用于对韧性要求较高的部件，如蒸汽发生器支承板用不锈钢，具体应用如下：

● RCC-M M3203-2007 13％ Chromium Martensitic Stainless Steel Plates for Use in

Making PWR Steam Generator Support Plates

4.2.4.2 技术条件

Z10C13 钢的化学成分和力学性能见表 4-40 和表 4-41。

表 4-40 **Z10C13 钢的化学成分 W_t** （%）

材料（技术条件）		C	Mn	P	S	Si
Z10C13（RCC-M M3203-2007）	熔炼分析	≤0.10	≤1.00	≤0.025	≤0.030	≤0.50
	成品分析	≤0.11	≤1.03	≤0.030	≤0.035	≤0.55
材料（技术条件）		Ni	Cr	Mo	Cu	Al
Z10C13（RCC-M M3203-2007）	熔炼分析	≤1.00	12.5～14.0	提供数据	提供数据	提供数据
	成品分析	≤1.00	12.35～14.15	提供数据	提供数据	提供数据

表 4-41 **Z10C13 钢的力学性能**

试验项目	拉 伸					布氏硬度	
试验温度（℃）	室温			300		室温	
性能	$R_{p0.2}$(MPa)	R_m(MPa)	A_{5d}(%)	$R_{p0.2}^t$(MPa)	R_m(MPa)	最大值（HB）	目标值（HB）
Z10C13（RCC-M M3203-2007）	≥400	550～700	≥16	提供数据	提供数据	≤220	≤200

试验项目	冲 击		纵向 180℃弯曲
试验温度	0℃		室温
性能	最小平均值（J）	最小单个值（J）[①]	—
Z10C13（RCC-M M3203-2007）	28	21	在试样的受拉面无裂纹和撕裂

① 每组 3 个试样中只允许 1 个结果低于最小平均值。

4.2.4.3 工艺性能

1. 冶炼

应采用电弧炉或其他技术相当的冶炼工艺炼钢。

2. 轧制

为了清除缩孔和大部分的偏析，钢锭的切除量应足够。

3. 热处理

钢板应以热处理状态交货。该处理即性能热处理，包括下述工序：

（1）奥氏体化（取 950～1050℃之间的某一温度）。

（2）以浸水、喷淋或浸油方式进行淬火。

（3）为达到所要求的性能，选择某一温度进行回火，随后在静止的空气中冷却。回火的名义保温温度在 715～770℃之间。

4.2.4.4 性能资料

1. 物理性能

Z10C13 的热导率、热扩散率、线膨胀系数和弹性模量分别见表 4-42～表 4-45。

表 4-42						Z10C13 钢的热导率							[W/(m·K)]	
温度（℃）	20	50	100	150	200	250	300	350	400	450	500	550	600	650
热导率	22.7	23.1	23.9	24.7	25.5	26.3	27.1	27.9	28.7	29.5	30.3	31.1	31.9	32.7

表 4-43						Z10C13 钢的热扩散率							$(\times 10^{-6} m^2/s)$	
温度（℃）	20	50	100	150	200	250	300	350	400	450	500	550	600	650
热扩散率	6.24	6.90	6.13	6.09	6.04	5.99	5.96	5.94	5.90	5.85	5.82	5.85	5.92	6.09

表 4-44		Z10C13 钢的线膨胀系数									$(\times 10^{-6}℃^{-1})$
温度（℃）		20	50	100	150	200	250	300	350	400	450
线膨胀系数	A	9.42	9.77	10.36	10.89	11.41	11.87	12.35	12.66	12.98	13.47
	B	9.42	9.60	9.96	10.20	10.44	10.69	10.95	11.19	11.40	11.59

注　系数 A 为线膨胀瞬间系数 $\times 10^{-6}℃^{-1}$ 或 $\times 10^{-6}K^{-1}$；系数 B 为在 20℃ 与所处温度之间的平均热膨胀系数 $\times 10^{-6}℃^{-1}$ 或 $\times 10^{-6}K^{-1}$。

表 4-45						Z10C13 钢的弹性模量							(GPa)
温度（℃）	0	20	50	100	150	200	250	300	350	400	450	500	550
弹性模量 E	216.5	215.4	213	209.4	206	201.8	197.5	193.5	189	184.5	179	173.5	167

2. 许用应力

Z10C13 许用应力强度值见表 4-46。

表 4-46		Z10C13 钢的基本许用应力强度值									(MPa)
20℃屈服强度 S_y	20℃抗拉强度 S_u	基本许用应力强度值 S_m									
		50℃	100℃	150℃	200℃	250℃	300℃	340℃	350℃	360℃	370℃
400	550	183	—	180	176	175	170	166	165	163	161

4.2.5　Z2CND18-12（控氮）、026Cr18Ni12Mo2N、316LN

4.2.5.1　用途

Z2CND18-12（控氮）钢是在 Z2CND17.12 的基础上，将原来视为杂质元素的 N，实质上看作合金元素（含量控制在核规范不大于 0.1% 的上限 0.06%～0.08%），用元素 N 的强烈的固溶强化效应（比元素 C 还强烈）提高钢的强度，却无元素 C 的晶间腐蚀之害，而且 N 还改善了钢的耐局部腐蚀性能（点腐蚀和缝隙腐蚀），又不影响钢的塑性和韧性，这就形成了 Z2CND18-12（控氮），由于元素 N 增大了 Ni 当量，Cr 的量便可适当提高，既使当量平衡，又对抗蚀性有利。Z2CND18-12（控氮）、026Cr18Ni12Mo2N、316LN 钢板应用如下：

● RCC-M M 3307-2007 Class 1，2 And 3 Austenitic Stainless Steel Plates

● ASME SA240-2007 Specification for Chromium and Chromium-Nickel Stainless Steel Plate，Sheet，and Strip for Pressure Vessels and for General Applications

● NB/T 20007.5—2010 压水堆核电厂用不锈钢 第 5 部分：1、2、3 级奥氏体不锈钢板

4.2.5.2　技术条件

Z2CND18-12（控氮）、026Cr18Ni12Mo2N 和 316LN 钢的化学成分和力学性能见表 4-47 和表 4-48。

表 4-47　　Z2CND18-12（控氮）、026Cr18Ni12Mo2N 和 316LN 钢的化学成分 W_t　　　（%）

材料（技术条件）	C	Mn	P	S	Si	Ni
Z2CND18-12（控氮） （RCC-M M3307-2007）	≤0.035	≤2.00	≤0.030①	≤0.015①	≤1.00	11.50~12.50
026Cr18Ni12Mo2N （NB/T 20007.5—2010）	≤0.035	≤2.00	≤0.030①	≤0.015①	≤1.00	11.50~12.50
316LN （ASME SA240-2007）	≤0.030	≤2.00	≤0.045	≤0.030	≤0.75	10.0~14.0

材料（技术条件）	Cr	Mo	N	Co	Cu	B
Z2CND18-12（控氮） （RCC-M M3307-2007）	17.00~18.20	2.25~2.75	≤0.080	≤0.20 （目标≤0.10）	≤1.00	—
026Cr18Ni12Mo2N （NB/T 20007.5—2010）	17.00~18.20	2.25~2.75	≤0.080	≤0.20 （目标≤0.10）	≤1.00	②
316LN （ASME SA240-2007）	16.0~18.0	2.00~3.00	0.10~0.16	—	—	—

① 对于成品分析，其最大保证值应再加 0.005%。

② 对用于焊接的奥氏体不锈钢棒，其熔炼分析和成品分析 B 含量应≤0.0018%。B 含量分析结果应列入试验报告中。

表 4-48　　Z2CND18-12（控氮）、026Cr18Ni12Mo2N 和 316LN 钢的力学性能

试验项目	拉　伸				
试验温度（℃）	室温			350	
性能	$R_{p0.2}$（MPa）	R_m（MPa）	A_{5d}（%）	$R^t_{p0.2}$（MPa）	R_m（MPa）
Z2CND18-12（控氮） （RCC-M M 3307-2007）	≥220	≥520	厚度>3mm，≥45； 厚度≤3mm，≥40	≥130	≥400
026Cr18Ni12Mo2N （NB/T 20007.5—2010）	≥220	≥520	厚度>3mm，≥45； 厚度≤3mm，≥40	≥130	≥445
316LN （ASME SA240-2007）	≥205	≥515	≥40	—	—

4.2.5.3　工艺要求

1. Z2CND18-12（控氮）

（1）冶炼。必须用电炉或任何其他相当的冶炼工艺冶炼。

（2）热处理。最终性能热处理必须包含在 1050~1150℃之间温度下的固溶热处理。

2. 026Cr18Ni12Mo2N

（1）冶炼。可采用电炉冶炼，也可采用其他相当或更好的工艺冶炼。

（2）热处理。钢板经热轧或冷轧之后应进行固溶处理，固溶处理的温度宜为 1050~

1150℃，保温足够时间后在水中急冷或用其他方法快冷，保温阶段的温差应不超过±10℃。

4.2.5.4　性能资料

1. 物理性能

Z2CND18-12（控氮）钢的热导率、热扩散率、线膨胀系数和弹性模量分别见表 4-49～表 4-52。

表 4-49　　　　　　　　Z2CND18-12（控氮）钢的热导率　　　　[W/(m·K)]

温度（℃）	20	50	100	150	200	250	300	350	400
热导率	14.0	14.4	15.2	15.8	16.6	17.3	17.9	18.6	19.2
温度（℃）	450	500	550	600	650	700	750	800	
热导率	19.9	20.6	21.2	21.8	22.4	23.1	23.7	24.3	

表 4-50　　　　　　　　Z2CND18-12（控氮）钢的热扩散率　　　　（×10⁻⁶ m²/s）

温度（℃）	20	50	100	150	200	250	300	350	400
热扩散率	3.89	3.89	3.89	3.94	3.99	4.06	4.17	4.26	4.37
温度（℃）	450	500	550	600	650	700	750	800	
热扩散率	4.50	4.64	4.75	4.85	4.95	5.04	5.11	5.17	

表 4-51　　　　　　　　Z2CND18-12（控氮）钢的线膨胀系数　　　　（×10⁻⁶℃⁻¹）

温度（℃）		20	50	100	150	200	250	300	350	400	450
线膨胀系数 α	A	15.54	16.00	16.49	16.98	17.47	17.97	18.46	18.95	19.45	19.94
	B	15.54	15.72	16.00	16.30	16.60	16.86	17.1	17.36	17.6	17.82

注　系数 A 为热膨胀瞬间系数；系数 B 为在 20℃ 与所处温度之间的平均热膨胀系数。

表 4-52　　　　　　　　Z2CND18-12（控氮）钢的弹性模量　　　　（GPa）

温度（℃）	0	20	50	100	150	200	250
弹性模量	198.5	197	195	191.5	187.5	184	180
温度（℃）	300	350	400	450	500	550	600
弹性模量	176.5	172	168	164	160	155.5	151.5

2. 许用应力

Z2CND18-12（控氮）钢的许用应力强度值见表 4-53。

表 4-53　　　　　　　　Z2CND18-12（控氮）钢的基本许用应力强度值　　　　（MPa）

S_y	S_u	基本许用应力强度值 S_m				
20℃		50℃	100℃	150℃	200℃	250℃
207	517	130	130	127	125	124
基本许用应力强度值 S_m						
300℃		340℃	350℃	360℃		370℃
120		115	114	113		112

第 3 节　实际部件的制造工艺及力学性能

核电厂蒸汽发生器管子支承板用 Z10C13 钢的化学成分和力学性能分别见表 4-54 和表 4-55。

表 4-54　　　　　　　　　　　　　Z10C13 钢的化学成分 W_t　　　　　　　　　　（%）

元　素		C	Mn	P	S	Si	Ni
标准要求（熔炼分析）		≤0.08	≤1.00	≤0.025	≤0.030	≤0.50	≤1.00
标准要求（成品分析）		≤0.08	≤1.03	≤0.030	≤0.035	≤0.55	≤1.00
实测值（熔炼分析）		0.057	0.65	0.02	0.03	0.33	0.5
实测值（成品分析）	顶部	0.054	0.64	0.02	0.024	0.32	0.5
	底部	0.052	0.64	0.02	0.025	0.32	0.5
元　素		Cr	Mo	Cu	Al		B
标准要求（熔炼分析）		12.5～14.0	提供数据	提供数据	提供数据		提供数据
标准要求（成品分析）		12.35～14.15	提供数据	提供数据	提供数据		提供数据
实测值（熔炼分析）		13.07	0.09	0.08	0.028		0.0007
实测值（成品分析）	顶部	12.65	0.1	0.09	0.019		0.0004
	底部	12.65	0.1	0.09	0.018		0.0004

表 4-55　　　　　　　　　　　　　Z10C13 钢的力学性能

试验项目	\ 拉　伸						
试验温度（℃）	室温				300		
性能	$R_{p0.2}$(MPa)	R_m(MPa)	A_{5d}(%)	Z(%)	$R_{p0.2}^t$(MPa)	R_m(MPa)	A_{5d}(%)	Z(%)
标准要求	≥400	550～700	≥16	提供数据	提供数据	提供数据	提供数据	提供数据
实测值	510	651	32	64	427	529	20	64

试验项目	拉伸			冲击		布氏硬度	
试验温度（℃）	316			0		室温	
性能	$R_{p0.2}^t$(MPa)	R_m(MPa)	A_{5d}(%)	最小平均值（J）	单试样最低值（J）	最大值 HB	目标值 HB
标准要求	提供数据	提供数据	提供数据	28	21	≤220	≤200
实测值	431	528	18	平均值：102	98，102，106	202	

第 4 节　经　验　反　馈

1. 事件描述

20 世纪 90 年代初，法国的 BUGEY 核电厂 4 号机组在进行安全壳压力试验时，发现钢内衬底部环焊缝角钢所覆盖的部位有水，同时发现由于这些水分的作用，已经导致附近区域的钢内衬锈蚀。

2. 纠正措施

（1）使用流动性极好的水泥浆充填角钢所覆盖空间。

（2）清理原有填充材料。

（3）用砂纸打磨金属内衬。

（4）打磨后涂漆保护。

（5）使用石蜡填充整个伸缩缝。

（6）在顶层覆盖复合密封材料和加盖金属保护层。

参 考 文 献

［1］刘建章．核结构材料．北京：核工业出版社，2007.

［2］广东核电培训中心．900MW压水堆核电厂系统与设备．北京：原子能出版社，2007.

［3］广东核电培训中心．900MW压水堆核电厂系统与设备．北京：原子能出版社，2005.

［4］杨文斗．反应堆材料学．北京：原子能出版社，2006.

第 5 章

核 级 管 材

第 1 节 工作条件及用材要求

5.1.1 工作条件

目前，压水堆核电厂（PWR）是我国核电厂的主流机组类型，主要包括一回路系统、二回路系统、重要设备冷却水系统。一回路系统的主要功能是将反应堆产生的热能经蒸汽发生器传递给二回路循环介质。一回路各类管道的功能是根据设计需要将不同介质输送到相应的设备，服役环境主要包括高温高压硼酸水、除盐除氧水、蒸汽及惰性介质等。由于核反应堆使用的燃料带有辐射性，一旦发生核泄漏，会严重恶化该区域的生态环境，所以在选择核岛一回路管道材料时，应考虑运行工况、冷却剂介质、材料老化等多种因素。

5.1.2 用材要求

核电厂使用的设备或部件，可分为核级和非核级。核级管材属于核级部件，通常在高温强辐射和腐蚀条件下工作，工作条件要求苛刻，因此要求此类管材应具有良好的力学性能、辐射稳定性、与核燃料的相容性、高的热导率等。核级管材用材的技术要求如下：

（1）应具有较高的强度和韧性，在较高的压力和温度环境下，具有较高的屈服强度和抗拉强度，在任何情况下不允许发生脆性破坏。

（2）应具有良好的组织稳定性，使其能够在较高温下长期服役。

（3）应具有高精度的几何尺寸，直径与壁厚要均匀。

（4）应具有良好的耐冲刷、耐侵蚀、抗氧化能力。

核级管材常用材料包括碳钢 P265GH、P280GH、TU42C、TU48C、TUE250，不锈钢 Z2 CN 18.10、Z2 CND 17.12、Z2 CND 18.12N、Z2CN19.10N，镍基合金 NC30Fe 等。管材级别（码）与标准要求见表 5-1，管材级别码说明见表 5-2，管材在核电厂各系统的应用见表 5-3，核级管材常用牌号、特性及主要应用范围见表 5-4。

表 5-1　　　　　　　　　管材级别（码）与标准要求

牌　　号	管材级别（码）	管材压力级别	制造规范等级	材料类别
P280GH（M1152）	TAC	900LB（15.0MPa）	RCC-M2 级	碳素钢
P280GH（M1152）	TAC	900LB（15.0MPa）	RCC-M2 级	碳素钢
P280GH（M1152）	UAC	1500LB（25.0MPa）	RCC-M2 级	碳素钢

牌　　号	管材级别（码）	管材压力级别	制造规范等级	材料类别
TU42C（M1141）	NAC	150LB（2.0MPa）	RCC-M2 级	碳素钢
TU42C（M1141）	NAC	150LB（2.0MPa）	RCC-M2 级	碳素钢
TU42C（M1141）	NAC	150LB（2.0MPa）	RCC-M2 级	碳素钢
TU42C（M1141）	NAC	150LB（2.0MPa）	RCC-M2 级	碳素钢
TU42C（M1141）	NAC	150LB（2.0MPa）	RCC-M2 级	碳素钢
TU42C（M1141）	NAC	150LB（2.0MPa）	RCC-M2 级	碳素钢
TU42C（M1141）	NAC	150LB（2.0MPa）	RCC-M2 级	碳素钢
TU42C（M1141）	NAC	150LB（2.0MPa）	RCC-M2 级	碳素钢
TU42C（M1141）	NAC-B	150LB（2.0MPa）	RCC-M2 级	碳素钢
TU42C（M1141）	NAC-B	150LB（2.0MPa）	RCC-M2 级	碳素钢
TU42C（M1141）	NAC-B	150LB（2.0MPa）	RCC-M2 级	碳素钢
TU42C（M1141）	NAC-B	150LB（2.0MPa）	RCC-M2 级	碳素钢
TU42C（M1141）	NAC-B	150LB（2.0MPa）	RCC-M2 级	碳素钢
TU42C（M1141）	NAC-B	150LB（2.0MPa）	RCC-M2 级	碳素钢
TU42C（M1141）	NAC-B	150LB（2.0MPa）	RCC-M2 级	碳素钢
TU42C（M1141）	NAC-B	150LB（2.0MPa）	RCC-M2 级	碳素钢
TU42C（M1141）	NAC-J	150LB（2.0MPa）	RCC-M2 级	碳素钢
TU42C（M1141）	NAC-J	150LB（2.0MPa）	RCC-M2 级	碳素钢
TU42C（M1141）	NAC-J	150LB（2.0MPa）	RCC-M2 级	碳素钢
TU42C（M1141）	NAC-J	150LB（2.0MPa）	RCC-M2 级	碳素钢
TU42C（M1141）	NAC-J	150LB（2.0MPa）	RCC-M2 级	碳素钢
TU42C（M1141）	NAC-J	150LB（2.0MPa）	RCC-M2 级	碳素钢
TU42C（M1141）	NAC-J	150LB（2.0MPa）	RCC-M2 级	碳素钢
TU42C（M1141）	PAC	300LB（5.0MPa）	RCC-M2 级	碳素钢
TU42C（M1141）	SAC	600LB（10.0MPa）	RCC-M2 级	碳素钢
TU42C（M1141）	TAC	900LB（15.0MPa）	RCC-M2 级	碳素钢
TUE250（M1143）	NLD	150LB（2.0MPa）	RCC-M3 级	衬胶钢管
TUE250（M1143）	NLD	150LB（2.0MPa）	RCC-M3 级	衬胶钢管
TUE250（M1143）	NLD	150LB（2.0MPa）	RCC-M3 级	衬胶钢管
TUE250（M1143）	NLD	150LB（2.0MPa）	RCC-M3 级	衬胶钢管
TUE250（M1143）	NLD	150LB（2.0MPa）	RCC-M3 级	衬胶钢管
TUE250（M1143）	NLD	150LB（2.0MPa）	RCC-M3 级	衬胶钢管
TUE250（M1143）	NLD	150LB（2.0MPa）	RCC-M3 级	衬胶钢管
TUE250（M1143）	NAD	150LB（2.0MPa）	RCC-M3 级	碳素钢
TUE250（M1143）	NAD	150LB（2.0MPa）	RCC-M3 级	碳素钢

续表

牌　号	管材级别（码）	管材压力级别	制造规范等级	材料类别
TUE250（M1143）	NAD	150LB（2.0MPa）	RCC-M3 级	碳素钢
TUE250（M1143）	NAD	150LB（2.0MPa）	RCC-M3 级	碳素钢
TUE250（M1143）	NAD	150LB（2.0MPa）	RCC-M3 级	碳素钢
TUE250（M1143）	NAD	150LB（2.0MPa）	RCC-M3 级	碳素钢
TUE250（M1143）	NAD	150LB（2.0MPa）	RCC-M3 级	碳素钢
TUE250（M1143）	NAD	150LB（2.0MPa）	RCC-M3 级	碳素钢
TUE250（M1143）	NAD-B	150LB（2.0MPa）	RCC-M3 级	碳素钢
TUE250（M1143）	NAD-B	150LB（2.0MPa）	RCC-M3 级	碳素钢
TUE250（M1143）	NAD-B	150LB（2.0MPa）	RCC-M3 级	碳素钢
TUE250（M1143）	NAD-B	150LB（2.0MPa）	RCC-M3 级	碳素钢
TUE250（M1143）	NAD-B	150LB（2.0MPa）	RCC-M3 级	碳素钢
TUE250（M1143）	NAD-B	150LB（2.0MPa）	RCC-M3 级	碳素钢
TUE250（M1143）	NAD-B	150LB（2.0MPa）	RCC-M3 级	碳素钢
TUE250（M1143）	NAD-S	150LB（2.0MPa）	RCC-M3 级	碳素钢
TUE250（M1143）	NAD-S	150LB（2.0MPa）	RCC-M3 级	碳素钢
TUE250（M1143）	NAD-S	150LB（2.0MPa）	RCC-M3 级	碳素钢
TUE250（M1143）	NAD-S	150LB（2.0MPa）	RCC-M3 级	碳素钢
TUE250（M1143）	NAD-S	150LB（2.0MPa）	RCC-M3 级	碳素钢
TUE250（M1143）	PAD	300LB（5.0MPa）	RCC-M3 级	碳素钢
Z2CN18.10（M3304）	NMC	150LB（2.0MPa）	RCC-M2 级	不含钼低碳不锈钢
Z2CN18.10（M3304）	NMC-J	150LB（2.0MPa）	RCC-M2 级	不含钼低碳不锈钢
Z2CN18.10（M3304）	NMD	150LB（2.0MPa）	RCC-M3 级	不含钼低碳不锈钢
Z2CN18.10（M3304）	NMD-B	150LB（2.0MPa）	RCC-M3 级	不含钼低碳不锈钢
Z2CN18.10（M3304）	PMC	300LB（5.0MPa）	RCC-M2 级	不含钼低碳不锈钢
Z2CN18.10（M3304）	PMC	300LB（5.0MPa）	RCC-M2 级	不含钼低碳不锈钢
Z2CN18.10（M3304）	SMC	600LB（10.0MPa）	RCC-M2 级	不含钼低碳不锈钢
Z2CN18.10（M3304）	SMC	600LB（10.0MPa）	RCC-M2 级	不含钼低碳不锈钢
Z2CN18.10（M3304）	SMC	600LB（10.0MPa）	RCC-M2 级	不含钼低碳不锈钢
Z2CN18.10（M3304）	SMD	600LB（10.0MPa）	RCC-M3 级	不含钼低碳不锈钢
Z2CN18.10（M3304）	SMD	600LB（10.0MPa）	RCC-M3 级	不含钼低碳不锈钢
Z2CN18.10（M3304）	SMD	600LB（10.0MPa）	RCC-M3 级	不含钼低碳不锈钢
Z2CN18.10（M3304）	TMC	900LB（15.0MPa）	RCC-M2 级	不含钼低碳不锈钢
Z2CN18.10（M3304）	VMC	2500LB（42.0MPa）	RCC-M2 级	不含钼低碳不锈钢
Z2CN18.10（M3304）	VMC	2500LB（42.0MPa）	RCC-M2 级	不含钼低碳不锈钢

牌　号	管材级别（码）	管材压力级别	制造规范等级	材料类别
Z2CN18.10（M3304）	VMC	2500LB（42.0MPa）	RCC-M2 级	不含钼低碳不锈钢
Z2CN18.10（M3304）	VMB	2500LB（42.0MPa）	RCC-M1 级	不含钼低碳不锈钢
Z2CN18.10（M3304）	VMB	2500LB（42.0MPa）	RCC-M1 级	不含钼低碳不锈钢
Z2CND17.12（M3304）	NND	150LB（2.0MPa）	RCC-M3 级	含钼低碳不锈钢
Z2CND17.12（M3304）	NLD	150LB（2.0MPa）	RCC-M3 级	衬胶钢管
Z2CND18.12N（M3304）	VMB	2500LB（42.0MPa）	RCC-M1 级	不含钼低碳不锈钢
Z2 CN 18.10（M3314）	NMC	150LB（2.0MPa）	RCC-M2 级	不含钼低碳不锈钢
Z2 CN 18.10（M3314）	NMC-J	150LB（2.0MPa）	RCC-M2 级	不含钼低碳不锈钢
Z2 CN 18.10（M3314）	NMC-J	150LB（2.0MPa）	RCC-M2 级	不含钼低碳不锈钢
Z2 CN 18.10（M3314）	NMD	150LB（2.0MPa）	RCC-M3 级	不含钼低碳不锈钢
Z2 CN 18.10（M3314）	NMD-B	150LB（2.0MPa）	RCC-M3 级	不含钼低碳不锈钢
Z2 CN 18.10（M3314）	PMC	300LB（5.0MPa）	RCC-M2 级	不含钼低碳不锈钢
Z2 CN 18.10（M3314）	PMC	300LB（5.0MPa）	RCC-M2 级	不含钼低碳不锈钢
P265GH（M1145）	NAD	150LB（2.0MPa）	RCC-M3 级	碳素钢
P265GH（M1145）	NAD	150LB（2.0MPa）	RCC-M3 级	碳素钢
P265GH（M1145）	NAD-B	150LB（2.0MPa）	RCC-M3 级	碳素钢
P265GH（M1145）	NAD-B	150LB（2.0MPa）	RCC-M3 级	碳素钢
P265GH（M1145）	NLD	150LB（2.0MPa）	RCC-M3 级	衬胶钢管
P265GH（M1145）	NLD	150LB（2.0MPa）	RCC-M3 级	衬胶钢管

牌　号	公称直径 DN（in）	SCH	制造方式	部件标准
P280GH（M1152）	2-1/2″～4″	SCH80	SS	ASME B36.10
P280GH（M1152）	6″及以上	SCH120	SS	ASME B36.10
P280GH（M1152）	1/2″～16″	SCH160	SS	ASME B36.10
TU42C（M1141）	1-1/2″及以下	SCH40	SS	ASME B36.10
TU42C（M1141）	2″～3″	3.18mm	SS	API
TU42C（M1141）	4″	3.58mm	SS	API
TU42C（M1141）	6″	4.37mm	SS	API
TU42C（M1141）	8″～10″	SCH20	SS	ASME B36.10
TU42C（M1141）	12″	7.14mm	SS	API
TU42C（M1141）	14″	SCH20	SS	ASME B36.10
TU42C（M1141）	16″	8.74mm	SS	API
TU42C（M1141）	1-1/2″及以下	SCH40	SS	ASME B36.10
TU42C（M1141）	2″～3″	3.18mm	SS	API
TU42C（M1141）	4″	3.58mm	SS	API
TU42C（M1141）	6″	4.37mm	SS	API
TU42C（M1141）	8″～10″	SCH20	SS	ASME B36.10

牌　　号	公称直径 DN（in）	SCH	制造方式	部件标准
TU42C（M1141）	12″	7.14mm	SS	API
TU42C（M1141）	14″	SCH20	SS	ASME B36.10
TU42C（M1141）	16″	8.74mm	SS	API
TU42C（M1141）	1-1/2″及以下	SCH40	SS	ASME B36.10
TU42C（M1141）	2″～3″	3.18mm	SS	API
TU42C（M1141）	4″	3.58mm	SS	API
TU42C（M1141）	6″	4.37mm	SS	API
TU42C（M1141）	8″～10″	SCH20	SS	ASME B36.10
TU42C（M1141）	12″	7.14mm	SS	API
TU42C（M1141）	14″	SCH20	SS	ASME B36.10
TU42C（M1141）	16″	8.74mm	SS	API
TU42C（M1141）	1/4″～16″	SCH40	SS	ASME B36.10
TU42C（M1141）	1/4″～16″	SCH80	SS	ASME B36.10
TU42C（M1141）	1/4″～2″	SCH80	SS	ASME B36.10
TUE250（M1143）	2-1/2″～3″	3.18mm	SS	API
TUE250（M1143）	4″	3.58mm	SS	API
TUE250（M1143）	6″	4.37mm	SS	API
TUE250（M1143）	8″～10″	SCH20	SS	ASME B36.10
TUE250（M1143）	12″	7.14mm	SS	API
TUE250（M1143）	14″	SCH20	SS	ASME B36.10
TUE250（M1143）	16″	9.8mm	SS	API
TUE250（M1143）	1-1/2″及以下	SCH40	SS	ASME B36.10
TUE250（M1143）	2″～3″	3.18mm	SS	API
TUE250（M1143）	4″	3.58mm	SS	API
TUE250（M1143）	6″	4.37mm	SS	API
TUE250（M1143）	8″～10″	SCH20	SS	ASME B36.10
TUE250（M1143）	12″	7.14mm	SS	API
TUE250（M1143）	14″	SCH20	SS	ASME B36.10
TUE250（M1143）	16″	9.8mm	SS	API
TUE250（M1143）	1-1/2″及以下	SCH40	SS	ASME B36.10
TUE250（M1143）	2″～3″	3.18mm	SS	API
TUE250（M1143）	4″	3.58mm	SS	API
TUE250（M1143）	6″	4.37mm	SS	API
TUE250（M1143）	8″～10″	SCH20	SS	ASME B36.10
TUE250（M1143）	12″	7.14mm	SS	API
TUE250（M1143）	14″	SCH20	SS	ASME B36.10

续表

牌　号	公称直径 DN（in）	SCH	制造方式	部件标准
TUE250（M1143）	16″	9.8mm	SS	API
TUE250（M1143）	1-1/2″及以下	SCH40	SS	ASME B36.10
TUE250（M1143）	2″～3″	3.18mm	SS	API
TUE250（M1143）	4″	3.58mm	SS	API
TUE250（M1143）	6″	4.37mm	SS	API
TUE250（M1143）	8″～10″	SCH20	SS	ASME B36.10
TUE250（M1143）	12″	7.14mm	SS	API
TUE250（M1143）	1/4″～16″	SCH40	SS	ASME B36.10
Z2CN18.10（M3304）	6″及以下	SCH10S	SS	ASME B36.19
Z2CN18.10（M3304）	6″及以下	SCH10S	SS	ASMEB36.19
Z2CN18.10（M3304）	6″及以下	SCH10S	SS	ASME B36.19
Z2CN18.10（M3304）	6″及以下	SCH10S	SS	ASME B36.19
Z2CN18.10（M3304）	2″及以下	SCH40S	SS	ASME B36.19
Z2CN18.10（M3304）	2-1/2″～6″	SCH10S	SS	ASME B36.19
Z2CN18.10（M3304）	8″及以下	SCH40S	SS	ASME B36.19
Z2CN18.10（M3304）	10″～12″	SCH80S	SS	ASME B36.19
Z2CN18.10（M3304）	14″～16″	SCH60	SS	ASME B36.10
Z2CN18.10（M3304）	8″及以下	SCH40S	SS	ASME B36.19
Z2CN18.10（M3304）	10″～12″	SCH80S	SS	ASME B36.19
Z2CN18.10（M3304）	14″～16″	SCH60	SS	ASME B36.10
Z2CN18.10（M3304）	1/4″～16″	SCH80S	SS	ASME B36.19
Z2CN18.10（M3304）	1/4″	SCH80S	SS	ASME B36.19
Z2CN18.10（M3304）	1/2″～8″	SCH160	SS	ASME B36.10
Z2CN18.10（M3304）	10″及以上	SCH140	SS	ASME B36.10
Z2CN18.10（M3304）	1/4″	SCH80S	SS	ASME B36.19
Z2CN18.10（M3304）	1/2″～8″	SCH160	SS	ASME B36.10
Z2CND17.12（M3304）	3/4″～2″	SCH10S	SS	ASME B36.19
Z2CND17.12（M3304）	2″及以下	SCH10S	SS	ASME B36.19
Z2CND18.12N（M3304）	10″及以上	SCH140	SS	ASME B36.10
Z2 CN 18.10（M3314）	8″～16″	SCH10S	RS	ASME B36.19
Z2 CN 18.10（M3314）	8″～14″	SCH10S	RS	ASME B36.19
Z2 CN 18.10（M3314）	16″（EAS）	9.53mm	RS	ASME B36.19
Z2 CN 18.10（M3314）	8″～12″	SCH10S	RS	ASME B36.19
Z2 CN 18.10（M3314）	8″～14″	SCH10S	RS	ASME B36.19
Z2 CN 18.10（M3314）	8″～14″	SCH10S	RS	ASME B36.19
Z2 CN 18.10（M3314）	16″～18″	SCH10S	RS	ASME B36.10

牌 号	公称直径 DN（in）	SCH	制造方式	部件标准
P265GH（M1145）	18″～28″	SCH10	RS	ASME B36.10
P265GH（M1145）	32″～36″	9.52mm	RS	API
P265GH（M1145）	18″～28″	SCH10	RS	ASME B36.10
P265GH（M1145）	32″～36″	9.52mm	RS	API
P265GH（M1145）	18″～28″	SCH10	RS	ASME B36.10
P265GH（M1145）	32″～36″	9.52mm	RS	API

注 SS（Seamless）无缝；RS（Rolled and Welded）轧制和焊接；SCH（Schedule or Schedule number）管道壁厚等级。

表 5-2 管材级别码各字母说明

字母 1	压力等级	字母 2	材料类别	字母 3	管道规范等级	字母 4	说明
N	150LB	A，C 或 K	碳钢	B	RCC-M 1 级	A（或无）	标准等级
P	300LB	G	镀锌碳钢	C	RCC-M 2 级	B，S，J	特殊等级
S	600LB	L	碳钢（带衬里）	D	RCC-M 3 级	—	—
T	900LB	I，J，M 或 N	奥氏体不锈钢	S	非 RCC-M 级	—	—
U	1500LB	Z	钢筋混凝土	X	非 RCC-M 级	—	—
V	2500LB	S	塑料	—	—	—	—
—	—	B	铜或铜合金	—	—	—	—

表 5-3 核电厂管材常用材料牌号及其核电厂应用系统或设备

材料牌号	安全级别	管材级别码/设备代码	核电厂系统代码
P265GH	2	NAC	RCP
P265GH	2	NAC-B	ETY
P265GH	2	NAC-J	DEG，ETY，JPI，RRI
P265GH	2	NADB	RRI
P265GH	2	TAC	APG，ARE，ASG，VVP
P265GH	3	NAC-J	RRI
P265GH	3	NAD	ASG，RRA，TEP
P265GH	3	NAD-B	ASG，DEL，RRI，SAR，SEC，TEP，TEU
P265GH	3	NAD-S	ASG
P265GH	3	NLD	SEC
P265GH	3	TAC	ASG
TU48C	2	TAC	VVP
TU48C	3	UAC	ASG
TU48C	2	TAC	ARE，ASG，VVP
TU48C	2	UAC	ASG
TU48C	3	TAC	ASG，VVP
TU48C	3	UAC	ASG，RRI

续表

材料牌号	安全级别	管材级别码/设备代码	核电厂系统代码
TUE250	3	NLD	CFI
Z2CN18.10	1	VMB	RCV, RCP, RIS, RPE
Z2CN18.10	2	NMC	EAS, PTR, RCV, REA, REN, RIS, RPE, SAR
Z2CN18.10	2	NMC-J	EAS, ETY
Z2CN18.10	2	NMD	RCV, PTR, RIS
Z2CN18.10	2	PMC	EAS, RCV, RIS, REN
Z2CN18.10	2	SMC	PTR, RCV, RIS, RRA
Z2CN18.10	2	SMD	RIS
Z2CN18.10	2	TMC	REN
Z2CN18.10	2	VMB	RIS
Z2CN18.10	2	VMC	APG, ARE, RCP, RCV, REN, RIS, RPE, RRA
Z2CN18.10	3	NMC	PTR, RCV
Z2CN18.10	3	NMD	EAS, PTR, RCV, REA, REN, RIS, TEG, TEP
Z2CN18.10	3	NMDB	EAS, PTR, REN, RPE, RRI, TEG, TEP
Z2CN18.10	3	PMC	REN
Z2CN18.10	3	SMC	RCV
Z2CN18.10	3	SMD	RCV
Z2CN18.10	3	TMC	REN
Z2CN18.10	3	VMC	RCP, RCV, RIS, REN
Z2CND17.12	3	NLD	SEC, CFI
Z2CND17.12	3	NND	SEC
Z2CND18.12N	1	VMB	RCV, RIS, RRA, RCP
Z2CND18.12N	2	VMC	RIS, RRA
Z2CN19.10N	1	RPV	热电偶管座法兰、控制棒驱动机构（CRDM）管座法兰
NC30Fe	1	RPV	排气管贯穿件、热电偶管座贯穿件、控制棒驱动机构（CRDM）管座贯穿件、中子测量管管座

表 5-4　　　　　核级管材常用材料牌号、特性及其主要应用范围

材料牌号与技术条件	特　性	主要应用范围	近似材料牌号
Z2CN18.10 （RCC-M M3304、 M3314-2007）	该钢种具有良好的耐晶间腐蚀性能和具有良好的力学性能，被广泛用于核电厂的法兰和管道。因该钢种为单相奥氏体不锈钢，在轧制或锻造过程中始终保持奥氏体和少量铬铁碳化物，不能通过最终热处理改变其晶粒度和力学性能。此外，该钢种与一般碳素钢不同，在轧制或锻造时塑性低，变形抗力大，是一般碳素钢的 1.6～2 倍，锻造温度范围小，裂纹敏感性强，生产难度大	M3304：适用于壁厚在 1.0～50.0mm 之间的奥氏体不锈耐热钢无缝管（热交换器管除外）。 　M3314：适用于在特定采购技术规范中未包括的厚度小于 50mm 的奥氏体不锈钢卷焊管	022Cr19Ni10[①] （NB/T 20007.8—2010、 旧 00Cr19Ni10[①]） 304L（ASME SA213/ SA213M-2007）

续表

材料牌号与技术条件	特 性	主要应用范围	近似材料牌号
Z2CND17.12 （RCC-M M3304、 M3314-2007）	该钢种具有良好的强度、塑性、韧性和冷成型性能以及良好的低温性能，在 18-8 型奥氏体不锈钢基础上加入约 2％Mo，使该钢具有良好的耐还原性介质和耐点腐蚀能力，在各种有机酸、无机酸、碱、盐类（如亚硫酸、硫酸、磷酸、醋酸、甲酸、卤素盐等）、海水等介质中具有适宜的耐蚀性	M3304：适用于壁厚在 1.0～50.0mm 之间的奥氏体不锈耐热钢无缝管（热交换器管除外）。	022Cr17Ni12Mo2 （NB/T 20007.8—2010、旧 00Cr17Ni14Mo2[①]）
Z2CND18.12N （RCC-M M3304、 M3314-2007， RCC-M M3305- 2000＋2002 补遗版）	Z2CND18.12N 钢是在 Z2CND17.12 钢的基础上，将原来视为杂质元素的 N 看作合金元素，应用 N 强烈的固溶强化效应来提高钢的强度（元素 N 的固溶强化效应比元素 C 强烈，而无元素 C 的晶间腐蚀之害），元素 N 即改善了钢的耐局部腐蚀性能（点腐蚀和缝隙腐蚀），又不影响钢的塑性和韧性；同时由于元素 N 增大了 Ni 当量，Cr 当量便可适当提高，即能使当量平衡，又能提高抗蚀能力	M3314：适用于在特定采购技术规范中未包括的厚度小于 50mm 的奥氏体不锈钢卷焊管 M3305：适用于压水堆冷却剂系统管路的奥氏体不锈钢挤压锻造管	026Cr18Ni12Mo2N[①] （NB/T 20007.8—2010、旧 00Cr17Ni12Mo2N）
Z2CN19.10N （RCC-M M3301-2007）	Z2CN19.10N 钢是随着核电发展而新研制的钢种，其研发的驱动力是为解决 304 不锈钢在沸水核反应堆运行中出现晶间应力腐蚀开裂事故。 Z2CN19.10N 钢属于超低碳奥氏体不锈钢，并含有一定量的氮元素，其特点是含碳量非常低，从而具有优良的抗晶间腐蚀能力，但较低的碳含量也制约着材料的强度，而在其中添加一定量的氮元素，通过氮元素的固溶强化作用，提高超低碳奥氏体不锈钢的强度	M3301：适用于 1、2、3 级设备的奥氏体不锈钢锻件和锤锻件	026Cr19Ni10N[①] （NB/T 20007.1—2010）
Z6CND17.12 （RCC-M M3301、 M3304、M3320-2007）	Z6CND17.12 钢是在 0Cr19Ni9 钢基础上，通过添加 Mo 元素，以提高材料的耐点腐蚀性和高温强度，其最高耐热温度可达到 1300℃	M3301：适用于 1、2、3 级设备的奥氏体不锈钢锻件和锤锻件； M3304：适用于壁厚在 1.0～50.0mm 之间的奥氏体不锈耐热钢无缝管（热交换器管除外）； M3320：适用于辅助管路或其他用途的、管路壁厚为 0.7～6.0mm 的、不用填充金属焊接和其后进行拉拔的奥氏体不锈钢卷焊管	06Cr17Ni12Mo2[①] （NB/T 20007.1—2010）

续表

材料牌号与技术条件	特　性	主要应用范围	近似材料牌号
NC30Fe（RCC-M M4108-2007）	NC30Fe 合金（Inconel690）属于固溶强化型 Ni-Cr-Fe 基奥氏体耐热耐蚀合金，其 Cr 含量高达 30％。它对多种含水腐蚀介质和高温气氛环境具有优异的抗力，在含氯化物和氢氧化钠溶液中具有优异的抗应力腐蚀开裂能力，具有很高的强度、良好的冷热加工性能和组织稳定性能	M4108：适用于热挤压镍-铬-铁合金（NC30Fe）管材	NS3105（NB/T 20008.8—2012）
TU42C（RCC-M M1141-2007）	核级碳素钢无缝钢管为低碳锰钢，因其用途的特殊性，对其纯净度要求非常高。低碳钢在冶炼过程中钢水容易被过氧化，钢中夹杂物含量高，制管后钢管表面易产生微细裂纹，而出现渗透/磁粉探伤不合格的问题，在连铸凝固过程中易发生包晶反应，使铸坯表面产生纵裂缺陷	适用于碳钢 2 级无缝钢管	—
TU48C（RCC-M M1141-2007）			16Mn（NB/T 20005.9—2010、GB/T 16702—1996②）
TUE250（RCC-M M1143-2007）		适用于 3 级无缝钢管	—
P265GH（RCC-M M1145-2007）		适用于 2、3 级辅助管路的填充金属焊接的冷轧或热轧碳钢卷焊管	—
P280GH（RCC-M M1144、M1152-2007）	具有良好的冲击韧性和焊接性能。在加入特定范围的 Cr 含量后，使其具有较好的抗流动加速腐蚀（FAC）性能，被广泛用于压水堆核电厂主蒸汽系统、蒸汽发生器给水控制系统、辅助给水系统和汽轮机旁路系统等。核岛内所使用的 P280GH 管道通常为核 2 级无缝钢管	适用于蒸汽发生器给水控制系统、辅助给水系统和汽轮机旁路系统中使用的碳钢无缝管道	—

① 源于 NB/T 20007.14—2010 附录 A。

② 源于 GB/T 16702—1996 附录 ZIA。

第 2 节　材料性能数据

5.2.1　Z2CN18.10、022Cr19Ni10、304L

5.2.1.1　用途

Z2CN18.10 钢为法国牌号的耐热奥氏体不锈钢，与我国的 022Cr19Ni10 钢、美国的 304L 钢相似，较低的碳含量使其具有良好的抗晶间腐蚀性能，同时具有良好的焊接性能和良好的塑性、韧性、冷变形能力，因而被广泛应用于核电厂各系统。

Z2CN18.10 钢及其近似牌号 022Cr19Ni10、304L 钢引用的相关标准如下：

● RCC-M M3304-2007 Class 1，2 and 3 Austenitic Stainless Steel Pipes and Tubes（Not Intended for Use in Heat Exchangers）

● RCC-M M3314-2007 Cold-Rolled Austenitic Stainless Steel Pipe Welded with The Addition Of Filler Metal for Use in Class 1，2 and 3 Auxiliary Piping

● ASME SA213/SA213M-2007 Specification for Seamless Ferritic and Austenitic Alloy-Steel Boiler，Superheater，and Heat-Exchanger Tubes

● NB/T 20007.8—2010 压水堆核电厂用不锈钢 第 8 部分：1、2、3 级奥氏体不锈钢无缝钢管

● NB/T 20007.14—2010 压水堆核电厂用不锈钢 第 14 部分：1、2、3 级奥氏体不锈钢锻、轧棒

RCC-M M3304-2007：适用于壁厚在 1.0～50.0mm 之间的奥氏体不锈耐热钢无缝管（热交换器管除外）。

RCC-M M3314-2007：适用于在特定采购技术规范中未包括的厚度小于 50mm 的奥氏体不锈钢卷焊管。

NB/T 20007.8—2010：适用于压水堆核电厂 1、2、3 级设备及辅助管道用壁厚为 1～50mm 的奥氏体不锈钢管，其他核工程可参考使用。

5.2.1.2　技术条件

Z2CN18.10 钢及其近似牌号 022Cr19Ni10、304L 钢的化学成分要求见表 5-5，力学性能要求见表 5-6。

表 5-5　　　　　　Z2CN18.10 钢与 022Cr19Ni10、304L 钢的化学成分 W_t　　　　（％）

材料牌号	技术规范版次	C	Si	Mn	P	S	Cr	Ni	Cu
Z2CN18.10	RCC-M M3304-2007	≤0.030	≤0.75	≤2.00	≤0.030	≤0.015	17.00～20.00	9.00～12.00	≤1.00
	RCC-M M3314-2007	≤0.030	≤1.00	≤2.00	≤0.030	≤0.015	17.00～20.00	9.00～12.00	≤1.00
022Cr19Ni10	NB/T 20007.8—2010	≤0.030	≤0.75	≤2.00	≤0.030	≤0.015	17.00～20.00	9.00～12.00	≤1.00
304L	ASME SA213/ SA213M-2007	≤0.035	≤0.75	≤2.00	≤0.040	≤0.030	18.0～20.0	8.0～13.0	—

表 5-6　　　　　　Z2CN18.10 钢与 022Cr19Ni10、304L 钢的力学性能

材料牌号	技术规范	热处理状态	力 学 性 能					
			室温				350℃	
			$R_{p0.2}$ (MPa)	R_m (MPa)	A_{5d} (％)	KV (J)	$R_{p0.2}$ (MPa)	R_m (MPa)
Z2CN18.10	RCC-M M3304-2007	1050～1150℃ 固溶处理	≥175	≥490	纵向≥45 横向≥40	横向 ≥60[①]	≥105	≥350
	RCC-M M3314-2007	—	≥175	≥490	(厚度>3mm) ≥45 (厚度≤3mm) ≥40		≥105	≥350
022Cr19Ni10	NB/T 20007.8— 2010	1050～1150℃ 固溶处理	≥175	≥490	纵向≥45 横向≥40	横向≥60[②]	≥105	≥350
304L	ASME SA213/ SA213M-2007	—	≥170	≥485	≥35	硬度 ≤192HB/ 200HV (90HRB)	—	—

① 室温条件下，当断后伸长率 A 小于 45％时，需要做冲击试验；对 1 级设备，冲击试验值应不小于 100J。

② 试验结果为三个试样的平均值，只允许有一个试样低于平均值，且该值不低于 42J。

5.2.1.3　工艺要求

1. 冶炼

RCC-M M3304、M3314-2007：应采用电炉或其他相当的冶炼工艺炼钢。

NB/T 20007.8—2010：采用电炉加炉外精炼或其他相当的工艺冶炼。

2. 钢管的制造

RCC-M M3304-2007：用于制造钢管的圆钢或钢坯应取自头尾充分切除的钢锭，总锻造比不得小于3。应保证按照 RCC-M MC1000 测定的成品件的奥氏体晶粒度指数至少为2。钢管应热加工成型，对于直径和壁厚不大的钢管也可采用冷拔成形。另外，制造商应保证其所实施的制造工艺不会削弱钢的抗晶间腐蚀性能。

RCC-M M3314-2007：根据 RCC-M F4000 的要求，用冷轧方法对钢板进行加工成形。参照 RCC-M 第 S 卷进行管道焊接，并适当考虑以下注意事项：只要求对厚度大于 25mm 的 1、2 级设备卷焊管的焊接表面进行渗透检测或磁粉检测，在所有情况下都应对焊接表面进行目视检查，包括 3 级设备卷焊管。

NB/T 20007.8—2010：制造钢管的管坯应取自充分切除头尾的钢锭或连铸坯，以去除缩孔和大部分偏析。钢管的延伸系数应小于3。钢管可采用热加工和冷加工方法制造。若指定某一种方法制造时，应在合同中注明。

3. 交货状态

RCC-M M3304-2007：所有钢管在交货前应在 1050～1150℃进行固溶热处理。

RCC-M M3314-2007：依据 RCC-M F4000 及 M3314 标准的规定，对轧制卷焊管进行固溶热处理，卷焊管以酸洗和钝化状态交货。

NB/T 20007.8—2010：钢管应以固溶热处理状态并经酸洗、钝化后交货。固溶热处理的保温温度应在 1050～1150℃之间，保温温度偏差为±15℃。

5.2.2　Z2CND17.12、022Cr17Ni12Mo2

5.2.2.1　用途

Z2CND17.12 钢为超低碳耐热奥氏体不锈钢，具有良好的耐还原性介质和抗晶间腐蚀性能。钢的冷变形成型性和可焊性优良，但由于是超低碳钢种，其强度显得不足。

Z2CND17.12 钢及其近似牌号 022Cr17Ni12Mo2 钢引用的相关标准如下：

● RCC-M M3304-2007 Class 1，2 and 3 Austenitic Stainless Steel Pipes and Tubes（Not Intended for Use in Heat Exchangers）

● RCC-M M3314-2007 Cold-Rolled Austenitic Stainless Steel Pipe Welded with The Addition of Filler Metal for Use in Class 1，2 and 3 Auxiliary Piping

● NB/T 20007.8—2010 压水堆核电厂用不锈钢 第8部分：1、2、3级奥氏体不锈钢无缝钢管

● NB/T 20007.14—2010 压水堆核电厂用不锈钢 第14部分：1、2、3级奥氏体不锈钢

RCC-M M3304-2007：适用于壁厚在 1.0～50.0mm 之间的奥氏体不锈耐热钢无缝管（热交换器管除外）。

RCC-M M3314-2007：适用于在特定采购技术规范中未包括的厚度小于 50mm 的奥氏体不锈钢卷焊管。

NB/T 20007.8—2010：适用于压水堆核电厂1、2、3级设备及辅助管道用壁厚为1～50mm 的奥氏体不锈钢管，其他核工程可参考使用。

5.2.2.2 技术条件

Z2CND17.12 钢及其近似牌号 022Cr17Ni12Mo2 的化学成分要求见表 5-7，力学性能要求见表 5-8。

表 5-7　　　　　　　Z2CND17.12 钢与 022Cr17Ni12Mo2 钢的化学成分 W_t　　　　（%）

材料牌号	技术规范	C	Si	Mn	P	S
Z2CND17.12	RCC-M M3304-2007	≤0.030	≤0.75	≤2.00	≤0.030	≤0.015
	RCC-M M3314-2007	≤0.030	≤1.00	≤2.00	≤0.030	≤0.015
022Cr17Ni12Mo2	NB/T 20007.8—2010	≤0.030	≤0.75	≤2.00	≤0.030	≤0.015

材料牌号	技术规范	Cr	Ni	Mo	Cu
Z2CND17.12	RCC-M M3304-2007	16.00～19.00	10.00～14.00	2.00～2.50	≤1.00
	RCC-M M3314-2007	16.00～19.00	10.00～14.00	2.00～2.50	≤1.00
022Cr17Ni12Mo2	NB/T 20007.8—2010	16.00～19.00	10.00～14.00	2.00～2.50	≤1.00

表 5-8　　　　　　　Z2CND17.12 钢与 022Cr17Ni12Mo2 钢的力学性能

试验温度（℃）	室　温					350	
试验项目	拉伸			冲击		拉伸	
性能	$R_{p0.2}$(MPa)	R_m(MPa)	A_{5d}(%)	纵向 KV(J)	横向 KV(J)	$R_{p0.2}$ (MPa)	R_m(MPa)
RCC-M M3304-2007	≥175	≥490	纵向≥45 横向≥40	—	≥60①	≥105	≥355
RCC-M M3314-2007	≥175	≥490	（厚度>3mm）≥45 （厚度≤3mm）≥40			≥105	≥382
NB/T 20007.8—2010	≥175	≥490	纵向≥45 横向≥40	—	≥60②	≥105	≥355

① 室温条件下，当断后伸长率 A 小于 45％时，需要做冲击试验；对 1 级设备，冲击试验值应不小于 100J。

② 试验结果为三个试样的平均值，只允许有一个试样低于平均值，且该值不低于 42J。

5.2.2.3 工艺要求

1. 冶炼

RCC-M M3304、M3314-2007：应采用电炉或其他相当的冶炼工艺炼钢。

NB/T 20007.8—2010：采用电炉加炉外精炼或其他相当的工艺冶炼。

2. 钢管的制造

RCC-M M3304-2007：用于制造钢管的圆钢或钢坯应取自头尾充分切除的钢锭，总锻造比不得小于 3。应保证按照 RCC-M MC1000 测定的成品件的奥氏体晶粒度指数至少为 2。钢管应热加工成形，对于直径和壁厚不大的钢管也可采用冷拔成形。另外，制造商应保证其所实施的制造工艺不会削弱钢的抗晶间腐蚀性能。

RCC-M M3314-2007：根据 RCC-M F4000 的要求，用冷轧方法对钢板进行加工成形。参照 RCC-M 第 S 卷进行管道焊接，并适当考虑以下注意事项：只要求对厚度大于 25mm

的 1、2 级设备卷焊管的焊接表面进行液体渗透检测或磁粉检测；在所有情况下都应对焊接表面进行目视检查，包括 3 级设备卷焊管。

NB/T 20007.8—2010：制造钢管的管坯应取自充分切除头尾的钢锭或连铸坯，以去除缩孔和大部分偏析。钢管的延伸系数应小于 3。钢管可采用热加工和冷加工方法制造。若指定某一种方法制造时，应在合同中注明。

3. 交货状态

RCC-M M3304-2007：所有钢管在交货前应在 1050～1150℃ 间进行固溶热处理。

RCC-M M3314-2007：依据 RCC-M F4000 及 M3314 标准的规定，对轧制卷焊管进行固溶热处理，卷焊管以酸洗和钝化状态交货。

NB/T 20007.8—2010：钢管应以固溶热处理状态并经酸洗、钝化后交货。固溶热处理的保温温度应在 1050～1150℃ 之间，保温温度偏差为 ±15℃。

5.2.2.4 性能资料

1. 物理性能

Z2CND17.12 钢的热导率见表 5-9，热扩散率见表 5-10，线膨胀系数见表 5-11，弹性模量见表 5-12。

表 5-9　　　　　　　　　　Z2CND17.12 钢的热导率　　　　　　　　[W/(m·K)]

温度（℃）	20	50	100	150	200	250	300	350	400
热导率	14.0	14.4	15.2	15.8	16.6	17.3	17.9	18.6	19.2
温度（℃）	450	500	550	600	650	700	750	800	
热导率	19.9	20.6	21.2	21.8	22.4	23.1	23.7	24.3	

表 5-10　　　　　　　　　　Z2CND17.12 钢的热扩散率　　　　　　　$(\times 10^{-6}\,m^2/s)$

温度（℃）	20	50	100	150	200	250	300	350	400
热扩散率	3.89	3.89	3.89	3.94	3.99	4.06	4.17	4.26	4.37
温度（℃）	450	500	550	600	650	700	750	800	
热扩散率	4.50	4.64	4.75	4.85	4.95	5.04	5.11	5.17	

表 5-11　　　　　　　　　　Z2CND17.12 钢的线膨胀系数　　　　　　$(\times 10^{-6}℃^{-1})$

温度（℃）		20	50	100	150	200	250	300	350	400	450
线膨胀系数	A	15.54	16.00	16.49	16.98	17.47	17.97	18.46	18.95	19.45	19.94
	B	15.54	15.72	16.00	16.30	16.60	16.86	17.10	17.36	17.60	17.82

注　系数 A 为热膨胀瞬间系数，系数 B 为在 20℃ 与考虑温度之间的平均热膨胀系数。

表 5-12　　　　　　　　　　Z2CND17.12 钢的弹性模量　　　　　　　　（GPa）

温度（℃）	0	20	50	100	150	200	250	300	350	400	450	500	550	600
弹性模量	198.5	197	195	191.5	187.5	184	180	176.5	172	168	164	160	155.5	151.5

2. 许用应力

Z2CND17.12 钢的基本许用应力强度值见表 5-13。

| 表 5-13 | | | Z2CND17. 12 钢的基本许用应力强度值 S_m | | | | | | | | | (MPa) |

20℃最小 R_e	20℃最小 R_m	20℃ S_y	20℃ S_u	下列温度（℃）的基本许用应力强度值 S_m									
				50	100	150	200	250	300	340	350	360	370
175	490	173	483	108	108	108	107	100	94	91	90	90	89

3. 高温力学性能

Z2CND17. 12 钢的高温屈服强度见表 5-14，高温抗拉强度见表 5-15。

| 表 5-14 | | | Z2CND17. 12 钢的高温屈服强度值 S_y | | | | | | | | | (MPa) |

20℃ 最小 R_e	20℃ 最小 R_m	20℃ S_y	20℃ S_u	下列温度（℃）的屈服强度值 S_y									
				50	100	150	200	250	300	340	350	360	370
175	490	173	483	165	143	129	119	111	104	100	99	99	98

| 表 5-15 | | | Z2CND17. 12 钢的高温抗拉强度值 S_u | | | | | | | | | (MPa) |

20℃最小 R_e	20℃最小 R_m	20℃ S_y	20℃ S_u	下列温度（℃）的抗拉强度值 S_u									
				50	100	150	200	250	300	340	350	360	370
175	490	173	483	446	431	409	400	395	394	394	394	394	394

5. 2. 3　Z2CND18. 12N、026Cr18Ni12Mo2N

5. 2. 3. 1　用途

Z2CND18. 12N 钢是在 Z2CND17. 12 钢的基础上，将原来视为杂质元素的 N 看作合金元素，应用 N 强烈的固溶强化效应来提高钢的强度（元素 N 的固溶强化效应比元素 C 强烈，而无元素 C 的晶间腐蚀之害），元素 N 既改善了钢的耐局部腐蚀性能（点腐蚀和缝隙腐蚀），又不影响钢的塑性和韧性；同时由于元素 N 增大了 Ni 当量，Cr 当量便可适当提高，既能使当量平衡，又能提高抗蚀能力。

Z2CND18. 12N 钢及其近似牌号 026Cr18Ni12Mo2N 钢引用的相关标准如下：

● RCC-M M3304-2007 Class 1，2 and 3 Austenitic Stainless Steel Pipes and Tubes (Not Intended for Use in Heat Exchangers)

● RCC-M M3305-2000＋2002 补遗版 Forged Extruded Pipes Made From Grade Z2N19. 10 and Z2CND18. 12 Controlled Nitrogen Content Austenitic Stainless Steel for PWR Coolant System Piping

● RCC-M M3314-2007 Cold-Rolled Austenitic Stainless Steel Pipe Welded with The Addition of Filler Metal for Use in Class 1，2 and 3 Auxiliary Piping

● NB/T 20007. 8—2010 压水堆核电厂用不锈钢 第 8 部分：1、2、3 级奥氏体不锈钢无缝钢管

● NB/T 20007. 14—2010 压水堆核电厂用不锈钢 第 14 部分：1、2、3 级奥氏体不锈钢锻、轧棒

RCC-M M3304-2007：适用于壁厚在 1. 0～50. 0mm 之间的奥氏体不锈耐热钢无缝管（热交换器管除外）。

RCC-M M3305-2000＋2002 补遗版：适用于制造压水堆冷却剂系统的可焊接 Z2CND18.12N 奥氏体不锈钢挤压锻造直管。

RCC-M M3314-2007：适用于在特定采购技术规范中未包括的厚度小于 50mm 的奥氏体不锈钢卷焊管。

NB/T 20007.8—2010：适用于压水堆核电厂 1、2、3 级设备及辅助管道用壁厚为 1～50mm 的奥氏体不锈钢管，其他核工程可参考使用。

5.2.3.2　技术条件

Z2CND18.12N 钢及其近似牌号 026Cr18Ni12Mo2N（旧牌号 00Cr17Ni12Mo2N）的化学成分要求见表 5-16，力学性能要求见表 5-17 和表 5-18。

表 5-16　Z2CND18.12N 钢与 026Cr18Ni12Mo2N 钢的化学成分 W_t　（%）

材料牌号	技术规范	C	Si	Mn	P	S	Cr
Z2CND18.12N	RCC-M M3304-2007	≤0.035	≤1.00	≤2.00	≤0.030	≤0.015	17.00～18.00
	RCC-M M3305-2000＋2002 补遗版	≤0.035	≤1.00	≤2.00	≤0.030	≤0.015	17.00～18.20
	RCC-M M3314-2007	≤0.035	≤1.00	≤2.00	≤0.030	≤0.015	17.00～18.20
026Cr18Ni12Mo2N	NB/T 20007.8—2010	≤0.035	≤1.00	≤2.00	≤0.030	≤0.015	17.00～18.00

材料牌号	技术规范	Ni	Mo	Cu	N	Co	Cu	B
Z2CND18.12N	RCC-M M3304-2007	11.50～12.50	2.25～2.75	≤1.00	≤0.080	—	—	—
	RCC-M M3305-2000＋2002 补遗版	11.50～12.50	2.25～2.75	≤1.00	≤0.080	≤0.20	≤1.00	≤0.0018
	RCC-M M3314-2007	11.50～12.50	2.25～2.75	≤1.00	≤0.080	—	—	—
026Cr18Ni12Mo2N	NB/T 20007.8—2010	11.50～12.50	2.25～2.75	≤1.00	≤0.080	—	—	—

表 5-17　Z2CND18.12N 钢与 026Cr18Ni12Mo2N 钢的力学性能

材料牌号	技术规范	热处理	力 学 性 能						350℃	
			室温							
			min. $R_{p0.2}$ (MPa)	min. R_m (MPa)	min. A_{5d}（%）		min. KV（J）		min. $R_{p0.2}$ (MPa)	min. R_m (MPa)
					纵向	横向	纵向	横向		
Z2CND18.12N	RCC-M M3304-2007	1050～1150℃ 固溶	220	520	45	40	—	60[1]	135	400
	RCC-M M3305-2007	1050～1150℃ 固溶	210	510	35		60		130	368
	RCC-M M3314-2007	—	220	520	45（厚度＞3mm） 40（厚度≤3mm）		—	—	130	400
026Cr18Ni12Mo2N	NB/T 20007.8—2010	1050～1150℃ 固溶	220	520	45	40	—	60[2]	135	445

① 室温条件下，当断后伸长率 A 小于 45% 时，需要做冲击试验；对 1 级设备，冲击试验值不小于 100J。

② 试验结果为三个试样的平均值，只允许有一个试样低于平均值，且该值不低于 42J。

表 5-18　　RCC-M M3304 对 Z2CND18.12N 钢的力学性能对比（标准不同版本要求）

测试项目	拉　　伸					冲击
试验温度（℃）	室温				350	室温
性能参数	R_m（MPa）	$R_{p0.2}$（MPa）	A_{5d}（%）		R_m（MPa）	$R_{p0.2}$（MPa）	KV（横向，J）
2000＋2002 补遗版标准要求值	≥520	≥220	横向≥40　纵向≥45		≥445	≥135	≥60
2007 版标准要求值	≥520	≥220	横向≥40　纵向≥45		≥400	≥135	≥60①

① 室温条件下，当断后伸长率 A 小于 45% 时，需做冲击试验；对 1 级设备，冲击试验值应不小于 100J。

5.2.3.3　工艺要求

1. 冶炼

RCC-M M3304、M3314、M3305-2000＋2002 补遗版：应采用电炉或其他相当的冶炼工艺炼钢。

NB/T 20007.8—2010：采用电炉加炉外精炼或其他相当的工艺冶炼。

2. 钢管的制造

RCC-M M3304-2007：用于制造钢管的圆钢或钢坯应取自头尾充分切除的钢锭，总锻造比不得小于 3。不管怎样，应保证按照 RCC-M MC1000 测定的成品件的奥氏体晶粒度指数至少为 2。钢管应热加工成形，对于直径和壁厚不大的钢管也可采用冷拔成形。另外，制造商应保证其所实施的制造工艺不会削弱钢的抗晶间腐蚀性能。

RCC-M M3305-2000＋2002 补遗版：为了清除缩孔和大部分的偏析，钢锭应保证足够的切除量，并按照 RCC-M M380 计算总锻造比。

RCC-M M3314-2007：根据 RCC-M F4000 的要求，用冷轧方法对钢板进行加工成形。参照 RCC-M 第 S 卷进行管道焊接，并适当考虑以下注意事项：只要求对厚度大于 25mm 的 1、2 级设备卷焊管的焊接表面进行液体渗透检测或磁粉检测，在所有情况下都应对焊接表面进行目视检查，包括 3 级设备卷焊管。

NB/T 20007.8—2010：制造钢管的管坯应取自充分切除头尾的钢锭或连铸坯，以去除缩孔和大部分偏析。钢管的延伸系数应小于 3。钢管可采用热加工和冷加工方法制造。若指定某一种方法制造时，应在合同中注明。

3. 交货状态

RCC-M M3304-2007、RCC-M M3305-2000＋2002 补遗版：固溶热处理温度 1050～1150℃。

RCC-M M3314-2007：依据 RCC-M F4000 及 M3314 章节中力学性能的规定，对轧制卷焊管进行固溶热处理，卷焊管以酸洗和钝化状态交货。

NB/T 20007.8—2010：钢管应以固溶热处理状态并经酸洗、钝化后交货。固溶热处理的保温温度应在 1050～1150℃之间，保温温度偏差为±15℃。

5.2.3.4　性能资料

1. 物理性能

00Cr17Ni12Mo2N 钢（新牌号 026Cr18Ni12Mo2N）的密度 $8.04 \times 10^3 \text{kg/m}^3$，平均线膨胀系数、弹性模量、切变模量、泊松比、热导率、比热容的数据如图 5-1 所示。

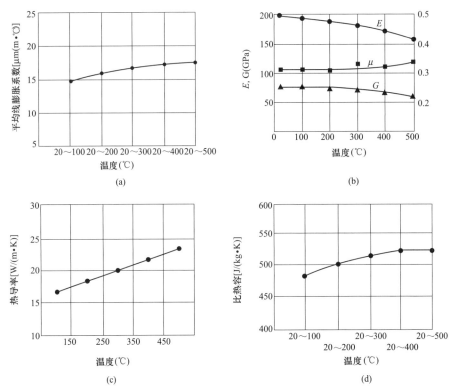

图 5-1 00Cr17Ni12Mo2N 钢的物理性能
(a) 平均线膨胀系数；(b) 弹性模量、切变模量及泊松比；
(c) 热导率；(d) 比热容

2. 耐腐蚀性

(1) 均匀腐蚀。00Cr17Ni12Mo2N 的均匀腐蚀性能优于非控氮的 00Cr17Ni12Mo2，该钢较 00Cr17Ni12Mo2 易于钝化，在反应堆高温高压水环境中的腐蚀量与金属释放量与试验时间的关系曲线如图 5-2 所示。

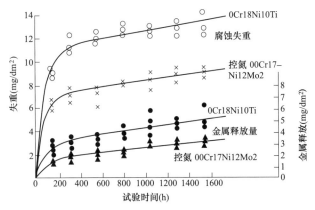

图 5-2 00Cr17Ni12Mo2N 钢在高温高压水中的腐蚀
(静态高温中性高纯去离子水，pH＝7±0.2，电导率＜1μs/cm²，O₂≤0.1mg/L，温度 265±1℃，
腐蚀试验分 7 个周期共 1507h，每周期更新介质，试验后用 APAC 法脱膜)

（2）晶间腐蚀。00Cr17Ni12Mo2N 钢经 700℃ 100h 敏化的再活化率 R_a 仍小于 10%，如图 5-3 所示。

3. 热加工性能

00Cr17Ni12Mo2N 钢，在热压力加工时，其应变与温度的关系如图 5-4 所示。

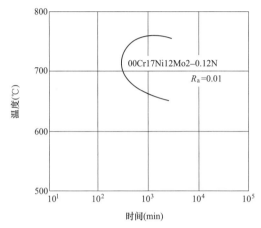

图 5-3 00Cr17Ni12Mo2N 钢敏化的 TTS 曲线

图 5-4 00Cr17Ni12Mo2N 钢的热加工性能

4. 疲劳和断裂韧性

00Cr17Ni12Mo2N 钢的室温疲劳性能如图 5-5 所示，其疲劳性能优于 00Cr17Ni12Mo2。

$\lg C = -12.08$，$n = 4.16$，$da/dN = C(\Delta K)^n = 8.314 \times 10^{-13}(\Delta K)^{4.16}$。断裂韧性采用 J 积分确定，试样尺寸为 $14 \times 28 \times 130 \text{mm}$，$J_{Ic} = 885.4 \text{kN/m}$，$K_{Ic} = 421.3 \text{MPa}^{1/2}$（由 $K_{Ic} = \sqrt{J_{Ic}}$ 计算得出）。

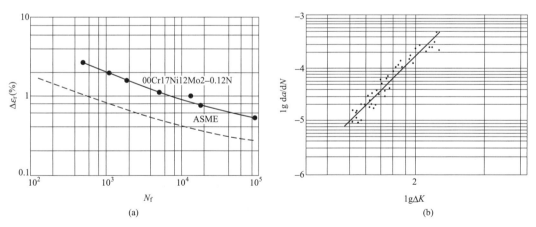

图 5-5 00Cr17Ni12Mo2N 钢固溶态的疲劳特性

（a）低周疲劳曲线（固溶态，试样 M12×100mm）；（b）疲劳裂纹扩展速率（固溶态，试样 100×96×20mm）

5.2.4 Z2CN19.10N、026Cr19Ni10N

5.2.4.1 用途

Z2CN19.10N 钢是随着核电发展而新研制的钢种，其研发的驱动力是为了解决 304 不锈钢在沸水堆运行中出现的晶间应力腐蚀开裂问题，以提高反应堆安全运行的可靠性。

Z2CN19.10N 钢属于超低碳奥氏体不锈钢，含有一定量的氮元素，其特点是含碳量非常低，从而具有优良的抗晶间腐蚀能力；较低的碳含量制约了材料的强度，通过添加一定量的氮元素，利用氮元素的固溶强化作用，提高超低碳奥氏体不锈钢的强度。因此，Z2CN19.10N 钢不仅具有超低碳奥氏体不锈钢优良的抗晶间腐蚀能力，同时还具有较高的强度，被广泛应用于核电厂堆内构件、主管道、安注箱等重要设备中。

Z2CN19.10N 钢及其类似牌号 026Cr19Ni10N 钢引用的相关标准如下：

- RCC-M M3301-2007 Class 1，2 and 3 Austenitic Stainless Steel Forgings and Drop Forgings
- NB/T 20007.1—2010 压水堆核电厂用不锈钢 第 1 部分：1、2、3 级奥氏体不锈钢锻件
- NB/T 20007.14—2010 压水堆核电厂用不锈钢 第 14 部分：1、2、3 级奥氏体不锈钢锻、轧棒

RCC-M M3301-2007：适用于重量不大于 10t 且未被特定采购技术规范规定的可焊奥氏体不锈钢锻件和锤锻件。

NB/T 20007.1—2010：适用于压水堆核电厂 1、2、3 级设备用单件重量不大于 10t 的奥氏体不锈钢锻件。

5.2.4.2 技术条件

Z2CN19.10N 钢及其近似牌号 026Cr19Ni10N 的化学成分要求见表 5-19，力学性能要求见表 5-20。

表 5-19　　　　　　　　Z2CN19.10N 钢与 026Cr19Ni10N 钢的化学成分 W_t　　　　　（%）

材料牌号	C	Si	Mn	P	S	Cr	Ni	Mo	Cu	N
Z2CN19.10N (RCC-M M3301-2007)	≤0.035	≤1.00	≤2.00	≤0.030	≤0.015	18.50~20.00	9.00~10.00	—	≤1.00	≤0.080
026Cr19Ni10N (NB/T 20007.1—2010)	≤0.035	≤1.00	≤2.00	≤0.030	≤0.015	18.50~20.00	9.00~10.00		≤1.00	≤0.080

注　对成品分析，S、P 含量上限值可增加 0.005%。

表 5-20　　　　　　　　Z2CN19.10N 钢与 026Cr19Ni10N 钢的力学性能

材料牌号	热处理	力 学 性 能								
		室温						350℃[3]		
		min. $R_{p0.2}$ (MPa)	min. R_m (MPa)		min. A_{5d} (%)		min. KV (J)		min. $R_{p0.2}$ (MPa)	min. R_m (MPa)	
			≤150mm	>150mm	纵向	横向	纵向	横向		≤150mm	>150mm
Z2CN19.10N (RCC-M M3301-2007)	1050~1150℃固溶	210	520	485	45	40	—	60[1]	125	394	368
026Cr19Ni10N (NB/T 20007.1—2010)	1050~1150℃固溶	210	520	485	45	40	—	60[2]	125	394	368

① 室温条件下，当断后伸长率 A 小于 45% 时，需要做冲击试验；对 1 级设备，冲击试验值应不小于 100J。

② 室温条件下，当断后伸长率 A 小于 45% 时，做该项试验；只允许一个试样低于规定的平均值，但不得低于该平均值的 70%。

③ NB/T 20007.1—2010 要求：对 2、3 级锻件，当订货合同要求时，做该项试验。

5.2.4.3　工艺要求

1. 冶炼

RCC-M M3301-2007：应采用电炉或其他相当的冶炼工艺炼钢。对于特殊的、薄的承压部件，设备规范书或其他相关合同文件规定金属是否需要经真空或电渣重熔工艺。

NB/T 20007.1—2010：可采用碱性电弧炉冶炼，亦可采用其他相当的或更好的工艺冶炼。

2. 锻造

RCC-M M3301-2007：一般情况下，按 RCC-M M380 计算的总锻造比应不小于 3。

NB/T 20007.1—2010：钢锭应充分切除头尾。锻件应采用热加工成形。锻造时要用足够压力的锻造机，使钢锭的整个截面均能受到加工变形，总锻造比应大于 3.5。

3. 交货状态

RCC-M M3301-2007：部件应以热处理状态交货。最终性能热处理为在 1050～1150℃ 之间的固溶热处理。供货商应对 1 级设备部件的热处理记录予以评估。

NB/T 20007.1—2010：锻件成品以固溶热处理状态交货。固溶处理的加热温度为 1050～1150℃，加热时，除了有测量加热炉炉温的热电偶外，还至少应有两支分别与锻件最厚及最薄处接触的热电偶，以测量锻件本身的实际温度。保温阶段的温差应不超过 ±15℃。锻件制造厂应对 1 级设备锻件的热处理记录进行评价。

5.2.5　Z6CND17.12、06Cr17Ni12Mo2

5.2.5.1　用途

Z6CND17.12 钢是在 0Cr19Ni9 钢基础上，通过添加 Mo 元素，以提高材料的耐点蚀性和高温强度，其最高耐热温度可达到 1300℃。

Z6CND17.12 钢及其类似牌号 06Cr17Ni12Mo2 钢引用的相关标准如下：

● RCC-M M3301-2007 Class 1，2 and 3 Austenitic Stainless Steel Forgings and Drop Forgings

● RCC-M M3304-2007 Class 1，2 and 3 Austenitic Stainless Steel Pipes and Tubes (Not Intended for Use in Heat Exchangers)

● RCC-M M3320-2007 Class 1，2 and 3 Rolled Austenitic Stainless Steel Pipes and Tubes Welded without The Addition of Filler Metal and Subsequently Drawn (Not Intended for Use in Heat Exchangers)

● NB/T 20007.1—2010 压水堆核电厂用不锈钢 第 1 部分：1、2、3 级奥氏体不锈钢锻件

● NB/T 20007.14—2010 压水堆核电厂用不锈钢 第 14 部分：1、2、3 级奥氏体不锈钢锻、轧棒

RCC-M M3301-2007：适用于重量不大于 10t 且未被特定采购技术规范规定的可焊奥氏体不锈钢锻件和锤锻件。

RCC-M M3304-2007：适用于壁厚在 1.0～50.0mm 之间的奥氏体不锈耐热钢无缝管（热交换器管除外）。

RCC-M M3320-2007：适用于辅助管路或其他用途的、管路壁厚为 0.7～6.0mm 的、

不用填充金属焊接和其后进行拉拔的奥氏体不锈钢卷焊管。

NB/T 20007.1—2010：适用于压水堆核电厂 1、2、3 级设备用单件重量不大于 10t 的奥氏体不锈钢锻件。

5.2.5.2 技术条件

Z6CND17.12 钢及其近似牌号 06Cr17Ni12Mo2 的化学成分要求见表 5-21，力学性能要求见表 5-22。

表 5-21   **Z6CND17.12 钢与 06Cr17Ni12Mo2 钢的化学成分 W_t**   （%）

材料牌号	技术规范	C	Si	Mn	P	S	Cr	Ni	Mo
Z6CND17.12	RCC-M M3301-2007	≤0.080	≤1.00	≤2.00	≤0.030	≤0.015	16.00~19.00	10.00~14.00	2.00~2.50
	RCC-M M3304-2007	≤0.080	≤0.75	≤2.00	≤0.030	≤0.015	16.00~19.00	11.00~14.00	2.00~2.50
	RCC-M M3320-2007	≤0.080	≤0.75	≤2.00	≤0.030	≤0.015	16.00~19.00	11.00~14.00	2.00~2.50
06Cr17Ni12Mo2	NB/T 20007.1—2010	≤0.080	≤1.00	≤2.00	≤0.030	≤0.015	16.00~19.00	11.00~14.00	2.00~2.50

注   对成品分析，S、P 含量上限值可增加 0.005%。

表 5-22   **Z6CND17.12 钢与 06Cr17Ni12Mo2 钢的力学性能**

牌 号	技术规范	热处理	室温						350℃[3]		
			min. $R_{p0.2}$ (MPa)	min R_m (MPa)		min A_{5d} (%)		min KV[1] (J)		min $R_{p0.2}$ (MPa)	min R_m (MPa)	
				≤150mm	>150mm	纵向	横向	纵向	横向		≤150mm	>150mm
Z6CND17.12	RCC-M M3301-2007	1050~1150℃ 固溶	210	520	485	45	40	—	60[1]	130	445	416
	RCC-M M3304-2007	1050~1150℃ 固溶	210	520		45	40	—	60[1]	130	445	
	RCC-M M3320-2007	1050~1150℃ 固溶	210	520		45		—		130	445	
06Cr17-Ni12Mo2	NB/T 20007.1—2010	1050~1150℃ 固溶	210	520	485	45	40	—	60[2]	130	445	416

① 室温条件下，当断后伸长率 A 小于 45% 时，需要做冲击试验；对 1 级设备，冲击试验值应不小于 100J。

② 室温条件下，当断后伸长率 A 小于 45% 时，做该项试验；只允许一个试样低于规定的平均值，但不得低于该平均值的 70%。

③ NB/T 20007.1—2010 要求：对 2、3 级锻件，当订货合同要求时，做该项试验。

5.2.5.3 工艺要求

1. 冶炼

RCC-M M3301-2007：应采用电炉或其他相当的冶炼工艺炼钢。对于特殊的、薄的承压部件，设备规范书或其他相关合同文件规定金属是否需要经真空或电渣重熔工艺。

RCC-M M3304、RCC-M、M3220-2007：应用电炉或其他相当的冶炼工艺炼钢。

NB/T 20007.1—2010：可采用碱性电弧炉冶炼，亦可采用其他相当的或更好的工艺冶炼。

2. 制造

RCC-M M3301-2007：一般情况下，按 RCC-M M380 计算的总锻造比应不小于 3。

RCC-M M3304-2007：用于制造钢管的圆钢或钢坯应取自头尾充分切除的钢锭，总锻造比不得小于 3。不管怎样，应保证按照 RCC-M MC1000 测定的成品件的奥氏体晶粒度指数至少为 2。钢管应热加工成形，对于直径和壁厚不大的钢管也可采用冷拔成形。另外，制造商应保证其所实施的制造工艺不会削弱钢的抗晶间腐蚀性能。

RCC-M M3220-2007：对卷焊管，管子应由冷轧整板制造；应在未倒角的边缘沿着母线进行焊接；选用无填充金属的电弧焊接，管子内外用气体保护；焊接时应焊透管子的整个厚度；焊接接头可用冷锻或其他相当的工艺进行冷加工；在这种情况下，应根据管子壁厚确定锻打前的焊道超厚部分，一般为 0.10~0.20mm；锻打后进行固溶热处理。对卷焊拉拔管，这类管子在不用填充金属的焊接和热处理后，应进行一次或多次冷加工变形；最后一次冷加工变形后，应进行固溶热处理。

NB/T 20007.1—2010：钢锭应充分切除头尾。锻件应采用热加工成形。锻造时要用足够压力的锻造机，使钢锭的整个截面均能受到加工变形，总锻造比应大于 3.5。

3. 交货状态

RCC-M M3301-2007：部件应以热处理状态交货。最终性能热处理为在 1050~1150℃ 之间的固溶热处理。供货商应对 1 级设备部件的热处理记录予以评估。

RCC-M M3304、M3220-2007：所有钢管在交货前应在 1050~1150℃ 进行固溶热处理。

NB/T 20007.1—2010：锻件成品以固溶热处理状态交货。固溶处理的加热温度为 1050~1150℃，加热时，除了有测量加热炉炉温的热电偶外，还至少应有两支分别与锻件最厚及最薄处接触的热电偶，以测量锻件本身的实际温度。保温阶段的温差应不超过 ±15℃。锻件制造厂应对 1 级设备锻件的热处理记录进行评价。

5.2.6 NC30Fe、NS3105

5.2.6.1 用途

NC30Fe 合金属是固溶强化型 Ni-Cr-Fe 基奥氏体耐热耐蚀合金，是一种富 Cr 的面心立方结构奥氏体型镍基合金，其 Cr 含量高达 30%。它对多种腐蚀性含水介质和高温气氛具有优异的抗力，在含氯化物和氢氧化钠溶液中具有优异的抗应力腐蚀开裂能力，具有高的强度、良好的冷热加工性能和组织稳定性能。

NC30Fe 合金及其近似牌号 NS3105 合金引用的相关标准如下：

- RCC-M M4108-2007 Hot Extruded Nc 30 Fe Nickel-Chromium-Iron Alloy Tubes
- NB/T 20008.8—2012 压水堆核电厂用其他材料 第 8 部分：镍-铬-铁合金热挤管

用于热挤压 NC30Fe 合金管材，主要应用于反应堆压力容器的排气管贯穿件、热电偶管座贯穿件、控制棒驱动机构（CRDM）管座贯穿件、中子测量管管座等。

5.2.6.2 技术条件

NC30Fe 合金及其近似牌号 NS3105 合金的化学成分要求见表 5-23，力学性能要求见表 5-24。

表 5-23　　　　NC30Fe 合金与 NS3105 合金钢的化学成分 W_t　　　　　（%）

材料牌号	C	Si	Mn	P	S	Ni	Cr
NC30Fe（RCC-M M4108—2007）	0.010～0.040	≤0.50	≤0.50	≤0.015	≤0.010	≥58.00	28.00～31.00
NS3105（NB/T 20008.8—2012）	0.010～0.040	≤0.50	≤0.50	≤0.015	≤0.010	≥58.00	28.00～31.00

材料牌号	Fe	Cu	Al	Ti	Co
NC30Fe（RCC-M M4108—2007）	8.00～11.00	≤0.05	≤0.05	≤0.05	≤0.20（力争≤0.10）
NS3105（NB/T 20008.8—2012）	8.00～11.00	≤0.05	≤0.05	≤0.05	≤0.10

表 5-24　　　　　　　NC30Fe 合金与 NS3105 合金的力学性能

材料牌号	热处理	力 学 性 能							
		室温拉伸			350℃拉伸			室温硬度	室温冲击
		$R_{p0.2}$（MPa）	R_m（MPa）	A_{5d}（%）	$R_{p0.2}$（MPa）	R_m（MPa）	A_{5d}（%）	布氏硬度	KV（J）
NC30Fe（RCC-M M4108-2007）	1000～1150℃固溶	240～400	≥550	≥30	≥180	≥497	—	提供数据	≥100[①]
NS3105（NB/T 20008.8—2012）	1050～1150℃固溶	240～400	≥550	≥35	≥180	≥497	提供数据	提供数据	—

① 对 1 级设备室温条件下，当断后伸长率 A 小于 45% 时，需要做冲击实验。

5.2.6.3 工艺要求

1. 冶炼

合金应在电炉中冶炼，可采用真空或电渣重熔，也可采用更优的冶炼方法。

2. 制造

管材通过热挤压圆钢和/或坯段制得，圆钢和/或坯段所用的钢锭应充分切除头部和尾部。总锻造比应大于 3。

3. 交货状态

管材应经过固溶处理和补充热处理后交货，对于最终性能热处理应包括加热到 1000～1150℃ 之间然后快速冷却。如果热加工的终了温度在这个温度范围内，且能达到所要求的力学性能，则不要求再进行炉内固溶处理。这种情况下，应详细记录热加工终了温度和冷却条件。管材至少应经受 5h 的 715±15℃ 补充热处理。

5.2.7　TU42C

5.2.7.1　用途

TU42C 为法国牌号的碳钢，主要应用于核电厂的核岛、常规岛用无缝钢管。TU42C

钢引用的相关标准如下：

● RCC-M M1141-2007 Class 2 Seamless Pipe Made from TU42C and TU48C Carbon Steel

5.2.7.2　技术条件

TU42C 钢的化学成分要求见 5-25，力学性能要求见表 5-26。

表 5-25　　　　　　　TU42C 钢的化学成分 W_t（RCC-M M1141-2007）　　　　（%）

牌号		C	Si	Mn	S	P	Al	Mo	Ni	Ti	Cu	Sn
TU42C	熔炼	≤0.20	0.08~0.35	0.45~1.00	≤0.020	≤0.025	≤0.020	≤0.08	≤0.30	≤0.040	≤0.25	≤0.030
	成品	≤0.22	0.07~0.40	0.40~1.05	≤0.025	≤0.030	≤0.025	≤0.11	≤0.35	≤0.050	≤0.25	≤0.030

表 5-26　　　　　　　TU42C 钢的力学性能（RCC-M M1141-2007）

项目	拉伸（轴向或周向取样）						KV 冲击（轴向取样）		KV 冲击（周向取样）	
温度（℃）	室温			300			0		0	
性能	$R_{p0.2}$（MPa）	R_m（MPa）	A（%）	$R_{p0.2}$（MPa）	R_m（MPa）	A（%）	最小平均值（J）	个别最小值（J）	最小平均值（J）	个别最小值（J）
标准要求值	≥235	410~510	≥25	≥157	≥369	≥23	40	28	27	19

5.2.7.3　工艺要求

1. 冶炼

应采用电炉或其他相当的冶炼工艺炼钢。

2. 钢管的制造

采用无缝的钢管制造工艺进行制造，可采用热加工成型或冷拔成形工艺。所有钢管的两端要垂直切除并清除毛刺。

3. 交货状态

管道应以正火状态进行交货。如果管道需要重新热处理（见 RCC-M M1141 4.4），则应按照相同的规定进行重新热处理。如果需要进行去应力退火热处理，则需要在制造文件中明确约定。

5.2.8　TU48C、16Mn

5.2.8.1　用途

TU48C 钢为法国牌号的碳钢，主要应用于核电厂的核岛、常规岛用无缝钢管。

TU48C 钢及其近似牌号 16Mn 钢引用的相关标准如下：

● RCC-M M1141-2007 Class 2 Seamless Pipe Made from TU42C and TU48C Carbon Steel

● NB/T 20005.9—2010 压水堆核电厂用碳钢和低合金钢 第 9 部分：2、3 级无缝钢管

● GB/T 16702—1996 压水堆核电厂核岛机械设备设计规范

RCC-M M1141-2007：在核电厂主要用于核 2 级无缝钢管。

NB/T 20005.9—2010：适用于压水堆核电厂公称外径小于 550mm、公称壁厚小于

50mm 的 2 级碳钢和低合金钢管，以及公称外径不大于 610mm、公称壁厚不大于 40mm 的 3 级碳钢无缝钢管。不适用于压水堆核电厂主给水流量控制系统、辅助给水系统、汽轮机旁路系统以及主蒸汽系统用无缝钢管。

5.2.8.2　技术条件

TU48C 钢及其近似牌号 16Mn 钢的化学成分要求见表 5-27，力学性能要求见表 5-28。

表 5-27　　　　　　　　　　　TU48C 钢与 16Mn 钢的化学成分 W_t　　　　　　　　　（％）

牌　号		C	Si	Mn	S	P	Al	Mo	Ni	Ti	Cu	Sn
TU48C（RCC-M M1141-2007）	熔炼	≤0.22	0.10～0.35	0.65～1.25	≤0.020	≤0.025	≤0.020	≤0.08	≤0.30	≤0.040	≤0.25	≤0.030
	成品	≤0.24	0.09～0.40	0.60～1.30	≤0.025	≤0.030	≤0.025	≤0.11	≤0.35	≤0.050	≤0.25	≤0.030
16Mn（NB/T 20005.9—2010）	熔炼	≤0.2	0.10～0.35	0.65～1.25	≤0.025	≤0.030	—	—	—	—	≤0.25	≤0.030
	成品	≤0.24	0.09～0.40	0.60～1.30	≤0.030	≤0.035	—	—	—	—	≤0.25	≤0.030

表 5-28　　　　　　　　　　　TU48C 钢与 16Mn 钢的力学性能

材料牌号	项目	温度（℃）	性能	指标值
TU48C（RCC-M M1141-2007）	拉伸（轴向或周向取样）	室温	$R_{p0.2}$（MPa）	≥275
			R_m（MPa）	470～570
			A（％）	≥23
		300	$R_{p0.2}$（MPa）	≥186
			R_m（MPa）	≥423
			A（％）	≥21
	KV 冲击（轴向取样）	0	最小平均值（J）	40
			个别最小值（J）	28
	KV 冲击（周向取样）	0	最小平均值（J）	27
			个别最小值（J）	19
16Mn[①]（NB/T 20005.9—2010）	拉伸	室温	$R_{p0.2}$（MPa）	≥275
			R_m（MPa）	470～570
			A（％）	$R_m×(A-2)≥10\,500$
		300	$R_{p0.2}$（MPa）	≥186
			R_m（MPa）	≥423
	KV 冲击（$S≥12.5mm$）	0	最小平均值（J）	40
			个别最小值（J）	28
	KV 冲击（$8.8mm<S<12.5mm$）	0	最小平均值（J）	32
			个别最小值（J）	22
	KV 冲击（$6.3mm<S≤8.8mm$）	0	最小平均值（J）	22
			个别最小值（J）	16

① 只对公称外径 $D≥51mm$ 且公称壁厚 $S>6.3mm$ 的钢管做冲击试验。

5.2.8.3 工艺要求

1. 冶炼

应采用电炉或其他相当的冶炼工艺炼钢。

2. 钢管的制造

RCC-M M1141-2007：采用无缝的钢管制造工艺进行制造，可采用热加工成型或冷拔成形工艺。所有钢管的两端要垂直切除并清除毛刺。

NB/T 20005.9—2010：钢管可采用热加工和（或）冷加工方法制造。制造钢管的管坯应取自切除头尾的钢锭。钢管变形过程中的总延伸系数（锻造比）应不小于 3。

3. 交货状态

管道应以正火状态进行交货。如果管道需要重新热处理（见 RCC-M M1141 4.4），则应按照相同的规定进行重新热处理。如果需要进行去应力退火热处理，则需要在制造文件中明确约定。

5.2.8.4 性能资料

1. 物理性能

16Mn 钢的物理性能见表 5-29。

表 5-29 16Mn 钢的物理性能

密度 ρ（t/m³）	7.87	临界点（℃）	A_{c1}	A_{c3}	A_{r3}	A_{r1}
熔点（℃）	1490		725	854	769	627
项目 温度（℃）	室温	100	200	300	400	500
弹性模量 E（×10⁵MPa）	212	208	203	107	185	—
热导率 λ［W/(m·K)］	—	—	40.9	39.4	37.8	—
热扩散率 a（×10m²/s）	11.30	11.10	10.30	9.14	8.24	7.03
电阻率 ρ（×10⁻⁶Ω·m）	—	0.304	0.376	0.462	0.552	—
电导率 γ（×10⁻⁶S/m）	—	3.29	2.66	2.16	1.81	—

项目 温度（℃）	100	200	300	400	500	600	700
比热容 c［J/(kg·K)］	—	507	548	582	—	—	—
线膨胀系数 α（×10⁻⁶℃⁻¹，材料实际温度与20℃之间的线膨胀系数）	12.8	13.4	13.9	14.5	14.7	15.0	15.1
切变模量 G（×10³MPa）	80.7						
泊松比 ν	0.31						

2. C 曲线

16Mn 钢的奥氏体等温转变曲线和连续冷却转变曲线如图 5-6、图 5-7 所示。

3. 断裂韧性

16Mn 钢的断裂韧性见表 5-30 和图 5-8。

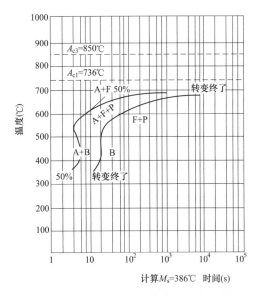

计算M_s=386℃　时间(s)

图 5-6　16Mn 钢的奥氏体等温转变曲线

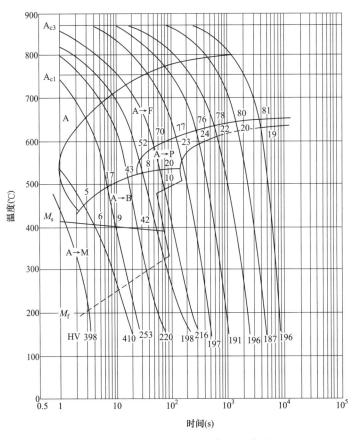

图 5-7　16Mn 钢的连续冷却转变曲线

表 5-30　16Mn 钢的 J_R 阻力曲线

Δa (mm)	0.086	0.096	0.162	0.162	0.178	0.402	0.418
J_R (N/mm)	44.69	53.70	55.57	82.03	58.21	131.52	98.59

线性回归方程 $J_R = 31.6236 + 198.79\Delta a \pm 14.2708$ （N/mm）

$J_i = 36.26$ （N/mm），$J_{0.05} = 44.10$ （N/mm），$J_{0.2} = 68.60$ （N/mm）

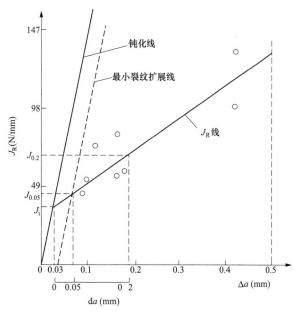

图 5-8　16Mn 钢的 J_R 阻力曲线

4. 疲劳性能

16Mn 钢的疲劳性能见表 5-31 和图 5-9。

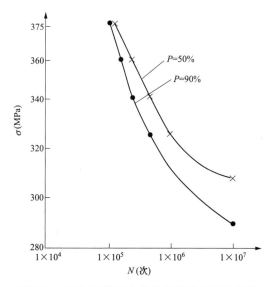

图 5-9　16Mn 钢的轴向拉伸压疲劳 P-S-N 曲线

表 5-31	具有指定存活率的疲劳极限				
试　样　形　状	指定存活率下的疲劳极限 σ_{-1}（MPa），指定寿命 10^7				
漏斗形试样 $d=5\text{mm}$，$R=60\text{mm}$	50%	90%	95%	99%	99.9%
	327	309	304	295	284

注　1. 轴向拉压疲劳性能试验，试样取自 16Mn ϕ25 棒材。

　　2. 热轧状态。

5.2.9　TUE250、P265GH

5.2.9.1　用途

TUE250、P265GH 钢为法国牌号的碳钢，主要应用于核电厂的核岛、常规岛用无缝钢管。

TUE250、P265GH 钢引用的相关标准如下：

● RCC-M M1143－2000＋2002 补遗版 Class 3 Seamless Pipes Made From TUE220 or TUE250 Carbon Steel

　● RCC-M M1143-2007 Class 2 and 3 P235GH and P265GH Carbon Steel Seamless Tubes

　● RCC-M M1145-2007 Hot or Cold Rolled Carbon Steel Pipe Welded with The Addition of Filler Metal for Use in Class 2 and 3 Auxiliary Piping

　● NF A49-211-1989 Steel Tubes. Seamless Plain-end Unalloyed Steel Tubes for Fluid Piping at Elevated Temperatures. Dimensions. Technical Delivery Conditions

　● EN10216-2-2002 Seamless Steel Tubes for Pressure Purposes-Technical Delivery Conditions-Part 2：Non-Alloy and Alloy Steel Tubes with Specified Elevated Temperature Properties

　● EN10028-2-2009 Flat Products Made of Steels for Pressure Purposes Part 2：Non-Alloy and Alloy Steels with Specified Elevated Temperature Properties

RCC-M M1143-2000＋2002 补遗版：适用于 3 级碳钢无缝钢管，TUE250 参考标准 NFA49-211。

RCC-M M1143-2007：适用于 2、3 级碳钢无缝钢管，TUE250 被 P265GH 钢替代，P265GH 参考标准 EN 10216-2。

RCC-M M1145-2007：适用于未包含在采购技术规范内、厚度不超过 80mm、带有填充焊接的冷卷或热卷焊接碳钢管，P265GH 参考标准 EN10028-2。

5.2.9.2　技术条件

TUE250 钢的化学成分要求见表 5-32，力学性能要求见表 5-33，高温屈服强度值见表 5-34。P265GH 钢的化学成分要求见表 5-35 和表 5-36，力学性能要求见表 5-37～表 5-39，高温屈服强度值见表 5-40。

表 5-32		TUE250 钢的化学成分 W_t（NF A49-211-1989）								（%）
牌号	C		S		P		Si		Mn	
	熔炼	产品	熔炼	产品	熔炼	产品	熔炼	产品	熔炼	产品
TUE250	≤0.21	≤0.23	≤0.025	≤0.030	≤0.025	≤0.030	≤0.35	≤0.40	≤1.00	≤1.05

表 5-33   **TUE250 钢的力学性能（NF A49-211-1989）**

牌号	$R_{p0.2}$（MPa）	R_m（MPa）	A（%）	A_{KV}（J/cm²）	
TUE250	≥250	410～530	≥23	平均值≥35	最小值≥28

表 5-34   **TUE250 钢的的高温屈服强度值（NF A49-211-1989）**

牌号	下列不同温度时钢的屈服强度值 $R_{p0.2}$（MPa）								
	100℃	150℃	200℃	250℃	300℃	325℃	350℃	400℃	425℃
TUE250	210	199	188	170	149	143	136	128	124

表 5-35   **P265GH 钢的化学成分 W_t（EN10216-2-2002）**   （%）

牌号	化 学 成 分							
	C	Si	Mn	P_{max}	S_{max}	Cr	Mo	Ni
P265GH	≤0.20	≤0.40	≤1.40	0.025	0.020	≤0.30	≤0.08	≤0.30

牌号	化 学 成 分					
	Al	Cu	Nb	Ti	V	Cr+Cu+Mo+Ni
P265GH	≥0.020	≤0.30	≤0.010	≤0.040	≤0.02	≤0.70

表 5-36   **P265GH 钢的化学成分 W_t（EN10028-2-2009）**   （%）

牌号	化 学 成 分								
	C	Si	Mn	P	S	Cr	Mo	Ni	Al
P265GH	≤0.20	≤0.40	0.80～1.40	≤0.025	≤0.010	≤0.30	≤0.08	≤0.30	≥0.020

牌号	化 学 成 分					
	Cu	N	Nb	Ti	V	Cr+Cu+Mo+Ni
P265GH	≤0.30	≤0.012	≤0.020	≤0.03	≤0.02	≤0.70

表 5-37   **P265GH 钢的力学性（EN10216-2-2002）**

材料牌号	拉 伸 性 能						KV（J）（min）		
	R_{eH} 或 $R_{p0.2}$（min），T 为管道壁厚			R_m	A（%）（min）			纵向	径向
	T≤16	16<T≤40	40<T≤60		纵向	径向	0℃	−10℃	0℃
	MPa	MPa	MPa	MPa					
P265GH	265	255	245	410～570	23	21	40	28	27

表 5-38   **P265GH 钢的的高温屈服强度值（EN10216-2-2002）**

材料牌号	壁厚 T（mm）	$R_{p0.2}$（MPa）							
		50℃	100℃	150℃	200℃	250℃	300℃	350℃	400℃
P265GH	T≤60	226	213	192	171	154	141	134	128

表 5-39　　　　　　　　　P265GH 钢的力学性（横向，EN10028-2-2009）

材料牌号	壁厚 T（mm）	拉 伸 性 能			KV（J）（min）		
		R_{eH}（min）	R_m（min）	A（%）（min）	−20℃	0℃	20℃
P265GH	$T≤16$	265	410~530	22	27	34	40
	$16<T≤40$	255					
	$40<T≤60$	245					
	$60<T≤100$	215					
	$100<T≤150$	200	400~530				
	$150<T≤250$	180	390~530				

表 5-40　　　　　　　　P265GH 钢的的高温屈服强度值（EN10028-2-2009）

材料牌号	壁厚 T（mm）	$R_{p0.2}$（MPa）							
		50℃	100℃	150℃	200℃	250℃	300℃	350℃	400℃
P265GH	$T≤16$	256	241	223	205	188	173	160	150
	$16<T≤40$	247	232	215	197	181	166	154	145
	$40<T≤60$	237	223	206	190	174	160	148	139
	$60<T≤100$	208	196	181	167	153	140	130	122
	$100<T≤150$	193	182	169	155	142	130	121	114
	$150<T≤250$	179	168	156	143	131	121	112	105

5.2.9.3　工艺要求

1. 冶炼

RCC-M M1143-2000＋2002 补遗版：TUE250 钢采用纯氧顶吹转炉或电炉冶炼。

RCC-M M1143-2007：P265GH 钢坯必须是全镇静钢，炼钢工艺由制造厂自行选择。

RCC-M M1145-2007：材料源自正火或淬火加回火状态的轧制钢板（经热成形的钢板也可以在非热处理状态使用）。

2. 加工制造

RCC-M M1143-2000＋2002 补遗版：TUE250 无缝钢管通常采用轧制成形。

RCC-M M1143-2007：P265GH 由无缝光管制造工艺生产。

RCC-M M1145-2007：卷焊管采用填充金属焊接的冷轧或热轧碳钢板卷焊而成，钢板采购标准参照 RCC-M M1131。钢管成形满足 RC-CM F4000 要求。焊接除参照 RCC-M 第 S 卷外，还应考虑下述规定：只要求对厚度超过 50mm 的 2 级钢管的待焊接表面作液体渗透检测或磁粉检测；在所有情况下，包括 3 级钢管在内的待焊接表面都应进行目视检查。

3. 交货状态

RCC-M M1143-2000＋2002 补遗版：对 TUE250 无缝钢管，以正火状态供货。

RCC-M M1143-2007：对 P265GH 钢管，如果没有进行冷加工状态，由制造厂自行选择由热态交货或冷态交货，如果进行了冷加工状态，必须进行相关的热处理后交货。

RCC-M M1145-2007：在下述情况下，P265GH 卷焊管应经正火热处理：

（1）平钢板以非热处理状态交货。

（2）钢板或钢管经热处理加工。

（3）在成形工艺评定中指出冷成形后需要正火热处理的钢管。

（4）如果有必要，根据 RCC-M S1000 章规定的方法和要求，对钢管进行消除应力热处理。

5.2.10 P280GH

5.2.10.1 用途

P280GH 钢是法国标准 RCC-M 中有规定高温特性的铁素体钢，它具有良好的综合力学性能和焊接工艺性能。P280GH 引用的标准如下：

- RCC-M M1144-2007 Type P280GH Seamless Forged Carbon Steel Pipes
- RCC-M M1152-2007 Type P280GH Seamless Carbon Steel Pipes

P280GH 主要用于蒸汽发生器主给水系统、辅助给水系统和汽轮机旁路系统中使用的碳钢无缝管道。

5.2.10.2 技术条件

RCC-M M1144、M1152-2007 对 P280GH 钢的化学成分要求见表 5-41、力学性能要求见表 5-42。

表 5-41　　　　　　　　P280GH 钢熔炼和成品分析中的化学成分 W_t　　　　　　　　（%）

材料牌号		C	Si	Mn	S	P	Cu[1]
P280GH	熔炼分析	≤0.20	≤0.10~0.35	≤0.80~1.60	≤0.015	≤0.020	≤0.25
	成品分析	≤0.22	≤0.10~0.40	≤0.80~1.60	≤0.020	≤0.025	≤0.25
材料牌号		Sn[1]	Ni	Cr[3]	Mo	Al	Ceq[2]
P280GH	熔炼分析	≤0.030	≤0.50	≤0.25	≤0.10	0.020~0.050	≤0.48
	成品分析	≤0.030	≤0.50	≤0.25	≤0.10	0.020~0.050	≤0.48

① 当 Cu+10Sn 不超过 0.55% 时，允许 Sn 的含量超过 0.030%，但不得超过 0.040%。当管道随后将进行热加工时，铜和锡的含量应限制：Cu≤0.18%、Cu+6Sn≤0.33%。

② Ceq=C+Mn/6+(Cr+Mo+V)/5+(Ni+Cu)/15。

③ RCC-M M1152 要求：用于给水流量控制系统时，Cr 残余含量应≥0.15%。

表 5-42　　　　　　　　　　　P280GH 钢的力学性能

试验项目	拉 伸					KV	
试验温度 （℃）	室温			300		0[2]	
性能指标	$R_{p0.2}$（MPa）	R_m（MPa）	A_{5d}（%）	$R_{p0.2}$（MPa）	R_m（MPa）	最小平均值[1] （J）	个别最小值 （J）
规定值	≥275	470~570	≥21	≥186	≥423	60	40

① 每组三块试样中，最多只允许一个结果低于规定的最小平均值 R_m(A-2)>10 500。

② RCC-M M1152 要求：用于主给水流量控制系统的钢管，KV 冲击的试验温度为 -20℃。

5.2.10.3 工艺要求

1. 冶炼

应采用电炉或其他相当的冶炼工艺炼钢。

2. 钢管的制造

用于制造钢管的圆钢或钢坯应取自头尾充分切除的钢锭，总锻造比大于或等于 3。钢管的制造采用非焊接的方法，可以热成形或冷成形。所有钢管的两端要垂直切除并清除毛刺。

3. 交货状态

管道应以正火状态进行交货，其规定如下。

正火条件：

（1）加热温度：890～940℃。

（2）保温时间：每 1mm 厚度保温 1min，至少 30min。

（3）冷却方式：空冷。

如果管道需要重新热处理（见 RCC-M M1144 或 RCC-M M1152 4.4），则应按照相同的规定进行重新热处理。

5.2.10.4　性能资料

碳钢中"流动加速腐蚀"（Flow-Accelerated Corrosion，FAC）的腐蚀速率取决于介质温度、流速、pH 值、电极电位、管材合金元素、热力学等因素，其中管材合金元素是可以通过选择钢种成分解决的。碳钢管中 Cr 含量是影响其"FAC"的主要合金元素，"FAC"速率跟 Cr 元素含量之间的关系如图 5-10 所示，当 Cr 含量从 0 增加到 0.15％时，腐蚀速率大幅下降。因此在 P280GH 成分设计时，除了满足法国的核电 RCC-M1152、M1144-2007 规范规定成分外，有针对性地将 Cr 含量控制在 0.15％～0.25％，同时将残余 Ni 作为合金元素引入钢中，以改善低温冲击韧性，保证 P280GH 钢管的 −20℃ 低温冲击功达到 60J。

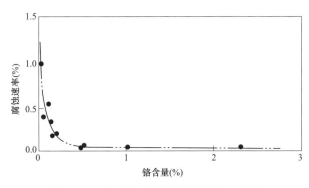

图 5-10　Cr 含量对 FAC 速率的影响情况

第 3 节　实际部件的制造工艺及力学性能

5.3.1　Z2CN18.10

表 5-43、表 5-44 分别为某 CPR1000 机组核安全级轧制管道用 Z2CN18.10 材质的化学成分及力学性能试验数据，表中所有数据均为实测值。

表 5-43　核电厂轧制管道使用材料的化学成分 W_t　（%）

元素	C	Mn	P	S	Si	Ni	Cr	Cu	Mo	Co	B
Z2CN18.10 化学成分											
熔炼成分	0.021	1.50	0.026	0.003	0.49	9.60	17.35	0.18	—	0.078	0.001 2
成品成分	0.021	1.52	0.025	0.003	0.51	9.60	17.30	0.17	—	0.079	0.001 0

表 5-44　核电厂轧制管道使用材料的力学性能

材料牌号	拉 伸 试 验				
	$R_{p0.2}$（MPa）		R_m（MPa）		A（%）
	室温	350℃	室温	350℃	室温
Z2CN18.10	320	—	590	—	58
Z2CN18.10	300	—	580	—	59

5.3.2　Z2CND17.12

表 5-45、表 5-46 分别为某 CPR1000 机组核安全级轧制管道用 Z2CND17.12 材质的化学成分及力学性能试验数据，表中所有数据均为实测值。

表 5-45　核电厂轧制管道使用材料的化学成分 W_t　（%）

元素	C	Mn	P	S	Si	Ni	Cr	Cu	Mo	Co	B
Z2CND17.12 化学成分											
熔炼成分	0.019	1.16	0.024	0.003	0.32	11.10	16.50	0.10	2.15	0.037	0.001 4
成品成分	0.017	1.16	0.024	0.003	0.33	11.10	16.60	0.12	2.13	0.046	0.001 1

表 5-46　核电厂轧制管道使用材料的力学性能

材料牌号	拉 伸 试 验				
	$R_{p0.2}$（MPa）		R_m（MPa）		A（%）
	室温	350℃	室温	350℃	室温
Z2CND17.12	237	—	538	—	48
Z2CND17.12	242	—	547	—	52

5.3.3　Z2CND18.12N

表 5-47 为国产和进口 Z2CND18.12N 钢的化学成分实测值。表 5-48、表 5-49 国产和进口 Z2CND18.12N 钢的力学性能实测值。表 5-50、表 5-51 为国产 00Cr17Ni12Mo2N 钢的力学性能实测值。

表 5-47　实测 Z2CND18.12N 钢的化学成分 W_t　（%）

元素	C	Cr	Ni	Si	Mn	S	P	V	Mo	Co
进口	0.035	17.56	11.57	0.40	1.64	0.001 2	0.028	0.087	2.44	0.076
国产	0.021	18.09	11.97	0.47	1.37	0.003 4	0.026	0.040	2.48	0.053

元素	Pb	Sn	As	Sb	Bi	H	O	N
进口	0.000 47	0.004 7	0.007	0.001 3	0.001 2	0.000 5	0.001 2	0.064
国产	0.000 47	0.006 2	0.007	0.001 6	0.001 2	0.000 5	0.001 2	0.069

表 5-48　　　　　　国产 Z2CND18.12N 钢管拉伸性能

取样部位	R_m（MPa）	$R_{p0.2}$（MPa）	A（％）	Z（％）	备 注
管端 1/4 内壁处横向取样	425	192	47.5	76.0	国产材料，350℃拉伸
	415	145	46.0	75.5	
	410	129	46.0	75.5	
管端 1/4 外壁处横向取样	420	196	43.0	75.0	
	410	122	48.5	77.5	
	410	117	45.5	74.0	
管端 1/4 内壁处纵向取样	420	188	42.0	73.0	
	410	136	46.5	76.0	
	410	129	45.0	73.5	
管端 1/4 外壁处纵向取样	425	189	45.0	74.5	
	415	173	44.5	75.0	
	420	140	51.5	75.5	
管端 1/4 内壁处横向取样	560	315	69.0	81.5	国产材料，室温拉伸
	550	270	67.5	81.5	
	540	240	71.0	82.5	
管端 1/4 外壁处横向取样	550	320	68.0	81.5	
	535	235	68.0	81.5	
	535	235	67.0	82.0	
管端 1/4 内壁处纵向取样	550	315	60.0	81.5	
	540	255	65.0	81.0	
	535	250	65.6	82.0	
管端 1/4 外壁处纵向取样	555	305	63.0	82.0	
	545	290	66.0	80.0	
	535	250	66.0	81.0	

表 5-49　　　　　　法国进口 Z2CND 18.12N 钢管拉伸性能

取样部位	R_m（MPa）	$R_{p0.2}$（MPa）	A（％）	Z（％）	备 注
管端 1/2 内壁横向取样	570	285	65.0	82.5	进口材料，室温拉伸
	570	290	62.5	83.0	
	565	285	63.5	83.0	
	565	285	62.0	82.0	

续表

取样部位	R_m（MPa）	$R_{p0.2}$（MPa）	A（%）	Z（%）	备　注
管端 1/2 内壁纵向取样	565	295	64.5	83.5	进口材料，室温拉伸
	570	295	64.5	83.0	
	试验机故障，试验无效				
	570	290	65.5	83.0	
管端 1/2 内壁横向取样	465	171	46.5	74.5	进口材料，350℃拉伸
	470	174	47.0	75.5	
	465	174	53.5	75.5	
	460	171	50.5	77.5	
管端 1/2 内壁纵向取样	470	184	45.0	76.0	进口材料，350℃拉伸
	470	186	46.0	77.5	
	460	174	45.0	76.0	
	470	178	44.5	77.5	

表 5-50　　　　国产 00Cr17Ni12Mo2N 钢管（ϕ310×24mm）的室温常规力学性能

牌号	R_m（MPa）	$R_{p0.2}$（MPa）	A（%）	Z（%）	A_{KU}（J/cm²）
00Cr17Ni12Mo2N	573	278	56	74	370

表 5-51　　　　国产 00Cr17Ni12Mo2N 钢管（ϕ310×24mm）的高温拉伸性能

温度（℃）	R_m（MPa）	$R_{p0.2}$（MPa）	A（%）	Z（%）
200	473	196	46	78
300	458	175	43	76
350	450	168	42	74
400	453	155	43	74

5.3.4　TU42C

表 5-52、表 5-53 分别为某 CPR1000 机组核安全级轧制管道用 TU42C 钢的化学成分及力学性能试验数据，表中所有数据均为实测值。

表 5-52　　　　　　核电厂轧制管道使用材料的化学成分 W_t　　　　　　（%）

材料牌号	化 学 成 分							
	元系	C	S	Mn	Si	P	Cu	Sn
TU42C	熔炼分析	0.14	0.016	0.82	0.17	0.011	0.04	0.006
TU42C	成品分析 A	0.15	0.020	0.85	0.18	0.011	0.04	0.006

表 5-53　　　　　　核电厂轧制管道使用材料的力学性能

材料牌号	试验方法	拉伸试验					
	检验项目	$R_{p0.2}$（MPa）		R_m（MPa）		A（%）	
		20℃	300℃	20℃	300℃	20℃	300℃
TU42C	实测值	310	200	460	410	36	31
TU42C	实测值	315	225	460	465	37	24.5

5.3.5 TUE250

表 5-54、表 5-55 分别为某 CPR1000 机组核安全级轧制管道用 TUE250 材质的化学成分及力学性能试验数据，表中所有数据均为实测值。

表 5-54		核电厂轧制管道使用材料的化学成分 W_t					（%）
TUE250 化学成分分析							
元素	C	S	Mn	Si	P	Cu	Sn
熔炼分析	0.14	0.016	0.82	0.17	0.011	—	—
成品分析	0.15	0.019	0.84	0.18	0.011	—	—

表 5-55	核电厂轧制管道使用材料的力学性能			
材料牌号	拉 伸 试 验			冲击试验
	$R_{p0.2}$（MPa）	R_m（MPa）	A（%）	KV（0℃，J）
TUE250	340	480	42	—
TUE250	325	460	32	—

5.3.6 P280GH

1. 化学成分

依据 GB/T 223 钢铁及合金化学分析系列相关标准，分别对进口和国产 P280GH 取样管的常规元素的化学成分进行测试，仪器为 CS-902G 型高频红外碳硫分析仪及 OPTIMA 2100DV 型全谱直读等离子体光谱，结果见表 5-56。H 元素的测试设备为 RU404 氢测定仪，检测方法为高频感应熔融热导法。O、N 元素测试设备为 EMGA-620W 氧、氮测定仪，检测方法为脉冲熔融红外法、脉冲熔融热导法，检测标准为 ASTM E1019-2011 Standard Test Methods for Determination of Carbon，Sulfur，Nitrogen，and Oxygen in Steel，Iron，Nickel，and Cobalt Alloys by Various Combustion and Fusion Techniques。

表 5-56			P280GH 钢管化学成分检验结果 W_t							（%）
牌号	C	Si	Mn	Cr	Ni	Mo	Cu	Al	S	P
进口	0.184	0.303	1.313	0.102	0.116	0.041	0.073	0.024	0.0029	0.010
进口	0.0086	0.012	0.0003	0.0001	0.0011	0.0082	0.0008	<0.0001	<0.0001	0.44
国产	0.011	0.0089	0.0003	0.0002	0.0020	0.019	0.0014	<0.0001	<0.0001	0.38
国产控 Cr	0.0081	0.0063	0.0017	0.0001	0.0017	0.020	0.0019	<0.0001	0.0001	0.40

2. 力学性能数据

某材料性能实验室分别对进口、国产 P280GH 钢管开展了纵、横向力学性能试验，试验结果介绍如下：

（1）拉伸性能。拉伸试样取自内壁 1/2 半径处，试样直径为 ϕ10mm 标准拉伸试样。拉伸试验分别在室温、200℃、300℃、400℃、450℃下进行，每个温度点下进行三个试样检测，P280GH 管高温拉伸强度随温度变化如图 5-11～图 5-13 所示。

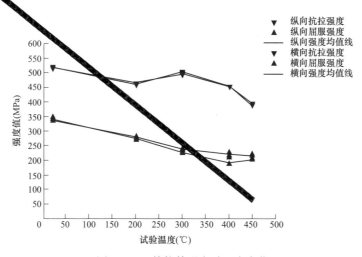

图 5-11 J管拉伸强度随温度变化

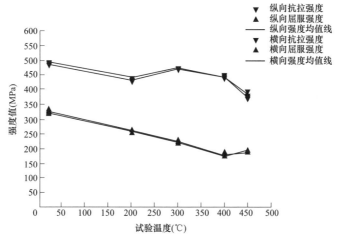

图 5-12 G管拉伸强度随温度变化

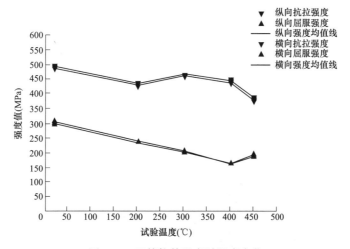

图 5-13 E管拉伸强度随温度变化

（2）冲击韧度。P280GH 钢管的冲击试验结果见表 5-57～表 5-59。

表 5-57　　　　　　　　　　P280GH 钢管（J 进口管）的冲击性能

样品编号	KV（J）	平均值（J）	取样方向	试验温度（℃）
JZ _ 20 _ 1	219.5			
JZ _ 20 _ 2	218.0	219.8	纵向	20
JZ _ 20 _ 3	222.0			
JZ _ -20 _ 1	180.0			
JZ _ -20 _ 2	165.5	185.2	纵向	—20
JZ _ -20 _ 3	210.0			

表 5-58　　　　　　　　　　P280GH 钢管（G 国产管）的冲击性能

样品编号	KV（J）	平均值（J）	取样方向	试验温度（℃）
GZ _ 20 _ 1	214			
GZ _ 20 _ 2	207	207	纵向	
GZ _ 20 _ 3	200			
GH _ 20 _ 1	129			20
GH _ 20 _ 2	127	130	横向	
GH _ 20 _ 3	135			
GZ _ 0 _ 1	191			
GZ _ 0 _ 2	175	192	纵向	
GZ _ 0 _ 3	210			
GH _ 0 _ 1	128			0
GH _ 0 _ 2	123	121	横向	
GH _ 0 _ 3	113			
GZ _ -20 _ 1	169			
GZ _ -20 _ 2	208	194	纵向	
GZ _ -20 _ 3	206			
GH _ -20 _ 1	94			—20
GH _ -20 _ 2	80	83	横向	
GH _ -20 _ 3	76			

表 5-59　　　　　　　　　　P280GH 钢管（E 国产控 Cr 管）的冲击性能

样品编号	KV（J）	平均值（J）	取样方向	试验温度（℃）
EZ _ 20 _ 1	226			
EZ _ 20 _ 2	238	238	纵向	
EZ _ 20 _ 3	249			20
EH _ 20 _ 1	181			
EH _ 20 _ 2	192	188	横向	
EH _ 20 _ 3	192			

样品编号	KV（J）	平均值（J）	取样方向	试验温度（℃）
EZ＿0＿1	227		纵向	
EZ＿0＿2	248	235	纵向	
EZ＿0＿3	230		纵向	0
EH＿0＿1	197		横向	
EH＿0＿2	192	200	横向	
EH＿0＿3	212		横向	
EZ＿-20＿1	187		纵向	
EZ＿-20＿2	197	184	纵向	
EZ＿-20＿3	168		纵向	−20
EH＿-20＿1	124		横向	
EH＿-20＿2	145	170	横向	
EH＿-20＿3	240		横向	

第4节 经 验 反 馈

5.4.1 管道热疲劳失效

1. 失效机理

定义：在由温度循环变化引起的循环热应力或热应变作用下发生的疲劳失效，称为热疲劳。

影响因素：流体温度、投运时间、管线布置、管线材质等。

作用形式：热分层、热波纹、热冲击、湍流渗入、冷热混流。

一回路辅助管道热疲劳失效机理作用形式可归结为以下几类：

（1）热分层（Thermal Stratification）。位于管道内的介质，当其内部受热不均匀时，热的、轻的介质停留在冷的、较重的介质上面，形成具有一定温度梯度的流体分层，在管道横截面上产生非线性的温度梯度（如图 5-14 所示）；热分层使管道产生较大的弯曲变形（如图 5-15 所示）。

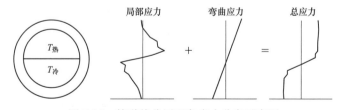

图 5-14　管道热分层现象应力分布示意图

（2）热波纹（Thermal Striping）。热波纹是热分层的伴生现象，在热分层界面区域，当流体流速比较高或非常缓慢情况下流体在流动时的扰动作用引起热-冷介质分界面的剧烈波动，并使管道内表面产生局部热瞬态，这种现象通常称之为热波纹（如图 5-16 所示）。

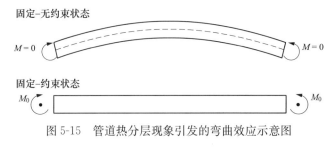

图 5-15 管道热分层现象引发的弯曲效应示意图

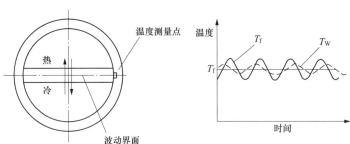

图 5-16 热波纹结构示意图（T_f是流体的温度波动、T_w是管壁温度波动）

（3）热冲击（Thermal Shock）。当冷的流体（或热的流体）往复于管道或管嘴时（如图 5-17 所示），会在其内部引起交变热应力，此现象称之为热冲击。

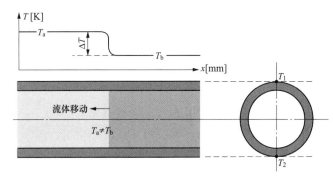

图 5-17 热冲击示意图

（4）湍流渗入热循环（Turbulent Penetration Thermal Cycling）。主管道内流体的流动作用引起的支管道内流体的扰动现象；在给定工况下，"湍流渗入"长度在某值附近做周期性变化，引起该区域热、冷流体分界面周期性移动，形成湍流渗入热循环；该现象常出现在与主管相连支管的非隔滞留流体的尾部区域，如图 5-18 所示。

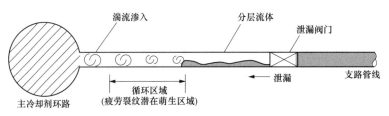

图 5-18 湍流渗入引发的热循环示意图

（5）冷热混流（Mixing Flow）。低温介质与高温介质在某区域交替接触，产生混合的现象（如图 5-19 所示）；该现象多发于 T 形管道结构件内，疲劳部位常位于距 T 形连接件较远的下游区域；该现象的典型特点是无法用常规的热电偶装置进行监控。

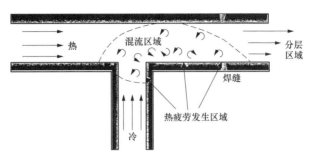

图 5-19　冷热流体混流区示意图

2. 典型热疲劳经验反馈

（1）Civaux 核电厂余热排出系统管线热疲劳。1998 年 5 月 12 日，Civaux 核电厂 1 号机组余热排出系统发生冷却剂泄漏事件，泄漏率为 30m³/h。该系统在发生事件前仅运行了 1500h，裂纹发生在余热排出系统热交换器下游直径 10in 的弯头上。管线材料为 304L 不锈钢，裂纹在壁厚 9.3mm 的外表面延伸 180mm 长和内表面 350mm 长。图 5-20 为 Civaux 电站 1 号机管线系统示意图（与西屋公司设计相似）。图 5-21 为混流区 T 形头装置图。

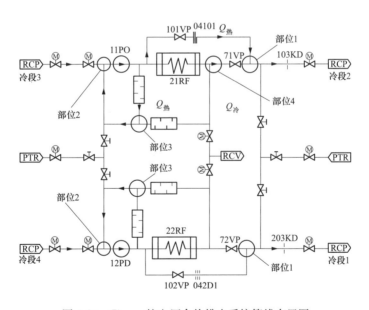

图 5-20　Civaux 核电厂余热排出系统管线布置图

（2）Farley 核电厂 2 号机组管线热疲劳。Farley 核电厂 2 号机组泄漏事件发生在 1987年 12 月，泄漏点位于反应堆冷却剂系统（RCS）冷管段管嘴的第一个弯头和水平段之间的焊缝热影响区域。管道直径 6in，采用 304 不锈钢。该管道结构为从 RCS 冷管段垂直向上然后水平延伸 3.5ft 处装备止回阀，如图 5-22 所示。裂纹的位置离 RCS 冷管段 3.5ft，为圆周向裂纹，位于管道的第三段底部 120°处，离管道外壁裂纹长度约 1in。泄漏被发现时泄漏

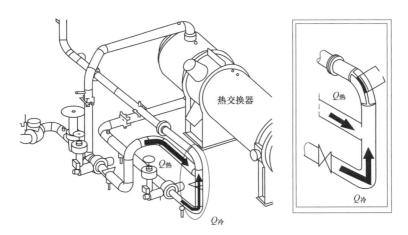

图 5-21   混流区 T 形头装置图

率估计为 0.7gpm（gallons per minute），此时正处于换料大修后功率升至 33％时。Farley 核电厂 2 号机组是西屋公司设计的三环路电站，在发生此次事故前已运行了 6.5 年。裂纹产生的原因是 RCS 热管段流体湍流渗入与冷段阀门泄漏液体相互作用在管道底部产生分层。这个泄漏阀门为硼注入罐旁路管线上的 1in 手动球阀。阀门的泄漏率估计 0.5gpm 左右。

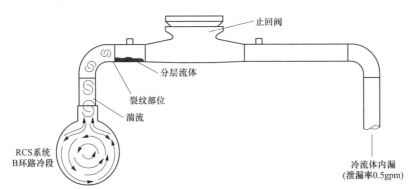

图 5-22   Farley 2 电站泄漏示意图

5.4.2   管道应力腐蚀开裂失效

1. 失效机理

19 世纪后期，人们发现黄铜弹壳在贮存过程中发生开裂，严重地影响了军事行动。研究结果查明：在制造过程中，弹壳具有残余应力；贮存过程中，这种弹壳在含有氨离子的潮湿空气中开裂，人们将上述现象称为应力腐蚀开裂（SCC）。

（1）应力腐蚀特征。应力腐蚀是环境破裂中最广泛也是最严重的一种破坏形态，重要特征如下：

1）产生应力腐蚀开裂必须同时具备三个条件，即特定环境、足够大的应力、特定的材料。

2）通常认为，拉应力引起应力腐蚀，压应力阻止或延缓应力腐蚀。

3）产生应力腐蚀的合金表面往往都产生钝化膜或者保护膜。

（2）应力腐蚀开裂的影响因素。应力腐蚀开裂的影响因素很多，但是基本上可以归纳为应力、腐蚀及冶金因素三类。

1）应力的作用：应力腐蚀过程中，必须有应力，才会导致材料的形变和断裂，应力主要来源于外加载荷、加工和热处理过程中引入的残余应力、腐蚀产物引起的扩张应力。

2）腐蚀的影响：应力腐蚀时，金属的普遍腐蚀速率是微小的，但必须有腐蚀才会有应力腐蚀，因而腐蚀是局部的，局限在缺口底部或者裂纹尖端。

3）冶金因素的影响：晶粒尺寸、变形结构（位错亚结构等）、偏析、辐照损伤等均是影响应力腐蚀开裂的重要显微结构。

2. 典型经验反馈

（1）南非 Koeberg 核电厂。2000 年，南非 Koeberg 核电厂在燃料厂房内的安注管线上发现了一次泄漏，该安注管线的材料是 304L 不锈钢。对长约 50m，$\phi 250 \sim 300mm$ 的安注和安喷管线做了着色探伤检查。对换料水箱所在房间的管道进行抛光，管壁减薄 $250\mu m$，并发现大量的应力腐蚀开裂（SCC）现象。其中有一个超危机尺寸的缺陷，有比较深的氯化物晶间应力腐蚀裂纹，缺陷形貌如图 5-23 所示。

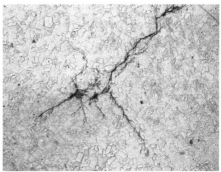

图 5-23　南非 Koeberg 核电厂不锈钢管道应力腐蚀开裂形貌

（2）国内某核电厂。根据南非核电厂的经验反馈，对国内某核电厂 K 厂房不锈钢管道的腐蚀问题进行了系统的普查，发现 K 厂房的不锈钢管道存在普遍的腐蚀问题，主要集中在不锈钢的焊缝、弯管部位，典型的腐蚀形貌如图 5-24 所示。

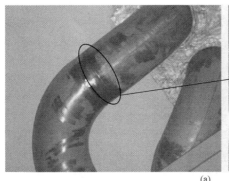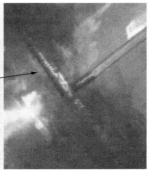

(a)

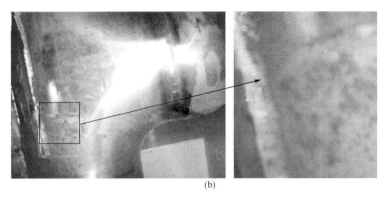

(b)

图 5-24　国内某核电厂 K 厂房不锈钢管道腐蚀形貌

(a) PTR 系统管道穿墙孔处焊缝腐蚀；(b) EAS 系统管道弯管处腐蚀形貌

参 考 文 献

[1] HAF J0066，压水堆核电厂物项分级的技术见解，1997.

[2] 压水堆核岛机械设备设计和建造规则，第 4 册材料篇，2000 版＋2002 补遗.

[3] 压水堆核岛机械设备设计和建造规则，第 4 册材料篇，2007 版.

[4] 刘建章. 核结构材料. 北京化学工业出版社，2007.

[5] 本手册编委会，火力发电厂金属材料手册. 北京中国电力出版社，2001.

[6] NRC Bulletin 88-08，1988. Thermal Stresses in Piping Connected to Reactor Coolant Systems.

[7] TR-103581，Thermal Stratification，Cycling，and Striping，1994.

[8] EPRI-1001006，Operating Experience Regarding Thermal Fatigue of Unisolable Piping Connected to PWR Reactor Coolant Systems（MRP-25）.

[9] IAEA-TECDOC-1361，Assessment and management of ageing of major nuclear power plant components important to safety（Primary piping in PWRs）.

[10] Wilhelm Kleinöder，Monitoring for fatigue examples for unexpected component loading，Transactions，SMiRT16，Washington DC，August 2001.

[11] METZNER K-J，WILKE U. European THERFAT project-thermal fatigue evaluation of piping system "Tee"-connections，Nuclear Engineering and Design，2005（235）473-484.

[12] EPRI-1006070，Thermal Fatigue in French RHR system，Proceedings of the 2000 International Conference on Fatigue of Reactor Components（MRP-46），2000.

[13] CHAPULIOT S. Hydro-thermal-mechanical analysis of thermal fatigue in a mixing tee，Nuclear Engineering and Design 235（2005）575-596.

[14] EPRI TR-106611-R1，Flow-Accelerated Corrosion in power plants.

[15] 张吉，马钢. 浅谈奥氏体不锈钢应力腐蚀开裂. 机电产品开发与创新，2013（3）：69-71.

[16] 赵万祥，任爱等. 核电站燃料厂房氯离子致不锈钢管道腐蚀问题探讨，工程材料，2011（4）：70-75.

[17] 荣凡，康喜范，郎宇平. 含氮奥氏体不锈钢的敏化行为. 钢铁，2005（5）：62-64.

第6章

核级热交换器传热管

热交换器的主要作用是把一种介质的热量传递给另一种介质，是核电厂传递热量的主要设备。传热管是热交换器传递热量的主要部件，其内外侧的温度不同，介质可能也不同，包括反应堆冷却剂、设备冷却水、海水、排污水等。部分热交换器的传热管是防止放射性外逸的屏障，因此需要关注传热管的用材。核级热交换器传热管主要是指蒸汽发生器传热管以及核级热交换器传热管，材料包括镍基合金、不锈钢、碳钢等。

第1节　工作条件及用材要求

6.1.1　蒸汽发生器传热管

蒸汽发生器的主要功能是作为热交换器将反应堆冷却剂中的热量传给二回路给水，使其产生饱和蒸汽供给二回路动力装置。作为连接一回路与二回路的设备，蒸汽发生器在一、二回路之间构成防止放射性外泄的第二道防护屏障。由于水受辐照后活化以及少量燃料包壳可能破损泄漏，流经堆芯的反应堆冷却剂具有放射性，而压水堆核电厂二回路设备不应受到放射性污染，因此蒸汽发生器的管板、倒置的 U 形管和下封头是反应堆冷却剂压力边界的组成部分，属于第二道放射性防护屏障之一。

传热管在蒸汽发生器内的布置方式有倒 U 形和直流式（或螺旋式直流管）两种。传热管数量多达几千根，通常预留一定比例（如 10%）的堵管率，以备在寿期内发生泄漏的传热管被堵塞以后，蒸汽发生器仍具有足够的换热面积。传热管泄漏是影响反应堆正常运行的重要原因。为减少泄漏，避免一回路放射性介质污染二回路，传热管应能承受高温、高压和管内外介质的压差及其腐蚀以及水力振动等工况的作用。因此，蒸汽发生器传热管的材料应具备以下条件：

（1）良好的热强性、热稳定性和焊接性能。

（2）基体组织稳定，导热率高、热膨胀系数小。

（3）抗均匀腐蚀、局部腐蚀和应力腐蚀能力强。

（4）具有足够的塑性和韧性，以便适应弯管、胀管的加工和抗振动。

6.1.2　核级热交换器传热管

热交换器是将一种介质的热量传给另一种介质的设备，是核能领域应用较多的设备。它的主要功能是保证工艺过程对介质所要求的特定温度，同时也是提高能源利用率的主要设备之一。

核级热交换器主要包括化学容积和控制系统再生式热交换器、下泄热交换器、密封水热交换器、过剩下泄热交换器、余热排出热交换器、安全喷淋热交换器、核取样热交换器、设备冷却水系统/重要厂用水系统板式热交换器等。上述热交换器可以分为两种类型，管壳式换热器和板式换热器。管壳式换热器又分为直管、U 形管和蛇形管等类型。核级热交换器传热管的材料包括碳钢、不锈钢，传热管的内外部介质为反应堆冷却剂、设备冷却水、排污水等。因此，核级热交换器传热管的材料应具备以下条件：

（1）具有较高的强度。

（2）具有良好的韧塑性和较低的缺口敏感性。

（3）具有良好的冷、热加工性能和可焊性。

（4）具有较高的抗腐蚀能力。

6.1.3　核级热交换器用管材常见材料

核级热交换器用管材常用材料牌号、特性及主要应用范围见表 6-1。

表 6-1　核级热交换器用管材常用材料牌号、特性及其主要应用范围

材料牌号（技术条件）	特性	主要应用范围	近似牌号
TU42C（RCC-M M1147-2000＋2002 补遗、RCC-M M1147-2007，NF EN 10216-2-2002＋A1：2004）	TU42C 钢是核电用的高压无缝碳钢管	主要用于 2、3 及热交换器传热管（RCC-M M1147，2000＋2002 补遗版），而在 2007 版 RCC-M M1147 标准中，TU42C 被 P265GH 钢替代	—
Z2CN18.10（RCC-M M3303-2007）	Z2CN18.10 钢是奥氏体不锈热强钢，具有良好的弯管、焊接工艺性能、良好的耐腐蚀性能和组织稳定性，冷变形能力非常高	主要应用于压水堆核电厂 1、2、3 级热交换器无缝管	022Cr19Ni10（GB/T 13296—2013，NB/T 20007.10—2013）、TP304L（ASTM A688/A688M—2012）
NC30Fe(RCC-M M4105-2007)	NC30Fe 合金（Inconel690）属固溶强化型 Ni-Cr-Fe 基奥氏体耐热耐蚀合金，其 Cr 含量高达 30%。它对多种腐蚀性含水介质和高温气氛具有优异的抗力，在含氯化物和氢氧化钠溶液中具有优异的抗应力腐蚀开裂能力，具有高的强度、良好的冷热加工性能和组织稳定性能	NC30Fe 合金，是专门为核电厂蒸汽发生器应用而发展的一种合金，主要用作核电厂蒸汽发生器传热管等关键部件	UNS N06690（ASTM B163—2011）、NS3105（NB/T 20008.7—2013）

除上表所列的核级热交换器常用的材料外，Incoloy 800 合金以及 08X18H10T 钢主要用作核电厂蒸汽发生器传热管的管材，其中秦山一期蒸汽发生器传热管的材料为镍铁铬合金（800 合金），08X18H10T 钢主要用于俄罗斯核电厂的蒸汽发生器传热管，该材料与中国的 06Cr18Ni11Ti 钢类似。

含 Cr 20%左右，Ni 32%左右的铁镍基合金 UNS N08800（Incoloy 800）是为了节约镍基合金中的镍于 1949 年发展的。它既可用于耐蚀合金的使用，又可用于耐热做热强合金使用。

采用 18-8 型 Cr-Ni 不锈钢和镍基合金 0Cr15Ni75Fe（Inconel 600）材料的压水堆蒸汽发生器传热管不断出现应力腐蚀等事故后，1969 年，Coriou 研究指出，Fe-Cr-Ni 合金存在着一个既不产生穿晶应力腐蚀，也不产生晶间应力腐蚀的镍含量区间，该区间镍含量为 25%～65%。镍含量低于此区间时，Fe-Cr-Ni 合金产生穿晶断裂，高于此区间时，合金产生晶间断裂。从而又出现了用于压水堆蒸汽发生器超低碳型的 Incoloy 800 合金。

Cr20Ni32Fe 型合金（Incoloy 800）至少有标准型、高碳型、中碳型和超低碳型四种。碳含量不大于 0.10%者为标准型；碳含量在 0.05%～0.10%和 0.06%～0.10%者为高碳型，此种类型的合金对 Al、Ti 含量有更高的要求，它们（Incoloy 800H、Incoloy 800HT）主要用于 600℃ 以上做热强合金使用且具有粗晶粒度，高蠕变强度的特性；含碳量在 0.03%～0.06%者为中碳型，具有中等晶粒度，适宜的强度，用于 350～600℃ 范围内；碳含量在不大于 0.03%者为超低碳型，此合金还要求控制 Ti/C 和 Ti/C ＋ N 的比值，具有细晶粒度，充分稳定化，而且耐应力腐蚀性能良好，主要用于压水核动力堆的蒸汽发生器。

800 合金引用的相关标准如下。

- EJ/T 473-2000 压水堆核电厂蒸汽发生器镍铁铬合金传热管技术条件
- ASTM B163-2011 Specification for Seamless Nickel and Nickel Alloy Condenserand and Heat-Exchanger Tubes

06Cr18Ni11Ti 的旧牌号是 0Cr18Ni10Ti，0Cr18Ni10Ti 钢是用 Ti 稳定化的奥氏体不锈钢，此钢的发展是以奥氏体不锈钢的晶间腐蚀贫铬理论为基础，通过加入 Ti，在钢中优先形成 TiC，减少了形成 $Cr_{23}C_6$ 的碳，避免大量的网状 $Cr_{23}C_6$ 沿晶界析出，从而减轻晶界铬的贫化程度，由于贫铬区铬的含量不低于保证耐蚀性的临铬含量，因此减轻和避免了晶间腐蚀。0Cr18Ni10Ti 在冶金装备和工艺水平不能经济生产超低碳奥氏体不锈钢的年代，确实起到了举足轻重的作用，随着不锈钢二次精炼工艺引入，超低碳不锈钢的生产已变得容易且成本可被接受的情况下，Ti 稳定化不锈钢的地位已经渐渐动摇，至 20 世纪 90 年代中，西方发达国家的 0Cr18Ni10Ti 的产量已不足不锈钢产量的 1%。由于 0Cr18Ni10Ti 的长期使用经验、良好的高温力学性能，目前在高温条件下的一些特定环境中（抗氢腐蚀）仍在使用。在大型过热器、再热器、蒸汽管道、石油化工的热交换器仍然得到广泛使用。

06Cr18Ni11Ti 钢及类似牌号 TP321、08X18H10T 钢引用的相关标准如下。

- GB/T 13296—2013 锅炉、热交换器用不锈钢无缝钢管
- ASME SA-312-2007 Specification for Seamless and Welded Austenitic Stainless Steel Pipes
- ГОСТ 5632-1972 耐蚀、耐热及热强高合金钢合金牌号和技术要求

第 2 节　材料性能数据

6.2.1　Tu42C、P265GH

6.2.1.1　用途

TU42C 钢是核电用的高压无缝碳钢管，主要用于 2、3 级热交换器传热管（RCC-M

M1147，2000＋2002 补遗版），而在 2007 版 RCC-M M1147 标准中，TU42C 钢被 P265GH 钢替代，其中规定 P265GH 钢的技术要求参照 NF EN 10216-2 的内容。TU42C 钢及其近似牌号引用标准如下。

● RCC-M M1147（2000＋2002 补遗版）Product Procurement Specification Seamless Carbon Steel Tubes for Class 2 and 3 Heat Exchangers

● RCC-M M1147（2007 版）Product Procurement Specification Seamless Carbon Steel Tubes for Class 2 and 3 Heat Exchangers

● NF EN 10216-2-2002＋A1：2004 Seamless Steel Tubes for Pressure Purposes Technical Delivery Conditions Part 2：Non-Alloy and Alloy Steel Tubes with Specified Elevated Temperature Properties（includes Amendment Al：2004）

6.2.1.2 技术条件

RCC-M M1147 2000＋2002 补遗版和 2007 版分别规定了 Tu42C 钢和 P265GH 钢的化学成分见表 6-2。

表 6-2 Tu42C 钢的化学成分 W_t （％）

材料（技术条件）		C	Mn	P	S	Si
TU42C（RCC-M M1147-2000＋2002 补遗）	熔炼分析	≤0.18	0.45～1.00	≤0.030	≤0.025	0.08～0.35
	成品分析	≤0.20	0.40～1.05	≤0.035	≤0.030	0.07～0.40
P265GH（RCC-M M1147-2007，NF EN 10216-2-2002＋A1P：2004）	熔炼分析	≤0.20	≤1.40	≤0.025	≤0.020	≤0.40

材料（技术条件）		Cu[①]	Sn[①]	Cr	Mo	Ni	Al_{tot}
TU42C（RCC-M M1147-2000＋2002 补遗）	熔炼分析	≤0.25	≤0.03	≤0.25	—	≤0.30	—
	成品分析	≤0.25	≤0.03	≤0.25	—	≤0.30	—
P265GH（RCC-M M1147-2007、NF EN 10216-2-2002＋A1：2004）	熔炼分析	≤0.25	≤0.03	≤0.30	≤0.08	≤0.30	≥0.020[②]

材料（技术条件）		Nb	Ti	V	Cr＋Cu＋Mo＋Ni
TU42C（RCC-M M1147-2000＋2002 补遗）	炼分析	—	—	—	—
	成品分析	—	—	—	—
P265GH（RCC-M M1147-2007、NF EN 10216-2-2002＋A1：2004）	熔炼分析	≤0.010[③]	≤0.040[③]	≤0.02	≤0.07

① 如 Cu＋10Sn 的含量不超过 0.55％，Sn 含量可超过 0.03％，最高可达 0.04％。

② 钢中有足够多的氮化金属元素时，表中 Al 含量不适用，此时应标注氮化金属元素的含量。添加 Ti 元素时，应验证（Al＋Ti/2）≥0.020％。

③ 除炼钢时有意添加外，不必标注这些元素的含量。

6.2.1.3 工艺性能

1. 直管热处理

直管应在受控气氛下进行正火热处理。

2. 弯管热处理

钢管的弯管部分是否进行消除应力热处理，应根据 RCC-M F4000 进行的弯管工艺评定试验结果而定。

6.2.2　Z2CN18.10、022Cr19Ni10、TP304L

6.2.2.1　用途

Z2CN18.10 钢是奥氏体不锈热强钢，具有良好的弯管、焊接工艺性能、良好的耐腐蚀性能和组织稳定性，冷变形能力强。在压水堆中 Z2CN18.10 钢主要应用于 1、2、3 级热交换器无缝管。Z2CN18.10 钢及其类似牌号 022Cr19Ni10、TP304L 钢引用的相关标准如下。

- RCC-M M3303-2007 Product Procurement Specification Cold Finished Seamless Austenitic Stainless Steel Tubes for Class 1，2 and 3 Heat Exchangers
- GB/T 13296—2013 锅炉、热交换器用不锈钢无缝钢管
- NB/T 20007.10—2013 压水堆核电厂用不锈钢　第 10 部分：2、3 级热交换器传热管用冷轧、冷拔奥氏体不锈钢无缝钢管
- ASTM A688/A688M-2012 Standard Specification for Welded Austenitic Stainless Steel Feedwater Heater Tubes

6.2.2.2　技术条件

Z2CN18.10 钢及类似牌号的化学成分和力学性能见表 6-3 和表 6-4。

表 6-3	Z2CN18.10 钢及类似牌号的化学成分 W_t			（%）
牌号（技术条件）	C	Si	Mn	P
Z2CN18.10（RCC-M M3303-2007）	≤0.030	≤0.75	≤2.00	≤0.030
022Cr19Ni10（GB/T 13296—2013）	≤0.030	≤1.00	≤2.00	≤0.035
022Cr19Ni10（NB/T 20007.10—2013）	≤0.030	≤0.75	≤2.00	≤0.030
TP304L（ASTM A688/A688M—2012）	≤0.035	≤0.75	≤2.00	≤0.040
牌号（技术条件）	S	Ni	Cr	Cu
Z2CN18.10（RCC-M M3303-2007）	≤0.015	9.00～12.00	17.00～20.00	≤1.00
022Cr19Ni10（GB/T 13296—2013）	≤0.030	8.00～12.00	18.00～20.00	—
022Cr19Ni10（NB/T 20007.10—2013）	≤0.015	9.00～12.00	17.00～20.00	—
TP304L（ASTM A688/A688M-2012）	≤0.030	8.00～13.00	18.00～20.00	—

表 6-4	Z2CN18.10 钢及类似牌号的力学性能				
牌号（技术条件）	室　温			350℃	
	R_m（MPa）	$R_{p0.2}$（MPa）	A（%）	R_m（MPa）	$R_{p0.2}$（MPa）
Z2CN18.10（RCC-M M3303-2007）	490	175	45	350	105
022Cr19Ni10（GB/T 13296—2013）	480	175	35	—	—
022Cr19Ni10（NB/T 20007.10—2013）	490	175	45	350	105
TP304L（ASTM A688/A688M-2012）	485	175	35	—	—

6.2.2.3 工艺性能

1. 冶炼

采用电炉或其他相当的熔炼工艺熔炼。

2. 热处理

(1) 直管热处理。直管应在 1050～1150 ℃进行最终固溶热处理。

(2) 弯管热处理。如果钢管样件考虑应力腐蚀，在弯管上进行 $MgCl_2$ 试验或开环试验，试验结果表明有必要进行消除应力热处理时，应对热交换器弯管进行消除应力热处理。

6.2.2.4 性能资料

1. 物理性能

022Cr19Ni10 的旧牌号是 00Cr19Ni10，00Cr19Ni10 钢的物理性能见表 6-5。

表 6-5　　　　　　　　　　　　　　**00Cr19Ni10 钢的物理性能**

名　称		数　值
密度（g/cm³）		7.90
HBW		≤187
HRB		≤90
HV		≤200
熔点（℃）		1398～1420
比热容(20℃)[×10³J/(kg·K)]		0.502
电阻率（Ω·mm²·m⁻¹）		0.73
线膨胀系数 （10⁻⁶/℃）	20～100℃	16.0
	20～200℃	16.8
	20～300℃	17.5
	20～400℃	18.1
热导率[W/(m·K)]	20℃	12.1
	100℃	16.3
	500℃	21.4

2. 力学性能

国产 00Cr19Ni10 钢的高温拉伸性能见表 6-6。

表 6-6　　　　　　　　　　　　　　**00Cr19Ni10 钢高温拉伸性能**

材料	热处理	试验温度（℃）	R_m（MPa）	$R_{p0.2}$（MPa）	A（%）	Z（%）
00Cr19Ni10 （304L）	1050℃水冷	200	412	118	52	75
		426	392	96	48	68
		538	353	82	45	67

高温时效对退火态 00Cr19Ni10 钢室温力学性能的影响见表 6-7。

表 6-7　　　　　　高温时效对退火态 00Cr19Ni10 钢室温力学性能的影响

材料	时效温度 （℃）	时效时间 （h）	R_m （MPa）	$R_{p0.2}$ （MPa）	$A(25mm)$ （%）	$Z(\%)$	HB
00Cr19Ni10	室温	—	556	206	68	77	120
	482	10000	563	213	67	76	115
	566	10000	556	220	65	77	96
	650	10000	549	206	60	70	85

00Cr19Ni10 钢的低温力学性能如图 6-1 和图 6-2 所示。

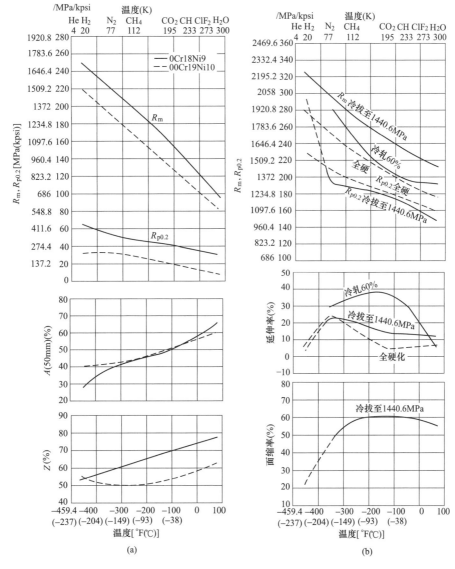

(a)　　　　　　　　　　　　　　(b)

图 6-1　00Cr19Ni10 钢的低温拉伸力学性能

（a）退火态；（b）冷变形态

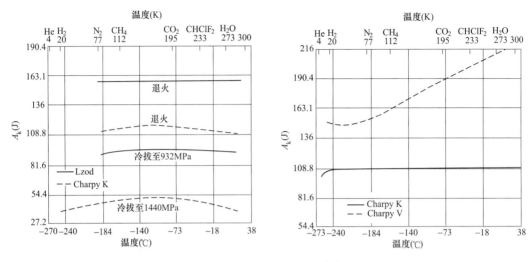

图 6-2　00Cr19Ni10 钢的低温冲击性能

3. 疲劳性能

00Cr19Ni10 钢的轴向疲劳性能如图 6-3 所示，疲劳裂纹扩展速率如图 6-4 所示。

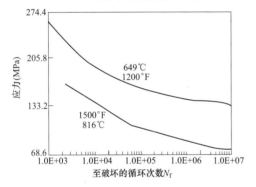

图 6-3　00Cr19Ni10 钢 φ19mm
圆棒的轴向疲劳

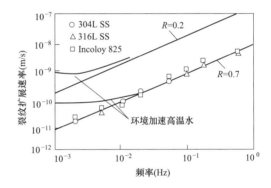

图 6-4　00Cr19Ni10（304L）钢裂纹扩展速率
与频率的关系

4. 蠕变性能

00Cr19Ni10 钢的持久与蠕变强度如图 6-5 和图 6-6 所示。

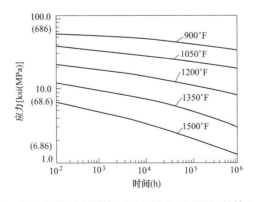

图 6-5　00Cr19Ni10 固溶态（1065℃ 0.5hWQ）的持久强度

5. 腐蚀性能

00Cr19Ni10（AISI304L）钢与 0Cr18Ni9（304）钢相比较，前者敏化态耐晶间腐蚀能力显著优于后者。00Cr19Ni10（AISI304L）钢主要用于需要焊接且焊后又不能进行固溶处理的耐腐蚀设备和部件。但在能产生严重应力腐蚀环境和易产生点腐蚀和缝隙腐蚀环境中应用应慎重。

（1）均匀腐蚀。00Cr19Ni10 钢在硝酸中的等腐蚀曲线如图 6-7 所示，在各介质中的耐蚀性见表 6-8～表 6-11。

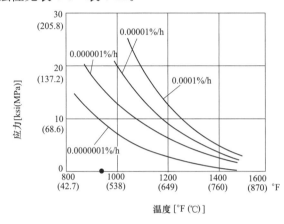

图 6-6　00Cr19Ni10 钢退火状态的蠕变强度

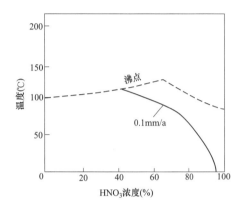

图 6-7　00Cr19Ni10 钢在硝酸中的等腐蚀曲线

表 6-8　　　　　　　　　　　　00Cr19Ni10 钢在反应堆去污溶液中的腐蚀性能

材　　料	在下列溶液中的腐蚀率（mil, 1mil＝0.025 4mm）				
	APAC①	APAC②	CrSO₄③	APACE④	ABF-KAP⑤
0Cr18Ni9	0.001 4	0.001 7	—	0.002	0.001 5
0Cr18Ni9（敏化）	0.004 7		—	0.002	0.045
00Cr19Ni10	—		0.16	0.003	

① 在 103℃的 10%NaOH＋3%KMnO₄（质量分数）中 2h，再加上 98℃的 10%（质量分数）柠檬酸三铵中 2h。

② 在 105℃的 18%NaOH＋3%KMnO₄（质量分数）中 30min，再加上 100℃的 10%（质量分数）柠檬酸三铵中 15min。

③ 在 85℃的 0.32 mol/L CrSO₄＋0.65 mol/L H₂SO₄中循环 4.4h。

④ 在 105℃的 18%NaOH＋3%KMnO₄中加 2h，再加上在 85℃的 11.5g/cm³柠檬酸铵＋0.67 g/cm³1-苯-2-硫脲中循环 2h。

⑤ 在 60～70℃的 1%（质量分数）二氟化铵＋邻苯二酸钾中 3～5h。

表 6-9　　　　　　　　　　　00Cr19Ni10 钢和 0Cr18Ni9 钢在压水堆冷却剂中的腐蚀性能

材料	状态	温度（℃）	气体溶解量（ml/kg）		pH	添加剂	腐蚀率①［mg/(dm²·M)］
			O₂	H₂			
00Cr19Ni10	机加工	260	1～5	—	7	—	3
	机加工	260	—	50	7	—	1
	—	204～316			7～10		5

续表

材料	状态	温度（℃）	气体溶解量（ml/kg）		pH	添加剂	腐蚀率[1]［mg/(dm²·M)］
			O₂	H₂			
0Cr18Ni9	机加工	260	—	50	7	—	5
	机加工	260	除气	除气	7	—	4
	机加工	260	1～5		7	—	5
	机加工和敏化	260	除气	除气	7～10	LiOH	10
	酸洗	305	<0.05	15～50	8～9.5	NH₄OH	10
	—	240～316	—	—	7～10		4
	—	260	—	100	6～9	0.7～4.22g/L H₃BO₃	−12～−29（未脱膜）

[1] 脱膜样品。

表 6-10   **00Cr19Ni10 钢和 0Cr18Ni9 钢在反应堆冷却剂中的堆内腐蚀率**

材料	状态	中子积分通量	温度（℃）	气体溶解量（ml/kg）		pH	添加剂	腐蚀率[1]［mg/(dm²·M)］
				O₂	H₂			
00Cr19Ni10	酸洗	1.4×10^{20}	316	0.3～1	25	4.5～9.5	NH₃HNO₃	4
0Cr18Ni9	敏化和打磨	1.4×10^{20}	316	0.3～1	25	4.5～9.5	NH₃HNO₃	10
	酸洗	7.5×10^{20}	305	—	—	—	—	2
	整个反应堆表面	—	232	<0.01	30	7～9	—	2[2]
	酸洗	1.4×10^{20}	316	<0.3	25	8～9.5	NH₃	2
	酸洗	1.4×10^{20}	316	0.3～1	25	4.5～9.5	NH₃HNO₃	5
	酸洗	1.1×10^{21}	316	<0.3	25	8～9.5	氨型树脂	6

[1] 脱膜样品。

[2] 从所生成的积垢（Fe₃O₄）估计的。

表 6-11   **00Cr19Ni10 钢和 0Cr18Ni9 钢在有机物冷却剂和有机物慢化反应堆中的腐蚀**

材料	介质条件	温度（℃）	暴露时间（h）	堆内试验		堆外腐蚀率[1]［mg/(dm²·M)］
				快中子通量（nvt）	腐蚀率［mg/(dm²·M)］	
00Cr19Ni10	联苯	427	200	—	—	+4
	异丙基联苯	371	1162	—	—	−4
0Cr18Ni9（固溶态）	三联苯（Santowax）	302	—	—	—	−5
		305	—	—	—	+1
		316	20160	OMRE[2]	+1	—
		400	—	—	—	−2
		425	2500	—	—	+43
		427	—	—	—	−5
0Cr18Ni9（敏化态）		302	—	—	—	−5
		400	—	—	—	+2
		427	—	—	—	+2

续表

材料	介质条件	温度（℃）	暴露时间（h）	堆内试验		堆外腐蚀率[1] [mg/(dm² · M)]
				快中子通量 （nvt）	腐蚀率[mg/ (dm² · M)]	
0Cr18Ni9 （固溶态）	联苯	316	1000	3×10¹⁸	+2	+2
		427	200	—	—	−4
		427	720	—	—	+1
		427	200	—	—	+12
0Cr18Ni9 （固溶态）	异丙基联苯	371	720	—	—	−8
		371	1166	—	—	−4
		371	862	—	—	−5
0Cr18Ni9 （敏化态）		371	1162	—	—	+2

① 试样未脱膜。

② OMRE 为有机慢化实验堆内取样管，中子通量 $5×10^{19}$ nvt（大于 1MeV）。

（2）点腐蚀。00Cr19Ni10 钢的点腐蚀行为如图 6-8 所示。

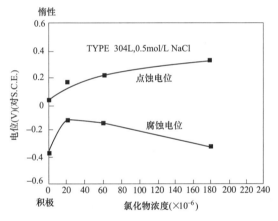

图 6-8　氯离子对 00Cr19Ni10 在 0.5mol/L NaCl 中
点蚀电位和腐蚀电位的影响

（3）应力腐蚀。00Cr19Ni10 钢在高浓氯化物中耐应力腐蚀开裂性能不佳。在热水和高温水中具有工程意义的耐应力腐蚀开裂性能，但其性能受钢的组织状态、合金成分、介质条件的变化以及应力状态所制约，在水环境中的应力腐蚀行为如图 6-9 和图 6-10 所示。

6. 抗辐照性能

00Cr19Ni10 钢的辐照稳定性与钢的热处理条件及辐照剂量有关，相关数据见表 6-17。辐照达到一定剂量后，加速了晶间应力腐蚀开裂（IGSCC）。

辐照后的性能变化与辐照剂量和试验环境条件相关。随着辐照剂量的增加，钢的强度上升，塑韧性下降。产生明显变化的中子通量为 10^{23} n/cm²，大于此剂量时性能变化幅度显著加大，在 10^{25} n/cm² 时其断裂强度与屈服强度处于同一水平。

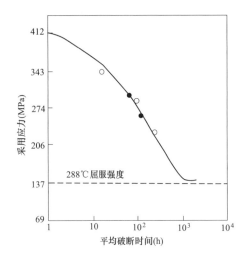

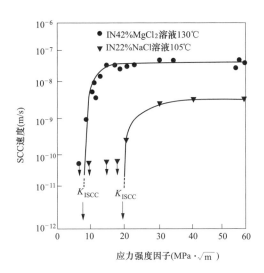

图 6-9 应力对敏化处理的 0Cr18Ni9 和 00Cr19Ni10 钢在含氧 100ppm 的 288℃ 水中应力腐蚀开裂时间的影响

（○ 为 0Cr18Ni9；● 为 00Cr19Ni10）

图 6-10 应力强度因子对 00Cr19Ni10 钢 在 $MgCl_2$ 和 NaCl 中应力腐蚀开裂 （SCC）裂纹增长速率的影响

表 6-12　　　　　　　　　　　　辐照对 00Cr19Ni10 钢拉伸性能的影响

材料	温度（℃）	中子通量（nvt）	R_m（MPa）			$R_{p0.2}$（MPa）		
			辐照前	辐照后	变化率(%)	辐照前	辐照后	变化率(%)
00Cr19Ni10	100	$7.8×10^{19}$	592	712	20.27	166.7	517.9	210.7
0Cr18Ni9	240～260	$2.5×10^{18}$	635	633	—	—	—	—

材料	温度（℃）	中子通量（nvt）	A（25mm）（%）			Z（%）		
			辐照前	辐照后	变化率(%)	辐照前	辐照后	变化率(%)
00Cr19Ni10	100	$7.8×10^{19}$	63	58	−7.9	74	73	−1.4
0Cr18Ni9	240～260	$2.5×10^{18}$	70.8	58.5	−17.5	—	—	—

6.2.3　NC30Fe、UNS N06690、NS3105

6.2.3.1　用途

NC30Fe（Inconel690）合金属固溶强化型 Ni-Cr-Fe 基奥氏体耐热耐蚀合金，其 Cr 含量高达 30%。它对多种腐蚀性含水介质和高温气氛具有优异的抗力，在含氯化物和氢氧化钠溶液中具有优异的抗应力腐蚀开裂能力，具有高的强度、良好的冷热加工性能和组织稳定性能。

NC30Fe 合金是专门应用核电厂蒸汽发生器而发展的一种合金，主要用作核电厂蒸汽发生器传热管等关键部件。

NC30Fe 合金及其类似牌号 UNS N06690、NS3105 引用的相关标准如下。

● RCC-M M4105-2007 Part Procurement Specification Seamless Nickel-Chromium-Iron Alloy（NC 30 Fe）for PWR Steam Generator Tubes Bundles

● ASTM B163-2011 Standard Specification for Seamless Nickel and Nickel Alloy（UNS N06845）Condenser and Heat-Exchanger Tubes

● NB/T 20008.7—2013 压水堆核电厂用其他材料 第 7 部分：蒸汽发生器传热管用镍-铬-铁合金无缝管

6.2.3.2 技术条件

NC30Fe 合金及类似牌号的化学成分见表 6-13。

表 6-13　　　　NC30Fe 合金及类似牌号的化学成分（熔炼和成品分析）W_t　　　（%）

材料（技术条件）	C	Si	Mn	S	P	Ni	Cr
NC30Fe（RCC-M M4105-2007）	0.010～0.030	≤0.50	≤0.50	≤0.010	≤0.015	≥58.00	28.00～31.00
UNS N06690 （ASTM B163-2011）	≤0.05	≤0.5	≤0.5	≤0.015	—	≥58.0	27.0～31.0
NS3105（NB/T 20008.7—2013）	0.010～0.030	≤0.50	≤0.50	≤0.010	≤0.015	≥58.00	28.00～31.00

材料（技术条件）	Fe	Cu	Co	Ti	Al	B	Nb	N
NC30Fe（RCC-M M4105-2007）	8.00～11.00	≤0.50	≤0.035[①]	≤0.50	≤0.50	≤0.0030	≤0.10	≤0.05
UNS N06690 （ASTM B163-2011）	7.0～11.0	≤0.5	—	—	—	—	—	—
NS3105（NB/T 20008.7—2013）	8.00～11.00	≤0.50	≤0.018	≤0.50	≤0.50	≤0.0030	≤0.10	≤0.05

①制造一束管的所有炉罐熔炼分析的平均值（用各炉罐的管子数量加权）应≤0.018%。

NC30Fe 合金及类似牌号的力学性能见表 6-14。

表 6-14　　　　　　　　NC30Fe 合金及类似牌号的力学性能

材料（技术条件）	室 温			350℃	
	$R_{p0.2}$（MPa）	R_m（MPa）	A（%）	$R_{p0.2}$（MPa）	R_m（MPa）
NC30Fe （RCC-M M4105-2007）	275～375	≥630	≥35（5D）	≥215	≥533
UNS N06690 （ASTM B163-2011）	≥241	≥586	≥30（4D 或 50mm）	—	—
NS3105（NB/T 20008.7—2013）	275～375	≥630	≥30	≥215	≥533

注　D 为试样直径。

6.2.3.3 工艺性能

0Cr30Ni60Fe10 是国产类似 Inconel 690 的合金，0Cr30Ni60Fe10 合金是为了改进 0Cr15Ni75Fe 合金的耐应力腐蚀性能，通过提高合金中的铬含量而发展起来的，它是一种专用合金，主要用于轻水反应堆核电厂蒸汽发生器传热管。由于合金中的 Cr、Ni 含量均很高，因此在强氧化性酸性介质中耐蚀性良好，在一些化学加工工业中具有广阔的应用前景。

1. 冶炼

0Cr30Ni60Fe10 合金在电炉中精炼。

金属应经电渣重熔或真空电弧重熔，以去除夹杂物和使化学成分均匀。在达到相同冶金质量并经承包商同意的前提下，也可采用其他冶炼工艺。

2. 热加工

0Cr30Ni60Fe10 合金的热加工变形温度范围为 1040～1230℃，最低的热变形温度不低于 870℃。

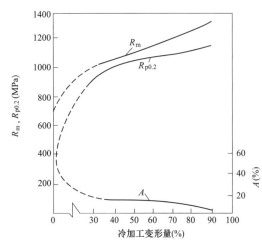

图 6-11　冷加工对 0Cr30Ni60Fe10
合金室温力学性能的影响

3. 冷加工

此合金的冷加工性能基本上与 0Cr15Ni75Fe 合金相同，随冷变形量增加，合金的强度随之提高而塑性有所下降，加工硬化倾向高于 0Cr15Ni75Fe 合金低于 18Cr-8Ni 奥氏体不锈钢，冷加工对合金室温力学性能的影响如图 6-11 所示。

4. 热处理

经固溶处理后的合金具有较理想的综合性能，固溶处理温度为 1040～1100℃，较理想的温度为 1040℃。对于供压水核反应堆蒸汽发生器传热管使用的管材，为了获得更好的耐氯化物和苛性介质的应力腐蚀性能，管材的最终热处理建议采用固溶＋时效处理工艺，时效温度为 700℃。

5. 焊接

0Cr30Ni60Fe10 合金具有良好的焊接性能，手工电弧焊采用 1Cr15Ni65Mn7Nb2 焊条；气体保护焊的焊丝为 1Cr20Ni67Mn3Nb2。当此合金焊接后在 HNO$_3$＋HF 酸环境服役时，其焊接材料宜使用 1Cr21Ni65Mn9Nb 焊条，焊接规范和工艺与其他镍铬铁耐蚀合金相同。

6.2.3.4　性能资料

1. 物理性能

0Cr30Ni60Fe10 合金的熔点 1343～1377℃，室温密度为 8.19g/cm^3，室温比热容为 450J/kg·℃。电阻率见表 6-15；0Cr30Ni60Fe10 合金的热导率见表 6-16；热扩散系数见表 6-17；线膨胀系数见表 6-18；弹性模量见表 6-19。

表 6-15	0Cr30Ni60Fe10 合金的电阻率		(μΩ·m)
温度（℃）	室温	300	400
电阻率	1.148	1.199	1.219

表 6-16		0Cr30Ni60Fe10 的热导率					［W/(m·K)]	
温度（℃）	20	50	100	150	200	250	300	350
热导率	14.5	15	15.7	16.5	17.3	18	18.8	19.4
温度（℃）	400	450	500	550	600	650	700	750	800
热导率	20.3	21.2	22	22.9	23.8	24.8	25.7	26.6	27.4

表 6-17			0Cr30Ni60Fe10 的热扩散系数				$(\times 10^{-6} \, \text{m}^2/\text{s})$	
温度（℃）	20	50	100	150	200	250	300	350
热导率	3.66	3.72	3.8	3.89	3.98	4.08	4.18	4.28
温度（℃）	400	450	500	550	600	650	700	750	800
热导率	4.39	4.49	4.61	4.72	4.85	4.97	5.11	5.24	5.38

表 6-18		0Cr30Ni60Fe10 的线膨胀系数							$(\times 10^{-6} \, ℃^{-1})$	
温度（℃）		20	50	100	150	200	250	300	350	400	450
线膨胀系数	A	12.82	13.22	13.80	14.24	14.56	14.76	15.07	15.39	15.73	—
	B	12.82	13.03	13.35	13.61	13.82	14.00	14.17	14.32	14.48	14.63

注　系数 A 为热膨胀瞬间系数；系数 B 为在 20℃与所指温度之间的平均热膨胀系数。

表 6-19			0Cr30Ni60Fe10 的弹性模量					$(\times 10^3 \, \text{MPa})$	
温度（℃）	0	20	50	100	150	200	250	300	350	400
弹性模量	219.7	218.2	216	212.9	210	207.3	204.7	202.1	198.9	194.8

2. 许用应力

0Cr30Ni60Fe10 的基本许用应力强度值见表 6-20。

表 6-20		0Cr30Ni60Fe10 的基本许用应力强度值								(MPa)
产品形式	20℃最低屈服强度	下列温度（℃）下的许用应力强度值								
		50℃	100℃	150℃	200℃	250℃	300℃	340℃	350℃	360℃	370℃
管子	275MPa	183	183	183	183	183	183	183	183	183	183

3. 力学性能

0Cr30Ni60Fe10 合金的室温力学性能见表 6-21。合金的室温力学性能，视产品类型、规格和状态而有所不同。合金室温力学性能与热处理温度的关系如图 6-12 所示。中温长时间时效，对合金的室温力学性能未见明显影响，无脆化倾向，见表 6-22。

表 6-21		0Cr30Ni60Fe10 合金的室温力学性能			
产品类型和状态	尺寸（mm）	R_m（MPa）	$R_{p0.2}$（MPa）	A（%）	硬度（HRB）
管材（冷拔）	$\phi 12.7 \times 1.27$	758	461	39	—
	$\phi 19 \times 1.65$	700	379	46	—
	$\phi 88.9 \times 5.49$	648	282	52	—
管材（退火）	—	731	365	41	97
扁钢（热轧）	13×51	703	352	46	—
棒材（热轧）	$\phi 51$	690	334	50	—
	$\phi 16$	738	372	44	—
棒材（退火）	—	710	317	49	90
带材（冷轧）	3.81	724	348	41	—
带材（退火）	—	758	372	40	88
中板（热轧）	—	765	483	36	95

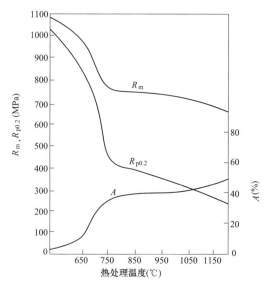

图 6-12   热处理温度对合金力学性能的影响

表 6-22   **合金力学性能的影响**

状 态	R_m(MPa)	$R_{p0.2}$(MPa)	室温冲击性能（J)		A(%)
固 溶	714	283	190	189	48
固溶+566℃×12 000h时效	727	334	164	164	44
固溶+593℃×13 248h时效	727	314	170	169	44
固溶+649℃×12 000h时效	748	318	172	172	41
固溶+760℃×12 000h时效	714	321	184	184	46

图 6-13 为 0Cr30Ni60Fe10 合金的瞬时高温力学性能，当温度高于 600℃时，随温度的提高，强度下降，塑性上升。900℃时，合金的塑性达最高值。

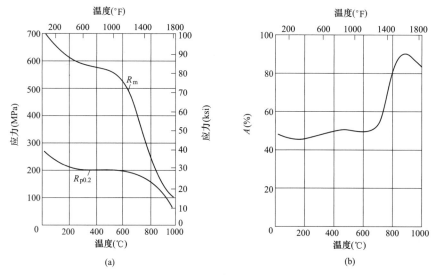

图 6-13   0Cr30Ni60Fe10 合金的高温瞬时力学性能
（a）R_m，$R_{p0.2}$；（b）伸长率 A

4. 高温强度

0Cr30Ni60Fe10 合金的高温拉伸强度列于表 6-23 和表 6-24 及图 6-14。

表 6-23　　　　　　　　　　　　　0Cr30Ni60Fe10 的高温屈服强度

产品	20℃最低	下列温度（℃）下的屈服强度值（MPa）									
形式	屈服强度	50℃	100℃	150℃	200℃	250℃	300℃	340℃	350℃	360℃	370℃
管子	275MPa	271	253	240	230	222	215	210	209	208	207

表 6-24　　　　　　　　　　　　　0Cr30Ni60Fe10 高温抗拉强度值

产品	20℃最低屈服	下列温度（℃）下的抗拉强度值（MPa）									
形式	强度	50℃	100℃	150℃	200℃	250℃	300℃	340℃	350℃	360℃	370℃
铸件	275MPa	630	630	630	624	613	608	603	592	592	592

5. 高温持久强度和蠕变

0Cr30Ni60Fe10 合金的高温持久强度和蠕变见图 6-15 和图 6-16。

6. 疲劳特性

0Cr30Ni60Fe10 合金的室温低周应变疲劳性能见图 6-17。NC30Fe 的疲劳曲线见图 6-18，具体数据点见表 6-25。

7. 耐腐蚀性能

（1）均匀腐蚀。0Cr30Ni60Fe10 合金中的高铬含量，使其在氧化性腐蚀介质中具有极高的耐均匀腐蚀性能，在有机酸和 HNO_3＋HF 酸混合介质中也呈现出良好的耐蚀性，见表 6-26。在 316℃模拟反应堆一回路水中，此合金呈现出优于 0Cr15Ni75Fe（Inconel 600）

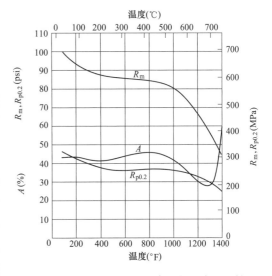

图 6-14　0Cr30Ni60Fe10 合金的强度和塑性

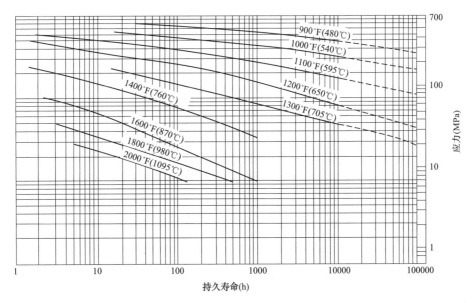

图 6-15　0Cr30Ni60Fe10 合金的高温持久强度

合金和 0Cr20Ni32Fe（Incoloy 800）合金的耐蚀性，如图 6-19 所示。

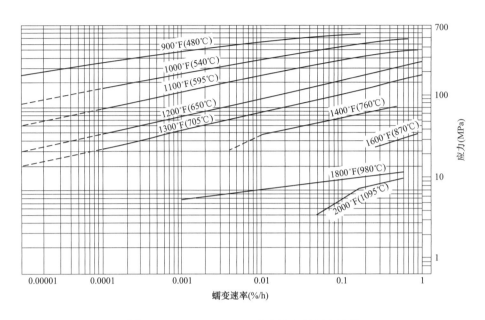

图 6-16   0Cr30Ni60Fe10 合金的高温蠕变性能

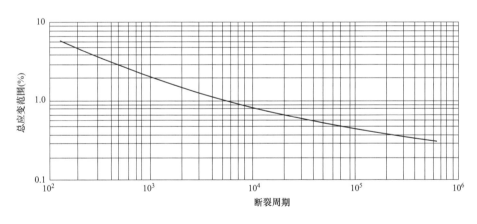

图 6-17   0Cr30Ni60Fe10 合金的室温低周应变疲劳性能

表 6-25   0Cr30Ni60Fe10 合金的疲劳数据点

循环次数（周）	10	20	50	100	200	500	1000	2000	5000
S_a(MPa)	4480	3240	2190	1655	1275	940	750	615	485
循环次数（周）	10^4	2×10^4	5×10^4	10^5	2×10^5	5×10^5	10^6	—	—
S_a(MPa)	405	350	295	260	230	200	180	—	—

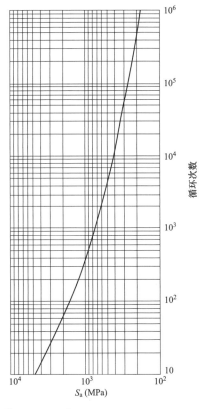

注：$E=17.9\times10^{4}MPa$

图 6-18　0Cr30Ni60Fe10 的疲劳曲线

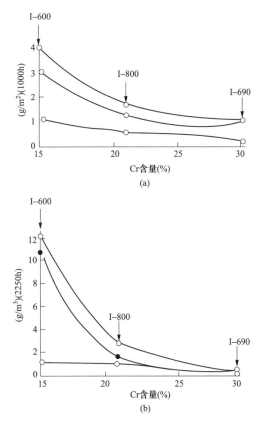

图 6-19　在 316℃ 高温动水（流速 5.5m/s）中的耐蚀性

I-600—0Cr15Ni75Fe；I-800—0Cr20Ni32Fe；

I-690—0Cr30Ni60Fe10

（a）在含氨水中；（b）在含硼水中

表 6-26　　　　　　　　　　　　0Cr30Ni60Fe10 合金的耐蚀性

介质	温度（℃）	腐蚀速度（mm/a）	介质	温度（℃）	腐蚀速度（mm/a）
10％醋酸	80	<0.03	10％草酸	80	<0.03
10％醋酸+0.5％硫酸	80	<0.03	6％亚硫酸	80	1.14
5％铬酸	80	<0.13	10％酒石酸	25	<0.03
10％柠檬酸	80	<0.03	10％HNO_3+3％HF 酸	60	0.15
10％乳酸	80	<0.03	15％HNO_3+3％HF 酸	60	0.25
5％草酸	80	<0.03	20％HNO_3+2％HF 酸	60	0.15
≤70％ HNO_3	80	0.03	20％H_3PO_4	沸腾	0.8
85％H_3PO_4	≤80	<0.03	—	—	—

（2）晶间腐蚀。晶间腐蚀行为是对于经过焊接或经历中温受热过程的部件十分重要的性能。在众多检验晶间腐蚀试验方法中，65％沸腾 HNO_3 法既可腐蚀贫 Cr 区又可腐蚀碳化

物和 σ 相，对于高铬合金是一种较为适宜的方法。采用此方法，含质量分数为 0.05％C 的合金在中温短暂停留即可产生晶间腐蚀，如图 6-20 所示。合金中的碳是影响其晶间腐蚀行为的关键，碳对经 1150℃ 固溶处理再经不同敏化处理的合金晶间腐蚀行为的影响如图 6-21 所示。固溶处理温度对晶间腐蚀率的影响如图 6-22 所示。对于高温固溶处理的材料，只有当合金中的碳含量低于 0.020％ 时才可避免晶间腐蚀。当降低固溶处理温度时，对合金中的碳含量似乎不必进行更严格限制。

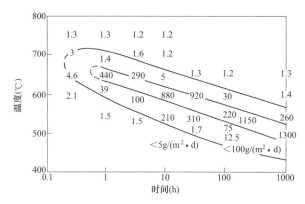

图 6-20　在 65％沸腾 HNO₃ 中，0Cr30Ni60Fe10 合金的 TTS 曲线
含 C 0.05％，试样先经 1150℃ 固溶处理再行敏化

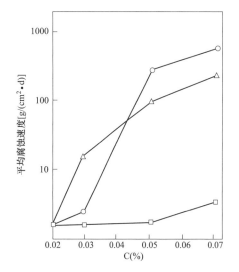

图 6-21　碳含量和不同温度敏化对 0Cr30Ni60Fe10
合金晶间腐蚀的影响

（65％沸腾 HNO₃，试样先经 1150℃ 固溶处理）
△代表 595℃，3h；○代表 650℃，3h；□代表 705℃，3h

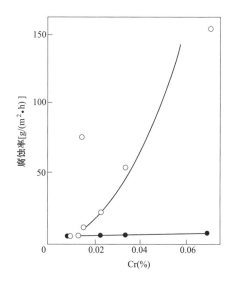

图 6-22　固溶处理温度对 0Cr30Ni60Fe10
合金耐晶间腐蚀的影响

○ — 1100℃ × 0.5hWQ ＋ 600℃ × 10 hAC
● — 900℃ × 0.5 hWQ ＋ 600℃ ×10 hAC
WQ—水冷；AC—空冷

　（3）应力腐蚀。0Cr30Ni60Fe10 合金具有优异的耐应力腐蚀性能。在 154℃ 沸腾 MgCl₂ 中，此合金处于免疫区，如图 6-23 所示。

　在高温苛性水溶液和高温水中，0Cr30Ni60Fe 合金的耐应力腐蚀性能与其他材料的对比试验结果见图 6-24～图 6-29 和表 6-27。此外，在连多硫酸中，经固溶处理和 316℃ ×（100～1000）h 时效的 0Cr30Ni60Fe10 合金 U 形样，720h 试验后出现应力腐蚀断裂。

综上所述，0Cr30Ni60Fe10 合金，在许多环境中确实表现出优异的耐应力腐蚀开裂性能，但在某些条件下此合金对应力腐蚀也是敏感的。例如，在 300℃ 含 NaOH 的水溶液中，在 327～332℃ 含 0.5％ Pb 的 50％（NaOH＋KOH）高温水溶液中，固溶＋40％ 冷轧的合金产生应力腐蚀断裂。在不含氧的 50％ NaOH 的高温水中，0Cr30Ni60Fe10 合金的耐应力腐蚀性能不如 0Cr15Ni75Fe 合金。合金的耐应力腐蚀性能与加工因素关系密切，应控制好合金的加工工艺参量。

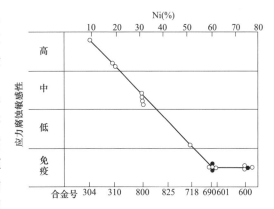

图 6-23　在沸腾 154℃ $MgCl_2$ 中，不同镍含量的不锈钢和 Ni-Cr-Fe 合金的应力腐蚀敏感性

304—0Cr18Ni10；310—0Cr20Ni25；800—0Cr20Ni32Fe；825—0Cr22Ni42Mo3Cu2；718—0Cr19Ni52Mo3AlTiNb；690—0Cr30Ni60Fe10；601—0Cr25Ni60Fe4Al；600—0Cr15Ni75Fe

○固溶或退火，●低温退火

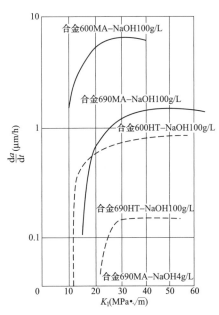

图 6-24　在脱气 350℃ NaOH 溶液中，断裂力学试样应力腐蚀试验结果

合金 600—0Cr15Ni75Fe 合金；
合金 690—0Cr30Ni60Fe10 合金；
MA—固溶处理；HT—固溶 ＋ 700℃×16h 敏化

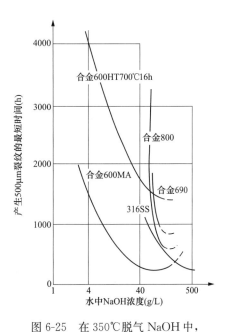

图 6-25　在 350℃ 脱气 NaOH 中，几种合金耐应力腐蚀性能比较
C 形试样，应力为 σ_s

316SS—0Cr18Ni14Mo2 不锈钢；
800—0Cr20Ni32Fe；600—0Cr15Ni75Fe；
690—0Cr30Ni60Fe10；MA—固溶处理；
HT—固溶 ＋ 700℃×16h 时效

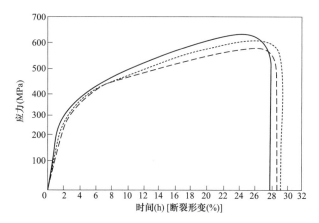

图 6-26　在 288℃ 10％NaOH 中不同热处理的 0Cr30Ni60Fe10 合金恒应变速率应力腐蚀试验结果
——空气，退火；———脱气的 10％NaOH，退火；┈┈┈脱气的 10％NaOH，退火＋704℃×15h

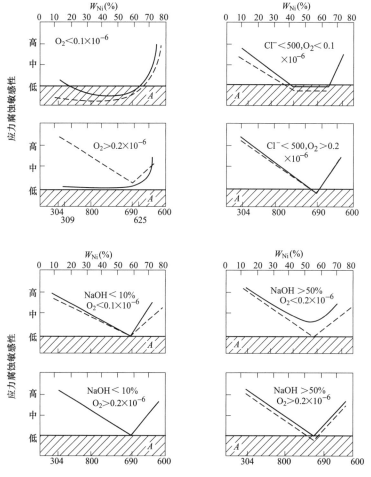

图 6-27　0Cr30Ni60Fe10 合金的耐应力腐蚀性能与 Ni 含量不同的其他材料的比较
（温度 280～350℃，304-0Cr18Ni10；309-0Cr25Ni20；800-00Cr20Ni32AlTi；
600-0Cr15Ni75Fe；625-0Cr20Ni60Mo9Nb4；690-0Cr30Ni60Fe10；
A 完全耐性，———敏化态，——固溶态）

表 6-27　　　　　　　　　　　　　合金的耐应力腐蚀性能（管材试样）

序号	介质	温度 (℃)	应力	试验时间 (h)	AISI 304		I-800		I-690		I-600	
					M	S	M	S	M	S	M	S
1	PO_4^{2-}→AVT 水	332	①240MPa ②1.3σ_y	22000	○	○	○	○	○	○	○	○
2	$100×10^{-6}Cl^-+O_2$水	332	0.9σ_y	10578	○	○	○	○	○	○	○	○
3	10%NaOH	332	0.9-1.1σ_y	5592	○	○	○	○	○	○	×	×
4	$PbO+H_2O$	332	0.9σ_y	29500	○	○	○	○	○	○	×	×
5	Hg+ AVT 水	327	0.9σ_y	8439	○	○	○	○	○	○	○	○
6a	50%KOH+ NaOH	327	1.1σ_y	2200	×	—	○	—	○	—	○	—
6b	50%KOH+ NaOH	327	1.1σ_y	4400	×	—	×	—	×	—	×	—
7a	6 介质+污垢	327	1.1σ_y	2200	×	—	×	—	×	—	○	—
7b	6 介质+污垢	327	1.1σ_y	4400	×	—	×	—	×	—	×	—
8a	6 介质+SiO_2	327	1.1σ_y	2200	×	—	×	—	×	—	○	—
8b	6 介质+SiO_2	327	1.1σ_y	4400	×	—	×	—	×	—	×	—
9a	6 介质+ PbO	327	1.1σ_y	2200	×	—	×	—	×	—	○	—
9b	6 介质+ PbO	327	1.1σ_y	4400	×	—	×	—	×	—	×	—
10	6 介质+ Cl^-	327	1.1σ_y	4400	×	—	○	—	○	—	×	—
11	6 介质+As	327	1.1σ_y	4400	×	—	×	—	○	—	○	—
12	6 介质+B	327	1.1σ_y	4400	×	—	×	—	○	—	○	—
13	6 介质+Cu/CuO	327	1.1σ_y	4400	×	—	×	—	○	—	○	—
14	6 介质+ F^-	327	1.1σ_y	4400	×	—	○	—	○	—	○	—
15	6 介质+方钠石	327	1.1σ_y	4400	×	—	×	—	○	—	○	—
16	6 介质+Zn	327	1.1σ_y	4400	×	—	×	—	○	—	○	—
17	6 介质+ Cr_3O_2	327	1.1σ_y	4400	×	—	○	—	○	—	○	—
18	6 介质+ $NaNO_3$	327	1.1σ_y	4400	×	—	○	—	○	—	×	—

注　×出现应力腐蚀；○ 无应力腐蚀；AISI304 0Cr18Ni10；I-800 0Cr20Ni32Fe；I-600 0Cr17Ni75Fe；I-690 0Cr30Ni60Fe10；M 软化固溶态；S 敏化处理态；AVT 全挥发处理。

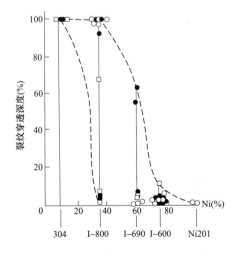

图 6-28　不锈钢和 Ni-Cr-Fe 合金在脱气的 50%NaOH 溶液中的应力腐蚀开裂

（U 形试样，316℃，840h，●1120℃水冷，○980℃空冷，□1120℃水冷＋680℃空冷）

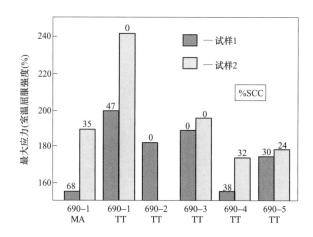

管材编号	冶炼方法	制管工艺	最终热处理	脱敏处理
690-1MA	真空感应+电渣	轧制+冷拔	1060℃固溶	无
690-1TT	真空感应+电渣	轧制+冷拔	1093℃固溶	720℃×10h
690-2TT	AOD炉外精炼	轧制+冷拔	1070℃固溶	720℃×15h
690-3TT	VOD炉外精炼+电渣	轧制+冷拔	1090℃固溶	725℃×10h
690-4TT	真空感应+电渣	冷轧	1070℃固溶	720℃×10h
690-5TT	感应	冷轧	1080℃固溶	720℃×10h

图 6-29　加工因素对 0Cr30Ni60Fe10 合金管材耐应力腐蚀开裂性能的影响

（恒应变速率 $1\times10^{-16}s^{-1}$，343℃，5%NaOH+5%H_2水溶液，脱气）

（4）抗硫化和抗氧化性能。0Cr30Ni60Fe10 合金在含 S 和 O 的介质中的耐腐蚀性能见表 6-28 和图 6-30。

表 6-28　　　　　　　　　0Cr30Ni60Fe10 合金在 1000℃含 S 气氛中的耐蚀性

牌　号	腐蚀速率（mm/a）	
	1.5%H_2S+3%O_2+36.5%H_2+59%Ar	1.5%H_2S+98.5%H_2
0Cr20Ni32Fe	14	18.4
0Cr25Ni20	18	18.0
0Cr30Ni60Fe10	23	34.7
0Cr15Ni75Fe	36.9	35.9
0Cr25Ni60Fe4Al	9.7	17.5

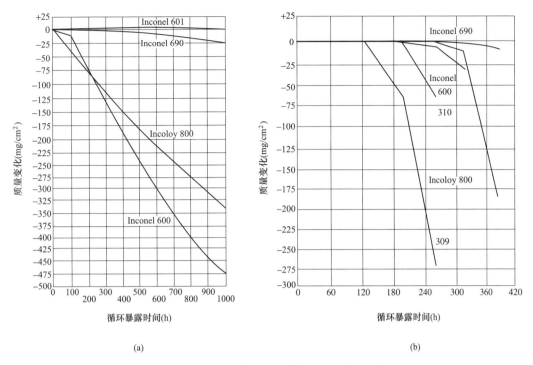

图 6-30 一些合金的抗热循环氧化性能（循环周期：1095℃ 加热 15min，空冷 5min）

(a) 表面暴露；(b) 表面涂 Na_2S

第 3 节 实际部件的制造工艺及力学性能

6.3.1 TU42C

TU42C 用于某核电厂蒸汽发生器排污系统（APG）非再生式热交换器传热管材料。

1. 化学成分

APG 非再生式热交换器 U 形传热管化学成分见表 6-29。

表 6-29 APG 非再生式热交换器 U 形传热管化学成分 W_t （%）

元素		C	Si	Mn	P	S	Cu	Ni	Cr	Sn	Cu+10Sn
标准要求	min	—	0.08	0.45	—	—	—	—	—	—	—
	max	0.18	0.35	1.00	0.030	0.025	0.25	0.30	0.25	0.030	0.55
实际值	熔炼分析	0.14	0.21	0.54	0.012	0.002	0.04	0.05	0.08	0.003	0.07
	成品分析	0.15	0.21	0.54	0.013	0.001	0.04	0.04	0.08	0.003	0.07

2. 力学性能

APG 非再生式热交换器 U 形传热管力学性能试验的内容和结果见表 6-30。表 6-31 为硬度测量值。

表 6-30 　　　　　　　　APG 非再生式热交换器 U 形传热管力学性能

试验温度		室　　温			250℃	
试验项目		$R_{p0.2}$（MPa）	R_m（MPa）	A（%）	$R_{p0.2}$（MPa）	R_m（MPa）
标准要求		≥235	410～510	≥44	—	—
实际值	1	311	441	44	251	431
	2	310	439	44		

表 6-31 　　　　　　　　APG 非再生式热交换器 U 形传热管洛氏硬度

试样编号	标准值	实际值	
1	≤80HRB	74	74
2	≤80HRB	72	70

6.3.2　00Cr19Ni10

00Cr19Ni10 钢用于某核电厂化学容积控制系统（RCV）再生式热交换器 U 形传热管材料，其加工工艺和实际性能如下所示。

1. 制造流程

产品制造流程如下。

原材料→热穿孔→冷拔（轧）→ 中间热处理→矫直→酸洗→冷拔（轧）→ 光亮热处理→矫直→酸洗→超声波检测→理化试验→ 水压试验→ 尺寸、目视→入库

2. 工艺要求

（1）热处理。RCV 再生式热交换器 U 形传热管的热处理方式见表 6-32。

表 6-32 　　　　　　　RCV 再生式热交换器 U 形传热管热处理方式

热处理方式	光亮热处理	热处理设备	气氛保护连续炉
送进速度（m/h）	20	炉内气氛	氢气
温度（℃）	1050～1080	保温时间	约 5min
冷却方式	快速冷却	冷却时间	从 900℃至 500℃冷却时间不大于 3min

（2）弯管热处理。RCV 再生式热交换器 U 形传热管弯管的热处理方式见表 6-33。

表 6-33 　　　　　　RCV 再生式热交换器 U 形传热管弯管热处理方式

热处理方式	消除应力热处理	热处理设备	弯头热处理设备（包括中频电源）
热处理温度（℃）	950～1050	保温时间	在 950℃以上保持 5s
热处理区域	U 形区域及距起弯点约 300mm 长的管段	加热方式	电接触加热
管外气氛	空气	管内气氛	氩气
冷却方式	快速冷却	冷却时间	从 900℃冷却到 500℃

3. 化学成分

RCV 再生式热交换器 U 形传热管化学成分见表 6-34。

表 6-34　　　　　　　　**RCV 再生式热交换器 U 形传热管化学成分 W_t**　　　　　　　　（%）

元素		C	Mn	Si	P	S	Cr	Ni	Cu	Co	B
标准要求	min	—	—	—	—	—	18.00	9.00	—	—	
	max	0.030	2.00	0.75	0.030	0.015	20.00	12.00	1.00	0.20	0.0018
实际值	熔炼分析	0.024	1.40	0.42	0.017	0.001	18.78	9.51	0.02	0.03	0.0010
	成品分析 1	0.016	1.38	0.44	0.012	<0.001	19.09	9.45	0.04	0.03	0.0009
	成品分析 2	0.021	1.37	0.45	0.014	<0.001	19.17	9.78	0.07	0.03	0.0009

4. 力学性能

RCV 再生式热交换器 U 形传热管的力学性能见表 6-35。

表 6-35　　　　　　　　**RCV 再生式热交换器 U 形传热管力学性能**

试验温度		室　　温					350℃	
试验项目		R_m(MPa)	$R_{p0.2}$(MPa)	A(%)	压扁试验	扩口试验	R_m(MPa)	$R_{p0.2}$(MPa)
标准要求		≥490	≥175	≥45	1) $H=6mm$ 2) 压至贴合	$X=35\%$	≥350	≥105
实际值	1	585	245	72.5	合格	合格	380	121
	2	580	265	71.5	合格	合格		

注　H 为压扁后平板间距离，X 为扩口后试样的外径扩口率。

5. 晶粒度

RCV 再生式热交换器 U 形传热管晶粒度测量见表 6-36。

表 6-36　　　　　　　　**RCV 再生式热交换器 U 形传热管晶粒度测量**

试验项目	晶粒度	弯管金相	
		弯管中间部位	过渡区
标准要求	2 级或更细	晶粒未长大，晶界无析出物	
实际值	6.0，6.0，6.5，6.5，6.5	符合，符合	符合，符合

6. 晶间腐蚀试验

RCV 再生式热交换器 U 形传热管晶间腐蚀试验见表 6-37 和表 6-38。

表 6-37　　　　　　　　**RCV 再生式热交换器 U 形传热管晶间腐蚀试验条件**

试样种类	敏化处理	试验溶液	试验时间
管状试样	700±10℃，30min 炉冷至 500℃，出炉	H_2SO_4-$CuSO_4$	24

表 6-38　　　　　　　　**RCV 再生式热交换器 U 形传热管晶间腐蚀试验结果**

序　　号		1	2
试验种类	声响试验	脆响	脆响
	压扁试验	无裂纹	无裂纹

注　烧瓶底部计入纯度≥99.5%铜屑。

6.3.3　NC30Fe

NC30Fe 用于某核电厂蒸汽发生器传热管材料，其加工工艺和实际性能介绍如下。

1. 加工工艺

热处理

炉类型：冷壁炉。

加热方式：电加热。

炉内加热速率：$75\pm5℃/h$。

保温温度：$700\sim730℃$。

保温时间：至少 5h。

冷却：从 700℃冷却至 200℃至少 5h 真空冷却。

除色检查：合格。

所有累积浸泡时间，包括热处理、U 形应力释放处理、再处理时间，不超过 25h（至 700℃）。

蒸汽发生器传热管的热处理工艺见表 6-39。

表 6-39　　　　　　　　　蒸汽发生器传热管热处理工艺

传热管数量（PCS）	真空度（mbar）	炉温（℃）	最冷传热管的温度（℃）	最热传热管的温度（℃）
448	3×10^{-4}	728	703	726
传热管数量（PCS）	高于 700℃时间（h）	炉子的升温速率（℃/h）	从 700℃冷却至 200℃时间	结果
448	5.0	75	5.98	合格

2. 化学成分

蒸汽发生器的传热管的化学成分见表 6-40。

表 6-40　　　　　　　　　蒸汽发生器传热管化学成分 W_t　　　　　　　　　（%）

元素	Al	B	C	Co	Cr	Cu	Fe
要求值	≤0.50	≤0.0030	0.010~0.030	≤0.035	28.00~31.00	≤0.50	8.00~11.00
实际值	0.09	<0.0005	0.020	0.012	29.45	0.01	10.04
	0.21	<0.0005	0.017	0.015	29.39	0.01	9.95
元素	Mn	N	Nb	Ni	P	S	Si	Ti
要求值	≤0.50	≤0.05	≤0.10	≥58.00	≤0.015	≤0.010	≤0.50	≤0.50
实际值	0.31	0.03	0.02	59.37	<0.005	<0.001	0.33	0.30
	0.31	0.03	0.02	59.46	0.008	<0.001	0.26	0.32

3. 力学性能

蒸汽发生器的传热管的力学性能见表 6-41。

表 6-41　　　　　　　　　蒸汽发生器传热管的力学性能

试验项目	室温拉伸试验			350℃拉伸试验		
	R_e(MPa)	R_m(MPa)	A(%)	R_e(MPa)	R_m(MPa)	A(%)
要求值	275~375	≥630	≥30	≥215	≥533	—
实际值	302.1	716.9	47.27	233.8	597.7	43.09
	339.4	706.8	55.23	231.6	586.8	45.89

第 4 节　经 验 反 馈

6.4.1　蒸汽发生器传热管磨损泄漏

1. 事件描述

2012 年 1 月 31 日，当 SAN ONOFRE 核电厂（SONGS）3 号机组在 100％功率运行时，冷凝器空气喷射器的监测仪发出高辐射报警，指示某台蒸汽发生器的传热管发生泄漏。尽管泄漏发展迅速，但由于操纵员的迅速响应，一回路至二回路的泄漏总量被限制。该机组的一次循环为 20 个月，发生泄漏时已运行了约 11 个月。2010 年更换了 3 号机组的蒸汽发生器，采用了与 2 号机组相同的新设计。

2. 原因分析

3 号机组泄漏的原因是 U 形弯头悬跨区处发生传热管间磨损。流体的弹性失稳导致了此次磨损，其中涉及局部的高蒸汽/水流速、高蒸汽空隙率以及传热管与防震条的接触力不足以克服激振力的现象。在蒸汽发生器的管间磨损区域内也发现了传热管支承磨损。

根据测定结果，3 号机组 U 形弯头区内一回路至二回路传热管泄漏的力学原因是平面内流体弹性失稳所导致的局部管间严重磨损和传热管支承板磨损。流体弹性失稳是一种引起传热管发生平面内振动和管间磨损的机制。此次管间磨损影响到了 3 号机组两台蒸汽发生器的 350 根传热管以及 2 号机组一台蒸汽发生器中的 2 根相邻传热管。不当的传热管与防抗震条接触导致了平面内的传热管运动，这种运动使传热管发生屈伸并与相邻的传热管接触，进而加速了磨损。

3. 事件反馈

（1）若改造涉及首次使用的技术或高度专用的技术，则应对此项改造进行风险评估。应由相关技术专家开展此类评估。若确认某项高风险改动的影响程度与总体风险（核风险、放射性风险、行业安全和经济风险）相称，则应增加独立审查。

（2）应按照新蒸汽发生器设计工艺中的关键特点，对包括防震条组件和止动条在内的传热管支承结构和子部件进行分类。当新设计的配置偏离运行实践所证明的设计方法时，加以专门的考虑和审查。

（3）应对蒸汽发生器的热工/水力模型进行彻底的验证，以便将所有可能的设计参数（包括流速、传热和空隙率）包括在内。

（4）如果必要时，应识别、掌握和解决制造工艺的变化及其对材料与制造的影响。

（5）在准备与实施复杂改造时，确定如何将本经验反馈用来进一步减少失误。

6.4.2　高温核取样冷却器传热管泄漏

1. 事件描述

2011 年，国内某电厂的设备冷却水系统缓冲箱液位持续上涨，隔离高温核取样冷却器后液位稳定，因此判断高温核取样冷却器传热管有泄漏，导致取样水向设备冷却水系统侧泄漏。

2. 原因分析

经分析发现，高温取样冷却器顶部容易聚集不冷凝气体从而形成气空间，换热器顶部频繁积气造成传热管裸露，冷却水中磷酸盐浓缩析出附着在传热管表面，导致了传热管的破损。

3. 事件反馈

后续电厂将上述热交换器进行更换，并进行自动排气改造。目前，更换后的热交换器运行状态良好。

参 考 文 献

[1] 广东核电培训中心 . 900MW 压水堆核电站系统与设备 [M]. 北京：原子能出版社，2005.

[2] 杨文斗 . 反应堆材料学 [M]. 北京：原子能出版社，2006.

[3] 张立红，徐文亮，龚张耀，等 . NC30Fe 合金热挤压管冶金质量及组织控制分析对比 [J]. 宝钢技术，2011 (4)：35-40.

[4] 刘建章 . 核结构材料 [M]. 北京：核工业出版社，2007.

第7章

核级设备用棒材

第1节　工作条件及用材要求

核电厂核级设备用棒材主要用于核岛机械设备的螺栓、螺母、销、主蒸汽隔离阀阀杆以及特殊柱状零件。表 7-1 列出核级设备用棒材常用材料牌号、特性及其主要应用范围。

表 7-1　　　　　　　核级设备用棒材常用材料牌号、特性及其主要应用范围

材料牌号（技术条件）	特　性	主要应用范围	近似牌号
42CrMo4 （RCC-M M5110-2007）	42CrMo4 钢属于超高强度钢，具有高强度和韧性，淬透性也较好，无明显的回火脆性，淬火时变形小，调质处理后有较高的疲劳极限和抗多次冲击能力，低温冲击韧度良好，高温时有高的蠕变强度和持久强度	阀门，配件，泵接管，蒸汽发生器、稳压器和主泵 2、3 级密封室密封螺栓	42CrMo、42CrMoE （NB/T 20008.12—2010）
X6NiCrTiMoVB25-15-2 （RCC-M M5110-2007）	奥氏体沉淀硬化不锈钢，可做耐热钢使用，该钢退货状态下塑性和韧性较好，可以进行冷镦成形，切削加工性能和热处理性能良好，可使用到650～700℃，具有高强度、高抗松弛性、低缺口敏感性、一定的持久强度、良好的抗氧化性	阀门配件、泵接管等、热电偶套管、控制棒驱动机构（脱扣杆套筒）	06Cr15Ni25Ti2MoAlVB （NB/T 20008.12—2010）
40NCDV7.03 （RCC-M M2311、M2312-2007）	在 350℃条件下，具有比较稳定的组织。经时效处理后，试样的纵、横截面金相组织、晶粒度大小与原始状态材料相比并无差别，析出物的分布和取向与应力方向关系并不密切。无论是原始状态材料，还是经时效后，均表现出低温脆性现象，同时冷脆转变区域也大致相同	反应堆压力容器螺栓、反应堆压力容器螺母、垫圈、反应堆冷却剂泵螺栓、螺母、螺钉	40CrNi2MoV （NB/T 20006.14—2010）

材料牌号（技术条件）	特　性	主要应用范围	近似牌号
42CDV4 （RCC-M M5110、M5140-2007）	强度高、淬透性好，韧性好，淬火时变形小，高温时有高的蠕变强度和持久强度	1、2、3 级设备用螺栓、螺钉、螺杆及螺母	40CrMoV （NB/T 20008.12—2010）
C45E/C45R （RCC-M M5120、M5140-2007，EN-10083-2-2006）	常用中碳调质结构钢。该钢冷塑性一般，退火、正火比调质时要稍好，具有较高的强度和较好的切削加工性能，经适当的热处理以后可获得一定的韧性、塑性和耐磨性。适合于氢焊和氩弧焊，不太适合于气焊。焊前需预热，焊后应进行去应力退火	蒸汽发生器和稳压器螺母、垫圈	45 碳钢 （NB/T 20008.12—2010）
40NCD7.03 （RCC-M M2312-2007）	它是在优质碳素结构钢的基础上，适当地加入一种或数种合金元素（总含量不超过 5%）而制成的钢种	反应堆压力容器螺栓、反应堆压力容器螺母、垫圈、反应堆冷却剂泵螺栓、螺母、螺钉	40CrNi2Mo （NB/T 20006.14—2010）
X6CrNiMo16.4 （RCC-M M5110-2007）	—	1、2、3 级设备用螺栓和驱动杆	05Cr16Ni4Mo （NB/T 20008.12—2010）
X6CrNiCu17.04 （旧：Z6CNU17.04） （RCC-M M5110-2007）	马氏体沉淀硬化不锈钢，该钢可通过热处理工艺变动调整其强度，马氏体相变和时效处理形成沉淀硬化相是其主要强化手段。该钢抗腐蚀疲劳性能优于 12%Cr 马氏体钢，焊接工艺简便，易于加工制造，但较难进行深度冷成型。主要应用于既要求具有不锈性又耐弱酸、碱、盐腐蚀的高强度部件	主蒸汽隔离阀阀杆	05Cr17Ni4Cu4Nb （NB/T 20008.12—2010）
Z6CN18.10、Z5CN18.10、Z6CND17.12、Z5CND17.12 （RCC-M M3306-2007）	奥氏体不锈钢作为一种用途广泛的钢，具有良好的耐蚀性、耐热性，低温强度和机械特性；冲压、弯曲等热加工性好	压水堆蒸汽发生器传热管管束与堵头，压水堆压力容器的贯穿件和控制棒驱动机构的零部件	06Cr17Ni12Mo2 （NB/T 20007.14—2010）
Z2CND18.12 （RCC-M M3308-2007）	—	堆内构件螺栓类紧固件	026Cr18Ni12Mo2N （NB/T 20007.15—2012）
NC30Fe（RCC-M M4109-2007）	—	—	NS3105 （NB/T 20008.9—2012）
A48（RCC-M M1123-2007）	—	适用于 2、3 级辅助泵轴	16Mn （NB/T 20005.3—2012）

第 2 节 材料性能数据

7.2.1 42CrMo4、42CrMoE、42CrMo

7.2.1.1 用途

承压边界用核级高强钢 42CrMo4 及其类似牌号 42CrMo 钢，引用的相关标准如下：

- RCC-M M5110-2007 Rolled or Forged Bars Fors for The Mamufacture of Class 1，2 and 3 Bolts and Drive Rods

- RCC-M M5120-2007 Rolled or Forged Bars Fors for The Mamufacture of Class 1，2 and 3 Nuts

- RCC-M M5140-2007 Class 1，2 and 3 Studs，Screws，Threaded Rods and Nuts for Components of Pressurized Water Reactors

- NB/T 20008.12—2010 压水堆核电厂用其他材料 第 12 部分：1、2、3 级设备螺栓、螺母用锻、轧棒

7.2.1.2 技术条件

42CrMo4 钢和 42CrMo 钢的化学成分见表 7-2。

表 7-2   42CrMo4 钢和 42CrMo 钢的化学成分 W_t （%）

元　素		C	Mn	P	S
42CrMo4 （RCC-M M5110、M5120-2007）	熔炼分析和成品分析	0.38～0.48	0.75～1.00	≤0.025	≤0.015
42CrMo （NB/T 20008.12—2010）	熔炼分析和成品分析	0.36-0.48	0.75～1.00	≤0.025	≤0.015

元　素		Si	Cr	Mo
42CrMo4 （RCC-M M5110、M5120-2007）	熔炼分析和成品分析	0.10～0.40	0.80～1.15	0.15～0.30
42CrMo （NB/T 20008.12—2010）	熔炼分析和成品分析	0.10～0.40	0.80～1.15	0.15～0.30

42CrMo4 钢和 42CrMo 钢的力学性能见表 7-3。

表 7-3   42CrMo4 钢和 42CrMo 钢的力学性能

试　验　项　目		拉　伸				
温　度		室　温				350℃
性能		$R_{p0.2}$(MPa)	R_m(MPa)	A_{5d}(%)	Z(%)[①]	$R^t_{p0.2}$(MPa)
42CrMo4 （RCC-M M5110、M5120-2007）	$\phi \leqslant 65mm$	≥720	860～1060	≥14	≥50	≥570
	65mm<ϕ≤105mm	≥650	790～990	≥14	≥50	≥520
	105mm<ϕ≤180mm	≥520	690～890	≥16	≥50	≥410
42CrMo （NB/T 20008.12—2010）	$\phi \leqslant 65mm$	≥720	865～1060	≥14	≥50	≥570
	65mm<ϕ≤105mm	≥650	790～990	≥14	≥50	≥520
	105mm<ϕ≤180mm	≥520	690～890	≥16	≥50	≥410

续表

试 验 项 目		$KV^{①}$		$KV^{②}$	布氏硬度
温 度		0℃		0℃	室温
性 能		最小平均值（J）	侧向膨胀值（mm）	最小平均值（J）	HB
42CrMo4 （RCC-M M5110、 M5120-2007）	$\phi\leqslant65mm$	60	$\geqslant0.64$	40	248～352
	$65mm<\phi\leqslant105mm$	60	$\geqslant0.64$	40	248～352
	$105mm<\phi\leqslant180mm$	60	$\geqslant0.64$	40	248～352
42CrMo （NB/T 20008.12— 2010）③	$\phi\leqslant65mm$	60	$\geqslant0.64$	40	248～352
	$65mm<\phi\leqslant105mm$				
	$105mm<\phi\leqslant180mm$				

① 对 1 级设备棒材。

② 对 2、3 级设备棒材。

③ 所列规定值为一组试样的单个最小值。

7.2.1.3　工艺要求

1. 冶炼

采用电炉或碱性氧化炉或其他技术上相当的工艺冶炼。

2. 轧制或锻造

为清除缩孔和大部分偏析，钢锭应保证足够的切除量。

3. 机械加工

性能热处理前，棒料直径应尽可能接近交货件直径。这些直径要求应在验收报告中注明。

性能热处理后，棒料应按照采购图的要求进行机械加工。表面粗糙度应不大于 $6.3\mu m$，以保证无损检测结果的精确性。

4. 热处理

棒材以热处理状态交货。

（1）锻造或轧制后缓慢冷却。

（2）奥氏体化处理。

（3）水淬或油淬。

（4）在最低温度 $t\geqslant600℃$ 下回火。

7.2.1.4　性能资料

1. 物理性能

42CrMo4 钢的热导率见表 7-4；热扩散率见表 7-5；线膨胀系数见表 7-6；弹性模量见表 7-7。

表 7-4　　　　　　　　　　　42CrMo4 钢的热导率　　　　　　　　　　$[W/(m\cdot K)]$

温度（℃）	20	50	100	150	200	250	300	350	400	450	500	550	600	650
热导率	32.8	32.7	32.5	32.3	32.2	32	31.9	31.7	31.6	31.4	31.3	31.1	31	30.8

表 7-5					42CrMo4 钢的热扩散率							($\times 10^{-6} m^2/s$)	
温度（℃）	20	50	100	150	200	250	300	350	400	450	500	550	600	650
热扩散率	8.83	8.69	8.57	8.16	7.9	7.66	7.42	7.15	6.83	6.52	6.18	5.83	5.47	5.08

表 7-6		42CrMo4 钢的线膨胀系数								($\times 10^{-6}℃^{-1}$)
温度（℃）		20	50	100	150	200	250	300	350	400	450
线膨胀系数	A	11.22	11.63	12.32	12.86	13.64	14.27	14.87	14.43	15.97	16.49
	B	11.22	11.45	11.79	12.14	12.47	12.78	13.08	13.40	13.72	14.02

注 系数 A 为所处温度的热膨胀系数$\times 10^{-6}℃^{-1}$ 或$\times 10^{-6}K^{-1}$；系数 B 为在 20℃与所处温度之间的平均热膨胀系数$\times 10^{-6}℃^{-1}$ 或$\times 10^{-6}K^{-1}$。

表 7-7					42CrMo4 钢的弹性模量							(GPa)	
温度（℃）	0	20	50	100	150	200	250	300	350	400	450	500	550	600
弹性模量	205	204	203	200	197	193	189	185	180	176	171	166	160	155

2. 许用应力

42CrMo4 钢的基本许用应力强度值见表 7-8。

表 7-8					42CrMo4 钢的在不同温度下的基本许用应力强度值								(MPa)
尺寸	20℃时最小 R_e	20℃时最小 R_m	20℃时 S_y	20℃时 S_u	在下列温度（℃）时的基本许用应力强度值 S_m								
					50	100	150	200	250	300	340	350	360	370
$\phi \leqslant 65mm$	720	860	724	862	236	224	216	211	204	198	191	189	187	185
$65mm < \phi \leqslant 105mm$	650	790	655	793	214	202	195	190	185	179	173	171	170	168
$105mm < \phi \leqslant 180mm$	520	690	517	689	168	160	154	150	146	142	137	136	134	132

3. 疲劳特性

42CrMo4 钢的疲劳曲线如图 7-1 所示，其中各数据点值见表 7-9。

表 7-9			42CrMo4 钢的疲劳曲线中的各数据点值					
循环次数（周）	10	20	50	10^2	200	500	10^3	2000	5000
$\sigma_{nom} \leqslant 2.7S_m$	7930	5240	3100	2205	1550	985	690	490	310
$\sigma_{nom} = 3S_m$	7930	5240	3100	2070	1410	840	560	380	230
循环次数（周）	10^4	2×10^4	5×10^4	10^5	2×10^5	5×10^5	10^6	—	—
$\sigma_{nom} \leqslant 2.7S_m$	235	185	152	131	117	103	93	—	—
$\sigma_{nom} = 3S_m$	155	103	72	58	49	41	37	—	—

7.2.2 X6NiCrTiMoVB25-15-2、06Cr15Ni25Ti2MoAlVB

7.2.2.1 用途

X6NiCrTiMoVB25-15-2 钢及其类似牌号 06Cr15Ni25Ti2MoAlVB 钢引用的相关标准如下：

● RCC-M M5110-2007 Rolled or Forged Bars Fors for The Mamufacture of Class 1，2 and 3 Bolts and Drive Rods

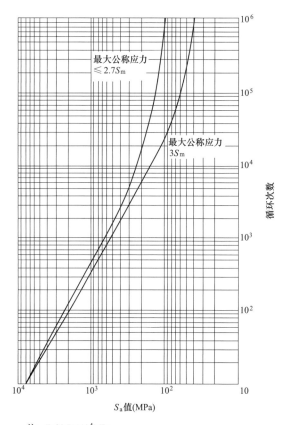

注：$E=20.7\times10^4MPa$

图 7-1　42CrMo4 钢的疲劳曲线

● NB/T 20008.12—2010 压水堆核电厂用其他材料 第 12 部分：1、2、3 级设备螺栓、螺母用锻、轧棒

7.2.2.2　技术条件

X6NiCrTiMoVB25-15-2 钢及 06Cr15Ni25Ti2MoAlVB 钢的化学成分及力学性能分别见表 7-10、表 7-11。

表 7-10　　X6NiCrTiMoVB25-15-2 钢及 06Cr15Ni25Ti2MoAlVB 钢的化学成分 W_t　　　　（%）

元　　　素		C	Si	Mn	P[①]
X6NiCrTiMoVB25-15-2 （RCC-M M5110-2007）	熔炼及成品分析	0.03～0.08	≤1.00	1.00～2.00	≤0.025
06Cr15Ni25Ti2MoAlVB （NB/T 20008.12—2010）	熔炼及成品分析	0.03～0.08	≤1.00	1.00～2.00	≤0.025
元素		S[①]	Al	B	Cr
X6NiCrTiMoVB25-15-2 （RCC-M M5110-2007）	熔炼及成品分析	≤0.015	≤0.35	0.001～0.010	13.50～16.00
06Cr15Ni25Ti2MoAlVB （NB/T 20008.12—2010）	熔炼及成品分析	≤0.015	≤0.35	0.001～0.010	13.50～16.00

续表

元　　素		Mo	Ni	V	Ti
X6NiCrTiMoVB25-15-2 （RCC-M M5110-2007）	熔炼及成品分析	1.00～1.50	24.00～27.00	0.10～0.50	1.90～2.30
06Cr15Ni25Ti2MoAlVB （NB/T 20008.12—2010）	熔炼及成品分析	1.00～1.50	24.00～27.00	0.10～0.50	1.90～2.30

① 对成品分析，最大含量可增加 0.005%。

表 7-11　X6NiCrTiMoVB25-15-2 钢及 06Cr15Ni25Ti2MoAlVB 钢的力学性能

试验项目	拉　　伸					冲击	硬度
试验温度	室温				350（℃）	室温	室温
性能指标	$R_{p0.2}$ （MPa）	R_m （MPa）	A_{5d} （%）	$Z^{①}$ （%）	$R_{p0.2}^t$	个别最小值②	HB
X6NiCrTiMoVB25-15-2 （RCC-M M5110-2007）	≥600	900～1200	≥15	≥35	≥555	50J	248-341
06Cr15Ni25Ti2MoAlVB （NB/T 20008.12—2010）	≥600	900～1200	≥15	≥35	≥555	≥50	248-341

① 对 1 级设备棒材。

② 个别值允许低于规定值，但不得低于规定值的 70%。

7.2.2.3　工艺要求

1. 冶炼

电炉或感应炉冶炼，也可用真空重熔或电渣重熔或其他技术相当的冶炼工艺炼钢。

2. 轧制或锻造

为清除缩孔和大部分偏析，钢锭应保证足够的切除量。

3. 机械加工

性能热处理前，棒材直径应尽可能接近交货件直径。这些直径要求应在试验报告中注明。

性能热处理后，棒料应按照采购图的要求进行机械加工。表面粗糙度应不大于 6.3μm，以保证无损检测结果的精确性。表面粗糙度应按 RCC-M MC7200 来确定。

4. 热处理

棒材以热处理状态交货。

但特殊情况下，棒材也可以在不同于未被使用的状态下交货。此时，供货商必须证明这些棒材已具有最终热处理状态所要求的性能。

所采用的处理工艺应在每一钢号的技术数据表中注明。

若这批棒料需重新作热处理，则新的热处理也应满足同样要求。

5. 加工硬化

奥氏体不锈钢在固溶热处理之后可进行加工硬化，以取得所要求的力学性能。供货商在完成对采购技术规范或其他合同文件中规定的所有附加要求的评估后，应提出加工硬化率和制造大纲。

（1）软化处理：980±15℃，保温至少 1h。

（2）水淬或油淬。

（3）硬化处理，725±10℃，保温至少 16h。

（4）空冷。

7.2.3   40NCDV7.03、40CrNi2MoV

7.2.3.1   用途

40NCDV7.03 钢及其类似牌号 40CrNi2MoV 钢引用的相关标准如下：

● RCC-M M2311-2007 Forged Nickel-Chromium-Molybdenum-Vanadium Alloy Steel Bars for Use in Making Pressurized Water Nuclear Reactor Vessel Studs

● RCC-M M2312-2007 Forged Nickel-Chromium-Moybdenum Alloy Steel Bars with or without Vanadium，Used in Making Bolts and Coolant Pumps for Pressurized Water Nuclear Reactor Vessels

● NB/T 20006.14—2010 压水堆核电厂用合金钢 第14部分：1级设备螺栓紧固件用含钒或不含钒的镍-铬-钼钢锻件

7.2.3.2   技术条件

40NCDV7.03 钢和 40CrNi2MoV 钢的化学成分和力学性能分别见表 7-12 和表 7-13。

表 7-12   40NCDV7.03 钢和 40CrNi2MoV 钢的化学成分 W_t （％）

元 素		C	Mn	P	S	Si
40NCDV7.03	熔炼分析	0.37～0.44	0.60～0.95	≤0.020	≤0.010	≤0.35
(RCC-M M2311、M2312-2007)	成品分析	0.35～0.46	0.55～0.95	≤0.025	≤0.015	≤0.35
40CrNi2MoV	熔炼分析	0.37～0.44	0.60～0.95	≤0.020	≤0.010	≤0.35
(NB/T 20006.14—2010)	成品分析	0.35～0.46	0.55～0.95	≤0.025	≤0.015	≤0.35
元 素		Ni	Cr	Mo	Cu	V
40NCDV7.03	熔炼分析	1.55～2.00	0.60～0.95	0.40～0.60	≤0.20	0.04～0.10
(RCC-M M2311、M2312-2007)	成品分析	1.55～2.05	0.60～1.00	0.35～0.60	≤0.20	0.04～0.10
40CrNi2MoV	熔炼分析	1.55～2.00	0.60～0.95	0.40～0.60	≤0.20	0.04～0.10
(NB/T 20006.14—2010)	成品分析	1.55～2.05	0.60～1.00	0.35～0.60	≤0.20	0.04～0.10

表 7-13   40NCDV7.03 钢和 40CrNi2MoV 钢的力学性能

试验项目	拉 伸					
试验温度（℃）	室 温				350℃	
性能指标	$R_{p0.2}$（MPa）	R_m（MPa）	A_{5d}（％）	Z（％）	$R_{p0.2}^t$（MPa）	R_m（MPa）
40NCDV7.03 (RCC-M M2311、M2312-2007)	≥900	1000～1170	≥12	≥45	≥720	≥920
40CrNi2MoV (NB/T 20006.14—2010)	≥900	1000～1170	≥16	≥40	≥720	≥920

试验项目	KV				布氏硬度
试验温度（℃）	0℃		20℃		室温
性能指标	最小平均值（J）	最小单个值[①]（J）	最小平均值（J）		HB
40NCDV7.03 （RCC-M M2311、M2312-2007）	48	36	64	侧向膨胀值为 0.64mm	302～375
40CrNi2MoV （NB/T 20006.14—2010）	48	36	64	侧向膨胀值为 0.64mm	302～375

① 每组 3 个试样中，最多只允许 1 个结果低于规定的最小平均值。

7.2.3.3　工艺要求

1. 冶炼

应采用电炉炼钢并真空脱气。

2. 锻造

为清除缩孔和大部分偏析，钢锭应保证足够的切除量，总锻造比应大于 3。

3. 机械加工

性能热处理前，棒材的直径应尽可能地接近交货状态直径。这些尺寸（直径）应在制造大纲中给出。

性能热处理后，应按照采购图的要求加工棒材。为了保证无损检测结果的精确性，表面粗糙度不应超过 6.3μm。

4. 热处理

棒材应以热处理状态交货。性能热处理应包括：

（1）奥氏体化（取 820～885℃之间的某一温度）。

（2）浸水淬火。

（3）为达到所要求的性能，选择某一温度进行回火，随后在静止的空气中冷却。回火的名义保温温度在 590～630℃之间，至少保温 4h。

7.2.3.4　性能资料

1. 物理性能

40NCDV7.03 钢的热导率见表 7-14，热扩散率见表 7-15，线膨胀系数见表 7-16，弹性模量见表 7-17。

表 7-14　40NCDV7.03 钢的热导率　[W/(m·K)]

温度（℃）	20	50	100	150	200	250	300	350	400	450	500	550	600	650
热导率	32.8	32.7	32.5	32.3	32.2	32	31.9	31.7	31.6	31.4	31.3	31.1	31	30.8

表 7-15　40NCDV7.03 钢的热扩散率　$(\times10^{-6}m^2/s)$

温度（℃）	20	50	100	150	200	250	300	350	400	450	500	550	600	650
热扩散率	8.83	8.69	8.57	8.16	7.9	7.66	7.42	7.15	6.83	6.52	6.18	5.83	5.47	5.08

表 7-16		40NCDV7.03 钢的线膨胀系数									（×10⁻⁶℃⁻¹）
温度（℃）		20	50	100	150	200	250	300	350	400	450
线膨胀系数	A	11.22	11.63	12.32	12.86	13.64	14.27	14.87	14.43	15.97	16.49
	B	11.22	11.45	11.79	12.14	12.47	12.78	13.08	13.40	13.72	14.02

注　系数 A 为所处温度的热膨胀系数×10⁻⁶℃⁻¹或×10⁻⁶K⁻¹；系数 B 为在 20℃与所处温度之间的平均热膨胀系数×10⁻⁶℃⁻¹或×10⁻⁶K⁻¹。

表 7-17			40NCDV7.03 钢的弹性模量										（GPa）
温度（℃）	0	20	50	100	150	200	250	300	350	400	450	500	550	600
弹性模量	205	204	203	200	197	193	189	185	180	176	171	166	160	155

2. 许用应力

40NCDV7.03 钢的基本许用应力强度值见表 7-18。

表 7-18				A 级钢 φ≤300mm 的锻棒在不同温度下的基本许用应力强度值									（MPa）
20℃时 最小 R_e	20℃时 最小 R_m	20℃时 S_y	20℃时 S_u	下列温度（℃）时的基本许用应力强度值 S_m									
				50	100	150	200	250	300	340	350	360	370
900	1000	896	1000	295	284	276	268	261	251	241	239	236	232

3. 不同温度下的力学性能

40NCDV7.03 钢不同温度时的屈服强度见表 7-19。

表 7-19				A 级钢 φ≤300mm 的锻棒在不同温度下的屈服强度值									（MPa）
20℃时 最小 R_e	20℃时 最小 R_m	20℃时 S_y	20℃时 S_u	下列温度（℃）时的屈服强度值 S_y									
				50	100	150	200	250	300	340	350	360	370
900	1000	896	1000	885	852	828	804	783	753	723	717	708	696

4. 疲劳特性

40NCDV7.03 钢的疲劳曲线如图 7-2 所示，其中各数据点值见表 7-20。

表 7-20			40NCDV7.03 钢的疲劳曲线中各数据点值						
循环次数（周）	10	20	50	10²	200	500	10³	2000	5000
$\sigma_{nom}≤2.7S_m$	7930	5240	3100	2205	1550	985	690	490	310
$\sigma_{nom}=3S_m$	7930	5240	3100	2070	1410	840	560	380	230
循环次数（周）	10⁴	2×10⁴	5×10⁴	10⁵	2×10⁵	5×10⁵	10⁶	—	—
$\sigma_{nom}≤2.7S_m$	235	185	152	131	117	103	93	—	—
$\sigma_{nom}=3S_m$	155	103	72	58	49	41	37	—	—

7.2.4　42CDV4、40CrMoV

7.2.4.1　用途

承压边界用核级高强钢 42CDV4 及其类似牌号 40CrMoV 钢，引用的相关标准如下：

● RCC-M M5110-2007 Rolled or Forged Bars Fors for The Mamufacture of Class 1，2 and 3 Bolts and Drive Rods

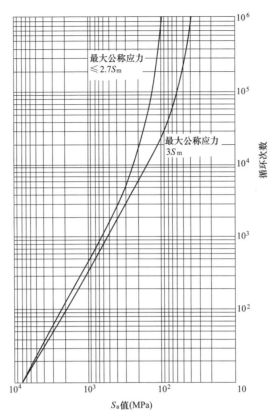

注：$E = 20.7 \times 10^4 \mathrm{MPa}$

图 7-2　40NCDV7.03 钢的疲劳曲线

● RCC-M M5140-2007 Class 1，2 and 3 Studs，Screws，Threaded Rods and Nuts for Components of Pressurized Water Reactors

● NB/T 20008.12—2010 压水堆核电厂用其他材料 第 12 部分：1、2、3 级设备螺栓、螺母用锻、轧棒

7.2.4.2　技术条件

42CDV4 钢和 40CrMoV 钢的化学成分见表 7-21。

表 7-21　　　　　　　　　　　42CDV4 钢和 40CrMoV 钢的化学成分 W_t　　　　　　　　　　（%）

元　　素		C	Mn	P	S
42CDV4（RCC-M M5140、M5110-2007）	熔炼分析和成品分析	0.36～0.44	0.45～0.70	≤0.025	≤0.015
40CrMoV（NB/T 20008.12—2010）	熔炼分析和成品分析	0.36－0.44	0.45～0.70	≤0.025	≤0.015

元　　素		Si	Cr	Mo	V①
42CDV4（RCC-M M5140、M5110-2007）	熔炼分析和成品分析	0.20～0.35	0.80～1.15	0.50～0.65	0.25～0.35
40CrMoV（NB/T 20008.12—2010）	熔炼分析和成品分析	0.20～0.35	0.80～1.15	0.50～0.65	0.25～0.35

① 对于 2、3 级设备部件其最大含量可以达到 0.030%。

42CDV4 钢和 40CrMoV 钢的力学性能见表 7-22。

表 7-22　　　　　　　　　　　**42CDV4 钢和 40CrMoV 钢的力学性能**

试　验　项　目		拉　伸					
试验	温度	室温				350℃	
性能		$R_{p0.2}$ (MPa)	R_m (MPa)	A_{5d} (%)	Z (%)[1]	$R^t_{p0.2}$ (MPa)	
42CDV4 (RCC-M M5140、M5110-2007)	$\phi\leqslant65mm$	≥722	865~1065	≥14	≥50	≥620	
	65mm<ϕ≤105mm	≥655	790~990	≥14	≥50	≥570	
	105mm<ϕ≤180mm	≥585	690~890	≥16	≥50	≥510	
40CrMoV (NB/T 20008.12—2010)	$\phi\leqslant65mm$	≥722	865~1065	≥14	≥50	≥620	
	65mm<ϕ≤105mm	≥655	790~990	≥14	≥50	≥570	
	105mm<ϕ≤180mm	≥585	690~890	≥16	≥50	510	

试验项目		KV[1]		KV[2]	布氏硬度
温度		0℃		0℃	室温
性能		最小平均值 (J)	侧向膨胀值 (mm)	最小平均值 (J)	HB
42CDV4 (RCC-M M5140、M5110-2007)	$\phi\leqslant65mm$	60	≥0.64	40	248~352
	65mm<ϕ≤105mm	60	≥0.64	40	248~352
	105mm<ϕ≤180mm	60	≥0.64	40	248~352
40CrMoV (NB/T 20008.12—2010)	$\phi\leqslant65mm$	60	≥0.64	≥40	248~352
	65mm<ϕ ≤105mm				
	105mm<ϕ ≤180mm				

① 对 1 级棒材设备。

② 对 2、3 级设备棒材。

7.2.4.3　工艺要求

1. 冶炼

采用电炉或碱性氧化炉或其他技术上相当的工艺冶炼。

2. 轧制或锻造

为清除缩孔和大部分偏析，钢锭应保证足够的切除量。

3. 机械加工

性能热处理前，棒材直径应尽可能接近交货件直径。这些直径要求应在试验报告中注明。

性能热处理后，棒料应按照采购图的要求进行机械加工。表面粗糙度应不大于 $6.3\mu m$，以保证无损检测结果的精确性。

4. 热处理

棒材以热处理状态交货。

（1）锻造或轧制后缓慢冷却。

（2）奥氏体化处理。

（3）水淬或油淬。

（4）在最低温度 $t \geqslant 650$℃下回火。

7.2.4.4　性能资料

1. 物理性能

42CDV4 钢的热导率见表 7-23；热扩散率见表 7-24；线膨胀系数见表 7-25；弹性模量见表 7-26。

表 7-23　　40CDV4 钢的热导率　　[W/(m·K)]

温度（℃）	20	50	100	150	200	250	300	350	400	450	500	550	600	650
热导率	32.8	32.7	32.5	32.3	32.2	32	31.9	31.7	31.6	31.4	31.3	31.1	31	30.8

表 7-24　　40CDV4 钢的热扩散率　　（$\times 10^{-6}$ m²/s）

温度（℃）	20	50	100	150	200	250	300	350	400	450	500	550	600	650
热扩散率	8.83	8.69	8.57	8.16	7.9	7.66	7.42	7.15	6.83	6.52	6.18	5.83	5.47	5.08

表 7-25　　40CDV4 钢的线膨胀系数　　（$\times 10^{-6}$℃$^{-1}$）

温度（℃）		20	50	100	150	200	250	300	350	400	450
线膨胀系数	A	11.22	11.63	12.32	12.86	13.64	14.27	14.87	14.43	15.97	16.49
	B	11.22	11.45	11.79	12.14	12.47	12.78	13.08	13.40	13.72	14.02

注　系数 A 为所处温度的热膨胀系数 $\times 10^{-6}$℃$^{-1}$或 $\times 10^{-6}$K^{-1}；系数 B 为在 20℃与所处温度之间的平均热膨胀系数 $\times 10^{-6}$℃$^{-1}$或 $\times 10^{-6}$K^{-1}。

表 7-26　　40CDV4 钢的弹性模量　　（GPa）

温度（℃）	0	20	50	100	150	200	250	300	350	400	450	500	550	600
弹性模量	205	204	203	200	197	193	189	185	180	176	171	166	160	155

2. 许用应力

40CDV4 钢的基本许用应力强度值见表 7-27。

表 7-27　　40CDV4 钢的在不同温度下的基本许用应力强度值　　（MPa）

尺寸	20℃时最小 R_e	20℃时最小 R_m	20℃时 S_y	20℃时 S_u	在下列温度（℃）时的基本许用应力强度值 S_m									
					50	100	150	200	250	300	340	350	360	370
$\phi \leqslant 65$mm	725	865	724	862	239	233	228	224	220	210	205	204	204	203y[1]
65mm$<\phi$ $\leqslant 105$mm	655	790	655	793	217	211	207	203	200	195	189	188	185	183
105mm$<\phi$ $\leqslant 180$mm	585	690	586	689	194	189	185	181	178	174	169	168	166	164

[1] 在该温度下长期工作后，这些热力值可能引起螺栓材料的松弛，设计者应研究该松弛对所考虑用途的影响。

7.2.5　C45E、C45R、45 碳钢

7.2.5.1　用途

用于制造蒸汽发生器和稳压器螺母的棒材应采用 C45E 钢，C45R 钢。经适当热处理后具有较高强度，通常在正火或调质状态下使用，且具有良好的切削加工性能。C45E 钢，

C45R 钢及其类似牌号为 45 碳钢，引用的相关标准如下。

- RCC-M M5120-2007 Rolled or Forged Bars for The Manufacture of Class 1，2 and 3 Nuts
- RCC-M M5140-2007 Class 1，2 and 3 Studs，Screws，Threaded Rods and Nuts for Components of Pressurized Water Reactors
- EN-10083-2-2006 Steels for Quenching and Tempering-Part 2 Technical Delivery Conditions for Nonalloy Steels
- NB/T 20008.12—2010 压水堆核电厂用其他材料 第 12 部分：1、2、3 级设备螺栓、螺母用锻、轧棒

7.2.5.2　技术条件

C45E、C45R 及其近似牌号 45 碳钢材料的化学成分和力学性能分别见表 7-28 及表 7-29。

表 7-28　　　　　　　C45E、C45R 和 45 碳钢的化学成分 W_t　　　　　　　（%）

元　素		C	Si	Mn	P	S
C45E (EN-10083-2-2006)	熔炼分析 和成品分析	0.42～0.50	≤0.40	0.50～0.80	≤0.030	≤0.035
C45R (EN-10083-2-2006)	熔炼分析 和成品分析	0.42～0.50	≤0.40	0.50～0.80	≤0.030	0.020～0.040
45 碳钢 (NB/T 20008.12—2010)	熔炼分析	0.42～0.50	≤0.40	0.50～0.80	≤0.030	≤0.035
	成品分析	0.40～0.52	≤0.43	0.46～0.84	≤0.035	≤0.40

元　素		Cr	Mo	Ni	Cr+Mo+Ni
C45E（EN-10083-2-2006）	熔炼分析和成品分析	≤0.40	≤0.10	≤0.40	≤0.63
C45R（EN-10083-2-2006）	熔炼分析和成品分析	≤0.40	≤0.10	≤0.40	≤0.63
45 碳钢 (NB/T 20008.12—2010)	熔炼分析	≤0.40	≤0.10	≤0.40	≤0.63
	成品分析	≤0.45	≤0.13	≤0.45	≤0.63

表 7-29　　　　　　　C45E、C45R 和 45 碳钢的力学性能

试　验　项　目			拉　　伸			
试　验　温　度			室　　温			
性能			$R_{p0.2}$(MPa)	R_m(MPa)	A_{5d}(%)	Z(%)
C45E/C45R (EN-10083-2-2006)	$d^{①}$≤16mm	$t^{①}$≤8mm	≥490	700～850	≥14	≥35
	16mm<d≤40mm	8mm<t≤20mm	≥430	650～800	≥16	≥40
	40mm<d≤100mm	20mm<t≤60mm	≥370	630～780	≥17	≥45
45 碳钢 (NB/T 20008.12—2010)	d≤16mm		≥490	700～850	≥14	
	16mm<d≤40mm		≥430	650～800	≥16	
	40mm<d≤100mm		≥370	630～780	≥16	

试 验 项 目			KV	硬 度
试验温度			0℃	室温
性能			KV（J）	—
C45E/C45R (EN-10083-2-2006)	$d \leqslant 16$ mm	$t \leqslant 8$mm	—	55（HRC）
	16mm$<d \leqslant$40mm	8mm$<t \leqslant$20mm	$\geqslant 25$	
	40mm$<d \leqslant$100mm	20mm$<t \leqslant$60mm	$\geqslant 25$	
45 碳钢 (NB/T 20008.12— 2010)	$d \leqslant 16$ mm		$\geqslant 41$	201~285（HBW）
	16mm$<d \leqslant$40mm			
	40mm$<d \leqslant$100mm			

① d 直径，t 厚度。

7.2.5.3 工艺要求

1. 冶炼

应采用电弧炉或其他技术相当的冶炼工艺炼钢。

2. 轧制

为了清除缩孔和大部分的偏析，钢锭应保证足够的切除量。

3. 热处理

棒材应以热处理状态交货。特殊情况下，棒材也可以在不同于使用状态的状态下交货。此时，产品供货商必须证明棒材具有最终热处理状态的性能。

7.2.5.4 性能资料

1. 物理性能

45 碳钢的物理性能见表 7-30。

表 7-30　　　　　　　　　　45 碳钢的物理性能

密度 ρ(I/m³)	7.89	熔点	临界点 （℃）	M	A	A	A	A
					721	778	723	619
磁导率 μ (mH/m)	1.88$<$1500μ_0	1433		330	725	770	720	690
					724	780	751	682
物理参数	室温	100℃	200℃	300℃	400℃	500℃	600℃	700℃
弹性模量 E(×10⁵MPa)	2.09	2.07	2.02	1.96	1.86	1.74	—	—
	2.00	2.01	1.93	1.90	1.72	1.58①		
	2.04	2.05	1.97	1.94	1.75	1.61①		
切变模量 G(×10³MPa)	82.3	81.5	80.2	74.8	71.2	67.8	—	
泊松比 ν	0.269	0.270	0.260	0.312	0.309	0.308		
热导率［W/(m·K)］	18.2	48.1	46.9	45.2	42.3	39.4	35.6	31.0
			46.5	44	41.4	38.1	35.2	31.8
热扩散率 a(×10⁻⁶m²/s)	11.7	11.2	10.3	9.2	8.3	7.0	5.6	—
电阻率（×10⁶Ω·m）	0.132	—	0.320	0.416	0.502	0.618	0.770	0.977
比热容 c［J/(kg·℃)］	—	—	578	624	649	716	804	—
	—	469	481	—	523	—	574	
线膨胀系数（×10⁻⁶℃⁻¹）	—	11.7	12.43	13.13	13.67	14.10	14.47	14.76
	—	11.59	12.32	13.09	13.71	14.18	14.67	15.08

① 450℃时对应的弹性模量值。

2. 许用应力

45 碳钢的许用应力见表 7-31。

表 7-31　　　　　　　　　　　45 碳钢许用应力和高温性能　　　　　　　　　　（MPa）

σ_s	σ_b	指标	不同温度（℃）下的强度值										
（MPa）			≤20	100	150	200	250	300	350	400	425	450	475
—	—	$R_{p0.2}$	284	255	245	226	206	186	172	162	—	152	—
—	—	σ_{10}^5	—	—	—	—	—	—	—	170	127	91	61
284	569	许用应力	178	160	153	141	128	117	107	101	85	61	40

3. 常规力学性能

45 碳钢不同热处理和尺寸钢坯力学性能见表 7-32 和表 7-33，多炉样品力学性能统计结果见表 7-34，高温力学性能见表 7-35，淬火和正火后回火温度对力学性能的影响如图 7-3 所示。低温力学性能变化如图 7-4 所示，淬火后回火温度对硬度的影响如图 7-5 所示。

表 7-32　　　　　　　　　　45 碳钢不同直径钢坯的力学性能

热处理制度	直径（mm）	取样部位	$R_{p0.2}$	R_m	A	Z	A_{KV}	布氏硬度（HB）
			（MPa）		（%）		（J/cm²）	
840℃加热淬盐水 500℃回火	12.5	中心	1010	1080	14.5	59.0	—	308
	25	中心	745	960	18.5	61.0	159	274
	50	中心	615	920	21.5	57.5	110	255
	100	中心	505	820	20.0	57.0	102	230
	100	R/2	525	845	23.5	57.5	105	241
840℃加热淬盐水 575℃回火	12.5	中心	790	880	21.0	63.0	—	259
	25	中心	620	840	23.5	65.0	174	241
	50	中心	525	835	23.5	61.0	167	229
	100	中心	425	745	25.0	62.5	122	218
	100	R/2	485	815	26.0	63.5	115	229
840℃加热淬盐水 650℃回火	12.5	中心	670	760	25.5	67.0	—	227
	25	中心	555	755	26.5	68.0	162	220
	50	中心	470	755	27.0	63.5	178	208
	100	中心	375	645	31.0	65.5	123	188
	100	R/2	420	670	30.0	66.0	102	191

表 7-33　　　　　　　　　45 碳钢进行不同热处理工艺后的力学性能

热处理制度	$R_{p0.2}$	R_m	A	Z	A_{KV}(J/cm²)	布氏硬度（HB）	$\tau_{0.3}$	τ_b
	（MPa）		（%）				MPa	
850℃正火	377	624	26.4	55.0	89.1	175	—	—
840℃水淬 560℃回火	501	710	23.6	65.1	152	216		
	539	737	24.5	62.4	145	206		
	515	759	25.2	63.7	161	223		
840℃水淬 510℃回火	716	934	17.9	52.9	99.5	254	528	829
840℃水淬 450℃回火	803	970	11.8	46.8	70	313	—	—

表 7-34   **45 碳钢力学性能统计结果**

热处理制度	材料规格（mm）	$\lg R_{p0.2}$	$R_{p0.2}$	$\lg R_m$	R_m	子样数（炉）
820℃正火	$\phi 28\sim30$	2.6206 $S=0.0200$	418 $S=19$	2.8298 $S=0.0162$	676 $S=25$	103

表 7-35   **45 碳钢高温力学性能**

温度（℃）	$R_{p0.2}$	R_m	A_{5d}	Z	$A_{KV}(J/cm^2)$
	（MPa）		（%）		
20	366	639	22.2	49.6	47
100	338	605	16.0	49.6	63
200	357	702	10.3	36.0	65
300	263	728	22.3	44.5	68
400	229	573	21.3	65.2	56
450	215	489	20.5	67.0	50
500	179	383	23.5	67.0	40
550	125	312	28.5	76.5	38
600	78	222	33.5	90.4	60

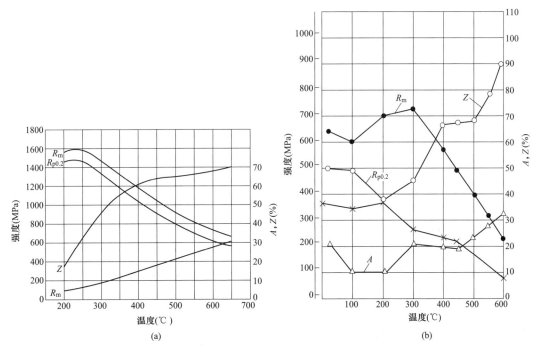

图 7-3 45 碳钢回火温度与力学性能的关系

（a）850℃水淬；（b）920℃正火

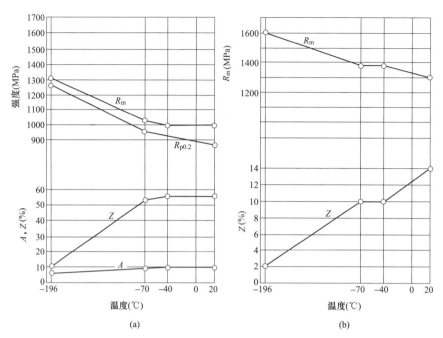

图 7-4　45 碳钢的低温力学性能（850℃水淬火＋550℃回火）

（a）光滑试样；（b）缺口试样

4. 冲击韧性

45 碳钢淬火后回火温度对冲击韧性的影响如图 7-6 所示。低温冲击韧性及脆性转变温度（FATT）见表 7-36。

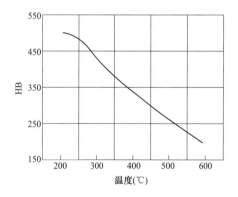

图 7-5　45 碳钢的硬度与回火温度的
关系（850℃水淬）

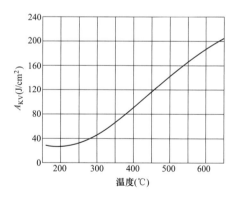

图 7-6　45 碳钢冲击韧性与回火温度的
关系（850℃水淬）

表 7-36　　　　　　　45 碳钢低温冲击韧性和 FATT（850℃水淬＋510℃回火）

温度（℃）	KV（J）			晶状断面面积（％）			$FATT$（℃）
−40	28	22	26	77.9	72.0	73.7	
−30	28	30	25	67.1	68.0	63.0	
−20	32	29	31	52.7	58.4	62.4	14
0	36	33	34	49.9	55.0	59.5	
10	48	48	42	42.2	40.9	39.1	

5. 持久强度与蠕变极限

45 碳钢高温持久和蠕变极限见表 7-37。

表 7-37　　　　　900℃正火 45 碳钢持久强度和蠕变极限　　　　　（MPa）

温度（℃）	δ	τ	δ_{10}^{4}	δ_{10}^{5}
400	113	83	250	190
450	76	44	140	97
500	41	28	70	44
550	24	18	—	—
600	—	8	—	—

6. 断裂特性

45 碳钢断裂韧性见表 7-38，疲劳裂纹扩展速率见表 7-39，J_R 阻力曲线结果见表 7-40。

表 7-38　　　　　　　　　45 碳钢的断裂韧性

化学成分（W_t%）		热处理制度	K_{Ic}(MPa·m$^{1/2}$)	$R_{p0.2}$(MPa)	HRC	A_{KV}(J/cm^2)
C	Mn	840℃ 15min，盐 水 淬 火 14min 油冷 360℃ 28min 回火	63.0～64.8	—1550	45～47	26～30
0.45	0.5～0.8					

注　三点弯曲试样尺寸 12mm×24mm×96mm。

表 7-39　　　　　　　　　45 碳钢的疲劳裂纹扩展速率

热处理制度	试 验 结 果
850℃正火	$da/dN = 1.04 \times 10^{16}$
840℃水淬 560℃回火	$da/dN = 4.55 \times 10^{-9}$

表 7-40　　　　　　　　　45 碳钢 J_R 阻力曲线结果

热处理制度	试样尺寸（mm）	试 验 结 果
850℃正火	20×24×96	$J_{Ic} = 38.0$ 最大偏差 6.90
840℃水淬 560℃回火	20×24×96	$J_R = 58.9 + 455\Delta u \pm 24.8$（N/mm）
		$J_I = 77.3$（N/mm）
		$J_{0.05} = 100$（N/mm）
		$J_{0.2} = 168$（N/mm）

7. 疲劳性能

45 钢旋转弯曲疲劳 P-σ-N 曲线如图 7-7 和图 7-8 所示。

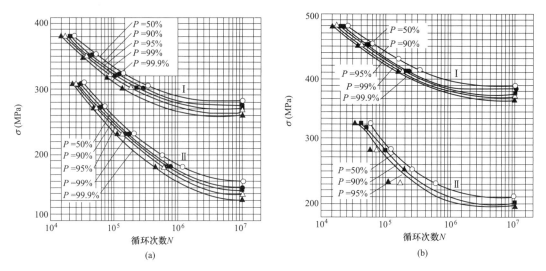

图 7-7 45 碳钢 $P\text{-}\sigma\text{-}N$ 曲线（Ⅰ—漏斗形试样；Ⅱ—缺口试样）

（a）正火状态（850℃正）；（b）调质状态（850℃水淬＋560℃回火）

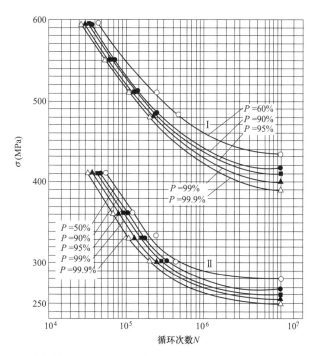

图 7-8 45 碳钢梅花试样 $P\text{-}\sigma\text{-}N$ 曲线（Ⅰ—圆柱形试样；Ⅱ—缺口试样）

7.2.6　40NCD7.03、40CrNi2Mo

7.2.6.1　用途

40NCD7.03 钢及其类似牌号 40CrNi2Mo 钢引用的相关标准如下。

- RCC-M M2312-2007 Forged Nickel-Chromium-Moybdenum Alloy Steel Bars with or without Vanadium，Used in Making Bolts and Coolant Pumps for Pressurized Water Nuclear Reactor Vessels

● NB/T 20006.14—2010 压水堆核电厂用合金钢　第 14 部分：1 级设备螺栓紧固件用含钒或不含钒的镍-铬-钼钢锻件

7.2.6.2　技术条件

40NCD7.03 钢和 40CrNi2Mo 钢的化学成分和力学性能分别见表 7-41 及表 7-42。

表 7-41　　　　　　　　　　　　**40NCD7.03 钢和 40CrNi2Mo 钢的化学成分 W_t**　　　　　　（%）

元　素		C	Mn	P	S	Si
40NCD7.03	熔炼分析	0.37～0.44	0.70～0.90	≤0.020	≤0.010	≤0.35
(RCC-M M2312-2007)	成品分析	0.35～0.46	0.65～0.95	≤0.025	≤0.015	≤0.35
40CrNi2Mo	熔炼分析	0.37～0.44	0.70～0.90	≤0.020	≤0.010	≤0.35
(NB/T 20006.14—2010)	成品分析	0.35～0.46	0.65～0.95	≤0.025	≤0.015	≤0.35

元　素		Ni	Cr	Mo	Cu
40NCD7.03	熔炼分析	1.65～2.00	0.70～0.95	0.30～0.40	≤0.20
(RCC-M M2312-2007)	成品分析	1.60～2.05	0.65～1.00	0.28～0.42	≤0.20
40CrNi2Mo	熔炼分析	1.65～2.00	0.70～0.95	0.30～0.40	≤0.20
(NB/T 20006.14—2010)	成品分析	1.60～2.05	0.65～1.00	0.28～0.42	≤0.20

表 7-42　　　　　　　　　　　　**40NCD7.03 钢和 40CrNi2Mo 钢的力学性能**

试验项目		拉　　伸							
试验温度（℃）		室温				300		350	
性能指标		$R_{p0.2}$ (MPa)	R_m (MPa)	A_{5d} (%)	Z (%)	$R_{p0.2}^t$ (MPa)	R_m (MPa)	$R_{p0.2}^t$ (MPa)	R_m (MPa)
40NCD7.03	A 级	≥830	≥930	≥13	≥45	≥695	≥900	—	—
(RCC-M M2312-2007)	C 级	≥965	≥1070	≥12	≥40	—	—	—	—
	B 级	900	1000～1170	≥12	≥45	—	—	—	—
40CrNi2Mo	A 级	≥830	≥930	≥13	≥45	≥695	≥900	—	—
(NB/T 20006.14—2010)	B 级	≥900	1000～1170	≥12	≥40	—	—	≥720	≥920
	C 级	≥965	≥1070	≥11	≥40	—	—	≥774	—

试验项目		KV					布氏硬度
试验温度（℃）		0			20		室温
性能指标		KV 最小单个值 (J)	KV 最小平均值[①] (J)	侧向膨胀最小值 (mm)	KV 最小单个值[①] (J)	侧向膨胀最小值 (mm)	HB
40NCD7.03	A 级	64		0.64	—	—	277～352
(RCC-M M2312-2007)	C 级	60		0.64	—	—	311～401
	B 级	36	48	—	64	0.64	302～375
40CrNi2Mo	A 级	64		0.64	—	—	277～352
(NB/T 20006.14—2010)	B 级	36	48	—	64	0.64	302～375
	C 级	60		0.64	—	—	311～401

① 每组 3 块试样中，至多 1 个结果低于规定的平均值方可接受。

7.2.6.3 工艺要求

1. 冶炼

应采用电炉或其他技术相当的冶炼工艺炼钢。

2. 锻造

为了清除缩孔和大部分的偏析，钢锭应保证足够的切除量。总锻造比应大于3。

3. 机械加工

在热处理前，应尽可能加工至交货件的外形。所允许的最大壁厚尺寸（半径）为30mm。如果外形尺寸不能直接通过锻造而达到，则由粗加工制得。

性能热处理后和最终超声波检测前，部件应机加工至交货状态的外形。所达到的表面糙度应能保证无损检测的结果足够精确。

4. 热处理

部件应以固溶热处理状态交货。固溶热处理温度在1050～1150℃之间。部件以水淬的方式进行固溶热处理。

为了保证有效的冷却，部件或以旋转方式浸入水中，或以固定方式浸入强制循环的水中。应在850～870℃之间进行稳定化热处理，保温时间为12～24h。

热处理期间，部件应以垂直方向悬吊。保温后的冷却速度不得超过50℃/h，直到温度达到150℃为止。应用放置在部件上的热电偶测量温度。热电偶置于炉料的不同位置，每一部件至少放置1支热电偶。如果炉料仅为1个部件，则至少放置2支热电偶。

7.2.6.4 性能资料

1. 物理性能

40NCD7.03钢的热导率见表7-43、热扩散率见表7-44、线膨胀系数见表7-45、弹性模量见表7-46。

表 7-43						40NCD7.03 钢的热导率						[W/(m·K)]	
温度（℃）	20	50	100	150	200	250	300	350	400	450	500	550	600	650
热导率	32.8	32.7	32.5	32.3	32.2	32	31.9	31.7	31.6	31.4	31.3	31.1	31	30.8

表 7-44						40NCD7.03 钢的热扩散率						($\times 10^{-6}$ m²/s)	
温度（℃）	20	50	100	150	200	250	300	350	400	450	500	550	600	650
热扩散率	8.83	8.69	8.57	8.16	7.9	7.66	7.42	7.15	6.83	6.52	6.18	5.83	5.47	5.08

表 7-45		40NCD7.03 钢的线膨胀系数								($\times 10^{-6}$ ℃$^{-1}$)
温度（℃）		20	50	100	150	200	250	300	350	400	450
线膨胀系数	A	11.22	11.63	12.32	12.86	13.64	14.27	14.87	14.43	15.97	16.49
	B	11.22	11.45	11.79	12.14	12.47	12.78	13.08	13.40	13.72	14.02

注　系数 A 为所处温度的热膨胀系数$\times 10^{-6}$℃$^{-1}$或$\times 10^{-6}$K^{-1}；系数 B 为在20℃与所处温度之间的平均热膨胀系数$\times 10^{-6}$℃$^{-1}$或$\times 10^{-6}$K^{-1}。

表 7-46						40NCD7.03 钢的弹性模量							（GPa）
温度（℃）	0	20	50	100	150	200	250	300	350	400	450	500	550	600
弹性模量	205	204	203	200	197	193	189	185	180	176	171	166	160	155

2. 许用应力

40NCD7.03 钢的基本许用应力强度值见表 7-47。

表 7-47　　　　ϕ≤300mm 的锻棒在不同温度下的基本许用应力强度值　　　　（MPa）

级别	20℃时 最小 R_e	20℃时 最小 R_m	20℃时 S_y	20℃时 S_u	在下列温度（℃）时的基本许用应力强度值 S_m									
					50	100	150	200	250	300	340	350	360	370
A 级	830	930	827	931	273	262	254	248	241	232	222	220	217	217
C 级	965	1070	965	1069	318	306	297	288	280	271	261	258	254	250

3. 常规力学性能

40NCD7.03 钢的在不同温度下的屈服强度见表 7-48。

表 7-48　　　　ϕ≤300mm 的锻棒在不同温度下的屈服强度值　　　　（MPa）

级别	20℃最 小 R_e	20℃最 小 R_m	20℃ S_y	20℃ S_u	在下列温度（℃）时的屈服强度值 S_y									
					50	100	150	200	250	300	340	350	360	370
A 级	830	930	827	931	819	786	762	744	723	696	660	660	651	651
C 级	965	1070	965	1069	954	918	891	864	840	813	783	774	762	750

4. 疲劳特性

40NCD7.03 钢的疲劳曲线如图 7-9 所示，其中各数据点值见表 7-49。

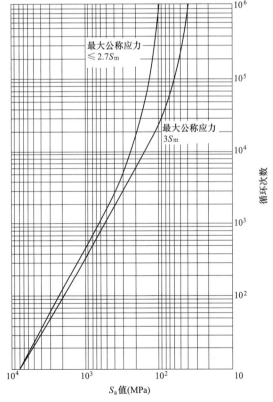

注：$E=20.7×10^4$ MPa

图 7-9　40NCD7.03 钢的疲劳曲线

表 7-49　　　　　　　　　　　**40NCD7.03 钢疲劳曲线中的各数据点值**

循环次数（周）	10	20	50	10^2	200	500	10^3	2000	5000
$\sigma_{nom} \leqslant 2.7S_m$	7930	5240	3100	2205	1550	985	690	490	310
$\sigma_{nom} = 3S_m$	7930	5240	3100	2070	1410	840	560	380	230
循环次数（周）	10^4	2×10^4	5×10^4	10^5	2×10^5	5×10^5	10^6	—	—
$\sigma_{nom} \leqslant 2.7S_m$	235	185	152	131	117	103	93	—	—
$\sigma_{nom} = 3S_m$	155	103	72	58	49	41	37	—	—

7.2.7　X6CrNiMo16.4、05Cr16Ni4Mo

7.2.7.1　用途

X6CrNiMo16.04 钢用于制造反应堆压力容器、蒸汽发生器、稳压器等设备的螺栓和主蒸汽隔离阀阀杆用棒材。X6CrNiMo16.04 钢及其类似牌号 05Cr16Ni4Mo 钢引用的相关标准如下。

● RCC-M M5110-2007 Rolled or Forged Bars for The Manufacture of Class 1，2 and 3 Bolts and Drive Rods

● NB/T 20008.12—2010 压水堆核电厂用其他材料 第 12 部分：1、2、3 级设备螺栓、螺母用锻、轧棒

7.2.7.2　技术条件

X6CrNiMo16.04 钢和 05Cr16Ni4Mo 钢的化学成分和力学性能分别见表 7-50 和表 7-51。

表 7-50　　　　　**X6CrNiMo16.04 钢和 05Cr16Ni4Mo 钢的化学成分 W_t**　　　　　（%）

元素		C	Si	Mn	P[①]
X6CrNiMo16.04 （RCC-M M5110-2007）	熔炼分析和成品分析	≤0.07	≤1.00	≤1.50	≤0.025[①]
05Cr16Ni4Mo （NB/T 20008.12—2010）	熔炼分析和成品分析	≤0.07	≤1.00	≤1.50	≤0.025[②]
元素		S[①]	Cr	Ni	Mo
X6CrNiMo16.04 （RCC-M M5110-2007）	熔炼分析和成品分析	≤0.020[①]	15.00～17.00	3.50～5.00	0.70～1.50
05Cr16Ni4Mo （NB/T 20008.12—2010）	熔炼分析和成品分析	≤0.020[②]	15.00～17.00	3.50～5.00	0.70～1.50

① 对成品分析，最大含量可增加 0.005%。

② 用于螺母的钢棒成品分析时，其最大允许值可增加 0.005%。

表 7-51　　　　　**X6CrNiMo16.04 钢和 05Cr16Ni4Mo 钢的力学性能**

试验项目	拉　　伸					KV
试验温度（℃）	室温				350	0
性能指标	$R_{p0.2}$(MPa)	R_m(MPa)	A_{5d}(%)	Z(%)	$R^t_{p0.2}$(MPa)	最小平均值（J）
X6CrNiMo16.04 （RCC-M M5110-2007）	≥700	900～1050	≥16	≥45[①]	≥585	60
05Cr16Ni4Mo （NB/T 20008.12—2010）[①]	≥700	900～1050	≥16	≥45[②]	≥585	≥60[③]

① 对 1 级棒材，力学性能要求适用于直径≤250mm 的棒材。

② 仅对 1 级设备螺栓用棒材。

③ 所列规定值为一组试样的平均值；一组试样中仅允许一个低于平均值，且不低于平均值的 70%。

7.2.7.3　工艺要求

1. 冶炼

应采用电炉炼钢或其他技术相当的冶炼工艺冶炼，并镇静及真空脱气。

2. 锻造

为了消除缩孔和大部分的偏析，钢锭应保证足够的切除量。总锻造比应不大于 3。

3. 机械加工

（1）性能热处理前。部件粗加工外形应尽可能接近交货状态外形。轴的半径上最大允许余量为 30mm。如果通过锻造不能直接得到该外形，可通过机械加工获得。

（2）性能热处理后。部件应在最终超声波检测前加工至交货状态外形。

4. 交货状态——热处理

锻件应以热处理状态交货。该热处理即性能热处理，包括以下工序：

（1）奥氏体化。

（2）水淬或油淬。

（3）为达到要求的性能，选择某一温度进行回火，随后随炉冷却。

应采用放置在锻件上的热电偶测量温度。每个锻件至少放置 1 个热电偶，对只有 1 个锻件的材料，要至少放置 2 个热电偶。

7.2.8　X6CrNiCu17.04、05Cr17Ni4Cu4Nb

7.2.8.1　用途

X6CrNiCu17.04 钢及其类似牌号 05Cr17Ni4Cu4Nb 钢引用的相关标准如下。

● RCC-M M5110-2007 Rolled or Forged Bars for The Manufacture of Class 1，2 And 3 Bolts And Drive Rods

● NBT 20008.12-2010 压水堆核电厂用其他材料 第 12 部分：1、2、3 级设备螺栓、螺母用锻、轧棒

7.2.8.2　技术条件

X6CrNiCu17.04 及其近似牌号 05Cr17Ni4Cu4Nb 钢的化学成分和力学性能分别见表 7-52～表 7-54。

表 7-52　　　　　　　X6CrNiCu17.04 钢及 05Cr17Ni4Cu4Nb 钢的化学成分 W_t　　　　　（%）

元　素		C	Si	Mn	P	S
X6CrNiCu17.04 (RCC-M M5110-2007)	熔炼分析和成品分析	≤0.070	≤1.00	≤1.00	≤0.025①	≤0.020①
05Cr17Ni4Cu4Nb (NB/T 20008.12—2010)	熔炼分析和成品分析	≤0.07	≤1.00	≤1.00	≤0.025②	≤0.020②

元　素		Cr	Ni	Cu	V
X6CrNiCu17.04 (RCC-M M5110-2007)	熔炼分析和成品分析	15.50～17.50	3.00～5.00	3.00～5.00	0.15～0.45
05Cr17Ni4Cu4Nb (NB/T 20008.12—2010)	熔炼分析和成品分析	15.50～17.50	3.00～5.00	3.00～5.00	0.15～0.45

① 对成品分析，最大含量可增加 0.005%。

② 用于螺母的钢棒成分分析时，其最大允许值可增加 0.005%。

表 7-53   **X6CrNiCu17.04 钢和 05Cr17Ni4Cu4Nb 钢的力学性能**

试验项目				拉　　伸					KV[①]	
试验温度（℃）				室温				350	0	
性能（直径≤200mm）				$R_{0.02}$ (MPa) ≥	R_m (MPa) ≥	A_{5d} (%) ≥	$Z(\%)$[①] ≥	$R_{0.002}^t$ (MPa) ≥	最小单个值 (J)	侧向膨胀值 (mm) ≥
X6CrNiCu17.04 (RCC-M M5110-2007)	固溶热处理[③]			—	—	—	—	—	—	—
	时效硬化	螺钉类	A级	790	960	14	45	630	60	0.64
		阀杆	A级	790	960	14	35	630	60	—
		阀杆 B级		720	930	16	35	580	60	—
05Cr17Ni4Cu4Nb (NB/T 20008.12—2010)	固溶热处理[③]			—	—	—	—	—	—	—
	沉淀硬化	螺钉 A级		790	960	14	45	630	60	0.64

试验项目				KV[②]	直径<10mm，洛氏硬度（HRC）		直径≥10mm，布氏硬度（HBW）	
试验温度（℃）				0	室温		室温	
性能（直径≤200mm）				最小单个值（J）	平均值	单个值	平均值	单个值
X6CrNiCu17.04 (RCC-M M5110-2007)	固溶热处理[③]			—	—	≤38	—	≤363
	时效硬化	螺钉类	A级	40	—	≥32	—	≥302
		阀杆	A级	40	—	≥32	—	≥302
		阀杆 B级		40	—	≥28	—	≥277
05Cr17Ni4Cu4Nb (NB/T 20008.12—2010)	固溶热处理[③]			—	≤38	—	≤363	—
	沉淀硬化	螺钉 A级		40	≥32	—	≥302	—

① 仅对 1 级设备棒材。

② 仅对 2、3 级设备棒材。

③ 仅针对以固溶状态交货的棒材。

表 7-54   **05Cr17Ni4Cu4Nb 的室温力学性能**

材料牌号（技术条件）	热处理		$R_{p0.2}$ (MPa)	R_m (MPa)	A (%)	Z (%)	HBW	HRC
05Cr17Ni4Cu4Nb (GB/T 1220—2007)	沉淀硬化	480℃ 时效	≥1180	≥1310	≥10	≥40	≥375	≥40
		550℃ 时效	≥1000	≥1070	≥12	≥45	≥331	≥35
		580℃ 时效	≥865	≥1000	≥13	≥45	≥302	≥31
		620℃ 时效	≥725	≥930	≥16	≥50	≥277	≥28

7.2.8.3　工艺要求

1. 冶炼

应采用电炉炼钢或其他技术相当的冶炼工艺冶炼，并镇静及真空脱气。

2. 锻造

为了消除缩孔和大部分的偏析，钢锭应保证足够的切除量。总锻造比应不大于 3。

3. 机械加工

性能热处理前，部件粗加工外形应尽可能接近交货状态外形。轴的半径上最大允许余量为 30mm。如果通过锻造不能直接得到该外形，可通过机械加工获得。

性能热处理后，部件应在最终超声波检测前加工至交货状态外形。

4. 交货状态——热处理

锻件应以热处理状态交货。该热处理即性能热处理，包括以下工序：

（1）奥氏体化。

（2）水淬或油淬。

（3）为达到要求的性能，选择某一温度进行回火，随后随炉冷却。

（4）应采用放置在锻件上的热电偶测量温度。每个锻件至少放置 1 个热电偶，对只有 1 个锻件的材料，要至少放置 2 个热电偶。

7.2.8.4　性能资料

1. 物理性能

X6CrNiCu17.04 钢的热导率见表 7-55，热扩散率见表 7-56，线膨胀系数见表 7-57，弹性模量见表 7-58。

表 7-55   **X6CrNiCu17.04 钢的热导率**   [W/(m·K)]

温度（℃）	20	50	100	150	200	250	300
热导率	22.7	23.1	23.9	24.7	25.5	26.3	27.1

温度（℃）	350	400	450	500	550	600	650
热导率	27.9	28.7	29.5	30.3	31.1	31.9	32.7

表 7-56　　　　　　　　X6CrNiCu17.04 钢的热扩散率　　　　　（×10^{-6}m^2/s）

温度（℃）	20	50	100	150	200	250	300	350	400	450	500	550	600	650
热扩散率	6.24	6.9	6.13	6.09	6.04	5.99	5.96	5.94	5.90	5.85	5.82	5.85	5.92	6.09

表 7-57　　　　　　　　X6CrNiCu17.04 钢的线膨胀系数　　　　　（×10^{-6}℃$^{-1}$）

温度（℃）	系数	20	50	100	150	200	250	300	350	400	450
线膨胀系数	A	9.42	9.77	10.36	10.89	11.41	11.87	12.35	12.66	12.98	13.47
	B	9.42	9.6	9.96	10.20	10.44	10.69	10.95	11.19	11.40	11.59

注　系数 A 为所处温度的热膨胀系数×10^{-6}℃$^{-1}$或×10^{-6}K^{-1}；系数 B 为在 20℃与所处温度之间的平均热膨胀系数×10^{-6}℃$^{-1}$或×10^{-6}K^{-1}。

表 7-58　　　　　　　　X6CrNiCu17.04 钢的弹性模量　　　　　（GPa）

温度（℃）	0	20	50	100	150	200	250	300
弹性模量	216.5	215.4	213	209.4	206	201.8	197.5	193.5

温度（℃）	350	400	450	500	550	600
弹性模量	189	184.5	179	173.5	167	

05Cr17Ni4Cu4Nb 钢的物理性能见表 7-59，衰减性能见表 7-60。

表 7-59　　　　　　　　05Cr17Ni4Cu4Nb 钢的物理性能

项　　目	室温	100℃	200℃	300℃	400℃	500℃	600℃
密度（kg/m^3）	7.78	—	—	—	—	—	—
弹性模量 E（GPa）	213	210	205	198	190	—	—
剪切模量 G（GPa）	77.3	—	—	—	—	—	—
泊桑比 μ	0.27	—	—	—	—	—	—
比热容 C［J/(kg·K)］	502①	—	—	—	—	—	—
热导率 λ［W/(m·K)］	15.9	17.2	18.8	20.1	21.4	23.0	—
线膨胀系数 α（10^{-6}K^{-1}）（与20℃之间）	—	11.10	11.50	11.78	12.20	12.58	12.74

① 480℃时效状态。

表 7-60　　　　　　　　05Cr17Ni4Cu4Nb 钢的衰减性能

热处理	试验方法	应力（MPa）	对数衰减率（×10^2）	热处理	试验方法	应力（MPa）	对数衰减率（×10^2）
1038℃1h 空冷 816℃0.5h 空冷 595℃5h 空冷	电磁激振 自由衰减法， 单臂弯曲 振动	32.05	0.133	1038℃1h 空冷 816℃0.5h 空冷 595℃5h 空冷	电磁激振 自由衰减法， 单臂弯曲 振动	72.52	0.212
		41.45	0.137			73.89	0.177
		45.77	0.162			81.63	0.197
		50.77	0.144			86.24	0.213
		51.06	0.174			92.32	0.182
		53.51	0.179			95.06	0.197
		70.36	0.205			107.21	0.229

2. 许用应力

X6CrNiCu17.04 钢的基本许用应力强度值见表 7-61。

表 7-61　　　　　X6CrNiCu17.04 钢轧制或锻制棒的基本许用应力强度值　　　　　（MPa）

级别	20℃时最小 R_e	20℃时最小 R_m	20℃时 S_y	20℃时 S_u	在下列温度（℃）时的基本许用应力强度值 S_m									
					50	100	150	200	250	300	340	350	360	370
A 级	790	960	793	965	320	320	320	313	307	302	—	—	—	—
B 级	720	930	724	931	310	310	310	303	296	292	—	—	—	—

3. 常规力学性能

X6CrNiCu17.04 钢在不同温度时的屈服强度见表 7-62，不同温度时的抗拉强度见表 7-63。

表 7-62　　　　　X6CrNiCu17.04 钢轧制或锻制棒在不同温度时的屈服强度值　　　　　（MPa）

级别	68℉时最小 R_e	20℃时最小 R_m	20℃时 S_y	20℃时 S_u	在下列温度（℃）时的屈服强度值 S_y									
					50	100	150	200	250	300	340	350	360	370
A 级	790	960	793	965	773	729	702	678	660	651[①]	636[①]	630[①]	—	—
B 级	720	930	724	931	700	664	641	621	603	588[①]			—	—

① 温度≥300℃时，可短时间使用。

表 7-63　　　　　X6CrNiCu17.04 钢轧制或锻制棒在不同温度时的抗拉强度值　　　　　（MPa）

级别	20℃时最小 R_e	20℃时最小 R_m	20℃时 S_y	20℃时 S_u	在下列温度（℃）时的抗拉强度值 S_u									
					50	100	150	200	250	300	340	350	360	370
A 级	790	960	793	965	965	965	965	965	940	922	907[①]	—	—	—
B 级	720	930	724	931	931	931	931	931	908	889	877[①]	—	—	—

① 温度≥300℃时，可短时间使用。

05Cr17Ni4Cu4Nb 钢的室温拉伸性能列于表 7-64，高温拉伸性能分别见表 7-65、表 7-66。

表 7-64　　　　　　　　　05Cr17Ni4Cu4Nb 钢的室温力学性能

热处理制度	R_m（MPa）	$R_{p0.2}$（MPa）	A（%）	Z（%）	HRC	A_{KV}（J/cm²）
1040℃WC，（A 状态）	1030	755	12	45	HB363	—
1040℃WC，480℃×4hAC（H900）	1373	1275	14	50	44	—
1040℃WC，495℃×4hAC（H925）	1304	1207	14	54	42	—
1040℃WC，550℃×4hAC 火（H1025）	1167	1138	15	56	38	—
1040℃WC，580℃×4hAC（H1075）	1138	1030	16	58	36	—
1040℃WC，620℃×4hAC（H1150）	1000	862	19	60	33	—
1038℃×1hAC，649℃×4hAC	933	747	18	62	HB304	185
1038℃×1hAC，816℃×1hAC，605℃×5hAC	883	738	24	70	HB287	277

表 7-65　　经 1040℃×1h ＋640℃×4h 处理的 05Cr17Ni4Cu4Nb 钢的高温拉伸性能

热处理	试验温度（℃）	$R_{0.2}$(MPa)	R_m(MPa)	A(%)	Z(%)
1040℃×1h ＋640℃×4h	20	738	917	26	74
	80	733	858	24	75
	100	738	848	24	74
	200	716	794	21	73
	300	682	760	19	71
	350	662	745	16	71
	400	655	724	15	68
	500	569	584	20	71
	600	456	471	25	81

表 7-66　　　　　　　不同状态 05Cr17Ni4Cu4Nb 钢的高温拉伸性能

温度（℃）	试样状态	R_m(MPa)	$R_{0.2}$(MPa)	A(%)	Z(%)
315	H900	1190	1035	10	31
	H925	1135	1000	12	32
	H1025	1005	931	12	42
	H1075	980	910	9	38
	H1150	855	827	12	54
370	H900	1165	1005	8	25
	H925	1110	980	12	33
	H1025	979	903	10	38
	H1075	924	876	9	33
	H1150	827	786	12	52
425	H900	1115	972	10	21
	H925	1070	958	10	21
	H1025	945	982	11	39
	H1075	883	834	10	30
	H1150	800	772	13	43
480	H900	1025	910	10	30
	H925	1000	883	10	35
	H1025	869	814	12	30
	H1075	786	758	11	38
	H1150	752	717	13	51
540	H900	820	731	15	46
	H925	800	710	16	45
	H1025	731	696	15	43
	H1075	680	650	16	55
	H1150	660	640	15	55

0Cr17Ni4Cu4Nb 钢的冲击性能见表 7-67。

表 7-67　　　　　　　　　　　　05Cr17Ni4Cu4Nb 钢的系列冲击性能

热处理制度	试验温度（℃）	KV(J)			FATT(℃)
1040℃×1h AC，640℃×4h AC	100	153	166		−65
	60	141	156		
	20	139	140		
	0	128	119	137	
	−10	131	—	—	
	−20	114	137	147	
	−60	78	69	62	
	−70	92	78	57	
	−80	41	33	31	
	−90	26	20	17	
	液氮	7	5	5	
1038℃×1h AC，816℃×0.5h AC，595℃×5h AC	0	166	166		−88
	−20	166	150		
	−40	150	155		
	−60	118	105	110	
	−70	88	100	105	
	−80	64	71	75	
	−90	54	55	58	
	−100	48	48	49	
	−110	41	43	49	
	−120	30	31	35	
	−195	30	28	33	

4. 疲劳特性

X6CrNiCu17.04 钢的疲劳曲线如图 7-10 所示，其中各数据点值见表 7-68。

表 7-68　　　　　　　　　　　X6CrNiCu17.04 钢的疲劳曲线中各数据点值

循环次数（周）	10	20	50	10^2	200	500	10^3	2000	5000
$\sigma_{nom} \leqslant 2.7S_m$	7930	5240	3100	2205	1550	985	590	490	310
$\sigma_{nom} = 3S_m$	7930	5240	3100	2070	1410	840	560	380	230
循环次数（周）	10^4	2×10^4	5×10^4	10^5	2×10^5	5×10^5	10^6	—	—
$\sigma_{nom} \leqslant 2.7S_m$	235	185	152	131	117	103	93	—	—
$\sigma_{nom} = 3S_m$	155	103	72	58	49	41	37	—	—

05Cr17Ni4Cu4Nb 钢的疲劳性能分别见表 7-69～表 7-71，在不同介质和试验条件下的疲劳行为分别如图 7-11～图 7-13 所示。

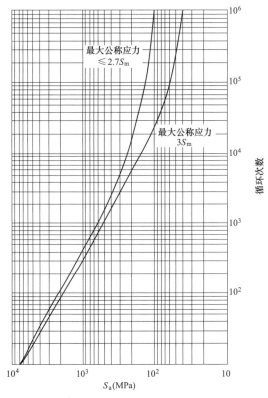

注：$E = 20.7 \times 10^4 \mathrm{MPa}$

图 7-10　X6CrNiCu17.04 钢的疲劳曲线

表 7-69			05Cr17Ni4Cu4Nb 钢的室温旋转弯曲疲劳性能		
热处理	应力（MPa）	循环次数 N（周）	热处理	应力（MPa）	循环次数 N（周）
1038±13℃1h空 （≥14℃/min） +649±5℃4h空冷	444	>10⁷	1038±13℃1h空 （≥14℃/min） +649±5℃4h空冷	493	9.5×10^5
	468	>2.26×10^7		518	7.3×10^5
	468	>10⁷		545	2.1×10^5
	468	>10⁷		570	3.85×10^5
	468	>10⁷		570	2.38×10^5
	468	>10⁷		600	1.15×10^5

表 7-70			05Cr17Ni4Cu4Nb 钢的室温拉压疲劳			
热处理	应力比 $R=\infty$		应力比 $R=2$		应力比 $R=3$	
	σ（MPa）	循环次数（周）	σ（MPa）	循环次数（周）	σ（MPa）	循环次数（周）
1038±13℃1h 空冷 （≥14℃/min）+ 649±5℃4h 空冷	568	1.96×10^5	480	5.7×10^4	314	7.1×10^4
	539	3.7×10^5	441	2.8×10^5	284	8.8×10^4
	514	6.29×10^5	412	9.89×10^5	269	1.24×10^5
	490	1.46×10^5	382	6.02×10^5	255	9.75×10^5
	470	1.618×10^5	363	1.96×10^5	245	7.09×10^5
	451	5.6×10^6	363	5.64×10^5	235	1.494×10^6
	441	>1.1019×10^6	353	>1.08×10^7	225	4.08×10^5
	441	>1×10^7	—	—	225	>1.045×10^7

续表

热处理	应力比 $R=\infty$		应力比 $R=2$		应力比 $R=3$	
	σ（MPa）	循环次数（周）	σ（MPa）	循环次数（周）	σ（MPa）	循环次数（周）
1038±13℃1h 空冷（≥14℃/min）+816±5℃0.5h 空冷（≥14℃/min）+605±5℃5h 空冷	490[①]	≥4.726×10⁶	471	0.391×10⁶	294	0.247×10⁶
	471	≥1×10⁷	451	0.861×10⁶	279	0.249×10⁶
	500	0.137×10⁶	431	1.213×10⁶	265	≥1×10⁷
	490	≥1×10⁷	402	≥1×10⁷	279[②]	≥0.216×10⁶
	510	0.7835×10⁶	422	≥1×10⁷	279	≥1×10⁷
	490	3.672×10⁴	422	≥1×10⁷	294	6.522×10⁶
	441	≥1.1019×10⁶	353	≥1.08×10⁷	225	4.08×10⁵
	471	≥1×10⁷	—	—	—	—
	471	≥1×10⁷	—	—	—	—
	490	2.613×10⁶	—	—	—	—
	530	0.9631×10⁵				

① 断在螺纹尖头上。

② 中途停电，未继续试验。

表 7-71   **05Cr17Ni4Cu4Nb 钢的条件腐蚀疲劳极限**

热 处 理	介质	σ_b(MPa)，指定寿命 10^7
1038±13℃1h 空冷（≥14℃/min）+649±5℃4h 空冷	22%NaCl 水溶液（80℃）	206
	大气	468
	3%NaCl 水溶液（80℃）	255
1038±13℃1h 空冷（≥14℃/min）+816±5℃0.5h 空冷（≥14℃/min）+605±5℃5h 空冷	3%NaCl 水溶液（80℃）	324

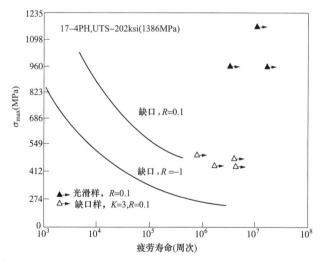

图 7-11   05Cr17Ni4Cu4Nb 钢的室温轴向疲劳曲线（H900 状态，纵向）

5. 断裂特性

05Cr17Ni4Cu4Nb 钢的疲劳裂纹扩展速率如图 7-14 所示，不同时效状态的 K_{IC} 和应力腐蚀临界应力场强度因子 K_{ISCC} 见表 7-72。

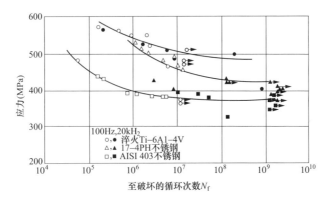

图 7-12　05Cr17Ni4Cu4Nb 钢在 80℃高纯水中在超声波频率和常规频率下的高周疲劳

（≤20×10⁻⁹O₂，载荷比＝－1）

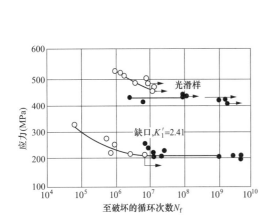

图 7-13　05Cr17Ni4Cu4Nb 钢缺口和光面棒
的高周疲劳性能

（开孔点为 100Hz，实心点为 20Hz）

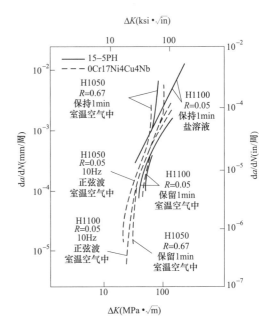

图 7-14　05Cr17Ni4Cu4Nb 钢（WOL 试样）在室温
空气中及 3.5％NaCl 溶液中的裂纹扩展速率

表 7-72　　　　　　　　　　　　　05Cr17Ni4Cu4Nb 钢的室温断裂韧性

牌　　号	状态	σ_b(MPa)	σ_s(MPa)	取向	K_{Ic}(MPa·m$^{1/2}$)	3.5％NaCl 中 K_{ISCC} (MPa·m$^{1/2}$)
05Cr17Ni4Cu4Nb 1040℃，空冷	H900	1380	1210	T—L	48	—
	H975	1230	1160	L—T	93	—
	H1100	972	883	T—L	153[①]	—
05Cr17Ni4Cu4Nb（真空冶炼）1040℃空冷	H900	1310	1170	L—T	53	—
	H900	1340	1210	—	57	57

① K_{Ic} (J)。

6. 腐蚀性能

（1）均匀腐蚀。05Cr17Ni4Cu4Nb 钢的均匀腐蚀行为见表 7-73 及表 7-74。

表 7-73　　　　　　05Cr17Ni4Cu4Nb 钢在一些介质中的均匀腐蚀率　　　　　$[g/(m^2 \cdot h)]$

试　样　状　态	5%H_2SO_4，沸腾 8h	1%H_2SO_4，室温 48h	40%HNO_3，沸腾 8h	1%HCl，30℃48h	8%CH_3COOH，沸腾 8h
退火态	178	4.58	0.25	0.51	0.83
	178	4.69	0.28	0.50	0.79
时效态	431	6.30	0.31	0.50	0.10
	427	6.27	0.27	0.49	0.15

表 7-74　　　　　　05Cr17Ni4Cu4Nb 钢在 260℃ 加压动水中的腐蚀

试　样　状　态	溶解气体量（mL/L）		pH	腐蚀率 $[mg/(dm^2 \cdot M)]$，已脱模
	O_2	H_2		
机加工，硬化	1～5	—	7	—20
机加工，硬化	<0.1	40～88	7	—100[1]
机加工，酸洗并硬化	0.1～0.4	—	7	—8[1]
机加工，酸洗并硬化	—	50	7	—90
机加工，酸洗并硬化	1～4	—	7	—12[1]

①阳离子腐蚀产物连续用离子交换纯化系统去除。

（2）应力腐蚀。05Cr17Ni4Cu4Nb 钢在 H_2S 环境中的应力腐蚀与钢的屈服强度的关系如图 7-15 所示。

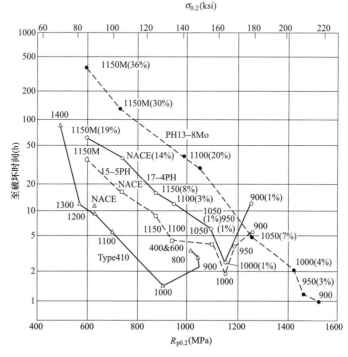

图 7-15　05Cr17Ni4Cu4Nb 钢在 345MPa 的饱和 H_2S 中应力腐蚀破裂时间与屈服强度的关系

注：1. 采用不同回火和时效工艺得到不同的屈服强度；2. 括弧中的数字为奥氏体含量；

3. 数字点侧的数字为 PH 钢的热处理条件。

7. 持久和蠕变性能

05Cr17Ni4Cu4Nb 钢的高温长时力学性能见表 7-75、表 7-76 和图 7-16。

表 7-75   05Cr17Ni4Cu4Nb 钢的持久强度和断裂塑性

试验温度（℃）	试样状态	断裂时间（h）	断裂应力（MPa）	A（%）	Z（%）
330	H925	100	1125	3	13
	H1075	100	945	3.5	4.5
	H1150	1000	850	5.5	17.5
	H925	1000	1005	2.5	12
	H1075	1000	925	3	14
	H1150	1000	840	4.5	16.5
370	H900	100	1075	3	7
	H925	100	1060	3	13.5
	H1075	100	869	4	15.5
	H1150	100	786	6.5	10
	H900	1000	1035	2	6
	H925	1000	1040	2.5	12.5
	H1075	1000	848	3.5	15
	H1150	1000	785	5.5	18
425	H900	100	965	4	8
	H925	100	883	3.5	13.5
	H1075	100	745	6	16
	H1150	100	689	6.5	25.5
	H900	1000	883	4	6
	H925	1000	834	4.5	13
	H1075	1000	710	5.5	15
	H1150	1000	650	6	20
480	H900	100	655	5	9
	H925	100	550	9	40
	H1075	1000	415	12	25
	H1150	1000	490	9	36

表 7-76   05Cr17Ni4Cu4Nb 钢的蠕变强度

试样状态	试验温度（℃）	$\sigma_b \times 10^{-2}$（MPa）	$\sigma_b \times 10^{-3}$（MPa）	$\sigma_{0.10} \times 10^{-3}$（MPa）	$\sigma_{0.01} \times 10^{-3}$（MPa）
H900	315	—	—	931	862
H900	330	1117	1082	—	—
H1075	330	945	924	—	—
H900	370	1076	1034	724	689
H1075	370	869	848	—	—
H900	425	965	883	414	296
H1075	425	757	710	—	—
H900	480	—	—	159	—

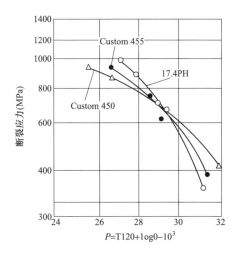

图 7-16 05Cr17Ni4Cu4Nb 钢拉尔森—米勒曲线

注：试样状态：1040℃×30min 油冷，480℃×4h 空冷。

7.2.9 Z6CN18.10、Z5CN18.10、Z6CND17.12、Z5CND17.12

7.2.9.1 用途

Z6CND17.12 钢及其类似牌号 06Cr17Ni12Mo2 钢引用的相关标准如下。

● RCC-M M3306-2007 Product Procurement Specification Class 1，2 and 3 Austenitic Stainless Steel Rolled or Forged Bars and Semi-Finished Products

● RCC-M M3308-2007 Strain Hardened Hot Worked Rolled or Forged Bars ≤ 50 mm in Diameter Made from Austenitic Stainless Steel Used for The Fabrication of Bolting Material for Reactor Internals

● NB/T 20007.14—2010 压水堆核电厂用不锈钢 第 14 部分：1、2、3 级奥氏体不锈钢锻轧棒

7.2.9.2 技术条件

Z6CN18.10、Z5CN18.10、Z6CND17.12、Z5CND17.12 钢分为非加工硬化型和加工硬化型两类，其化学成分见表 7-77、表 7-78，力学性能见表 7-79～表 7-81。

表 7-77　　　　　　　　Z6CN18.10、Z5CN18.10、Z6CND17.12、
Z5CND17.12 钢（非加工硬化）的化学成分 W_t （％）

元　素		C	Mn	P[①]	S[①]	Si	Ni
Z6CN18.10 (RCC-M M5110-2007)	熔炼分析 和成品分析	≤0.080	≤2.00	≤0.030	≤0.015	≤1.00	8.00~12.00
Z5CN18.10 (RCC-M M5110-2007)	熔炼分析 和成品分析	≤0.060	≤2.00	≤0.030	≤0.015	≤1.00	9.00~12.00
Z6CND17.12 (RCC-M M5110-2007)	熔炼分析 和成品分析	≤0.080	≤2.00	≤0.030	≤0.015	≤1.00	10.00~14.00
Z5CND17.12 (RCC-M M5110-2007)	熔炼分析 和成品分析	≤0.070	≤2.00	≤0.030	≤0.015	≤1.00	10.00~14.00

元　素		Cr	Mo	Cu	N	Co
Z6CN18.10 (RCC-M M5110-2007)	熔炼分析 和成品分析	17.00～20.00	—	—	—	—
Z5CN18.10 (RC-M M5110-2007)	熔炼分析 和成品分析	17.00～20.00	—	≤1.00	—	—
Z6CND17.12 (RCC-M M5110-2007)	熔炼分析 和成品分析	16.00～19.00	2.00～2.50	—	—	—
Z5CND17.12 (RCC-M M5110-2007)	熔炼分析 和成品分析	16.00～19.00	2.00～2.50	≤1.00	—	—

① 对成品分析，P、S 含量上限可增加 0.005%。

表 7-78　　　　Z6CN18.10、Z5CN18.10、Z6CND17.12、Z5CND17.12 钢

（加工硬化）的化学成分 W_t　　　　　　　（%）

元　素		C	Mn	P[①]	S[①]	Si	Ni
Z6CND17.12 (RCC-M M3308-2007)	熔炼分析 和成品分析	0.030～0.080	≤2.00	≤0.020	≤0.015	≤1.00	10.00～14.00
Z6CN18.10 (RCC-M M5110-2007)	熔炼分析和 成品分析	≤0.080	≤2.00	≤0.030	≤0.015	≤1.00	8.00～12.00
Z5CN18.10 (RCC-M M5110-2007)	熔炼分析和 成品分析	≤0.060	≤2.00	≤0.030	≤0.015	≤1.00	9.00～12.00
Z6CND17.12 (RCC-M M5110-2007)	熔炼分析 和成品分析	≤0.080	≤2.00	≤0.030	≤0.015	≤1.00	10.00～14.00
Z5CND17.12 (RCC-M M5110-2007)	熔炼分析和 成品分析	≤0.070	≤2.00	≤0.030	≤0.015	≤1.00	10.00～14.00

元　素		Cr	Mo	Cu	N	Co
Z6CND17.12 (RCC-M M3308-2007)	熔炼分析 和成品分析	16.00～18.00	2.25～3.00	≤1.00	—	≤0.20 （目标≤0.10）
Z6CN18.10 (RCC-M M5110-2007)	熔炼分析和 成品分析	17.00～20.00	—	—	—	—
Z5CN18.10 (RCC-M M5110-2007)	熔炼分析和 成品分析	17.00～20.00	—	—	—	—
Z6CND17.12 (RCC-M M5110-2007)	熔炼分析 和成品分析	16.00～19.00	2.00～2.50	—	—	—
Z5CND17.12 (RCC-M M5110-2007)	熔炼分析和 成品分析	16.00～19.00	2.00～2.50	—	—	—

① 对成品分析，P、S 含量上限可增加 0.005%。

表 7-79 **Z6CN18.10、Z5CN18.10、Z6CND17.12、Z5CND17.12 钢（非加工硬化）的力学性能**

试验项目	拉 伸					布氏硬度
试验温度（℃）	室温				350	室温
性能指标	$R_{p0.2}$（MPa）	R_m（MPa）	A_{5d}（%）	$Z^{①}$（%）	$R'_{p0.2}$（MPa）	HB
（RCC-M M5110-2007）要求值	≥210	≥520	≥45	≥50	不含钼钢：≥125 含钼钢：≥130	126~192

① 对 1 级设备棒材。

表 7-80 **Z6CN18.10、Z5CN18.10、Z6CND17.12、Z5CND17.12 钢（加工硬化）的力学性能**

试验项目		拉 伸					KV	布氏硬度
试验温度（℃）		室温				350	室温	室温
性能指标		$R_{p0.2}$（MPa）	R_m（MPa）	A_{5d}（%）	$Z^{①}$（%）	$R'_{p0.2}$（MPa）	最小单个值③（J）	HB 最小单个值②
（RCC-M M5110-2007）要求值	加工硬化后（mm） ϕ≤20	≥655	≥760	≥15	≥45	≥510	50	320
	20<ϕ≤25	≥550	≥690	≥20	≥45	≥440	50	320
	25<ϕ≤35	≥450	≥655	≥25	≥45	≥350	50	320
	35<ϕ≤40	≥350	≥620	≥30	≥45	≥270	50	320

① 对 1 级设备棒材。

② 表面测量。

③ 单个值允许低于要求值，但不得低于要求值的 70%。

表 7-81 **Z6CND17.12 钢的力学性能**

试验项目		拉 伸				KV	加工硬化前布氏硬度
试验温度	（℃）	室温				室温	室温
性能指标		$R_{p0.2}$（MPa）	R_m（MPa）	A_{5d}（%）	Z（%）	最小平均值①（J）	最大值（HB）
（RCC-M M3308）要求值	ϕ≤30mm	450~620	≥655	≥30	≥60	80	192
	30<ϕ≤50mm	450~620	≥690	≥30	≥60	80	192

① 每组 3 个试样中，最多只允许 1 个结果低于规定的最小平均值。

7.2.9.3 工艺要求

1. 冶炼

应采用电炉或其他技术相当的冶炼工艺炼钢。

最常采用的冶炼工艺为电炉或感应炉，或其他技术上相当的工艺冶炼。本钢种可在真空炉冶炼或重熔，或采用其他能获得相当性能的冶炼工艺。

2. 锻造

棒料应经轧制或锻造。为了清除缩孔和大部分的偏析，钢锭应保证足够的切除量。同样适用于锻造比，按 M380 计算的总锻造比应不小于 3。

3. 机械加工

（1）性能热处理前。部件粗加工外形应尽可能接近交货状态外形。轴的半径上最大允许余量为 30mm。如果通过锻造不能直接得到该外形，可通过机械加工获得。

（2）性能热处理后。部件应在最终超声波检测前加工至交货状态外形。

4. 热处理

棒料在 1050～1150℃温度下进行固溶热处理，随后用水冷却。

5. 加工硬化

若交货状态为加工硬化状态，固溶热处理后，棒料应经冷加工硬化，以便达到规定的力学性能要求，加工硬化率及其方法应由供货商规定，并在制造大纲中注明。通常，加工硬化率不大于 30%。

7.2.9.4　性能资料

1. 物理性能

Z6CN18.10、Z5CN18.10、Z6CND17.12、Z5CND17.12 钢的热导率见表 7-82；热扩散率见表 7-83；线膨胀系数见表 7-84；弹性模量见表 7-85。

表 7-82　　Z6CN18.10、Z5CN18.10、Z6CND17.12、Z5CND17.12 钢的热导率　[W/(m·K)]

温度（℃）	20	50	100	150	200	250	300	350	400
Z6CN18.10、Z5CN18.10 热导率	14.7	15.2	15.8	16.7	17.2	18.0	18.6	19.3	20.0
Z6CND17.12、Z5CND17.12 热导率	14.0	14.4	15.2	15.8	16.6	17.3	17.9	18.6	19.2
温度（℃）	450	500	550	600	650	700	750	800	
Z6CN18.10、Z5CN18.10 热导率	20.5	21.1	21.7	22.2	22.7	23.2	23.7	24.1	
Z6CND17.12、Z5CND17.12 热导率	19.9	20.6	21.2	21.8	22.4	23.1	23.7	24.3	

表 7-83　　Z6CN18.10、Z5CN18.10、Z6CND17.12、Z5CND17.12 钢的热扩散率

（×10⁻⁶ m²/s）

$(\times 10^{-6} \, \text{m}^2/\text{s})$

温度（℃）	20	50	100	150	200	250	300	350	400
Z6CN18.10、Z5CN18.10 热扩散率	4.08	4.06	4.05	4.07	4.13	4.22	4.33	4.44	4.56
Z6CND17.12、Z5CND17.12 热扩散率	3.89	3.89	3.89	3.94	3.99	4.06	4.17	4.26	4.37
温度（℃）	450	500	550	600	650	700	750	800	
Z6CN18.10、Z5CN18.10 热扩散率	4.67	4.75	4.86	4.94	5.01	5.06	5.11	5.17	
Z6CND17.12、Z5CND17.12 热扩散率	4.50	4.64	4.75	4.85	4.95	5.04	5.11	5.17	

表 7-84　　Z6CN18.10、Z5CN18.10、Z6CND17.12、Z5CND17.12 钢的线膨胀系数

$(\times 10^{-6} \, ℃^{-1})$

温度（℃）		20	50	100	150	200	250	300	350	400	450
Z6CN18.10、Z5CN18.10 线膨胀系数	A	16.40	16.84	17.23	17.62	18.02	18.41	18.81	19.20	19.59	19.99
	B	16.04	16.54	16.80	17.04	17.20	17.50	17.70	17.90	18.10	18.24
Z6CND17.12、Z5CND17.12 线膨胀系数	A	15.54	16.00	16.49	16.98	17.47	17.97	18.46	18.95	19.45	19.94
	B	15.54	15.72	16.00	16.30	16.60	16.86	17.10	17.36	17.60	17.82

注　系数 A 为所处温度的热膨胀系数×10⁻⁶℃⁻¹或×10⁻⁶K⁻¹；系数 B 为在 20℃ 与所处温度之间的平均热膨胀系数×10⁻⁶℃⁻¹或×10⁻⁶K⁻¹。

表 7-85　　**Z6CN18.10、Z5CN18.10、Z6CND17.12、Z5CND17.12 钢的弹性模量**　　（GPa）

温度（℃）	0	20	50	100	150	200	250	300
弹性模量	198.5	197	195	191.5	187.5	184	180	176.5
温度（℃）	350		400		450		500	550	600
弹性模量	172		168		164		160	155.5	151.5

2. 许用应力

Z6CN18.10、Z5CN18.10、Z6CND17.12、Z5CND17.12 不锈钢基本许用应力强度值见表 7-86，螺栓材料的基本许用应力强度值见表 7-87。

表 7-86　　**Z6CN18.10、Z5CN18.10、Z6CND17.12、Z5CND17.12 不锈钢的基本许用应力强度值**

材料牌号	制品类型	尺寸（mm）	20℃时最小 R_e（MPa）	20℃时最小 R_m（MPa）	20℃时 S_y	20℃时 S_u
Z6CN18.10 Z5CN18.10 （RCC-M M3301、 M3306-2007）	锻件①② 轧制棒材①②	$\phi \leqslant 150$	210	520	207	517
		$\phi > 150$		485		483
Z6CND17.12 Z5CND17.12 （RCC-M M3301、 M3306-2007）	锻件①② 轧制棒材①②	$\phi \leqslant 150$	210	520	207	517
		$\phi > 150$		485		483
Z6CND17.12 （RCC-M M3308-2007）	棒材①②	$\phi \leqslant 30$	450	655	448	654
		$30 < \phi \leqslant 50$	450	590	448	586

材料牌号	制品类型	尺寸（mm）	在下列温度（℃）时的基本许用应力强度值 S_m（MPa）									
			50	100	150	200	250	300	340	350	360	370
Z6CN18.10、 Z5CN18.10 （RCC-M M3301、 M3306-2007）	锻件①② 轧制棒材①②	$\phi \leqslant 150$	138	138	138	130	122	115	111	111	111	110
		$\phi > 150$	138	138	138	130	122	115	111	111	111	110
Z6CND17.12、 Z5CND17.12 （RCC-M M3301、 M3306-2007）	锻件①② 轧制棒材①②	$\phi \leqslant 150$	138	138	138	134	126	119	115	114	113	112
		$\phi > 150$	138	138	138	134	126	119	115	114	113	112
Z6CND17.12 （RCC-M M3308-2007）	棒材①②	$\phi \leqslant 30$	218	216	206	200	198	198	198	198	198	198
		$30 < \phi \leqslant 50$	195	195	185	178	177	177	177	177	177	177

① 在某些情况下"ϕ"表示厚度。

② 温度超过 38℃ 时，基本许用应力强度值可超过 2/3（66%），甚至可以达到给定温度下 0.2% 永久变形时屈服强度的 90%。这可能产生 0.1% 的永久变形。如果此变形值不可接受，则应减小基本许用应力强度值，以便获得可接受的变形值。为了得到与较小永久变形相应的基本许用应力强度值，在 RCC-M Z 篇 技术性附录表 ZI1.4 中列出了适用表 ZI1.2 中屈服强度的倍增系数。

表 7-87　　　　　**Z6CN18.10、Z5CN18.10、Z6CND17.12、Z5CND17.12**
螺栓材料的基本许用应力强度值

材料牌号	制品类型	尺寸（mm）	20℃时最小 R_e（MPa）	20℃时最小 R_m（MPa）	20℃时 S_y（MPa）	20℃时 S_u（MPa）
Z6CN18.10 Z5CN18.10 (RCC-M M5110-2007)	轧制棒或锻制棒①②③	—	210	520	207	517
Z6CND17.12 Z5CND17.12 (RCC-M M5110-2007)	轧制棒或锻制棒①②③	—	210	520	207	517
Z6CN18.10、 Z5CN18.10 Z6CND17.12、 Z5CND17.12 (RCC-M M5110-2007)	轧制棒或锻制棒④	$\phi \leqslant 20$	655	760	655	758
		$20 < \phi \leqslant 25$	550	690	552	689
		$25 < \phi \leqslant 35$	450	655	448	654
		$35 < \phi \leqslant 40$	350	620	345	620

材料牌号	制品类型	尺寸（mm）	在下列温度（℃）时的基本许用应力强度值 S_m（MPa）									
			50	100	150	200	250	300	340	350	360	370
Z6CN18.10 Z5CN18.10 (RCC-M M5110-2007)	轧制棒或锻制棒①②③	—	67	58	50	46	43	41	39	39	39	39
Z6CND17.12 Z5CND17.12 (RCC-M M5110-2007)	轧制棒或锻制棒①②③	—	67	58	54	50	47	44	42	42	41	41
Z6CN18.10 Z5CN18.10 Z6CND17.12 Z5CND17.12 (RCC-M M5110-2007)	轧制棒或锻制棒④	$\phi \leqslant 20$	214	199	190	182	176	173	171	170	170	168
		$20 < \phi \leqslant 25$	180	168	160	153	149	146	144	143	143	142
		$25 < \phi \leqslant 35$	147	137	130	125	121	119	117	117	116	115
		$35 < \phi \leqslant 40$	113	105	100	96	93	91	90	90	89	89

① 回火温度为 595℃（最小）。

② 碳钢标准依照 NF EN 10083-10。当用户要求时，这些类型钢的应力值可以按 RCC-M Z 篇技术性附录表 ZI1.3 选取。

③ 经固溶热处理和沉淀硬化处理。

④ 经固溶热处理后，进行加工硬化处理的棒材。

3. 疲劳特性

　　Z6CN18.10、Z5CN18.10、Z6CND17.12、Z5CND17.12 钢的疲劳曲线如图 7-17 及图 7-18 所示，其中各数据点值见表 7-88。

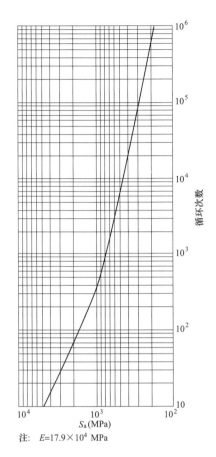

注：$E=17.9\times10^4$ MPa

图 7-17　奥氏体钢的疲劳曲线

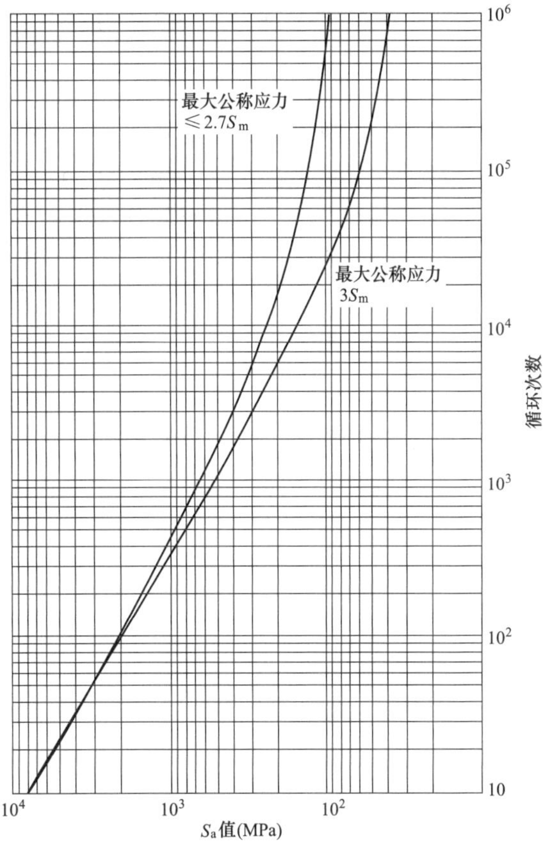

注：$E=20.7\times10^4$ MPa

图 7-18　螺栓钢的疲劳曲线

表 7-88　　　　Z6CN18.10、Z5CN18.10、Z6CND17.12、Z5CND17.12 钢的
疲劳曲线中的各数据点值[①②]

图	循环次数（周）	10	20	50	10^2	200	500	10^3	2000
7-17	—	4480	3240	2190	1655	1275	940	750	615
7-18	$\sigma_{nom}\leqslant2.7S_m$	7930	5240	3100	2205	1550	985	690	490
7-18	$\sigma_{nom}=3S_m$	7930	5240	3100	2070	1410	840	560	380
图	循环次数（周）	5000	10^4	2×10^4	5×10^4	10^5	2×10^5	5×10^5	10^6
7-17	—	485	405	350	295	260	230	200	180
7-18	$\sigma_{nom}\leqslant2.7S_m$	310	235	185	152	131	117	103	93
7-18	$\sigma_{nom}=3S_m$	230	155	103	72	58	49	41	37

① 图 7-18、图 7-19 中的注释都适用。

② 当计算值 S_a 处于列表中所列的 S_i 和 S_j 之间（$S_i<S_a<S_j$）时，许用循环数 N 可按下式用内插法确定：$N=N_i\times(N_i/N_j)\,\exp\,[\log(S_i/S_a/\log\,(S_i/S_j)]$ 式中，N_i，N_j 分别为应力变化幅度 S_i 和 S_j 的许用循环次数。

7.2.10 Z2CND18.12、026Cr18Ni12Mo2N

7.2.10.1 用途

Z2CND18-12 钢及其类似牌号 026Cr18Ni12Mo2N 钢引用的相关标准如下。

● RCC-M M3308-2007 Strain Hardened Hot Worked Rolled or Forged Bars ≤ 50 Mm in Diameter Made from Austenitic Stainless Steel Used for The Fabrication of Bolting Material for Reactor Internals

● NB/T 20007.15—2012 压水堆核电厂用不锈钢 第 15 部分：堆内构件螺栓用变形硬化的热轧或热锻奥氏体不锈钢棒

7.2.10.2 技术条件

Z2CND18-12 钢和 026Cr18Ni12Mo2N 钢的化学成分和力学性能分别见表 7-89 及表 7-90。

表 7-89　　　　　Z2CND18-12 控氮及 026Cr18Ni12Mo2N 的化学成分 W_t　　　（％）

元　素		C	Mn	P①	S①	Si	Ni
Z2CND18-12 控氮 (RCC-M M3308—2007)	熔炼分析 和产品分析	≤0.035	≤2.00	≤0.020	≤0.015	≤1.00	11.50～ 12.50
026Cr18Ni12Mo2N 控氮 (NB/T 20007.15—2012)	熔炼分析 和产品分析	≤0.035	≤2.00	≤0.020	≤0.015	≤1.00	11.50～ 12.50

元　素		Cr	Mo	Cu	N	Co	B
Z2CND18-12 控氮 (RCC-M M3308—2007)	熔炼分析 和产品分析	17.00～ 18.20	2.25～ 2.75	≤1.00	≤0.080	≤0.20 (目标≤0.10)	—
026Cr18Ni12Mo2N 控氮 (NB/T 20007.15—2012)	熔炼分析 和产品分析	17.00～ 18.20	2.25～ 2.75	≤1.00	≤0.080	≤0.20②	≤0.0018

① 对成品分析，P、S 含量上限可增加 0.005％。

② 力求不大于 0.10％。

表 7-90　　　　　Z2CND18.12 钢及 026Cr18Ni12Mo2N 钢的力学性能

试　验　项　目		拉　　伸				KV		加工硬化前布氏硬度
试验温度		室温				室温		室温
性能指标		$R_{p0.2}$ (MPa)	R_m (MPa)	A_{5d}（％）	Z（％）	最小平均值①(J)	单个值 (J)	最大值，HB
Z2CND18-12 控氮 (RCC-M M3308—2007)	$\phi \leqslant 30mm$	450～620	≥655	≥30	≥60	80	—	192
	$30 < \phi \leqslant 50mm$	450～620	≥590	≥30	≥60	80	—	192
026Cr18Ni12Mo2N 控氮 (NB/T 20007.15—2012)	$\phi \leqslant 30mm$	450～620	≥655	≥30	≥60	80	≥56	192
	$30 < \phi \leqslant 50mm$	450～620	≥590	≥30	≥60	80	≥56	192

① 每组 3 个试样中，只允许 1 个小于规定的最小平均值。

7.2.10.3 工艺要求

1. 冶炼

应采用电炉或其他技术相当的冶炼工艺炼钢。

2. 制造

棒料应经轧制或锻造。

为了清除缩孔和大部分的偏析，钢锭应保证足够的切除量。

按 M380 计算的总锻造比应大于或等于 3。

3. 热处理

棒材应用车削或磨削进行机加工，以达到按 RCC-M MC7200 标准要求适于作超声波检测的表面粗糙度。最大粗糙度 $R_n = 6.3\mu m$。

7.2.11 NC30Fe、NS3105

7.2.11.1 用途

NC30Fe 合金及其类似牌号 NS3105 合金引用的相关标准如下。

● RCC-M M4109-2007 Hot Rolled or Extruded Nc 30 Fe Nickel-Chromium-Iron Alloy Bars

● NB/T 20008.9—2012 压水堆核电厂用其他材料 第 9 部分：镍-铬-铁合金热轧或热挤棒

7.2.11.2 技术条件

NC30Fe 合金和 NS3105 合金的化学成分和力学性能分别见表 7-91 和表 7-92。

表 7-91　　　　　　　　　NC30Fe 合金和 NS3105 合金的化学成分 W_t　　　　　　（%）

元　素		C	Si	Mn	S	P	Ni
NC30Fe (RCC-M M4109—2007)	熔炼分析和产品分析	0.010～0.040	≤0.50	≤0.50	≤0.010	≤0.015	≥58.00
NS3105 (NB/T 20008.9—2012)	熔炼分析和产品分析	0.010～0.040	≤0.05	≤0.05	≤0.010	≤0.015	≥58.00
元　素		Cr	Fe	Cu	Al	Ti	Co
NC30Fe (RCC-M M4109—2007)	熔炼分析和产品分析	28.00～31.00	8.00～11.00	≤0.50	≤0.50	≤0.50	≤0.20 (争取≤0.10)
NS3105 (NB/T 20008.9—2012)	熔炼分析和产品分析	28.00～31.00	8.00～11.00	≤0.50	≤0.50	≤0.50	≤0.20 (争取≤0.10)

表 7-92　　　　　　　　　　　NC30Fe 钢和 NS3105 钢的力学性能

试验项目	拉　伸					冲击试验	布氏硬度
试验温度（℃）	室温			350		室温	室温
性能指标	$R_{p0.2}$ (MPa)	R_m (MPa)	A_{5d} (%)	$R^t_{p0.2}$ (MPa)	R_m (MPa)	KV 平均值 (J)[①]	提供数据
NC30Fe (RCC-M M4109—2007)	240～400	≥550	≥30	≥180	≥497	—	

续表

试验项目	拉　　伸					冲击试验	布氏硬度
试验温度（℃）	室温			350		室温	室温
NS3105 （NB/T 20008.9—2012）	240～400	≥550	≥35	≥180	≥497	≥100	提供数据

① 对于1级设备，当室温下断后伸长率小于45%时，需进行冲击试验；一组3个试样。只允许一个单个值低于规定平均值，但不应低于规定平均值的70%。

7.2.11.3　工艺要求

1. 冶炼

应在电炉中炼钢，也可经真空或电渣重熔。

2. 热加工

管材通过热挤压圆钢和/或坯段制得，圆钢和/或坯段所用的钢锭应充分切除头部和尾部，总锻造比应大于3。

3. 热处理

对于最终性能热处理应包括加热到1000～1150℃之间然后快速冷却。如果热加工的终止温度在这个温度范围内，且能得到所要求的力学性能，则不要求在炉内进行热处理。这种情况下，应记录热加工终止时温度和冷却条件。

管材应经受715±15℃最少5h的补充热处理。

7.2.12　A48、16Mn

7.2.12.1　用途

A48钢及其类似牌号16Mn钢引用的相关标准如下。

● RCC-M M1123—2007 Carbon Steel Forgings for Use in The Manufacture of Class 2 and 3 Auxiliary Pump Shafts

● NB/T 20005.3—2012 压水堆核电厂用碳钢和低合金钢 第3部分：2、3级辅助泵轴锻件

7.2.12.2　技术条件

A48钢及其近似牌号16Mn钢的化学成分和力学性能分别见表7-93和表7-94。

表 7-93　　　　　　　　　　　A48 钢和 16Mn 钢的化学成分 W_t　　　　　　　　　（%）

元　　素		C	Si	Mn	S	P
A48（RCC-M M1123-2007）	熔炼分析	≤0.20	≤0.50	1.00～1.60	≤0.015	≤0.025
	成品分析	≤0.22	≤0.55	1.00～1.60	≤0.018	≤0.030
16Mn（NB/T 20005.3—2012）	熔炼分析	≤0.20	≤0.50	1.00～1.60	≤0.015	≤0.025
	成品分析	≤0.22	≤0.55	1.00～1.60	≤0.018	≤0.030

表 7-94　　　　　　　　　　**A48 钢和 16Mn 钢的力学性能**

试验项目	拉　　伸			KV①		布氏硬度
试验温度（℃）	室温			0		室温
性能指标	R_m（MPa）	R_{eL}（MPa）	A_{5d}（%）	最小平均值（J）	最小单个值（J）	HBW
A48（RCC-M M1123-2007）	≥255	470～550	≥21	56	40	130～180
16Mn（NB/T 20005.3—2012）	≥255	470～550	≥21	≥56	≥40	130～180

① 在一组 3 个试样中，仅允许一个试样试验结果低于规定的平均值，但不低于规定的单个值。

7.2.12.3　工艺要求

1. 冶炼

应在电炉或其他相当的冶炼工艺炼钢。

2. 锻造

为清除缩孔和大部分的偏析，钢锭应保证足够的切除量，总锻造比应大于 3。

3. 热处理

轴应以热处理状态交货。

性能热处理应包括：

（1）或正火热处理，包括 850～950℃奥氏体化，然后空冷；

（2）或在 850～950℃水淬，然后在 600℃以上回火。

如果该部件重新热处理，则应按照上述相同的规定进行重新热处理。

第 3 节　实际部件的制造工艺及力学性能

对核级设备用棒材，目前国内已有多家制造厂可以提供原材料，并具备了生产能力。

7.3.1　40NCDV7.03

某核电厂反应堆压力容器主螺栓的材料为 40NCDV7.03 钢，其制造工艺和实际性能如下。

7.3.1.1　制造流程

产品制造流程：钢锭冶炼→原材料化学成分复验→开坯→锻造→粗加工（表面车光）→探伤（内控）→性能热处理→取样→性能试验和金相试验→机加工→探伤→最终尺寸检验→标识→包装、发货。

7.3.1.2　工艺要求

1. 炼钢和铸锭

钢水在电炉冶炼，然后在精炼包内精炼，浇注钢锭＋真空脱气或其他相当工艺。

2. 锻造

在 800T 液压快锻机上进行锻造。锻造尺寸：ϕ190×2035，42 件；ϕ190×2755，14 件；ϕ190×2335，14 件。

3. 热处理

主螺栓共 70 件，分为七批，热处理要求每批锻件同炉批号。每批 10 件，其中交货长度 2000mm 的 6 件, 交货长度 2000mm 且带试样的 2 件, 交货长度 2300mm 的 2 件组为一批热处理。

用于热处理的电炉应具有均匀的加热功能, 被热处理锻件不同部位的实际温度与规定热处理温度之间允许偏差为 ±15℃。

在最终热处理期间 (产品已放入炉内), 时间和温度, 须在时间-温度图中进行记录, 该记录至少为一个附于产品表面的热电偶所显示的时间-温度图。温度和时间需在经过核准的电子自动平衡的温度计和热电偶上进行记录。

40NCDV7.03 钢的热处理状态为调质, 热处理过程及性能热处理图见表 7-95 和图 7-19。

表 7-95   40NCDV7.03 钢的热处理过程

淬火	升温时间	保持 860~870℃时间	回火		升温时间	保持 640~650℃时间
	270min	90min		第一次	220min	145min
				第二次	210min	135min

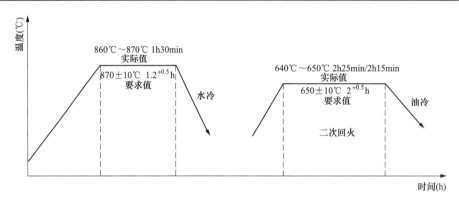

图 7-19   40NCDV7.03 钢的性能热处理曲线图

7.3.1.3 化学成分

40NCDV7.03 钢的化学成分要求及实际值见表 7-96。

表 7-96   40NCDV7.03 钢的化学成分 W_t (%)

元素		C	Si	Mn	P	S	Cr	Ni
熔炼分析	要求值	0.37~0.44	≤0.35	0.60~0.95	≤0.010	≤0.010	1.55~2.00	0.60~0.95
	实际值	0.39	0.2	0.72	0.007	0.003	1.64	0.69
成品分析	要求值	0.35~0.46	≤0.35	0.55~0.95	≤0.010	≤0.010	1.55~2.05	0.60~1.00
	实际值	0.4	0.27	0.74	0.007	0.003	1.69	0.72

元素		Mo	Cu	V	H/O/N/As/Sn/Sb
熔炼分析	要求值	0.40~0.60	≤0.10	0.04~0.10	含量尽可能低, 提供数据
	实际值	0.43	0.1	0.061	H: 2.58ppm; O: 25.42ppm; N: 47.23ppm As: 0.015; Sn: 0.008; Sb: 0.002
成品分析	要求值	0.35~0.60	≤0.10	0.04~0.10	含量尽可能低, 提供数据
	实际值	0.44	0.07	0.07	H: 0.00044; O: 0.0038; N: 0.0048; As: 0.011; Sn: 0.0068; Sb: 0.001

7.3.1.4　力学性能

40NCDV7.03 的取样要求见表 7-97，力学性能要求及实测值见表 7-98。

表 7-97　40NCDV7.03 钢的取样

试样项目	取样部位	取样方向	试验温度（℃）	试样数量[4]
拉伸试验	$D/4^{①,③}$	纵向	室温	2×2×1
	$D/4^{③}$	纵向	350	2×2×1
KV 冲击试验	$D/4^{③}$	纵向	0	2×2×3
	$(D-d)/2+25.4^{②,③}$ mm	纵向	+20	2×2×3
布氏硬度	在每批棒材每件的两端	—	室温	—

① D：棒材直径。

② d：成品螺柱杆身直径。

③ 对用于制造螺母和垫圈的棒材，棒材钻孔后热处理时，为壁厚的一半。

④ 试样数量的含义：第一位数字表示每批棒材的锻件取样数量；第二位数字表示每根棒材上的取样部位数，即棒材两端取样；第三位数字表示每个部位的取样数量。

表 7-98　40NCDV7.03 钢的力学性能

试验项目	拉　　伸							
试验温度（℃）	室温				350			
力学性能	$R_{p0.2}^{t}$ (MPa)	R_m (MPa)	A_{5d} (%)	Z (%)	$R_{p0.2}^{t}$ (MPa)	R_m (MPa)	A_{5d} (%)	Z (%)
规定值	≥900	1000~1170	≥16	≥40	≥720	≥920	提供数据	提供数据
实际值	1010	1090	18	64	880	970	20	71
	1050	1130	18	64	875	990	19	75
	1040	1130	18	64	875	980	20	70
	1060	1140	16	58	895	995	20	73
试验项目	硬度		KV					
试验温度（℃）	室温		20					
力学性能	HB[①]	最小个别值（J）	侧向膨胀值（mm）	最小个别值（J）				
规定值	302~375	64	≥0.64	36				
实际值	309~313~309	92.0~92.0~88.0	1.00~1.00~0.70	84.0~88.0~82.0				
	313~309~306	80.0~88.0~86.0	1.00~1.00~0.70	74.0~76.0~76.0				
	317~317~317	84.0~82.0~80.0	0.80~0.80~0.90	74.0~80.0~72.0				
	317~317~317	84.0~82.0~80.0	0.70~0.80~0.80	74.0~80.0~72.0				

① 用于制造主螺栓的棒材的硬度值应比用于制造螺母及垫圈的棒材的硬度值高 30~50HB。

7.3.2　42CDV4

蒸汽发生器一次侧人孔、二次侧人孔、眼孔和手孔密封螺栓选用 42CDV4 钢，其制造工艺和实际性能如下所示。

7.3.2.1　工艺要求

1. 冶炼工艺

钢应采用电炉冶炼或碱性氧气冶炼工艺，也可采用其他相当的冶炼工艺。

2. 制造工艺

棒材的制造应符合 RCC-M M5110 的要求。

3. 热处理

热处理应满足表 7-99 的要求。热处理应按照 RCC-M F8000 执行。

表 7-99　42CDV4 钢的热处理

热处理	阶　段	条　件
性能热处理	在棒材上	(1) 在合适的温度进行奥氏体化处理以获得需要的力学性能； (2) 水淬或油淬； (3) 实际回火温度不小于 650 ℃
重新热处理	在力学性能试验结果不满足要求时	在力学性能不合格的情况下，供方应按照 RCC-M M5110 中的要求，进行重新热处理，重新热处理不允许超过两次

7.3.2.2　化学成分要求

熔炼分析和产品分析应满足表 7-100 的要求。

表 7-100　42CDV4 钢的化学成分 W_t　(%)

元素		C	Mn	P	S	Si	Cr	Mo	V
熔炼分析	Min	0.36	0.45	—	—	0.2	0.8	0.5	0.25
	Max	0.44	0.7	0.025	0.015	0.35	1.15	0.65	0.35
产品分析	Min	0.36	0.45	—	—	0.2	0.8	0.5	0.25
	Max	0.44	0.7	0.025	0.015	0.35	1.15	0.65	0.35

7.3.2.3　力学性能要求

力学性能应满足表 7-101 的要求。

表 7-101　42CDV4 钢的力学性能

试验类型	拉　伸					KV		布氏硬度试验
试验温度	室温				350℃	0℃		室温
力学性能	$R_{p0.2}$ (MPa)	R_m (MPa)	A_{5d} (%)	Z (%)	$R_{p0.2}^t$ (MPa)	单个值 (J)	侧向膨胀量 (mm)	硬度值 (HB)
最小值	725	865	14	50	620	60	0.64	248
最大值	—	1065	—	—	—	—	—	352

7.3.2.4　实际工艺性能

1. 热处理

42CDV4 钢的热处理状态为调质，热处理过程及性能热处理图见表 7-102 和图 7-20。

表 7-102				42CDV4 钢的热处理过程			
淬火	热处理开始时间	保持 860℃开始时间	保持 870℃终止时间	回火	热处理开始时间	保持 660℃开始时间	保持 670℃终止时间
	11：40	15：20	16：50		17：46	18：36	21：36

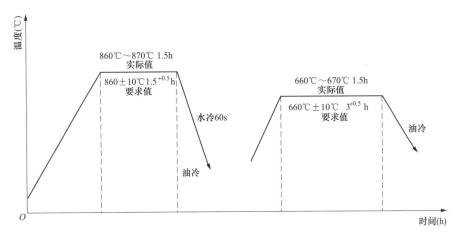

图 7-20　42CDV4 性能热处理曲线图

2. 化学成分

42CDV4 钢的化学成分要求及实际值见表 7-103。

表 7-103		42CDV4 钢的化学成分 W_t			（％）
元　素		C	Mn	P	S
RCC-M M5110-2007	熔炼分析和成品分析	0.36~0.44	0.45~0.70	≤0.025	≤0.015
熔炼分析	实际值 1	0.36	0.62	0.013	0.009
	实际值 2	0.38	0.63	0.013	0.008
成品分析	实际值 1	0.38	0.62	0.014	0.009
	实际值 2	0.39	0.63	0.014	0.009
元　素		Si	Cr	Mo	V
RCC-M M5110-2007	熔炼分析和成品分析	0.20~0.35	0.80~1.15	0.50~0.65	0.25~0.35
熔炼分析	实际值 1	0.33	0.98	0.54	0.28
	实际值 2	0.33	0.95	0.54	0.29
成品分析	实际值 1	0.34	0.96	0.53	0.28
	实际值 2	0.35	0.97	0.54	0.29

3. 力学性能

42CDV4 钢的力学性能要求及实际值见表 7-104。

表 7-104   42CDV4 钢的力学性能

试验项目	拉 伸 性 能							
试验温度（℃）	室温				350℃			
性能	$R_{p0.2}$ (MPa)	R_m (MPa)	A_{5d} (%)	Z (%)	$R_{p0.2}^t$ (MPa)	R_m (MPa)	A_{5d} (%)	Z (%)
RCC-M M5110-2007	≥722	865～1065	≥14	≥50	≥620	865～1065	≥14	≥50
实际值	860	945	20	67	715	885	21	72

试验项目	KV		布氏硬度
试验温度（℃）	0		20
性能	最小平均值（J）	侧向膨胀值（mm）	HB
RCC-M M5110-2007	60	≥0.64	248～352
实际值	82～102～88	0.80～1.10～0.90	295～292～292

7.3.3   C45E

某核电厂蒸汽发生器一次测人孔、二次测人孔、眼孔和手孔密封螺母采用 C45E 棒材制成。

7.3.3.1   工艺要求

1. 冶炼

钢应采用电炉冶炼或其他相当的冶炼工艺。

2. 制造

棒材的制造应符合 RCC-M M5120 的要求。产品应在淬火和回火之后交货。

3. 热处理

热处理应满足表 7-105 的要求。热处理应按照 RCC-M F8000 执行。

表 7-105   热 处 理

热处理	阶 段	条 件
性能热处理	在最终机加工后，截取试样前	按照 RCC-M M5120 附录 II 的要求
重新热处理	在力学性能不合格的情况下进行	在力学性能不合格的情况下，供方应按照 RCC-M M5110 中的要求，进行重新热处理，重新热处理不允许超过两次

7.3.3.2   化学成分要求

熔炼分析和产品分析应满足表 7-106 的要求。

表 7-106   化学成分 W_t (%)

元素		C	Mn	P	S	Si	Cr	Mo	Ni
熔炼分析	Min	0.42	0.5	—	—	—	—	—	—
	Max	0.5	0.8	0.035	0.035	0.4	0.40[①]	0.10[①]	0.40[①]

续表

元素		C	Mn	P	S	Si	Cr	Mo	Ni
成品分析	Min	0.4	0.46	—	—	—	—	—	—
	Max	0.52	0.84	0.04	0.04	0.43	0.45	0.13	0.45

① $Cr+Ni+Mo \leqslant 0.63\%$。

7.3.3.3 力学性能要求

力学性能应满足表 7-107 的要求。

表 7-107 力 学 性 能

试验类型	拉 伸			KV	布氏硬度
试验温度	室温			0℃	室温
力学性能	$R_{p0.2}$（MPa）	R_m（MPa）	A_{5d}（%）	平均值（J）	硬度值（HB）
最小值	370	630	17	25	—
最大值	—	780			255

7.3.3.4 实际性能

1. 化学成分

C45E 钢的化学成分要求及实际值见表 7-108。

表 7-108 C45E 的化学成分 W_t （%）

元 素		C	Si	Mn	P
EN10083-1-2006	熔炼及成品分析	0.42~0.50	≤0.40	0.50~0.80	≤0.030
	实际值 1	0.47	0.21	0.72	0.005
	实际值 2	0.47	0.21	0.72	0.005
	实际值 3	0.47	0.2	0.71	0.006
元 素		S	Cr	Mo	Ni	Cr+Mo+Ni
EN10083-1-2006	熔炼及成品分析	≤0.035	≤0.40	≤0.10	≤0.40	≤0.63
	实际值 1	0.004	0.05	0.02	0.06	0.13
	实际值 2	0.004	0.04	0.02	0.06	0.12
	实际值 3	0.003	0.04	0.02	0.06	0.12

2. 力学性能

C45E 钢的力学性能要求及实际值分别见表 7-109 和表 7-110。

表 7-109 C45E 钢的拉伸性能

试验项目	拉 伸 性 能			
试验温度	室 温			
性能	$R_{p0.2}$（MPa）	R_m（MPa）	A_{5d}（%）	Z（%）
EN10083-1-2006 要求值	≥370	630~780	≥17	≥45
实际值 1	395	645	28	60
实际值 2	395	675	26	69

表 7-110 C45E 钢的冲击性能

试验项目	试验温度	性能	EN10083-1-2006	实际值 1	实际值 2	实际值 3
KV	室温	最小平均值	≥26	44	37	45
		个别最小值不低于 最小平均值的 70%		53	42	48

7.3.4 X6CrNiCu17.04

某核电厂主蒸汽隔离阀阀杆材料为 X6CrNiCu17.04 钢。

1. 热处理

锻件加热至 1900°F，保温 2h，空气冷却；锻件再加热至 1100°F，保温 4h，空气冷却。

2. 化学成分

X6CrNiCu17.04 钢的化学成分要求及结果见表 7-111。

表 7-111 X6CrNiCu17.04 钢的化学成分 W_t （%）

元素	C	Mn	P	S	Si	Ni	Cr
要求值（ASTM A564）	≤0.07	≤1.00	≤0.040	≤0.040	≤1.00	3.00～5.00	15.0～17.50
实际值	0.028	0.76	0.02	0.006	0.26	4.18	15.55

元素	Cu	V	Nb	其他
要求值（ASTM A564）	3.00～5.00	—	0.15～0.45	—
实际值	3.2	0.05	0.25	Co：0.05；W：<0.05；Mo：0.23；Sn：0.007；Al：0.01；Ti：<0.01；B：0.01；Ta：<0.01

3. 力学性能

X6CrNiCu17.04 钢的力学性能要求及实际值见表 7-112。

表 7-112 X6CrNiCu17.04 钢的力学性能

试验温度	室温（ASTM SA 564/564M）				350℃（Flowserve RMC C1792 Rev. 0）			
力学性能	R_m（MPa）	$R_{p0.2}$（MPa）	A_{5d}（%）	Z（%）	R_m（MPa）	$R_{p0.2}$（MPa）	A_{5d}（%）	Z（%）[①]
要求值	≥965	≥793	≥14	≥45	≥435	≥180	—	—
实际值	1064	1027	18.5	60.3	884	749	14	54.8

7.3.5 X6NiCrTiMoVB25-15-2

7.3.5.1 工艺要求

1. 冶炼

应采用电弧炉或感应炉冶炼，或采用其他相当或更好的工艺冶炼。

2. 锻造

每个钢锭的头尾应有足够的切除量，以保证钢棒无缩孔和严重偏析等缺陷。

3. 机加工

钢棒热处理前，其直径应尽可能接近交货件直径；热处理后，钢棒按订货合同的规定进行机加工。钢棒表面粗糙度应不超过 6.3μm。

7.3.5.2　化学成分

X6NiCrTiMoVB25-15-2 钢的化学成分要求及实际值见表 7-113。

表 7-113　　　　　　　　　　　**X6NiCrTiMoVB25-15-2 钢的化学成分 W_t**　　　　　　　　　（%）

元素	C	Si	Mn	P	S	Al
要求值	0.03～0.08	≤1.00	1.00～2.00	≤0.025	≤0.015	≤0.35
实际值	0.035	0.25	1.08	0.023	0.005	0.12

元素	B	Cr	Mo	Ni	V	Ti
要求值	0.001～0.010	13.50～16.00	1.00～1.50	24.50～27.00	0.10～0.50	1.90～2.30
实际值	—	14.23	1.22	25.13	0.18	2.10

7.3.5.3　力学性能

X6NiCrTiMoVB25-15-2 钢的力学性能要求及实测值见表 7-114。

表 7-114　　　　　　　　　　　　　**X6NiCrTiMoVB25-15-2 钢的力学性能**

试验项目	拉　　伸					KV	硬度
试验温度	室温				350（℃）	室温	室温
性能指标	$R_{p0.2}$（MPa）	R_m（MPa）	A_{5d}（%）	$Z^①$（%）	$R^t_{p0.2}$	个别最小值^②	HB
要求值	≥600	900～1200	≥15	≥35	≥555	50J	248～341
实测值	730	1030	26	51	665	69	305

① 对 1 级设备棒材。

② 个别值允许低于规定值，但不得低于规定值的 70%。

第 4 节　经　验　反　馈

根据美国 EPRI、法国 EDF 研究及经验反馈表明，阀杆的主要老化机理为热老化。

1. 事件描述

2012 年 10 月 8 日，在 Vogtle 发电厂 1 号机组的功率从 2% 爬升至 10% 期间，两个外侧主蒸汽隔离阀（MSIV）被发现处于故障关闭位置。控制室操纵员注意到反应堆冷却剂系统（RCS）的 1 环路和 4 环路之间以及 2 环路和 3 环路之间的环路温差、蒸汽压力和蒸汽流量存在差异。在确认这些差异状况后，反应堆被停运。

四条主蒸汽管路的每一条包括配有相应旁通阀的两个串联的主蒸汽隔离阀（MSIV）。尽管控制室的阀门指示器显示 2 环路和 3 环路的主蒸汽隔离阀（MSIV）均被开启，但蒸汽发生器和 RCS 回路参数并未按预期做出响应。故障排除确认 2 环路和 3 环路上的外侧 MSIV 关闭。阀杆断裂的原因为马氏体不锈钢（ASME SA-564 630 号）的热脆化以及因阀瓣热咬合卡涩或压力闭锁，增大了开启力。

2012 年 10 月 7 日，在模式 4 进行监督试验时，有关人员发现这些主蒸汽隔离阀存在开启方面的问题。在开启 2 环路的外侧 MSIV 对蒸汽管路进行暖管时，该阀门会在相对较短的时间内即达到双重指示。根据行程时间，2 环路外侧主蒸汽隔离阀阀杆失效可能就是在那时发生的故障。此外，在进行初次尝试时，3 环路的外侧主蒸汽隔离阀并未按要求开启。维修人员试图开启该阀门时增大了执行机构的液压压力。经过一番调整后，3 环路外侧主蒸汽隔离阀在控制室显示该阀门已被开启。该主蒸汽隔离阀阀杆被认为在那时发生了断裂。随后发现 2 环路和 3 环路上外侧主蒸汽隔离阀的阀杆发生断裂，而阀瓣卡在阀座中并阻挡住蒸汽，使其无法流入各自的环路中。阀门的组件图如图 7-21 所示，阀杆断裂图如图 7-22 所示。

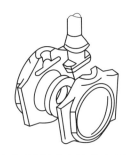

图 7-21　主蒸汽隔离阀阀杆与阀瓣组件的图示　　图 7-22　主蒸汽隔离阀（MSIV）阀杆断裂照片

2. 原因分析

两个主蒸汽隔离阀的阀杆断裂均是由热脆化引起。根据金相分析，此故障应归结于材料热脆化状态下突然的拉伸负荷，而非循环疲劳。据 ASME 锅炉与压力容器规范第二节 A 篇，铁基材料部分所述，SA-564 630 号材料可用于需要抗腐蚀和在高达 315℃（600°F）的温度下仍具有高强度的零件；但 EPRI 1022344《核电厂压力边界应用的材料手册》（Materials Handbook for Nuclear Plant Pressure Boundary Applications）（2010 年版）则表示，若马氏体不锈钢（ASME SA-564 630 号）部件在 260℃（500°F）的温度下持续运行（10 年），则也可能发生热脆化。

此故障的另一项贡献因素是当阀杆处于脆化状态时，开启力又因热卡涩或压力闭锁而增大。主蒸汽隔离阀是液压开启的双楔式闸阀，而充氮罐则提供了闭合动力。此类双楔式闸阀易受压力闭锁和热卡涩的影响。当阀帽中的流体被加压后，柔性楔式闸阀和双盘闸阀类型阀门将发生压力闭锁，而执行机构却无力克服阀帽中加压流体在两个阀盘前后产生的压差。热卡涩主要与楔式闸阀关闭时系统还处于较热状态，阀门开启前系统需要冷却。对 R10 和 R17 换料大修期间的设备记录和运行日志的审查，结果显示这些主蒸汽隔离阀 MSIV 表现出了相同的特点。

3. 事件反馈

优化阀门的老化管理，如阀门出现卡涩等情况，禁止无限制的增大阀门开启力度。建议：建立阀杆的有限元模型，模拟在热老化状态下遭遇阀门卡涩最大的开启力度，并根据研究结果制定相应的管理程序和阀门开启限值，优化阀门的操作规程及老化管理方案。

（1）运行、工程和维修人员不了解在高于 260℃（500°F）的温度下长期使用 ASME SA-564 630 号材料会导致热脆化。

（2）一些运行与工程人员不了解主蒸汽隔离阀（MSIV）的双阀瓣闸阀结构使该阀门易受到阀座中热咬合和压力闭锁的影响。

（3）应采取保守且程序化的方法来开启双盘闸阀主蒸汽隔离阀。相反，有关人员采用了非保守性的惯用技能来解除热卡涩或压力闭锁后的阀瓣，将对已脆化的阀杆施加了应力，可能导致阀杆断裂。

参 考 文 献

［1］刘建章．核结构材料［M］．北京：核工业出版社，2007．
［2］广东核电培训中心．900MW 压水堆核电厂系统与设备［M］．北京：原子能出版社，2007．
［3］广东核电培训中心．900MW 压水堆核电厂系统与设备［M］．北京：原子能出版社，2005．
［4］杨文斗．反应堆材料学［M］．北京：原子能出版社，2006．

第8章

燃料包壳和燃料格架用金属材料

第1节　工作条件及用材要求

8.1.1　燃料包壳

反应堆是产生、维持和控制链式核裂变反应的装置，它以一定功率持续地将核能以热能的形式从堆芯释放出来，并由反应堆冷却剂导出，再将热量通过蒸汽发生器传给二回路给水，产生蒸汽，驱动汽轮发电机发电。堆芯是反应堆的核心部件，核燃料在堆芯内实现核裂变反应，释放出核能，同时将核能转变成热能，因而堆芯是一个高温热源和强辐射源，这就是核燃料包壳材料必须承受的服役工作环境条件。

核燃料包壳是容纳核燃料芯块，将核燃料与反应堆冷却剂隔离开，并包容裂变产物，防止放射性外逸至关重要的第一道屏障，因而工作的安全性极为重要，不可因受冷却剂和核燃料及裂变产物的热、力及腐蚀的作用而失效。包壳同时承担着将核裂变热能传递给反应堆冷却剂的功能，为了便于热能的传递，将核燃料制成小块，装于细而长的包壳管中组成燃料棒，以相间一定距离的数百根燃料棒组成燃料组件，这样，反应堆冷却剂便可流动于这众多的燃料棒之间，大面积地与包壳表面相接触而获得多的热能传递。这就是包壳的屏障与传热的两大功能。

反应堆结构部件材料在反应堆内受到核裂变放出的高能量 γ 射线和各种能量的中子的轰击后，组织性能发生变化，同时产生感生放射性。在堆芯的结构材料中，以包壳材料的工况最为苛刻，它内受燃料元件肿胀与裂变辐照，外受冷却剂的冲刷、振动、腐蚀以及热应力、热循环（启、停堆）应力的作用。燃料芯块能否在堆芯安全可靠和长期有效的工作，与包壳材料密切相关。包壳材料的强度、塑韧性、蠕变性能、抗腐蚀、抗辐照能力等决定着包壳尺寸的稳定性；包壳材料的核性能和导热性能影响中子损失率和能否达到最大限度的导出热能。而包壳的稳定性、完整性、导热性又决定着燃耗和比功率的大小，因此包壳材料对反应堆的功能保证和特性体现以及安全性与经济性都起着重要的作用。

为保证燃料元件在堆芯内成功的运行，包壳材料应具备下列性能：

（1）热中子吸收截面小，感生放射性小，半衰期短。

（2）强度高，塑韧性好，抗腐蚀性强，耐晶间腐蚀和应力腐蚀，对吸氢不敏感。

（3）热强性与热稳定性好，抗辐照性能好。

（4）热导率高，热膨胀系数小，与燃料元件和冷却剂相容性好。

（5）易加工，易焊接，成本低。

8.1.2　燃料包壳常用材料

根据上述要求，适宜作包壳用的材料主要有：铝及铝合金、镁合金、锆合金、奥氏体不锈钢以及高密度热解碳等。其中，锆合金主要用于轻水冷却的中温反应堆、镁或铝用于气体冷却的低温反应堆、不锈钢用于液体钠冷却的高温反应堆。

1. 铝及铝合金

铝的优点是价廉、热中子吸收截面（0.23 靶）及活化截面（0.21 靶）小并有适当的强度和良好的塑性、导热性及加工性能，对 100℃以下的纯水也有较好的抗蚀性。铝的缺点是熔点低和抗高温水腐蚀能力差，但在铝中加入约 0.51% Fe 和约 1% Ni 的 X 8001 铝合金克服了此缺点并提高了使用温度。限于铝的高温强度低，它只能用作试验堆和生产堆的燃料包壳。对于包壳为铝的金属铀燃料元件，为防止 U-Al 反应，形成 UAl_x 后引起体积增加、包壳强度和耐蚀性降低以及防止包壳破损时引起铀水反应，特在燃料与包壳之间镀了一层镍，以便加工成形时，生成一层金属间化合物，为避免 U-Al 的快速反应和激烈的铀水反应提供一层隔绝膜。

2. 镁合金（或称镁诺克斯合金）

镁诺克斯是无氧化镁的英文名简称 Magnox（Magnesium No Oxidation）。由于镁合金作天然铀石墨气冷堆元件包壳时，抗 CO_2 的氧化能力强，所以该堆也称为镁诺克斯堆。另外，镁的中子吸收截面及活化截面比铝小 4 倍，因此允许包壳壁及其散热片可以增厚（2～3mm）和增大。镁合金还具有良好的延性、蠕变强度和导热性能。

已采用的镁合金有法国的 ZR 55（含 Zr 0.55%）和英国的 AL 80（含 80% Al，0.005% Be）。后者在英国卡德霍尔堆上用过的 110 万根元件，发现镁合金包壳因破损而从堆内传出破损监测信号的只占 0.05%。但镁合金包壳有下列缺点：①耐高温性能差、限制用在 460℃以下，不能做自立型元件包壳。②转换生成的 Pu 易溶于 ZR 55 合金中，但在燃料与包壳之间加一层石墨隔绝层后得到了克服。AL80 无此弊端（因形成了 $PuAl_3$），但 AL80 的工艺稳定性不如 ZR 55 合金好。③镁合金有空穴效应，即在（200～300）℃发生应变时，空位易迁移到晶界并连接起来形成空腔。随着应变增加，空腔再连接起来，沿晶界会形成连续的空穴。晶粒越大，空穴尺寸越大，易使镁合金包壳发生泄漏。因此要求镁合金包壳材料的晶粒度尽可能小。

3. 锆合金

锆合金的热中子吸收截面小、导热率高、机械性能好，又具有良好的加工性能以及同 UO_2 相容性好，尤其对高温水、高温水蒸气也具有良好的抗蚀性能和足够的热强性，所以锆合金被广泛用作水冷动力堆的包壳材料和堆芯结构材料。它们主要有 Zr-2、Zr-4、Zr-2.5%Nb 三种合金以及美国西屋公司新发展的 ZIRLO 合金（1 Sn-1 Nb-0.1 Fe）、日本的 NDA 合金和法国的 M5 及低锡锆合金等。另外，还有俄罗斯的 Zr-1Nb 合金和 Zr-Sn-Nb E635 合金等。含 1.5%Sn、0.10%Fe、0.05%Ni 和 0.10%Cr 的 Zr-2 合金已广泛用作沸水堆的元件包壳材料。Zr-2 合金中的 Ni 对吸氢敏感，为减少氢脆特取消了 Ni 并相应增加了 Fe 含量，以补偿 Ni 的原有合金化作用（增强氧化膜牢固性、阻止氧离子向金属界面扩散），从而演变成了含 1.5%Sn，0.2%Fe，0.1%Cr 的 Zr-4 合金。试验表明，它对氢的吸收率比 Zr-2 合金小 4 倍，但抗蚀性能有所降低。Zr-4 合金主要用作压水堆和 CANDU 堆的元件包壳与沸水堆的元件盒及其定位格架材料。发展 Zr-2.5%Nb 合金是为了提高强度，因 Nb 在β-锆相中溶解度很大，它经 880℃水淬、550℃真空时效 24h 后，可使高温强度比 Zr-2 合金高 1.3～1.6 倍。因此 Zr-2.5%Nb 合金被用作 CANDU 堆的压力管材料。

M5 合金的名义成分为 Zr-1.0%Nb-0.125%O，是法国法玛通（FRAMATONE）公司开发的三元锆合金，它用作设计燃耗为 55～60MW·d/kgU 的 AFA 3G 高燃耗燃料组件燃料包壳管。用 M5 合金做成的先导组件，已在欧洲和美国的几座压水堆（PWR）中完成正常工况下扩大辐照试验计划，1989 年在美国进行 24 个月长循环周期堆内辐照，1993 年在法国高温堆内辐照。已获得的试验结果表明，M5 合金的均匀腐蚀性能、抗疖状腐蚀性能和吸氢性能均优于 Zr-4 合金，M5 合金能适应高燃耗（＞65MW·d/kgU）的运行条件，在 41 座压水堆中的运行最高已经达到了 78GW·d/tU 的燃耗值。大亚湾和岭澳核电厂的燃料包壳都是采用 M5 合金，其中大亚湾采用的是 AFA 3G 组件，岭澳采用的是 AFA 3GAA 组件。目前，中国在法国产 M5 基础上，在成分和工艺上严格要求，也生产出了中国产 M5 合金。

Zr-1Nb 合金是俄罗斯用作压水堆燃料包壳材料。Zr-1Nb 合金含有 1.0%Nb。该合金的强度和塑性与 Zr-2 合金差不多，而耐蚀性能稍次于 Zr-2 合金，但吸氢比 Zr-2 合金小。Zr-1Nb 合金与其他合金一样，其腐蚀性能与热处理后的组织状态有关。在冷轧加上随后的退火工艺中，退火温度及保温时间决定了合金的组织，也就决定了合金的腐蚀性能。值得注意的是 Zr-1Nb 合金的力学性能与氧含量有密切关系。实验表明，含 0.05%氧的 Zr-1Nb 合金管材的室温拉伸强度为 400～430MPa，而含 0.16%氧的室温拉伸强度达 580～590MPa。这些性能大致和不同氧含量的 Zr-Sn 合金相符合。

ZIRLO 合金成分为 Zr-1.0%Sn-1.0%Nb-0.1%Fe，该合金无论在耐蚀性，燃料棒辐照增长，以及抗蠕变性能均显著优于改进型 Zr-4，运行燃耗已达到 55GWd/tU，燃料循环费用比标准组件下降 13%。在第三代核电厂 AP1000 采用了 ZIRLO 合金。

锆合金与铝相似，使用中的主要问题是腐蚀带来的危害。辐照引起的性能恶化虽然也有威胁，但没有腐蚀造成的隐患大。例如，碘的应力腐蚀和包壳管吸氢致脆与氢化锆呈径向分布时的危害以及冷却剂中的杂质在包壳管上的沉积等，都易引起包壳破裂或限制燃耗提高。为防止这些危害，在工艺和水质处理上都采取了相应的避免措施，例如控制氢化物取向和尽量减少元件管内部的水分并在包壳内壁镀一层纯锆或石墨，以阻挡有害裂变气体的浸蚀和和促进松弛局部拉应力以及避免产生磨蚀等。

4. 奥氏体不锈钢

经冷加工后的奥氏体不锈钢具有较高的强度、塑性和热强性以及优良的耐蚀性和抗氧化能力，早期的水冷动力堆曾采用它作包壳材料。因其热中子吸收截面大并有应力腐蚀危险，后被核性能、机械和耐蚀性能比较好的锆合金所取代。但当工作温度大于 400℃时，已超过锆合金的使用极限，因此对于快堆和改进气冷堆仍需要用奥氏体不锈钢。快堆元件包壳壁的温度高（700℃）、比功率大、燃耗深、快中子注入量高（约 5×10^{22} n·cm^{-2}）和钠冷导热快，所以产生的热应力、机械应力和蠕变以及 PCI 和辐照肿胀、氢脆等危害也比较大。因此快堆采用 18-8 系不锈钢中，高温性能比较好的 316 不锈钢作为元件包壳材料，并在其中加少量钛，以稳定钢中的碳、减少晶间腐蚀，增大高温强度。

改进型气冷堆（AGR）元件包壳壁温高达 810℃，316 不锈钢在这样高的温度下已不具备 AGR 所需要的高温性能和抗蚀性能。根据 n/8 定律，热稳定性比较好的不锈钢是 25％ Cr，20％Ni 的 310 不锈钢。但它的蠕变强度比 316 钢低，且长期加热含 Cr 高的钢又易析出 σ脆化相。鉴于增加 Ni 含量可稳定奥氏体、提高耐热性以及添加少量 Nb 可稳定碳、减少晶间腐蚀和提高热强性，所以在 310（25Cr-20Ni）不锈钢基础上发展了兼有良好的抗氧化性和热强性的 20 Cr 25 NiNb 不锈钢（0.6Si、0.7Mn、C ＋ N ＝0.10、P ＋ S＝0.08），作为改进型气冷堆的元件包壳材料。

5. 高密度热解碳（石墨）

高温气冷堆燃料元件的包壳壁温高达 1000 ℃以上，能满足如此高的温度所需的机械、抗蚀和核性能的合金材料，目前尚难找到，多以采用了碳。碳的热中子吸收截面很小（0.03 靶），熔点高达 3727℃，在非氧化气氛下，即使温度很高，碳仍具有足够的强度和较好的导热性，但延性很差。即碳是硬而脆的材料只能做成很小、形状很简单的包壳。所以高温气冷堆燃料元件通常做成直径很小（1mm）的包覆燃料颗粒，然后弥散在石墨基体里，制成元件所需要的形状和尺寸。在包覆燃料颗粒中封闭燃料核并能阻止裂变产物外逸的包壳是外层的高密度热解碳。为增加包壳强度，对 TRISO 涂层结构又多了一层 SiC。碳化硅层是把硅烷掺进碳化氢气体中，在流化床高温下，通过硅烷分解、沉积而得到的。对起包壳作用的高密度热解碳的密封外层，为了使其得到较好的各向同性，用苯或丙烯在流化床高温下分解，从而使热解碳沉积到包覆燃料颗粒上。

燃料包壳常用材料牌号、特性及主要应用范围见表 8-1。

表 8-1　　　　　　　　　　燃料包壳常用材料牌号、特性及其主要应用范围

钢号与技术条件	特　性	主要应用范围	类似钢号
Zr-4 （GB/T 26314—2010、 GB/T 26283—2010）	Zr-4 是锆-锡系的合金，具有小的中子吸收截面；良好的抗辐照损伤能力，并且在快中子辐照下不产生强的长寿命核素；良好的抗腐蚀性能，不与二氧化铀燃料反应，与高温水相容性好；具有好的强度、塑性及蠕变性能；熔点高（1852℃），熔点以下存在两种同素异构体，相变温度在 862℃，α 相（室温至 862℃）是 HCP 结构，862℃以上为 β 相，是 BCC 结构；Zr-4 合金的导热性能好，线膨胀系数低；工艺性能好，易于加工和焊接。但是 Zr-4 合金的价格相对较贵；存在织构，不能用热处理的方法改变；存在吸氢和氢脆的问题，氢化物的析出方向与织构和应力有关，而会影响 Zr-4 合金包壳管的堆内性能；高温下与氧反应，限制在 400℃以下使用	Zr-4 合金主要用于低燃耗（35GW·d/tU）的压水堆（PWR）、坎杜堆（PHWR）、低温供热堆的燃料包壳管、控制棒导向管、测量管、定位格架、端塞、元件盒等	UNS R60804 （ASTM B 811-2002）

8.1.3　高密集乏燃料储存格架

目前，国内外大部分乏燃料的贮存方式采用"湿式"贮存，即将乏燃料存放于水池的

格架上。除湿式贮存外，近 20 年来还开发了干式贮存，其中以容器贮存的应用较广泛，干式贮存容器兼有贮存和运输乏燃料的功能。为了增加乏燃料设施的贮存容量，同时确保在密集贮存中乏燃料阵列有足够的安全裕量，以防止可能出现的意外事件，常在乏燃料贮存水池格架和贮运容器中设置固态中子吸收材料。乏燃料贮运用中子吸收材料在乏燃料的安全贮运中扮演了重要角色。

贮存格架的设计要确保乏燃料组件的安全贮存，不发生临界和燃料组件过热事故。贮存格架的设计和几何形状应便于乏燃料水池吊车在贮存单元的正上方进行燃料组件的装卸操作，不应出现燃料组件的卡阻或损坏燃料组件的现场。每台贮存格架自由坐落在水池池底上，由按一定栅距排列的垂直方形贮存小室构成，贮存格架的底部安装着支腿，通过支腿在垂直方向上可以对贮存格架进行调整，以保证作用在土建结构上的载荷均匀分布。

硼不锈钢高密度乏燃料贮存格架是一种新型的高密度乏燃料贮存格架，已应用于我国核电领域。它的结构为插板结构，很好地满足了目前核电厂优化水池的贮存空间、低成本和以无焊接方式使用硼不锈钢的三项要求。该种格架使用了全新的制造理念，组装成功后的格架不会在栅板之间发生滑动。新型乏燃料贮存格架除连接格架底座的栅板和装有燃料元件高度的栅板是用不锈钢制成的外，其余栅板是由硼不锈钢制成，栅条与上部和下部的不锈钢栅格都采用焊接连接，从而使整体格架能承受水力荷载和振动荷载。这种结构不需要对作为结构钢材的硼钢进行任何焊接或弯曲，而且有效减少了栅格的间距，从而能够提供更多插入燃料元件的位置，并且比含硼聚乙烯材料格架具有更强的吸收中子能力和更长的使用寿命。此外，该种格架制造效率高，工艺性好。生产周期也较以前缩短了许多。

8.1.4 高密集乏燃料储存格架常用材料

8.1.4.1 硼不锈钢作为中子吸收材料的格架

用作中子吸收材料的硼钢通常采用高硼钢，其强度高、耐蚀性优良、吸收中子能力良好。但是，硼在不锈钢中的溶解度低，过量的硼加入会析出硼化物（Fe，Cr）$_2B$，导致热延性大大降低，而且制备高硼含量的硼钢是非常困难的。随着硼的加入，硼钢的塑性和韧性有很大程度的下降。为了降低硼的含量，减少因过量的硼而引起的材料脆性，同时不影响硼钢吸收中子的性能，国外有研究在硼钢中添加富集硼，但由于富集硼昂贵，因此利用富集硼生产的硼钢成本较高。图 8-1 为硼不锈钢作为中子吸收材料的格架。

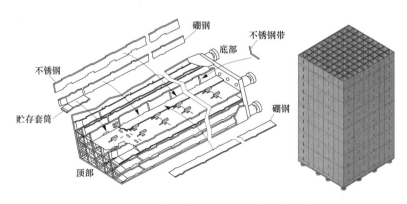

图 8-1 硼不锈钢作为中子吸收材料的格架

8.1.4.2　铝基碳化硼作为中子吸收材料的格架

铝基碳化硼中子吸收材料是由碳化硼弥散在 Al 基体中构成的复合材料,其主要是以板的形式在乏燃料水池中使用。制备方法主要包括金属熔炼工艺、粉末冶金法、浸渗工艺法等。金属熔炼工艺制备过程存在较严重的界面反应,所形成的界面产物易于结合成团,导致硼分布不均匀,同时还将严重恶化材料的力学性能,影响材料的使用,因此常在金属熔炼工艺中添加少量的金属钛来降低界面反应。粉末冶金法制备的铝基碳化硼中子吸收材料按照材料的密度不同分为低密度和高密度。其中低密度是由碳化硼和 Al 基体构成的芯体,外面包覆一层铝组成,而高密度则表面没有包覆。低密度的芯部包含了一些微孔,这也使得其实际密度小于理论密度。高密度制备过程中采用等静压制坯、真空烧结、挤出预成型等工艺,最后制备的板材避免了内部的微孔,接近全致密。目前,我国对铝基碳化硼材料的研究更多关注熔炼工艺中 Al 与碳化硼的润湿性以及材料的界面反应特征。图 8-2 为铝基碳化硼作为中子吸收材料的格架。

图 8-2　铝基碳化硼作为中子吸收材料的格架

高密集乏燃料储存格架常用材料牌号、特性及主要应用范围见表 8-2。

表 8-2　　　　　高密集乏燃料存储格架常用材料牌号、特性及其主要应用范围

材料牌号(技术条件)	特　　性	主要应用范围	近似牌号
X2CrNi18-9 (NF EN 10088-2-2005)	X2CrNi18-9 钢为法国系列牌号,应用于乏燃料储存格架主体材料,具有良好的耐腐蚀性能和成形性,也成为超低碳不锈钢。较低的碳含量使得在靠近焊缝的热影响区中所析出的碳化物减至最少,而碳化物的析出可能导致不锈钢在某些环境中产生晶间腐蚀	高密集乏燃料储存格架主体材料	—

第 2 节　材料性能数据

8.2.1　Zr-4、UNS R60804

8.2.1.1　用途

Zr-4 是锆-锡系合金,具有小的中子吸收截面;良好的抗辐照损伤能力,并且在快中子辐照下不产生强的长寿命核素;良好的抗腐蚀性能,不与二氧化铀燃料反应,与高温水相

容性好；具有好的强度、塑性及蠕变性能；Zr-4 合金的导热性能好，线膨胀系数低；工艺性能好，易于加工和焊接。但是 Zr-4 合金的价格相对较贵；存在吸氢和氢脆问题，氢化物的析出方向与织构和应力有关，并会影响 Zr-4 合金包壳管的堆内性能；高温下与氧反应，限制在 400℃ 以下使用。

Zr-4 合金主要用于低燃耗（35GW·d/tU）的压水堆（PWR）、坎杜堆（PHWR）、低温供热堆的燃料包壳管、控制棒导向管、测量管、定位格架、端塞、元件盒等。

Zr-4 合金及其类似牌号 UNS R60804 引用的相关标准如下。

- GB/T 26314—2010 锆及锆合金牌号和化学成分
- GB/T 26283—2010 锆及锆合金无缝管材
- ASTM B 811-2002 Standard Specification for Wrought Zirconium Alloy Seamless Tubes for Nuclear Reactor Fuel Cladding

8.2.1.2 技术条件

1. 化学成分

Zr-4 合金与 UNS R60804 的化学成分见表 8-3。

表 8-3　　　　　　　Zr-4 合金与 UNS R60804 的化学成分要求 W_t　　　　　　　（%）

材料（技术条件）	主 元 素					杂质元素	
	Zr	Sn	Fe	Cr	Fe+Cr	Al	B
Zr-4 (GB/T 26314—2010)	余量	1.20～1.70	0.18～0.24	0.07～0.13	0.28～0.37	≤0.007 5	≤0.000 05
UNS R60804 (ASTM B 811-2002)	余量	1.20～1.70	0.18～0.24	0.07～0.13	0.28～0.37	≤0.007 5	≤0.000 05

材料（技术条件）	杂质元素										
	Cd	Co	Cu	Hf	Mg	Mn	Mo	Ni	Pb	Si	Ti
Zr-4 (GB/T 26314—2010)	≤0.000 05	≤0.002	≤0.005	≤0.010	≤0.002	≤0.005	≤0.005	≤0.007	≤0.013	≤0.012	≤0.005
UNS R60804 (ASTM B 811-2002)	≤0.000 05	≤0.0020	≤0.0050	≤0.010	≤0.0020	≤0.0050	≤0.0050	≤0.0070	—	≤0.0120	≤0.0050

材料（技术条件）	杂质元素									
	U	V	W	Cl	C	N	H	O	Ca	Nb
Zr-4 (GB/T 26314—2010)	≤0.000 35	≤0.005	≤0.010	≤0.010	≤0.027	≤0.008	≤0.0025	≤0.16	—	—
UNS R60804 (ASTM B 811-2002)	≤0.000 35		≤0.010		≤0.027	≤0.0080	≤0.0025	0.09～0.16	≤0.0030	≤0.0100

2. 成分允许偏差

需方从产品上取样进行化学成分分析时，其允许偏差应符合表 8-4 的规定。

表 8-4　　　　　　　　　产品化学成分分析允许偏差　　　　　　　　　（%）

材料（技术条件）	Sn	Fe	Ni	Cr	Fe + Cr	Fe + Cr + Ni	O
Zr-4（GB/T 26314—2010）	0.05	0.02	0.01	0.01	0.02	0.02	0.02
UNS R60804（ASTM B 811-2002）	0.05	0.02	0.01	0.01	0.02	0.02	0.02

续表

材料（技术条件）	Hf	Nb	H	C	N	其他杂质元素
Zr-4（GB/T 26314—2010）			0.002 或规定极限的 20%，取较小者			
UNS R60804（ASTM B 811-2002）			20ppm 或规定极限的 20%，取较小者			

3. 力学性能

Zr-4 合金与 UNS R60804 的室温力学性能和高温力学性能要求分别见表 8-5 和表 8-6。

表 8-5　　　　　　　　　　Zr-4 合金与 UNS R60804 的室温力学性能

材料（技术条件）	状态	室温拉伸力学性能，不小于			爆破性能	
		R_m（MPa）	$R_{p0.2}$（MPa）	A_{50}（%）	爆破强度	轴向爆破伸长率（%TCE）
Zr-4（GB/T 26283—2010）	退火态 M	415	240	20	—	—
UNSR60804（ASTM B 811-2002）	退火态 M	415	240	20	≥500	≥20

注　消除应力状态管材的室温力学性能指标报实测值或由供需双方协商确定。

表 8-6　　　　　　　　　　Zr-4 合金与 UNS R60804 的高温力学性能

材料（技术条件）	试验温度（℃）	状态	高温力学性能		
			R_m（MPa）	$R_{p0.2}$（MPa）	A_{50}（%）
Zr-4（GB/T 26283—2010）	380	退火态（M）	≥195	≥120	≥25

注　消除应力状态及外径大于 16mm 的再结晶退货状态管材的高温力学性能指标报实测值或由供需双方协商确定。

4. 腐蚀性能

按照 GB/T 26283—2010 规定，Zr-4 管材应进行腐蚀性能试验。试样在 $400\pm5℃$、$10.3^{+0.7}_{-0.5}$MPa 的水蒸气中进行 72h 或 336h 腐蚀。经腐蚀试验后，试样内、外表面应为黑色、致密、光泽均匀的氧化膜。试样 72h 的增重量应不大于 22mg/dm². 当 72h 试验结果不合格时，可继续进行累计时间（或重新取样进行）336h 的腐蚀试验，其增重量不应大于 38mg/dm²。

5. 疖状腐蚀

需方要求在合同（或订货单）中注明时，核用包壳管可进行疖状腐蚀性能试验。疖状腐蚀试样先在 $400\pm5℃$、$10.3^{+0.7}_{-0.5}$MPa 的水蒸气中进行 72h 预生氧化膜处理，试验结果满足上述腐蚀试验要求后，接着在 $500\pm3℃$、$10.3^{+0.7}_{-0.5}$MPa 的高温水蒸气中进行腐蚀试验。试验时间和试验后检测用对比标样由供需双方协商确定。

6. 氢化物取向

需方要求在合同（订货单）中注明时，Zr-4 管材可进行氢化物取向的检验。成品管材氢化物取向因子 F_n 由双方协商确定。

7. 金相组织

再结晶退火的 Zr-4 管材的平均晶粒度应不粗于 GB/T 6394—2002 中的 7 级。

8. 外观质量

管材内、外表面应洁净，无裂纹、折叠、起皮、针孔等目视可见的缺陷。

管材表面的局部缺陷允许清除，但清除后不得使外径和壁厚超出允许偏差。

管材表面允许有不超出外径和壁厚允许偏差的划伤、凹坑、凸点和矫直痕迹。允许管材酸洗后存在不同的颜色。

9. 表面状况

Zr-4 管材外表面粗糙度不大于 $1.6\mu m$，内表面粗糙度不大于 $3.2\mu m$。

8.2.1.3 工艺性能

1. 熔炼

(1) 熔炼原料海绵锆要求杂质 O 为 $(900\sim1500)\times10^{-6}$，Fe 为不大于 0.15%。

(2) 真空自耗电弧熔炼 3 次，以降低气体含量和改善成分均匀性。

2. 锻轧

热压力加工时，加热应在惰性保护气或真空中进行，也允许在氧化气氛中加热或用玻璃粉涂层保护，但不允许有氢气。

铸锭的热锻开锻温度约 1050～950℃ 的 β 相区，终锻温度 700℃。热轧温度约 750～850℃ 的 α+β 相区，热轧方式为多道次小压下量，总压下量 77%～97%。热挤温度约 600～700℃ 的 α 相区，以防在 α+β 相区的较高温度下发生 Fe、Cr、Ni 向 β 相晶界聚集以及 O 和 Sn 向 α 晶粒内富集而致脆。

3. 热处理

热处理的加热在真空中进行。

8.2.1.4 性能资料

堆用锆合金主要有锆锡合金和锆铌合金两类。Zr-2 和 Zr-4 属于前者，Zr-1Nb 和 Zr-2.5Nb 属于后者。新型锆合金倾向于锆锡铌合金，例如，ZIRLO，E635 等合金。表 8-7 是已经使用或试用成功的锆合金成分。

表 8-7　　几种锆合金的成分 W_t　　（%）

合金	Sn	Fe	Cr	Ni	Nb
Zr-2	1.2～1.7	0.07～0.20	0.05～0.15	0.03～0.08	—
Zr-2.5Nb	—	0.08～0.15	0.008～0.02	—	2.5±0.2
Zr-1Nb	—	0.006～0.012	—	—	1±0.15
E635	1.2～1.30	0.34±0.40	—	—	0.95～1.05
ZIRLO	0.8～1.2	0.09～0.13	$(79\sim83)\times10^{-6}$	—	0.8～1.2
M5	—	—	—	—	0.8～1.2

合金	O	C	N	Si
Zr-2	0.08～0.15	0.0015～0.003	—	—
Zr-2.5Nb	0.09～0.13	—	—	—
Zr-1Nb	0.05～0.07	0.005～0.01	$(30\sim60)\times10^{-6}$	0.005～0.01
E635	0.05～0.07	0.005～0.01	$(30\sim60)\times10^{-6}$	0.005～0.01
ZIRLO	0.09～0.12	0.006～0.008	—	$<40\times10^{-6}$
M5	0.09～0.15			

8.2.1.4.1　Zr-4 合金

1. 腐蚀性能

这里的腐蚀是指反应堆中冷却剂对包壳管和结构件外表面所产生的侵害。Zr-4 合金在压水堆中发生均匀腐蚀；在沸水堆中先发生均匀腐蚀，而后又出现疖状腐蚀。

（1）高温水蒸气中的氧化腐蚀。Zr-4 合金包壳管消应力退火态（m）在高温水蒸气中的氧化腐蚀数据列于表 8-8，氧化腐蚀动力学在 $680\sim980℃$ 为抛物线型转折为线性型，$1080\sim1200℃$ 为抛物线型而未发现转折。对核电工程有用的是抛物线型阶段，增重 $\Delta w(\text{mg}\cdot\text{dm}^{-2})$ 与时间 t（s）的动力学关系可拟合消应力退火态 $680\sim1200℃$ 为抛物线方程：

$$\Delta w^2 = kt \tag{8-1}$$

式中　k——抛物线型阶段氧化速率常数，$\text{mg}^2/(\text{dm}^4\cdot\text{s})$。

$$k = 4.236\times10^{10}\exp\left(-1.883\times10^5/RT\right) \tag{8-2}$$

式中　R——常数；

　　　T——温度，℃。

氧化膜厚度 δ（μm）的增长也符合抛物线方程：

$$\delta = At^{1/2} \tag{8-3}$$

$$A = 2061\exp\left(-9076/T\right) \tag{8-4}$$

需要注意的是在高温水蒸气氧化的温度通过 $\alpha\text{-Zr(Sn)}$ 与 $\beta\text{-(Sn)}$ 的相变点时会发生相变。

应力损害 Zr-4 合金在 400℃ 蒸汽中的耐蚀性示于图 8-3。为了消除反应堆冷却剂在辐照作用下放出的 O 对锆合金耐蚀性的危害，常在反应堆冷却剂中加入 H，初始 H 含量对 Zr-4 合金在水蒸气中耐蚀性的影响示于图 8-4，其转折量为 300×10^{-6}。

表 8-8　Zr-4 合金高温水蒸气氧化增重

温度（℃）	k [$\text{mg}^2/(\text{dm}^4\cdot\text{s})$]	时间（s）	增重（mg/dm²）
1200	9010	10	324
		40	618
		60	731
1130	4090	30	345
		60	521
		120	690
1080	1988	30	200
		60	290
		120	540
980	484.7	1.2×10^2	232
		3×10^2	380
		6×10^2	499
		9×10^2	532
		$*1.56\times10^3$	765

温度（℃）	k $[mg^2/(dm^4 \cdot s)]$	时间（s）	增重（mg/dm²）
880	75.49	1.2×10^2	99
		3×10^2	153
		6×10^2	205
		1.02×10^3	281
		$* 1.8 \times 10^3$	484
		$* 3.6 \times 10^3$	687
		$* 6 \times 10^3$	1180
780	15.30	1.2×10^2	40
		3×10^2	60
		6×10^2	92
		1.02×10^3	112
		3.6×10^3	256
		$* 7.2 \times 10^3$	323
		$* 1.08 \times 10^4$	432
		$* 1.44 \times 10^4$	741
		$* 1.8 \times 10^4$	1018
680	3.638	1.2×10^2	16
		3×10^2	27
		6×10^2	35
		1.02×10^3	66
		7.2×10^3	160
		$* 1.44 \times 10^4$	267
		$* 3.24 \times 10^4$	783
		$* 4.5 \times 10^4$	1085

注 * 为转折后数据，不用于计算抛物线阶段的 k。

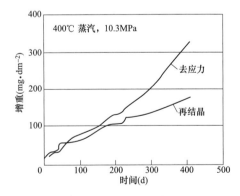

图 8-3 退火状态对 Zr-4 包壳管在 400℃
蒸汽中腐蚀的影响

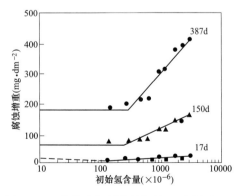

图 8-4 反应堆冷却剂中的初始 H 含量对 Zr-4
在 360℃水蒸气中腐蚀增重的影响

　　（2）纯水中的腐蚀。Zr-4 合金板材（p）和包壳管（t）的消应力退火态（m）和再结晶退火态（M）在 360℃、18.6MPa 与 400℃、10.3MPa 的中性高纯水的高压釜中腐蚀，试验的结果示于图 8-5～图 8-8 及表 8-9、表 8-10，每个试验点为 20～30 个试样数的平均值。包壳管的耐蚀性仅稍优于板材；再结晶退火态的耐蚀性则明显优于消应力退火态；腐蚀动力学曲线为抛物线型，并且出现抛物线的转折，为两个抛物线的衔接，第 1 个抛物线的指数值约为 0.3；400℃、10.3MPa 的转折点早于 360℃、18.6MPa。

$$\Delta w = kt^n \tag{8-5}$$

式中　n——腐蚀动力学抛物线的指数。

　　腐蚀动力学由抛物线向直线的转折也显示在图 8-7 和图 8-8 中。

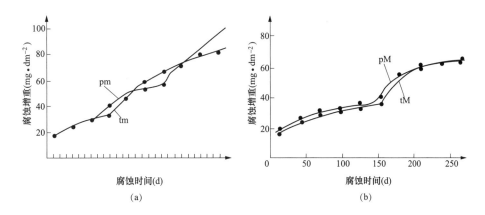

图 8-5　Zr-4 合金板材（p）与包壳管（t）的消应力退火态（m）和再结晶退火
态（M）在 360℃、18.6MPa 中性高纯水中的腐蚀增重与时间的关系

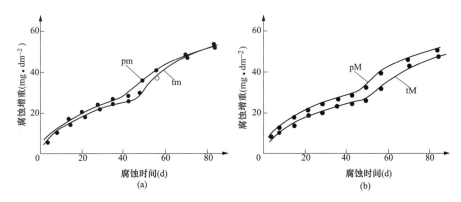

图 8-6　Zr-4 合金板材（p）与包壳管（t）的消应力退火态（m）和再结晶退火态
（M）在 400℃、10.3MPa 中性高纯水中的腐蚀增重与时间的关系
（a）消应力退火态（m）；（b）再结晶退火态（M）

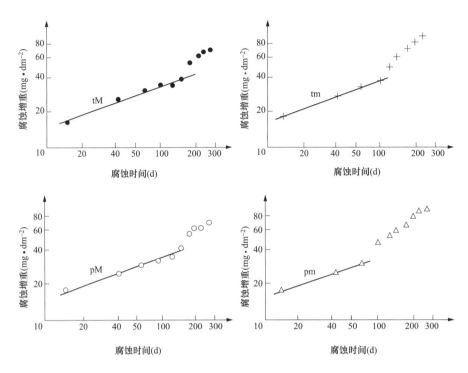

图 8-7　Zr-4 合金板材（p）与包壳管（t）的消应力退火态（m）和再结晶退火态
（M）在 360℃、18.6MPa 中性高纯水中的腐蚀增重与时间的双对数关系

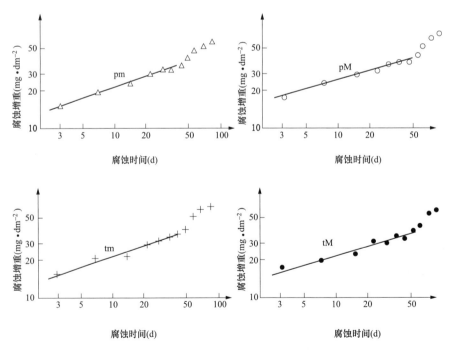

图 8-8　Zr-4 合金板材（p）与包壳管（t）的消应力退火态（m）和再结晶退火态
（M）在 400℃、10.3MPa 中性高纯水中的腐蚀增重与时间的双对数关系

表 8-9　Zr-4 合金板材（p）与包壳管（t）的消应力退火态（m）和再结晶退火态（M）
在中性高纯水中的腐蚀动力学方程

$$\left[增重\ \Delta w\ (\mathrm{mg \cdot dm^{-2}}),\ 时间\ t\ (\mathrm{d})\right]$$

试验条件		400℃、10.3MPa 水蒸气腐蚀		360℃、18.6MPa 水腐蚀	
试样状态	pm	$\Delta w_t = 10.964\ 3t$ $\Delta w_t - 37.4 = 2.685\ (t-42)$	$t<42$ $42 \leqslant t < 84$	$\Delta w_t = 7.841t$ $\Delta w_t - 31 = 3.527\ (t-85)$ $\Delta w_t - 55 = \dfrac{t-180}{0.6850 + 0.0270\ (t-180)}$	$t<85$ $85 \leqslant t < 180$ $180 \leqslant t < 266$
	pM	$\Delta w_t = 12.662t$ $\Delta w_t - 42 = 2.470\ 7\ (t\text{-}49)$	$t<49$ $49 \leqslant t < 84$	$\Delta w_t = 6.817t$ $\Delta w_t - 35 = 1.671\ 9\ (t-110)$ $\Delta w_t - 76 = 0.397\ 5t - 9.825$	$t<110$ $110 \leqslant t < 217$ $217 \leqslant t < 226$
	tm	$\Delta w_t = 8.643\ 9t$ $\Delta w_t - 37 = \dfrac{t\text{-}150}{0.975\ 3 + 0.027\ 05\ (t-150)}$	$t<150$ $150 \leqslant t < 226$	$\Delta w_t = 8.643\ 9t$ $\Delta w_t - 37 = \dfrac{t-150}{0.975\ 3 + 0.027\ 05\ (t-150)}$	$t<150$ $150 \leqslant t < 226$
	tM	$\Delta w_t = 12.498\ 5t$ $\Delta w_t - 36 = 1.70\ (t-49)$	$t<49$ $49 \leqslant t < 84$	$\Delta w_t = 6.982\ 3t$ $\Delta w_t - 31 = \dfrac{t-150}{0.726\ 8 + 0.027\ 05\ (t-150)}$	$t<150$ $150 \leqslant t < 226$

表 8-10　Zr-4 合金板材（p）与包壳管（t）的消应力退火态（m）和再结晶退火态
（M）在中性高纯水中腐蚀动力学方程 $\Delta w = kt^n$ 的 k、n 值

腐蚀条件	材料	状态	代号	k	n	转折点（d）
360℃ 18.6MPa	板	消应力退火	pm	7.502 0	0.312 2	约 85
		再结晶退火	pM	8.076 0	0.311 0	约 150
	管	消应力退火	tm	6.817 0	0.350 3	约 110
		再结晶退火	tM	6.982 3	0.331 9	约 150
400℃ 10.3MPa	板	消应力退火	pm	10.964 3	0.331 6	约 42
		再结晶退火	pM	12.661 9	0.305 9	约 49
	管	消应力退火	tm	11.313 7	0.311 4	约 49
		再结晶退火	tM	12.498 5	0.272 6	约 49

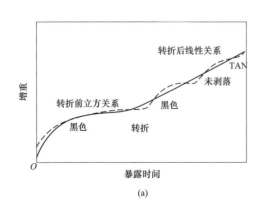

(a)

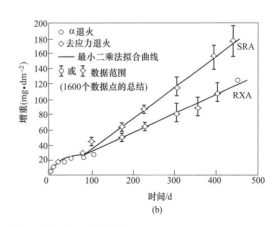

(b)

图 8-9　Zr-4 合金在水和蒸汽中的腐蚀动力学曲线

(a) 200～400℃水和蒸汽；(b) 360℃水（均匀腐蚀，直至转折时氧化膜厚度遵循幂函数定律，然后保持线性关系）

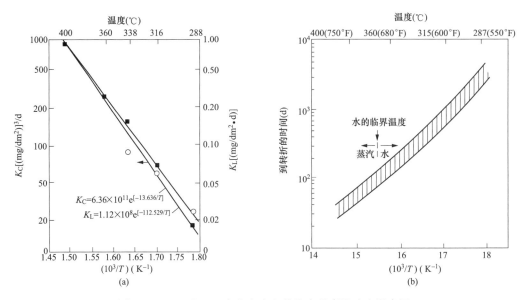

图 8-10　Zr-4 和 Zr2 合金在水和蒸汽中的腐蚀动力学参量

（a）工程腐蚀速率常数与温度的关系；（b）抛物线/直线的转折时间

（3）LiOH 水溶液中的腐蚀。在高压釜中 350℃、16.8MPa 的不同水化学环境中，Zr-4 合金的耐蚀性在纯水中比较稳定，且在初始不长的时间内，纯水、0.01M 的 LiOH 水溶液、0.04M 的 LiOH 水溶液之间的腐蚀速率没有明显区别。但在较长时间后，LiOH 水溶液便表现出了剧烈的腐蚀作用；0.01M 的 LiOH 水溶液的腐蚀作用在 100 天后突增；而当 LiOH 水溶液浓度增大到 0.04M 时，剧烈腐蚀更提前到 50d（如图 8-11 所示）。

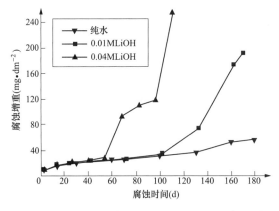

图 8-11　LiOH 浓度对 Zr-4 合金 350℃、16.8MPa 腐蚀增重的影响

（4）LiOH＋H_3BO_3 水溶液中的腐蚀。Zr-4 合金包壳管消应力退火态（m）和再结晶退火态（M）在 335℃、14MPa 高压釜中仿核电厂水质 Li（2mg/L）＋B（800mg/L）＋H_2O 溶液中腐蚀数据增重 Δw（mg·dm^{-2}）和时间 t（d）的动力学拟合方程：

消应力退火态（m）为抛物线型转线性型：

$$\Delta w = 7.074\,0t^{0.333\,3} \tag{8-6}$$

$$\Delta w = 0.203t \tag{8-7}$$

再结晶退火态（M）为抛物线型：

$$\Delta w = 6.767\ 9t^{0.333\ 3} \tag{8-8}$$

计算数据和实验值的对照见表 8-11。将增重换算为氧化腐蚀层 ZrO_2 的厚度见表 8-12。LiOH 加速腐蚀如图 8-11 所示，足量的硼酸 H_3BO_3 则抑制腐蚀如图 8-12 所示。

表 8-11 Zr-4 合金在 335℃、14MPa 水质 Li(2mg/L)＋ B(800mg/L)＋H_2O 溶液中的腐蚀数据

试验时间（d）		30	60	90	120	160	190	210
消除应力退火	试验	22	26.5	32.8	33.5	39.4	40.4	41.6
	计算	24	27.7	31.7	34.9	38.4	40.7	42/42.6
再结晶退火	试验	19.9	23.5	37.26	29.5	35.8	38.4	—
	计算	21	26.5	30.3	33.4	36.7	38.9	—

试验时间（d）		220	240	270	280	320	380	410	440
消除应力退火	试验	43.25	50.2	61.5	65.7	68.75	72.75	74.25	84.5
	计算	44.6	48.7	54.8	56.8	65	77	83	89
再结晶退火	试验	—	40	—	43.3	46	47.5	49	59.57
	计算	—	42.1	—	44.3	46.3	49	50.3	51.5

表 8-12 Zr-4 合金在 335℃、14MPa 水质 Li(2mg/L)＋B(800mg/L)＋H_2O 溶液中的腐蚀层厚度观测值

状态	消除应力退火							再结晶退火					
时间（d）	90	150	210	270	300	410	440	120	190	240	310	410	440
厚度（μm）	1.33	1.33	1.67	2.5	2.5	3.13	3.75	0.63	0.63	0.63	1.25	2.5	2.5

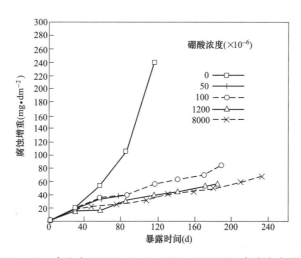

图 8-12 Zr-4 合金在 LiOH（0.1mol/L）＋H_3BO_3 水溶液中的腐蚀

（5）疖状腐蚀。Zr-4 和 Zr-2 合金在沸水堆中服役时，除表面被均匀腐蚀外，还发生疖状腐蚀。高压釜中的模拟表明，疖状腐蚀发生在约 400℃ 以上的高温水蒸气环境中。

疖状腐蚀是不均匀的斑点状腐蚀，腐蚀斑直径约 150～500 μm，腐蚀深度约 30～

100μm，径厚比约 5∶1；腐蚀斑为白灰色氧化物突起，氧化物疏松且易破裂剥落；腐蚀斑横截面为双凸透镜状，可见空洞和层状裂纹［图 8-13（a）］；可多个疖状斑连接［图 8-13（b）］。将金属用酸溶去，从"腐蚀斑/金属"界面看腐蚀斑的背面，为许多氧化物胞的堆积［图 8-13（c）］；单个氧化物胞的放大像显现出层层叠叠的弧形纹［图 8-13（d）］。经 β 淬火成棒条组织的 Zr-4 合金金相磨面经 400℃过热水蒸气 54d 的腐蚀，出现了簇状的腐蚀斑（图 8-14）。

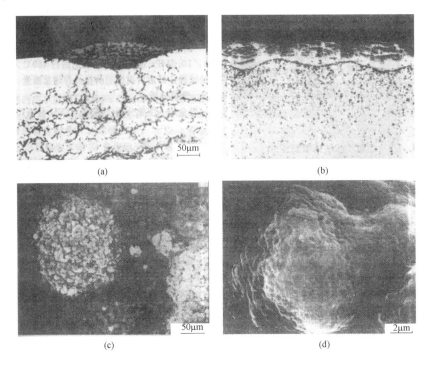

图 8-13　疖状腐蚀斑

（a）疖状斑的横截面为双凸透镜状；（b）相连成串（片）的疖状斑横截面；
（c）从"斑/金"界面看疖状斑为大量胞堆积；（d）图（c）单个胞面显现层叠的弧形纹

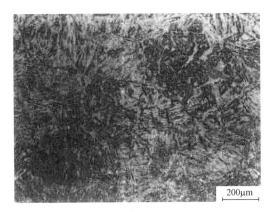

图 8-14　淬火组织的簇状腐蚀斑

（经 1050℃15min 空冷＋800℃1h 空冷的板条
组织经 400℃54d 过热水蒸气腐蚀）

疖状腐蚀发生在一定层厚的均匀腐蚀之后，在约 400℃以上的高温水蒸气环境中，其危害性明显大于均匀腐蚀。基体中合金元素（特别是 Fe、Cr 等）固溶量的不足和不均匀有利于疖状腐蚀的发生，再结晶退火易发生疖状腐蚀，淬火成板条组织可减缓疖状腐蚀，预生氧化膜可推迟疖状腐蚀的发生。

2. 应力腐蚀开裂

反应堆中的包壳管除受高温作用和管外冷却介质的外腐蚀之外，还受到管内燃料芯块裂变反应辐射粒子的辐照，以及释放出的氦（He）气体的内压力和裂变产物碘（I）

的内腐蚀。包壳管在堆内经长期运行，会发生燃料芯块与包壳之间的物理作用、机械作用和化学作用而致包壳管破裂，这是核裂变产物碘在包壳管上的沉积与包壳管因机械作用而产生的应力的联合作用所致的碘应力腐蚀开裂（I-SCC）。

（1）"内压力＋内腐蚀"的应力腐蚀开裂。碘（I）的腐蚀既不同于均匀腐蚀，也不同于疖状（点）腐蚀，而是亚均匀地在包壳管壁内表面形成许多密密麻麻的腐蚀坑，腐蚀坑的直径约 $2\sim7\mu m$ ［图 8-15（a）］，在内压力所产生的周向拉应力的作用下，这些腐蚀坑便成为裂纹萌生的起始点，萌生后的裂纹芽在周向拉应力和腐蚀介质碘（I）的作用下沿管壁材料的晶界径向纵深向外生长，当裂纹生长到临界尺寸时（约达管壁厚度的大半，有时甚至达管壁厚度的 90%），周向拉应力便使裂纹突然瞬间快速扩展穿透管壁而使包壳管破裂，破裂口多为纵向裂纹裂口（或针孔破口）。应力腐蚀开裂断口的裂纹萌生和生长区（占管壁大半厚度的区域）是脆性的沿晶断和解理断［图 8-15（b）］，瞬断的扩展区（占管壁厚度靠近管壁外表面的很薄区域）通常是脆性的准解理断或韧性的微孔聚合断，而瞬断的撕剪区（仅位于管壁外表面的薄层区域）则是韧性的剪切断。

60% 冷轧和 560℃2h 再结晶退火的 Zr-4 包壳管在 350℃试验所得碘应力腐蚀开裂的阈值如图 8-16 所示。由图 8-16（a）可以看到，应力腐蚀开裂时间为 3.6ks 时的周向应力阈值约为 240MPa；由图 8-16（b）则可知引起应力腐蚀开裂的碘浓度阈值为 $1.7mg/cm^3$。

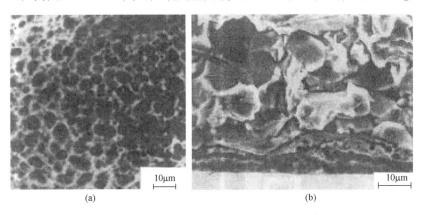

图 8-15　包壳管碘应力腐蚀开裂的内表面和断口
（a）包壳管内表面的碘蚀坑；（b）断口裂纹生长区的沿晶和解理脆断

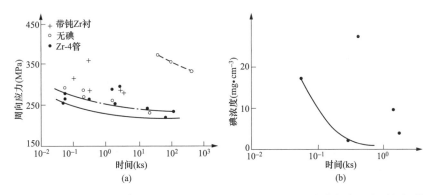

图 8-16　包壳管（60%冷轧，560℃2h 再结晶退火）350℃碘应力腐蚀开裂的阈值
（a）应力-时间关系；（b）碘浓度-时间关系

（2）"中子辐照＋内压力＋内腐蚀"的应力腐蚀开裂。Zr-4 包壳管冷轧后经 600℃、1h 再结晶退火，在 HWR-Ⅱ核反应堆活性区中于 320℃给以快中子（$E>1MeV$）注量为 $1\times10^{20}/cm^2$ 的辐照，出堆后经 30 个月冷却，使表面剂量率不大于 $5.16\times10^{-9}C/(kg\cdot s)$，再于 340℃进行碘腐蚀（碘浓度 $12.5mg/cm^3$，包壳管内表面碘量约 $5mg/cm^2$）的周向应力腐蚀开裂试验。结果是中子辐照碘应力腐蚀使爆破应力比中子辐照无碘应力腐蚀的爆破应力下降约 35%，爆破口为数微米直径的小针孔，爆破应力与时间的关系如图 8-17 所示。经中子辐照的无碘对照组比无中子辐照的无碘对照组爆破应力增大 13.0%，这是中子辐照强化的效应。

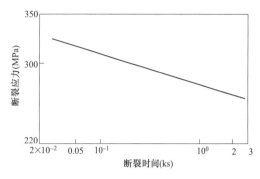

图 8-17 Zr-4 包壳管 340℃中子辐照碘应力腐蚀开裂的应力与时间关系

3. 吸氢特性

锆合金的吸 H 与合金成分、熔炼、热加工、环境等诸多因素有关；吸 H 更与氧化腐蚀和电偶腐蚀相伴随（图 8-18），因为腐蚀中 H 总是与 O 形影不离的。

H 在锆及锆合金中的间隙固溶量甚少，并且随温度的降低而急剧减少（图 8-19），过饱和的 H 便以化合物氢化锆析出（图 8-20），Zr-4 合金慢冷时析出稳定的氢化锆 δ 相，为面心立方点阵，点阵常数 $a=0.4773\sim0.4778nm$，H 原子随机地位于 8 个四面体的共有位置，最大占有率 83%，化学式为 $ZrH_{1.66}$，密度 $5.65g/cm^3$。

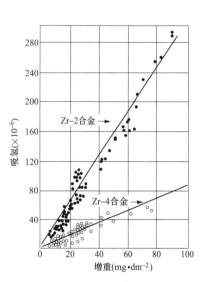

图 8-18 锆合金吸氢与腐蚀增重的关系

（在 316 和 360℃水中）

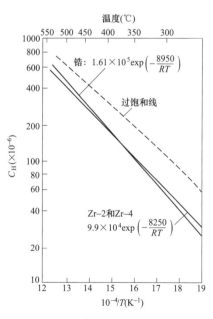

图 8-19 氢的极限固溶度限

氢化锆可沿晶界或沿晶内析出的惯析面 $\{10\bar{1}0\}$ 以片（条）状析出，当有应力存在时氢化锆的析出有应力取向效应，常沿拉应力的法面析出或沿压应力面析出。应力取向效应

(a)　　　　　　　　　　　(b)　　　　　　　　　　　(c)

图 8-20　Zr-4 合金中的氢化物金相形貌

（a）去应力退火，210d；（b）去应力退火，440d；（c）再结晶退火，190d

与织构、晶粒度、冷变形的残余应力等因素有关。包壳管切向基极织构对切向应力的应力取向效应最显著，而径向基极织构对切向应力便无应力取向效应。晶粒愈细小其应力取向效应愈强，晶粒尺寸小于 $20\sim30\mu m$（ASTM 9～10 级）时应力取向效应就显著，而晶粒尺寸大于 $40\mu m$（ASTM 6～7 级）便无应力取向效应。应力取向效应的临界切应力值约为 $7.03\times10^3\sim10.55\times10^3\,MPa$，低于此便无应力取向效应。

氢化锆性脆，片条状的析出又分割了金属基体，因而使金属致脆；再加上与固溶 H 的脆化效应相叠加，就更使氢脆危害显著（图 8-21）。反应堆运行经验表明，寿命末期的 H 含量应控制在 $250\mu g/g$ 以内，大于 $600\mu g/g$ 则是不许可的；氢化物长度不得超过管壁厚度的 1/10。

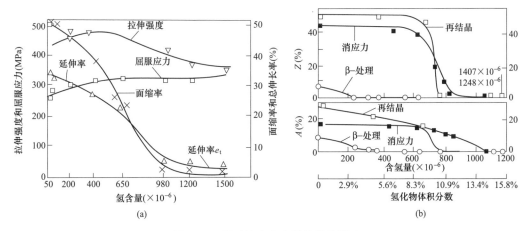

(a)　　　　　　　　　　　(b)

图 8-21　氢对锆合金力学性能的影响

（a）H 含量对锆合金室温拉伸的影响；（b）氢化物对锆合金室温延性的影响

4. 蠕变性能

如图 8-22 所示的温度和应力下，Zr-4 合金的蠕变变形随着氧含量的增加而下降。试验表明，当氧含量在 0.2% 以下时，溶解在锆中的氧与 Sn、Nb 并存时，能有效地改善锆合金的力学性能，原因是间隙元素氧能明显强化锆合金。铌的作用是能稳定缺陷，阻碍位错运动。另外，在固定的氧含量下，增加 Zr-4 合金的含 Sn 量同样可提高合金的抗蠕变性能。

退火温度对锆合金的蠕变性能有重要影响。从图 8-23 看出，对 55％冷加工量的 Zr-4 合金，当退火温度由 490℃升到 575℃时，从各自曲线上所标的数字看出，在 350℃、100MPa 应力下的蠕变速度下降了 3 倍。

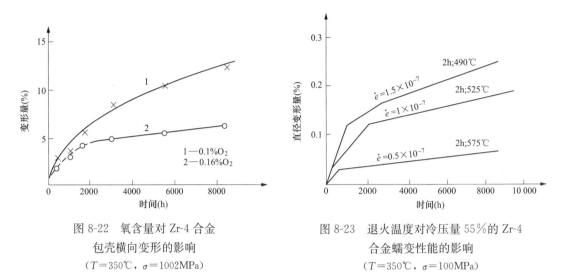

图 8-22　氧含量对 Zr-4 合金
包壳横向变形的影响
（$T=350℃$，$\sigma=1002MPa$）

图 8-23　退火温度对冷压量 55％的 Zr-4
合金蠕变性能的影响
（$T=350℃$，$\sigma=100MPa$）

5. 疲劳性能

细长燃料元件棒在堆内的振动会引起包壳管产生交变弯曲应力，启停堆和运行期间的温度波动也会引起热循环应力。这些交变应力可以诱发疲劳裂纹，加上包壳管表面缺陷（划伤）难以避免，所以锆合金的疲劳性能是很重要的。

通常采用 Paris 公式 $\dfrac{\mathrm{d}a}{\mathrm{d}N}=C \cdot (\Delta K)^n$ 计算疲劳裂纹的扩展速率。表 8-13 是 Zr-4 合金管在设计压力及实际工作条件下（包括渗氢及辐照影响），使管子达到爆破时的裂纹临界长度。其含义是指在密封防漏的情况下，以设计应力对带贯穿裂纹管子进行内压试验达到高速爆破时，管壁上纵向贯穿裂纹的长度。该试验的目的是为了在带表面缺陷的圆管上，直接研究管子的疲劳性能。

表 8-13　Zr-4 冷作管纵向贯穿裂纹的临界长度（$\sigma_\theta=110MPa$）

渗氢（10^{-6}）	辐照	温度（℃）	纵向贯穿裂纹的临界长度（mm）
—	—	室温及 300	101
200～300	—	室温	50.8
		300	101
200～300	$1.2×10^{21}$中子/cm^2（$E>1MeV$）	室温	63.5
		300	114.3
400	—	室温	25.～50.8
		300	101

8.2.1.4.2　M5 合金

1. 物理性能

M5 合金的物理性能见表 8-14。

| 表 8-14 | M5 合金的物理性能 |

名　称	数　值
密度（室温）（g/cm³）	ρ_α　6.500±0.006 ρ_β　6.44
熔点（℃）	1855±15
晶格常数（nm）	α 相 a_α　0.323 36 c_α　0.515 08 c/a　1.592 9 β 相　0.361
弹性模量/（MPa） 　　273～673K	106 059～47.64T（K）
泊松比 ν （假定材料为各向同性）	0.37
热膨胀系数 α/(1/K)×10^{-6} 50～400℃　　α 相轴向 　　　　　　切向 　　　　　　径向 900～1000℃　β 相轴向 　　　　　　切向 　　　　　　径向	5.69 7.72 7.11 10.03 11.03 11.09
热导率 λ［W/(cm·K)］，T（K） 　　273～1600K	$\lambda=21.59-1.513\times10^{-2}T+1.515\times10^{-5}T^2$
发射率 ε 对于 LOCA 的特征温度（825～1150℃）	$\varepsilon=-6.006\times10^{-2}+1.367\times10^{-3}T-5.579\times10^{-7}T^2$ 其中 T 为℃
定压比热容 c_p［J/(g·K)］	273～1050K $c_p^\alpha=0.237\ 5+15.91\times10^{-5}T$ 1050～1140K $c_p^{\alpha+\beta}=-5.582+5.7\times10^{-3}T$ 1140～1220K $c_p^{\alpha+\beta}=9.236-7.3\times10^{-3}T$ 1220～1600K $c_p^\beta=0.179\ 1+12.364\times10^{-5}T$ 温度（K）定压比热容［J/(g·K)］ 773　　　　　　0.33 873　　　　　　0.35 973　　　　　　0.38 1073　　　　　0.46 1103　　　　　0.58 1123　　　　　0.76 1133　　　　　0.86 1143　　　　　0.91 1173　　　　　0.63 1223　　　　　0.34 1323　　　　　0.32 1423　　　　　0.33 加热率为 0.05K/s

2. 高温蠕变

M5 的蠕变量仅为改进型 Zr-4 合金的 1/2，如图 8-24 所示。

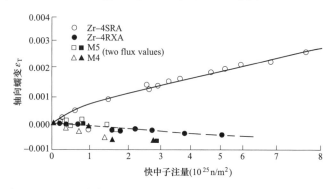

图 8-24　快中子（大于 1MeV）对低锡 Zr-4 合金和 M5 合金包壳管轴向蠕变的影响（350℃，90MPa）

3. 腐蚀性能

多座压水堆中运行的耐腐蚀性表明 M5 合金是优异的，有良好的抗 347℃ 含硼含锂水溶液的腐蚀，显著好于 Zr-4 合金，燃耗值越高，这个优点越突出。

4. 吸氢特性

压水堆中的运行也表明，M5 合金的吸氢量很小，显著小于 Zr-4 合金，燃耗值越高，这个优点越突出，随燃耗值的增大 M5 合金的吸氢量增大很少，吸氢量几乎与燃耗值无多大关系，吸氢率是改进型 Zr-4 合金的 1/4。

堆内外 M5 合金的上述优良特性，与它的所有热处理都在 Zr-Nb 相图中的（α＋β$_{Nb}$）相区加热有关，这种处理使基体中没有沉淀相偏聚且均匀地分布着细小β$_{Nb}$沉淀。

8.2.1.4.3　ZIRLO 合金

ZIRLO 合金是 Zr-Sn 和 Zr-Nb 合金的综合，兼顾了二者的优点。ZIRLO 合金的成分匹配是根据不同 Sn 和 Nb 含量的堆外和堆内大量试验结果得出的。由于 ZIRLO 合金控制锡含量低以及电镜看到第二相沉淀细小并均匀的分布在基体中，所以它具有下列优越性能：

（1）对外高压釜试验表明，在 633K 温度下，ZIRLO 合金在纯水或含 70×10^{-6} 锂的水中均比 Zr-4 和低锡 Zr-4 合金的耐蚀性能好，尤其长时间腐蚀后更明显，详见图 8-25～图 8-27。

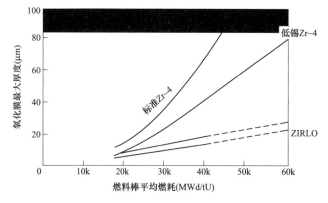

图 8-25　燃料棒平均燃耗对不同合金包壳燃料棒表面氧化层厚度的影响

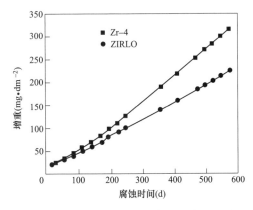

图 8-26　不同锆合金高温水腐蚀行为（360℃）

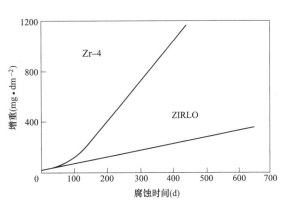

图 8-27　不同锆合金在高锂水溶液中
腐蚀行为（360℃）

（2）用 ZIRLO 合金做包壳的燃料组件，在比利时 BR3 堆经平均燃耗 71GWd/tU 考验后，其均匀腐蚀比 Zr-4 合金小 50%，辐照增长和辐照蠕变（如图 8-28 所示）也比 Zr-4 合

图 8-28　不同燃料棒包壳蠕变性能比较

金小。另外，在 North Anna 1 号堆内分别达到平均燃耗为 37.8 和 45.8 GWd/tU 的两个组件，经辐照后测量，ZIRLO 合金包壳管的氧化膜厚度分别为相同燃耗下，Zr-4 合金氧化膜厚度的 32% 和 28%，而低锡 Zr-4 合金相应为 76% 及 75%。图 8-29 显示了不同材料氧化膜厚度与燃料的关系，可以看出低锡 ZIRLO 合金的堆内耐蚀性最好，所以适合用于高燃耗的燃料元件。

8.2.1.4.4　俄国 E635 合金

E635 合金的成分近似于 ZIRLO 合金，但 Fe 含量较高，提高 Fe 含量是为了强化（图 8-30）和形成稳定的 Zr（Nb、Fe）$_2$ 沉淀相。经堆内外大量试验证明，E635 合金具有下列优点：在含锂的水中和 400℃ 蒸汽中，

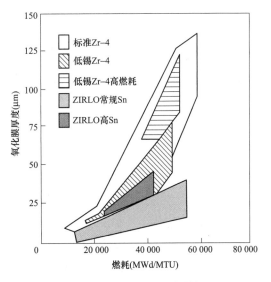

图 8-29　燃料棒不同包壳材料的
氧化膜厚度与燃耗的关系

E635 的抗蚀性能优于 Zr-1Nb 及 ZIRLO 合金，在 500℃蒸汽中更优越；E635 在 240～380℃的辐照增长不大，抗碘的应力腐蚀性能也较好。

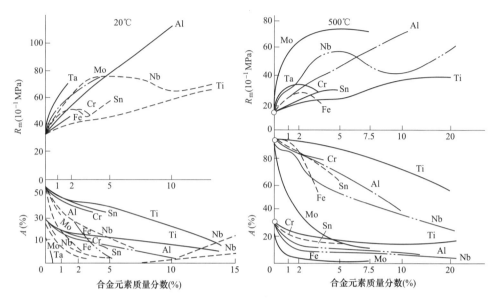

图 8-30　合金元素对锆的二元合金在 20℃和 500℃时力学性能的影响

8.2.2　X2CrNi18-9

8.2.2.1　用途

X2CrNi18-9 为德国系列牌号，主要用于核电厂乏燃料格架主体材料，引用标准如下。

● NF EN 10088-2-2005　Stainless Steels -Part 2：Technical Delivery Conditions for Sheet/Plate and Strip of Corrosion Resisting Steels for General Purposes

8.2.2.2　技术条件

X2CrNi18-9 乏燃料格架主体材料根据加工方式分为冷轧板（厚度不大于 6.5mm）和热轧板（厚度不小于 3mm）。其化学成分要求见表 8-15，力学性能要求见表 8-16。

表 8-15　　　　　　　　　　　X2CrNi18-9 化学成分 W_t　　　　　　　　　　（%）

材料（技术条件）	C	Mn	Ni	Cr	Si	P	S	N
X2CrNi18-9 （NF EN 10088-2-2005）	≤0.030	≤2.00	8.00～10.50	17.50～19.50	≤1.00	≤0.045	≤0.015	≤0.11

表 8-16　　　　　　　　　　　　X2CrNi18-9 力学性能要求

材料（技术条件）	室温			KV(J)（厚度大于 10mm）	
	$R_{P0.2}$(MPa)	R_m(MPa)	A(%)	纵向	横向
X2CrNi18-9（冷轧板） （NF EN 10088-2-2005）	≥220	520～700	≥45	—	—
X2CrNi18-9（热轧板） （NF EN 10088-2-2005）	≥200	500～700	≥45	100	60

第 3 节　实际部件的制造工艺及力学性能

8.3.1　Zr-4

锆合金塑性好，可制成管材、板材、棒材和丝材，其中管材为主要产品。锆合金的加工工艺取决于锆的基本性质和核反应堆对锆构件的特殊要求。锆的基本性质：易被氧、氮、氢等污染，易粘模具，有同质异晶转变。核反应堆对锆构件的要求是尺寸精度高，显微组织要求严格，性能稳定。

使用最广的无缝锆合金管加工的主要工序："海绵锆＋合金元素中间合金"配制成自耗电极→多道次真空自耗电弧熔炼熔铸（道次间去除铸锭冒底杂质）→热锻造→切削加工→热挤管坯（非包壳管加工则或热轧板坯或精锻工件坯）→真空退火→多道次 Pilger 轧制＋中间真空退火→成品退火热处理→精整→表面清洗抛光→检验。

真空自耗电弧熔炼法是锆和锆合金工业生产的最普遍的方法。采用正确的加入合金元素的方法，合适的新旧料搭配比例和合理的熔铸制度，才能得到高质量的铸锭。

铸锭开坯一般在 β 相区进行，这既有利于变形，又减少了合金元素的偏聚。二次锻造温度比开坯温度低，Zr-4 合金在 β 相区的高温区进行锻造。终锻温度不得低于 700℃。热轧温度和二次锻造温度相近，挤压温度更低一些。为防止氧化和粘模，坯料在挤压前要包铜，或加玻璃涂层。纯锆在液氮温度下仍有良好塑性。室温轧板时两次退火间的冷加工量可达40%或更高。成品前的冷轧加工制度，对锆锡合金管材的质量和性能有重要影响。为获得综合性能好的管材，成品前冷轧的总压缩率应达 50% 以上。

管材轧制是生产锆合金精密、薄壁包壳管的重要方法。常用的锆合金的管材轧制方法分为两辊冷轧和多辊冷轧。由于两辊轧管机道次变形较大、轧制效率高，尤其是 Pilger 冷轧管机还有尺寸精度高、表面质量好的优点，Pilger 轧管机已经成为国际上锆合金包壳管生产企业通用的轧管机型。锆管轧制过程中，须采用润滑工艺，同时为了提高生产效率并使锆金属获得细小的内部组织，从而获得良好的综合力学性能，通常经过 3～4 道次的Pilger 轧制到达最终包壳管尺寸。

目前，国内已从国外引进了具有国际先进水平的装备。表 8-17 是某锆管厂主设备，该公司从法国珐码通引进了 AFA2G 和 AFA3G 的锆材生产技术；从加拿大引进了 CANDU堆锆材生产技术；从俄罗斯引进了 VVER 锆材生产技术，具备了提供多种类型核电用锆合金材料的能力，将使中国锆合金包壳材料的加工跻身国际先进行列。

表 8-17　　　　　　　　　　　某锆管厂主要设备

序号	主要工序	主要装备
1	熔炼	真空电弧炉、电子束冷床炉
2	锻造	水压机和快锻机
3	淬火	感应加热炉
4	挤压	2500t，3150t 挤压机
5	轧管	皮尔格轧机 KPW75、KPW50、KPW25、KPW18

序号	主要工序	主　要　装　备
6	检测	ROTA25 和 ROTA90 多通道超声检测系统 多通道涡流探伤系统
7	精整	精整自动线
8	清洗	自动清洗线
9	退火	大型连续退火炉
10	工模具加工	GG52、FOTUNA 磨床
11	管理	国家 863、CIMS 示范工程

　　常温下呈密排六方结构的 α-Zr 在冷变形加工中易形成织构。锆管的织构对其强度、蠕变性能、氢化物取向、辐照生长等有重要影响。反应堆中使用的 Zr-4 合金包壳管，通常要求近径向基极织构（即六方结构的 C 轴基本上平行于管子的直径）。一般最终冷加工工序的壁厚减薄率与直径收缩率之比大于 1 时易得到这种织构取向。冷加工材经再结晶退火（约 650℃）后织构发生变化，氢化物取向也变得混乱。

　　冷轧加工材的退火必须在真空炉中进行，真空度应高于 10^{-4} 托。中间退火温度约 700℃。成品退火根据性能要求确定。

　　包壳管在成品热处理之后至包装前，还需要经过精整工序，包括成品矫直、内喷砂或内流动酸洗、外表面机械抛光、切定尺和端整。对燃料包壳管的表面要求很严格，一般需酸洗。酸洗液是氢氟酸和硝酸的水溶液。酸洗后一定要彻底除去制件表面的氟离子，否则会降低材料的耐蚀性能。成品管必须矫直。如果矫直工艺不合适，将会造成力学性能不均匀、爆破延性低和氢化物取向不利。

　　检验包括理化检验外，还包括超声波探伤和尺寸测量、长度/端面垂直度检验、直线度检验、肉眼宏观检验等。

　　锆和锆合金具有良好的熔焊性能。常用的焊接方法有钨极氩弧焊和电子束焊。大直径薄壁管常用焊接法制造。锆的粉屑易燃，在研磨和切削锆制品时要注意安全。

　　为了得到或沟通最佳性能（力学、腐蚀、沉淀相尺寸）与最佳热处理参数的实验关系，详见图 8-31，引入退火参数 A，其物理意义为β淬火后，过饱和固溶在 α-Zr 中的 Fe、Cr 重新析出，第二相粒子 α-Zr 中的 Fe、Cr 重新析出，第二相粒子聚集长大，随后退火参数优化，调整 α-Zr 基体中合金元素含量的同时，调整第二相粒子大小，并使其在基体中弥散分布，其定义式为

$$A = \sum A_i = \sum t_i \exp(-Q/RT_i)$$

式中　　t_i——有效退火时间，h；

　　　　T_i——退火温度，K。

　　表 8-18 列出了国外研究者给出的不同 A 值，用于不同的加工阶段。由此得出，在管材加工过程中，应采用低温加工工艺，包括低温挤压和低温退火。

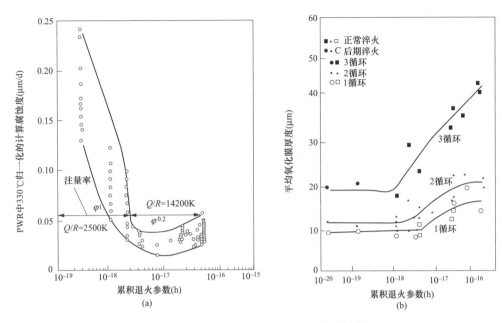

图 8-31　锆-锡合金腐蚀与累积退火参数的关系

（a）PWR 包壳 Zr-4 合金；（b）BWR 包壳 Zr-4 合金

表 8-18　　　　　　　　　　　　退　火　参　数

	A-参数		粒子长大参数	二阶累积退火参数
	ABB	西门子 KWU		
公式	$A=$ $\sum t_i \exp(-Q/RT_i)$	$A=$ $\sum t_i \exp(-Q/RT_i)$	$PGP=$ $\sum t_i \exp(-Q/RT_i) \cdot 10^{14} h$	$D^3 - D_0{}^3 = (kt/T^2) \exp(-Q/RT)^*$ $K=1.1\times10^{-11} m^3/s \cdot k^2$ $D=$沉淀粒子直径（m）
激活温度	$Q/R=31,818K$	$Q/R=40,000K$	$Q/R=32,000K$	$Q/R=18,700K$
相关性能	腐蚀	力学性能，再结晶	腐蚀，沉淀长大	沉淀长大
应用阶段	β淬火后	原为冷加工后，现为β淬火后	β淬火后特定粒子尺寸	任一退火阶段
720℃，2h	$6.2\times10^{-14} h$	$2.1\times10^{-17} h$	5.25	—
类型　PWR	$10^{-13} h$	$40\times10^{-18} h$	8	$2\times10^{-21} m^3$
类型　BWR	$10^{-13} h$	$1\times10^{-18} h$	1	$4\times10^{-22} m^3$

注　该公式适用于单次退火阶段，也可用于起始沉淀粒子直径 D_0 就是最终粒子直径的处理阶段。

8.3.2　X2CrNi18-9

一般单个格架单元制造工艺就是采购来整块不锈钢板，用折板机完成两个 C 型钢板，然后将两个 C 型钢板拼接而成，如图 8-32 所示。

具备较大的热中子及超热中子吸收截面的核素称为中子吸收核素，主要有硼、镉、银、

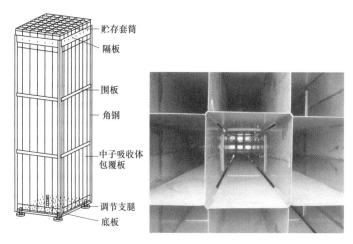

图 8-32　乏燃料格架结构图

铟、铪、铕、钆、镝等。从经济性与实用性考虑，国内外一般选用硼或镉作为中子吸收核素。由于 155Gd 与 157Gd 具有较大的热中子吸收截面，且金属镉的经济性相对较好，在 20 世纪 90 年代前建设的核电厂一般选用镉板作为中子吸收材料。然而镉板本身有毒性，且与乏燃料水池中的冷却剂发生反应，已规定乏燃料贮存水池中不能使用锚固连接的镉板，后续建设的核电厂中均限制了镉板的使用。目前使用的有硼不锈钢、Al-B$_4$C 金属陶瓷、硼铝合金、METAMIC 等。

第 4 节　经 验 反 馈

1. 事件描述

燃料元件棒表面发现有岛形麻点，麻点直径约 1mm，经金相、扫描电镜、电子探针进行成分分析得到如下信息：麻点是凸点，凸点成分与包壳管的成分一直，而且凸点与基体没有分界（如图 8-33、图 8-34 所示）。

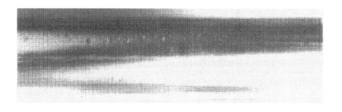

图 8-33　燃料棒的外观（岛形麻点）

2. 原因分析

基于上述分析结果，怀疑缺陷形成于酸洗过程中，可能是由于某种原因造成的酸洗不均匀所为。

3. 事件反馈

在验证时模拟实验的包壳管上涂一层污点，所用的玷污剂为轧制过程中所用的二硫化

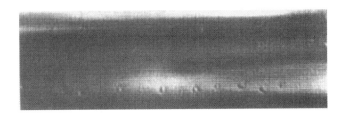

图 8-34　模拟试验的包壳管外观

钼润滑剂，然后进行酸洗。在包壳管壁玷污的部分出现了与缺陷相似的麻点（如图 8-35，图 8-36 所示）。

　　经过模拟试验，获得了相同类型的缺陷，对缺陷形成的原因有了较充分的了解，可安全使用该燃料棒。此类缺陷不会在使用中扩大，燃料棒不必报废。这项分析为燃料厂和核电厂节约了大量资金，取得了很好的经济效益和社会效益。

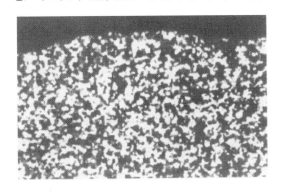

图 8-35　岛形麻点金相剖面（"麻点"
高于基体，并与基体没有分界）

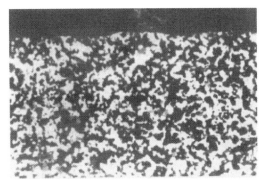

图 8-36　模拟岛形麻点的金相剖面（"麻点"
高于基体，并与基体没有分界）

参 考 文 献

[1] 阮於珍. 核电厂材料 ［M］. 北京：原子能出版社，2010.

[2] ［英］L. M. 怀特. 热力发电站结构材料 ［M］. 许咏丽，等，译. 北京：原子能出版社，1983.

[3] 中国核动力研究设计院，西北有色金属研究院. 国产 Zr4 合金性能研究论文集 ［M］. 1994.

[4] A. C 扎依莫夫斯基，等. 核动力用锆合金 ［M］. 姚敏智，译. 北京：原子能出版社，1988.

[5] TAKAHASHI T，et al. Aedrvanced Fule Development for Burnup Extension，Proceedings of the 1997 International Topical Meeting on LWR Fule Performance. 550.

[6] PICKLES B W，et al. ASME-STP 551，1974.

[7] 刘建章. 核结构材料 ［M］. 北京：化学工业出版社，2007.

[8] 陈鹤鸣，马春来，白新德，等. 核反应堆材料腐蚀及其防护 ［M］. 北京：原子能出版社，1984.

[9] 杨文斗. 反应堆材料学 ［M］. 北京：原子能出版社，2006.

[10] SABOI G P. In-Reactor Fule Cladding Corrosion Performance at Higher Burnups and Higher Temperatures Ibid. Ref. 12，1997. 397.

[11] HARADA M，et al. ASTM-STP 1132，1991. 368.

［12］ISOBE T，et al. ASTM-STP 1132，1991. 368.

［13］COMSTOCK R J，et al. ASTM-STP 1295，1996. 710.

［14］SABOI G P，et al. ASTM-STP 1245，1994. 724.

［15］SABOI G P，et al. ASTM-STP 1023，1989. 227.

［16］NIKULINA A V，et al. ASTM-STP 1295，1996. 785.

［17］［日］鸟羽正南，等. 加压水型轻水炉（PWR）燃料［J］. 原子力工业，1993，39（5）：40.

［18］［日］长谷川正义，等. 核反应堆材料手册. 孙守仁，等，译. 北京：原子能出版社，1989.

［19］师昌绪. 材料科学技术百科全书. 北京：中国大百科全书出版社，1995.

［20］本书编写组. 中国电力百科全书　核能及新能源发电卷. 北京：中国电力出版社，1995.

［21］苏著亭. 钠冷快增殖堆. 北京：原子能出版社，1981.

［22］高文. 高温气冷堆. 北京：原子能出版社，1982.

第 9 章

堆内构件、控制棒驱动机构和主设备支承用金属材料

第 1 节　工作条件及用材要求

9.1.1　堆内构件

反应堆堆内构件分为堆芯支承结构和堆内结构件两类。堆芯支承结构是指在反应堆压力容器内支承并约束组成堆芯的燃料组件的结构或其零件；堆内结构件是指仅在堆芯支承结构发生假想失效后，用以支承或约束堆芯的结构及连接堆内结构件和堆芯支承结构的焊缝。堆内构件用材主要是奥氏体不锈钢，部分材料采用镍基合金，主要功能包括：

（1）支承燃料组件以及它们的精确定位。

（2）为控制棒及堆芯测量装置和辐照监督管提供支承和导向。

（3）合理分配冷却剂流量和减少压力容器内表面的中子注量等。

由于堆内构件面对活性区、受到冷却剂冲刷和高温、高压作用，堆内构件用材应具有：

（1）强度高、塑性和韧性大、高温性能好。

（2）中子吸收截面和中子俘获截面以及感生放射性小。

（3）抗辐照、耐腐蚀并与冷却剂相容性好。

（4）热膨胀系数小，导热性能好。

（5）易加工、成本低。

9.1.2　控制棒驱动机构

控制棒驱动机构包括内部钩爪组件、驱动轴组件、耐压壳组件、磁轭线圈组件和位置指示组件。其中，耐压壳组件是驱动轴和销爪组件的包壳，由圆长管密封承压壳及其上部位置传送器套管组成。同时，耐压壳安装在反应堆压力容器管座上，它与管座采用梯形螺纹连接和小 Ω 密封环焊接密封。耐压壳是承压边界，该承压边界的破损将产生放射性的冷却剂外溢。因此，该组件的 3 道 Ω 密封环焊工艺和质量非常关键。耐压壳与管座之间的 Ω 密封焊一般在安装现场进行。

控制棒驱动机构属于反应堆本体的关键设备和部件，它在核反应堆满功率工作寿期内都要保持良好的性能，即使在事故工况下，也能保证核反应堆结构的安全性和可靠性。控制棒驱动机构是核反应堆的重要动作部件，它在反应堆运行过程中要进行百万次的动作而不发生故障。它们也是由不锈钢制作，其中包括耐磨高强度的马氏体和沉淀硬化马氏体不锈钢。轻水堆内还需要大量的螺钉、螺栓、销钉、定位销等紧固件作为构件连接用，除不锈钢外，也应用高镍合金。

9.1.3 蒸汽发生器和主泵支承用核级金属材料

蒸汽发生器是压水堆核电厂一、二回路的枢纽，将反应堆产生的热量传递给蒸汽发生器二次侧，产生蒸汽推动汽轮机做功，它又是分隔一、二次侧介质的屏障。蒸汽发生器位置高于反应堆压力容器管嘴所在的平面，以便使系统具有足够的自然循环能力。

反应堆冷却剂泵（简称主泵）是一回路系统的重要设备，是压水堆核电厂的最关键设备之一。主泵的功能是使冷却剂升压，克服冷却剂流动阻力损失，从而把反应堆中产生的热能输送至蒸汽发生器，以产生驱动汽轮机做功的蒸汽。在百万级的压水堆核电厂中，每台主循环泵的冷却水量约为每小时 2 万吨，泵的电机功率为 5～9MW。在目前运行的大型压水堆核电厂中主要是采用轴封泵作主循环泵。

蒸汽发生器和主泵的非承压核级金属材料主要指设备的垂直支承，属于核反应堆结构材料，其用材要求如下：

(1) 良好的满足设计要求的室温和高温力学性能。

(2) 优良的耐腐蚀性能。

(3) 热中子吸收截面小和吸收中子后的感生放射性弱。

(4) 在辐照作用下性能稳定性高。

(5) 热导率高，热胀系数小。

(6) 易加工成型（包括焊接性能好）。

设备用非承压核级金属材料主要包括堆内构件、控制棒驱动机构、蒸汽发生器和主泵垂直支承材料。表 9-1 为常用材料牌号、特性、主要应用范围和近似牌号。

表 9-1　　　　　常用材料牌号、特性、主要应用范围和近似牌号

材料牌号（技术条件）	特　性	主要应用范围	近似牌号
Z2CN19.10 N.S（RCC-M M3301、M3310、M3306、M3304-2007）	Z2CN19.10N.S 钢为控 N 的奥氏体不锈耐热钢。通过加入适量的氮，可以提高钢的强度，改善钢的耐晶间腐蚀性能，具有与超低碳奥氏体钢相同抗敏化能力，可用于板、管、锻件、棒材等冶金产品	堆内构件（法兰、接管、堆芯吊篮筒体、支撑环、围板、成形板、下堆芯板、裙筒、中子屏蔽板、支承柱、保护导管等）控制棒驱动机构、钩爪和连杆）	022Cr19Ni10N（GB/T 20878—2007）；S30453，304L.N（ASTM A959-2004）026Cr19Ni10N（NB/T 20007.1—2010）
Z3CN18.10 N.S（RCC-M M3302-2007）	控氮奥氏体不锈钢通过向奥氏体不锈钢中加入适量的氮和降低碳含量，可以提高钢的强度，改善钢的耐腐蚀性能，而基本不影响钢的塑性和韧性。控氮奥氏体不锈钢中氮元素以氮化物形态析出时，会降低不锈钢的耐腐蚀性能，以固溶形式存在于奥氏体不锈钢中时，则提高不锈钢的强度（包括许用应力），提高钢种的耐腐蚀性能，特别是在含盐化物的环境中，抑制点腐蚀、缝隙腐蚀的效果明显	堆内构件（堆芯支承锻件、上部支承板）	022Cr19Ni10N（NB/T 20007.3—2012）

材料牌号（技术条件）	特　性	主要应用范围	近似牌号
Z2CN18.10 （RCC-M M3304-2007）	较低的碳含量使其具有良好的抗晶间腐蚀性能，同时具有良好的焊接工艺性能和良好的塑性、韧性、冷变形性能	堆内构件（隔热套管）、控制棒驱动机构（钩爪壳导向套管）	022Cr19Ni10 （GB/T 20878—2007）； S30403，304L （ASTM A959-2004）
NC15Fe （RCC-M M4102-2007）	NC15Fe合金是镍-铬-铁基固溶强化合金，具有良好的耐高温腐蚀和抗氧化性能、优良的冷热加工和焊接性能，在700℃以下具有满意的热强性和高的塑性。合金可以通过冷加工得到强化，也可以用电阻焊、熔焊或钎焊连接，适宜制作在1100℃以下承受低载荷的抗氧化零件	堆内构件（U形嵌入块、NC15Fe-TNbA螺栓锁杆）	NS3102 （NB/T 20008.4—2012）
Z12CN13 （RCC-M M3205-2007）	Z12CN13钢属于低碳马氏体不锈热强钢，在高温下具有良好的抗氧化性能并具有较高的高温强度。基体具有高的再结晶温度，低的扩散速度，组织稳定，碳化物不易分解、析出相不易聚集和长大，晶界上有害杂质偏聚和析出物少，材质纯净度高；蠕变强度和持久强度高，缺口敏感性小，抗应力松弛和抗热疲劳性能好	堆内构件（压紧弹簧）	12Cr13NiMo （NB/T 20007.17—2012）
Z6CND17.12 （RCC-M M3308-2007）	Z6CND17.12钢属于奥氏体不锈钢，此类钢无磁，不能通过热处理手段予以强化，它们具有良好的强度、塑性、韧性和冷成形性能以及良好的低温性能，同时具有良好的耐还原性介质腐蚀能力。在各种有机酸、无机酸、碱、盐类，海水中均具有耐腐蚀性。由于其具有良好的敏化态耐晶间腐蚀的性能，适于制造厚截面尺寸的焊接部件和装备	堆内构件（螺栓）	06Cr17Ni12Mo2 （GB/T 20878—2007、 NB/T 20007.15—2012）； S31600，316 （ASTM A959-2004）
X12Cr13 （RCC-M M3207-2007）	X12Cr13钢属于半马氏体型不锈钢，经淬火后的组织除马氏体外，尚存在铁素体组织。经淬火和回火处理后，具有较高的强度、韧性，较好的耐蚀性和冷变形能力，具有良好的减振性能。X12Cr13主要用于对韧性要求较高和具有不锈性的受冲击载荷的部件，亦可制作在常温条件下耐弱腐蚀介质腐蚀的设备和部件	控制棒驱动机构（驱动杆）	12Cr13 （GB/T 20878—2007、 NB/T 20007.22—2012）； S41000，410 （ASTM A959-2004）
12MDV6 （RCC-M M5180-2007）	12MDV6钢属于锰-钼-钒合金钢，具有较好的淬透性和力学性能。含碳量较低的锰-钼-钒合金钢经渗碳后表面有很高的耐磨性，用作要求表面耐磨、心部强韧性较好的零件。含碳量较高的锰-钼-钒合金钢于调质钢，性能与含碳量相同的铬镍钼钢相近，可用作受重负荷的轴类、齿轮和连杆等	蒸汽发生器和主泵（垂直支承下支座、垂直支承座套、垂直支承上支座）	ZG12MnMoV （NB/T 20008.2—2010）

材料牌号（技术条件）	特　性	主要应用范围	近似牌号
20NCD12 （RCC-M M5170-2007）	20NCD12 钢属于镍-铬-钼合金钢，淬火性能好，可进行深度淬火；回火脆性倾向少；加工性能和焊接性能好；冲击的吸收性能好；高强度、高硬度、耐磨损、抗高温	主泵（垂直支承上支座）	20Cr2Ni3Mo （NB/T 20008.1—2012）

第 2 节　材料性能数据

9.2.1　Z2CN19.10 N.S、022Cr19Ni10N、026Cr19Ni10N

9.2.1.1　用途

Z2CN19.10 N.S 钢及其类似牌号 022Cr19Ni10N、026Cr19Ni10N 钢引用的相关标准如下。

● RCC-M M3301-2007 Product Procurement Specification Class 1，2 and 3 Austenitic Stainless Steel for Gings and Drop Forgings

● RCC-M M3310-2007 Product Procurement Specification Grade Z2CN19-10 Controlled Nitrogen Content Austenitic Stainless Steel Plates from 10 mm to 100 mm Thick Used for the Manufacture of PWR Reactor Internals

● RCC-M M3306-2007 Product Procurement Specification Class 1，2 and 3 Austenitic Stainless Steel Rolled or Forged Bars and Semi-Finished Products

● RCC-M M3304-2007 Product Procurement Specification Class 1，2 and 3 Austenitic Stainless Steel Pipes and Tubes（Not Intended for Use in Heat Exchangers）

● GB/T 20878—2007 不锈钢和耐热钢牌号和化学成分

● NB/T 20007.1—2010 压水堆核电厂用不锈钢 第 1 部分：1、2、3 级奥氏体不锈钢锻件

法国牌号 Z2CN19.10N.S 钢为控 N 的奥氏体不锈耐热钢，相当于中国的 022Cr19Ni10N 钢，美国的 304NG 钢，是为解决 304 钢（0Cr18Ni9）和 304L 钢（00Cr19Ni10）在沸水堆运行中出现晶间应力腐蚀开裂事故，提高反应堆运行的安全性，并为压水堆堆内构件研制可靠材料而开发的。该钢是在 304 和 304L 的基础上研发，保持 304 的强度和 304L 的耐晶间腐蚀，延续 304 和 304L 的核应用经验规程。Z2CN19.10N.S 钢以控（加）N 技术提高强度和改善耐晶间腐蚀，以及提高超低碳奥氏体钢的抗敏化性。

Z2CN19.10N.S 钢在压水堆核电厂的主要用途如下：

（1）用于 1、2、3 级设备的奥氏体不锈耐热钢锻件和冲压件。

（2）用于 1、2、3 级设备的奥氏体不锈耐热钢锻或轧棒件和半成品件。

（3）用于 1、2、3 级设备的奥氏体不锈耐热钢钢板。

（4）适用于厚度 10～100mm 的可焊奥氏体不锈耐热钢钢板，该钢板用于制造压水堆堆内构件。

（5）用于 1、2、3 级设备的不用填充金属焊接和其后进行拉拔的奥氏体不锈耐热钢卷焊管。

9.2.1.2　技术条件

Z2CN19.10N.S 和 022Cr19Ni10N、026Cr19Ni10N 钢的化学成分要求见表 9-2。

表 9-2　　Z2CN19.10N.S 和 022Cr19Ni10N、026Cr19Ni10N 钢的化学成分要求 W_t　　　　（％）

材料（技术条件）	C	Si	Mn	P[①]	S[①]
Z2CN19.10 N.S（RCC-M M3301、M 3310、M3306、M3304-2007）	≤0.035	≤1.00	≤2.00	≤0.030	≤0.015
022Cr19Ni10N（GB/T 20878—2007）	≤0.030	≤1.00	≤2.00	≤0.045	≤0.030
026Cr19Ni10N（NB/T 20007.1—2010）	≤0.035	≤1.00	≤2.00	≤0.030	≤0.015

材料（技术条件）	Cr	Ni	Cu	N
Z2CN19.10 N.S（RCC-M M3301、M 3310、M3306、M3304-2007）	18.5～20.00	9.00～10.00	≤1.00	≤0.080
022Cr19Ni10N（GB/T 20878—2007）	18.0～20.0	8.00～11.00	—	0.10—0.16
026Cr19Ni10N（NB/T 20007.1—2010）	18.5～20.00	9.00～10.00	≤1.00	≤0.080

① 对于成品分析，硫、磷含量的最大保证值可以增加 0.005％。

Z2CN19.10N.S 钢和近似牌号 022Cr19Ni10N、026Cr19Ni10N 钢的力学性能要求值见表 9-3。

表 9-3　　Z2CN19.10N.S 钢和 022Cr19Ni10N、026Cr19Ni10N 钢的力学性能要求

材料（技术条件）	力学性能								
	室温						350℃		
	$R_{p0.2}$（MPa）	R_m（MPa）		A_{5d}（％）			KV（J）	$R_{p0.2}$（MPa）	R_m（MPa）	
		≤150mm	>150mm	纵向	横向	横向			≤150mm	>150mm
Z2CN19.10 N.S（RCC-M M3301、M 3310、M3306、M3304-2007）	≥210	≥520	≥485	≥45	≥40	≥60	≥125	≥394	≥368
022Cr19Ni10N（GB/T 20878—2007）	≥205	≥520	≥485	≥45	≥40	≥60	≥125	≥394	≥368
026Cr19Ni10N（NB/T 20007.1—2010）	≥210	≥520	≥485	≥45	≥40	≥60	≥125	≥394	≥368

9.2.1.3　工艺要求

1. 冶炼

应采用电炉或其他技术相当的冶炼工艺炼钢。

对于特殊的、薄的承压部件，设备规格书或其他相关合同文件应该规定冶炼是否采用真空或电渣重熔工艺。

2. 锻造

一般情况下，总锻造比不小于 3。

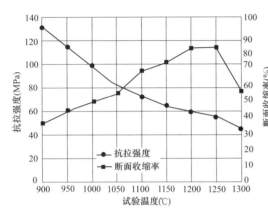

图 9-1　Z2CN19.10 N.S 钢的热塑性和
变形抗力与温度关系

3. 热处理

钢板或轧制棒材应以热轧或冷轧后的热处理状态交货。最终性能热处理应为 1050～1150℃ 下的固溶热处理。

对于厚度小于 40mm 的钢板，在所引起的形变硬化最大约为 1% 条件下，允许用冷轧的方法平整钢板。

Z2CN19.10 N.S 钢的热变形温度为 1050～1250℃（如图 9-1 所示）。对于厚度小于 40mm 的钢板，在所引起的形变强化最大约为 1% 的条件下，允许用冷轧的方法平整钢板。

9.2.1.4　性能资料

1. 高温性能

Z2CN19.10 N.S 钢的高温屈服强度值、高温抗拉强度值分别见表 9-4 和表 9-5。

表 9-4			Z2CN19.10 N.S 钢的高温屈服强度值 S_y								（MPa）
最小 R_e	屈服强度值 S_y										
20℃	20℃	50℃	100℃	150℃	200℃	250℃	300℃	340℃	350℃	360℃	370℃
210	207	195	171	155	143	134	128	124	124	123	122

表 9-5			Z2CN19.10 N.S 钢的高温抗拉强度值 S_u								（MPa）
最小 R_m	抗拉强度值 S_u										
20℃	20℃	50℃	100℃	150℃	200℃	250℃	300℃	340℃	350℃	360℃	370℃
520	517	511	485	455	444	438	438	438	438	438	438

控氮 022Cr19Ni10N 钢的高温拉伸性能见表 9-6。

表 9-6	控氮 022Cr19Ni10N 钢的高温拉伸性能								
试验温度（℃）	900	950	1000	1050	1100	1150	1200	1250	1300
Z（%）	35.2	45.2	46.7	57.8	68.0	74.0	82.8	84.0	—
	—	42.2	53.0	51.0	60.6	72.0	80.6	81.5	55.1
R_m（MPa）	132.3	114.9	100.0	81.2	76.1	62.4	59.9	53.7	—
	—	116.1	99.9	83.6	73.7	67.4	61.2	57.4	46.2

控氮 022Cr19Ni10N 钢的高温拉伸持久强度如图 9-2 所示。

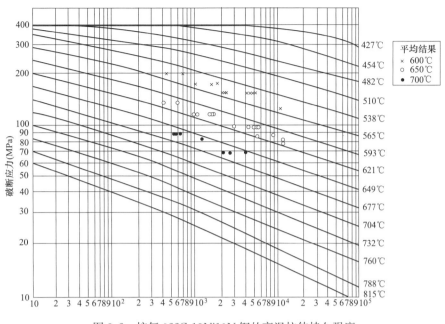

图 9-2　控氮 022Cr19Ni10N 钢的高温拉伸持久强度

2. 物理性能

Z2CN19.10 N.S 钢的物理性能见表 9-7。

表 9-7 　　　　　　　　　　　　　　**Z2CN19.10 N.S 钢的物理性能**

项　目	室温	100℃	200℃	300℃	400℃	500℃
弹性模量 E（GPa）	203.0	196.7	187.8	179.2	170.3	162.3
切变模量 G（GPa）	78.4	75.8	71.9	68.3	64.6	61.2
泊松比 μ	0.30	0.30	0.31	0.31	0.32	0.33
比热容 $C/[J/(kg \cdot K)]$	461	478	497	515	532	546
热导率 $\lambda [W/(m \cdot K)]$	14.5	16.0	17.6	19.2	20.5	21.4
密度 ρ（g/cm³）	7.85	—	—	—	—	—
线胀系数 α（×10⁻⁶℃⁻¹与20℃之间）	—	15.92	17.62	18.57	19.16	19.56

3. 许用应力

Z2CN19.10 N.S 钢基本许用应力强度值见表 9-8。

表 9-8 　　　　　　　　　**Z2CN19.10 N.S 钢基本许用应力强度值 S_m** 　　　　　　（MPa）

最小 R_e	最小 R_m	S_y	S_u	基本许用应力强度值 S_m		
20℃	20℃	20℃	20℃	50℃	100℃	150℃
210	520	207	517	138	138	138

基本许用应力强度值 S_m						
200℃	250℃	300℃	340℃	350℃	360℃	370℃
130	122	115	111	111	111	110

4. 疲劳特性

Z2CN19.10 N.S 钢疲劳曲线如图 9-3 所示，其中各数据点值见表 9-9。控氮 022Cr19Ni10N 钢的室温疲劳特性见表 9-10 和图 9-4～图 9-5。

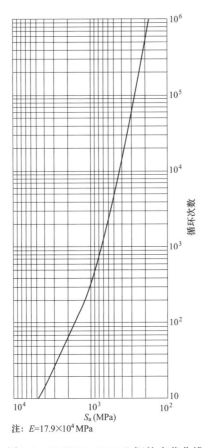

注：$E = 17.9 \times 10^4$ MPa

图 9-3　Z2CN19.10 N.S 钢的疲劳曲线

表 9-9　　　　　　　　　　　Z2CN19.10 N.S 钢疲劳曲线中各数据点值

循环次数（周）	10	20	50	10^2	200	500	10^3	2000
S_a(MPa)	4480	3240	2190	1655	1275	940	750	615
循环次数（周）	5000	10^4	2×10^4	5×10^4	10^5	2×10^5	5×10^5	10^6
S_a(MPa)	485	405	350	295	260	230	200	180

表 9-10　　　　　　　　　控氮 022Cr19Ni10N 钢的室温低周（应变）疲劳特性

应变疲劳参量	板材	锻件	应变疲劳参量	板材	锻件
疲劳强度系数 σ_f（MPa）	897	1260	疲劳塑性指数 c	−0.387 0	−0.411 2
疲劳强度指数 b	−0.111 2	−0.149 9	循环强度系数 k'（MPa）	1555	2360
疲劳塑性系数 ε_f（%）	12.15	18.30	循环应变硬化指数 n'	0.2779	0.3662

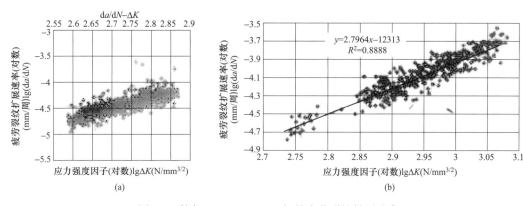

图 9-4　控氮 022Cr19Ni10N 钢的疲劳裂纹扩展速率

（a）板材；（b）锻件

（加载：$P_{max}=12\sim15$kN，$P_{min}/P_{max}=0.1$，$f=8$Hz，正弦波形，室温，空气中）

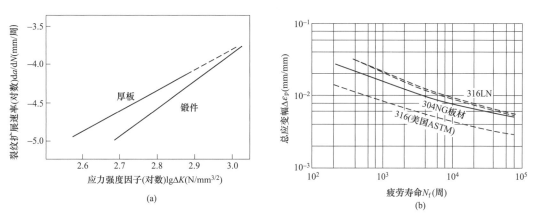

图 9-5　控氮 022Cr19Ni10N 钢的疲劳性能比较

（a）疲劳裂纹扩展速率；（b）疲劳寿命

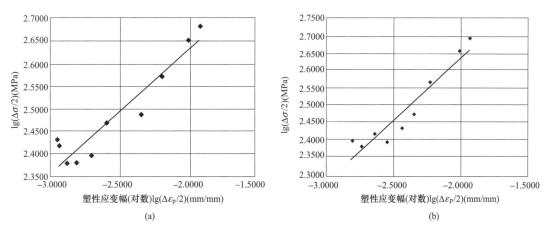

图 9-6　控氮 022Cr19Ni10N 钢的疲劳硬化 $\Delta\sigma$-$\Delta\varepsilon_p$ 关系

（a）板材；（b）锻件

5. 腐蚀性能

304NG（控氮 022Cr19Ni10N）钢在酸、碱、盐介质中的耐均匀腐蚀性能与 00Cr19Ni10 钢相当。在压水堆的水介质中的均匀腐蚀如图 9-8 所示。点腐蚀数据列于表 9-11。304NG（控氮 022Cr19Ni10N）钢在标准规定的敏化条件下具有良好的耐晶间腐蚀性能（如图 9-9 所示）。

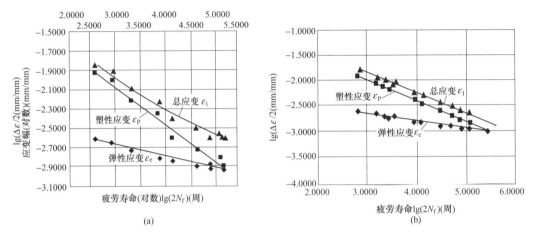

图 9-7　控氮 022Cr19Ni10N 钢的疲劳寿命 N_f-$\Delta\varepsilon_t$ 关系

（a）板材；（b）锻件

（应力-应变不对称系数为－1，f＝10～40 周/min，室温，空气中）

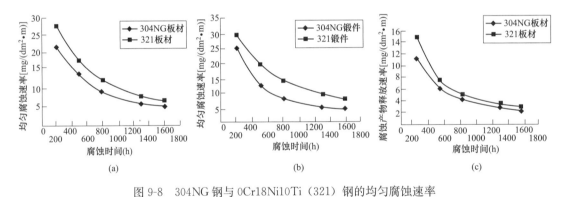

图 9-8　304NG 钢与 0Cr18Ni10Ti（321）钢的均匀腐蚀速率

（a）板材；（b）锻件；（c）板材

（pH＝6～8，Cl⁻＜0.1mg/L，溶解 O＜0.1mg/L，比电阻大于 $5\times10^5\Omega\cdot cm$，300±1℃）

表 9-11　控氮 022Cr19Ni10N（304NG）钢在 50℃的 6%FeCl₃＋0.05mol/L HCl 中的点蚀

试验材料	牌号	腐蚀率 [g/(m²·h)]		点 蚀 特 征
		单个值	平均值	
304NG 板材（国产）	A1	12.7	13.89	表面约有 3～4 个较大腐蚀坑不均匀分布，尺寸小于 10mm×3mm 不等，呈长条形和三角形腐蚀坑，无穿透孔
	A3	15.09		
304NG 板材（法国）	G1	13.42	12.03	表面约有 4～5 个腐蚀坑不均匀分布，尺寸小于直径 4mm 不等，呈圆形和三角形腐蚀坑，无穿透孔
	G2	10.25		
	G3	12.42		

试验材料	牌号	腐蚀率 [g/(m²·h)]		点 蚀 特 征
		单个值	平均值	
0Cr18Ni10Ti 板	F1	54.07	52.35	表面细小点蚀坑均匀密布，蚀坑尺寸小于直径 1.5mm 不等，呈圆形蚀坑，无穿透孔
	F2	50.63		
国产 304NG 锻件	D1	13.19	13.97	表面约有十多个 1mm×7mm 至 1mm×12mm 的条状浅蚀坑和 20 多个针点蚀坑不均匀分布，无穿透孔
	D2	15.60		
	D3	13.13		
0Cr18Ni10Ti 锻件	F1	49.72	50.45	表面布满底宽 1~2mm，高 2~7mm 的三角形深坑 40 多个和多个针点蚀坑不均匀分布，无穿透孔
	F2	52.61		
	F3	49.01		

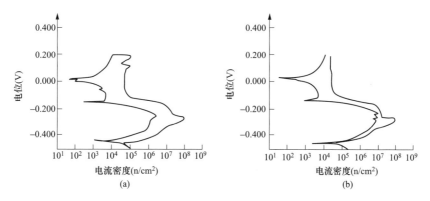

图 9-9　304NG 钢板材的电化学阳极极化曲线

（a）敏化：650℃2h 空冷，再活化率 Ra2.5%；

（b）敏化：700℃0.5h 以 1℃/min 冷至 500℃后空冷，Ra9.69%

（18-8 型奥氏体不锈耐热钢无晶间腐蚀倾向的判定标准为再活化率 Ra<15%）

304NG 钢的抗应力腐蚀开裂性能见图 9-10 和表 9-12。

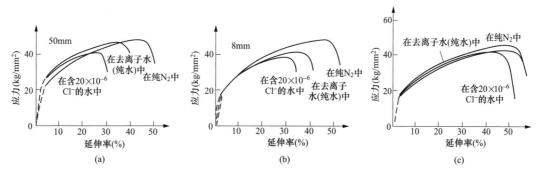

图 9-10　304NG 钢的应力腐蚀慢拉伸曲线

（a）板材厚 50mm；（b）板材厚 8mm；（c）锻件

（300℃，8.8MPa，溶解 $O=8×10^{-6}$，拉伸速率 0.005mm/min，应变速率 $\varepsilon=4.2×10^{-6}/s$）

表 9-12 304NG 钢的应力腐蚀开裂敏感指数

试样材料	去离子水中		含 $20\times10^{-6}Cl^-$ 水中		试样材料	去离子水中		含 $20\times10^{-6}Cl^-$ 水中	
	I_{ds}	I_g	I_{ds}	I_g		I_{ds}	I_g	I_{ds}	I_g
304NG 钢 50mm 板	0.210	0.228	0.464	0.495	304NG 钢 锻件	0.054	0.054	0.156	0.162
304NG 钢 8mm 板	0.298	0.314	0.420	0.443	0Cr18Ni10Ti 钢板	0.460	0.488	0.629	0.665

9.2.2　Z3CN18.10 N.S、022Cr19Ni10N

9.2.2.1　用途

Z3CN18.10N.S 和近似牌号 022Cr19Ni10N 钢引用的相关标准如下。

● RCC-M M3302-2007 Part Procurement Specification Forged Disks Made from Grade Z3CN18-10 Controlled Nitrogen Content Stainless Steels Used in the Manufacture of PWR Core Supports and Upper Support Plates

● NB/T 20007.3—2012 压水堆核电厂用不锈钢 第3部分：堆芯支承件和上支承板用控氮奥氏体不锈钢锻件

Z3CN18.10N.S 钢属于控氮不锈钢，通过向奥氏体不锈钢中加入适量的氮和降低碳含量，可以提高钢的强度，改善钢的耐腐蚀性能，而基本不影响钢的塑性和韧性。

控氮奥氏体不锈钢中氮元素以氮化物形态析出时，会降低不锈钢的耐腐蚀性能，以固溶形式存在于奥氏体不锈钢中时，则提高不锈钢的强度（包括许用应力），提高钢种的耐腐蚀性能，特别是在含盐化物的环境中，抑制点腐蚀、缝隙腐蚀的效果明显。

Z3CN18.10N.S 钢参考 RCC-M M3302，主要用于堆内构件堆芯支承和上部支承板锻造圆盘。

9.2.2.2　技术条件

Z3CN18.10N.S 钢和近似牌号 022Cr19Ni10N 钢熔炼和成品分析要求见表 9-13。

表 9-13　Z3CN18.10N.S 钢和近似牌号 022Cr19Ni10N 钢熔炼和成分分析结果要求 W_t　（％）

元素	C	Cr	Ni	Si	Mn	S
熔炼分析	≤0.038	18.5~20.00	9.00~11.00	≤1.00	≤2.00	≤0.015
成品分析	≤0.040	18.5~20.00	9.00~11.00	≤1.00	≤2.00	≤0.020

元素	P	Cu	Co	N	B
熔炼分析	≤0.030	≤1.00	≤0.10	≤0.080	0.001 8
成品分析	≤0.035	≤1.00	≤0.10	≤0.080	0.001 8

Z3CN18.10N.S 钢和近似牌号 022Cr19Ni10N 钢的力学性能要求值见表 9-14。

表 9-14   Z3CN18.10N.S 钢和近似牌号 022Cr19Ni10N 钢的力学性能要求值

试验项目	试验温度（℃）	性能指标	要求值
拉伸	室温	$R_{p0.2}$（MPa）	≥205
		R_m（MPa）	≥485
		A（%）	≥45
	350	$R_{p0.2}$（MPa）	≥115
		R_m（MPa）	≥368

9.2.2.3 工艺要求

1. 冶炼

应采用电炉冶炼并真空脱气，也可采用电渣重熔，以及其他技术相当的冶炼工艺炼钢。

2. 锻造

为清除有害缺陷，钢锭应保证足够的切除量，钢锭重量和切除量百分比应记录，总锻造比应大于 3；锻后部件应进行粗加工，以便用超声波做初步检测。

3. 热处理

部件应以固溶热处理状态交货；热处理工艺：加热至 1050～1150℃ 范围内的某一温度并保温一段时间，然后浸入水中冷却。

9.2.2.4 性能资料

1. 高温性能

Z3CN18.10N.S 钢的高温屈服强度值、高温抗拉强度值分别见表 9-15 和表 9-16。

表 9-15   Z3CN18.10N.S 钢的高温屈服强度值 S_y （MPa）

最小 R_e	屈服强度值 S_y										
20℃	20℃	50℃	100℃	150℃	200℃	250℃	300℃	340℃	350℃	360℃	370℃
205	207	181	159	144	133	124	119	115	115	114	113

表 9-16   Z3CN18.10N.S 钢的抗拉强度值 S_u （MPa）

最小 R_m	抗拉强度值 S_u										
20℃	20℃	50℃	100℃	150℃	200℃	250℃	300℃	340℃	350℃	360℃	370℃
485	483	470	450	424	415	409	409	409	409	409	409

2. 物理性能

Z3CN18.10N.S 钢的热导率、热扩散率、线膨胀系数和弹性模量分别见表 9-17～表 9-20。

表 9-17   Z3CN18.10N.S 钢的热导率   [W/(m·K)]

温度（℃）	20	50	100	150	200	250	300	350	400
热导率	14.7	15.2	15.8	16.7	17.2	18.0	18.6	19.3	20.0
温度（℃）	450	500	550	600	650	700	750	800	
热导率	20.5	21.1	21.7	22.2	22.7	23.2	23.7	24.1	

表 9-18　　　　　　　　　　Z3CN18.10N.S 钢的热扩散率　　　　　($\times 10^{-6}\,\mathrm{m^2/s}$)

温度（℃）	20	50	100	150	200	250	300	350	400
热扩散率	4.08	4.06	4.05	4.07	4.13	4.22	4.33	4.44	4.56
温度（℃）	450	500	550	600	650	700	750	800	
热扩散率	4.67	4.75	4.86	4.94	5.01	5.06	5.11	5.17	

表 9-19　　　　　　　Z3CN18.10N.S 钢的线膨胀系数　　（$\times 10^{-6}\,℃^{-1}$ 或 $\times 10^{-6}\,\mathrm{K}^{-1}$）

温度（℃）	20	50	100	150	200	250	300	350	400	450
线膨胀系数	16.40	16.84	17.23	17.62	18.02	18.41	18.81	19.20	19.59	19.99
20℃与所指温度间平均线膨胀系数	16.40	16.54	16.80	17.04	17.20	17.50	17.70	17.90	18.10	18.24

表 9-20　　　　　　　　　Z3CN18.10N.S 钢的弹性模量　　　　　　　　（GPa）

温度（℃）	0	20	50	100	150	200	250
弹性模量	198.5	197	195	191.5	187.5	184	180
温度（℃）	300	350	400	450	500	550	600
弹性模量	176.5	172	168	164	160	155.5	151.5

3. 许用应力

Z3CN18.10N.S 钢的基本许用应力强度值见表 9-21。

表 9-21　　　　　Z3CN18.10N.S 钢的基本许用应力强度值 S_m　　　　　（MPa）

最小 R_e	最小 R_m	S_y	S_u	基本许用应力强度值 S_m		
20℃	20℃	20℃	20℃	50℃	100℃	150℃
205	485	207	483	138	138	130

基本许用应力强度值 S_m						
200℃	250℃	300℃	340℃	350℃	360℃	370℃
120	112	107	104	104	103	102

4. 疲劳特性

Z3CN18.10N.S 钢的疲劳曲线如图 9-11 所示，其中各数据点值见表 9-22。

表 9-22　　　　　　　　Z3CN18.10N.S 钢的疲劳曲线中各数据点值

循环次数（周）	10	20	50	100	200	500	1000	2000
S_a（MPa）	4480	3240	2190	1655	1275	940	750	615
循环次数（周）	5000	10^4	2×10^4	5×10^4	10^5	2×10^5	5×10^5	10^6
S_a（MPa）	485	405	350	295	260	230	200	180

9.2.3　Z2CN18.10、304L

9.2.3.1　用途

Z2CN 18.10 钢及其类似牌号 304L 引用的相关标准如下。

- RCC-M M3304-2007 Product Procurement Specification Class 1, 2 and 3 Austenitic Stainless Steel Pipes and Tubes (Not Intended for Use in Heat Exchangers)

- ASTM A959-2004 Standard Guide for Specifying Harmonized Standard Grade Compositions for Wrought Stainless Steels

Z2CN18.10 钢为法国牌号的奥氏体不锈耐热钢。耐蚀性在普通状态下与美国 ASTM 304L 相似，较低的碳含量使其具有良好的抗晶间腐蚀性能，同时具有良好的焊接工艺性能和良好的塑性、韧性、冷变形性能，因而被广泛应用于核电厂压力容器设备、管道系统。

（1）用于重量不大于 10t 的可焊奥氏体不锈耐热钢锻件和冲压件。

（2）用于 1、2、3 级设备的奥氏体不锈耐热钢锻件或轧棒件和半成品件。

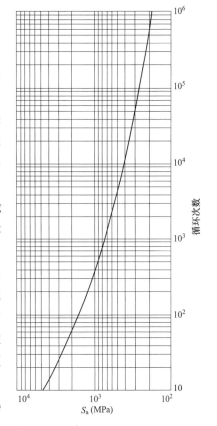

注：$E=17.9\times10^4$MPa

图 9-11　Z3CN18.10N.S 钢的疲劳曲线

（3）用于 1、2、3 级设备的奥氏体不锈耐热钢钢板。

（4）用于直径不大于 50mm 的奥氏体不锈耐热钢变形硬化、热加工、轧或锻棒料，这些棒料用于制造堆内构件的螺栓类紧固件。

（5）适用于厚度 10～100mm 的可焊奥氏体不锈耐热钢钢板，该钢板用于制造压水堆堆内构件。

Z2CN18.10 钢主要用于堆内构件、控制棒驱动机构的不锈钢钢管。堆内构件主要包括上部支承柱、伸长杆（上部支承柱）、热电偶套管（上部支承柱）、仪表导向柱下部伸长杆、隔热套管）。控制棒驱动机构主要包括钩爪壳导向套管。

9.2.3.2　技术条件

Z2CN18.10 和 304L 钢的化学成分要求见表 9-23。

表 9-23　　　　　　　　Z2CN18.10 和 304L 钢的化学成分要求 W_t　　　　　　　　（%）

材料	C	Si	Mn	P[①]	S[①]	Cr	Ni	Cu
Z2CN18.10	≤0.060	≤0.75	≤2.00	≤0.030	≤0.015	17.00～20.00	9.00～12.00	≤1.00
304L	≤0.030	≤0.75	≤2.00	≤0.045	≤0.03	18.00～20.00	8.00～12.00	≤1.00

① 对于成品分析，磷、硫含量最大保证值可以增加 0.005%。

Z2CN18.10 钢和近似牌号 304L 钢力学性能要求值列于表 9-24。

表 9-24　　　　　　Z2CN18.10 和 304L 钢的力学性能要求值

材料（技术条件）	参考热处理	力　学　性　能						
		室温					350℃	
		R_m (MPa)	$R_{p0.2}$ (MPa)	A_{5d}（%）		KV（J）	$R_{p0.2}$ (MPa)	R_m (MPa)
				纵向	横向	横向		
Z2CN18.10 (RCC-M M3304-2007)	1050～1150℃ 保温后固溶热处理	≥490	≥175	≥45	≥40	≥60	≥105	≥350
304L (ASTM A959-2004)	—	≥485	≥170	≥40	≥40	≥60	—	—

9.2.3.3　工艺要求

1. 冶炼

应采用电炉或其他技术相当的冶炼工艺炼钢。

2. 敏化处理

晶间腐蚀敏化处理条件，采用的加热温度如下：

敏化处理：650±10℃

成品件的奥氏体晶粒度指数至少为 2。

3. 热处理

所有钢管在交货前应在 1050～1150℃进行固溶热处理，重新热处理只允许 1 次。

9.2.3.4　性能资料

1. 金相组织

Z2CN18.10 钢为法国牌号，相当于国产 304L。表 9-25 和图 9-12 为国产 304L 钢板的金相组织抽捡结果。

表 9-25　　　　　　国产 304L 钢板的金相组织抽捡结果

照片	管样	位置	说　明	放大倍数
图 9-12（a）		纵向	C 类 1.5 级	100×
图 9-12（b）		横向	金相组织为奥氏体＋δ 铁素体，晶粒度 6～7 级，有明显的条带状组织，带状级别 3 级	200×
图 9-12（c）	304L	横向	金相组织为奥氏体＋δ 铁素体，晶粒度 6～7 级，有明显的条带状组织，带状级别 3 级	500×
图 9-12（d）		纵向	金相组织为奥氏体＋δ 铁素体，晶粒度 6～7 级，有明显的条带状组织，带状级别 4 级	200×
图 9-12（e）		纵向	金相组织为奥氏体＋δ 铁素体，晶粒度 6～7 级，有明显的条带状组织，带状级别 4 级	500×

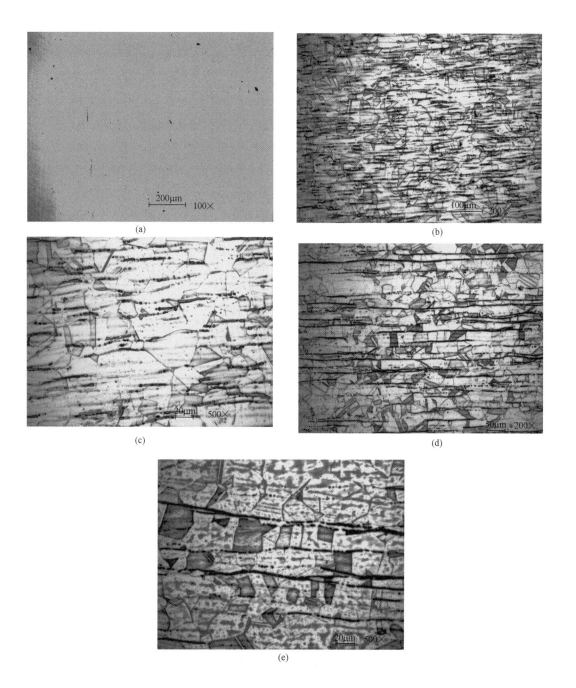

图 9-12　国产 304L 钢板的金相组织

（a）304L 纵向夹杂；（b）304L 横向；（c）304L 横向；（d）304L 纵向；（e）304L 纵向

2. 力学性能

国产 304L 钢板抽检的室温拉伸、高温 350℃拉伸结果见表 9-26。

表 9-27 显示了国产 304L 钢板室温条件下的冲击性能，图 9-13 为国产 304L 钢板的冲击曲线。

表 9-28 为国产 304L 钢板的硬度检验结果。

表 9-26 国产 304L 钢板拉伸性能

样品编号	取样部位	R_m(MPa)	$R_{p0.2}$(MPa)	$A(\%)$	$Z(\%)$	备注
304L-H1	横向	650	225	70.0	84.5	室温
304L-H2		645	225	64.0	84.5	
304L-H3		640	230	67.5	85.5	
304L-Z1	纵向	—	245	—	—	
304L-Z2		645	240	67.0	82.5	
304L-Z3		640	245	74.5	81.5	
304L-Z4	纵向	425	164	38.5	75.5	350℃
304L-Z5		430	200	36.5	76.5	
304L-Z6		425	172	42.5	78.5	

表 9-27 国产 304L 钢板室温冲击性能

样品编号	KV(J)	备注
304L-Z2C-CZ1	271.5	室温冲击，纵向取样
304L-Z2C-CZ2	261.0	
304L-Z2C-CZ3	299.0	
304L-Z2C-HL1	390.5	室温冲击，横向取样
304L-Z2C-HL2	382.0	
304L-Z2C-HL3	379.0	

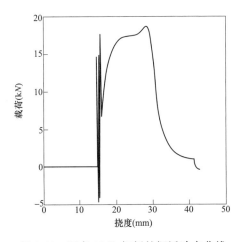

图 9-13 国产 304L 钢板的摆锤冲击曲线

表 9-28 国产 304L 钢板硬度检验结果 （HBW）

编号	位置	硬 度			均值	标准要求
304L	横向	151	150	149	150	≤210

3. 疲劳特性

国产 304L 钢板疲劳试验结果见表 9-29。国产 304L 钢板疲劳试验数据与 ASME 疲劳设计曲线的比较如图 9-14 所示。

表 9-29　　　　　　　　　　　　国产 304L 钢板室温疲劳试验结果

试样编号	最大控制应变（%）	循环稳定 $N_f/2$				失效循环数 N_f（cycle）
		最大应力（MPa）	最小应力（MPa）	弹性应变范围（%）	塑性应变范围（%）	
Z2-F1	0.60	309	−299	0.304	0.896	616
Z2-F2	0.45	291	−287	0.329	0.571	2488
Z2-F3	0.35	265	−263	0.295	0.405	6535
Z2-F4	0.80	378	−365	0.374	1.226	368
Z2-F5	0.20	227	−227	0.238	0.162	29 293

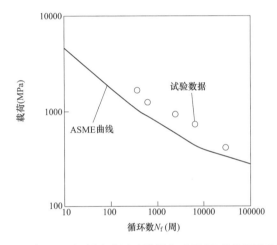

图 9-14　国产 304L 钢板疲劳试验数据与 ASME 疲劳设计曲线比较

4. 晶间腐蚀

依据 RCC-M M3307 规范要求，对国产 304L 不锈耐热钢钢板取样进行晶间腐蚀试验。腐蚀试验前，试样经敏化热处理（650℃保温 2h 空冷）。试样表面经打磨、清洗、干燥，置于"硫酸-硫酸铜-铜屑"溶液中，加热并通冷却水使溶液保持微沸状态，连续热腐蚀 16h，将试样取出洗净、干燥，采用弯曲法进行检验，其结果见表 9-30。

表 9-30　　　　　　　　　　　　国产 304L 钢板的晶间腐蚀试验结果

试样编号	判定方法	判定结论
304L-1	180°弯曲法	未发现晶间腐蚀裂纹
304L-2	180°弯曲法	未发现晶间腐蚀裂纹
304L-3	180°弯曲法	未发现晶间腐蚀裂纹
304L-4	180°弯曲法	未发现晶间腐蚀裂纹

9.2.4　NC15Fe、NS3102

9.2.4.1　用途

NC15Fe 合金和近似牌号 NS3102 引用的相关标准如下。

- RCC-M M4102-2007 Product Procurement Specification Forged or Rolled Class 1，2 and 3 Nickel-Chromium-Iron Alloy Parts
- NB/T 20008.4—2012 压水堆核电厂用其他材料 第 4 部分：1、2、3 级镍-铬-铁合金锻、轧件

NC15Fe 合金是镍-铬-铁基固溶强化合金，具有良好的耐高温腐蚀和抗氧化性能、优良的冷热加工和焊接性能，在 700℃以下具有满意的热强性和高的塑性。合金可以通过冷加工得到强化，也可以用电阻焊、熔焊或钎焊连接，适宜制作在 1100℃以下承受低载荷的抗氧化零件。

NC15Fe 合金主要用于堆内构件用 1、2、3 级的锻件或轧制件，主要包括堆内构件的 U 形嵌入块。

9.2.4.2 技术条件

NC15Fe 合金和近似牌号 NS3102 合金熔炼和成品分析结果要求见表 9-31。

表 9-31　　　　　　　　　**NC15Fe 合金的熔炼和成品化学成分要求 W_t**　　　　　　（%）

材料（技术条件）	C	Si	Mn	P	S	Cr
NC15Fe（RCC-M M4102）	≤0.10	≤0.50	≤1.00	≤0.015	≤0.010	14.00~17.00
NS3102（NB/T 20008.4—2012）	≤0.100	≤0.50	≤1.00	≤0.015	≤0.010	14.00~17.00

材料（技术条件）	Ni	Cu	Ti	Fe	Al
NC15Fe（RCC-M M4102）	≥72.00	≤0.50	≤0.50	6.00~10.0	≤0.50
NS3102（NB/T 20008.4—2012）	≥72.00	≤0.50	≤0.50	6.00~10.0	≤0.50

NC15Fe 合金和近似牌号 NS3102 合金力学性能要求值列于表 9-32。

表 9-32　　　　　　　　　　　　**NC15Fe 合金的力学性能要求值**

材料（技术条件）	试验项目	试验温度（℃）	性能指标	要求值
NC15Fe （RCC-M M4102）	拉伸	室温	$R_{p0.2}$（MPa）	≥240
			R_m（MPa）	≥550
			A（%）	≥30
		350	$R_{p0.2}$（MPa）	≥190
			R_m（MPa）	≥497
NS3102 （NB/T 20008.4—2012）	拉伸	室温	$R_{p0.2}$（MPa）	≥240
			R_m（MPa）	≥550
			A（%）	≥35
		350	$R_{p0.2}$（MPa）	≥190
			R_m（MPa）	≥497
	冲击	室温	KV 最小平均值	100

9.2.4.3 工艺要求

1. 冶炼

应采用电炉炼钢。可以进行真空电弧重熔或电渣重熔冶炼工艺或其他等效的冶炼工艺。

2. 锻造

为清除缩孔和主要偏析部分，钢锭应保证足够的切除量，总锻造比一般应不小于 3。

3. 热处理

锻、轧件应以热处理状态交货：在 950～1150℃保温适宜时间后快速冷却以进行固溶热处理，还应在 715±15℃温度下至少保温 12h。

如果锻、轧件的终锻或终轧温度处于固溶热处理的温度范围内且力学性能满足要求，则不需要进行单独的炉内热处理，此时，应记录终锻或终轧温度以及冷却条件。

9.2.4.4　性能资料

1. 物理性能

NC15Fe 合金在室温时的密度为 $8.47g/cm^3$，室温比热容为 $444J/(kg \cdot ℃)$，室温电阻率为 $1.03\mu\Omega \cdot m$。热导率见表 9-33，NC15Fe 合金的热扩散率见表 9-34，NC15Fe 合金的线膨胀系数见表 9-35。

表 9-33　　　　　　　　　　　　　NC15Fe 合金的热导率　　　　　　　　　　　　[W/(m·K)]

温度（℃）	导热系数	温度（℃）	导热系数	温度（℃）	导热系数
20	14.5，14.9	300	18.8，19.0	600	23.8
50	15.0	350	19.4	650	24.8
100	15.7，15.9	400	20.3	700	25.7
150	16.5	450	21.2	750	26.6
200	17.3	500	22.0，22.1	800	27.4
250	18	550	22.9	—	—

表 9-34　　　　　　　　　　　　　NC15Fe 合金的热扩散系数　　　　　　　　　　　$(\times 10^{-6}m^2/s)$

温度（℃）	热扩散系数	温度（℃）	热扩散系数	温度（℃）	热扩散系数
20	3.66	300	4.18	600	4.85
50	3.72	350	4.28	650	4.97
100	3.80	400	4.39	700	5.11
150	3.89	450	4.49	750	5.24
200	3.98	500	4.61	800	5.38
250	4.08	550	4.72	—	—

表 9-35　　　　　　　　　　　　　NC15Fe 合金的线膨胀系数　　　　　　　　　　　[μm/(m·℃)]

温度（℃）	线膨胀系数			温度（℃）	线膨胀系数		
	A	B	C		A	B	C
20	12.82	12.82	10.4	300	15.07	14.17	14.2
50	13.22	13.03	—	350	15.39	14.32	—
100	13.80	13.35	13.3	400	15.73	14.48	—
150	14.24	13.61	—	450	—	14.63	—
200	14.56	13.82	—	500	—	—	14.9
250	14.76	14.0	—	—	—	—	—

2. 许用应力

NC15Fe 合金的许用应力强度值见表 9-36。

表 9-36   **NC15Fe 合金的许用应力强度值 S_m**

温度（℃）	50	100	150	200	250	300	340	350	360	370
许用应力强度 S_m（MPa）	137	133	130	127	127	127	127	127	127	127

3. 疲劳特性

NC15Fe 合金的疲劳曲线如图 9-15 所示，其中各数据点值见表 9-37。

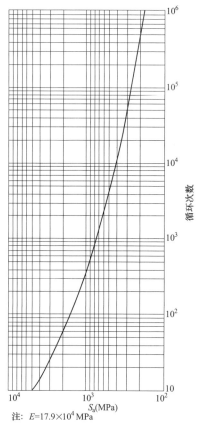

注：$E=17.9\times10^4\,\mathrm{MPa}$

图 9-15   NC15Fe 合金的疲劳曲线

表 9-37   **NC15Fe 合金的疲劳曲线中的各数据点值**

循环次数（周）	10^1	20	50	10^2	200	500	10^3	2000
S_a（MPa）	4480	3240	2190	1655	1275	940	750	615
循环次数（周）	5000	10^4	2×10^4	5×10^4	10^5	2×10^5	5×10^5	10^6
S_a（MPa）	485	405	350	295	260	230	200	180

4. 持久和蠕变

表 9-38 为 NC15Fe 合金的高温持久拉伸性能，合金的高温蠕变性能则显示如图 9-16

所示。

表 9-38   **NC15Fe 合金的高温持久拉伸性能**

材料状态	温度		断裂应力（MPa）				
	（℉）	（℃）	10h	100h	1000h	10 000h	100 000h
冷拔后经 954℃×3h， 空冷	1000	538	510.2	344.8	234.4	158.6	110.3
	1200	649	344.4	158.6	100.0	61.8	41.4
	1400	760	89.6	57.9	38.6	24.8	16.5
	1600	871	51.7	33.1	20.7	13.1	8.3
	1800	982	30.3	19.3	12.4	7.9	5.0
	2000	1093	14.5	9.7	6.3	4.3	2.9
热轧后经 899℃×2h， 空冷	1350	732	137.9	93.1	63.4	44.1	30.3
	1600	871	55.8	36.5	24.1	15.2	10.3
	1800	982	30.3	19.3	12.4	7.9	5.0
	2000	1093	14.5	9.7	6.3	4.3	2.8
在 1121℃×2h，空冷 固溶处理	1350	732	131.0	96.5	67.6	48.3	34.5
	1500	816	79.3	55.2	38.6	27.6	19.3
	1600	871	55.2	36.5	24.1	15.9	10.3
	1800	982	30.3	19.3	12.4	7.9	5.0
	2000	1093	14.5	9.7	6.3	4.3	2.8
	2100	1149	11.0	7.6	—	—	—

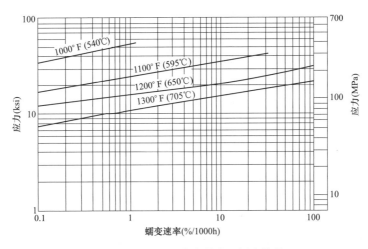

图 9-16   NC15Fe 合金的高温蠕变性能

5. 耐腐蚀性能

NC15Fe 合金在压水堆条件下的耐均匀腐蚀性能良好，腐蚀速率不大于 $10\mu g/(dm^2 \cdot h)$，在一回路 343℃ 动水中的失重为 $7.6mg/(dm^2 \cdot 30d)$，在一回路 288℃ 动水中的失重为 $8.8mg/(dm^2 \cdot 30d)$，在二回路 260℃ 静水中的失重为 $3.2\sim3.9mg/(dm^2 \cdot 30d)$，与奥氏体不锈钢 18-8 等相当。在一些盐介质中的耐均匀腐蚀性如图 9-17 所示。NC15Fe 合金耐氯化物点腐蚀的性能优于 18-8 等奥氏体不锈钢。NC15Fe 合金的耐晶间腐蚀性能不及低 Ni 合金的好，如图 9-18 所示，这是合金中 C 的固溶度随 Ni 量的增加而降低所致；因而 NC15Fe 合金在压水堆条件（300～350℃）下服役 104h 便有出现晶间腐蚀的危险。

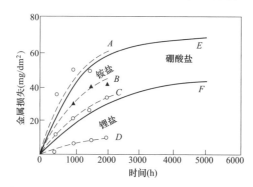

曲线	溶液	pH	温度(℃)	样品制备
A	铵盐	9.2	343	磨光
B	铵盐	9.3	288	磨光
C	锂盐	10	288	磨光
D	锂盐	10	288	光亮退火
E	硼酸盐	5.5	316	喷砂或磨光
F	硼酸盐	5.5	316	光亮退火或酸洗

图 9-17　NC15Fe 合金锻件在含铵盐、锂盐、硼酸盐水中的腐蚀失重

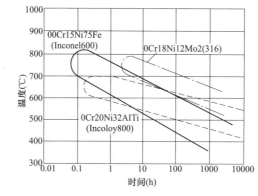

合金 C 含量 0.017%；腐蚀介质：$H_2SO_4+CuSO_4+Cu$ 屑

———— 0Cr15Ni75Fe，1080℃，10min，水冷固溶处理

–––––– 0Cr18Ni12Mo2，1100℃，10min，水冷固溶处理

—·—· 0Cr20Ni32A1Ti，980℃，20min，水冷固溶处理

图 9-18　NC15Fe 合金的晶间腐蚀敏感性

6. 抗应力腐蚀开裂性能

　　提高 Cr 含量对 NC15Fe 合金的抗应力腐蚀开裂有利；Si、Ti、P 等杂质元素对合金的抗应力腐蚀开裂有害；降低 C 含量对合金的抗应力腐蚀开裂有害；固溶处理（≥950℃）后

的中温 $715\pm15℃\&\geqslant12h$ 的脱敏处理提高 NC15Fe 合金的抗应力腐蚀开裂性能。NC15Fe 合金的抗应力腐蚀开裂临界应力值在其屈服强度附近。

9.2.5　Z12CN13、12Cr13NiMo

9.2.5.1　用途

Z12CN13 钢和近似牌号 12Cr13NiMo 钢引用的相关标准如下。

● RCC-M M3205-2007 Product Procurement Specification Grade Z12CN13 Martensitic Stainless Steel Forgings Used for Internal Hold Down Springs

● NB/T 20007.17—2012 压水堆核电厂用不锈钢 第 17 部分：堆内构件压紧弹性环用马氏体不锈钢锻件

Z12CN13 钢属于低碳马氏体不锈热强钢，在高温下具有良好的抗氧化性能并具有较高的高温强度。基体具有高的再结晶温度，低的扩散速度，组织稳定，碳化物不易分解、析出相不易聚集和长大，晶界上有害杂质偏聚和析出物少，材质纯净度高；蠕变强度和持久强度高，缺口敏感性小，抗应力松弛和抗热疲劳性能好。

Z12CN13 钢含有少量的 Ni 和 Mo 并且控 N 在上限，Co 的残留量也严加控制。在压水堆核电厂中主要用于制造堆内构件压紧弹簧锻件。

9.2.5.2　技术条件

Z12CN13 钢和近似牌号 12Cr13NiMo 钢熔炼和成品分析结果应符合表 9-39 的要求。

表 9-39　　Z12CN13 钢和近似牌号 12Cr13NiMo 钢的熔炼和成品分析结果要求 W_t　　（％）

材料	成分	C	Si	Mn	S	P	Cr
Z12CN13	熔炼分析	0.08～0.14	≤0.50	≤1.00	≤0.015	≤0.015	11.5～13.00
(RCC-M M3205-2007)	成品分析	≤0.15	≤0.50	≤1.00	≤0.020	≤0.020	11.5～13.00
12Cr13NiMo	熔炼分析	0.08～0.14	≤0.50	≤1.00	≤0.015	≤0.015	11.5～13.00
(NB/T 20007.17—2012)	成品分析	≤0.15	≤0.50	≤1.00	≤0.020	≤0.020	11.5～13.00

材料	成分	Ni	Mo	Cu	N	Co
Z12CN13	熔炼分析	1.00～1.80	0.40～0.60	≤0.50	0.010～0.030	≤0.20
(RCC-M M3205-2007)	成品分析	1.00～2.00	0.40～0.60	≤0.50	≤0.040	≤0.20
12Cr13NiMo	熔炼分析	1.00～1.80	0.40～0.60	≤0.50	0.010～0.030	≤0.10
(NB/T 20007.17—2012)	成品分析	1.00～2.00	0.40～0.60	≤0.50	≤0.040	≤0.10

Z12CN13 钢和近似牌号 12Cr13NiMo 钢的力学性能要求值列于表 9-40。

表 9-40　　　　Z12CN13 钢和近似牌号 12Cr13NiMo 钢的力学性能要求值

试验项目	试验温度（℃）	性能指标	要求值
拉伸	室温	$R_{p0.2}$(MPa)	≥620
		R_m(MPa)	760～900
		A(%)	≥14
		Z%	≥50
	350	$R_{p0.2}$(MPa)	≥515

续表

试验项目	试验温度（℃）	性能指标	要求值
KV 冲击①	20	最小平均值①（J）	48
		最小单个值（J）	40
布氏硬度	室温	HB	226～277

① 在每组 3 个试样的试验中，至多 1 个结果低于规定的最小平均值方可接受。

9.2.5.3 工艺要求

1. 冶炼

应采用电炉炼钢并经真空脱气处理。采用至少与真空精炼等效的冶炼工艺。也允许采用重熔工艺冶炼。

2. 锻造

为清除缩孔和大部分的偏析部分，钢锭应保证足够的切除量。钢锭重量和切除量百分比应记录，总锻造比应大于 3。

3. 热处理

在 960～1010℃奥氏体化温度下空冷或油冷；然后作回火处理，即在 610～670℃至少保温 4h 后空冷。此外，压紧弹簧可作稳定化处理。在该情况下，其处理温度应比最低回火温度低 30～50℃。

9.2.5.4 性能资料

1. 金相组织

Z12CN13 钢制反应堆压力容器中的压紧弹簧密封圈，经成品淬火回火热处理后的组织应为回火低碳板条马氏体（图 9-19 和图 9-20），碳化物应出现初步的熟化，这时钢处于中温回复的回火阶段，具有良好的强度和塑性与韧性的配合。当碳化物未熟化（低温回复阶段）时，钢虽强度较高，但塑性与韧性不足。当碳化物熟化过度（高温回复阶段）时，钢虽塑性与韧性较高，但强度不足。若发生了再结晶，强度和塑性与韧性均变差。当钢的 C 含量较低时组织中可能出现少量铁素体团。Z12CN13 钢经淬火加回火成品热处理的夏比冲击试样断口（SEM 像）如图 9-22 所示。

图 9-19 Z12CN13 钢经淬火回火成品热处理的金相组织

（OM 像，回火板条马氏体，回火适中，合格）

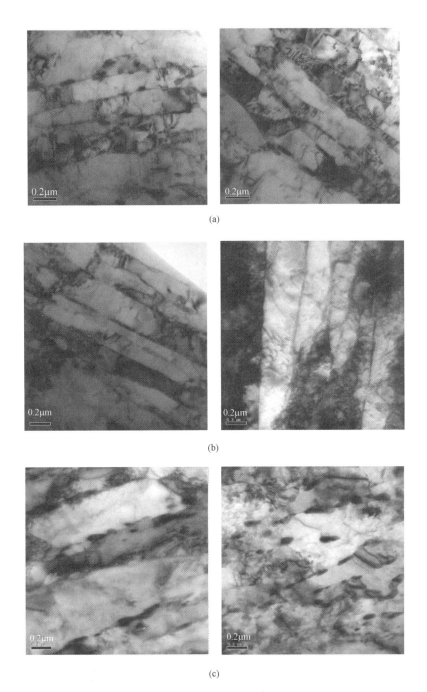

(a)

(b)

(c)

图 9-20　Z12CN13 钢经淬火回火成品热处理的组织亚结构（TEM 像）

（a）回火板条马氏体，马氏体板条亚晶化中温回复，位错网络形成，碳化物部分熟化，回火适中，合格；
（b）回火板条马氏体，马氏体板条消应力低温回复，位错组态开始重组，碳化物未熟化，欠回火，不合格；
（c）回火板条马氏体，马氏体板条亚晶长大高温回复，位错组态过重组，碳化物熟化，过回火，不合格

2. 物理性能

Z12CN13 钢的热导率见表 9-41，热扩散率见表 9-42，线膨胀系数见表 9-43，弹性模量见表 9-44。

(a)   (b)

图 9-21　Z12CN13 钢经淬火加回火成品热处理的夏比冲击试样断口（SEM 像）

(a) 启裂区深，韧性高，合格；(b) 脆性大，不合格

表 9-41　　　　　　　　　　　　Z12CN13 钢的热导率　　　　　　　　　[W/(m·K)]

温度（℃）	20	50	100	150	200	250	300
热导率	22.7	23.1	23.9	24.7	25.5	26.3	27.1
温度（℃）	350	400	450	500	550	600	650
热导率	27.9	28.7	29.5	30.3	31.1	31.9	32.7

表 9-42　　　　　　　　　　　　Z12CN13 钢的热扩散率　　　　　　　　（$\times 10^{-6}$ m^2/s）

温度（℃）	20	50	100	150	200	250	300	350	400	450	500	550	600	650
热扩散率	6.24	6.9	6.13	6.09	6.04	5.99	5.96	5.94	5.90	5.85	5.82	5.85	5.92	6.09

表 9-43　　　　　　　　　Z12CN13 钢的线膨胀系数　　　　　（$\times 10^{6}$℃$^{-1}$ 或 10^{-6}K^{-1}）

温度（℃）	20	50	100	150	200	250	300	350	400	450
线膨胀系数	9.42	9.77	10.36	10.89	11.41	11.87	12.35	12.66	12.98	13.47
20℃与所指温度间的平均线膨胀系数	9.42	9.60	9.96	10.20	10.44	10.69	10.95	11.19	11.40	11.59

表 9-44　　　　　　　　　　　　Z12CN13 钢的弹性模量　　　　　　　　　　（GPa）

温度（℃）	0	20	50	100	150	200	250
弹性模量	216.5	215.4	213	209.4	206	201.8	197.5
温度（℃）	300	350	400	450	500	550	600
弹性模量	193.5	189	184.5	179	173.5	167	—

3. 许用应力

Z12CN13 钢的基本许用应力强度值见表 9-45。

表 9-45			Z12CN13 钢的基本许用应力强度值 S_m			（MPa）
最小 R_e	最小 R_m	S_y	S_u	基本许用应力强度值 S_m		
20℃	20℃	20℃	20℃	50℃	100℃	150℃
620	760	620	758	253	252	247

基本许用应力强度值 S_m						
200℃	250℃	300℃	340℃	350℃	360℃	370℃
244	240	233	229	229	229	229

4. 疲劳特性

Z12CN13 钢的疲劳曲线如图 9-22 所示，其中各数据点值见表 9-46。

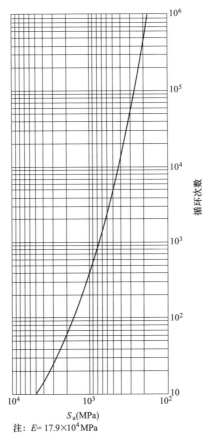

注：$E = 17.9 \times 10^4$ MPa

图 9-22　Z12CN13 钢的疲劳曲线

表 9-46			Z12CN13 钢的疲劳曲线中各数据点值				
循环次数（周）	10	20	50	10^2	200	500	10^3	2000
S_a（MPa）	4480	3240	2190	1655	1275	940	750	615
循环次数（周）	5000	10^4	2×10^4	5×10^4	10^5	2×10^5	5×10^5	10^6
S_a（MPa）	485	405	350	295	260	230	200	180

9.2.6 Z6CND17.12、06Cr17Ni12Mo2

9.2.6.1 用途

Z6CND17.12 钢及其类似牌号 06Cr17Ni12Mo2 引用的相关标准如下。

● RCC-M M3308-2007 Product Procurement Specification Strain Hardened Hot Worked Rolled or Forged Bars ≤ 50 mm in Diameter Made from Austenitic Stainless Steel Used for the Fabrication of Bolting Material for Reactor Internals

● GB/T 20878—2007 不锈钢和耐热钢牌号和化学成分

● NB/T 20007.15—2012 压水堆核电厂用不锈钢 第 15 部分：堆内构件螺栓用变形硬化的热轧或热锻奥氏体不锈钢棒

Z6CND17.12 钢属于奥氏体不锈钢，此类钢无磁，不能通过热处理手段予以强化，它们具有良好的强度、塑性、韧性和冷成型性能以及良好的低温性能，同时具有良好的耐还原性介质腐蚀能力。在各种有机酸、无机酸、碱、盐类，海水中均具有耐腐蚀性。由于其具有良好的敏化态耐晶间腐蚀的性能，适于制造厚截面尺寸的焊接部件和装备。

Z6CND17.12 钢的主要用途：①用于制造 1、2、3 级设备中螺钉类紧固件和驱动杆的轧制或锻造棒材（RCC-M M5110）；②用于制造 1、2、3 级设备中螺母的轧制或锻造棒材（RCC-M M5120）。

Z6CND17.12 钢参考 RCC-M M3308，主要用于制造堆内构件的螺栓类紧固件。

9.2.6.2 技术条件

Z6CND17.12、06Cr17Ni12Mo2 钢熔炼和成品分析结果应符合表 9-47 的要求。

表 9-47　Z6CND17.12 和近似牌号 06Cr17Ni12Mo2 熔炼和成分分析结果要求 W_t 　（%）

材料（技术条件）	元素	C	Mn	P	S	Si	Ni
Z6CND17-12 (RCC-M M3308-2007)	熔炼分析和成品分析	0.030~0.080	≤2.00	≤0.020	≤0.015	≤1.00	10.00~14.00
06Cr17Ni12Mo2 (GB/T 20878—2007)	熔炼分析和成品分析	≤0.08	≤2.00	≤0.045	≤0.030	≤0.75	10.00~14.00
06Cr17Ni12Mo2 (NB/T 20007.15—2012)	熔炼分析和成品分析	0.030~0.080	≤2.00	≤0.020	≤0.015	≤1.00	10.00~14.00

材料（技术条件）	元素	Cr	Mo	Cu	N	Co
Z6CND17-12 (RCC-M M3308-2007)	熔炼分析和成品分析	16.00~18.00	2.25~3.00	≤1.00	—	≤0.20（目标≤0.10）
06Cr17Ni12Mo2 (GB/T 20878—2007)	熔炼分析和成品分析	16.00~18.50	2.00~3.00	—	≤0.10	—
06Cr17Ni12Mo2 (NB/T 20007.15—2012)	熔炼分析和成品分析	16.00~18.00	2.25~3.00	≤1.00	—	≤0.20（目标≤0.10）

Z6CND17.12、06Cr17Ni12Mo2 钢的力学性能要求值列于表 9-48。

表 9-48　　　　　　　　Z6CND17.12 和 06Cr17Ni12Mo2 钢的力学性能要求值

试验项目	试验温度（℃）	性能指标	Z6CND17.12（RCC-M M3308、NB/T 20007.15—2012）		06Cr17Ni12Mo2（GB/T 20878—2007）
			$\phi \leqslant 30\text{mm}$	$30 < \phi \leqslant 50\text{mm}$	—
拉伸	室温	$R_{p0.2}$（MPa）	450～620	450～620	≥500
		R_m（MPa）	≥655	≥590	≥590
		A（%）	≥30	≥30	≥30
		Z（%）	≥60	≥60	—
KV 冲击	室温	最小平均值（J）	80	80	—
加工硬化前布氏硬度	室温	最大值，HB	192	192	187

9.2.6.3　工艺要求

1. 冶炼

应采用电炉冶炼并真空脱气，或其他技术相当的冶炼工艺。

2. 锻造

为清除缩孔和大部分的偏析部分，钢锭应保证足够的切除量。钢锭重量和切除量百分比应记录，总锻造比应大于或等于 3。

3. 热处理

棒材在 1050～1150℃温度范围内的某一温度下保温一定时间，随后用水冷却。

9.2.6.4　性能资料

1. 物理性能

Z6CND17.12 钢的热导率、热扩散率、线膨胀系数和弹性模量见表 9-49～表 9-52。

表 9-49　　　　　　　　Z6CND17.12 钢的热导率　　　　　　[W/(m·K)]

温度（℃）	20	50	100	150	200	250	300	350	400
热导率	14.0	14.4	15.2	15.8	16.6	17.3	17.9	18.6	19.2
温度（℃）	450	500	550	600	650	700	750	800	
热导率	19.9	20.6	21.2	21.8	22.4	23.1	23.7	24.3	

表 9-50　　　　　　　　Z6CND17.12 钢的热扩散率　　　　　　$(\times 10^{-6}\text{m}^2/\text{s})$

温度（℃）	20	50	100	150	200	250	300	350	400
热扩散率	3.89	3.89	3.89	3.94	3.99	4.06	4.17	4.26	4.37
温度（℃）	450	500	550	600	650	700	750	800	
热扩散率	4.50	4.64	4.75	4.85	4.95	5.04	5.11	5.17	

表 9-51　　　　　　　　Z6CND17.12 钢的线膨胀系数　　　　　　$(\times 10^{-6}℃^{-1})$

温度（℃）		20	50	100	150	200	250	300	350	400	450
线膨胀系数	A	15.54	16.00	16.49	16.98	17.47	17.97	18.46	18.95	19.45	19.94
	B	15.54	15.72	16.00	16.30	16.60	16.86	17.10	17.36	17.60	17.82

注　系数 A 为线膨胀瞬间系数 $\times 10^{-6}℃^{-1}$ 或 $\times 10^{-6}\text{K}^{-1}$；系数 B 为在 20℃ 与所处温度之间的平均热膨胀系数 $\times 10^{-6}℃^{-1}$ 或 $\times 10^{-6}\text{K}^{-1}$。

表 9-52   Z6CND17.12 钢的弹性模量   （GPa）

温度（℃）	0	20	50	100	150	200	250
弹性模量	198.5	197	195	191.5	187.5	184	180
温度（℃）	300	350	400	450	500	550	600
弹性模量	176.5	172	168	164	160	155.5	151.5

2. 许用应力

Z6CND17.12 钢的许用应力见表 9-53 和表 9-54。

表 9-53   Z6CND17.12 钢的基本许用应力强度值 S_m

室温屈服强度（MPa）	尺寸（mm）	下列温度/℃时的基本许用应力强度值 S_m（MPa）									
		50	100	150	200	250	300	340	350	360	370
210	—	67	58	54	50	47	44	42	42	41	41
655	$\phi \leqslant 20$	214	199	190	182	176	173	171	170	170	168
550	$20 < \phi \leqslant 25$	180	168	160	153	149	146	144	143	143	142
450	$25 < \phi \leqslant 35$	147	137	130	125	121	119	117	117	116	115
350	$35 < \phi \leqslant 40$	113	105	100	96	93	91	90	90	89	89

表 9-54   Z6CND17.12 钢的基本许用应力值 S_m

室温度屈服强度（MPa）	下列温度/℃时的基本许用应力值 S_m（MPa）									
	50	100	150	200	250	300	340	350	360	370
210	125	110	101	92	87	82	80	79	78	78

3. 高温性能

Z6CND17.12 钢的高温力学性能见表 9-55 和表 9-56。

表 9-55   Z6CND17.12 钢的高温屈服强度值

室温屈服强度（MPa）	尺寸（mm）	下列温度/℃时的屈服强度值 S_y（MPa）									
		50	100	150	200	250	300	340	350	360	370
655	$\phi \leqslant 20$	642	597	569	546	529	519	514	511	509	505
550	$20 < \phi \leqslant 25$	540	504	480	460	446	438	432	430	428	426
450	$25 < \phi \leqslant 35$	440	410	390	374	362	357	352	350	348	346
350	$35 < \phi \leqslant 40$	338	315	300	287	279	274	271	270	268	266

表 9-56   Z6CND17.12 钢的高温抗拉强度值

室温屈服强度（MPa）	尺寸（mm）	下列温度（℃）时的抗拉强度值 S_u（MPa）									
		50	100	150	200	250	300	340	350	360	370
655	$\phi \leqslant 20$	758	757	717	695	688	688	688	688	688	688
550	$20 < \phi \leqslant 25$	689	688	652	631	626	626	626	626	626	626
450	$25 < \phi \leqslant 35$	654	648	618	600	594	594	594	594	594	594
350	$35 < \phi \leqslant 40$	620	619	586	569	563	562	562	562	562	562

4. 疲劳特性

Z6CND17.12 钢的疲劳性能见表 9-57 和图 9-23。

表 9-57　　　　　　　　　Z6CND17.12 钢的疲劳性能数据

循环次数（周）		10	20	50	100	200	500	1000	2000
S_a	$\sigma^{nom} \leqslant 2.7S_m$	7930	5240	3100	2205	1550	985	690	490
	$\sigma^{nom} = 3S_m$	7930	5240	3100	2070	1410	840	560	380
循环次数（周）		5000	10^4	2×10^4	5×10^4	10^5	2×10^5	5×10^5	10^6
S_a	$\sigma^{nom} \leqslant 2.7S_m$	310	235	185	152	131	117	103	93
	$\sigma^{nom} = 3S_m$	230	155	103	72	58	49	41	37

9.2.7　X12Cr13、12Cr13

9.2.7.1　用途

X12Cr13 钢及其类似牌号 12Cr13 引用的相关标准如下。

● RCC-M M3207-2007 Product Procurement Specification Seamless Pipes Made from Martensitic Stainless Steel with Chromium for the Control Rods of PWR Reactor Control Rod Drive Mechanisms

● GB/T 20878—2007 不锈钢和耐热钢牌号和化学成分

● NB/T 20007.22—2012 压水堆核电厂用不锈钢 第 22 部分：反应堆控制棒驱动机构驱动杆用马氏体不锈钢无缝钢管

X12Cr13 钢属于半马氏体型不锈钢，淬火组织除马氏体外，尚存在铁素体组织。经淬火和回火处理后，具有较高的强度、韧性，较好的耐蚀性和冷变形能力，具有良好的减振性能。X12Cr13 主要用于对韧性要求较高和具有不锈性的受冲击载荷的部件，亦可制作在常温条件下耐弱腐蚀介质腐蚀的设备和部件。

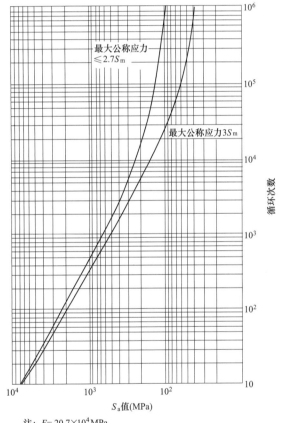

注：$E = 20.7 \times 10^4$ MPa

图 9-23　Z6CND17.12 钢的疲劳曲线

X12Cr13 钢为低碳马氏体不锈热强钢，Co 的含量严加控制。对应中国牌号为 12Cr13 钢，12Cr13 钢具有良好的耐腐蚀性和机械加工性能，主要用于制作抗弱腐蚀介质并承受载荷的零件。X12Cr13 钢在压水堆核电厂中的主要应用为无缝管用于制造压水堆控制棒驱动机构控制棒组件。

9.2.7.2　技术条件

X12Cr13 和 12Cr13 钢熔炼和成品分析结果应符合表 9-58 的要求。

表 9-58　　　　　　　　　X12Cr13 和 12Cr13 钢熔炼和成分分析结果要求 W_t　　　　　　　（%）

材料（技术条件）	元素	C	Mn	P	S
X12Cr13（RCC-M M3207-2007）	熔炼分析和成品分析	≤0.150	≤1.00	≤0.030	≤0.030
12Cr13（GB/T 20878—2007）	熔炼分析和成品分析	≤0.150	≤1.00	≤0.035	≤0.030
12Cr13（NB/T 20007.22—2012）	熔炼分析和成品分析	≤0.15	≤1.00	≤0.030	≤0.030
材料（技术条件）	元素	Si	Ni	Cr	Co
X12Cr13（RCC-M M3207-2007）	熔炼分析和成品分析	≤1.00	≤0.50	11.50～13.50	≤0.20
12Cr13（GB/T 20878—2007）	熔炼分析和成品分析	≤1.00	≤0.60	11.50～13.00	≤0.20
12Cr13（NB/T 20007.22—2012）	熔炼分析和成品分析	≤1.00	≤0.50	11.50～13.50	≤0.20（目标≤0.1）

X12Cr13 钢和近似牌号 12Cr13 钢的力学性能要求值列于表 9-59。

表 9-59　　　　　　　　　　　X12Cr13 和 12Cr13 钢的力学性能要求值

试验项目	试验温度（℃）	性能指标	X12Cr13（RCC-M M3207-2007）、12Cr13（GB/T 20878—2007）	12Cr13（NB/T 20007.22—2012）
拉伸	室温	$R_{p0.2}$（MPa）	≥550	≥550
		R_m（MPa）	≥690	≥690
		A（%）	≥18	≥18
		Z（%）	≥50	≥50
KV 冲击	0	最小平均值（J）	60	40
		最小单个值[①]（J）	28	28
洛氏硬度	室温	最大值	27	27
		最小值	17	17

① 每组 3 个试样中，至多 1 个结果低于规定的最小平均值方可接受。

9.2.7.3　工艺要求

1. 冶炼

应采用电炉或其他技术相当或更优的冶炼工艺炼钢。

2. 锻造

总锻造比应大于 3。

3. 热处理

奥氏体化后，钢管应经油淬或水淬，然后在不低于 600℃ 温度下回火。钢管矫直后应做消除应力热处理，其处理温度至少应比回火温度低 20℃，但不能低于 580℃。重新热处理不允许超过 2 次。

9.2.7.4　性能资料

1. 物理性能

12Cr13 钢的物理性能见表 9-60。

表 9-60 　　　　　　　　　　　　　　　　12Cr13 钢的物理性能

温度（℃）	室温	100	200	300	400	500
弹性模量 E（GPa）	216	212	206	199	190	178
剪切模量 G（GPa）	84.1	82.6	80.1	76.6	73.8	69.3
泊桑比 ν	0.28	0.28	0.28	0.29	0.29	0.29
热导率 λ［W/(m·K)］	—	25.5	28.0	28.6	29.2	30.6
比热容 c［J/(kg·K)］	—	435	486	519	544	548
线膨胀系数 α（$\times 10^{-6}℃^{-1}$与20℃之间）	—	11.3	11.5	11.8	12.0	12.2
密度 ρ（g/cm³）	7.77	—	—	—	—	—
熔点（℃）	1430					

2. 力学性能

奥氏体化温度和回火温度对 12Cr13 钢室温力学性能的影响如图 9-24 所示。不同热处理的室温拉伸与硬度性能见表 9-61。

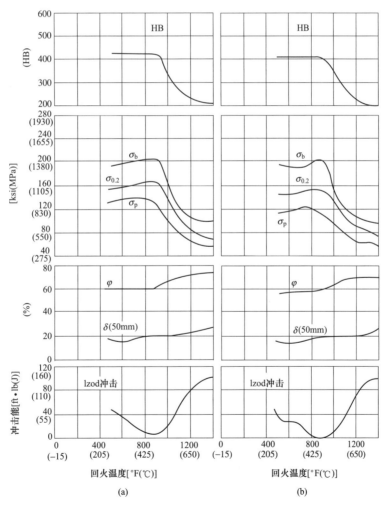

图 9-24　奥氏体化温度和回火温度对 12Cr13 钢室温力学性能的影响（回火时间 2h）

(a) 925℃×30min 油冷到 65～95℃，175℃×15min 消除应力；

(b) 1010℃×30min 油冷到 65～95℃，175℃×15min 消除应力

热处理工艺制度对不同温度下 12Cr13 钢的冲击值的影响见表 9-62。不同热处理条件下的高温力学性能见表 9-63。随回火温度的提高 12Cr13 钢强度下降而塑、韧性明显提高，详见表 9-64。

表 9-61　　　　　12Cr13 钢截面尺寸≤60mm 材料的室温力学性能

热　处　理	R_m(MPa)	σ_s(MPa)	A(%)	Z(%)	硬度 HB
870℃，120min 完全退火，以 25℃/h 冷却到 600℃ 空冷	539	274	35	73	135～160
925～1000℃油淬，230～370℃回火 120min	1280	932	15	60	360～380
925～1000℃油淬，540℃回火 120min	981	765	20	65	260～330
925～1000℃油淬，600℃回火 120min	785	617	22	65	210～250
925～1000℃油淬，650℃回火 120min	716	588	23	68	200～230
925～1000℃油淬，700℃回火 120min	686	539	25	69	195～220
925～1000℃油淬，760℃回火 120min	617	412	30	72	170～195

表 9-62　　　热处理及温度对 12Cr13 钢夏比 V 形缺口冲击性能 KV（J）的影响

	温度（℃）	21	21	316	316	371	371	427	427
KV（J）	热处理：980℃1h 油淬＋579℃3h 空冷＋593℃2h 空冷，HRC23	22	22	50	43	43	53	54	58
	热处理：982℃1h 油淬＋510℃3h 空冷＋523℃2h 空冷，HRC38	11	12	26	26	25	30	22	25

表 9-63　　　　　　　12Cr13 钢不同热处理的高温力学性能

热处理	试验温度（℃）	R_m(MPa)	$R_{p0.2}$(MPa)	A(%)	Z(%)	A_{KV}(J/cm²)
1030℃空冷＋500℃回火空冷	20	1770/1790	1600/1620	2.5	—	—
	400	1630/1670	1420/1450	6.0	—	—
	450	1540/1570	1320/1390	5.0/6.0	—	—
	500	1290/1310	1230/1270	6.5	—	—
1080℃空冷＋600℃回火空冷	20	1110/1140	950	9.2/10	—	—
	400	900/940	780/820	8.3/10	—	—
	450	790/810	610/640	10/12	—	—
	500	700/720	570/590	14.5/15	—	—
1030～1050℃油淬，750℃回火	20	598	402	22	60	99
	200	529	363	16	60	—
	400	490	363	16	58	196
	500	363	274	18	64	235
	600	225	176	18	70	216

续表

热处理	试验温度（℃）	R_m（MPa）	$R_{p0.2}$（MPa）	A（%）	Z（%）	A_{KV}（J/cm²）
φ16mm 棒 980℃×30min 油淬＋ 280℃×2h 回火， HRC45	21	1525	1225	14.5	63.5	—
	205	1475	1005	11	51	—
	315	1470	961	18	57	—
	425	1340	920	18.5	59	—
	480	1150	835	14	57	—
	540	605	565	21.5	81.5	—
	595	440	395	25.5	87	—
	656	300	270	29.5	96.5	—
	750	195	165	34	91.5	—
φ16mm 棒 980℃×30min 油淬＋ 540℃×2h 回火， HRC35.5	21	1085	1005	13	69.5	—
	205	1050	927	11	69.5	—
	315	1005	838	10.5	65.5	—
	415	896	758	12	70	—
	540	700	645	16	77.5	—
	650	275	260	35	91	—
	760	105	90	54	96	—
	870	96	66	81	77	—
φ16mm 棒 980℃×30min 油淬＋ 605℃×2h 回火， HRC28.5	21	924	807	20	68.5	—
	205	817	727	17.5	70.5	—
	315	772	689	16.5	67.5	—
	425	724	650	17	65.5	—
	480	625	585	18.5	74.5	—
	540	560	525	22	82	—
	595	450	415	25	87	—
φ16mm 棒 980℃×30min 油淬＋ 605℃×2h 回火， HRC24.5	21	834	721	21.5	68.5	—
	205	741	650	18	69	—
	315	696	615	16	70	—
	425	635	570	17	68	—
	480	585	525	18.5	73.5	—
	540	495	470	22.5	81.5	—
	595	405	385	25.5	88	—
	650	305	280	29	90	—

表 9-64　回火温度对 12Cr13 钢高温力学性能的影响（1010℃×30min 油淬，回火时间 4h）

回火温度（℃）	试验温度（℃）	R_m(MPa)	$R_{p0.2}$(MPa)	A(%)	Z(%)
593	21	931	841	19	69
	260	807	738	17	70
	371	758	696	15	68
	482	669	654	18	72
	593	510	490	21	81
649	21	834	738	21	66
	260	724	669	20	66
	371	696	621	28	64
	482	654	558	19	66
	593	476	427	22	79
704	21	786	648	21	71
	260	627	545	19	73
	371	586	517	18	72
	482	527	469	20	74
	593	379	352	25	84

3. 断裂特性

12Cr13 钢调质态在屈服强度 $\delta_{0.2} = 637$MPa 时的临界裂纹张开位移 $\delta_c = 0.091 \sim 0.103$mm。

4. 疲劳特性

表 9-65 为不同温度回火后 12Cr13 钢的抗拉强度与疲劳极限。

表 9-65　　　　　　　12Cr13 钢在不同存活率时的疲劳极限

试　样	在下列指定存活率（%）时的疲劳极限 σ_{-1}（MPa），指定寿命 10^7					备注
	50%	90%	95%	99%	99.9%	热处理：
光滑试样 $d=9.48$	374（$S=12.99$）	358	353	344	334	1050℃油淬；
缺口试样 $d=9.48$，$R=0.75$	222（$S=9.76$）	209	206	199	192	720℃2h 空冷回火

注　化学成分 C：0.11%，Mn：0.29%，Si：0.25%，Cr：12.78%，Ni：0.14%，P：0.025%，S：0.009%。

表 9-66 为不同温度回火后 12Cr13 钢的抗拉强度与疲劳极限的关系；表 9-67 和表 9-68 列出了光滑试样和缺口试样具备指定存活率的疲劳寿命；图 9-25 为光滑试样与缺口试样的 P-σ-N 曲线。表 9-69 和图 9-26 为 12Cr13 钢在不同温度下的疲劳极限。表 9-70 为 12Cr13 钢在不同腐蚀介质中的疲劳极限。12Cr13 钢在 NaCl 中的疲劳行为如图 9-27 所示。显然环境的变化对其疲劳寿命产生较大影响。随着 NaCl 浓度增加，12Cr13 钢的疲劳寿命缩短。

表 9-66　　　　12Cr13 钢不同温度回火后的抗拉强度与疲劳极限（$N=10^7$）关系

淬火	回火温度/℃	R_m(MPa)	σ^{-1}/ MPa	σ^{-1}/ R_m
980℃油淬	480	1162	510	0.45
	540	1147	537	0.47
	595	755	412	0.55
	705	571	307	0.54

表 9-67　　　　12Cr13 钢光滑试样在不同应力和存活率时的疲劳寿命 $N\times10^3$

存活率（%）	$\sigma_1=500$MPa	$\sigma_2=456$MPa	$\sigma_3=422$MPa	$\sigma_4=397$MPa	a_p	b_p
N_{50}	61.2	181.3	455.3	921.3	36.534 8	−11.765 9
N_{90}	51.8	135.3	305.3	569.3	32.781 4	−10.401 0
N_{95}	49.4	124.5	272.7	496.7	31.718 5	−10.014 6
N_{99}	45.2	106.6	220.5	384.7	29.724 7	−9.290 5
$N_{99.9}$	30.4	141.3	189.5	225.5	—	—

表 9-68　12Cr13 钢缺口试样（$R=0.75$mm，$K_t=2$）在不同应力和存活率时的疲劳寿命 $N\times10^3$

存活率（%）	$\sigma_1=378$MPa	$\sigma_2=338$MPa	$\sigma_2=299$MPa	$\sigma_4=265$MPa	$\sigma_5=240$MPa	a_p	b_p
N_{50}	30.2	61.4	136.5	300.9	564.9	21.186 3	−6.483 0
N_{90}	27.7	53.7	112.7	234.8	421.4	19.957 5	−6.020 5
N_{95}	27.1	51.7	106.7	218.8	387.8	19.606 5	−5.889 3
N_{99}	25.9	48.1	96.4	191.8	331.9	18.956 8	−5.643 7
$N_{99.9}$	24.6	44.4	86.0	165.4	278.7	18.224 4	−5.367 7

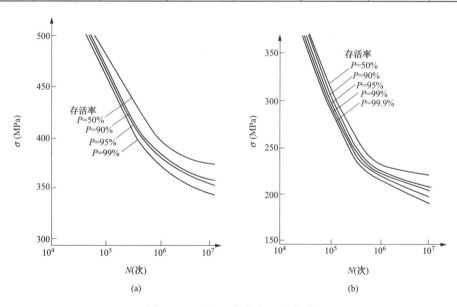

图 9-25　12Cr13 钢的 P-σ-N 曲线

（a）光滑试样；（b）缺口试样

表 9-69　　　　　　12Cr13 钢在不同温度时的疲劳极限 σ_{-1} 与 σ_{-1p} （$N=10^7$）

温度（℃）	200	300	500	550	热处理
σ_{-1}（MPa）	367.5	271.5	247.9	191.1	1030～1050℃油淬，
σ_{-1p}（MPa）	183.3	114.7	104.9	100.0	680～700℃回火空冷

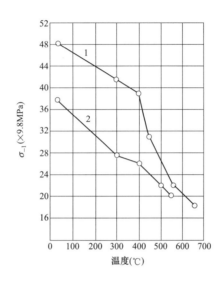

图 9-26　12Cr13 钢疲劳极限与温度的关系

1—经过氮化处理的光滑试样；

2—未经氮化处理的光滑试样

表 9-70　　　　　　12Cr13 钢在各种介质中的疲劳极限 σ_{-1} （$N=10^7$）

试 验 条 件	温度（℃）	σ_{-1}（MPa）	备 注
空气中	20	420.4	
蒸汽中	—	227.4	
蒸汽和空气的密闭容器中	75	358.7	试验钢的化学成分： C：0.12%，Cr：12.59%
大气压下的蒸汽中	100	372.4	热处理：淬火＋高温回火，
压力为 4.3MPa 的蒸汽中	150	379.3	性能：$R_m=702.7$MPa，
压力为 11.0MPa 的蒸汽中	180	372.4	$R_{p0.2}=434.1$MPa，
压力为 15.7MPa 的蒸汽中	370	372.4	$A=26\%$，$Z=70\%$，
空气和湿蒸汽混合气体中	20	215.1	$HB=216$

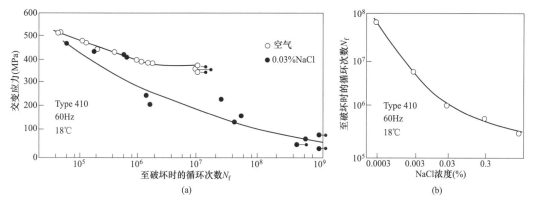

图 9-27　12Cr13 钢在 NaCl 环境中的疲劳行为

(a) 0.03％NaCl；(b) 340MPa

5. 持久和蠕变性能

12Cr13 钢的持久和蠕变性能数据见表 9-71 和表 9-72，最小蠕变速率随应力和温度的变化关系曲线如图 9-28 所示。

表 9-71　　　　　12Cr13 钢的持久强度（1030～1050℃油淬，750℃回火空冷）

试验温度（℃）	$R_{m/1000}$（MPa）	$R_{m/10000}$（MPa）	$R_{m/100000}$（MPa）
470	294	255	216
500	255	216	186
530	225	186	157

表 9-72　　　　　12Cr13 钢的蠕变强度（1030～1050℃油淬，750℃回火空冷）

温度（℃）	400	450	500	540	595	650
$R_{m\,10000}$（MPa）	121	103	93	76	34	21
$R_{m\,100000}$（MPa）	121	103	56	41	21	10

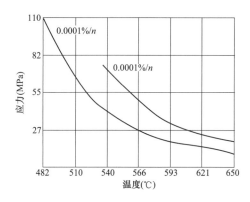

图 9-28　12Cr13 钢最小蠕变速率随应力和温度的变化

6. 腐蚀性能

12Cr13 钢出现强烈氧化的开始温度为 750℃，抗氧化性能见表 9-73。12Cr13 钢具有不锈性，在室温稀硝酸及弱有机酸中也有一定耐蚀性，在不同介质中的耐蚀性见表 9-74。在反应堆冷却剂环境中的腐蚀率（金属向水或水溶液中的转移速率，也即金属的重量变化速率）见表 9-75～表 9-79。

表 9-73　**12Cr13 钢的抗氧化性**

温度（℃）	800	900	1000	1100	1200
在空气中加热 200h 的失重[g/(m²·h)]	0.5	1.5	14.0	24.0	50.0

表 9-74　**12Cr13 钢在不同介质中的腐蚀速率**

介 质 条 件			试验时间（h）	腐蚀速率（mm/a）
介质	浓度（%）	温度（℃）		
硝酸	5	20	—	<0.1
	7	20	720	0.004
	5	沸腾	—	1.0～3.0
	20	20	—	<0.1
	20	沸腾	—	<0.1
	50	20	—	<0.1
	50	沸腾	24	1.21
	65	20	—	<0.1
	65	沸腾	24	2.2
	90	20	—	<0.1
	90	沸腾	—	<10.1
醋酸	10～50	20～40	—	0.15～1.0
	10	沸腾	—	不可用
硫酸	5	20	—	>10
氢氧化钾	25	沸腾	—	<0.1
	50	20	—	<0.1
	50	沸腾	—	<1.0
柠檬酸	1	20	—	<0.1
	1	沸腾	—	<10.0
	25	20	720	0.58
蚁酸	10～50	20	—	<0.1
	10～50	沸腾	—	<10.0
氨	溶液或气体	20～100	—	<0.1
氢氧化钠	20	50	—	<0.1
	20	沸腾	—	<1.0
	50	100	—	1.0～3.0

表 9-75　**12Cr13 钢在压水堆冷却剂中的腐蚀率**

温度（℃）	样品	气体溶解量（ml/kg）		pH	添加剂	脱膜样品腐蚀率[mg/(dm²·M)]
		O₂	H₂			
316	打磨	<0.05	15～50	8～9.5	NH₄OH	60
316	供货态	除气	除气	7	—	27
316	供货态	除气	除气	8～9	NH₄OH	17
204～316	—	—	—	7～10	—	60
260	—	—	100	6～9	0.7～4.22g/L H₃BO₃	—53（未脱膜）

表 9-76   12Cr13 钢在压水堆冷却剂中的腐蚀率

温度（℃）	样品	气体溶解量（ml/kg）		pH	添加剂	脱膜样品腐蚀率 [mg/(dm² · M)]
		O_2	H_2			
316	1/10 金刚砂抛光	<0.02	27	5.8	1600ppmH_3BO_3	81
316	1/10 金刚砂抛光	0.03	31	6.1	3ppm H_3BO_3	50
316	1/10 金刚砂抛光	<0.02	27	—	1ppmLiOH	41
204～316	1/10 金刚砂抛光	0.05	30	7.9	2ppmLiOH 12ppm H_3BO_3	36

表 9-77   12Cr13 钢在压水堆冷却剂中的堆内腐蚀率

样品	中子积分通量	温度（℃）	气体溶解量（ml/kg）		pH	添加剂	脱膜样品腐蚀率 [mg/(dm² · M)]
			O_2	H_2			
—	7.5×10^{16}	305	—	500	11	—	143
打磨	1.4×10^{16}	316	<0.3～1	25	4.5～9.5	NH_3，HNO_3	35

表 9-78   12Cr13 钢等温条件下在钠中的腐蚀率

温度（℃）	动态	静态	暴露时间（h）	腐蚀率[mg/(dm² · M)]
250	—	×	1000	−7
510	×	—	—	<−10
593	×	—	1000	+38
593	—	×	1000	+35
704	×	—	—	−40

9.2.8   12MDV6、ZG12MnMoV

9.2.8.1   用途

12MDV6 钢和近似牌号 ZG12MnMoV 钢引用的相关标准如下。

● RCC-M M5180-2007 Product Procurement Specification Type 12MDV6 Steel Castings for Use in the Fabrication of Steam Generator and Reactor Coolant Pump Supports，Plates and Clevises，and Clamps for Main Steam Line Supports

● NB/T 20008.2—2010 压水堆核电厂用其他材料 第 2 部分：蒸汽发生器、反应堆冷却剂泵和主蒸汽管路支承件用锰-钼-钒合金钢铸件

12MDV6 钢属于锰-钼-钒合金钢，具有较好的淬透性和力学性能。含碳量较低的锰-钼-钒合金钢经渗碳后表面有很高的耐磨性，用作要求表面耐磨、心部强韧性较好的零件。含碳量较高的锰-钼-钒合金属于调质钢，性能与含碳量相同的铬镍钼钢相近，可用作承受重负荷的轴类、齿轮和连杆等。

12MDV6 钢参考 RCC-M M5180，主要用于蒸汽发生器和主泵支承件，主要包括蒸汽发生器垂直支撑（下支座、座套、上支座）和主泵（垂直支撑下支座、座套）。

9.2.8.2   技术条件

12MDV6 钢和近似牌号 ZG12MnMoV 钢熔炼和成品分析结果应符合表 9-79 的要求。

表 9-79　　　12MDV6 钢和近似牌号 ZG12MnMoV 钢熔炼和成分分析结果要求 W_t　　　（%）

元素	C	Si	Mn	S①	P①	Mo	V
12MDV6（RCC-M M5180-2007）	≤0.15	≤0.60	1.20～1.70	≤0.020	≤0.025	0.20～0.40	0.05～0.10
ZG12MnMoV（NB/T 20008.2—2010）	≤0.15	≤0.60	1.20～1.70	≤0.020	≤0.025	0.20～0.40	0.05～0.10

① 对于成品分析，其最高含量可增加 0.005%。

12MDV6、ZG12MnMoV 钢的力学性能要求值列于表 9-80。

表 9-80　　　　　　　　12MDV6、ZG12MnMoV 钢的力学性能要求值

试验项目	试验温度（℃）	性能指标	要　求　值	
			蒸汽发生器和反应堆冷却剂泵部件	主蒸汽管道支撑件
拉伸	室温	$R_{p0.2}$（MPa）	≥400	≥420
		R_m（MPa）	≥500	≥560
		A（%）	≥18	≥13
	300①	$R_{p0.2}$（MPa）	—	提供数据
		R_m（MPa）		≥510
		A（%）		提供数据
KV	0	最小平均值（J）	40	40
KV	0	最小单个值（J）	28	28

① 当一批中包含一个或多个主蒸汽管道支承件时，需进行 300℃的拉伸试验。

9.2.8.3　工艺要求

1. 冶炼

应采用电炉或其他技术相当或更好的冶炼工艺炼钢。

2. 热处理

铸件应以热处理状态交货。性能热处理包括淬火或正火随后作回火处理。淬火前的奥氏体化温度和回火温度由铸造厂选定，重新热处理不得超过 2 次。

9.2.9　20NCD12、20Cr2Ni3Mo

9.2.9.1　用途

20NCD12 钢和近似牌号 20Cr2Ni3Mo 引用的相关标准如下。

● RCC-M M5170-2007 Product Procurement Specification Alloy Forgings or Drop Forgings for Use in Reactor Coolant System Supports：Reactor Support Pads Upper Clevis Inserts for Reactor Coolant Pump Supports，Snubber Components for Steam Generator and Reactor Coolant Pump Supports

● NB/T 20008.1—2012 压水堆核电厂用其他材料　第 1 部分：反应堆冷却剂系统支承件用合金钢锻件

20NCD12 属于镍-铬-钼合金钢，淬火性能好，可进行深度淬火；回火脆性倾向少；加工性能和焊接性能好；冲击的吸收性能好；高强度、高硬度、耐磨损、抗高温。

20NCD12 钢参考 RCC-M M5170，主要用于主泵支承件锻件和冲压件，主要包括主泵

垂直支承上支座。

9.2.9.2　技术条件

主泵支承件锻件和冲压件 20NCD12 钢和近似牌号 20Cr2Ni3Mo 钢化学成分要求值见表9-81。

表 9-81　　　　　**20NCD12 钢和近似牌号 20Cr2Ni3Mo 钢化学成分要求值 W_t**　　　　（%）

材料（技术条件）	元素	C	Mn	P	S	Si
20NCD12（RCC-M M5170-2007）	熔炼分析	≤0.23	0.20～0.40	≤0.020	≤0.020	≤0.30
	成品分析	≤0.23	0.16～0.44	≤0.020	≤0.020	≤0.32
20Cr2Ni3Mo（NB/T 20008.1—2012）	熔炼分析	≤0.23	0.20～0.40	≤0.020	≤0.020	≤0.30
	成品分析	≤0.23	0.16～0.44	≤0.020	≤0.020	≤0.32

材料（技术条件）	元素	Ni	Cr	Mo	V
20NCD12（RCC-M M5170-2007）	熔炼分析	2.75～3.90	1.50～2.00	0.40～0.60	≤0.03
	成品分析	2.68～3.97	1.44～2.06	0.36～0.64	≤0.05
20Cr2Ni3Mo（NB/T 20008.1—2012）	熔炼分析	2.75～3.90	1.50～2.00	0.40～0.60	≤0.03
	成品分析	2.68～3.97	1.44～2.06	0.36～0.64	≤0.05

泵支撑件锻件和冲压件 20NCD12 钢和近似牌号 20Cr2Ni3Mo 钢力学性能要求值见表9-82。

表 9-82　　　　　**20NCD12 钢和近似牌号 20Cr2Ni3Mo 钢力学性能要求值**

试验项目	试验温度（℃）	性能指标	要求值
拉伸	室温	$R_{p0.2}$（MPa）	≥585
		R_m（MPa）	725～895
		A（%）	≥18
KV	0	最小平均值（J）	40
KV	0	最小单个值（J）	28

9.2.9.3　工艺要求

1. 熔炼

应采用电炉炼钢、并加铝镇静及真空脱气的冶炼工艺。

2. 锻造

用于锻件制造的钢锭应充分切除锭头和锭尾，以保证清除缩孔和主要偏析部分。钢锭重量和切除百分比应记录。总锻造比应大于3。

3. 热处理

锻件应以热处理状态交货，重新热处理不得超过2次，具体过程如下：

奥氏体化处理→水淬→在温度≥600℃下回火。

第3节　实际部件的制造工艺及力学性能

9.3.1　Z2CN19.10N.S

9.3.1.1　堆内构件和控制棒导向筒

1. 制造工艺

用于堆内构件和控制棒导向筒制造工艺：原料精选→电弧炉粗炼→AOD 精炼→LF 炉

外精炼→浇铸钢锭→【1. 锻造成材；2. 锻造开坯→热轧成品】→热处理→取样→性能检测→机加工→液体渗透检验→超声波检验→尺寸外观检查→包装→入库→发货。

2. 冶炼

配料原料：高碳铬铁，低钴镍板，优质碳钢及少于 10% 的不锈钢返回料；对于堆内构件用不锈钢棒材原材料精选不锈钢返回料、铬-铁合金、镍板和低磷原料钢。

冶炼在超高功率电弧炉生产，采用 AOD 精炼，LF 炉精炼 LF 炉底吹氩处理时间不少于 30min。

采用底注浇铸，提高钢液的流动性，使铸锭成分均匀，减少缺陷产生。

熔炼分析要求见表 9-83。

表 9-83　　　　　　　　　　　　熔炼分析 W_t　　　　　　　　　　　（%）

元素	C	Cr	Ni	Si	Mn	S
标准成分	≤0.035	18.50～20.00	9.00～10.00	≤1.00	≤2.00	≤0.015
目标成分	≤0.030	18.90～19.50	9.50～9.80	0.30～0.60	1.40～1.80	≤0.005
元素	P	Cu	Co	N	B	Nb+Ta
标准成分	≤0.030	≤1.00	≤0.06	≤0.080	≤0.0018	≤0.15
目标成分	≤0.025	≤0.030	≤0.06	≤0.070	≤0.0018	≤0.05

注　熔炼分析是指在钢液浇注过程中采取样锭，然后进一步制成试样并对其进行化学成分分析，执行标准：RCC-M MC1350。

3. 热处理

堆内构件和控制棒导向筒热处理工艺介绍如下。

(1) ϕ85 不锈钢棒热处理工艺：ϕ85 不锈钢棒，在环形炉内，按图 9-29 工艺进行热处理。

(2) ϕ260 不锈钢棒热处理工艺：ϕ260 不锈钢棒，在室状炉内，按图 9-30 工艺进行热处理。

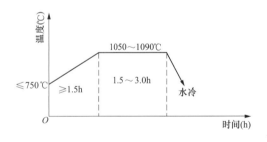
图 9-29　ϕ85 不锈钢棒热处理曲线

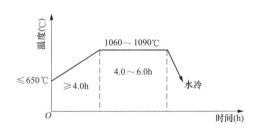
图 9-30　ϕ260 不锈钢棒热处理曲线

4. 化学成分和力学性能

堆内构件和控制棒导向筒化学成分见表 9-84。

表 9-84　　　　　　堆内构件和控制棒导向筒化学成分 W_t　　　　　　（%）

元素	C	Cr	Ni	Si	Mn	S
要求值	≤0.035	18.50～20.00	9.00～10.00	≤1.00	≤2.00	≤0.015
实际值	0.022	18.7	9.23	0.33	1.64	0.001 2
	0.028	18.6	9.04	0.31	1.61	0.001 2
	0.021	18.84	9.12	0.37	1.72	0.000 9

续表

元素	C	Cr	Ni	Si	Mn	S
	0.019	18.99	9.1	0.36	1.72	0.000 9
实际值	0.02	18.86	9.18	0.42	1.6	0.001
	0.021	18.71	9.07	0.4	1.6	0.001

元素	P	Cu	Co	N	B
要求值	≤0.030	≤1.00	≤0.06	≤0.080	≤0.001 8
	0.02	0.09	0.04	0.08	0.001
	0.02	0.09	0.03	0.079	0.000 8
实际值	0.023	0.09	0.04	0.075	0.000 5
	0.023	0.09	0.03	0.068	0.000 1
	0.022	0.07	0.04	0.071	0.000 6
	0.021	0.08	0.03	0.064	0.000 2

堆内构件和控制棒导向筒力学性能见表 9-85。

表 9-85　　　　　　　　　　堆内构件和控制棒导向筒力学性能

试样名称	试验温度	性能		规定值	实际值		
拉伸试验	室温	$R_{p0.2}$（MPa）		≥210	292	296	311
		R_m（MPa）	直径或厚度≤150mm	≥520	585	593	602
			直径或厚度>150mm	≥485	—	—	—
		A_{5d}（%）		≥45%（纵向）	67	61	70
		Z（%）		实测	—	—	—
	350℃	$R_{p0.2}$（MPa）		≥125	162	182	230
		R_m（MPa）	直径或厚度≤150mm	≥394	430	437	450
			直径或厚度>150mm	≥36			
		Z（%）		实测	38	35	35
KV试验	室温	平均值（J）		≥60（横向）	170	181	151

9.3.1.2　堆内构件不锈钢肋板锻件

1. 制造工艺

用于堆内构件不锈钢肋板锻件制造工艺流程：熔炼配合比→检验→EAF 电弧炉→VODC 炉外精炼→检验→铸锭→复验→锻造→尺寸检验→模锻→性能热处理→取样→理化检验→成品加工→外观、尺寸检查→UT→PT→清洁→标识→包装。

2. 冶炼

配料原料：高碳铬铁，低钴镍板，优质碳钢及少于 10% 的不锈钢返回料；对于堆内构件用不锈钢棒材原材料精选不锈钢返回料、铬-铁合金、镍板和低磷原料钢。

冶炼在超高功率电弧炉生产，采用 AOD 精炼，LF 炉精炼 LF 炉底吹氩处理时间不少于 30min。

采用底注浇铸，提高钢液的流动性，使铸锭成分均匀，减少缺陷产生。

熔炼分析要求见表 9-86。

表 9-86　　　　　　　　堆内构件不锈钢肋板锻件的熔炼分析要求 W_t　　　　　　（%）

元素	C	Cr	Ni	Si	Mn	S
标准成分	≤0.035	18.50～20.00	9.00～10.00	≤1.00	≤2.00	≤0.015
目标成分	≤0.030	18.90～19.50	9.50～9.80	0.30～0.60	1.40～1.80	≤0.005
元素	P	Cu	Co	N	B	Nb+Ta
标准成分	≤0.030	≤1.00	≤0.06	≤0.080	≤0.001 8	≤0.15
目标成分	≤0.025	≤0.030	≤0.06	≤0.070	≤0.001 8	≤0.05

注　熔炼分析是指在钢液浇注过程中采取样锭，然后进一步制成试样并对其进行化学成分分析，执行标准：RCC-M MC1350-2007。

3. 热处理

堆内构件不锈钢肋板锻件热处理工艺：锻件以固熔热处理状态交货，固溶温度在 1050～1150℃。具体热处理工艺如图 9-31 所示。

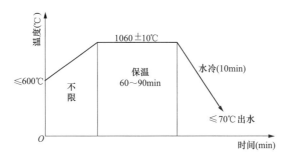

图 9-31　不锈钢肋板锻件热处理曲线

4. 化学成分和力学性能

堆内构件不锈钢肋板锻件化学成分见表 9-87。

表 9-87　　　　　　　　堆内构件不锈钢肋板锻件化学成分 W_t　　　　　　（%）

元素	C	Cr	Ni	Si	Mn	S
要求值	≤0.035	18.50～20.00	9.00～10.00	≤1.00	≤2.00	≤0.015
实际值	0.018	19.00	9.14	0.4	1.70	0.001 6
	0.022	18.83	9.03	0.39	1.69	0.001 6
	0.020	18.89	9.05	0.39	1.69	0.001 5
	0.021	18.92	9.18	0.43	1.68	0.000 5
	0.020	18.68	9.08	0.41	1.67	0.000 4
	0.029	19.01	9.18	0.40	1.68	0.000 6

元素	P	Cu	Co	N	B
要求值（%）	≤0.030	≤1.00	≤0.06	≤0.080	≤0.001 8
实际值（%）	0.019	0.09	0.04	0.07	0.001 0
	0.018	0.10	0.033	0.073	0.000 7
	0.018	0.10	0.033	0.077	0.000 6
	0.025	0.13	0.04	0.07	0.000 4
	0.021	0.13	0.04	0.07	0.000 1
	0.023	0.08	0.03	0.068	0.000 6

堆内构件不锈钢肋板锻件力学性能见表 9-88。

表 9-88　　　　　　　堆内构件不锈钢肋板锻件力学性能

试验类型	温度（℃）	特性	规定值	实　际　值			
拉伸试验	室温	R_m（MPa）	≥520	604/603	603/600	588/575	590
		$R_{p0.2}$（MPa）	≥210	295/292	310/308	273/268	296
		A（%）	≥40	56/58	56/56	58/56	56
		Z（%）	实测数据	—	—	—	—
	350	R_m（MPa）	≥394	432	430	428	415
		$R_{p0.2}$（MPa）	≥125	162	172	156	159
		A（%）	实测数据	—	—	—	—
		Z（%）	实测数据	40	38	40	40
冲击试验	室温	KV（J）	平均≥60	301	295	367	331

9.3.1.3　堆内构件用吊篮法兰、出口管嘴

1. 制造工艺

用于制造堆内构件用吊篮法兰、出口管嘴的制造工艺：电极棒→电渣重熔→锻造→粗加工→超声波检验→粗加工→固溶热处理→机加工取样→化学成分检验→力学性能检验→金相检验→机加工→无损检验→尺寸和目视检查→标识→清洁→包装→运输。

2. 冶炼

用于制造堆内构件用吊篮法兰、出口管嘴冶炼采用外购 EF＋VODC 法生产的自耗电极棒钢锭具体工艺流程如下：

（1）电渣重熔。

（2）吊篮法兰、出口管嘴大锻件采用直径 1730/直径 1760×2500mm 结晶器；出口管嘴采用直径 1060/直径 1120×2500mm 结晶器。

（3）自耗电极焊接装配。

（4）重熔。

（5）顶部补缩。

（6）脱锭。

吊篮法兰电渣钢锭尺寸：直径 1710×～3000mm；出口管嘴电渣钢锭尺寸：直径 1040×（一750)mm；出口管嘴大锻件电渣钢锭尺寸：φ1710×～3270mm（此电渣锭由出口管嘴、吊篮法兰、上支承法兰三件合锻）。

零件在钢锭中的位置如图 9-32 所示。

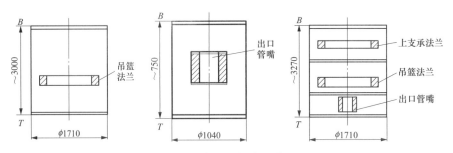

图 9-32　零件在钢锭中的位置图

T—顶部；B—底部

3. 热处理

堆内构件用吊篮法兰热处理工艺：锻件经过超声波检测（UT）后，进炉加热进行固溶热处理。用放置在零件上的热电偶测量温度，在整个产品保温时允许的最大温度偏差为±15℃。允许重新热处理一次，其固溶热处理工艺如图 9-33 所示。

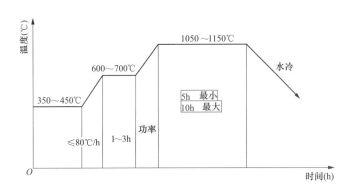

图 9-33　堆内构件用吊篮法兰热处理曲线

（① 水冷转移时间不大于 8min，力争控制在 5min 以内；

② 功率：以最大速率升温）

堆内构件出口管嘴、出口管嘴用大锻件热处理工艺：锻件最终粗加工完成后，进炉加热进行固溶热处理。用放置在零件上的热电偶测量温度，在整个产品保温时允许的最大温度偏差为±15℃。允许重新热处理一次，其固溶热处理工艺如图 9-34 所示。

质量小于 1t 不锈钢锻件热处理工艺如图 9-35 所示。

4. 化学成分和力学性能

堆内构件用吊篮法兰、出口管嘴、出口管嘴用大锻件、质量小于 1t 不锈钢锻件化学成分见表 9-89。

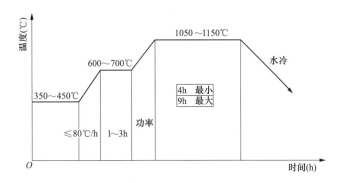

图 9-34　堆内构件出口管嘴、出口管嘴用大锻件热处理曲线

（① 水冷转移时间不大于 8min，力争控制在 5min 以内；

② 功率：以最大速率升温）

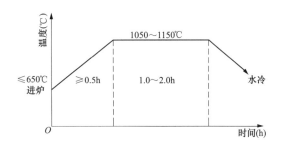

图 9-35　质量小于 1t 不锈钢锻件热处理曲线

表 9-89　　　　　　吊篮法兰、出口管嘴、出口管嘴用大锻件、质量小于 1t 不锈钢锻件的化学成分 W_t　　　　　　（％）

规定成分	元素	C	Mn	P	S	Si	Ni
	要求值	≤0.035	≤2.00	≤0.030	≤0.015	≤1.00	9.00/10.00
实际成分	实际值（熔炼）	0.026	1.56	0.019	0.001	0.41	9.12
		0.022	1.56	0.023	0.005	0.4	9.6
	实际值（成品）	0.025	1.50	0.02	0.003	0.42	9.28
		0.025	1.57	0.025	0.004	0.39	9.78
规定成分	元素	Cr	Cu	B	Co	N	
	要求值	18.50/20.00	≤1.0	≤0.018	≤0.060	≤0.080	
实际成分	实际值（熔炼）	18.5	0.08	0.000 5	0.054	0.067	
		19.6	0.04	0.000 1	0.027	0.061	
	实际值（成品）	19.06	0.08	0.000 5	0.06	0.057	
		19.84	0.06	0.000 1	0.025	0.067	

堆内构件用吊篮法兰、出口管嘴、出口管嘴用大锻件、质量小于 1t 不锈钢锻件力学性能见表 9-90。

表 9-90　　吊篮法兰、出口管嘴、出口管嘴用大锻件、质量小于 1t 不锈钢锻件的力学性能

试验名称	试验温度	性能	规定值	实际值	
拉伸试验	室温	$R_{p0.2}$（MPa）	≥210	226/225	265/260
		R_m（MPa）	≥485	533/534	555/555
		A_{5d}（%）	≥40%（横向）	72.4/73.0	64.5/60.0
			≥45%（纵向）	—	
		Z（%）	测量数据	84.7/86.9	—
	350	$R_{p0.2}$（MPa）	≥125	129/131	145/150
		R_m（MPa）	≥368	392/397	420/415
		A_{5d}（%）	测量数据	47.2/46.6	—
		Z（%）	测量数据	84.7/86.3	—
KV	室温	最小平均值（J）	60	292/291	—

9.3.2　Z3CN18.10N.S

9.3.2.1　堆内构件上支承板用大锻件

1. 制造工艺

用于堆内构件上支承板用大锻件，其制造工艺：电极棒→电渣重熔→锻造→粗加工→超声波检验→粗加工→固溶热处理→机加工取样→化学成分检验→力学性能检验→金相检验→机加工→无损检验→尺寸和目视检查→标识→清洁→包装→运输。

2. 冶炼

原材料外购 EF＋VODC 法生产的自耗电极棒钢锭，具体工艺流程如下：

（1）电渣重熔。

（2）堆内构件上支承板用大锻件采用 $\phi1760/\phi1730×2500$mm 结晶器。

（3）自耗电极焊接装配。

（4）重熔。

（5）顶部补缩。

（6）脱锭。

（7）堆内构件上支承板用大锻件电渣钢锭尺寸：$\phi1710×\sim3000$mm。

（8）零件在钢锭中的位置如图 9-36 所示。

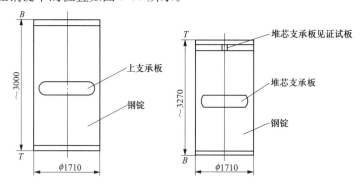

图 9-36　零件在钢锭中的位置图

T—顶部；B—底部

3. 热处理

堆内构件上支承板用大锻件固溶热处理工艺如图 9-37 所示：水冷转移时间不大于 8min，力争控制在 5min 以内。功率以最大速率升温。

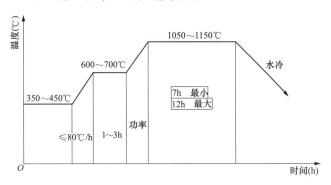

图 9-37　堆内构件上支承板用大锻件热处理曲线

4. 化学成分和力学性能

堆内构件上支承板用大锻件化学成分见表 9-91。

表 9-91　　　　　　　　　堆内构件上支承板用大锻件的化学成分 W_t　　　　　　　　　（%）

规定成分	元素	C	Mn	P	S	Si	Ni
	要求值	≤0.038	≤2.00	≤0.030	≤0.015	≤1.00	9.00/11.00
实际成分	实际值（熔炼）	0.023	1.54	0.022	0.001	0.41	9.39
	实际值（成品）	0.025	1.54	0.022	0.003	0.35	9.21
规定成分	元素	Cr	Cu	B	Co		N
	要求值	18.50/20.00	≤1.0	≤0.018	≤0.10		≤0.080
实际成分	实际值（熔炼）	18.64	0.07	0.000 4	0.055		0.072
	实际值（成品）	18.77	0.07	0.001	0.06		0.062

堆内构件上支承板用大锻件力学性能见表 9-92。

表 9-92　　　　　　　　　堆内构件上支承板用大锻件的力学性能

试验项目	试验温度	性能	规定值	实际值	
拉伸	室温	$R_{p0.2}$（MPa）	≥205	230	235
		R_m（MPa）	≥485	534	537
		A_{5d}（%）	≥45	72.2	73.4
	350℃	$R_{p0.2}$（MPa）	≥115	138	137
		R_m（MPa）	≥368	392	391
KV	室温	最小平均值（J）	60	292	295

9.3.2.2　堆内构件堆芯支承板、见证试板用大锻件

1. 制造工艺

用于堆内构件堆芯支承板、见证试板用大锻件，其制造工艺：电极棒→电渣重熔→锻造→锻后热处理→粗加工→超声波检验→固溶热处理→机加工取样→化学成分检验→力学

性能检验→金相检验→机加工→无损检验→标识→清洁→包装→运输。

2. 冶炼

原材料外购 EF＋VODC 法生产的自耗电极棒钢锭，具体工艺流程如下：

（1）电渣重熔。

（2）堆内构件堆芯支承板、见证试板用大锻件采用 $\phi1760/\phi1730\times2000\text{mm}$ 结晶器。

（3）自耗电极焊接装配。

（4）重熔。

（5）顶部补缩。

（6）脱锭。

（7）堆内构件堆芯支承板、见证试板用大锻件电渣钢锭尺寸：$\phi1710\times\sim3270\text{mm}$。

（8）零件在钢锭中的位置如图 9-38 所示。

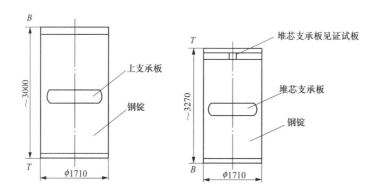

图 9-38　零件在钢锭中的位置图
T—顶部；B—底部

3. 热处理

堆内构件堆芯支承板、见证试板用大锻件热处理工艺包括锻后热处理和固溶热处理。

锻后热处理：锻压后空冷至室温。

固溶热处理：堆芯支承板固溶热处理工艺如图 9-39 所示，见证试板用大锻件热处理工艺如图 9-40 所示。

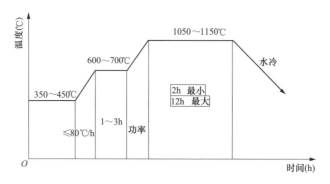

图 9-39　堆芯支承板固溶热处理曲线

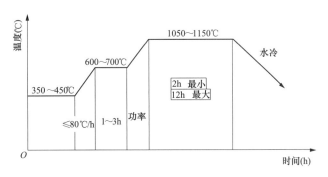

图 9-40　见证试板用大锻件热处理曲线

4. 化学成分和力学性能

堆内构件堆芯支承板、见证试板用大锻件化学成分见表 9-93。

表 9-93　　堆内构件堆芯支承板、见证试板用大锻件的化学成分 W_t　　　　（％）

规定成分	元素	C	Mn	P	S	Si	Ni
	要求值	≤0.038	≤2.00	≤0.030	≤0.015	≤1.00	9.00/11.00
实际成分	实际值（熔炼）	0.024	1.56	0.019	0.001	0.5	9.24
		0.024	1.56	0.019	0.001	0.5	9.24
	实际值（成品）	0.025	1.57	0.02	0.002	0.34	9
		0.03	1.63	0.026	0.002	0.49	9.03
规定成分	元素	Cr	Cu	B	Co	N	
	要求值	18.50/20.00	≤1.0	≤0.018	≤0.10	≤0.080	
实际成分	实际值（熔炼）	19.03	0.07	0.000 3	0.053	0.067	
		19.03	0.07	0.000 3	0.053	0.067	
	实际值（成品）	19.06	0.07	0.001	0.05	0.06	
		19.08	0.08	0.001	0.06	0.073	

堆内构件堆芯支承板、见证试板用大锻件力学性能见表 9-94。

表 9-94　　堆内构件堆芯支承板、见证试板用大锻件的力学性能

试验项目	试验温度	性能	规定值	实际值		
拉伸	室温	$R_{p0.2}$（MPa）	≥205	229	228	264
		R_m（MPa）	≥485	539	531	574
		A_{5d}（％）	≥45	72.4	74.2	64.6
	350℃	$R_{p0.2}$（MPa）	≥115	128	221	157
		R_m（MPa）	≥368	3776	389	429
KV	室温	最小平均值（J）	60	298	296	295

9.3.3　NC15Fe

堆内构件 ϕ30 棒材和锻件制造工艺介绍如下。

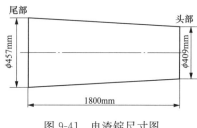

图 9-41　电渣锭尺寸图

1. 冶炼

铸锭原材料采用镍板、金属铬、纯铁、金属钛、金属铝、金属锰、镍-碳合金。采用真空炉熔炼；真空度：2.7×10^{-2} mbar；精炼时间：不小于 15min；采用上注法浇铸；真空浇注；电渣重熔，电渣锭尺寸：$\phi 430$（$\phi 409/457 \times 1800$mm），电渣锭尺寸图如图 9-41 所示。

NC15Fe 合金的化学成分要求见表 9-95。

表 9-95　　　　　　　　NC15Fe 合金的化学成分（熔炼和成品分析）W_t　　　　　　　　（%）

元素	C	Mn	Si	S	P	Co
标准成分	≤0.10	≤1.00	≤0.50	≤0.010	≤0.015	≤0.10
目标值	0.06	≤0.50	≤0.30	≤0.007	≤0.010	≤0.06
元素	Cr	Ti	Cu	Fe	Al	Ni
标准成分	14.00/17.00	≤0.50	≤0.50	6.00~10.00	≤0.50	≥72.00
目标值	15.5	≤0.30	≤0.10	8	0.2	≥73.00

2. 热处理

固溶热处理工艺如图 9-42 所示。

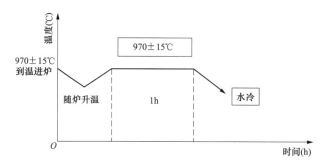

图 9-42　堆内构件 $\phi 30$ 棒材和锻件固溶热处理曲线

时效热处理工艺如图 9-43 所示。

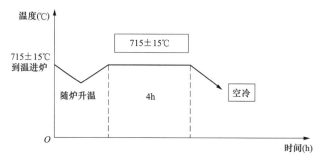

图 9-43　堆内构件 $\phi 30$ 棒材和锻件时效热处理曲线

3. 化学成分和力学性能

堆内构件 $\phi 30$ 棒材和锻件化学成分见表 9-96。

元素	C	Mn	Si	S	P	Co
要求值	≤0.10	≤1.00	≤0.50	≤0.010	≤0.015	≤0.10
实际值	0.05	0.05	0.09	0.002	0.004	0.02
	0.05	0.09	0.08	0.002	0.004	0.02
	0.06	0.02	0.07	0.002	0.006	0.04

表 9-96　堆内构件 $\phi30$ 棒材和锻件化学成分 W_t　　（%）

元素	Cr	Ti	Cu	Fe	Al	Ni
要求值（%）	14.00/17.00	≤0.50	≤0.50	6.00~10.00	≤0.50	≥72.00
实际值（%）	15.57	0.21	0.02	7.46	0.29	76.29
	15.31	0.34	0.02	9.49	0.22	74.43
	15.9	0.31	0.02	8.38	0.22	75.11

堆内构件 $\phi30$ 棒材和锻件力学性能见表 9-97。

表 9-97　堆内构件 $\phi30$ 棒材和锻件的力学性能

试验项目	试验温度	性能	规定值	实际值	
拉伸	室温	$R_{p0.2}$（MPa）	≥240	265	270
		R_m（MPa）	≥550	670	670
		A_{5d}（%）	≥30	48	48
	350℃	$R_{p0.2}$（MPa）	≥190	235	355
		R_m（MPa）	≥497	605	610

9.3.4　Z12CN13

1. 制造工艺

Z12CN13 钢用于堆内构件压紧弹簧，其制造工艺：电极棒→电渣重熔→锻造→锻后热处理→粗加工→超声波检验→性能热处理→取样→化学成分检验→力学性能检验→金相检验→机加工→无损检验→标识→清洁→包装→运输。

2. 冶炼

冶炼工艺过程如下：

（1）电渣重熔

（2）采用 $\phi1370/\phi1320 \times 2600mm$ 结晶器。

（3）自耗电极焊接装配。

（4）重熔。

（5）顶部补缩。

（6）脱锭。

（7）电渣钢锭尺寸：直径 $1300 \times \sim1756mm$。

（8）零件在钢锭中的位置如图 9-44 所示。

3. 热加工

采用镦粗＋冲孔，锻压时的温度控制在 1200～

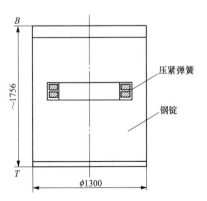

图 9-44　零件在钢锭中的位置图

T—顶部；B—底部

850℃；总锻造比不低于3；最后一火的变形量必须>12％。

锻压工序：钢锭（18.3t）→拔长→镦粗、冲孔→扩孔→平整、扩孔。

4. 热处理

热处理工艺包括锻后热处理和性能热处理，具体工艺过程如下：

（1）锻后热处理。

正火如图9-45所示。

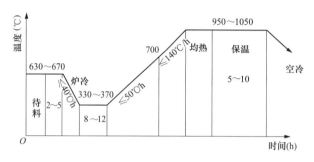

图9-45 堆内构件压紧弹簧锻后热处理正火曲线

回火如图9-46所示。

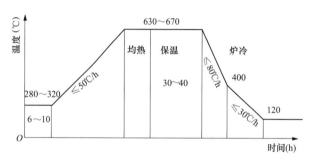

图9-46 堆内构件压紧弹簧锻后热处理回火曲线

（2）性能热处理。在超声波检测（UT）后进行性能热处理。用放置在零件上的热电偶测量温度，在整个产品保温时允许的最大温度偏差为±15℃。允许重新热处理最多二次，其热处理工艺规范如图9-47～图9-49所示。

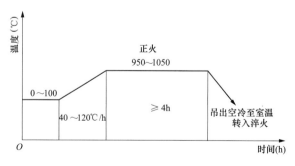

图9-47 堆内构件压紧弹簧性能热处理正火曲线

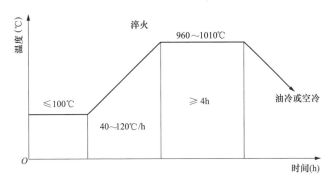

图 9-48　堆内构件压紧弹簧性能热处理淬火曲线

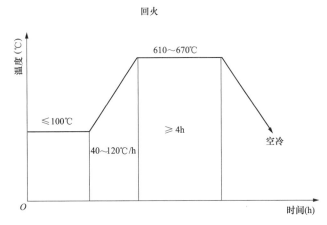

图 9-49　堆内构件压紧弹簧性能热处理回火曲线

注：淬火时，淬火转移时间≤8min，力争控制在 5min 以内。

5. 化学成分和力学性能

堆内构件压紧弹簧化学成分要求见表 9-98。

表 9-98　　　　　　　　　　　　堆内构件压紧弹簧的化学成分 W_t　　　　　　　　　　（％）

元素	C	Cr	Ni	Si	Mn	S
熔炼分析	0.08～0.14	11.50～13.00	1.00～1.80	≤0.50	≤1.00	≤0.015
成品分析	≤0.15	11.50～13.00	1.00～2.00	≤0.50	≤1.00	≤0.020
实际值	0.13	12.35	1.47	0.46	0.63	0.001
	0.13	12.62	1.52	0.43	0.6	0.003
	0.12	12.63	1.51	0.44	0.61	0.002
元素	P	Cu	Co	N		Mo
熔炼分析	≤0.015	≤0.50	≤0.10	0.010～0.030		0.40～0.60
成品分析	≤0.020	≤0.50	≤0.10	≤0.040		0.40～0.60
实际值	0.007	0.03	0.018	0.029		0.51
	0.01	0.03	0.02	0.027		0.49
	0.01	0.03	0.02	0.026		0.49

堆内构件压紧弹簧力学性能要求见表 9-99。

表 9-99　　　　　　　　　　　堆内构件压紧弹簧的力学性能

试验项目	试验温度℃	性能	规定值（切向）	实　际　值			
拉伸	室温	$R_{p0.2}$（MPa）	≥620	725	721	718	718
		R_m（MPa）	760～900	873	871	859	862
		A_{5d}（%）	≥14	17.8	18.0	18.0	18.4
		$Z\%$	≥50	61.6	61.4	60.3	60.2
	350℃	$R_{p0.2}$（MPa）	≥515	640	641	616	612
KV	20℃	最小平均值（J）	48	116	117	127	109
		最小单个值（J）	40	110	114	122	106
布氏硬度	室温	HB	226～277	260	275	263	269

9.3.5　Z6CND17.12

1. 制造工艺

Z6CND17.12 用于堆内构件用不锈钢棒材，其制造工艺：真空冶炼→铸电极→电渣重熔→熔炼分析→锻造开坯→热轧圆钢→退火→冷拔规圆→固溶热处理→冷拔→取样→产品成分、性能测试→磨光→无损检测→尺寸、表面检查→包装入库→发货。

2. 冶炼

铸锭原材料精选金属铬、金属镍、金属锰、金属钼和低磷纯铁等。熔炼和浇铸采用真空炉熔炼；真空度：2.7×10^{-2} mbar；精炼时间：≥20min；采用上注法浇铸；真空浇铸。电渣重熔，电渣锭尺寸：底部 ϕ400mm，顶部 ϕ370mm，详见图 9-50。

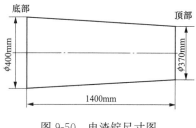

图 9-50　电渣锭尺寸图

熔炼成分要求见表 9-100。

表 9-100　　　　　堆内构件用不锈钢棒材的熔炼分析要求 W_t　　　　　（%）

元素	C	Si	Mn	Cr	Ni
标准成分	0.030～0.080	≤1.00	≤2.00	16.00～18.00	10.00～14.00
目标值	0.05	0.4	1.3	17.8	12

元素	Mo	S	P	Cu	Co
标准成分	2.25～3.00	≤0.015	≤0.020	≤1.00	≤0.06
目标值	2.5	≤0.010	≤0.015	≤0.50	≤0.06

3. 热加工

锻造开坯，锻造压缩比最小（S0 小头/S1）大于 7。

其中 S0 小头——钢锭小头截面积，S1——钢坯截面积。

热轧：

热轧加热工艺：（ϕ35mm、ϕ41mm、ϕ46mm），详见表 9-101。

表 9-101　　　　　　　　　　　堆内构件用不锈钢棒材热轧加热工艺

坯料规格（mm）	总加热时间（min）	预热温度（℃）	加热温度（℃）	均热温度（℃）	阴阳面温差（℃）	终轧温度（℃）	出钢支数	冷却方式
120 方钢坯	120	≤900	1160～1220 目标 1160	1160～1220 目标 1160	≤30	≥850	≤45 支/h	空冷

热轧加热工艺：（ϕ58mm），详见表 9-102。

表 9-102　　　　　　　　　　　堆内构件用不锈钢棒材热轧加热工艺

加热温度	加热时间（h）	保温时间（h）	终轧温度	冷却方式
1120～1170℃	2.00～3.50	1.00～2.00	≥900℃	空冷

4. 热处理

退火热处理曲线如图 9-51 所示。

固溶热处理曲线如图 9-52 所示。

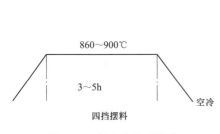

图 9-51　退火热处理曲线

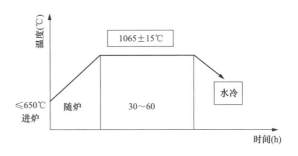

图 9-52　固溶热处理曲线

5. 化学成分和力学性能

堆内构件用不锈钢棒材力学性能要求见表 9-103，成品化学成分见表 9-104。

表 9-103　　　　　　　　　　堆内构件用不锈钢棒材的力学性能（室温）

性能	R_m(MPa)	$R_{p0.2}$(MPa)	A_{5d}(%)	Z(%)	KV(J)	晶间腐蚀倾向	硬度（HB）
规定值	≥655	450～620	≥30	≥60	≥80	无	≤192
实际值	675	615	38.5	79.0	278	无	145
	675	651	37.0	79.0	297	无	145
	680	610	38.0	80.0	291	无	145
	670	610	38.0	79.0	296	无	145
	675	610	38.0	78.0	297	无	145
	670	605	39.0	79.0	297	无	145
	670	610	39.0	78.0	297	无	145
	675	615	39.0	78.0	297	无	145
	680	615	39.0	78.0	297	无	145
	670	605	39.0	78.0	297	无	145

表 9-104　　　　　　　　堆内构件用不锈钢棒材化学成分 W_t　　　　　　　　（％）

规定成分	元素	C	Si	Mn	Cr	Ni
	要求值	0.030～0.080	≤1.00	≤2.00	16.00/18.00	10.00～14.00
实际成分	实际值（熔炼）	0.037	0.29	1.24	17.19	11.58
		0.04	0.32	1.19	17.59	11.88
	实际值（成品）	0.054	0.35	1.22	17.22	11.77
		0.047	0.35	1.22	17.22	11.77
规定成分	元素	Mo	S	P	Cu	Co
	要求值	2.25～3.00	≤0.015	≤0.020	≤1.00	≤0.06
实际成分	实际值（熔炼）	2.46	0.003	0.008	0.46	0.01
		2.5	0.003	0.008	0.46	0.01
	实际值（成品）	2.43	0.002	0.007	0.49	0.01
		2.43	0.002	0.007	0.49	0.01

9.3.6　12MDV6

蒸汽发生器和主泵支承件用 12MDV6 化学成分见表 9-105，力学性能见表 9-106。

表 9-105　　　　　　　　　　12MDV6 的化学成分 W_t　　　　　　　　　　（％）

成分		C	Mn	Si	P	S	Mo	V
规范要求	熔炼	≤0.15	1.20～1.70	≤0.60	≤0.025	≤0.020	0.20～0.40	0.05～0.10
结果	熔炼	0.11	1.38	0.50	0.009	0.002	0.28	0.07
		0.09	1.41	0.29	0.007	0.003	0.26	0.07
		0.11	1.38	0.50	0.009	0.002	0.28	0.07
		0.14	1.43	0.47	0.009	0.003	0.27	0.06
		0.12	1.40	0.46	0.009	0.003	0.28	0.06
		0.11	1.36	0.49	0.009	0.003	0.28	0.06
		0.14	1.44	0.48	0.009	0.003	0.28	0.06
		0.09	1.42	0.30	0.008	0.003	0.26	0.07
规范要求	成品	≤0.15	1.20～1.70	≤0.60	≤0.025	≤0.020	0.20～0.40	0.05～0.10
结果	成品	0.09	1.44	0.31	0.008	0.001	0.26	0.07
		0.09	1.45	0.30	0.008	0.002	0.24	0.07
		0.11	1.38	0.50	0.010	0.001	0.27	0.07
		0.09	1.44	0.31	0.008	0.001	0.26	0.07
		0.15	1.45	0.48	0.010	0.002	0.27	0.06
		0.12	1.37	0.46	0.010	0.003	0.28	0.06
		0.10	1.43	0.30	0.008	0.001	0.25	0.07
		0.10	1.33	0.39	0.009	0.006	0.26	0.06
		0.11	1.36	0.49	0.010	0.001	0.27	0.06

表 9-106   12MDV6 的室温力学性能

试验项目	取样方向	$R_{p0.2}$(MPa)	R_m(MPa)	A(%)	KV（0℃）(J)
规范要求		≥400	≥500	≥18	≥40
结果	纵向	450	565	28	146/145/146
		575	690	25	125/116/144
		505	630	23	121/70/140
		430	560	27	145/145/145
		470	605	27	145/145/146
		570	675	23	145/144/145

9.3.7　20NCD12

1. 制造工艺

20NCD12 钢用于主泵垂直支承，其制造工艺：钢锭冶炼→原材料复验→开坯→锻造→粗加工后超声波探伤→性能热处理→各项试验及产品半精加工→产品精加工→目视检查→最终尺寸检验→液体渗透→超声波探伤→标记→目视检查→清洁→包装→发货。

2. 冶炼

冶炼工艺包括初炼、LF 精炼、VD 炉处理、浇铸。具体工艺如下：

（1）初炼。

炉料：炉料由优质废钢和低 P、S 生铁组成。

出钢条件：终点 [C] ≥0.06％；出钢温度 1620～1650℃；[P] ≤0.010％。

（2）LF 精炼。底吹 Ar 畅通，并控制好吹 Ar 强度，避免钢液裸露；及时造好白渣，注意白渣保持，确保钢液脱氧良好；出钢条件：成分合格，渣白，温度 1650～1670℃；LF 炉脱氧制度：精炼炉使用 FeSi 粉扩散脱氧；精炼结束时为 CaSi 线进行终脱氧。

（3）VD 炉处理。抽空过程中随时注意钢水沸腾情况及时调整 Ar 气压力；真空度≤67Pa，保持时间≥15min。

（4）浇铸。

浇铸方式：Ar 气保护浇铸；

浇铸温度：1540～1565℃；

钢锭处理方式：退火。

主泵垂直支承成品成分分析见表 9-107，熔炼成分见表 9-108。

表 9-107   主泵垂直支承的成品分析 W_t （％）

元素	C	Mn	P	S	Si	Ni	Cr	Mo	V
要求值	≤0.23	0.16～0.44	≤0.020	≤0.020	≤0.32	2.68～3.97	1.44～2.06	0.36～0.64	≤0.05
实际值	0.2	0.28	0.012	0.004	0.22	2.82	1.64	0.42	0.01

表 9-108   主泵垂直支承的熔炼分析 W_t （％）

元素	C	Mn	P	S	Si	Ni	Cr	Mo	V
要求值	≤0.23	0.20～0.40	≤0.020	≤0.020	≤0.30	2.75～3.90	1.50～2.00	0.40～0.60	≤0.03
炉底	0.23	0.28	0.013	0.006	0.2	2.89	1.63	0.42	0.01
炉顶	0.23	0.28	0.012	0.007	0.2	2.86	1.64	0.42	0.01

3. 热处理

主泵垂直支承性能热处理如图 9-53 所示。

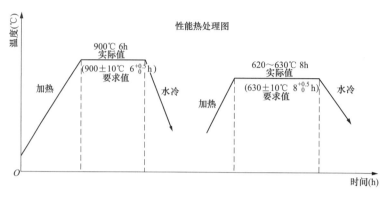

图 9-53   性能热处理曲线

4. 力学性能

主泵垂直支承力学性能详见表 9-109。

表 9-109   主泵垂直支承的力学性能

试验项目	试验温度（℃）	性能指标	要求值	实际值
拉伸	室温	$R_{p0.2}$（MPa）	≥585	735
		R_m（MPa）	725～895	845
		$A\%$（5d）	≥18	22
KV 冲击	0	最小平均值（J）	40	216
KV 冲击	0	最小单个值（J）	28	260

第4节 经 验 反 馈

1. 事件描述

某核电厂 1 号机组完成热态试验，将上部堆内构件吊出，生产人员检查发现 RVI 插入（嵌入件）件钴基合金堆焊层出现多处不同程度的凹坑与擦痕。分析认为缺陷是缝隙腐蚀、流致振动、润滑剂含氯、硫成分共同作用所导致；在运行工况下，不再具备发生热试状态这种腐蚀的条件。工程方对缺陷处进行打磨处理。

RVI 嵌入件为堆内构件安装提供定位功能，对钴合金堆焊层的尺寸有严格的精度要求，钴合金堆焊层的腐蚀可能导致定位精度的下降、销与槽的缝隙变大、振动幅度增加。运行期间钴元素可裂变为放射性同位素，可能随腐蚀产物进入一回路，产生额外放射剂量。

2. 原因分析

1 号机组在热试条件下，上部堆内构件嵌入件的流致振动较为严重，同时窄缝隙内沉积的杂质和润滑剂，导致嵌入件与导向销之间形成腐蚀磨蚀作用，破坏了堆焊层表面；上部堆内构件嵌入件与导向销之间的窄缝隙因有润滑剂和沉积杂质的堆积，形成局部闭塞的环境，发生电化学反应。产生的腐蚀产物堆积在缝隙内，局部腐蚀环境进一步恶化。缝隙腐蚀和流致振动之间互相促进，使得上部堆内构件嵌入件的堆焊层表面发生较为严重的腐蚀。

根据上述原因分析，导致热试时嵌入件与导向销之间发生腐蚀的根本原因是由缝隙、润滑剂和振动三个因素共同作用的结果。

3. 事件反馈

根据该事件经验反馈，电厂主要采取以下措施：

（1）打磨消除已形成的缺陷，使凹坑缺陷四周圆滑过渡，提高嵌入件堆焊层的表面光洁度。

（2）取消在上部堆内构件嵌入件与导向销上涂抹润滑剂，避免堆积导致的阻塞和引入有害元素。

（3）推动设计评估后续机组热试增加滤网的必要性，以增大激励源阻力，减小流致振动。

（4）升版相应技术规范、安装程序，避免后续机组出现类似问题。

参 考 文 献

［1］GROUNES M，et al. Trans，ASM，1969，62：902.

［2］SG Progress Report，Revision6，Energy MonagementDERVICES，INC，EPRI，Sep，1990.

［3］冶金工业部合金钢钢种手册编写组 . 合金钢钢种手册　第五册　不锈钢耐酸钢 . 北京：冶金工业出版社，1983.

［4］机械工程材料性能数据手册编委会 . 机械工程材料性能手册 . 北京：机械工业出版社，1994.

［5］文燕 . 核反应堆堆内构件用 304NG 控氮不锈钢应用研究 D/DL. 成都：中国核动力研究设计院，2000.

［6］Inco. Mechanicnl and physical properties of Ausfenitic chromium-nickel stainless at Ambiet temperatures. Toronto：the infernational nickel company of Canada，limited，1963.

［7］陆世英，张延凯，康喜范，等 . 不锈钢 . 北京：原子能出版社，1995.

［8］师昌绪 . 材料科学技术百科全书 . 北京：中国大百科全书出版社，1995.

［9］本书编委会 . 中国电力百科全书　核能及新能源发电卷 . 北京：中国电力出版社，1995.

［10］师昌绪 . 材料大辞典 . 北京：化学工业出版社，1994.

第10章

汽轮机和发电机用铸锻件

汽轮机是核电厂常规岛主设备之一，担负着将蒸汽发生器产生的蒸汽热能转化为机械能并带动发电机发电的任务。从蒸汽发生器来的蒸汽通过管道输送经截止阀和控制阀进入汽轮机，在汽轮机内膨胀作功，通过冲动汽轮机转子叶片使转子旋转，带动经联轴器联接的发电机转子旋转，继而产生电能。

核电汽轮机蒸汽是带有一定湿度的饱和蒸汽，机组的运行温度一般低于所用金属材料的蠕变断裂温度，所以对材料的高温强度和抗蠕变性能要求大大降低，但是核电汽轮机进汽湿度大，高温、高压的湿蒸汽具有极强的侵蚀性，因此核电汽轮机选材考虑的主要问题是材料的防侵蚀性能。为了防止汽轮机运行时，湿蒸汽直接接触部件发生腐蚀和冲刷现象，影响部件强度，汽轮机部件的材料选择非常重要，不仅需要足够的力学性能，而且需要很好的抗腐蚀性能，在设计时充分考虑了机组的实际运行条件，许多部件都采用不锈钢材料。

CPR1000 机组的汽轮发电机组主要有东方电气技术（在引进 ALSTOM 技术基础上改进而成）和上海电气技术（在引进 SIEMENS 技术基础上改进而成）。其中东方电气机型的最大特点是将原来的核电汽轮机的双流高压缸改为一个单流程高压缸，同时又将低压缸的前四级与高压缸合并为高中压缸，高中压缸为铸造单层缸结构。改进后的汽轮机通流部分提高了叶片长度及根径比，降低叶片根部与顶部的二次流损失，提高级的效率，同时也缩短了机组的长度，降低整个机组重量。高中压转子和低压转子均为焊接转子。为了与汽轮机相匹配，发电机的性能也做了必要的优化，提高了励磁系统的性能，轴向尺寸仅为原来的"三机"励磁系统的三分之一。定子采用整体机座，缩短了工厂制造和现场安装的工期，机组的可靠性和运行稳定性也得到大幅度提高。

上海电气汽轮机型式为高压汽水分离中间再热三缸四排汽凝汽式，由 1 个高压缸和 2（或 3）个低压缸组成。高压缸为铸造结构，其布置型式为双流，双层缸，分为内缸和外缸。低压缸为焊接结构，其布置型式为双流，汽缸分为内缸和外缸。高压转子为整锻转子，低压转子为红套转子，在后续的华龙一号机组上，上海电气拟采用自主研发的焊接低压转子。发电机定子采用内外机座，定子线圈采用水冷却，机内其余部分采用氢气冷却。

第1节　工作条件及用材要求

10.1.1　汽轮机缸体

汽轮机汽缸是一个静止的承压容器，其作用是将蒸汽与大气隔绝，形成蒸汽热能转换为机械能的封闭空间。在运行时，它主要承受转子和其他静止部件的部分重量作用，汽缸外部各种连接管道的作用力以及由蒸汽流出喷嘴时产生的反作用力和汽缸内外压差的作用。在机组启停和工况变化时，它还要承受由缸体各方向的温差引起的热变形和热应力的作用。汽轮机缸体用材要求如下：

（1）缸体铸件形状复杂，尺寸也较大，为防止缸体铸件产生缺陷，要求材料具有良好的浇铸性能，即良好的流动性、小的收缩性，为此，铸钢中碳、硅、锰含量应比锻、轧件高一些。

（2）缸体铸件在高温及复杂应力下长期工作，有时还要承受较大的温度补偿应力，因此，铸件应具有较高的塑性和持久强度，并具有良好的组织稳定性，以免铸钢强度性能低而使壁厚过厚，导致部件结构不合理，给制造带来困难。

（3）缸体铸件应具有良好的抗疲劳性能。

（4）缸体铸件在运行时可能受到水击作用以及运输、安装时承受动载荷，因此应具有较高的冲击韧性。

（5）为减少缸体铸件受高温蒸汽的冲蚀与磨损，铸钢应具有一定的抗氧化性能和耐磨性能。

（6）由于缸体铸件形状复杂，制造过程中可能会产生危害性铸造缺陷，必须彻底消除后，用补焊的方法修复。因此，铸件应具有优良的焊接性能。

10.1.2　汽轮机叶片

汽轮机叶片分为静叶片和动叶片，担负着将高温蒸汽的热能转换为机械能的作用，工作条件极其复杂。运行中转子高速旋转时，由叶片的离心力引起拉应力，叶片各截面的重心不在同一直线上，叶轮辐射方向所产生的弯曲应力，由蒸汽流动的压力造成叶片的弯曲应力和扭转应力，都传递到叶根的销钉孔或根齿，还会产生剪切和压缩应力。由于机组的频繁启停、汽流的扰动、电网周波的改变等因素的影响，叶片承受交变载荷的作用。另外，转子平衡不好，隔板结构和安装质量不良，个别喷嘴节距不一，喷嘴损坏等，会引起叶片振动的激振力。处于湿蒸汽区的叶片，特别是末级叶片，还要经受化学腐蚀和水滴的冲蚀作用。叶片用钢的一般要求如下：

（1）较高的强度、塑性。对工作温度不大于 400℃ 的叶片，以室温和高温力学性能为主。

（2）优良的耐蚀性。高温段叶片容易受到氧腐蚀，处于湿蒸汽区工作的叶片容易发生电化学腐蚀，在停机过程中，叶片也会受到化学腐蚀和电化学腐蚀。为此，处于湿蒸汽区工作的叶片多采用耐蚀性好的不锈钢制造，或采用非不锈钢予以适当的表面保护处理。

（3）高的振动衰减率。振动衰减率标志着材料消除振动的能力，它影响叶片共振的安全范围。造成汽轮机叶片的断裂原因总是或多或少与振动相关，因此，选用减振性能好的材料，可减少因振动导致叶片断裂的可能性。

（4）高的断裂吸收功（高的断裂韧性）。当叶片材料具有高的断裂吸收功时，可使叶片的抗断裂能力提高，允许裂纹长度增加，有利于在检修中及时发现，避免运行中突然断裂。

（5）良好的耐磨性。特别是后几级叶片，为防止由于水滴的冲刷磨损，要求材料耐磨性好。

（6）良好的工艺性能。叶片成型工艺复杂，加工量大，约占主机总加工工时的 1/3，因此，要求加工工艺性能好，有利于叶片大批量生产并降低成本。

10.1.3　汽轮机转子

汽轮机主轴、转子体、轮盘和叶轮均在复杂的应力作用下工作。蒸汽通过叶片、叶轮时在主轴上产生扭转力矩；转子高速旋转时，要承受由自重而产生的交变弯曲应力和大的离心作用；旋转振动还会造成频率较高的附加交变应力；甩负荷或电机短路会产生巨大的瞬时扭应力和冲击载荷；转子还要承受由温度梯度引起的热应力作用，由于机组的启停或变负荷还会产生疲劳损伤。汽轮机转子用材的一般要求如下：

（1）锻件冶金质量好，材料性能均匀，不应有裂纹、白点、缩孔、折叠、过度的偏析以及超过允许的夹杂和疏松。

（2）转子经最终热处理后，具有较低的残余应力，以免局部应力增大或产生热变形而引起机组振动。

（3）锻件材料应具有足够高的强度、塑性和韧性等良好的综合力学性能。

（4）材料应具有良好的抗高温氧化和抗高温蒸汽腐蚀的能力。

10.1.4　发电机转子

发电机转子承受着极大的复杂应力。发电机转子高速转动时，转子本体将产生很大的离心力，由于传递扭矩的需要和突然二相短路时，瞬时扭矩会激增数倍，转子还要承受巨大的扭应力和瞬时冲击载荷，转子的自重也会引起较大的交变弯曲应力，配合处还存在过盈热装配压应力等。此外，在转子中心孔处及线槽区承受几何形状所产生的附加应力。汽轮发电机转子的用钢要求一般如下：

（1）具有较高的强度（特别是屈服强度）、塑性和韧性，良好的疲劳性能和低的脆性转变温度。由于转子在运行中受力情况复杂，因此对转子锻件的纵向、切向和径向力学性能都有一定的要求。在转子锻件两端取样做纵向力学性能试验，是为了检验转子端部承受扭矩的能力。在转子轴身上取样做径向性能试验，是为了考核在大的离心力作用下，径向强度是否符合要求。

（2）整个锻件的材料性能均匀，不允许有影响锻件性能的缩孔、疏松、气孔、裂纹和非金属杂质物等缺陷存在。

（3）转子锻件残余应力要尽量小，且分布均匀，以防局部应力增大或产生弯曲变形。

（4）转子不仅是受力构件，同时又是磁场回路的一部分，锻件还应具有优良的导磁性能。

10.1.5　发电机护环

发电机护环是一个保护电机转子端部线圈在旋转负荷下运转的圆圈体钢部件，通常采用平行配合法、阶梯配合法、卡口式连接法和浮动配合法四种方式予以固定。护环的受力情况复杂，当汽轮发电机运行时，护环除了承受本身离心力外，还承受转子绕组端部的离心力，仅护环本身的离心力就能达到护环所受全部作用力的 50%。为了保证护环与转子同心，防止振动，用热套的方法，将护环一端紧套在转子轴身端部，另一端紧套在中心环上，因此在配合处存在过盈配合应力。有些护环为了通风冷却，常在其上开一些通风孔，因此造成应力集中。发电机由于采用空气冷却、氢气冷却或水冷却，容易受到各种腐蚀介质的侵蚀，存在着应力腐蚀的危险。运行中的无磁性护环失效的主要原因有两方面：一是由于局部范围应力高、加工硬化和材料的韧性差，产生应力集中区的脆断；二是氯化物、硝酸盐及潮湿空气或冷却水引起的应力腐蚀开裂。

　　无磁性护环的用钢要求：为了保证汽轮发电机组的长期安全运行，在使用中必须考虑护环材料的基本性能。护环材料应具有较高的强度，特别是较高的屈服强度，同时具有尽可能高的塑性和韧性。护环的组织应均匀，尤其是晶粒要细。要求残余应力小，而且分布均匀，以防止由于变形、疲劳、应力腐蚀的发展及各种应力叠加，发生破坏事故。由于护环受力情况复杂，因此要求冶炼、热锻制坯、冷变形等要有严格的工艺制度，以避免出现内部裂纹或类似裂纹的缺陷。此外，为了减少发电机端部漏磁和涡流损失，要求采用无磁性护环。对上述无磁性护环的用钢要求可归纳出如下几点：较高的屈服强度和塑性冷热变形性能良好、适当的热膨胀系数（不宜太小）、材料应无磁性。

　　汽轮机用铸锻件主要关注的部件范围为汽缸、叶片和转子等，发电机用锻件主要关注的部件范围为转子和无磁性护环等。表 10-1 为国内核电机组汽轮机和发电机用铸锻件概况，表 10-2 为典型核电机组汽轮机和发电机用铸锻件材料简介。

表 10-1　国内核电机组汽轮机和发电机用铸锻件概况

部件	材质	技 术 条 件	电厂
高（中）压外缸	G18CrMo2-6	ALSTOM 企业标准、东方电气企业标准	红沿河、岭澳二期
	G17CrMo9-10	上海电气企业标准	阳江、防城港
	ZG15Cr2Mo1	JB/T 11025	秦山二期
高压内缸	GX8CrNi12	上海电气企业标准	阳江、防城港
高压静叶片	X20Cr13	上海电气企业标准	阳江、防城港
	1Cr12Mo	东方电气企业标准	红沿河
高压动叶片	X20Cr13	上海电气企业标准	阳江、防城港
	1Cr12Mo	东方电气企业标准、GB/T 8732	红沿河、秦山二期
低压静叶片	X20Cr13	上海电气企业标准	阳江、防城港
	X5CrMoAl12	ALSTOM 企业标准、东方电气企业标准	红沿河、岭澳二期
低压动叶片	X12CrNiMoV12-2	ALSTOM 企业标准、东方电气企业标准	红沿河、岭澳二期
	1Cr12Ni2W1Mo1V		
	X20Cr13	上海电气企业标准	阳江、防城港
高压转子	STM-528	ALSTOM 企业标准、东方电气企业标准	红沿河
	26NiCrMoV10-10	上海电气企业标准	阳江、防城港
低压转子	B65A-S	ALSTOM 企业标准	红沿河
	26NiCrMoV14-5	SIEMENS 企业标准、上海电气企业标准	阳江、防城港
	30Cr2Ni4MoV	JB/T 1265	秦山二期
发电机转子	25Cr2Ni4MoV	上海电气企业标准、JB/T 11026、JB/T 11024	阳江、防城港
	26NiCrMo12-6	东方电气企业标准	红沿河、宁德

续表

部件	材质	技 术 条 件	电厂
发电机护环	1Mn18Cr18N（18Mn-18Cr 钢）	上海电气企业标准、JB/T 1268、JB/T 7030	阳江、防城港
		东方电气企业标准	红沿河、宁德

表 10-2   **典型核电机组汽轮机和发电机用铸锻件材料简介**

材料牌号（技术条件）	特 性	主要应用范围	近似牌号（技术条件）
G18CrMo2-6（企业标准）	该钢主要用于核电机组高中压外缸等，要求具有较高的冲击吸收能值，同时要充分保证足够的抗拉强度，所以需要综合评定化学成分的控制目标，按照理论和实验结果决定 Cr、Ni、Mo 按标准上限控制，以满足其恶劣的使用工况，通过降低 C、Mn 含量来保证其良好的韧性指标	汽轮机高中压缸外缸	ZG20CrMo（JB/T 10087—2001）；Gr.5（ASTM A356-11）
G17CrMo9-10（企业标准）	—	汽轮机高中压外缸	—
ZG15Cr2Mo1（JB/T 11025—2010、JB/T 10087—2001）	该钢具有良好的综合性能，铸造性能较 ZG15Cr1Mo1V 钢好，抗腐蚀和抗高温氧化性能优于 ZG15Cr1Mo 钢。焊接性能尚可，可根据补焊金属厚度，焊前预热温度为不小于 150℃ 或不小于 250℃	用于工作温度不大于 566℃ 的汽轮机内缸、外缸、阀壳、喷嘴室等铸件	Gr.10（ASTM A356-11）；WC9（ASTM A217-12）
GX8CrNi12（企业标准）	—	汽轮机高中压内缸	—
1Cr12Mo（企业标准）	1Cr12Mo 耐热钢工艺性好，在腐蚀性较弱时可代替 1Cr5Mo 钢。1Cr12Mo 耐热钢一般在 540℃ 以下使用，半成品有棒、锻件与钢管，油中最高可用到 600℃	汽轮机高压静叶片	12Cr12Mo（GB/T 8732—2014）
X20Cr13（企业标准）	—	汽轮机高、低压动、静叶片	—
X5CrMoAl12（企业标准）	该钢是核电汽轮叶片用钢，具有良好的综合力学性能	汽轮机中压、低压静叶片	—
X12CrNiMoV12-2（企业标准）	该钢是核电汽轮叶片用钢，具有良好的综合力学性能	汽轮机低压末二级动叶片；低压4、5级、中压2、3、4级动叶	—
1Cr12Ni2W1Mo1V（企业标准）	1Cr12Ni2W1Mo1V 钢是在 Cr13 型钢的基础上发展起来的。Cr13 型马氏体钢虽有较高的抗氧化性和抗腐蚀性，但马氏体回火组织的稳定性较差，只能用作较低温度的蒸汽涡轮叶片	主要用于 200MW、300MW 和 600MW 汽轮机末级、次末级动叶片等零部件	14Cr12Ni2WMoV（GB/T 8732—2014）
2Cr12NiMo1W1V（企业标准）	2Cr12NiMo1W1V 钢属 12％Cr 马氏体耐热不锈钢，该钢的化学成分设计合理，常温和高温力学性能良好。缺口敏感性小，减震性及抗松弛性能良好。该钢的最高使用温度为 560℃	2Cr12NiMo1W1V 钢主要用于高温段叶片、围带、拉筋、喷嘴加强环及工作温度不超过 538℃ 的螺栓、阀杆等	22Cr12NiWMoV（GB/T 8732—2014）

续表

材料牌号（技术条件）	特　　性	主要应用范围	近似牌号（技术条件）
STM 528（企业标准）	STM528 钢主要用于 1000MW 及其以上大功率核电汽轮机高中压焊接转子	汽轮机高中压转子	—
26NiCrMoV10-10（企业标准）	—	汽轮机高压转子	—
B65A-S（企业标准）	B65A-S 钢主要用于 1000MW 及其以上大功率核电汽轮机低压焊接转子	汽轮机低压焊接转子	—
26NiCrMoV14-5（企业标准）	—	汽轮机低压转子	—
30Cr2Ni4MoV（JB/T 1265—2002、JB/T 7027—2002）	该钢淬透性好、强度高，在冶炼和浇铸时采用真空除气，提高了钢的纯净度，使其室温冲击值提高，$FATT$ 下降。但该钢具有回火脆性，这主要与杂质元素 P、Sn、As 等含量有关，脆化温度范围大致为 350～575℃	用于制造大功率汽轮机低压转子、主轴、中间轴及其他大锻件等。已用于制造 300MW、600MW 机组低压转子和汽轮发电机转子	Gr. C［ASTM A470-05（2010）］
25Cr2Ni4MoV（企业标准、JB/T 11026—2010、JB/T 11024—2010、JB/T 1267—2002、JB/T 11017—2010）	25Cr2Ni4MoV 钢为高淬透性的 2％Cr 系热强钢，也是合金结构钢，与成分为 3.5％Ni-Cr-Mo-V 系的钢类同。钢的碳含量较低，强韧性好，韧-脆转折温度低，有相当的热强性，综合力学性能好。但在 350～575℃有回火脆性，这主要与杂质元素 P、Sb、As 等含量有关，因此要采用先进的冶炼工艺以严格控制该类钢中的杂质元素含量，并严格控制热处理回火作业	用于制造大功率汽轮机低压转子和汽轮发电机转子。已用于制造 300MW、600MW 机组低压转子和汽轮发电转子	—
26NiCrMo12-6	—	主要用于发电机转子	—
1Mn18Cr18N（企业标准、JB/T 1268—2002、JB/T 7030—2002）	1Mn18Cr18N 钢类似于 50Mn18Cr5 类钢，二类钢都用锰元素来稳定奥氏体组织和改善强度。1Mn18Cr18N 钢通过增加铬含量，用氮代替碳，从而使该钢具有比 50Mn18Cr5 类钢更高的韧性和良好的抗应力腐蚀性能。 1Mn18Cr18N 钢和 50Mn18Cr5 类钢都具有很高的固溶处理强度和加工硬化能力，许多环节可以用相同的工艺方法及其装备进行生产。由于该钢达到 50Mn18Cr5 类钢相同的强度级别所需的冷变形量小，因此力学性能各项异性和参与应力较 50Mn18Cr5 类钢弱，需要注意的是，该钢的强度受温度的影响比 50Mn18Cr5 类钢要大	主要用作高强度级别的汽轮发电机无磁性护环，在 300～600MW 汽轮发电机中作为护环用钢而广泛应用	Cl. C（ASTMA 289-97（2008））

第2节 材料性能数据

10.2.1 G18CrMo2-6、ZG20CrMo、Gr.5

G18CrMo2-6 钢主要用于核电机组高中压外缸等，要求具有较高的冲击吸收能值，同时要充分保证足够的抗拉强度，需要综合评定化学成分的控制目标，按照理论和实验结果决定 Cr、Ni、Mo 按标准上限控制，以满足其恶劣的使用工况，通过降低 C、Mn 含量来保证其良好的韧性指标。该钢对应的国内近似牌号为 ZG20CrMo，对应国外近似牌号为 ASTM A356 Gr.5。

10.2.1.1 用途

G18CrMo2-6 钢主要用于核电机组高中压外缸等铸钢件。

10.2.1.2 技术条件

G18CrMo2-6 钢的化学成分和室温力学性能要求见表 10-3 和表 10-4。

表 10-3 G18CrMo2-6 钢的化学成分要求 W_t （%）

材料（技术条件）	C	Si	Mn	P	S
G18CrMo2-6（企业标准）	0.15～0.20	0.20～0.60	0.50～0.90	≤0.025	≤0.025
ZG20CrMo（JB/T 10087—2001）	0.15～0.25	0.20～0.60	0.50～0.80	≤0.030	≤0.030
Gr.5（ASTM A356-11）	≤0.25	≤0.60	≤0.70	≤0.035	≤0.030
材料（技术条件）	Cr	Cu	V	Mo	Ni
G18CrMo2-6（企业标准）	0.40～0.65	≤0.50	≤0.040	0.45～0.70	0.30～0.50
ZG20CrMo（JB/T10087—2001）	0.50～0.80	—	—	0.40～0.60	—
Gr.5（ASTM A356-11）	0.40～0.70	—	—	0.40～0.60	—

表 10-4 G18CrMo2-6 钢的室温下力学性能要求

材料（技术条件）	抗拉强度（MPa）	屈服强度（MPa）	断后伸长率（%）	断面收缩率（%）	冲击吸收能（J）	布氏硬度（HB）
G18CrMo2-6（企业标准）	490～635	≥295	≥20	≥30	≥60[①]	143～197
ZG20CrMo（JB/T 10087—2001）	≥460	≥245	≥18	≥30	≥20	—
Gr.5（ASTM A356-11）	≥485	≥275	≥22.0	≥35.0	—	—

[①] 三个冲击试样的试验结果的平均值不低于该值，允许其中一个结果低于该值，但不得低于该值的 2/3；应进行铸体本体试样的 V 形缺口冲击试样，但结果仅供参考。

10.2.1.3 工艺要求

(1) 热加工。一般采用电炉冶炼。

(2) 热处理。G18CrMo2-6 钢的热处理制度为 910～960℃空冷或油淬 630～680℃ 回火。

10.2.1.4 性能资料

G18CrMo2-6 钢的物理性能参照 ZG20CrMo 钢，见表 10-5。

表 10-5 ZG20CrMo 钢的物理性能

线膨胀系数 α(×10⁻⁶℃⁻¹)	25～100℃	25～200℃	25～300℃	25～400℃	25～500℃	25～600℃
	10.86	12.43	12.78	13.12	13.57	13.94
弹性模量 E(×10⁵MPa)	200℃	300℃	400℃	500℃	600℃	—
	2.00	1.90	1.80	1.74	1.66	—

10.2.2　G17CrMo9-10

10.2.2.1　用途

G17CrMo9-10 钢主要用于汽轮机高压外缸。

10.2.2.2　技术条件

G17CrMo9-10 钢的化学成分要求见表 10-6，力学性能要求见表 10-7。

表 10-6　　　　　　　　G17CrMo9-10 钢的化学成分要求 W_t　　　　　　　　（%）

G17CrMo9-10（企业标准）	C	Si	Mn	P	S	Cr
	0.13～0.20	≤0.60	0.50～0.90	≤0.02	≤0.02	2.00～2.50
G17CrMo9-10（企业标准）	Mo	Ni	Al	Ti	Cu	Sn
	0.90～1.20	≤0.50	≤0.04	≤0.0025	≤0.30	—

表 10-7　　　　　　　　　G17CrMo9-10 钢的力学性能要求

G17CrMo9-10（企业标准）	室温拉伸性能				室温冲击吸收能（J）
	抗拉强度（MPa）	屈服强度（MPa）	断后伸长率（%）	断面收缩率（%）	
	590～740	≥400	≥18	≥40	≥40

10.2.3　ZG15Cr2Mo1、A356 Gr. 10、WC9

10.2.3.1　用途

ZG15Cr2Mo1 钢相当于美国 ASTM A356 Gr. 10 钢，属于 2.25Cr-Mo 铁素体-珠光体热强铸钢，具有良好的综合力学性能和工艺性能，抗腐蚀性和抗高温氧化性优于 ZG15Cr1Mo 钢。焊接性能尚可，补焊可在热处理及力学性能合格后进行。该钢主要用于制造工作温度不超过 570℃ 的汽轮机汽缸，喷嘴室和阀壳等铸件。

10.2.3.2　技术要求

ZG15Cr2Mo1 钢和近似牌号的化学成分与力学性能要求见表 10-8 和表 10-9。

表 10-8　　　　　　　　　ZG15Cr2Mo1 钢的化学成分 W_t　　　　　　　　（%）

材料（技术条件）	C	Mn	P	S	Si	Cr
ZG15Cr2Mo1(JB/T 11025—2010)	0.12～0.18	0.40～0.70	≤0.030	≤0.030	≤0.60	2.00～2.75
ZG15Cr2Mo1(JB/T 10087—2001)	≤0.18	0.40～0.70	≤0.030	≤0.030	≤0.60	2.00～2.75
Gr. 10（ASTM A356-11）	≤0.20	0.50～0.80	≤0.035	≤0.030	≤0.60	2.00～2.75
WC9（ASTM A217-12）	0.05～0.18	0.40～0.70	≤0.035	≤0.035	≤0.60	2.00～2.75
材料（技术条件）	Mo	Al	Ni	Cu	W	Cu+Ni+W
ZG15Cr2Mo1(JB/T 11025—2010)	0.90～1.20	≤0.025	≤0.30	≤0.30	—	—
ZG15Cr2Mo1(JB/T 10087—2001)	0.90～1.20	—	—	—	—	—
Gr. 10（ASTM A356-2011）	0.90～1.20	—	—	—	—	—
WC9（ASTM A217-12）	0.90～1.20	—	≤0.50	≤0.50	≤0.10	≤1.00

表 10-9   **ZG15Cr2Mo1 钢的力学性能**

材料（技术条件）	$R_{p0.2}$ (MPa)	R_m (MPa)	A（标距 2in 或 50mm）（%）	Z (%)	HB
ZG15Cr2Mol(JB/T 11025—2010)	≥275	≥485	≥18	≥35	140~220
ZG15Cr2Mol(JB/T 10087—2001)	≥275	485~660	≥18	≥35	—
Gr. 10（ASTM A356-11）	≥380	≥585	≥20.0	≥35.0	—
WC9（ASTM A217-12）	≥275	485~655	≥20	≥35	—

10.2.3.3　工艺要求

1. 冶炼

ZG15Cr2Mo1 钢采用平炉或电炉冶炼，尽可能采用真空除气和氢氧脱碳工艺。如用 Al 脱氧，应注意控制钢中 Al 的总量不应超过 0.025%。

2. 铸造

ZG15Cr2Mo1 铸件缩尺比取 1.5%~2.0%，浇铸温度取 1550±10℃，不得使用内冷铁和型芯撑。

3. 热处理

ZG15Cr2Mo1 钢通常采用正火，回火和去应力退火热处理。铸件浇铸以后冷却到临界温度以下。然后再加热到某一适当的正火温度以细化晶粒，保温时间按最厚壁厚处每 25mm 壁厚不小于 1h 计算。在静止空气中冷却至室温。然后回火，保温时间根据最大壁厚按每 25mm 壁厚不小于 1.5h 计算，炉内缓冷至 260℃，然后空冷。

正火：930~980℃ 空冷。

回火：665~720℃ 空冷。

4. 焊接

ZG15Cr2Mo1 钢通常采用 TRCr3Mol-7（热 407）焊条。补焊金属厚度不大于 13mm 时，预热温度不小于 150℃；厚度大于 13mm 时，预热温度不小于 250℃。

10.2.3.4　性能资料

1. 物理性能

ZG15Cr2Mo1 钢的物理性能见表 10-10 和表 10-11。

表 10-10   **ZG15Cr2Mo1 钢的物理性能（一）**

试验温度（℃）	24	25	90	205	315	425	538	540	650
密度 ρ（t/m³）	—	7.83	—	—	—	—	—	—	—
热导率 λ [W/(m·℃)]	36.4	36.4	—	—	—	—	—	—	—
线膨胀系数 α_t（×10⁻⁶℃⁻¹ 与 24℃之间）	—	—	11.88	12.33	13.14	13.41	13.50	13.68	14.04
比热容 c [kJ/(kg·℃)]	0.419	0.419	—	0.511	0.532	0.548	—	0.569	0.586
弹性模量 E（GPa）	214	222	218	207	197	185	—	165	137
切变模量 G（GPa）	82.8	80.9	78.7	76.6	73.8	70.3	—	61.1	42.2
泊松比 ν	—	0.290	0.290	0.293	0.297	0.301	—	0.306	0.312

表 10-11　　　　　　　　　　　ZG15Cr2Mo1 钢的物理性能（二）

密度 ρ(t/m³)	7.88	临界点 (℃)	Ac_1	Ac_3	Ar_3	Ar_1
熔点（℃）	1445		790	860	780	700

温度（℃）	室温	100	200	300	400	500	600
弹性模量 E(GPa)	213	210	202	194	186	179	171
切变模量 G(GPa)	83.3	82.2	79.5	76.5	73.4	69.3	65.6
比热容 c[J/(kg·℃)]	—	—	502	512	523	535	559
线膨胀系数 α_t(×10^{-6}℃$^{-1}$ 与24℃之间)	—	—	13.15	13.80	13.95	14.12	14.30
泊松比 ν	0.279	0.277	0.270	0.270	0.267	0.291	0.303
温度（℃）			199	298	400	494	594
热导率 λ[W/(m·℃)]	—	—	36.1	35.6	34.5	33.4	32.4

2. 断裂特性

ZG15Cr2Mo1 钢的断裂韧性 K_{IC} 值，见表 10-12。

表 10-12　　　　　　　　　　　ZG15Cr2Mo1 钢的 K_{IC} 值

a（mm）	15.38	15.90	15.35	15.54	15.80
Ps（kN）	16.8	17.2	13.7	14.6	18.1
K_{IC}(MPa·m$^{1/2}$)	53.2	57.5	45.7	50.6	60.2

$\overline{K}_{IC}$=53.4（MPa·m$^{1/2}$）

3. 持久与蠕变性能

ZG15Cr2Mo1 钢的持久与蠕变性能见表 10-13～表 10-16。

表 10-13　　　　　　　　　　　ZG15Cr2Mo1 钢的持久强度与蠕变极限

温度（℃）	σ_{10^4}(MPa)	σ_{10^5}(MPa)	$\sigma_{1\times10^{-4}}$(MPa)	$\sigma_{1\times10^{-5}}$(MPa)	$\sigma_{1\times10^{-6}}$(MPa)
510	155	115	123	85	58
540	118	85	89	60	—
565	89	62	65	—	—
590	67	46	46	—	—
620	49	—	—	—	—

注　室温强度级别为屈服强度≥275MPa，抗拉强度＝485～655MPa。

表 10-14　　　　　　　　　　　ZG15Cr2Mo1 钢的持久强度

热处理	试验温度（℃）	外推应力值（MPa）			
		σ_{10^2}	σ_{10^3}	σ_{10^4}	σ_{10^5}
950℃正火	538	203	157	122	94
705℃回火	566	163	125	95	73

表 10-15　　　　　　　　　　ZG15Cr2Mo1 钢的蠕变极限（一）

热处理	试验温度（℃）	外推应力值（MPa）			
		$\sigma_{1\times10^{-5}}$	$\sigma_{1\times10^{-4}}$	$\sigma_{1\times10^{-3}}$	$\sigma_{1\times10^{-2}}$
950℃正火	538	61	88	126	182
705℃回火	566	57	78	105	143

表 10-16　　　　　　　　　　ZG15Cr2Mo1 钢的蠕变极限（二）

热处理	试验温度（℃）	外推应力值（MPa）	
		$\sigma_{1\times10^{-3}}$	$\sigma_{1\times10^{-4}}$
950℃正火	454	310.3	—
705℃回火	538	97.9	82.7
	593	—	52.4

10.2.4　GX8CrNi12

10.2.4.1　用途

GX8CrNi12 钢主要用于汽轮机高压内缸。

10.2.4.2　技术要求

GX8CrNi12 钢的化学成分要求见表 10-17，力学性能要求见表 10-18。

表 10-17　　　　　　　GX8CrNi12 钢的化学成分要求 W_t　　　　　　　（%）

GX8CrNi12 （企业标准）	C	Si	Mn	P	S	Cr	Ni	Mo
	≤0.10	≤0.40	0.50～0.80	≤0.030	≤0.020	11.50～12.50	0.80～1.50	≤0.50

表 10-18　　　　　　　　　　GX8CrNi12 钢的力学性能要求

GX8CrNi12 （企业标准）	室温拉伸性能			
	抗拉强度（MPa）	屈服强度（MPa）	断后伸长率（%）	断面收缩率（%）
	540～690	≥355	≥18	≥45

10.2.5　1Cr12Mo

10.2.5.1　用途

1Cr12Mo 耐热钢工艺性好，在腐蚀性较弱时可代替 1Cr5Mo 钢。1Cr12Mo 耐热钢一般在 540℃ 以下使用，主要用于核电汽轮机高压静叶片。半成品有棒、锻件与钢管，油中最高可用到 600℃。

10.2.5.2　技术条件

1Cr12Mo 钢的化学成分要求见表 10-19，力学性能要求见表 10-20。

表 10-19		1Cr12Mo 钢的化学成分要求 W_t			（%）
材料（技术条件）	C	Si	Mn	P	S
1Cr12Mo（企业标准）	0.10～0.15	≤0.50	0.30～0.60	≤0.025	≤0.015
12Cr12Mo（GB/T 8732—2014）①	0.10～0.15	≤0.50	0.30～0.60	≤0.030	≤0.025
材料（技术条件）	Ni		Cr	Mo	Cu
1Cr12Mo（企业标准）	0.30～0.60		11.50～13.00	0.30～0.60	≤0.30
12Cr12Mo（GB/T 8732—2014）①	0.30～0.60		11.50～13.00	0.30～0.60	≤0.30

① 旧牌号为 1Cr12Mo。

表 10-20		1Cr12Mo 钢的力学性能要求						
材料（技术条件）	热处理		拉　伸				冲击吸收能（J）20℃	硬度（HB）
	淬火温度（℃）	回火温度（℃）	抗拉强度（MPa）	屈服强度（MPa）	断后伸长率（%）	断面收缩率（%）		
1Cr12Mo（企业标准）	—	—	595～750	≥440	≥18	—	≥30	195～255
12Cr12Mo（GB/T 8732—2014）	950～1000，油	650～710，空气	≥685	≥550	≥18	≥60	≥78	217～255

10.2.5.3　工艺要求

（1）热加工采用电炉冶炼并经电渣重熔。

（2）热处理淬火 1000±10℃×5h，油冷＋回火 750±10℃×8h，空冷。热处理工艺曲线如图 10-1 所示。

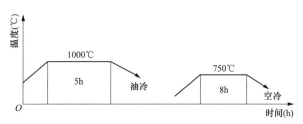

图 10-1　1Cr12Mo 钢热处理工艺曲线

10.2.6　X20Cr13

10.2.6.1　用途

X20Cr13 钢主要用于核电汽轮机高、低压动、静叶片。

10.2.6.2　技术条件

X20Cr13 钢的化学成分要求见表 10-21，力学性能要求见表 10-22。

表 10-21			X20Cr13 钢的化学成分要求 W_t				（%）
X20Cr13	C	Si	Mn	S	P	Ni	Cr
企业标准	0.17～0.22	0.10～0.60	0.30～0.80	≤0.020	≤0.030	0.30～0.80	12.5～14.0

表 10-22　　　　　　　　　　　　X20Cr13 钢的力学性能要求

X20Cr13	室温拉伸性能				室温冲击性能	硬度
	抗拉强度 （MPa）	屈服强度 （MPa）	断后伸长率 （%）	断面收缩率 （%）	冲击吸收 （J）	布氏硬度 （HB）
企业标准	800～950	≥600	≥15	≥50	≥20	≤280

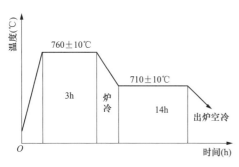

图 10-2　X20Cr13 钢的热处理工艺曲线

10.2.6.3　工艺要求

（1）热加工锻造加热温度 1100±10℃，开锻温度不小于 1050℃，终锻温度不小于 850℃。

（2）热处理成品退火工艺要求：760±10℃×3h，炉冷至 710±10℃×14h，出炉空冷。热处理工艺曲线如图 10-2 所示。

10.2.7　X5CrMoAl12

10.2.7.1　用途

X5CrMoAl12 钢主要用于核电汽轮机中压、低压静叶片。

10.2.7.2　技术条件

X5CrMoAl12 钢的化学成分要求见表 10-23，力学性能要求见表 10-24。

表 10-23　　　　　　　　　X5CrMoAl12 钢的化学成分要求 W_t　　　　　　　　（%）

X5CrMoAl12（企业标准）	C	Si	Mn	P	S
	≤0.08	≤1.00	≤1.00	≤0.035	≤0.015
X5CrMoAl12（企业标准）	Cr	Mo		Ni	Al
	11.50～13.50	0.40～0.70		≤0.50	0.15～0.35

表 10-24　　　　　　　　　　　X5CrMoAl12 钢的力学性能要求

X5CrMoAl12（企业标准）	拉　　伸			冲击	硬度
	抗拉强度 （MPa）	屈服强度 （MPa）	断后伸长率 （%）	冲击吸收能 （J）	布氏硬度 （HB）
	530～640	≥340	≥18	≥20	149～175

10.2.7.3　工艺要求

（1）热加工。锻造温度 1130±20℃。

（2）热处理。正火 1000℃×1.5h，淬火 990℃×1.5h，回火 685℃×4h，去应力退火 600℃×5h。

10.2.8　X12CrNiMoV12-2

10.2.8.1　用途

X12CrNiMoV12-2 钢主要用于核电汽轮机低压 4、5 级动叶片和中压 2、3、4 级动叶片。

10.2.8.2　技术条件

X12CrNiMoV12-2 钢的化学成分要求见表 10-25，力学性能要求见表 10-26。

表 10-25　　　　　　　　　　　X12CrNiMoV12-2 钢的化学成分要求 W_t　　　　　　　　（%）

X12CrNiMoV12-2	C	Si	Mn	P	S	Cr
（企业标准）	0.10～0.14	≤0.40	0.40～0.90	≤0.025	≤0.015	11.00～12.50
X12CrNiMoV12-2	Mo	V	Ni	Al	N	Nb
（企业标准）	1.00～2.00	0.25～0.40	2.00～3.00	—	0.020～0.060	0.050～0.40

表 10-26　　　　　　　　　　　X12CrNiMoV12-2 钢的力学性能要求

X12CrNiMoV12-2 （企业标准）	拉　　伸				冲击	硬度
	抗拉强度 （MPa）	屈服强度 （MPa）	断后伸长率 （%）	断面收缩率 （%）	冲击吸收能 （J）	布氏硬度 （HB）
	930～1100	≥780	≥15	≥50	≥50	285～331

10.2.8.3　工艺要求

（1）热加工。总锻比大于 6。

（2）热处理。淬火：1040±10℃下保温，150±30min，风冷；回火：650～700℃下保温，300±60min，空冷；去应力：600±20℃下保温，300±60min，空冷。热处理工艺曲线如图 10-3 所示。

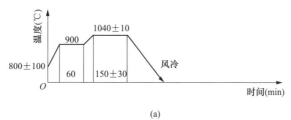

(a)

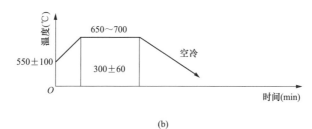

(b)

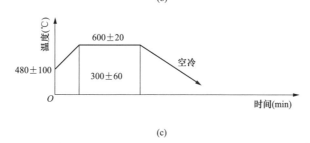

(c)

图 10-3　X12CrNiMoV12-2 钢热处理工艺曲线

(a) 淬火；(b) 回火；(c) 去应力

10.2.9 1Cr12Ni2W1Mo1V、14Cr12Ni2WMoV

1Cr12Ni2W1Mo1V 钢是在 Cr13 型马氏体钢的基础上发展起来的。Cr13 型马氏体钢虽有较高的抗氧化性和抗腐蚀性，但马氏体回火组织的稳定性较差，只能用作较低温度的蒸汽涡轮叶片。

为了强化马氏体耐热钢，加入 Mo 和 W 使 α 基体得到固溶强化，而为了能使 Mo 和 W 保持在 α 相时，不在碳化物中富集，就必须加入强碳化合物形成元素 V、Nb 等，以便形成稳定的碳化物（V、Nb）C，且具有良好的沉淀效果。

10.2.9.1 用途

1Cr12Ni2W1Mo1V 钢主要用于汽轮机末级、次末级动叶片等零部件。

10.2.9.2 技术条件

1Cr12Ni2W1Mo1V 钢的化学成分和力学性能见表 10-27 和表 10-28。

表 10-27　　　　　　　　1Cr12Ni2W1Mo1V 钢的化学成分要求 W_t　　　　　　　　（%）

材料（技术条件）	C	Si	Mn	S	P	Cr
1Cr12Ni2W1Mo1V（企业标准）	0.12～0.16	0.10～0.35	0.40～0.80	≤0.020	≤0.025	10.5～12.5
14Cr12Ni2WMoV (GB/T 8732—2014)[①]	0.11～0.16	0.10～0.35	0.40～0.80	≤0.020	≤0.025	10.5～12.5

材料（技术条件）	Ni	W	Mo	V	Al
1Cr12Ni2W1Mo1V（企业标准）	2.20～2.60	1.00～1.40	1.00～1.40	0.15～0.35	≤0.05
14Cr12Ni2WMoV (GB/T 8732—2014)[①]	2.20～2.50	1.00～1.40	1.00～1.40	0.15～0.35	≤0.05

① 旧牌号为 1Crl2Ni2W1MolV。

表 10-28　　　　　　　　1Cr12Ni2W1Mo1V 钢的室温力学性能要求

材料（技术条件）	毛坯截面尺寸	试样取样位置	力 学 性 能					
			R_m (MPa)	$R_{p0.2}$ (MPa)	A_{5d} (%)	Z (%)	KV (J)	HB
1Cr12Ni2W1Mo1V（企业标准 1）	—	—	850～1050	≥700	≥13	≥40	≥20	255～311
1Cr12Ni2W1Mo1V（企业标准 2）	≤150	L / 中心	≥920	≥735	≥13	≥40	≥48	293～331
14Cr12Ni2WMoV (GB/T 8732—2014)	—	—	≥920	≥735	≥13	≥40	≥48	277～331

1Cr12Ni2W1Mo1V 钢的高温力学性能见表 10-29。

表 10-29　　　　　　　　1Cr12Ni2W1Mo1V 钢的高温力学性能

	高温力学性能				韧脆转变温度
试验温度	R_m(MPa)	$R_{p0.2}$(MPa)	A_{5d}(%)	Z(%)	$FATT$(50%)
室温	997	796	14.9	40.8	
100℃	962	791	13.6	44.8	−18℃
200℃	902	748	15.2	51.6	
300℃	865	738	173	554	

10.2.9.3　工艺要求

（1）热加工。采用电炉冶炼加电渣重熔。始锻温度：1140℃，终锻温度：不小于880℃。毛坯类型：条钢或锻件。

（2）热处理。1Cr12Ni2W1Mo1V 钢的热处理制度为调质：1000～1030℃，油冷或空冷；回火温度随产品性能要求而定，一般应进行 660～690℃ 回火两次；锻后余热淬火加回火。热处理工艺曲线如图 10-4 所示。

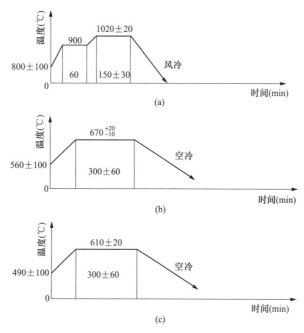

图 10-4　1Cr12Ni2W1Mo1V 钢的热处理曲线

（a）淬火；（b）回火；（c）去应力

（3）焊接性能。1Cr12Ni2W1Mo1V 钢的焊接性能同一般 12％Cr 钢，焊接前应预热到320℃以上，焊后缓冷至室温，再进行去应力回火。

10.2.9.4　性能资料

1. 物理性能

1Cr12Ni2W1Mo1V 钢的物理性能见表 10-30。

表 10-30　　　　　　　　1Cr12Ni2W1Mo1V 钢的物理性能

规范要求		不　锈　钢					
物理性能	临界温度（℃）	A_{c1}		A_{c3}		M_s	
		720℃		875℃		280℃	
	线膨胀系数 $\alpha(\times 10^{-6}/℃)$	20～100℃	20～200℃	20～300℃	20～400℃	20～500℃	20～600℃
		8.9	10.4	10.8	11.3	11.7	11.9
	导热系数 $\lambda[\text{kcal}/(\text{m}\cdot\text{h}\cdot℃)]$	100℃	200℃	300℃	400℃	500℃	600℃
		20.18	22.82	24.16	25.04	25.67	26.04
	弹性模量 E（GPa）	室温	100℃	200℃	300℃	400℃	500℃
		213.6	210.7	202.8	195.0	187.2	178.3
	密度（kg/m³）	7840					

注　M_s 指马氏转变温度。

2. 疲劳性能

1Cr12Ni2W1Mo1V 钢的疲劳性能见表 10-31。

表 10-31   **1Cr12Ni2W1Mo1V 钢的疲劳性能**

室温旋转弯曲疲劳强度	光滑试样：$\sigma_{-1}=440$MPa	
	缺口试样：$K_t=2$、$\sigma_{-1}=235$MPa	
室温轴向拉压疲劳强度	光滑试样：$\sigma_{-1}=421.4$MPa	光滑试样，22% NaCl 溶液，80℃，
	缺口试样：$K_t=2$、$\sigma_{-1}=185.2$MPa	pH=5：$\sigma_{-1}=184.6$MPa

10.2.10   2Cr12NiMo1W1V、22Cr12NiWMoV

2Cr12NiMo1W1V 钢属 12%Cr 马氏体耐热不锈钢，该钢的常温和高温力学性能良好，缺口敏感性小，减震性及抗松弛性能良好。该钢的最高使用温度为 560℃。

10.2.10.1   用途

2Cr12NiMo1W1V 钢主要用于高温段叶片、围带、拉筋、喷嘴加强环及工作温度不超过 538℃ 的螺栓、阀杆等。

10.2.10.2   技术条件

2Cr12NiMo1W1V 钢的化学成分和力学性能要求见表 10-32 和表 10-33。

表 10-32   **2Cr12NiMo1W1V 钢的化学成分要求 W_t**   （%）

材料（技术条件）	C	Si	Mn	P	S	Cr
2Cr12NiMo1W1V（企业标准）	0.20～0.25	≤0.50	0.50～1.00	≤0.025	≤0.025	11.00～12.50
22Cr12NiWMoV(GB/T 8732—2014)[①]	0.20～0.25	≤0.50	0.50～1.00	≤0.030	≤0.025	11.00～12.50

材料（技术条件）	Mo	V	Ni	W	其他
2Cr12NiMo1W1V（企业标准）	0.90～1.25	0.20～0.30	0.50～1.00	0.90～1.25	Co≤0.15 Al≤0.04 Ti≤0.03 Sn≤0.02 Cu≤0.25
22Cr12NiWMoV (GB/T 8732—2014)[①]	0.90～1.25	0.20～0.30	0.50～1.00	0.90～1.25	Cu≤0.30

① 旧牌号为 2Cr12NiMo1W1V。

表 10-33   **2Cr12NiMo1W1V 钢的室温力学性能要求**

材料（技术条件）	热处理		拉　伸				冲击吸收能 20℃	硬度（HB）
	淬火温度（℃）	回火温度（℃）	抗拉强度（MPa）	屈服强度（MPa）	断后伸长率（%）	断面收缩率（%）		
22Cr12NiWMoV (GB/T 8732—2014)	980～1040 油	650～750 空	≥930	≥760	≥12	≥32	≥11	277～311

2Cr12NiMo1W1V 钢的高温力学性能要求见表 10-34。

表 10-34　　　　　　　　　　　　　2Cr12Ni Mo1W1V 钢的高温力学性能

试验温度	20℃	100℃	200℃	300℃	350℃	400℃	450℃	500℃	550℃	600℃
R_m（MPa）	≥930	≥802	≥758	≥730	≥712	≥685	≥646	≥590	≥512	≥409
$R_{p0.2}$（MPa）	≥760	≥678	≥639	≥606	≥591	≥572	≥546	≥508	≥450	≥364

10.2.10.3　工艺要求

（1）热加工。电炉冶炼加电渣重熔，锻造加热温度：1140℃，始锻温度不小于1100℃，终锻温度不小于850℃。入炉温度应控制在不大于750℃。锻造后应及时放入预先烘烤后的保温坑内，保温48h后，及时进行680±10℃的高温回火。

（2）热处理。淬火温度980~1040℃，油冷；回火温度为650~750℃，空冷；去应力处理的温度应低于实际回火温度28℃，但应避开350~560℃的温度范围。

（3）焊接性能。2Cr12NiMo1W1V 钢的焊接性能尚可。

10.2.10.4　性能资料

1. 物理性能

2Cr12NiMo1W1V 钢的物理性能见表 10-35。

表 10-35　　　　　　　　　　　　　2Cr12NiMo1W1V 钢的物理性能

	规范要求	不锈钢　2Cr12NiMo1W1V					
物理性能	临界温度（℃）	A_{C1}	A_{C3}	A_{r1}	A_{r3}	M_s	M_f
		840	885	765	790	260	89
	线膨胀系数 $\alpha(\times10^{-6}℃^{-1})$	20~100℃	20~200℃	20~300℃	20~400℃	20~500℃	20~600℃
		10.38	10.82	11.21	11.49	11.82	12.06
	导热系数 $\lambda[\text{kcal}/(\text{m}\cdot\text{h}\cdot℃)]$	200℃	300℃	400℃	500℃	600℃	—
		27.2	28.1	28.1	28.1	28.7	—
	比热 $c[\text{J}/(\text{kg}\cdot℃)]$	20℃	20~200℃	20~300℃	20~400℃	20~500℃	20~600℃
		529	549	627	663	721	860
	弹性模量 E（GPa）	20℃	100℃	200℃	300℃	400℃	500℃
		216	211	205	198	189	177
	密度（kg/m³）	7780					

2. 其他性能

2Cr12NiMo1W1V 钢的其他性能见表 10-36。

表 10-36　　　　　　　　　　　　　2Cr12NiMo1W1V 钢的其他性能

	规范要求	2Cr12NiMo1W1V									
其他性能	抗氧化性	在950℃下的年腐蚀深度为 1.572×10⁻⁶mm									
	$FATT$（50%）	18~43℃									
	拉伸松弛性能	初应力 σ_0	538℃下列时间（h）的剩余应力（MPa）								
		227	9	31	55	80	103	151	203	251	300	336
			172	160	152	149	142	140	136	134	132	131
		317	100	250	350	500	700	1000	1500	2000	2500	3000
			210	205	195	180	173	154	140	140	139	127

10.2.11　STM 528

10.2.11.1　用途

STM528 钢主要用于核电汽轮机高中压焊接转子。

10.2.11.2　技术条件

STM528 钢的化学成分和力学性能要求见表 10-37 和表 10-38。

表 10-37　　　　　　　　　　STM528 钢的化学成分要求 W_t　　　　　　　（%）

STM528	C	Si①	Mn	S②	P②
企业标准	0.20～0.25	0.10～0.40	0.40～0.80	≤0.012	≤0.012
STM528	Cr	Ni	Mo	V	P+Sn③
企业标准	1.50～2.00	2.80～3.20	0.40～0.60	≤0.11	≤0.018

① 采用真空碳脱氧时，0.04%＜Si≤0.10%。
② 成品分析 P、S 最大含量为 0.015%。
③ 成品分析 P+Sn 最大含量为 0.020%。

表 10-38　　　　　　　　　　STM528 钢的室温力学性能要求

试样取样位置		纵向	横向
力学性能	R_m（MPa）	800～950	
	$R_{p0.2}$（MPa）	≥680	
	A_{5d}（%）	≥15	≥14
	A_{KV}（J/mm²）	≥120①	≥100
	$FATT$（50%）	≤−30℃	

① 试验温度为 0℃。

10.2.11.3　工艺要求

（1）热加工。碱性电弧炉冶炼，真空浇铸。

（2）热处理。STM528 钢的性能热处理：825～875℃ 加热，冷却速度根据截面厚度确定，回火温度不低 610℃。

（3）焊接性能。可焊性好。

10.2.12　26NiCrMoV10-10

10.2.12.1　用途

26NiCrMoV10-10 钢主要用于汽轮机高压转子。

10.2.12.2　技术条件

26NiCrMoV10-10 钢的化学成分和力学性能要求见表 10-39 和表 10-40。

表 10-39　　　　　　　26NiCrMoV10-10 钢的化学成分要求 W_t　　　　　　（%）

26NiCrMoV10-10（企业标准）	C	Si	Mn	P	S	Ni
	0.22～0.30	≤0.07	≤0.40	≤0.007	≤0.007	2.60～3.00
26NiCrMoV10-10（企业标准）	Cr	Mo	V	Al	Co	
	2.20～2.70	0.40～0.55	≤0.18	≤0.010	≤0.05	

表 10-40   26NiCrMoV10-10 钢的力学性能要求

26NiCrMoV10-10（企业标准）	拉　伸				冲击吸收能 （J）20℃	FATT （50%）
	抗拉强度 （MPa）	屈服强度 （MPa）	断后伸长 率（%）	断面收缩 率（%）		
	≤820	580～680	≥16	≥50	≥100	≤−30℃

10.2.13　B65A-S

10.2.13.1　用途

B65A-S 钢主要用于核电汽轮机低压焊接转子。

10.2.13.2　技术条件

B65A-S 钢的化学成分和力学性能要求见表 10-41 和表 10-42。

表 10-41   B65A-S 钢的化学成分要求 W_t （%）

技术条件	C	Si	Mn	S	P
B65A-S（企业标准）	0.18～0.25	0.10～0.40③	0.25～0.80	≤0.015①	≤0.015①
技术条件	Cr	Ni	Mo	V	P+Sn
B65A-S（企业标准）	1.20～2.00	0.90～1.10	0.50～0.80	≤0.05	≤0.020②

① 成品分析 P，S 最大含量为 0.020%。

② 成品分析 P+Sn 最大含量为 0.023%。

③ 采用真空碳脱氧时，0.04%＜Si≤0.10%。

表 10-42   B65A-S 钢的室温力学性能要求

试样取样位置		L（纵向）	T（横向）
力学性能	R_m（MPa）	735～880	
	$R_{p0.2}$（MPa）	≥635	
	A_{5d}（%）	≥17	≥15
	A_{KV}（J/mm²）（0℃冲击）	≥50	
	硬度（HB）	≤250	
	FATT（50%）	≤20℃	

10.2.13.3　工艺要求

（1）热加工。碱性电弧炉冶炼，真空浇铸锻件。

（2）热处理。B65A-S 钢的性能热处理：840～900℃ 加热，冷却速度根据截面厚度确定，回火温度不低 620℃。

（3）焊接性能。可焊性好。

10.2.14　26NiCrMoV14-5

10.2.14.1　用途

26NiCrMoV14-5 钢主要用于汽轮机低压转子。

10.2.14.2 技术要求

26NiCrMoV14-5 钢的化学成分和力学性能要求见表 10-43 和表 10-44。

表 10-43　　　　　　　　26NiCrMoV14-5 钢的化学成分要求 W_t　　　　　　　　（%）

26NiCrMoV14-5（企业标准）	C	Si	Mn	P	S	Cr
	≤0.30	≤0.07	≤0.40	≤0.007	≤0.007	1.40～1.80
26NiCrMoV14-5（企业标准）	Ni	Mo		V	Cu	Al_{Total}
	3.40～3.70	0.30～0.45		≤0.15	—	≤0.010

表 10-44　　　　　　　　26NiCrMoV14-5 钢的力学性能要求

26NiCrMoV14-5（企业标准）	室温拉伸性能			
	抗拉强度（MPa）	屈服强度（MPa）	断后伸长率（%）	断面收缩率（%）
	≤1150	900～1000	≥15	≥40

10.2.15　30Cr2Ni4MoV、A470 Gr. C

10.2.15.1　用途

30Cr2Ni4MoV 钢即 3.5Ni-Cr-Mo-V 钢，是目前在大型机组中广泛采用的低压转子用钢。该钢淬透性好，强度高，韧性好，韧-脆转变温度 $FATT$ 低。该钢主要用于制造大功率汽轮机低压转子、主轴、中间轴和其他大锻件，如用于制造 300MW 低压转子、600MW 整锻低压转子及 600MW 发电机转子等。

10.2.15.2　技术要求

30Cr2Ni4MoV 钢的化学成分和力学性能要求见表 10-45 和表 10-46。

表 10-45　　　　　　　　30Cr2Ni4MoV 钢的化学成分 W_t　　　　　　　　（%）

材料（技术条件）	C	Mn	Si	P	S	Cr	Ni
30Cr2Ni4MoV（JB/T 1265—2002）	≤0.35	0.20～0.40	≤0.10①	≤0.010	≤0.010	1.50～2.00	3.25～3.75
30Cr2Ni4MoV（JB/T 7027—2002）	≤0.35	0.20～0.40	≤0.10	≤0.010	≤0.010	1.50～2.00	3.25～3.75
Gr. C［ASTM A470-05（2010）］	≤0.28	0.20～0.60	≤0.10②	≤0.012	≤0.015	1.25～2.00	3.25～4.00
材料（技术条件）	Mo	V	Cu	Al	Sn	Sb	As
30Cr2Ni4MoV（JB/T 1265—2002）	0.25～0.60	0.07～0.15	≤0.15	≤0.010	—	—	—
30Cr2Ni4MoV（JB/T 7027—2002）	0.30～0.60	0.07～0.15	≤0.15	≤0.010	≤0.015	≤0.0015	≤0.020
Gr. C［ASTM A470-05（2010）］	0.25～0.60	0.05～0.15	—	≤0.015			

① 采用真空碳脱氧时，硅含量低于 0.10%。

② 采用真空熔炼时，硅含量 0.15%～0.30%。

表 10-46　　　　　　　　　　　　　　30Cr2Ni4MoV 钢的力学性能要求

材料（技术条件）	等级	取样位置	$R_{p0.2}$ (MPa)	R_m (MPa)	A_4 (%)	Z (%)	KV (J)	$FATT$ (50%) (℃)
30Cr2Ni4MoV (JB/T 1265—2002)	690	轴端纵向	690~790	≥790	≥18	≥56	≥95	—
		本体径向	690~790	≥790	≥18	≥56	≥95	≤−18
		中心孔纵向	≥660	≥760	≥18	≥53	≥95	≤10
	735	轴端纵向	735~835	≥855	A_5≥13	≥40	KU≥40	—
		本体径向	735~835	≥855	A_5≥11	≥35	KU≥30	—
		中心孔纵向	≥685	≥810	A_5≥10	≥35	KU≥30	—
	760	轴端纵向	760~860	≥860	≥17	≥53	≥81	—
		本体径向	760~860	≥860	≥17	≥53	≥81	≤−7
		中心孔纵向	≥720	≥830	≥16	≥53	≥41	≤27
30Cr2Ni4MoV (JB/T 7027—2002)	690	本体径向、轴端	690~790	≥790	≥18	≥56	≥95	≤−18
		中心孔（纵向）	≥660	≥760	≥18	≥53	横向≥61	≤10
	760	本体径向、轴端	760~860	≥860	≥17	≥53	≥81	≤−7
		中心孔（纵向）	≥720	≥830	≥16	≥45	横向≥41	≤27
Gr.C [ASTM A470-05 (2010)]	Class 5	纵向	≥520	620~760	A (50mm) ≥20	≥52	≥68	≤−12
		本体径向			A (50 mm) ≥18	≥50		
	Class 6	纵向	≥620	725~860	A (50 mm) ≥18	≥52	≥61	≤−7
		本体径向			A (50 mm) ≥17	≥50		
	Class 7	纵向	≥690	825~930	A (50 mm) ≥18	≥52	≥54	≤−1
		本体径向			A (50 mm) ≥17	≥50		

10.2.15.3　工艺要求

1. 冶炼

碱性电炉冶炼，冶炼时要把钢液中的气体降低到最低限度，冶炼和浇铸铸锭均采用低真空除气技术，特别是除氢。熔炼时还应采用真空碳脱氧，未经用户同意，不得用其他方法脱氧。

2. 热压力加工

锻造基本要求与高、中压转子相同。镦锻时，镦锻前后钢锭横截面的压缩比至少为 1.8。镦锻过程中长度方向的下压量最少为 30%。直接锻造时，钢锭横截面面积和锻件最大直径处横截面积之比最少为 3.5。

3. 热处理

尽可能获得均匀精细的组织，从而使整个锻件内获得均匀一致的力学性能，同时把内应力降至最低。

预备热处理：加热 843～1010℃，进行两次正火，保温足够长的时间以细化晶粒和得到均匀的组织，然后空冷。正火后的回火采用炉冷或空冷。

调质处理：转子在垂吊位置进行热处理。将转子均匀加热至 829～857℃，使之完全奥氏体化，然后喷水或浸水冷却。最后一次回火温度不得低于 565℃，在保证力学性能条件下，尽量提高回火温度，但不能超过钢的下临界温度。回火保温时间要足，以保证整个机件均匀回火。回火冷却时炉冷至 316℃ 以下才能出炉空冷。

去应力退火：锻件应处于垂直位置，温度不得低于 538℃，但至少比最后一次回火温度低 30℃。保温时间要足以保证均热，然后以小于 15℃/h 的冷却速度冷至 370℃，再闭炉冷到 230～170℃，才能出炉空冷。

30Cr2Ni4MoV 钢的等温转变曲线和连续冷却转变曲线如图 10-5 所示。

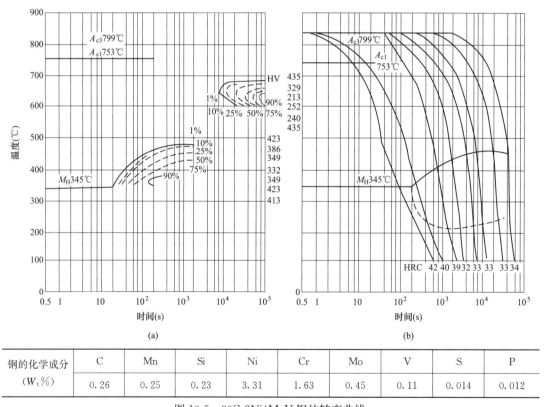

图 10-5　30Cr2Ni4MoV 钢的转变曲线

（a）等温转变曲线；（b）连续冷却转变曲线

（奥氏体化温度 840℃，15min）

钢的化学成分（W_t%）	C	Mn	Si	Ni	Cr	Mo	V	S	P
	0.26	0.25	0.23	3.31	1.63	0.45	0.11	0.014	0.012

10.2.15.4　性能资料

30Cr2Ni4MoV 钢的物理性能见 10-47。

表 10-47		30Cr2Ni4MoV 钢的物理性能				
密度 ρ（t/m^3）		7.75（24℃）				
泊松比 ν		0.33（24℃）				
线膨胀系数 α_t（$\times 10^{-6}$℃$^{-1}$）（与 24℃ 之间）		93℃	204℃	316℃	427℃	538℃
		10.08	11.34	11.95	12.60	13.32
热导率 λ［$W/(m \cdot ℃)$］		34.8（24℃）				
比热容 c［$kJ/(kg \cdot ℃)$］		0.42（24℃）				
弹性模量 E（GPa）		204（24℃）				
切变模量 G（GPa）		77.3（24℃）				
临界点（℃）		A_{c1}	A_{c3}		A_{r1}	A_{r3}
		753	799		314	460

10. 2. 16　25Cr2Ni4MoV

10. 2. 16. 1　用途

25Cr2Ni4MoV 钢为高淬透性的 2%Cr 系热强钢，也是合金结构钢，与成分为 3.5%Ni-Cr-Mo-V 系的钢类同。钢的碳含量较低，强韧性好，韧-脆转折温度低，有相当的热强性，综合力学性能好。但在 350～575℃ 时，有回火脆性倾向，这主要与杂质元素 P、Sb、As 等含量有关，因此要采用先进的冶炼工艺以严格控制该类钢中的杂质元素含量，并严格控制热处理回火作业。

25Cr2Ni4MoV 钢适宜用作大截面高强度等级的汽轮机低压转子、汽轮发电机转子锻件，磁性环锻件等；25Cr2Ni4MoV 钢已被普遍作为汽轮机低压转子和汽轮发电机转子锻件。

10. 2. 16. 2　技术要求

钢的化学成分和力学性能要求见表 10-48 和表 10-49。

表 10-48			25Cr2Ni4MoV 钢的化学成分要求 W_t				（%）
技术条件	C	Mn	Si①	P	S	Cr	Ni
JB/T 11026—2010	≤0.26	≤0.35	≤0.10	≤0.015	≤0.015	1.50～2.00	3.25～4.00
JB/T 11024—2010	≤0.25	≤0.35	0.17～0.37	≤0.012	≤0.012	1.50～2.00	3.25～4.00
JB/T 1267—2002	≤0.25	≤0.35	0.15～0.35	≤0.015	≤0.018	1.50～2.00	3.25～4.00
JB/T 11017—2010	≤0.28	≤0.35	0.15～0.35	≤0.010	≤0.010	1.50～2.00	3.25～4.00
技术条件	Mo	V	Cu	Al	Sn	Sb②	As
JB/T 11026—2010	0.20～0.50	0.05～0.13	≤0.15	—	—	—	—
JB/T 11024—2010	0.20～0.50	0.05～0.15	≤0.15	≤0.010	≤0.015	≤0.0015	≤0.020
JB/T 1267—2002	0.20～0.50	0.05～0.13	≤0.20	—	—	—	—
JB/T 11017—2010	0.20～0.50	0.09～0.13	≤0.20	—	—	报告	—

① 采用真空碳脱氧时，硅含量应不大于 0.10%。

② Sb 为目标值。

表 10-49　　　　　　　　　　　　　　25Cr2Ni4MoV 钢的力学性能要求

技术条件	类别	取样位置	$R_{p0.2}$ (MPa)	$R_{p0.02}$ (MPa)	R_m (MPa)	A_4 (%)	Z (%)	KV (J)	$FATT$ (50%) (℃)
JB/T 11024—2010	—	—	≥680	—	800~950	≥14	—	≥100 (0℃)	≤-30
JB/T 1267—2002	I	径向	≥390	—	≥540	A_5≥15	—	—	—
		纵、切向	≥440	—	≥585	A_5≥16	≥22	KU≥50	—
	II	径向	≥440	—	≥585	A_5≥15	≥22	—	—
		纵、切向	≥490	—	≥640	A_5≥16	≥45	KU≥60	—
	III	径向	≥490	—	≥640	≥17	≥45	≥90	≤0
		纵、切向	≥540	—	≥690	≥17	≥45	≥90	≤5
		中心孔纵向	≥450	—	≥590	≥15	≥40	—	—
	IV	径向	≥540	—	≥665	≥18	≥55	≥80	≤-18
		纵、切向	≥585	—	≥715	≥18	≥55	≥80	≤0
		中心孔纵向	≥490	—	≥615	≥16	≥50	—	—
	V	径向	≥585	—	≥690	≥18	≥55	≥80	≤-18
		纵、切向	≥585	—	≥735	≥18	≥55	≥80	≤0
		中心孔纵向	≥535	—	≥640	≥16	≥50	—	—
JB/T 11017—2010①	—	切向、径向、纵向	730~830	—	≤1000	A_5≥15	≥50	≥100	—
		中心孔棒(轴向)	≥730	—	—	—	—	≥100	≤-10
	—	切向、径向、纵向	—	≥690	≥825	A_5≥17	≥45	≥78	≤-10
		中心孔棒(轴向)	—	≥690	≥825	A_5≥15	≥35	≥78	≤-5
	—	切向、径向、纵向	≥700	≥670	≥820	A_5≥17	≥40	≥70	≤10
		中心孔棒(轴向)	—	≥630	≥770	A_5≥15	≥35	—	≤15

① 本体径向试样屈服强度的波动值不应超过 50MPa，在其他指标合格时，$R_{p0.2}$ 或 $R_{p0.02}$ 值允许超上限；冲击吸收功为三个 V 形缺口试样的平均值。

10.2.16.3　工艺要求

1. 冶炼

锻件用钢应在碱性电炉中冶炼，并需真空处理。经需方同意，也允许采用其他冶炼工艺。为去除有害气体，特别是氢，钢液应在浇铸前进行真空处理；在真空处理过程中，真空系统的极限压强通常应低于 133.32Pa。

2. 锻造

应在有足够能力的锻压机上锻造，以使锻件整个截面充分地锻透。始锻温度不宜太高，并应缓慢冷却。钢锭锻后需经组织均匀化、消除应力、细化晶粒及去氢处理。

3. 热处理

热处理为淬火和回火，性能热处理应均匀加热到高于上临界温度使之完全奥氏体化，保温足够长时间，然后水淬，获取一个合格的转变后的组织，再回火以达到规定的性能。锻件应处在垂直位置进行热处理，淬火冷却应尽量能在锻件圆周和整个长度上均匀。热处理和粗加工后的锻件应进行消除应力处理，消除应力温度应比锻件的性能回火温度低 30～55℃。

25Cr2Ni4MoV 钢等温转变曲线可参见 25CrNi3MoV 钢，并应考虑 Cr 含量增大对 C 曲线的影响，如图 10-6 所示。25Cr2Ni4MoV 钢连续冷却转变曲线如图 10-7 所示。

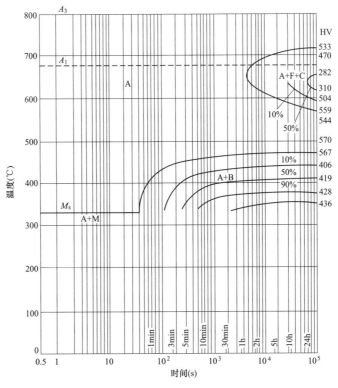

$A_1 \sim A_3$：600～800℃，M_s：330℃

化学成分（W_t%）：0.25C-0.52Mn-1.14Cr-3.33Ni-0.65Mo-0.15V

图 10-6　25CrNi3MoV 钢的等温转变曲线

10.2.16.4　性能资料

1. 疲劳性能

25Cr2Ni4MoV 钢制发电机转子（材料化学成分见表 10-50，力学性能见表 10-51）的本体切向、轴头纵向、本体径向试样低周循环疲劳性能列于式（10-1）～式（10-4）。日产 200MW 汽轮发电机材料 25Cr2Ni4MoV 钢在不同温度下处理后的低周疲劳性能结果见表 10-52。

01 本体切向：

$$\Delta \varepsilon_t / 2 = 0.005\,697\,(2N_f)^{0.064\,6} + 0.927\,6\,(2N_f)^{-0.709\,12} \qquad (10\text{-}1)$$

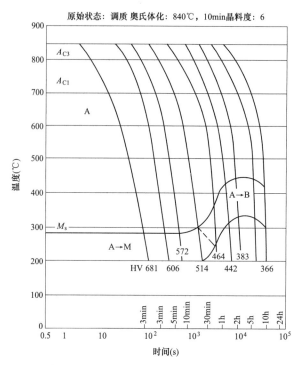

原始状态：调质 奥氏体化：840℃，10min晶料度：6

图 10-7   25Cr2Ni4MoV 钢的连续转变曲线

02 本体切向：
$$\Delta\varepsilon_t/2 = 0.005\,641\,(2N_f)^{-0.067\,24} + 0.301\,8\,(2N_f)^{-0.525\,06} \tag{10-2}$$

03 轴端轴向：
$$\Delta\varepsilon_t/2 = 0.004\,71\,(2N_f)^{0.029\,79} + 0.617\,(2N_f)^{-0.533\,7} \tag{10-3}$$

04 本体径向：
$$\Delta\varepsilon_t/2 = 0.005\,377\,(2N_f)^{-0.067\,31} + 0.803\,(2N_f)^{0.732\,1} \tag{10-4}$$

表 10-50　　　　　　　　**25Cr2Ni4MoV 的化学成分 W_t**　　　　　　（%）

编号	C	Mn	Si	P	S	Ni	Cr	Mo	V	备注
01	0.26	0.26	0.06	0.007	0.001	3.50	1.92	0.35	0.07	本体切向
02	0.25	0.27	0.05	0.014	0.005	3.35	1.66	0.36	0.12	本体切向
03	0.24	0.24	0.11	0.004	0.004	4.00	1.79	0.39	0.07	轴端轴向
04	0.25	0.25	0.08	0.003	0.003	3.75	1.54	0.34	0.03	本体径向

表 10-51　　　　　　　　**25Cr2Ni4MoV 的力学性能**

编号	$R_{p0.2}$(MPa)	R_m(MPa)	A(%)	Z(%)	A_{KV}(J/cm^2)	E(GPa)	备注
01	711	816	21.0	71.0	162.5	20×10^4	本体切向
02	776	872	13.0	70.0	243.0	20×10^4	本体切向
03	702	800	21.0	77.5	288.5	20×10^4	轴端轴向
04	738	848	17.0	60.0	190.5	20×10^4	本体径向

表 10-52　　　　　　　　　不同温度处理后的材料低周疲劳性能结果

$\Delta l = 0.08mm$		$\Delta l = 0.25mm$		$\Delta l = 0.08mm$		$\Delta l = 0.25mm$	
试样处理温度 （℃）	至断循环次数 N_f	试样处理温度 （℃）	至断循环次数 N_f	试样处理温度 （℃）	至断循环次数 N_f	试样处理温度 （℃）	至断循环次数 N_f
室温	4165	室温	590	—	20 904	—	467
	5000		600	900	18 900	900	538
	4300		—	—	20 168	—	—
700	5584	500	580	—	7000	—	—
	4800		540	1200	9624	—	—
	4000		—	—	16 000	—	—

2. 断裂特性

25Cr2Ni4MoV 钢转子 X-1 部位断裂韧性测试结果见表 10-53。

表 10-53　　　　　　　25Cr2Ni4MoV 钢转子 X-1 部位 K_{Ic} 及 $K_{J0.05}$

试样	试验温度（℃）	$J_{0.05}$（kN/m）	$K_{J0.05}$（MPa·m$^{1/2}$）	K_{Ic}（MPa·m$^{1/2}$）	K_{σ}[①]（MPa·m$^{1/2}$）
1tCT	+19	152.5	185.8	—	—
1tCT	+19	146.2	181.9	—	—
1tCT	+19	132.4	173.1	—	—
小 TPB	−20	147.3	182.6	—	—
小 TPB	−196			69.4	
1tTPB	−40	—			150.8
1tTPB	−80			—	

注　tCT-1t 紧凑拉伸试样，1tTPB-1t 三点弯曲试样，小 TPB-小型三点弯曲试样。

① 非有效 K_{Ic}。

3. 抗氧化性

25Cr2Ni4MoV 钢发电机转子材料随温度的升高，其表面的氧化色彩发生浅黄→深黄→蓝→蓝紫→褐→深褐色的变化，在 700℃ 左右产生较明显的氧化皮。

4. 组织稳定性

25Cr2Ni4MoV 发电机转子材料的组织结构随温度变化而有所改变，一般说来，A_{c1} 以下温度对组织的影响不大，但仍存在着碳化物颗粒随温度升高而熟化的现象；A_{c1} 以上温度将会影响组织中形成 M 量及 B 量的多少，缓冷时，原奥氏体晶界逐渐有先共析铁素体的析出，此时材料硬化明显。

10.2.17　26NiCrMo12-6

10.2.17.1　用途

26NiCrMo12-6 钢主要用于发电机转子。

10.2.17.2　技术条件

发电机转子用 26NiCrMo12-6 钢的化学成分和力学性能要求见表 10-54 和表 10-55。

表 10-54　　　　　　发电机转子用 26NiCrMo12-6 钢的化学成分要求 W_t　　　　　　（％）

26NiCrMo12-6（企业标准）	C	Si	Mn	P	S
	≤0.26	0.15～0.10	0.20～0.40	≤0.015	≤0.015
26NiCrMo12-6（企业标准）	Cr		Ni	Mo	V
	1.40～1.70		2.80～4.00	0.30～0.50	≤0.15

表 10-55　　　　　　发电机转子用 26NiCrMo12-6 钢的力学性能要求

26NiCrMo12-6（企业标准）	室温拉伸性能				0℃冲击吸收能（J）	
	抗拉强度 （MPa）	屈服强度 （MPa）	断后伸长率 （％）	断面收缩率 （％）	最小值	平均值
	600～900	≥500	≥16	≥50	40	56

10.2.17.3　工艺要求

1. 冶炼

应精选杂质元素含量低的优质原材料。钢水需在电炉内冶炼，钢包内精炼。在浇铸前和浇铸钢锭的过程中进行真空处理，以便得到纯净的钢水。

2. 热压力加工

锻造应在 12 500t 或以上吨位水压机上进行。钢锭顶部冒口切除量占钢锭重的 21％以上，钢锭底部水口的切除量占钢锭重的 9％以上。

3. 热处理

尽可能获得均匀精细的组织，从而使整个锻件内获得均匀一致的力学性能，同时把内应力降至最低。

预备热处理为正火加回火：加热 850～950℃，进行两次正火，保温足够长的时间以细化晶粒和得到均匀的组织，然后空冷。正火后的回火温度为 600～680℃。

性能热处理为淬火加回火：正火温度为 800～880℃，回火温度为 560～640℃。

去应力热处理温度为 500～600℃。

10.2.18　1Mn18Cr18N、A289 Cl. C

10.2.18.1　用途

1Mn18Cr18N 钢类似于 50Mn18Cr5 类钢，两种钢都用锰来稳定奥氏体组织，改善强度、加工硬化特性和提高抗间隙腐蚀的能力。在 50Mn18Cr5 类钢中，强度改善是通过添加大量的碳和锰来达到，并采用冷加工法增加屈服强度，增加冷加工比率会伴随着增大材料的应力腐蚀敏感性，在 1Mn18Cr18N 钢中，其组织结构为奥氏体＋氮化物＋少量碳化物，多余的铬可提供足够的抗腐蚀能力，用氮代替碳可解决 50Mn18Cr5 钢中碳化物形成网状，而导致材料韧性降低的问题。因此，1Mn18Cr18N 钢具有比 50Mn18Cr5 类钢更高的韧性和良好的抗应力腐蚀性能。

1Mn18Cr18N 钢和 50Mn18Cr5 类钢都具有很高的固溶处理强度和加工硬化能力，许多

环节可以用相同的工艺方法及其装备进行生产。所不同的是，1Mn18Cr18N 钢达到与
50Mn18Cr5 类钢相同的强度级别所需冷变形量小，因而力学性能各向异性和残余应力较
50Mn18Cr5 类钢小。

值得注意的是在 1Mn18Cr18N 钢中，由于用氮代替部分碳，而碳和氮两种元素的强化
作用取决于温度，在 20～100℃中，随温度升高，氮的强化作用明显减弱，而碳的强化作用
接近恒定。最终导致 1Mn18Cr18N 钢的强度受温度的影响比 50Mn18Cr5 类钢要更严重，该
现象的存在，需通过适当的工艺技术加以改进。

1Mn18Cr18N 钢主要用作高强度级别的汽轮发电机无磁性护环，在 300～1000MW 汽
轮发电机中作为护环用钢而广泛应用。

10.2.18.2　技术要求

1Mn18Cr18N 钢的化学成分见表 10-56，力学性能见表 10-57～表 10-60。

表 10-56　　　　　　　　　　1Mn18Cr18N 钢的化学成分要求 W_t　　　　　　　　　　（％）

材料（技术条件）	C	Mn	P	S	Si	Cr	N
1Mn18Cr18N（JB/T 1268—2002）	≤0.12	17.50～20.00	≤0.050	≤0.015	≤0.80	17.50～20.00	≥0.47
1Mn18Cr18N（JB/T 7030—2002）	≤0.12	17.50～20.00	≤0.050	≤0.015	≤0.80	17.50～20.00	≥0.47
Cl. C［ASTM A289-97（2008）］	≤0.10	17.5～20.0	≤0.060	≤0.015	≤0.80	17.5～20.0	0.45～0.80

材料（技术条件）	Al	B	Ni	Ti	V	Mo	W
1Mn18Cr18N（JB/T 1268—2002）	≤0.030	分析参考	分析参考	分析参考	分析参考	分析参考	分析参考
1Mn18Cr18N（JB/T 7030—2002）	≤0.030	≤0.001	分析参考	分析参考	分析参考	分析参考	分析参考
Cl. C［ASTM A289-97（2008）］	≤0.04	—	≤2.00	≤0.1	≤0.25	—	—

表 10-57　　　　1Mn18Cr18N 钢的力学性能要求（JB/T 7030—2002）

技术条件	项目		R_m(MPa)	$R_{p0.2}$(MPa)	A_{4d}(%)	Z(%)	KV(J)
1Mn18Cr18N（JB/T 7030—2002）	试验温度（℃）		95～105				20～27
	级别	I	≥970	970～1100	≥17	≥55	≥102
		II	≥1030	1030～1170	≥15	≥53	≥82
		III	≥1070	1070～1210	≥15	≥52	≥75

表 10-58　　　　1Mn18Cr18N 钢的力学性能要求（JB/T 1268—2002）

技术条件	项目		R_m(MPa)	$R_{p0.2}$(MPa)	A_{4d}(%)	Z(%)	KV(J)
1Mn18Cr18N（JB/T 1268—2002）	试验温度（℃）		95～105				20～27
	级别	III	≥1035	≥900	≥20	≥30	—
		IV	≥830	790～970	≥21	≥62	≥122
		V	≥900	900～1030	≥19	≥62	≥102

表 10-59　　　　　　　ASTM A289-97（2008）中 C 级钢室温力学性能要求

强度等级	R_m (MPa)	$R_{p0.2}$ (MPa)	A_{50} (%)	Z (%)	KV (J)	强度等级	R_m (MPa)	$R_{p0.2}$ (MPa)	A_{50} (%)	Z (%)	KV (J)
1	≥1000	≥930	≥28	≥60	≥95	5	≥1205	≥1170	≥17	≥45	≥75
2	≥1070	≥1000	≥25	≥55	≥88	6	≥1275	≥1240	≥14	≥40	≥68
3	≥1140	≥1105	≥20	≥50	≥81	7	≥1345	≥1310	≥12	≥35	≥54
4	≥1170	≥1140	≥19	≥48	≥79	8	≥1380	≥1345	≥10	≥30	≥47

表 10-60　　　　　ASTM A289-97（2008）中 C 级钢（95～105℃）力学性能要求

强度等级	R_m (MPa)	$R_{p0.2}$ (MPa)	A_{50} (%)	Z (%)	强度等级	R_m (MPa)	$R_{p0.2}$ (MPa)	A_{50} (%)	Z (%)
1	≥830	≥760	≥25	≥60	5	≥1000	≥1000	≥15	≥54
2	≥860	≥830	≥23	≥58	6	≥1070	≥1070	≥13	≥52
3	≥930	≥930	≥19	≥56	7	≥1140	≥1140	≥10	≥51
4	≥965	≥965	≥17	≥55	8	≥1170	≥1170	≥10	≥50

10.2.18.3　工艺要求

1. 冶炼

锻件用钢应采用电炉、电炉加电渣重熔炉冶炼，或经需方同意，采用能保证质量的其他方法。

2. 热加工

锻件应在热态下，在有足够能力的水压机上锻造成型，应使整个截面的金属得到充分锻造。

3. 热处理

锻件应在热成型后和冷扩孔之前进行固溶处理，以得到均匀的组织和低的碳化物含量；冷扩孔之后的消除应力处理锻件应以不超过 40℃/h 的速度加热到 330～355℃，保温 12h，然后以不超过 20℃/h 的速度缓冷至 100℃ 以下出炉，以消除残余应力。

4. 强化方法（冷扩孔）

用液压膨胀法进行冷（温）加工，以便得到要求的抗拉性能，不允许用爆炸成型法。

10.2.18.4　性能资料

1. 物理性能

1Mn18Cr18N 钢的物理性能参见表 10-61。

表 10-61　　　　　　　　　　1Mn18Cr18N 钢的物理性能

密度 ρ（t/m³）	7.840
弹性模型 E（×10⁵ MPa）	1.86
泊松比 ν	0.28
热导率［W/(m·K)］	14.88
比热容 c［J/(kg·K)］	590

续表

线膨胀系数 α_1（$\times 10^{-6}$℃$^{-1}$）	24~100℃	16.3
	25~300℃	18.3
电阻（$\mu\Omega$）	固溶处理	0.725
	屈服强度＝897MPa	0.730
	屈服强度＝1001MPa	0.715

2. 断裂韧性

18Mn-18Cr 钢在屈服强度为 1150MPa 时，断裂韧性值为 250MPa·m$^{1/2}$，约为 18Mn-4Cr 钢的两倍。

3. 抗应力腐蚀性能

在纯水条件和相同的应力水平下，18Mn-18Cr 开裂前的延长时间比 18Mn-5Cr 高一个数量级：前者为 10000h，而后者为 1000h。在 3.5％ NaCl 水溶液中，沿 RC 方向和 CR 方向加力，进行三点弯曲试验（试样尺寸 $3\times10\times500$mm）时，无论是经受应力为 70％$R_{P0.2}$、90％$R_{P0.2}$，还是经受 95％$R_{P0.2}$ 的应力腐蚀试验，18Mn-18Cr 钢护环在 10 000h 后均无裂纹出现。18Mn-5Cr 和 18Mn-18Cr 抗应力腐蚀能力的比较如图 10-8 所示。此外，18Mn-18Cr 钢不受硝酸盐、氯化物离子腐蚀，也不会产生氢脆破坏。

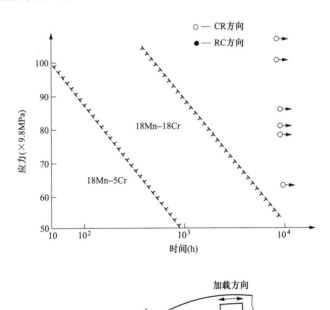

图 10-8　18Mn-5Cr 和 18Mn-18Cr 抗应力腐蚀能力的比较

4. 疲劳性能

18Mn-18Cr 和 18Mn-5Cr 的总应变、塑性应变和弹性应变范围与失效循环次数的关系如图 10-9 所示。18Mn-18Cr 高周疲劳、低周疲劳曲线如图 10-10 和图 10-11 所示。18Mn-18Cr 在 CR、RC 方向的疲劳裂纹扩展速率如图 10-12 和图 10-13 所示。

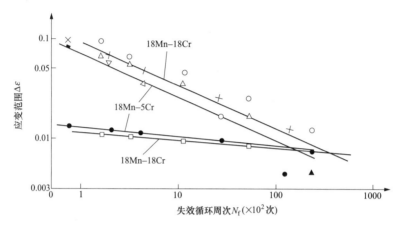

⊙—18Mn-18Cr 的总应变；　×—18Mn-5Cr 的总应变；

□—18Mn-18Cr 的弹性应变；　●—18Mn-5Cr 的弹性应变；

△—18Mn-18Cr 的塑性应变；　○—18Mn-5Cr 的塑性应变

图 10-9　应变范围和失效循环周次间的关系（JSW 资料）

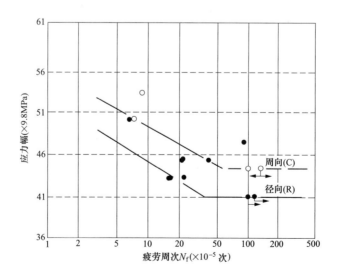

图 10-10　18Mn-18Cr 护环钢高周疲劳性能（旋转弯曲）

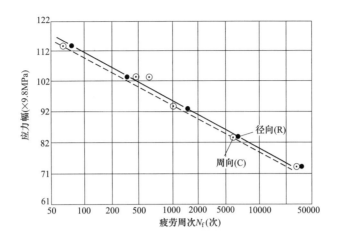

图 10-11　18Mn-18Cr 护环钢低周疲劳性能（平均应力为 0 时）

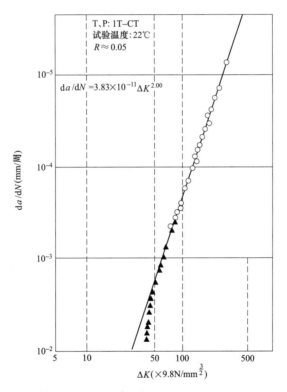

符号	P_{max}（×9.8N）	P_{min}（×9.8N）	频率(Hz)
○	3380	170	10
▲	1850	95	20
△	1000	50	20

图 10-12　18Mn-18Cr 护环钢在 CR 方向的疲劳裂纹扩展速率

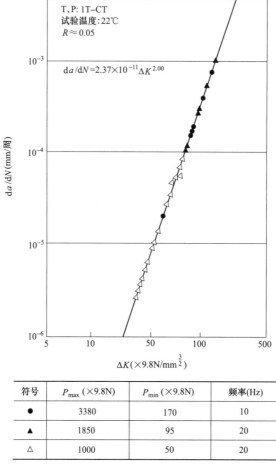

符号	P_{max} (×9.8N)	P_{min} (×9.8N)	频率(Hz)
●	3380	170	10
▲	1850	95	20
△	1000	50	20

图 10-13   18Mn-18Cr 护环钢在 RC 方向的疲劳裂纹扩展速率

第3节   实际部件的制造工艺及力学性能

核电厂汽轮发电机组主要原材料的国产化是降低项目成本、实现大型核电厂汽轮发电机组国产化的关键环节之一。核电厂的汽轮发电机组在材料的选择与火电汽轮发电机组基本相同，但是高压缸部件材料的抗水蚀和腐蚀的能力有更高的要求；发电机的材料绝大部分可以与常规机组通用，但绝缘材料的要求略高。目前，我国大型铸锻件生产企业，有关大型核电厂汽轮发电机组的汽缸、转子、阀门等大型铸锻件的制造技术已基本成熟，质量和交货期也能满足工程进度要求。CPR1000 机组汽轮机和发电机各部件的实际制造工艺及性能数据见以下各节。

10.3.1   G18CrMo2-6

表 10-62 和表 10-63 为某核电汽轮机高中压外缸上半部分的材质检验数据，图 10-14 为热处理工艺曲线。

表 10-62 某核电汽轮机高中压缸上半部分材质化学成分检验数据 W_t （%）

G18CrMo2-6	C	Si	Mn	P	S
实测值	0.19	0.46	0.66	0.014	0.003
规范要求	0.15～0.20	0.20～0.60	0.5～0.9	≤0.025	≤0.025
G18CrMo2-6	Cr	Mo	V	Ni	Cu
实测值	0.52	0.66	—	0.4	0.069
规范要求	0.40～0.65	0.45～0.70	≤0.040	≤0.50	≤0.50

表 10-63 某核电汽轮机高中压缸上半部分材质力学性能检验数据

G18CrM o2-6	拉 伸			
	抗拉强度（MPa）	屈服强度（MPa）	断后伸长率（%）	断面收缩率（%）
实测值	565	390	27.0	71.5
规范要求	490～635	≥295	≥20	≥30

G18CrM o2-6	冲 击			硬 度		
	冲击吸收能（J）			布氏硬度（HB）		
实测值	111.0	103.0	94.0	177.0	175.0	167.0
规范要求	提供报告			143～197		

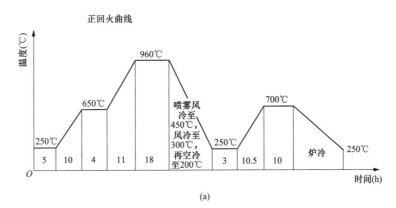

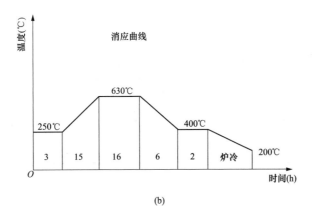

图 10-14 某核电汽轮机高中压缸上半部分材质热处理工艺曲线
（a）正回火曲线；（b）去应力曲线

10.3.2　G17CrMo9-10

表 10-64 和表 10-65 为某核电汽轮机高压外缸材质的检验数据。

表 10-64　　　某核电汽轮机高压缸材质的化学成分检验数据 W_t　　　（％）

G17CrMo9-10	C	Si	Mn	P	S	Cr
实测值	0.17	0.41	0.69	0.009	0.002	2.27
规范要求	0.13～0.20	≤0.60	0.50～0.90	≤0.02	≤0.02	2.00～2.50
G17CrMo9-10	Mo	Ni	Al	Ti	Cu	Sn
实测值	1.03	0.30	0.006	0.012	0.07	0.006
规范要求	0.90～1.20	≤0.50	≤0.04	≤0.0025	≤0.30	—

表 10-65　　　某核电汽轮机高压缸材质的力学性能检验数据

G17CrMo9-10	拉　伸				室温冲击 KV（J）		
	抗拉强度（MPa）	屈服强度（MPa）	断后伸长率（％）	断面收缩率（％）	1	2	3
实测值	610	445	27	75	173	170	180
规范要求	590～740	≥400	≥18	≥40	≥40		

10.3.3　GX8CrNi12

表 10-66 和表 10-67 为某核电汽轮机高压内缸材质的检验数据。

表 10-66　　　某核电汽轮机高压内缸材质的化学成分检验数据 W_t　　　（％）

GX8CrNi12	C	Si	Mn	P	S	Al
实测值	0.072	0.27	0.69	0.00098	0.0033	0.035
规范要求	≤0.10	≤0.40	0.50～0.80	≤0.030	≤0.020	—
GX8CrNi12	Cr	Ni	Mo	Cu	Nb	Ti
实测值	11.96	1.39	0.012	0.017	0.003	0.002
规范要求	11.50～12.50	0.80～1.50	≤0.50	—	—	—

表 10-67　　　某核电汽轮机高压内缸材质的力学性能检验数据

GX8CrNi12	拉　伸			
	抗拉强度（MPa）	屈服强度（MPa）	断后伸长率（％）	断面收缩率（％）
实测值	588.8	388.4	31.71	70.75
规范要求	540～690	≥355	≥18	≥45

10.3.4　X20Cr13

表 10-68～表 10-70 为某核电汽轮机高压第 1 级动叶片材质的检验数据。

表 10-68　　　某核电汽轮机高压第 1 级动叶片材质的化学成分检验数据 W_t　　　（%）

X20Cr13	C	Si	Mn	S	P	Ni	Cr
实测值	0.20	0.39	0.66	0.005	0.021	0.59	12.90
规范要求	0.17～0.22	0.10～0.60	0.30～0.80	≤0.020	≤0.030	0.30～0.80	12.5～14.0

表 10-69　　　某核电汽轮机高压第 1 级动叶片材质的金相检验数据

X20Cr13	晶粒度（级别）	低倍组织			夹　杂　物								铁素体含量（%）
					A 类		B 类		C 类		D 类		
		一般疏松	中心疏松	锭型偏析	粗	细	粗	细	粗	细	粗	细	
实测值	6.5	0.5	0	0	0	0	0.5	0.5	0	0	0.5	1	0
规范要求	≥4	≤2.0	≤2.0	≤2.0	≤1.5	≤2.0	≤1.5	≤2.0	≤1.5	≤2.0	≤1.5	≤2.5	<5

表 10-70　　　某核电汽轮机高压第 1 级动叶片材质的力学性能检验数据

X20Cr13	拉　伸				冲击			硬度
	抗拉强度（MPa）	屈服强度（MPa）	断后伸长率（%）	断面收缩率（%）	冲击吸收能（J）			布氏硬度（HB）
实测值	885	720	17.5	57	56	58	59	251
规范要求	800～950	≥600	≥15	≥50	≥20			≤280

10.3.5　X5CrMoAl12

表 10-71～表 10-73 为某核电汽轮机中压第 1 级模锻静叶片材质的检验数据。

表 10-71　　某核电汽轮机中压第 1 级模锻静叶片材质的化学成分检验数据 W_t　　（%）

X5CrMoAl12	C	Si	Mn	P	S
实测值	0.08	0.64	0.94	0.018	0.004
规范要求	≤0.08	≤1.00	≤1.00	≤0.035	≤0.015
X5CrMoAl12	Cr	Mo	Ni	Al
实测值	12.00	0.48	0.45	0.17
规范要求	11.50～13.50	0.40～0.70	≤0.50	0.15～0.35

表 10-72　　　某核电汽轮机中压第 1 级模锻静叶片材质的金相检验数据

X5CrMoAl12	晶粒度（级别）	金相组织	夹　杂　物							
			A 类		B 类		C 类		D 类	
			粗	细	粗	细	粗	细	粗	细
实测值	5	回火索氏体＋铁素体	0	0	0	0	0	0	0	1.5

表 10-73　　　某核电汽轮机中压第 1 级模锻静叶片材质的力学性能检验数据

X5CrMoAl12	拉　伸			冲击	硬度	
	抗拉强度（MPa）	屈服强度（MPa）	断后伸长率（%）	冲击吸收能（J）	布氏硬度（HB）	
实测值	580	355	31	41	177	175
规范要求	530～640	≥340	≥18	≥20	149～175	

10.3.6　X12CrNiMoV12-2

表 10-74～表 10-76 为某核电汽轮机第 3 级中压动叶材质的检验数据，图 10-15 为热处理工艺曲线。

表 10-74　　　　某核电汽轮机第 3 级中压动叶材质的化学成分检验数据 W_t　　　　（%）

X12CrNiMoV12-2	C	Si	Mn	P	S	Cr	Mo
实测值	0.13	0.16	0.69	0.021	0.01	11.55	1.72
规范要求	0.10～0.14	≤0.40	0.40～0.90	≤0.025	≤0.015	11.00～12.50	1.00～2.00

X12CrNiMoV12-2	V	Ni	Cu	Al	N	Nb	Sn	Sb
实测值	0.33	2.54	0.062	0.014	0.040	0.25	—	—
规范要求	0.25～0.40	2.00～3.00	参考	—	0.020～0.060	0.050～0.40	参考	参考

表 10-75　　　　某核电汽轮机第 3 级中压动叶材质的金相检验数据

X12CrNiMoV12-2	低 倍 组 织		
	一般疏松	中心疏松	锭型偏析
实测值	0.5	0.5	0
规范要求	≤1.5	≤1.5	≤1.5

X12CrNiMoV12-2	晶粒度（级别）	金相组织	夹　杂　物								铁素体含量（%）
			A 类		B 类		C 类		D 类		
			粗	细	粗	细	粗	细	粗	细	
实测值	4	回火马氏体	0	0	0	0	0	0	0.5	1.0	—
规范要求	>4	回火马氏体	≤1	≤1.5	≤1	≤1.5	≤1	≤1.5	≤1	≤1.5	≤1.5
			各类之和不大于 3.5								

表 10-76　　　　某核电汽轮机第 3 级中压动叶材质的力学性能检验数据

X12CrNiMoV12-2	拉　伸			
	抗拉强度（MPa）	屈服强度（MPa）	断后伸长率（%）	断面收缩率（%）
实测值	990	895	18.0	68.5
规范要求	930～1100	≥780	≥15	≥50

X12CrNiMoV12-2	冲　击			硬　度		
	冲击吸收能（J）			布氏硬度（HB）		
实测值	101.0	97.0	98.0	307.00	311.00	311.00
规范要求	≥50			285～331		

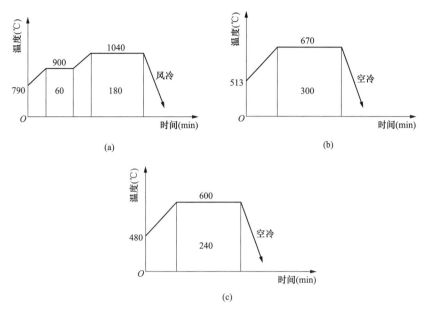

图 10-15　某核电汽轮机第 3 级中压动叶材质热处理曲线

（a）淬火；（b）回火；（c）去应力

10.3.7　1Cr12Ni2W1Mo1V

表 10-77～表 10-79 为某核电汽轮机第 1 级中压动叶片材质的检验数据，热处理曲线如图 10-16 所示。

表 10-77　　　　　某核电汽轮机第 1 级中压动叶片材质的化学成分检验数据 W_t　　　　　（%）

1Cr12Ni2W1Mo1V	C	Si	Mn	P	S	Cr
实测值	0.16	0.25	0.58	0.013	0.002	11.1
规范要求	0.12～0.16	0.10～0.35	0.40～0.80	≤0.025	≤0.020	10.50～12.50
1Cr12Ni2W1Mo1V	Mo	W	Al	V	Ti	Ni
实测值	1.11	1.18	0.014	0.19	0.002	2.6
规范要求	1.00～1.40	1.00～1.40	≤0.05	0.15～0.35	≤0.02	2.20～2.60

表 10-78　　　　　某核电汽轮机第 1 级中压动叶片材质的金相检验数据

1Cr12Ni2W1Mo1V	晶粒度（级别）	金相组织	夹杂物								铁素体含量（%）
			A 类		B 类		C 类		D 类		
			粗	细	粗	细	粗	细	粗	细	
实测值	4	回火马氏体	0	0	0	0	0	0	0.5	1	—

表 10-79　　　　　某核电汽轮机第 1 级中压动叶片材质的力学性能检验数据

1Cr12Ni2W1Mo1V	拉　伸			
	抗拉强度（MPa）	屈服强度（MPa）	断后伸长率（%）	断面收缩率（%）
实测值	975	775	15.5	53.5
规范要求	850～1050	≥700	≥13	≥40

1Cr12Ni2W1Mo1V	冲 击			硬 度		
	冲击吸收能（J）			布氏硬度（HB）		
实测值	95.0	95.0	90.0	298.0	295.0	297.0
规范要求	≥20			255～311		

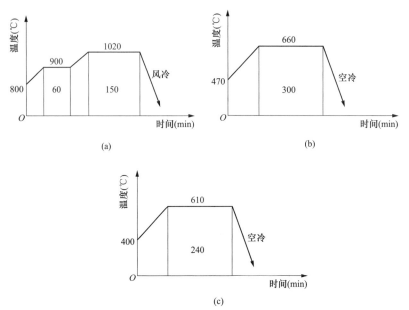

图 10-16　某核电汽轮机第 1 级中压动叶片材质热处理曲线

（a）淬火；（b）回火；（c）去应力

10.3.8　STM528

表 10-80 和表 10-81 为某核电汽轮机高中压转子材质的检验数据，热处理曲线如图 10-17 所示。

表 10-80　　　　　某核电汽轮机高中压转子材质的化学成分检验数据 W_t　　　　　（%）

STM528	C	Si	Mn	P	S	Cr	Mo
实测值	0.25	0.12	0.68	0.005	0.001	1.64	0.52
规范要求	0.20～0.25	0.10～0.40	0.40～0.80	≤0.012	≤0.012	1.50～2.00	0.40～0.60
STM528	V	Ni	Cu	Al	As	Sb	P+Sn
实测值	0.08	3.01	0.04	0.07	0.004	0.000 9	0.009
规范要求	≤0.110	2.80～3.20	—	—	—	—	≤0.018

表 10-81　　　　　某核电汽轮机高中压转子材质的力学性能检验数据

STM528	拉 伸				冲 击			硬 度		
	抗拉强度 （MPa）	屈服强度 （MPa）	断后伸长率 （%）	断面收缩率 （%）	冲击吸收能（J） 0℃			布氏硬度 （HB）		
实测值（横向）	834	720	19.7	73.6	176	156	171	212	215	214
规范要求	800～950	≥680	≥14	—	≥140			—		

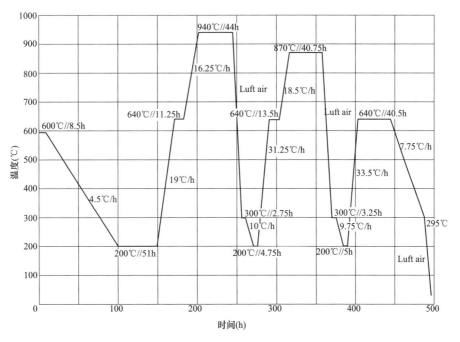

图 10-17　某核电汽轮机高中压转子材质热处理曲线

10.3.9　26NiCrMoV10-10

表 10-82 和表 10-83 为某核电汽轮机高压转子材质的检验数据。

表 **10-82**　　　　某核电汽轮机高压转子材质的化学成分检验数据 W_t　　　（%）

26NiCrMoV10-10	C	Si	Mn	P	S	Cu	Ni
实测值	0.25	0.07	0.20	0.005	0.001	0.03	2.80
规范要求	0.22～0.30	≤0.07	≤0.40	≤0.007	≤0.007	—	2.60～3.00

26NiCrMoV10-10	Cr	Mo	V	Al	Sn	As	Sb	Co
实测值	2.38	0.47	0.09	0.004	0.004	0.005	0.0012	0.01
规范要求	2.20～2.70	0.40～0.55	≤0.18	≤0.010	—	—	—	≤0.05

表 **10-83**　　　　某核电汽轮机高压转子材质的力学性能检验数据

26NiCrMoV10-10	拉　伸			
	抗拉强度（MPa）	屈服强度（MPa）	断后伸长率（%）	断面收缩率（%）
实测值	768	639	24	77
规范要求	≤820	580～680	≥16	≥50
26NiCrMoV10-10	冲击吸收能（J）（20℃）			$FATT$（50%）
实测值	220	216	181	−30℃
规范要求	≥100			≤−30℃

10.3.10   B65A-S

表 10-84 和表 10-85 为某核电汽轮机低压转子材质的检验数据，热处理曲线如图 10-18 所示。

表 10-84   某核电汽轮机低压转子材质的化学成分检验数据 W_t （%）

B65A-S	C	Si	Mn	P	S	Cr
实测值	0.22	0.25	0.68	0.008	0.004	1.79
规范要求	0.18~0.25	0.10~0.40	0.40~0.80	≤0.015	≤0.015	1.20~2.00

B65A-S	Mo	V	Ni	Sn	P+Sn
实测值	0.69	0.08	1.00	0.006	0.014
规范要求	0.50~0.80	≤0.110	0.90~1.10	—	≤0.020

表 10-85   某核电汽轮机低压转子材质的力学性能检验数据

B65A-S	拉 伸				冲击吸收能（J）0℃		
	抗拉强度（MPa）	屈服强度（MPa）	断后伸长率（%）	断面收缩率（%）	单值		均值
实测值	831	698	21.9	73.5	24.0 23.3 22.5		23.3
规范要求	735~880	≥635	≥15	—	≥3.5		≥5

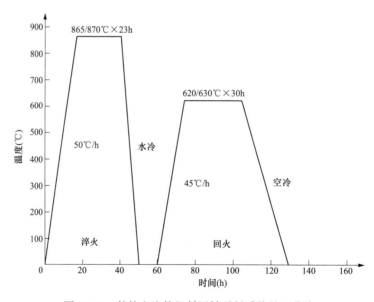

图 10-18   某核电汽轮机低压转子材质热处理曲线

10.3.11   26NiCrMoV14-5

表 10-86 和表 10-87 为某核电汽轮机低压转子材质的检验数据。

表 10-86　　　某核电汽轮机低压转子材质的化学成分检验数据 W_t　　　（%）

26NiCrMoV14-5	C	Si	Mn	P	S	Cr	Ni	Mo
实测值	0.27	0.06	0.39	0.006	0.002	1.67	3.46	0.41
规范要求	≤0.30	≤0.07	≤0.40	≤0.007	≤0.007	1.40～1.80	3.40～3.70	0.30～0.45

26NiCrMoV14-5	V	Cu	Al$_{Total}$	N	Ti	Sn	Nb	B	As	Sb
实测值	0.108	0.06	0.008	0.0051	0.0012	0.005	0.003	0.0001	0.0041	0.001
规范要求	≤0.15	—	≤0.010	—	—	—	—	—	—	—

表 10-87　　　某核电汽轮机低压转子材质的力学性能检验数据

26NiCrMoV14-5	拉　伸				室温冲击吸收能（J）		
	抗拉强度（MPa）	屈服强度（MPa）	断后伸长率（%）	断面收缩率（%）	单值		
实测值	1041	938	16.6	68	153	154	145
规范要求	≤1150	900～1000	≥15	≥40	—		

10.3.12　25Cr2Ni4MoV

表 10-88 和表 10-89 为某核电发电机转子材质的检验数据。

表 10-88　　　某核电发电机转子材质的化学成分检验数据 W_t　　　（%）

25Cr2Ni4MoV	C	Ni	Cr	Mo	V
实测值	0.21	3.46	1.71	0.40	0.080
规范要求	≤0.25	3.25～4.00	1.50～2.00	0.20～0.50	0.05～0.13

表 10-89　　　某核电发电机转子材质的力学性能检验数据

25Cr2Ni4MoV	拉　伸				室温冲击吸收能（J）
	抗拉强度（MPa）	屈服强度（MPa）	断后伸长率（%）	断面收缩率（%）	
实测值	810	710	23	68	155
规范要求	≥760	660～760	≥16	≥50	≥60

10.3.13　26NiCrMo12-6

表 10-90～表 10-92 为某核电发电机转子材质的检验数据。

表 10-90　　　某核电发电机转子材质的化学成分检验数据 W_t　　　（%）

26NiCrMo12-6	C	Si	Mn	P	S
实测值	0.22	0.04	0.25	0.003	0.002
规范要求	≤0.26	≤0.10	0.20～0.40	≤0.015	≤0.015
26NiCrMo12-6	Cr	Ni		Mo	V
实测值	1.59	2.96		0.36	0.10
规范要求	1.40～1.70	2.80～4.00		0.30～0.50	≤0.15

表 10-91　　　　　　　　某核电发电机转子材质的力学性能检验要求

规范要求[①]/ 26NiCrMo12-6		表面Ⅰ区		表面Ⅱ区	中心Ⅰ区			中心Ⅱ区
		A、B	C、D	J	E、F、G、K			H
		径向	径向	径向	径向	纵向	径向	纵向
$R_{p0.2}$（MPa）		≥550	≥550	≥650	≥500	≥500	≥650	≥650
R_m（MPa）		640~800	640~800	740~900	≥600	≥600	740~900	740~900
A_{5d}（%）		≥16	≥16	≥16	参考	参考	参考	参考
Z（%）		≥50	≥50	≥50	参考	参考	参考	参考
KV（J）	单值	40	—	40	参考	24	参考	参考
（0℃）≥	平均值	56	—	56	参考	36	参考	参考
FATT（50%）（℃）		—	≤0	≤0	—	≤25	—	≤20

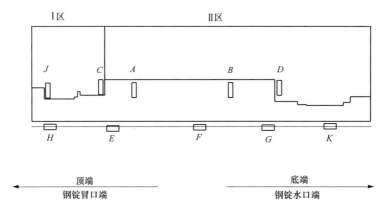

① 样品取样位置 A、B、C、D、J、E、F、G、H、K 见如上示意图。

表 10-92　　　　　　　　某核电发电机转子材质的力学性能检验数据

26NiCrMo12-6	室温拉伸性能				0℃冲击值		
	抗拉强度（MPa）	屈服强度（MPa）	断后伸长率（%）	断面收缩率（%）	单值		
实测值（纵向）	855	705	20.0	64.5	121	94	85

10.3.14　1Mn18Cr18N

表 10-93 和表 10-94 为某核电发电机护环材质的检验数据。

表 10-93　　　　　　某核电发电机护环材质的化学成分检验数据 W_t　　　　　　（%）

1Mn18Cr18N	C	Mn	Cr	N
实测值	0.084	18.21	18.35	0.67
规范要求	≤0.10	17.5~20.0	17.5~20.0	≥0.50

表 10-94 某核电发电机护环材质的力学性能检验数据

1Mn18Cr18N	拉　伸			
	抗拉强度（MPa）	屈服强度（MPa）	断后伸长率（%）	断面收缩率（%）
实测值	1060	1010	30	69
规范要求	≥900	1010～1029	≥19	≥58

第 4 节　经　验　反　馈

汽轮机和发电机是核电安全运行的重要组织部分，而核电汽轮机运行工况的特殊性决定了汽轮机部件可能的失效机理有侵蚀、应力腐蚀、疲劳、振动和磨损等。

10.4.1　汽轮机叶片侵蚀

核电汽轮机的主要特点是蒸汽压力低、温度低、焓降低、流量大、湿度大，因此在高压和低压通流部分为湿蒸汽。核电汽轮机由于采用饱和蒸汽或过热度不大的蒸汽，往往高压叶片已工作于湿蒸汽区，湿蒸汽中的水滴不仅降低了级效率，而且容易腐蚀动叶片，缩短叶片的工作寿命。在湿蒸汽环境中工作的汽轮机部件受到的侵蚀一般有冲击侵蚀、缝隙侵蚀和冲刷侵蚀。

1. 事件描述

秦山核电厂 300MW 机组，第五次换料大修常规岛检修工作中，在汽轮机开缸后发现低压Ⅰ、Ⅱ转子末级部分叶片顶部进汽侧司太立合金汽蚀冲刷，而且每组的第一级水蚀较严重。

2. 原因分析

该案例是典型的水滴撞击侵蚀，侵蚀发生在直接遭受高速水滴和水流处，它为水滴的撞击与空穴作用而产生。水滴撞击金属表面产生很大的瞬时负载，在很大的撞击速度下，水滴的脉冲压力可能超过材料的屈服强度，以致造成表面的残余变形。然而，即使在不大速度下，重复撞击产生的反复变形也会发展成微观裂缝和溃伤，通常被称为孕育期。以后侵蚀就发展扩大，造成金属颗粒的大量脱落，侵蚀速度达到最大；当金属表面变得非常粗糙、形成许多积水凹坑时，对水滴撞击起着阻尼缓冲作用，侵蚀速度逐步降低并趋向于停止。这就是通常侵蚀过程的 3 个阶段。

低压转子末级部分叶片顶部进汽侧司太立合金汽蚀冲刷，而且每组的第一级水蚀严重就是明显的水滴的撞击侵蚀。在修整中，未对末级部分叶片进行处理，因为此时叶片的表面情况已处于水滴的撞击侵蚀的第 3 个阶段，已处于稳定的状态，若把叶片的表面的凹坑修磨平整，则在运行中，水滴的撞击侵蚀再重新进行一次，直到侵蚀的第 3 阶段即叶片的表面粗糙形成凹坑，而此时，叶片的厚度将减薄，这将改变叶片原有的机械特性。

3. 事件反馈

核电饱和汽轮机由于其工作介质的特点，机组的侵蚀腐蚀现象比较严重，影响机组的安全、稳定、高效运行，应高度重视这一类问题，在检修中及时发现问题及时处理，避免侵蚀腐蚀的进一步扩展。在运行上，要保证工作介质的品质，由于对金属的腐蚀作用是取决于工作介质的成分，看它是否含有腐蚀性的物质，因此对工作介质的要求很高。避免或减少侵蚀腐蚀现象的产生，是维持汽轮机安全运行的重要方面。

10.4.2 汽轮机叶轮应力腐蚀

应力腐蚀是核电汽轮机运行于湿蒸汽区域的低压部件中普遍存在的问题之一。由于核电汽轮机的工质为饱和湿蒸汽，因此，核电汽轮机有多级叶片和部分转子段在湿蒸汽环境下工作，部件表面存在因凝结液滴、液膜或溶液干涸残留物而形成的腐蚀环境。同时，汽轮机转子、叶片和榫槽等结构承受着较高的静、动载荷，容易产生应力腐蚀破坏问题，诱发核电汽轮机事故，从而影响核电厂的安全运行。

1. 事件描述

国外最早被报道的汽轮机应力腐蚀失效事故是英国 Hinkley Point 核电厂 5 号机组，1969 年 9 月 19 日该机组汽轮机低压第一级和次末级（第三级）套装叶轮发生飞裂事故，裂纹位于半圆形轴向键槽和叶根槽底部。随后，在其他国家的许多核电机组中，都检测到了应力腐蚀裂纹。

2. 原因分析

汽轮机部件在停机或运行时由于蒸汽在表面凝结与蒸汽中所含杂质在表面沉积，形成表面的微腐蚀裂纹，这些微裂纹如果工作在循环载荷条件下，会形成腐蚀疲劳，这通常会发生在叶片表面或者根部等反复承受高周载荷的位置；而即便当这些微裂纹工作在稳定载荷工况下，由于凝结水和沉积杂质的腐蚀作用，微裂纹也会增长产生应力腐蚀破坏，这通常发生在叶轮表面、红套部件键槽等位置。

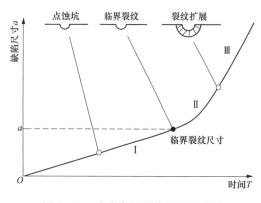

图 10-19 应力腐蚀裂纹的发展过程

汽轮机结构中的应力腐蚀破坏形式是点蚀。点蚀的形成与发展过程如图 10-19 所示，整个应力腐蚀破坏的过程分为两个阶段：①应力腐蚀裂纹形成阶段，即点蚀坑的形成；②应力腐蚀裂纹的扩展阶段。在应力腐蚀裂纹的形成阶段，电化学起主导作用。随着应力腐蚀裂纹进入扩展阶段，力学载荷作用的影响逐渐加大。当裂纹进入快速扩展阶段时（阶段Ⅲ），裂纹的扩展主要受力学载荷支配，电化学的作用可以忽略。裂纹的扩展阶段又可分为三个区域，如图 10-20 所示，阶段Ⅰ是裂纹载荷由弹性力学载荷向应力强度因子过渡阶段；阶段Ⅱ是应力强度因子控制阶段；阶段Ⅲ是完全由断裂力学控制的阶段。图 10-20 表示出三阶段裂纹增长率与应力强度因子的对应关系。可见，应力腐蚀裂纹扩展需要满足的条件是缺陷端的应力强度因子大于材料的应力强度因子门槛值，且随着载荷的增加，裂纹扩展速率加快。当裂纹扩展速率达到稳态（阶段Ⅱ）时，外载荷对应力腐蚀裂纹扩展速率影响较小。

3. 事件反馈

应力腐蚀的影响因素有材料因素、环境因素和载荷因素，金属材料的应力腐蚀破坏是三种因素耦合作用的结果。汽轮机制造企业都积累了一批优良的材料品牌，对于特定成分的材料，材料特性主要是其机械力学性能，如断裂韧性和屈服强度。环境因素是指汽轮机应力腐蚀构件的工作环境，即蒸汽环境，特别是出现凝结水的湿蒸汽环境，包括蒸汽和凝结水中的各种化学成分和浓度、溶液 pH 和溶液中的氧浓度等。载荷因素是指汽轮机低压转子、叶片等构件中的汽动载荷、机械载荷和热载荷。因此，在应力腐蚀评估时需要尽可能地考虑各种因素的影响。

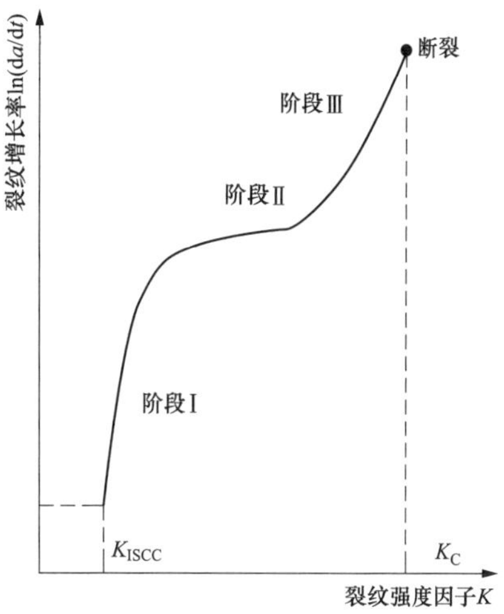

图 10-20　应力腐蚀裂纹
增长率的变化曲线

10.4.3　汽轮机叶片疲劳

叶片是汽轮机中把蒸汽的热能转化为机械能的重要零部件。运行时，叶片承受着稳定载荷和交变载荷的作用，在叶片中产生稳定应力和交变应力。叶片故障占汽轮机故障的 30%～40%，甚至更多，其原因大多为疲劳损伤。

1. 事件描述

某汽轮机系俄罗斯制造，型号为 ПT-90/125-130/10-2，单轴、双缸、冲动、两级可调抽汽凝气式汽轮机。该机组自 2004 年 9 月投运，运行状况不理想，轴向振动偏大，经过现场调试，效果仍不理想。2005 年 12 月 15 日突然发现汽轮机振动大，被迫停机。检查发现低压级叶片损坏严重，第 22 级有 1 叶片从叶根处断裂，其余叶片均受损严重，多处断裂、扭曲，复环多处撕裂。第 23 级叶片 3 个叶身受损，复环被撕裂。经失效分析研究，确认该汽轮机叶片断裂失效是在交变应力作用下的疲劳断裂；表面加工精度差引起应力集中，微观组织不佳导致叶片的抗疲劳性能下降，是造成叶片断裂失效的重要原因之一。

2. 原因分析

金属材料疲劳破坏机制是金属材料在交变应力或交变应变的作用下，某点或某些点逐渐产生了永久性结构变化，导致在一定的循环次数以后形成裂纹或产生断裂的过程。不管是塑性或弹性材料，疲劳断裂在宏观上均表现为无明显塑性变形的突然断裂，故疲劳断裂常表现为低应力脆性断裂。疲劳破坏是一个累积损伤的过程，需经历一定时间历程，甚至很长的时间历程。

汽轮机叶片由于结构要求，一般存在截面变化、拐点和孔等。在这些形状、尺寸的变化处，不可避免要产生应力集中，使局部应力提高，称为薄弱环节。大量疲劳破坏事故和试验研究表明，疲劳源总是出现在应力集中的地方；另外，疲劳裂纹常常从表面开始，因为最大应力一般发生在表面层，表面缺陷也往往最多，所以叶片的制造工艺和表面层状态对疲劳强度会有显著的影响。

微动磨损疲劳也是汽轮机叶片常见的失效机理。两块相互压紧的材料在承受横向载荷的条件下，由于接触面间微小的往复相互错动而产生的疲劳称为微动磨损疲劳。汽轮机叶片运行中发生微动磨损疲劳的部位有：叶根与轮缘的配合、铆钉及销钉连接、铆接围带、接触式围带、松拉筋等。

3. 事件反馈

汽轮机叶片的疲劳损坏是一个累积损伤过程，这一过程除与局部最大真应力、真应变、平均应力、材料的强度和循环特性、运行情况等有关外，在相当大程度上与叶片表面状况及工作介质等有关。因此，应从提高材料疲劳强度，改善叶片表面状况及工作介质等多方面综合考虑，才能有效防止叶片疲劳破坏。

10.4.4　汽轮机叶片振动

汽轮机机组在运行时，由于有高速转动的转子，机组本身有一定的振动。当机组振动超出设计范围之内，振动会对机组安全运行造成一定的破坏。机组的设计制造、安装检修以及运行管理对机组运行振动都会有一定影响。

1. 事件描述

2006 年 6 月 15 日，日本 Hamaoka 核电厂 5 号机组在稳定出力下运行时，突然发出了汽轮机振动超限的警报。机组停止运行时，反应堆也自动跳堆。6 月 19 日，低压缸被打开，位于低压缸 B 中的第 12 级叶片中有一片脱离转轴并掉到低压缸内。叉型叶根部分有损坏而且某些固定销也已经断裂。这一级所有的叶片都被拆下接受检查，其中有 46 片在叉型叶根部位存在破碎或者破裂。根据对随机振动的分析，第 12 级叶片的开裂是由高周疲劳导致的，而这种疲劳是在随机和往复振动所产生的应力联合作用下发生的。

2. 原因分析

汽轮机结构复杂，由转动部分（转子）和固定部分（气缸、静叶）组成。在汽轮机制造、安装、运行过程，难免会出现转子质量偏心、轴系不对正、转子热应力弯曲、叶片旋转脱落、基础下沉等等，这些因素均会造成机组振动。

（1）机组在运行中产生大轴（汽轮机与发动机轴系）的中心偏移，引起振动过大。

1）机组启动时，如果暖机时间不充分，引起高低压缸受热膨胀不均匀，或者滑销系统卡涩，使汽缸不能自由膨胀，均会使汽缸相对转子发生歪斜，使机组产生不正常的偏移，引起振动超限。另外，暖机时间不充分还会引起差胀超限，产生动静摩擦，加剧振动。

2）机组在运行中若真空出现非正常的极速下降，将使排汽温度升高，低压缸和转子膨胀不均，后轴承向上抬升，进而破坏机组的动平衡中心，引起轴系振动超限。

3）靠背轮安装不正确。由于汽轮机的转子轴系是一个非常复杂的弹性系统，中心找正是一项复杂的工作，安装时的些许疏忽就会使中心找正工作出现偏差，机组轴系中心发生偏移，导致在运行时产生振动，此种振动往往会随机组负荷的变化而成比例变化。

4）机组长期违规在进汽温度超过设计规范的条件下运行。过高或过低的蒸汽参数会使汽轮机的上下缸温差过大，膨胀收缩不均匀，极易造成机组轴系中心移位超限，引起振动超限。

5）机组在长期的运行中，由于没有严格执行运行规程的相关规定，致使大轴漂偏超限，引起轴系中心不正。

6）汽轮机长期运行引起大轴和轴瓦的过度磨损，致使轴瓦间隙超限，也会引起汽轮机轴瓦振动超限。

（2）转子动平衡不均匀也会引起汽轮机组振动过大问题。

1）运行中汽轮机叶片折断，平衡块脱落，使转子质量不平衡。如发电机转子绕组松动或不平衡等，均会使转子在运行中产生质量不平衡。转子上出现质量不平衡时，转子每转一周，就要受到一次不平衡质量所产生的离心力的冲击，这种离心力会周期作用，久而久之就会发生振动超限。

2）水冲击而引起振动。当锅炉输送的新蒸汽参数不合格时，里面混合的不饱和蒸汽中的水珠被裹挟进入汽轮机内，发生水冲击，将造成汽轮机转子轴向推力急剧增加，进而产生剧烈的不平衡扭矩，使转子产生剧烈的振动。轴向推力过大甚至会烧毁推力瓦块，破坏结合面。运行中的除氧器满水造成轴封供汽带水，也会使汽轮机转子断面冷却变形，发生振动超限。

3）发电机内部故障引起振动。如发电机转子与定子之间的空气间隙不均匀造成磁通分布不均（这类振动的主要特点就是转子的振动会引起钉子的倍频振动），发电机转子绕组短路等，会使发动机内部电磁力不均衡，这样就会引起发动机转子振动超限影响到轴系的振动超限。

4）汽轮机机械安装部件松动而引起振动。汽轮机外部零件如地脚螺栓、基础等在长期的周期作用力下会发生松动，如果没有及时发现，松动过于严重，就会引起机组振动超限。

5）由于润滑油压过低或过高，润滑油温过高或过低，润滑油量不足或油中带水，使油膜难以形成，或者油膜失稳引起油膜振荡，进而引起汽轮机振动超限。

6）汽轮机在运行中负荷过大会使转子和轴瓦的承受刚度超过设计刚度，致使重心偏移，使振动超限。

3. 事件反馈

一些振动在初期可能比较轻微，但是这种轻微的振动往往会蕴含着突变，绝对不能掉以轻心。还有一部分振动产生突然，发展迅猛，后果也往往十分严重，此时应立即停机，否则就可能造成机毁人亡的事故。所以在汽轮机组的启动和运行中，必须对机组的振动进行严密监视，采取严密的预防和保护措施。

目前，对于汽轮机振动故障诊断基本方法：利用合适的传感器和仪器采集汽轮机振动信号，使用信号分析方法冲振动信号里面提取状态信息，与已知的故障状态信息比对分析，从而判断设备故障，制定维修策略。总的来说，汽轮机组在运行时，以监测调整为主，尽量在设计工况下运行，做好监测工作，及时发现处理问题，是确实有效的处理方法。这样将利于确保电厂正常生产，保护汽轮机设备安全。

参 考 文 献

［1］杨晓辉，单世超 . 核电汽轮机与火电汽轮机比较分析 ［J］. 汽轮机技术，2006，48（6）：404～406.

［2］赖剑岭 . CPR1000 核电站常规岛汽轮机发电机组的国产化 ［J］. 能源技术，2010，31（4）：232～234.

［3］姜求志，王金瑞 . 火力发电厂金属材料手册 ［M］. 北京：中国电力出版社，2001.

［4］谢永祥，张生存，唐钟雪，等 . G18CrMo2-6 材料冶炼过程控制 ［J］. 铸造技术，2013，34（4）：

455～457.

[5] 邹家懋. 秦山核电站 300MW 汽轮机的侵蚀腐蚀的分析 [J]. 汽轮机技术, 2003, 45 (3): 180～182.

[6] 陈钢, 蒋浦宁, 王炜哲, 等. 汽轮机部件应力腐蚀寿命评估方法研究 [J]. 热力透平, 2012, 41 (3): 179～182.

[7] 蒋浦宁. 核电汽轮机防应力腐蚀裂纹技术 [J]. 热力透平, 2010, 39 (2): 89～92.

[8] 朱宝田. 汽轮机叶片表面状况对疲劳寿命的影响 [J]. 上海汽轮机, 2000 (1): 1～8.

[9] 王小迎, 白小云, 王克运. 俄罗斯机组汽轮机叶片断裂失效机理分析 [J]. 试验与分析, 2007, 35 (3): 21～24.

[10] 王明峥. 1000MW 汽轮机振动原因及常见处理措施 [J]. 电源技术应用, 2013, (01): 231～232.

[11] 马鹏飞. 汽轮机组振动过大问题探析 [J]. 河南科技, 2011 (9X): 58.

第11章

常规岛及电厂辅助系统金属材料

常规岛（Conventional Island）是与核岛相对应的说法，是汽轮机发电机本体及其设施和它们所在厂房的统称，其主要功能是将核岛产生的蒸汽的热能转换成汽轮机的机械能，再通过发电机转变成电能。在压水堆核电厂中，常规岛的工艺系统也称为核电厂二回路系统，其主要工艺系统有主蒸汽系统、主给水系统、汽水分离再热系统、凝结水系统、高压加热水系统、低压加热水系统、辅助给水系统、辅助蒸汽系统、疏水系统和常规设备中间冷却水系统等。二回路主要设备有汽轮机、发电机、凝汽器、汽水分离再热器、高压加热器、低压加热器、除氧器及其水箱、凝结水泵及主给水泵等。

本章主要描述了除汽轮机和发电机外常规岛及辅助系统主要设备所用金属材料及其性能。

第1节 汽水分离再热器

11.1.1 工作条件

压水堆核电厂蒸汽发生器产生的新蒸汽是饱和的，新蒸汽在高压缸内膨胀做功后，其湿度增加，达到约 15%，如果高压缸排气直接进入中低压缸，将对低压缸的叶片产生严重的冲刷腐蚀，所以高压缸排气进入中低压缸之前，通过汽水分离再热器以排除高压缸排气中的水分，并提高进入低压缸的蒸汽温度。

汽水分离再热器（MSR）属压力容器，是一内部结构复杂的大型复合卧式压力容器，采用一体化结构，主要由壳体、分离器和管束三部分组成。

11.1.2 用材要求

汽水分离再热器壳体采用碳钢，通常壁厚都较厚，原因是考虑到刚性以及腐蚀裕量。如果刚性不强，MSR 就容易产生变形，造成密封不好，导致循环蒸汽旁路，影响热效率。而腐蚀裕量不足会直接影响 MSR 的寿命。由于 MSR 内部蒸汽为湿蒸汽，具有较强腐蚀与冲蚀性，因此，分离器波纹板材料为奥氏体不锈钢，其他与湿蒸汽接触的部件材料采用铁素体不锈钢。MSR 换热器管板采用碳钢，其表面堆焊铁素体不锈钢。

所有材料均应满足碳含量不大于 0.25%，磷含量不大于 0.030%，硫含量不大于 0.020% 的要求。

汽水分离再热器按照 GB 150—1998《钢制压力容器》进行设计、制造、检验和验收。

主要受压元件材料采用 SA-516 Gr. 70 的钢板，应符合 ASME SA-516《中低温压力容器用碳钢板》的技术要求。

11.1.3　常用材料

以 CPR1000 机组为例，汽水分离再热器常用金属材料的牌号及其技术标准等见表11-1，化学成分见表 11-2 和 11-3。

表 11-1　　　　　　　　　　　汽水分离再热器用主要金属材料

牌号	名　称	技术标准	用途
SA516Gr. 70	中、低温压力容器用碳钢板	ASME SA-516/SA-516M	壳体、封头
SA350LF2	要求缺口韧性试验的管道零部件用碳钢和低合金钢锻件	ASME SA-350/SA-350M	管板、管道零部件
SA268TP439	一般用途无缝和焊接铁素体不锈钢管子	ASME SA-268/SA-268M	传热管、鳍片管

表 11-2　　　　　　　　**SA268 TP439 和 SA350 LF2 的化学成分 W_t**　　　　　　（％）

元　素	C	Mn	P	S	Si[①]	Ni	Cr
SA350LF2（ASME SA-350/SA-350M-2007）	≤0.30	0.60～1.35	≤0.035	≤0.040	0.15～0.30	≤0.40[②]	≤0.30[②③]
SA268TP439（ASME SA-268/SA-268M-2007）	≤0.07	≤1.00	≤0.040	≤0.030	≤1.00	≤0.50	17.00～19.00
元　素	Mo	Cu	Nb	V	Al	N	Ti
SA350LF2（ASME SA-350/SA-350M-2007）	≤0.12[②③]	≤0.40[②]	≤0.02	≤0.08	—	—	—
SA268-TP439（ASME SA-268/SA-268M-2007）	—	—	—	≤0.15[③]	—	≤0.04[③]	0.20+4（C+N）～1.10

① 熔炼分析中，铜、镍、铬和钼之和不得超过 1.00％。

② 熔炼分析中，铬和钼之和不得超过 0.32％。

③ 除非有其他标注，否则为最大值。

表 11-3　　　　　　　　　　　**SA516 Gr. 70 的化学成分 W_t**　　　　　　　（％）

材料（技术条件）	C[①]				
	板厚≤12.5mm	12.5～50mm	50～100mm	100～200mm	＞200mm
SA516 Gr. 70（ASME SA-516/SA-516M-2007）	≤0.27	≤0.28	≤0.30	≤0.31	≤0.31
材料（技术条件）	Mn			
	≤12.5mm		＞12.5mm	
	熔炼分析	成品分析	熔炼分析	成品分析
SA516 Gr. 70（ASME SA-516/SA-516M-2007）	0.85～1.20	0.79～1.30	0.85～1.20	0.79～1.30

材料（技术条件）	Mn			
	≤12.5mm		>12.5mm	
	熔炼分析	成品分析	熔炼分析	成品分析
材料（技术条件）	P①	S①	Si	
			熔炼分析	成品分析
SA516 Gr.70（ASME SA-516/SA-516M-2007）	≤0.035	≤0.035	0.15～0.40	0.13～0.45

① 对熔炼分析和成品分析都适用。

SA516 Gr.70 和 SA268-TP439 的拉伸性能见表 11-4，SA350LF2 的拉伸性能见表 11-5。

表 11-4　　　　　　　　　SA516 Gr.70 和 SA268-TP439 的拉伸性能

材料（技术条件）	抗拉强度（MPa）	屈服强度（MPa）	断后伸长率（标距 8in，或 200mm）（%）	断后伸长率（标距 2in，或 50mm）（%）
SA516 Gr.70（ASME SA-516/SA-516M-2007）	485～620	≥260	≥17①	≥21①
SA268 TP439（ASME SA-268/SA-268M-2007）	≥415	≥205	—	≥20

① 参见 ASME SA-20/SA-20M 标准。

表 11-5　　　　　　　　　SA350LF2 室温下的拉伸性能

项　　目		SA350 LF2
抗拉强度（MPa）		485～655
屈服强度（MPa）①		250
断后伸长率	标准圆形试样或小尺寸比例试样，标距为 4D（%）	≥22
	壁厚不小于 7.94mm 的条状试样，标距为 50mm（%）	≥30
	对壁厚小于 7.94mm 的条状试样的最小断后伸长率计算公式，标距为 50mm（%）	≥48t＋15
断面收缩率（%）		≥30

注　式中 t 为实际壁厚，in。
① 用 0.2% 残余变形法或载荷下的 0.5% 伸长测定；只适用于圆试样。

第 2 节　凝 汽 器

11.2.1　工作条件

凝汽器是一种表面式热交换器，循环冷却水（海水）在管束内流过，冷凝管束外的蒸汽在凝汽器内，由于蒸汽凝结其体积骤然缩小，形成一定真空，其压力为凝结水温度对应的饱和压力，同时凝汽器抽真空系统及时抽出不凝结气体，保持凝汽器内压力为水温度对应的饱和绝对压力。

11.2.2　用材要求

凝汽器外壳和水室材料一般采用碳钢或合金钢钢板。凝汽器的传热管一般选用具有较强耐腐蚀性能的钛管。

11.2.3　常用材料

以 CPR1000 机组为例，凝汽器常用金属材料的牌号及其技术标准见表 11-6。凝汽器用钢材的化学成分见表 11.2.2。凝汽器用钛管符合 ASME SB-338《冷凝器和热交换器用无缝和焊接的钛和钛合金管子》的规定，其化学成分见表 11.2.3。凝汽器用金属材料拉伸性能见表 11.2.4。

表 11-6　　　　　　　　凝汽器常用金属材料的牌号及其技术标准

牌号	名称	技术标准	用途	备注
A515Gr.70	中、高温压力容器用碳钢板	ASME SA-515/SA-515M	管束、管板、蒸汽进口颈和排气联结、水室、热井等	—
SA516Gr.70	中、低温压力容器用碳钢板	ASME SA-516/SA-516M	蒸汽管道、筒体、封头、检查门	成分和性能见表 11-3 和表 11-4
A285Gr.C	压力容器用中、低强度碳素钢板	ASME SA-285/SA-285M	管道支撑板	—
SA266 Gr.4	压力容器用碳钢锻件	ASME SA-266/SA-266M	管束	—
SA240Type 304	压力容器用耐热铬镍不锈钢板、薄板和钢带	ASME SA-240/SA-240M	防冲板	—
SB338 Gr.2	冷凝器和热交换器用无缝和焊接的钛和钛合金管子	ASME SB-338	冷却管束	—

表 11-7　　　　　　　　凝汽器用金属材料的化学成分 W_t　　　　　　　　　（%）

材料（技术条件）	$C^{①}$				
	板厚≤25mm	25～50mm	50～100mm	100～200mm	>200mm
A515 Gr.70（ASME SA-515/SA-515M-2007）	≤0.31	≤0.33	≤0.35	≤0.35	≤0.35
A285 Gr.C（ASME SA-285/SA-285M-2007）	≤0.28				
SA240 Type 304（ASME SA-240/SA-240M-2007）	≤0.08				

续表

材料（技术条件）	Mn		P	S	Si	
	熔炼分析	成品分析			熔炼分析	成品分析
A515 Gr. 70（ASME SA-515/SA-515M-2007）	≤1.20	≤1.30	≤0.035	≤0.035	0.15～0.40	0.13～0.45
A285 Gr. C（ASME SA-285/SA-285M-2007）	≤0.90	≤0.98	≤0.035①	≤0.035①	—	—
SA240 Type 304（ASME SA-240/SA-240M-2007）	≤2.00		≤0.045	≤0.030	≤0.75	

材料（技术条件）	Cr	Mo	Ni	N
A515 Gr. 70（ASME SA-515/SA-515M-2007）	—	—	—	—
A285 Gr. C（ASME SA-285/SA-285M-2007）	—	—	—	—
SA240 Type 304（ASME SA-240/SA-240M-2007）	18.00～20.00	—	8.00～10.50	≤0.01

① 对熔炼分析和成品分析都适用。

表 11-8　　　　　钛管化学成分 W_t　　　　　（％）

材料（技术条件）	N	C	H	Fe	O	残余（单项）	残余（总量）	Ti
ASME SB338 Gr. 2（ASME SB-338-2007）	≤0.03	≤0.08	≤0.015	≤0.20	≤0.18	≤0.1	≤0.4	余量

表 11-9　　　　　凝汽器用金属材料拉伸性能

材料（技术条件）	抗拉强度（MPa）	屈服强度（MPa）	断后伸长率（200mm）（％）	断后伸长率（50mm）（％）
A515Gr. 70（ASME SA-515/SA-515M-2007）	485～620	≥260②	≥17①	≥21①
A285Gr. C（ASME SA-285/SA-285M-2007）	380～515	≥205	≥23①	≥27①
SA 266 Gr. 4（ASME SA-266/SA-266M-2007）	485～655	≥250	—	≥20
SA 240Type 304（ASME SA-240/SA-240M-2007）	≥515	≥205	—	≥40
ASME SB338 Gr. 2（ASME SB-338-2007）	≥345	275～450	—	≥20

① 参见 ASME SA-20/SA-20M 标准。
② 用 0.2％残余变形法或载荷下的 0.5％伸长测定。

第 3 节　加　热　器

11.3.1　工作条件

给水加热器是利用汽轮机抽汽加热给水的热交换器设备，是实现回热循环利用，提高电厂热经济性的重要设备。

加热器按传热方式不同可分为混合式和表面式两种，目前核电厂中均采用表面式加热器。按照压力的高低，又分为高压加热器和低压加热器，在给水泵和蒸汽发生器之间为高压加热器，在凝结水泵和给水泵之间为低压加热器。

高、低压加热器为卧式 U 形管-管板式表面热交换器，给水在管内流动，蒸汽在管外流动。

11.3.2　用材要求

加热器采用的所有材料具有优质的质量，且能适应预计工况的恶劣性，材料应在已成熟验证、应用的材料中选择。

给水加热设备内部所有易冲蚀、腐蚀的零部件都选用不锈钢材料，一般来说蒸汽防冲挡板和管束采用不锈钢，其余采用碳钢。在高 pH 值工况下，应避免使用对氨腐蚀敏感的合金。

11.3.3　常用材料

加热器常用金属材料的牌号及其技术标准见表 11-10。

表 11-10　　　　　　　　加热器常用金属材料的牌号及其技术标准

牌号	名称	技术标准	用途	备注
SA516Gr. 70	中、低温压力容器用碳钢板	ASME SA-516/SA-516M	壳体筒身、封头、水室/水室封头	成分和性能见表 11-3 和表 11-4
15CrMo（II级）	压力容器用碳素钢和低合金钢锻件	JB4726	蒸汽进口	—
15CrMo（III级）	压力容器用碳素钢和低合金钢锻件	JB4726	蒸汽进口、疏水进口	—
20MnMoIII	压力容器用碳素钢和低合金钢锻件	JB4726	人孔座、水室进出水管、管板	—
20MnMo IV	压力容器用碳素钢和低合金钢锻件	JB4726	管板	—
20 II	压力容器用碳素钢和低合金钢锻件	JB4726	疏水出口	—
20	压力容器用碳素钢和低合金钢锻件	JB4726	运行排气口、启停排气口、仪表接口	—
SA803TP439	给水加热器用焊接铁素体不锈钢管子	ASME SA-803/SA-803M	U 形管（管束）	用于高压加热器
SA688TP304L	给水加热器用焊接奥氏体不锈钢管子	ASME SA-688/SA-688M	U 形管（管束）	用于低压加热器
06Cr19Ni10[①]	不锈钢热轧钢板和钢带	GB/T 4237	蒸汽防冲挡板	—

① 06Cr19Ni10 的旧牌号为 0Cr18Ni9。

20、20MnMo、15CrMo 均为锻件，在 JB 4726《压力容器用碳素钢和低合金钢锻件》将锻件分为Ⅰ、Ⅱ、Ⅲ、Ⅳ四个级别。

Ⅰ类锻件：用于承受复杂应力和冲击振动、重负载工作条件、设计质量受到限制的零件这类零件损坏或失效会直接导致产品产生严重的后果，发生等级事故。或该零件虽受力不大，但损坏后会危及人身安全，或导致系统功能失效造成重大经济损失。

Ⅱ类锻件：用于承受固定的重负载和较小的冲击振动工作条件的零件。这类零件失效或损坏可能直接影响到其他零件、部件的损坏或失效。零件使用过程中一旦损坏会影响产品某一部分的正常工作，但不会导致等级事故或危及人身安全不会导致系统的工作失效。

Ⅲ类锻件：用于承受固定的负载，但不承受冲击和振动工作条件的零件。这类零件的损坏只会引起产品局部出现故障。

Ⅳ类锻件：用于承受负载不大、强度要求不高、安全系数较大的零件及除上述三类零件之外的零件。

每个级别的检验项目按照表 11-11 的规定。

表 11-11　　　　　　　　　　　　锻 件 分 级

锻件级别	检 验 项 目	检 验 数 量
Ⅰ	硬度（HB）	逐件检查
Ⅱ	拉伸和冲击（R_m、$R_{p0.2}$、A、A_{KV}）	同冶炼炉号、同炉热处理的锻件组成一批，每批抽检一件
Ⅲ	拉伸和冲击（R_m、$R_{p0.2}$、A、A_{KV}）	
	超声检测	逐件检查
Ⅳ	拉伸和冲击（R_m、$R_{p0.2}$、A、A_{KV}）	逐件检查
	超声检测	逐件检查

加热器常用金属材料化学成分见表 11-12，拉伸性能见表 11-13。

表 11-12　　　　　　　加热器常用金属材料化学成分 W_t　　　　　　　（%）

牌 号	成 分					
	C	Mn	P	S	Si	Ni
20（JB/T 4726—2000）	0.17～0.23	0.60～1.00	≤0.030	≤0.020	0.17～0.37	≤0.25
20MnMo（JB/T 4726—2000）	0.17～0.23	1.10～1.40	≤0.025	≤0.015	0.17～0.37	≤0.30
15CrMo（JB/T 4726—2000）	0.12～0.18	0.30～0.80	≤0.030	≤0.020	0.10～0.60	≤0.30
SA803TP439（ASME SA-803/SA-803M-2007）	≤0.07	≤1.00	≤0.040	≤0.030	≤1.00	≤0.50
SA688TP304L（ASME SA-688/SA-688M-2007）	≤0.035	≤2.00	≤0.040	≤0.030	≤0.75	8.00～13.00
06Cr19Ni10（GB/T 4327—2007）	0.08	2.00	0.045	0.030	0.75	8.00～10.50

续表

材料（技术条件）	成　分					
	Cr	Mo	Al	Cu	N	其他
20（JB/T 4726—2000）	≤0.25	—	—	≤0.25	—	—
20MnMo（JB/T 4726—2000）	≤0.30	0.20～0.35	—	≤0.25	—	—
15CrMo（JB/T 4726—2000）	0.80～1.25	0.45～0.65	—	≤0.25	—	—
SA803TP439（ASME SA-803/SA-803M-2007）	17.0～19.0	—	≤0.15	—	≤0.04	0.20+4 (C+N)～1.10
SA688TP304L（ASME SA-688/SA-688M-2007）	18.00～20.00	—	—	—	—	—
06Cr19Ni10（GB/T 4327—2007）	18.00～20.00	—	—	—	0.10	—

表 11-13　　　　　　　　　　加热器常用金属材料拉伸性能

材料（技术条件）	公称厚度（mm）	抗拉强度 R_m（MPa）	屈服强度 $R_{p0.2}$（MPa）	断后伸长率 A（%）
20（JB/T 4726—2000）	≤200	390～540	≥215	≥24
20MnMo（JB/T 4726—2000）	≤300	530～700	≥370	≥18
	>300～500	510～680	≥350	≥18
	>500～700	490～660	≥330	≥18
15CrMo（JB/T 4726—2000）	≤300	440～610	≥275	≥20
	>300～500	430～600	≥255	≥20
SA803TP439（ASME SA-803/SA-803M-2007）	—	≥415	≥205	≥20
SA688TP304L（ASME SA-688/SA-688M-2007）	—	≥485	≥175	≥35
06Cr19Ni10（GB/T 4327—2007）	—	≥515	≥205	≥40

第4节　除　氧　器

11.4.1　工作条件

除氧器是利用喷淋水与蒸汽直接接触，并将水加热到工作压力下的饱和温度，以除去水中溶解氧和其他气体的设备。

11.4.2　用材要求

除氧器设备采用的所有材料具有优质的质量，且能适应预计工作的恶劣性，材料应在已由压水堆核电厂成熟验证、应用的材料中选择。

设备材料符合 HEI 标准及 ASME 标准第 II 卷、第 VIII 部分及相关规定的材料要求。

在高 pH 值工况下，应避免使用对氨腐蚀敏感的合金。

除氧器设备内部所有易冲蚀、腐蚀的零部件都选用不锈钢材料。

除氧器喷嘴选用不锈钢制成，并布置在能方便地从壳体内取出的地方。

凡碳钢材料都应使用机械或化学方法除去内外表面的氧化层。当用化学方法清洗时，材料不应显出斑迹或其他过度的腐蚀，所有清洗出的废渣应全部清除。

11.4.3　常用材料

除氧器用主要金属材料见表 11-14，化学成分见表 11-15，拉伸性能见表 11-16。

表 11-14　　　　　　　　　　　　　除氧器用主要金属材料

牌号	名　称	技术标准	用　途
Q345R	锅炉和压力容器用钢板	GB 713	壳程：人孔法兰和人孔法兰盖、矩形接口法兰、支座底板、筋板；管程：管箱
022Cr19Ni10	承压设备用不锈钢钢板及钢带	GB 24511	壳程：上下封头、筒体、锥段、人孔短节、矩形接口筒节
00Cr19Ni10	锅炉、热交换器用不锈钢无缝钢管	GB/T 13296	换热管
S30408	承压设备用不锈钢和耐热钢锻件	NB/T 47010	管板

表 11-15　　　　　　　　　　除氧器主要材料化学成分要求 W_t　　　　　　　　（%）

材料（技术条件）	成　分				
	C	Si	Mn	P	S
Q345R[1]（GB 713—008）	≤0.20	≤0.55	1.20～1.60	≤0.025	≤0.015
022Cr19Ni10（GB 24511—2009）	≤0.030	≤0.75	≤2.00	≤0.035	≤0.020
00Cr19Ni10（GB/T 13296—2007）	≤0.030	≤1.00	≤2.00	≤0.035	≤0.30
S30408（NB/T 47010—2010）	≤0.080	≤1.00	≤2.00	≤0.035	≤0.020

材料（技术条件）	成　分			
	Ni	Cr	Mo	Alt
Q345R[1]（GB 713—2008）	—	—	—	≥0.020
022Cr19Ni10（GB 24511—2009）	8.00～12.00	18.00～20.00	—	—
00Cr19Ni10（GB/T 13296—2007）	8.00～12.00	8.00～12.00	—	—
S30408（NB/T 47010—2010）	8.00～10.50	18.00～20.00	—	—

①如果钢中加入 Nb、Ti、V 等微量元素，Alt 含量的下限不适用。

表 11-16 除氧器主要材料拉伸性能

材料（技术条件）	公称厚度（mm）	抗拉强度 R_m（MPa）	屈服强度 $R_{p0.2}$（MPa）	断后伸长率 A（%）
Q345R（GB 713—2008）	3～16	510～640	≥345	≥21
	>16～36	500～630	≥325	
	>36～60	490～620	≥315	
	>60～100	490～620	≥305	≥20
	>100～150	480～610	≥285	
	>150～200	470～600	≥265	
022Cr19Ni10（GB 24511—2009）	—	≥490	≥180	≥40
00Cr19Ni10（GB/T 13296—2007）	—	≥480	≥175	≥35
S30408（NB/T 47010—2010）	≤150	≥520	≥205	≥35
	>150～300	≥500	≥205	

第 5 节　泵

11.5.1　工作条件

泵的重要功能是输送规定的介质到特定的系统中去。核电厂常规岛使用的泵类设备较多，较重要的有：主给水泵、凝结水泵、循环水泵、疏水泵等。二回路泵的工作条件与管道相似，主要工作介质为高温高压水、冷凝水、除盐水、海水等。

11.5.2　用材要求

泵的工作条件较恶劣，一般对材料性能的要求：

（1）磨损性能在干摩擦和润滑摩擦状态下均应具有良好的耐磨性。

（2）汽蚀性能泵介质流量大，转速高，汽蚀条件十分苛刻，要求在正常运行和最大甩负荷等条件下均不应发生汽蚀现象。

（3）腐蚀性能泵介质的腐蚀性相差很大，不同介质要求不同的抗腐蚀性能。

（4）振动性能要求材料具有良好的减震性和较高的疲劳强度。

11.5.3　常用材料

非核级水泵数量较多，种类较杂，在此仅论述比较重要的水泵。表 11-17、表 11-18 为 CPR1000 非核级泵的用材情况介绍。

表 11-17　　　　　　　　　　　　　　　**CPR1000 常规岛水泵用材**

类型	部件	钢种	材料	标准
循环水系统循环水泵	轴	合金钢	A26 Grade 1022	ASTM A26
	叶轮	奥氏体-铁素体双相不锈钢	25/5 Duplex（S32760）	ASTM A276
电动主给水泵系统给水泵	轴	合金钢	S42000	ASTM A276
		马氏体不锈钢	410H	ASTM A276
	叶轮/导叶	不锈钢	CA6NM	ASTM A487 CL. A
	泵壳/泵盖	不锈钢	CA6NM	ASTM A487 CL. A
		碳钢	A105	ASTM A105
启动给水系统启动给水泵	轴	不锈钢	CA15	ASTM A105
		不锈钢	S41000	ASTM A276 Type 410H
		不锈钢	ASME A564 Type 630 H1100	ASME A564
	叶轮/导叶	不锈钢	Gr. CA6NM	ASTM A487
		不锈钢	CA15	ASTM A743
	泵壳/泵盖	不锈钢	SA105	ASTM A105
		碳钢	20MnMo	JB/ZQ4288
辅助冷却水系统辅助冷却水泵	轴	不锈钢	316L	ASME SA240
		双相钢	NH55（0Cr18Ni5Mo5）	—
	叶轮/导叶	不锈钢	1Cr18Ni9Ti	
		不锈钢	CF-8M	ASTM A351
		不锈钢	316L	ASTM A351
	泵壳/泵盖	双相钢	NH55（0Cr18Ni5Mo5）	—
		高镍铸铁	HT200-2Ni/SB	—
常规岛闭式冷却水系统闭式冷却水泵	轴	马氏体	3Cr13	GB/T 1220
		马氏体	2Cr13	GB/T 1220
		马氏体	40Cr	GB/T 3077
	叶轮/导叶	不锈钢	CF-8	ASTM A351
		奥氏体	304	ASTM A182
		不锈钢	ZG1Cr13Ni	—
	泵壳/泵盖	不锈钢	ZG230-450	GB/T 11352
		奥氏体	304	ASTM A182

续表

类型	部件	钢种	材料	标准
凝结水抽取系统凝结水泵	轴	沉淀硬化不锈钢	17-4PH	GB2100
		低合金钢	42CrMo	GB/T 3077
		合结钢	40CrNiMo	JB/T6396
	叶轮/导叶	马氏体	Gr. CA6NM	ASTM A487
		马氏体	ZG1Cr13	JB/T6405
		奥氏体	ZG0Cr18Ni9	GB 2100
	泵壳/泵盖	碳钢	Q235A	GB/T 709
		碳钢	QT500-7	GB/T 1348
给水加热器疏水回收系统低加疏水泵	轴	合金钢	40CrNiMo	JB/T 6396
		合金钢	40Cr/35CrMo	GB/T 3077
	叶轮/导叶	马氏体	CA-6NM	ASTM A743
		马氏体	ZG1Cr13	JB/T 6405
		马氏体	ZG1Cr13Ni	—
	泵壳/泵盖	碳钢	Q235A	GB/T 709
		碳钢	QT500-7	GB/T 1348

表 11-18　　　　　国内压水堆核电厂非核级泵用材情况

材料牌号	标准	使 用 设 备	部件
ZG25	—	给水除气器系统除氧器循环泵	泵壳
		凝结水净化处理系统净凝结水泵	泵壳
1Cr18Ni9	—	给水除气器系统除氧器循环泵	叶轮
ZG00Cr18Ni10	—	辅助给水系统除氧器给水泵	泵壳、叶轮
ZG1Cr13Ni	—	凝结水抽取系统凝结水泵	叶轮
1Cr26Ni6Mo2	—	循环水系统反冲洗泵	叶轮
BS1504.161 GR430	BS1504	给水除气器系统除氧器循环泵	泵壳
ASTM A439-D3	ASTM A439	给水除气器系统除氧器循环泵	泵轴
Z6CDNU20.08	AFNOR	循环水系统循环水泵	叶轮、前锥体
Z20C13	AFNOR	循环水系统循环水泵	泵轴

第6节 阀 门

11.6.1 工作条件

阀门的工作条件与管道相似，主要工作介质为高温高压水和蒸汽、冷凝水、除盐水、海水等。

11.6.2 用材要求

阀门安装于管道，用于实现工质流动的启停和调节功能。运行中，阀门除承受介质温度和进出口高压差的作用力外，还要承受工质的冲蚀、磨损和热应力的作用。因此，阀门壳体铸件对金属材料的要求如下：

（1）应具有良好的浇铸性能，即好的流动性及小的收缩性，为此，铸钢中碳、硅、锰的含量应比锻、轧件高一些。

（2）在高温及高压下长期工作的阀门壳体，应具有较高的持久强度和塑性，并具有良好地组织稳定性。

（3）承受疲劳载荷作用的阀体铸钢件，应具有良好地抗疲劳性能和较高的冲击韧性。

（4）承受高温蒸汽冲蚀与磨损的阀门壳体，应具有一定的抗氧化性能和耐磨性能。

（5）应具有良好的可焊性。选材时，主要依据阀体的工作温度和钢材的最高允许使用温度进行选用。存在于复杂形状阀体的危害性铸造缺陷，必须彻底清除后，用补焊的方法修复。

常规岛阀门的材料要求具有良好的耐腐蚀、抗冲击和抗晶间腐蚀性能。

11.6.3 常用材料

阀门常用材料如下：

（1）用于输送介质温度为 $-20℃\sim425℃$ 的碳素钢制阀门的主要零件材料，应符合表 11-19 的规定。

表 11-19　碳素钢阀门的主要零件材料

零件名称	材　料		
	名称	牌号	标准
阀体、阀盖启闭件、支架	碳素钢	WCB	GB/T 12229
	优质碳素钢	20、25	GB/T 699
阀杆	铬不锈钢	2Cr13、1Cr13	GB/T 1220
阀杆螺母	铝青铜	QAl 9-4	GB 4429
	铸铝青铜	ZCuAl10Fe3	GB/T 1176
螺栓	合金结构钢	35CrMo	GB/T 3077
螺母	优质碳素钢	35、45	GB/T 699

（2）用于输送介质温度低于或等于 $540℃$ 的合金钢的主要零件材料，应符合表 11-20 规定。

表 11-20　合金钢阀门的主要零件材料

零件名称	材　料		
	名称	牌号	标准
阀体、阀盖	铬钼钒铸钢	ZG15Cr1MoV	ZBJ98015
	铬钼钒钢	12Cr1MoV	GB/T 3077

续表

零件名称	材料		
	名称	牌号	标准
阀座、启闭件	铬钼钒铸钢	ZG15Cr1MoV	ZBJ98015
	铬镍钛铸钢	ZG1Cr18Ni9Ti	GB/T 2100
	铬镍钛钢	1Cr18Ni9Ti	GB/T 1221
	铬钼钒钢	12Cr1MoV	GB/T 3077
阀杆	铬钼钒钢	25Cr2MoVA	GB/T 3077
阀杆螺母	铝青铜	QAl 9-4	GB 4429
	铸铝青铜	ZCuAl10Fe3	GB/T 1176
阀座、启闭件的密封面	钴铬钨合金	—	GB/T 984
螺栓	铬钼钒钢	25Cr2MoVA	GB/T 3077
螺母	铬钼钢	35CrMo	GB/T 3077

（3）用于输送介质温度低于或等于 550℃的合金钢阀门的主要零件材料，应符合表 11-21 规定。

表 11-21　　　　　　　　　　　　　**合金钢阀门的主要零件材料**

零件名称	材料		
	名称	牌号	标准
阀体、阀盖	铬钼钢	ZG1Cr5Mo	—
	铬钼铸钢	1Cr5Mo	GB/T 1221
阀座、启闭件	铬钼铸钢	ZG1Cr5Mo	
	铬镍钛铸钢	ZG1Cr18Ni9Ti	GB/T 2210
	铬镍钛钢	1Cr18Ni9Ti	GB/T 1221
阀杆	铬镍钛钢	1Cr18Ni9Ti	GB/T 1221
	铬钼钒钢	25Cr2MoVA	GB/T 3077
阀杆螺母	铝青铜	QAl 9-4	GB 4429
	铸铝青铜	ZCuAl10Fe3	GB/T 1176
阀座、启闭件的密封面	钴铬钨合金	—	GB/T 984
螺栓	铬钼钒钢	25Cr2MoVA	GB/T 3077
螺母	铬钼钢	35CrMo	GB/T 3077

（4）用于输送介质温度低于或等于 200℃的不锈耐酸钢阀门的主要零件材料，应符合表 11-22 的规定。

表 11-22　　　　　　　　　　　　不锈耐酸钢阀门的主要零件材料

零件名称	材　料		
	名　　称	牌　　号	标　　准
阀体、阀盖、启闭件	铬镍钛铸钢	ZG0Cr18Ni9Ti	GB/T 2100
		ZG1CR18Ni9Ti	
	铬镍铸钢	ZG00Cr18Ni10	
	铬镍钛钢	0Cr18Ni9、1Cr18Ni9Ti	GB/T 1220
	铬镍钢	00Cr19Ni10	
	铬镍钼钛铸钢	ZG0Cr18Ni12Mo2Ti	GB/T 2100
		ZG1Cr18Ni12Mo2Ti	
		CF3M	GB/T 12230
	铬镍钼钛钢	0Cr18Ni12Mo2Ti	GB/T 1220
		1Cr18Ni12Mo2Ti	
	铬镍钼钢	00Cr17Ni14Mo2	
阀杆	铬镍钛钢	0Cr18Ni9、1Cr18Ni9Ti 00Cr19Ni10	GB/T 1220
	铬镍钼钛钢	1Cr18Ni12Mo_2Ti 0Cr18Ni12Mo2Ti	
	铬镍钼钢	00Cr17Ni14Mo2	
阀杆螺母	铝青铜	QAl 9-4	GB 4429
	铸铝青铜	ZCuAl10Fe3	GB/T 1176
螺栓	铬镍钢	1Cr17Ni2、1Cr18Ni9	GB/T 1220
螺母	铬不锈钢、铬镍钢	1Cr13、1Cr18Ni9	GB/T 1220

（5）用于 A、B 级管道且启闭频率的楔式闸阀的密封面材质，应选用硬质合金材料。

（6）对输送腐蚀性介质管道阀门的主要零件材质如有特殊要求时，应在订货时提出。

（7）与阀盖分开的合金钢、不锈钢阀门支架材料，应为碳钢或按订货要求确定。

（8）阀门填料和垫片的生产厂，必须经有关密封检测单位对其产品进行性能测试，技术性能应符合下列规定：

1）垫片本体表面不应有伤痕，凹凸不平和锈斑等缺陷。

2）非金属带应均匀突出于金属带，并应光洁平整。

3）垫片不得进行预压或其他加工，焊点不应有虚焊和过烧等缺陷。

表 11-23 和表 11-24 为国内核电厂常规岛阀门用材。

表 11-23　　　　　　　　常规岛阀门用材（以 CPR1000 机组为例）

阀门类别	部件名称	材料牌号	材 料 标 准
闸阀	阀体	A105	ASTM A105
		WCB	ASTM A216
		WC9	ASTM A217
		CF8	ASTM A351
	阀盖	A105	ASTM A105
		WCB	ASTM A216
		WC9	ASTM A217
		CF8	ASTM A351
	闸板	WCB	ASTM A216
		WC9	ASTM A217
		CF8	ASTM A351
	阀杆	1Cr13	ASTM A182
		304	ASTM A182
闸阀	阀体	ASTM A105N	ASTM A105N
	阀盖	ASTM A105N	ASTM A105N
	阀瓣	ASTM A182	ASTM A182
	阀杆	ASTM A182	ASTM A182
截止阀	阀体	A105	ASTM A105
		304	ASTM A182
		WCB	ASTM A216
		CF8	ASTM A351
	阀盖	A105	ASTM A105
		304	ASTM A182
		WCB	ASTM A216
		CF8	ASTM A351
	阀杆	1Cr13	ASTM A182
		304	ASTM A182
止回阀	阀体	A105	ASTM A105
		304	ASTM A182
		WCB	ASTM A216
		CF8	ASTM A351
	阀盖	A105	ASTM A105
		304	ASTM A182
		WCB	ASME SA-216/SA-216M
		CF8	ASTM A351

续表

阀门类别	部件名称	材料牌号	材 料 标 准
止回阀	阀体	F316L＋HF A105＋HF CF8	ASME SA-182 ASTM A105 ASTM A351
	阀盖	F316L A105 CF8	ASME SA-182 ASTM A105 ASTM A351
	阀瓣	F316L＋HF A105＋HF CF8＋HF	ASME SA-182 ASTM A105 ASTM A351
蝶阀	阀体	WCB	ASME SA-216/SA-216M
	蝶板	WCB	ASME SA-216/SA-216M
	支架	Q235A	GB/T 700
	阀杆	2Cr13	GB/T 1220
隔膜阀	阀体	CF3	ASTM A351
	阀盖	CF3	ASTM A351
	阀杆	0Cr17NiCu4Nb	GB/T 20878
	阀瓣	CF3	ASTM A351
安全阀	阀体	25 SA182-F53 WCB	GB/T 699 ASME SA-182/SA-182M ASME SA-216/SA-216M
	阀座	SA182-F316 SA182-F53	ASME SA-182/SA-182M ASME SA-182/SA-182M
	阀瓣	0Cr17NiCu4Nb SA182-F53 1Cr11MoV	GB/T 1220 ASME SA-182/SA-182M GB/T 1221
	阀杆	1Cr17Ni2 SA182-F53 3Cr13	GB/T 1220 ASME SA-182/SA-182M GB/T 1220
调节阀	阀体 阀盖	WCC WC9 CF8M	ASTM A216 ASTM A217 ASTM A351
	阀杆	S31600	ASTM A276
	阀芯	316 S41600 CB7Cu-1 H900	ASME SA-182/SA-182M ASTM A959 ASTM A747

表 11-24　　　　　　　　　　　　常规岛阀门常用材料

材料	标准	使 用 系 统	阀 门 类 型
25	GB/T 699	辅助给水系统，汽水分离再热器系统，电动主给水泵系统，蒸汽发生器排污系统等	止回阀、蝶阀、闸阀、隔膜阀等
20M5M	RCC-M M1112	主给水流量控制系统，辅助给水系统，主蒸汽系统，汽机旁路系统等	止回阀、蝶阀、闸阀、隔膜阀等
		蒸汽发生器排污系统，核岛冷冻水系统，辅助给水系统等	隔膜阀、调节阀等
20MN5M	RCC-M M1112	主蒸汽系统，循环水过滤系统等	蝶阀、闸阀
A42AP+ Stellite6	NF A37-205 NF A36-205	蒸汽发生器排污系统，辅助给水系统，主蒸汽系统等	截止阀、止回阀、隔膜阀等
		蒸汽发生器排污系统等	截止阀、闸阀等
WCB	ASTM A216	凝结水抽取系统，汽水分离再热器系统，循环水过滤系统，主给水流量控制系统，汽机旁路系统，给水除气器系统等	隔离阀、控制阀等
		辅助给水系统，汽水分离再热器系统，给水除气器系统，凝结水抽取系统，主蒸汽系统等	止回阀、蝶阀、闸阀、隔膜阀、球阀等
WCC	ASTM A216	辅助给水系统等	蝶阀，安全阀等
CF8M（铸造）	ASME SA-351	汽水分离再热器系统等	安全阀，控制阀等
		辅助给水系统等	安全阀，球阀等
CF3（铸造）	ASME SA-351	辅助给水系统等	调节阀等
Z2CN18.10	RCC-M M3301	汽机旁路系统等	蝶阀，截止阀，安全阀等
		汽机旁路系统等	蝶阀，截止阀，安全阀等

第7节　管　　道

11.7.1　工作条件

　　常规岛与火力发电站相似，包括由主蒸汽管道、给水管道构成的二回路系统和汽轮机（采用饱和蒸汽冲转汽轮机），其蒸汽温度和压力参数比火电低。目前的第 2 代核电技术的压水堆（如 CPR1000）设计的主蒸汽温度为 316℃、压力为 8.6MPa，新开发的第 3 代核电技术的反应堆（EPR 或 AP1000）的蒸汽温度和压力参数也无大的变化。

11.7.2　用材要求

　　在上述工作条件下，二回路管道材料采用碳素钢（碳锰钢）就能满足要求，因此常规岛二回路系统的主蒸汽管道和给水管道材料主要采用碳素钢（碳锰钢），牌号与核岛材料一致；也有部分采用 ASTM 标准的碳素钢；第 3 代核电厂管道材料采用的是碳素钢（碳锰钢）TU42C、P355NH。

　　常规岛二回路管道输送中温、中压并带有一定湿度的饱和蒸汽，由此会因蒸汽和水的流动速度较高而导致管道发生流动加速腐蚀。据有关研究发现，Cr 含量会抑制流动加速腐蚀的发生，所以对给水管道特别提出了控制 Cr 含量的要求；对于少量蒸汽湿度较大的高压缸排汽管线和高压加热器的抽汽管，则采用 Cr 含量为 2.25％的 Cr-Mo 热强钢管，疏水器之后的疏水管采用 304L 不锈钢。其牌号主要有：RCC-M1152（P280GH）；API 5L B、ASTM A106（Gr. B、Gr. C）；ASTM A335（P22、P11）；ASTM A312（TP304L）；按技术协议（控铬碳素钢 HD245、WB36CN1）ANSI B36.10。

11.7.3 常用材料

核电常规岛用管的规格多，涉及的钢种从碳素钢、合金钢、不锈钢，到镍基合金和钛合金，品种复杂，产品质量要求高，生产的技术难度大。

常规岛用管已国产化。中国广核集团的岭澳二期核电工程，是国内首个百万千瓦级核电厂，其常规岛二回路中的高压管道、合金管道、控铬管道及管件全部采用国内生产，这是我国百万千瓦级核电厂用压力管道、管件的首次全台（套）国产化。其主要的品种规格如下：

1. 控铬碳素钢 HD245

控铬碳素钢是为了满足常规岛给水管道抗蒸汽冲蚀性能的要求而开发的专用管，具有自主知识产权的中国牌号 HD245Cr（Φ48～660mm）已纳入正在制定的核电用管国家标准。

2. 主蒸汽管、给水管 WB36CN1

主蒸汽管、给水管 WB36CN1（Φ48.3～914mm）材质基于德国牌号 WB36S1，加入适量的 Cr 元素，重新设计化学成分，满足了主蒸汽管道高强度、高韧性及抗蒸汽冲蚀的性能要求。

3. 抽汽管道用管 P22

抽汽管道用管 P22（Φ168～610mm）主要技术要求以 ASTM A335 P22 为基础，增加了钢质纯净度、高温力学性能和冲击韧性等规定。

岭澳二期核电工程所需的全部无缝钢管和管件材料的生产，由国内厂家承担，主蒸汽管 WB36CN1 在首件试制评审中获得了国内专家组的肯定，已经正式进入岭澳二期核电厂使用；在此基础上，秦山二期核电扩建工程的常规岛管道系统所需的 P280GH、A106B、A106C 也将全部国产化。由此结束国内核电常规岛管道系统不能成套供货而长期依赖进口的局面，也标志着我国核电管道国产化进展取得重大突破。

表 11-25、表 11-26 为我国压水堆核电厂常规岛管道用材的统计。

表 11-25 常规岛管道常用材料

材料	标准	使 用 系 统
20	GB/T 699	低压给水加热器系统，给水除氧器系统，高压给水加热器系统，电动主给水泵系统，蒸汽发生器排污系统，主给水流量控制系统，辅助给水系统，凝结水净化处理系统，汽机轴封系统，凝结水抽取系统，汽机旁路系统，凝汽器真空系统，发电机密封油系统，汽机蒸汽和疏水系统，汽水分离再热器系统，公用压缩空气分配系统，生水系统，蒸汽转换器系统，主蒸汽系统等系统疏水管道及配件

续表

材料	标准	使 用 系 统
20G	GB 5310	消防水生产系统，主蒸汽系统，高压给水加热器系统，发电机密封油系统，汽机蒸汽和疏水系统，除盐水生产系统等系统管道及配件
ST48.8/Ⅲ	DN 17175	低压给水加热器系统，给水除气器系统，凝结水净化处理系统，凝结水抽取系统，汽水分离再热器系统等系统凝结水管道及配件
A42AP	NF A37-205 NF A36-205	蒸汽发生器排污系统，主给水流量控制系统，辅助给水系统，主蒸汽系统，汽机旁路系统，辅助蒸汽分配系统等系统管道及配件
A48AP	NF A37-205 NF A36-205	辅助给水系统，汽机旁路系统，仪用压缩空气分配系统，辅助蒸汽分配系统，主蒸汽系统等系统管道及配件
TU42C	NF A49-213	蒸汽发生器排污系统，主给水流量控制系统，辅助给水系统，核岛冷冻水系统，电气厂房冷冻水系统，汽机旁路系统，公用压缩空气分配系统系统管道及配件
		蒸汽发生器排污系统，主给水流量控制系统，辅助给水系统，主蒸汽系统等系统管道及配件
TU42B	NF A49-211	辅助给水系统，汽机旁路系统等系统管道及配件
TU48C	NF A49-213	蒸汽发生器排污系统，主给水流量控制系统，辅助给水系统，汽机旁路系统，主蒸汽系统，给水除气器系统
		辅助给水系统，主蒸汽系统，主给水流量控制系统，汽机旁路系统等非核管道
A106GR. B	ASTM A106	蒸汽发生器排污系统，辅助给水系统，凝汽器真空系统，电气厂房冷冻水系统，压缩空气生产系统，公用压缩空气分配系统，汽机旁路系统，主蒸汽系统，仪用压缩空气分配系统，常规岛除盐水分配系统，辅助蒸汽分配系统等系统管道及配件
A105	ASTM A105	蒸汽发生器排污系统，核岛冷冻水系统，电气厂房冷冻水系统，压缩空气生产系统，仪用压缩空气分配系统，辅助给水系统，凝汽器真空系统等系统管道及配件
A234GR. WPB	ASTM A234	辅助给水系统，蒸汽发生器排污系统，凝汽器真空系统，电气厂房冷冻水系统，汽机旁路系统，压缩空气生产系统，公用压缩空气分配系统，常规岛除盐水分配系统，化学试剂注射系统，辅助蒸汽分配系统，主蒸汽系统，常规岛除盐水分配系统等系统管道及配件
A234GR. B	ASTM A234	蒸汽发生器排污系统等系统管道及配件
P11	ASTM A335	低压给水加热器系统，高压给水加热器系统，汽水分离再热器系统等系统管道及配件
A515 GR. 60	ASTM A515	电气厂房冷冻水系统，辅助蒸汽分配系统等系统管道及配件
TUE250	NF A49-211	辅助给水系统，蒸汽发生器排污系统，汽机旁路系统，仪用压缩空气分配系统，辅助蒸汽分配系统，主蒸汽系统系统管道及配件
10CrMo910	DIN 17175	高压给水加热器系统，汽机旁路系统，主蒸汽系统等系统管道及配件
12Cr1MoV	GB/T 3077 GB/T 5310	低压给水加热器系统，给水除气器系统，高压给水加热器系统，汽水分离再热器系统，蒸汽转换器系统等系统管道及配件

材料	标准	使 用 系 统
10CrMoAl	Q/CG41-2003	消防水生产系统，循环水系统循环水管道（碳钢管部分），辅助冷却水系统开式循环冷却水管道
TP304L	ASTM A312	蒸汽发生器排污系统，辅助蒸汽分配系统系统管道及配件
WP304L	ASTM A403	蒸汽发生器排污系统，辅助给水系统，辅助蒸汽分配系统等系统管道及配件
304L	ASTM A479	辅助给水系统，辅助给水系统辅助给水除氧器系统有关管道（常规岛内管道），跌落井和排水渠部分管道
TP316L	ASTM A312	化学试剂注射系统等系统管道及配件
WP316L	ASTM A403	化学试剂注射系统等系统管道及配件
Z2CN18.10	RCC-M M3202	蒸汽发生器排污系统，主给水流量控制系统等系统管道及配件
		蒸汽发生器排污系统等系统管道及配件
F304L	ASTM A182	辅助给水系统，蒸汽发生器排污系统，压缩空气生产系统等系统管道及配件
1Cr18Ni9Ti	GB/T 1220	低压给水加热器系统，主给水流量控制系统，凝结水净化处理系统，循环水系统，凝汽器真空系统，汽机旁路系统，发电机密封油系统，汽机蒸汽和疏水系统，汽水分离再热器系统，发电机定子冷却水系统，公用压缩空气分配系统，除盐水生产系统，化学取样系统等系统管道及配件
00Cr19Ni10	GB/T 1220	除盐水生产系统等系统管道及配件

表 11-26　管 道 材 料

部 件 名 称	材 料 牌 号
常规岛大口径厚壁管道（$OD \geqslant 508mm$，$Th \geqslant 25mm$）	WB36 CN1
常规岛中小口径无缝管道（$OD60.3 \sim 660mm$，$Th < 25mm$）	WB36 CN1，A335P22，20 控 Cr
不锈钢焊接管道用钢板	Z2CN18.10
常规岛碳钢焊接管道用钢板	20 控 Cr

第 8 节　经 验 反 馈

　　流动加速腐蚀（Flow-Accelerated Corrosion，FAC）是碳钢或低合金钢的正常保护性氧化膜溶进流动的水或者汽水混合物中，氧化膜变薄且保护性降低，同时腐蚀速率增加，最后腐蚀速率等于溶解速率并保持恒定的一个过程。

　　FAC 是碳钢或低合金钢的正常保护性氧化膜溶进流动的水或者汽水混合物中，氧化膜变薄且保护性降低，同时腐蚀速率增加，最后腐蚀速率等于溶解速率并保持恒定的一个过程。有时氧化物层很薄，以至于基体金属表面暴露出来，但大多数情况下被腐蚀的表面是黑色的 Fe_3O_4。单相流体情况时，在低倍放大镜下经常看到折痕状、波浪状或橘皮状的外表，两相流体情况时经常看到一种被称为虎纹的外表。FAC 可发生在单相流体中，也可发生在两相流体中，因为水是去除氧化层必需的，FAC 不发生在干燥的或过热的蒸汽中。

　　1. 事件描述

　　（1）美国 Surry 核电厂。1986 年 12 月 9 日，由美国西屋公司设计的美国 Surry 核电厂

2 号机组凝结水管线的一个 φ18in 弯头在电站瞬态时突然破裂，造成 4 死 4 伤的严重后果。事后经过调查，2 个机组中的管线都存在大范围由 FAC 导致的壁厚减薄现象，最终 190 个部件被更换。失效照片如图 11-1 所示。

图 11-1   凝结水管道失效照片

（2）日本美滨核电厂。2004 年，日本美滨（Mihama）核电厂 3 号机组二回路管道发生破裂，造成 5 名维修人员死亡，6 人被灼伤的严重事故。事后检测结果显示，破口处管壁最薄处仅为 1.4mm 左右，较厚处也只有 3.4mm，低于设计允许的管壁最薄厚度 4.7mm。据日本核能与工业安全机构（The Nuclear and Industrial Safety Agency，NISA）报道，导致管道破裂的原因是流动加速腐蚀。失效照片如图 11-2 所示。

图 11-2   主给水管道失效照片

表 11-27 为美国部分核电厂发生的 FAC 事件统计。

表 11-27   美国部分核电厂发生的 FAC 事件统计

时间	地点	电厂类型	部件	FAC 破坏部位描述
1978	Oyster Creek	620MWe BWR	管	给水泵出口处给水管
1982.11	Navajo	Fossil	φ10in 弯头	温度 182℃； 流速 8m/s； 氨、碳酰联氨水处理； 锅炉给水泵的下游给水管

时间	地点	电厂类型	部件	FAC 破坏部位描述
1986.12.9	Surry 2 号机	822MWe PWR	ϕ18in 弯头	温度 190℃； 流速 5.5m/s； 氨、联氨水处理； 给水泵的上游凝结水管； 造成 4 人死亡
1987	Trojan	1095MWe PWR	多种	给水系统
1989.4	Arkansas nuclear one	858MWe PWR	ϕ14in 管	汽轮机出口下游第二级 高压抽汽管
1990.12	Millstone 3 号机	1142MWe PWR	ϕ6in 管	温度 193℃； 流速 5.5m/s； 氨、联氨水处理； 0%质量； 汽水分离器疏水管
1991.11	Millstone 2 号机	863MWe PWR	ϕ8in 弯头	温度 239℃； 流速 2.3m/s； 氨、联氨水处理； 0%质量； 再热器疏水箱疏水管
1993.3.1	Sequoyah 2 号机	1148MWe PWR	ϕ10in 管	高压抽汽管
1997.4.21	Fort Calhoun	478MWe PWR	ϕ12in 弯管	温度 211℃； 流速 47.2m/s； 抽汽管

2. 原因分析

通常认为 FAC 是材料在静止水中均匀腐蚀的一种扩展，其区别在于 FAC 的氧化膜/溶液界面存在流体流动。FAC 一般发生在除氧水中，发生时金属表面呈均匀腐蚀状态（不是呈点蚀或裂纹状），且其表面上有一层由运行条件与水化学工况决定的多孔氧化层，该氧化层及其金属基体的溶解、剥离是一个持续的、线性的过程（条件一定时，只与时间相关）。其宏观及微观示意图如图 11-3 所示。其发生过程可以简单概述如下：碳钢基体在流体中微量溶解氧的作用下生成疏松的氧化膜，由于溶液中存在 H^+，氧化膜与水质溶液接触的部分会发生局部溶解。此区域与主体溶液存在浓度差，溶解的 Fe 离子在扩散驱动力下会逐渐扩散到主体溶液当中，并随流体被带走。Fe 离子作为上述化学反应的生成物，随着流体的流动，浓度降低，因此，氧化膜的溶解与生成会持续进行下去，结果就形成了内表面出现橘皮状（或马蹄坑状、蜂窝状形貌），壁厚发生减薄。如果主体溶液是静水而不是流体，随着反应的进行，主体溶液中 Fe 离子浓度会逐渐增加，氧化膜溶解的化学反应速率也将逐渐减缓，到最后达到平衡态。

该过程的发生具体可以分解为两个耦合过程。第一个过程是氧化膜/水界面产生可溶解

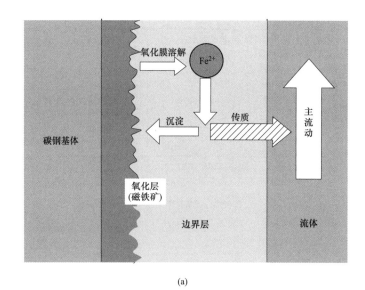

图 11-3　FAC 机理示意图

（a）宏观；（b）微观

的亚铁离子，该过程可分为三个同时发生的反应：

（1）铁在铁/磁铁矿界面的游离氧水溶液中发生氧化，反应方程式如下：

$$Fe+2H_2O \Rightarrow Fe(OH)_2+H_2 \tag{11-1}$$

$$Fe(OH)_2 \Leftrightarrow Fe^{2+}+2OH^- \tag{11-2}$$

$$3Fe+4H_2O \Leftrightarrow Fe_3O_4+4H_2 \tag{11-3}$$

根据 EPRI/EDF 等机构的研究，在金属/氧化物界面被氧化的铁有一半转化成 Fe_3O_4。

（2）金属表面生成的 Fe^{2+} 通过多孔的氧化膜层扩散到主体溶液当中，假设氧化膜中无网状环流，则该过程是由浓度梯度控制的。

（3）受溶液中 H^+ 的还原作用，磁铁矿膜在氧化膜/水界面发生溶解。反应方程式如下：

$$\frac{1}{3}Fe_3O_4 + (2-b)H^+ + \frac{1}{3}H_2 \Leftrightarrow Fe(OH)_b^{(2-b)} + \left(\frac{4}{3}-b\right)H_2O \tag{11-4}$$

式中，$b = 0，1，2，3$。具体取值取决于亚铁离子的水解程度。

对于一个稳定的过程来说，氧化膜厚度保持不变即 Fe_3O_4 在水/氧化膜层界面的溶解速率和其在铁/磁铁矿界面生成速率相等。

第二个过程是亚铁离子通过扩散边界层向主体溶液迁移的过程，该过程受扩散梯度控制。通常假设主体溶液中的亚铁离子 Fe^{2+} 浓度为 C_∞，氧化物/溶液界面的 Fe^{2+} 浓度为 C_s，且 $C_\infty \ll C_s$ 在这种条件下，如果氧化物/溶液界面的流体速度增加将导致腐蚀速率上升，管壁厚度不断减薄。

由上述机理分析可知，核电站二回路汽水系统中 FAC 影响因素主要包括流体动力学因素如流体流速、管路几何学、蒸汽质量或者双相流体中的气体百分比，环境因素如温度、pH 值、还原剂、氧浓度、水中杂质等，金属学因素即钢的化学成分。

3. 事件反馈

影响 FAC 的有流体、环境和材料等因素。材料是 FAC 的重要因素，因此要解决 FAC 问题，材料的改进和处理是一个非常重要的途径。通过研究发现：在碳钢中增加 Cr 元素的质量分数可以明显降低 FAC 速率。当碳钢中 Cr 的质量分数大于 0.04% 时，FAC 速率迅速下降；而当碳钢中 Cr 的质量分数达到 0.1% 时，就能大大降低单相流体的 FAC 速率；通常质量分数 1% 的铬就能使 FAC 速率降到很低，甚至可以忽略不计。

材料化学成分的改变可以提高管道抵抗流动加速腐蚀性能主要体现在以下三个方面：①提高材料的热力学稳定性；②促进材料表面形成耐蚀的钝化膜或腐蚀产物膜；③影响材料的组织结构如基体和第二相的种类及其含量等，从而提高材料的强度、硬度或改善其冲击韧性或耐磨性，甚至降低冲刷和腐蚀之间交互作用的大小。在材料化学成分一定的条件下，调整热处理方式获取不同的组织结构如基体或硬化相等也可显著影响其冲刷腐蚀性能。

将管道材料从碳钢改成耐 FAC 的材料时，FAC 速率会降低很多，见表 11-28。

表 11-28　　　　　　　　　　　　　常用替换金属抵抗 FAC 的性能

合　　金	碳钢速率/合金钢速率	Cr、Mo 名义含量（W_t%）
碳钢	1	0，0
A335，Grade P11	39	1.25%Cr，0.5%Mo
A335，Grade P22	76	2.25%Cr，1%Mo
304	>250	18%Cr

改变材料时要考虑以下因素：对 FAC 和其他类型腐蚀的耐蚀性；用新材料制造部件的可行性和费用；连接件焊接程序的可行性；某些合金材料要进行焊前和焊后热处理；系统中有多个部件被替换，并且容许应力或热膨胀系数不同于原始材料时，需要对管系再分析；制造替换部件耗费的时间。

替换的材料和方式有：Cr-Mo 合金钢、不锈钢、镍合金、对焊、火焰喷涂、对焊、双金属复合管道。

参 考 文 献

[1] 刘建章. 核结构材料 [M]. 北京：核工业出版社，2007.

[2] 广东核电培训中心编. 900MW 压水堆核电站系统与设备 [M]. 北京：原子能出版社，2007.

[3] ASME Boiler and Pressure Vessel Code II Materials，2004.

[4] 杨文斗. 反应堆材料学 [M]. 北京：原子能出版社，2006.

[5] Bindi Chexal，er. al. EPRI TR-106611-R1 Flow-accelerated Corrosion in Power Plants [R]. United States Electric Power Research Institute，1998.

[6] O. De Bouvier，er. al. Effect of Redox Conditions on Flow Accelerated Corrosion：Influence of Hydrazine and Oxygen [R]. United States Electric Power Research Institute，2002.

[7] 束国刚，薛飞，逯文新，等. 核电厂管道的流体加速腐蚀及其老化管理 [J]. 腐蚀与防护，2006，27 (2)：72-76.

[8] 唐炯然. 日本美滨核电厂 3 号机组蒸汽泄漏事故的启示 [J]. 核安全，2005 (3)：23-28.

[9] 张桂英，顾宇，邵杰. 核电站汽水管道流动加速腐蚀的影响因素分析及对策 [J]. 动力工程学报，2012，32 (2)：170-176.

核级设备用焊接填充材料

第1节　核级设备用焊接填充材料的分类

核级设备用焊接填充材料按品种的不同，主要可分为药皮焊条、焊丝、焊带和焊剂，而按合金种类的不同，又可分为碳钢类、低合金钢类、不锈钢类、镍基合金类和钴基合金类。

CPR1000 堆型核级设备使用的焊接填充材料，采用了法国 RCC-M 标准体系，焊接材料的型号以欧洲焊材标准型号为主，同时有些焊材也采用了美国 AWS 标准中的焊材类别。RCC-M 2007 版的 S 2000 填充材料的验收（Acceptance of Filler Materials）中，以填充材料数据单（Data Sheet）的形式，对常用的碳钢、低合金钢、不锈钢和镍基合金焊接填充材料进行规定，其中碳钢、低合金钢、镍基焊接填充材料均各有 5 种型号，不锈钢焊接填充材料有 10 种型号，而对钴基合金类焊接填充材料则没有规定。除非另有说明，否则本章所提填充材料数据单版本均为 RCC-M 2007 版。

我国压水堆核电厂用焊接材料系列标准 NB/T20009.1～14，系统规定了压水堆核电厂 1、2、3 级设备用填充材料的型号、技术要求、试验方法及检验规则等内容。其所规定的填充材料型号中，碳钢、不锈钢和镍基合金类分别有 9 种、11 种和 8 种，低合金钢和钴基合金类则均有 6 种。

12.1.1　碳钢焊接填充材料

1. 碳钢焊条

RCC-M 2007 版中的焊接填充材料数据单 S 2810 采用 AWS A5.1 的 E 7018 类别焊条，相当于 NF EN ISO 2560 中的 E 380 B、E 420 B 型号焊条，而在 RCC-M 2000 版＋2005 补遗的焊接填充材料数据单 S 2810 中，仅采用 NF EN 499 中的 E 380 B 型号焊条。

2. MAG 焊用碳钢实心焊丝

焊接填充材料数据单 S 2840 采用 AWS A5.18 的 ER 70 S 6 类别焊丝。

3. MAG 焊用碳钢药芯焊丝

焊接填充材料数据单 S 2850 采用 AWS A5.20 的 E 70 T 1 类别药芯焊丝。

4. 埋弧焊用碳钢焊丝焊剂

焊接填充材料数据单 S 2860 采用 AWS A5.17 的 E 70 E M 12 K 类别焊丝焊剂。

5. TIG 焊用碳钢焊丝

焊接填充材料数据单 S 2870 采用 AWS A5.18 的 ER 70 S 类别焊丝。

12.1.2　低合金钢焊接填充材料

1. 强辐照区外设备用低合金钢焊条

焊接填充材料数据单 S 2820A 采用 AWS A5.5 的 E 8018（低合金 Mn-Mo-Ni 钢）类别焊条。

2. 强辐照区设备用低合金钢焊条

焊接填充材料数据单 S 2820B 采用 AWS A5.5 的 E 8018（低合金 Mn-Mo-Ni 钢）类别焊条，其熔敷金属化学成分与 S 2820A 规定有所不同，对化学成分要求更严格，特别是对 P、S、Co、Cu 等元素。

3. 强辐照区外设备用埋弧焊低合金钢焊丝焊剂

焊接填充材料数据单 S 2830A 采用 AWS A5.23 的 E F 2（低合金 Mn-Mo-Ni 钢）类别焊丝焊剂。

4. 强辐照区设备用埋弧焊低合金钢焊丝焊剂

焊接填充材料数据单 S 2830B 采用 AWS A5.23 的 E F 2（低合金 Mn-Mo-Ni 钢）类别焊丝焊剂，其熔敷金属化学成分与 S2830A 规定有所不同，对化学成分要求更严格，特别是对 P、S、Cu 等元素。

5. 强辐照区外设备用 MAG 焊低合金钢药芯焊丝

焊接填充材料数据单 S 2880 采用 AWS A5.20 的 E 70 T 2（低合金 Mn-Mo-Ni 钢）类别药芯焊丝。

12.1.3　不锈钢焊接填充材料

1. TIG 焊用 ER 308 L 焊丝

RCC-M 2007 版焊接填充材料数据单 S 2910 采用 AWS A5.9 的 ER 308 L 类别焊丝，相当于 NF EN 12072 的 W 19 9 L 型号焊丝。RCC-M 2000 版＋2005 补遗焊接填充材料数据单 S 2910 采用 NF A 35-583 的 ER 308 L（Z 3 CN 20-10）型号焊丝。

2. TIG 焊用 ER 316 L 焊丝

RCC-M 2007 版焊接填充材料数据单 S 2915 采用 AWS A5.9 的 ER 316 L 类别焊丝，相当于 NF EN 12072 的 W 19 12 3 L 型号焊丝。RCC-M 2000 版＋2005 补遗焊接填充材料数据单采用 NF A 35-583 的 ER 316 L（Z 3 CND 19-13-03）型号焊丝类别焊丝。

3. E 308 L 焊条

RCC-M 2007 版焊接填充材料数据单 S 2920 采用 AWS A5.4 的 E 308 L 类别焊条，相当于 NF EN 1600 的 E 19 9 L 型号焊条。RCC-M 2000 版＋2005 补遗焊接填充材料数据单 S 2920 采用 AWS A5.4 的 E 308 L 型号焊条，相当于 NF A 81-343 的 Z 19-9 L 型号焊条。

4. E 316 L 焊条

RCC-M 2007 版焊接填充材料数据单 S 2925 采用 AWS A5.4 的 E 316 L 类别焊条，相当于 NF EN 1600 的 E 19 12 3 L 型号焊条。RCC-M 2000 版＋2005 补遗焊接填充材料数据单 S 2925 采用 AWS A5.4 的 E 316 L 类别焊条，相当于 NF A 81-343 的 Z 19-12-3 L 型号焊条。

5. E 309 L 焊条

RCC-M 2007 版焊接填充材料数据单 S 2930 采用 AWS A5.4 的 E 309 L 类别焊条，相当于 NF EN 1600 的 E 23　12 L 型号焊条。RCC-M 2000 版＋2005 补遗焊接填充材料数据单 S 2930 采用 AWS A5.4 的 E 309 L 类别焊条，相当于 NF A 81-343 的 Z 23-12 L 型号焊条。

6. 埋弧焊用 ER 308 L 焊丝焊剂

RCC-M 2007 版焊接填充材料数据单 S 2940 采用 AWS A5.9 的 ER 308 L 类别焊丝，相当于 NF EN 12072 的 SA 19 9 L 型号焊丝。RCC-M 2000 版＋2005 补遗焊接填充材料数据单 S 2940 采用 AWS A5.9 的 ER 308 L 类别焊丝，相当于 NF A 81-318 的 SA 19-9 L 型号焊丝。

7. 埋弧焊用 ER 316 L 焊丝焊剂

RCC-M 2007 版焊接填充材料数据单 S 2945 采用 AWS A5.9 的 ER 316 L 类别焊丝，相当于 NF EN 12072 的 S 19 12 3 L 型号焊丝。RCC-M 2000 版＋2005 补遗焊接填充材料数据单 S 2945 采用 AWS A5.9 的 ER 316 L 类别焊丝，相当于 NF A 81-318 的 SA 19-12-2 L 型号焊丝。

8. 埋弧焊用 ER 309 L 焊丝焊剂

RCC-M 2007 版焊接填充材料数据单 S 2950 采用 AWS A5.9 的 ER 309 L 类别焊丝，相当于 NF EN 12072 的 S 23　12 L 型号焊丝。RCC-M 2000 版＋2005 补遗焊接填充材料数据单 S 2950 采用 AWS A5.9 的 ER 309 L 类别焊丝，相当于 NF A 81-318 的 SA 23-12 L 型号焊丝。

9. 堆焊用 EQ 308 L 焊带焊剂

RCC-M 2007 版焊接填充材料数据单 S 2960 采用 AWS A5.9 的 EQ 308 L 类别焊带焊剂，相当于 NF EN 12072 的 S 19 9 L 型号焊带焊剂。RCC-M 2000 版＋2005 补遗焊接填充材料数据单 S 2960 采用 NF A 35-583 的 308 L（SA 19-9 L）型号焊带焊剂。

10. 堆焊用 EQ 309 L 焊带焊剂

RCC-M 2007 版焊接填充材料数据单 S 2970 采用 AWS A5.9 的 EQ 309 L 类别焊带焊剂，相当于 NF EN 12072 的 S 23 12 L 型号焊带焊剂。RCC-M 2000 版＋2005 补遗焊接填充材料数据单 S 2970 采用 NF A 35-583 的 309 L（SA 23-12 L）型号焊带焊剂。

12.1.4　镍基合金焊接填充材料

1. TIG 焊用 ER Ni Cr3 焊丝

焊接填充材料数据单 S 2980 采用 AWS A5.14 的 ER Ni Cr3 类别焊丝。

2. TIG 焊用 ER Ni-Cr-Fe7 焊丝

焊接填充材料数据单 S 2981 采用 AWS A5.14 的 ER Ni-Cr-Fe7（UNS N06052）类别焊丝。

3. E NiCrFe-3 焊条

焊接填充材料数据单 S 2985 采用 AWS A5.11 的 E Ni Cr Fe3 类别焊条。

4. E NiCrFe-7 焊条

焊接填充材料数据单 S 2986 采用 AWS A5.11 的 E Ni-Cr-Fe7（UNS W86152）类别

焊条。

5. 堆焊用 EQ NiCr-3 焊带焊剂

焊接填充材料数据单 S 2990 采用 AWS A5.14 的 ER Ni Cr3 类别焊带焊剂。

12.1.5　钴基合金焊接填充材料

RCC-M 2007 版未对钴基合金焊接填充材料进行规定。RCC-M 2000 版中的 S 8000 引用 NF M 64-100 的相关规定，将钴基合金焊接填充材料分为钴基合金焊条和钴基合金焊丝两大类。

1. 钴基合金焊条

核级设备堆焊用钴基合金焊条按 AWS A5.13 分为 ECoCr-A、ECoCr-B、ECoCr-C 和 ECoCr-E 等 4 种类别。

2. 钴基合金焊丝

核级设备堆焊用钴基合金焊丝按 AWS A5.21 分为 ERCoCr-A、ERCoCr-B、ERCoCr-C 和 ERCoCr-E 等 4 种类别。

第 2 节　核级设备用焊接填充材料的成分与性能

12.2.1　碳钢焊条

RCC-M 2007 版第 IV 卷 S 册填充材料数据单（S 2810）列出的碳钢焊条类别为 AWS A5.1 的 E 7018，相当于 NF EN 2560 的 E 380 B、E 420 B 焊条型号。该焊条的熔敷金属化学成分、力学性能列入表 12-1 和表 12-2。该焊条适用于 NF EN 10028-2 和 NF EN 10025-2 标准所列材料、16MND5 和 18MND5 等材料的承载焊缝和过渡层。

2010 版 ASME SFA-5.1/SFA-5.1M（等同 2004 版 AWS A5.1/A5.1M）标准中 E 7018 焊条的熔敷金属化学成分、力学性能分别列入表 12-3 和表 12-4。

我国 NB/T 20009.1—2010《压水堆核电厂用焊接材料　第 1 部分：1、2、3 级设备用碳钢焊条》规定的焊条型号包括 E 4315、E 5015 和 E 5018，这些焊条的熔敷金属化学成分、力学性能分别列入表 12-5 和表 12-6。通常 E 4315 用于最小抗拉强度 420 MPa 级别碳钢的焊接，E 5015、E 5018 用于最小抗拉强度 490 MPa 级别碳钢的焊接。

表 12-1　　　　　RCC-M 2007 版中碳钢焊条熔敷金属化学成分 W_t　　　　　（%）

焊条型号	C	Si	Mn	P	S
E 7018	≤0.100	≤0.90	≤1.40	≤0.025① ≤0.030②	≤0.025

焊条型号	Ni	Cr	Mo	Cu	V
E 7018	≤0.30③	≤0.20③	≤0.50	≤0.25①	≤0.04③

① 对核 1 级部件。

② 对除核 1 级外的部件。

③ 如果其他地方要求应进行分析。

表 12-2　　　　　　　　2007 版 RCC-M 标准中碳钢焊条熔敷金属力学性能

焊条型号	焊缝状态	室温拉伸			350℃（或和 360℃）拉伸			KV（室温）（J）	
		$R_{p0.2}$（MPa）	R_m（MPa）	A（%）	$R_{p0.2}$（MPa）	R_m（MPa）	A（%）	平均	最小
E 7018	焊态或消应力热处理	根据母材决定						≥60	≥42[①]
								≥40	≥28[②]

① 对核 1 级部件。

② 对除核 1 级外的部件。

表 12-3　　　2010 版 ASME SFA-5/SFA-5.1M 标准中 E 7018 焊条熔敷金属化学成分 W_t　　　（%）

焊条型号	C	Mn	Si	P	S	Ni	Cr	Mo	V	Mn+Ni+Cr+Mo+V
E 7018	≤0.15	≤1.60	≤0.75	≤0.035	≤0.035	≤0.30	≤0.20	≤0.30	≤0.08	≤1.75

表 12-4　　　　2010 版 ASME SFA-5/SFA-5.1M 标准中 E 7018 焊条熔敷金属力学性能

焊条型号	焊缝状态	室温拉伸			KV（−30℃）（J）	
		$R_{p0.2}$（MPa）	R_m（MPa）	A（%）	平均	最小
E 7018		≥400	≥490	≥22	≥27	≥20

表 12-5　　　　　NB/T 20009.1—2010 标准中焊条熔敷金属化学成分（W_t%）

焊条型号	C	Si	Mn	P	S	Ni	Cr	Mo	V	Cu
E 4315[①]	≤0.10	≤0.55	≤1.25	≤0.025	≤0.018	≤0.30	≤0.20	≤0.30	≤0.04	≤0.25
E 5015，E 5018[②]	≤0.10	≤0.90	≤1.40	≤0.025	≤0.025	≤0.30	≤0.20	≤0.30	≤0.04	≤0.25

① （Mn+Cr+Ni+Mo+V）≤1.50。

② （Mn+Cr+Ni+Mo+V）≤1.75。

表 12-6　　　　　NB/T 20009.1—2010 标准中焊条熔敷金属力学性能

焊条型号	焊缝状态	室温拉伸试验[①]			300℃拉伸试验			KV（0℃）（J）		KV（−30℃[②]）（J）	
		$R_{p0.2}$（MPa）	R_m（MPa）	A（%）	$R_{p0.2}$（MPa）	R_m（MPa）	A（%）	平均	最小	平均	最小
E 4315	焊态或热处理态	≥330	420～600	≥22	≥160	报告测试数据	报告测试数据	>56	>40[③]	>27	>20[③]
E 5018-1	焊态	≥400	490～640	≥22	≥215	报告测试数据	报告测试数据				
	热处理态	≥400	470～630								

① $R_m×A$ 应大于 10500。

② 当设计有要求时。

③ 每组 3 个试样，只允许有 1 个在规定的平均值以下。

12.2.2　低合金钢焊条

RCC-M 2007 版标准第 Ⅳ 卷 S 册填充材料数据单（S 2820A，S 2820B）列出了低合金 Mn-Mo-Ni 钢手工电弧焊焊条，要求符合 AWS A5.5 标准 E 8018 焊条的要求。该焊条的类别、熔敷金属化学成分、力学性能分别列入表 12-7～表 12-9。强辐照区外用 E 8018 主要用于 16MND5、18MND5、20MND5、P295GH（NF EN 10028-2）、P355GH（NF EN 10028-2）

和 RCC-M　M1111 所列材料的承载焊缝和隔离层焊缝；强辐照区用 E 8018 焊条主要用于 RCC-M M2111、M2111 bis 所列材料的承载焊缝和隔离层焊缝。

2010 版 ASME SFA-5.5/SFA-5.5M 标准（等同 2006 版 AWS A5.5/A5.5M）中没有直接用于核设备用 Mn-Mo-Ni 型低合金钢焊条类别，但与此相关的有 E 9018-G、E 8018-G 和 E 8018-NM1 等类别。这些焊条的熔敷金属化学成分和力学性能列入表 12-10 和表 12-11。

我国 NB/T 20009.2—2010《压水堆核电厂用焊接材料　第 2 部分：1、2、3 级设备用低合金钢焊条》规定的焊条型号为 GB/T 5118 中 E 5518-G（相当于 AWS A5.5 E 8018-G）、E 5515-G 和 E 5018-G（相当于 AWS A5.5 E 7018-G）、E 5015-G，这些焊条的熔敷金属化学成分、力学性能分别列入表 12-12 和表 12-13。

表 12-7　　　　　　　　　　　　熔敷金属化学成分 W_t　　　　　　　　　　　（%）

焊条型号	C	Si	Mn	P	S	Ni
E 8018（S 2820A）强辐照区外	≤0.100	0.15～0.60	0.80～1.80	≤0.025	≤0.025	≤1.50
E 8018（S 2820B）	≤0.100	0.15～0.60	0.80～1.80	≤0.012	≤0.015	≤1.20

焊条型号	Cr	Mo	Co	Cu	V	—
E 8018（S 2820A）强辐照区外	≤0.30	0.25～0.65	≤0.10	≤0.15	≤0.04	—
E 8018（S 2820B）	≤0.30	0.35～0.65	≤0.03	≤0.06	≤0.02	—

表 12-8　　　　　　　　　　　　熔敷金属拉伸试验

焊条型号	焊后消应力处理	室　温　拉　伸			350℃拉伸			360℃拉伸		
		$R_{p0.2}$ (MPa)	R_m (MPa)	A (%)	$R_{p0.2}$ (MPa)	R_m (MPa)	A (%)	$R_{p0.2}$ (MPa)	R_m (MPa)	A (%)
E 8018（S 2820A）强辐照区外	615℃×15h	①	①～800	≥20	①	—	—	①	—	—
E 8018（S 2820B）		≥400	550～800	≥20	≥300	—	—			

① 根据母材确定下限值。

表 12-9　　　　　　　　　　　　熔敷金属冲击性能

焊条型号	焊后消应力处理	KV（0℃）(J)		KV（-20℃）(J)		KV（　℃）(J)		RT_{NDT}（　℃）
		平均	最小	平均	最小	平均	最小	
E 8018（S 2820A）强辐照区外	615℃×15h	≥60	≥42	≥40	≥28	根据设备要求确定	根据设备要求确定	根据设备要求确定
E 8018（S 2820B）		≥60	≥42	≥40	≥28	根据设备要求确定	根据设备要求确定	根据设备要求确定

表 12-10　　　　　　　　　未经稀释焊缝金属化学成分 W_t　　　　　　　（%）

焊条型号	C	Mn	Si	P	S	Ni
E 9018-G	—	≥1.00①	≥0.80①	≤0.03	≤0.03	≥0.50①
E 8018-G	—	≥1.00①	≥0.80①	≤0.03	≤0.03	≥0.50①
E 8018-NM1	≤0.10	0.80～1.25	≤0.60	≤0.02	≤0.02	0.80～1.10

续表

焊条型号	Cr	Mo	V	Cu	Al	—
E 9018-G	≥0.30①	≥0.20①	≥0.10①	≥0.20①	—	—
E 8018-G	≥0.30①	≥0.20①	≥0.10①	≥0.20①	—	—
E 8018-NM1	≤0.10	0.40~0.65	≤0.02	≤0.10	≤0.05	—

① 为了满足 G 组合金的要求，焊缝金属中应至少有列于本表中一个元素的最低值。其他元素要求可由供需双方商定。

表 12-11　　　　　　　　　　未经稀释焊缝金属力学性能

焊条型号	室 温 拉 伸			KV (−40℃) (J)		焊 后 状 态
	$R_{p0.2}$ (MPa)	R_m (MPa)	A (%)	平均	最小	
E 9018-G	≥530	≥620	≥17	—	—	焊态或焊后热处理态
E 8018-G	≥460	≥550	≥19	—	—	焊态或焊后热处理态
E 8018-NM1	≥460	≥550	≥19	≥27	≥20	焊态

表 12-12　　　　　　　　　　熔敷金属化学成分 (W_t%)

焊条型号	C	Mn	P	S	Si	Ni	Cr	Mo	V	Co	Cu
E 5518-G E 5515-G （强辐照区）	≤0.10	0.80~1.80	≤0.010	≤0.010	0.15~0.60	≤1.20	≤0.30	0.35~0.65	≤0.02	≤0.03	≤0.05
E 5518-G E 5515-G （非强辐照区）	≤0.10	0.80~1.80	≤0.020	≤0.010	0.15~0.60	≤1.50	≤0.30	0.25~0.65	≤0.04	≤0.10	≤0.15
E 5018-G E 5015-G	≤0.10	0.80~1.80	≤0.020	≤0.010	0.15~0.60	≤1.20	≤0.30	0.35~0.65	≤0.04	≤0.10	≤0.15

注　E 5518-G 用于 1 级设备，应考虑微量元素（Sn、Sb、B、As）的考核要求。

表 12-13　　　　　　　　　　熔敷金属力学性能

焊条型号		室温拉伸			350℃（或 360℃）拉伸			夏比 V 形缺口冲击试验	强辐照区上平台能量	RT_{NDT} 测定
		$R_{p0.2}$ (MPa)	R_m (MPa)	A (%)	$R_{p0.2}$ (MPa)	R_m (MPa)	A (%)			
E 5518-G E 5515-G	强辐照区	≥400	550~700	≥20	≥300	提供数据	提供数据	②	③	④
	非强辐照区	≥400	①~700	≥20	根据母材确定	提供数据	提供数据			
E 5018-G，E 5015-G		≥275	485~630	≥20	≥20	提供数据	提供数据			

① 根据母材确定下限值。

② 熔敷金属夏比 V 形缺口冲击试验的温度和合格标准应符合相应母材和规格书的规定要求或符合下列要求：

　　(1) 在 0℃，一组 3 个试样的试验结果，应满足冲击功平均值大于 56J，单个最小值大于 40J（只允许有 1 个在规定的平均值以下）；

　　(2) 在 −20℃，一组 3 个试样的试验结果，应满足冲击功平均值大于 40J，单个最小值大于 28J（只允许有 1 个在规定的平均值以下）；

　　(3) 对于强辐照区，在 20℃，一组 3 个试样的试验结果，应满足每个冲击功值大于 104J；

　　(4) 对于强辐照区以外，在 20℃，一组 3 个试样的试验结果，应满足每个冲击功值大于 72J。

③ 对于强辐照区，上平台能量（USE）冲击功不低于 104J（3 个试样的每个值）。

④ 熔敷金属的落锤试验应符合相应母材的规定要求或符合下列要求：对于辐照区以外的焊缝金属 RT_{NDT}≤0℃；对于辐照区的焊缝金属 RT_{NDT}≤−20℃。

12.2.3 不锈钢焊条

RCC-M 2007 版标准第 IV 卷 S 册填充材料数据单（S 2920，S 2925，S 2930）列出的不锈钢焊条型号有 E 308 L（相当于 NF EN 1600 的 E 19 9 L 型号）、E 309 L（相当于 NF EN 1600 的 E 23 12 L 型号）和 E 316 L（相当于 NF EN 1600 的 E 19 12 3 L 型号）。这些焊条的熔敷金属化学成分和力学性能分别列入表 12-14 和表 12-15。E 308 L 适用于 Z 2 CN18-10、控氮 Z 2 CN18-1 和 Z 2 CN20-09 等材料的承载焊缝和过渡层、堆焊层；E 309 L 适用于 16MND5、18MND5、M 1111 所列材料、P295GH（NF EN 10028-2）和 P355GH（NF EN 10028-2）等材料的承载焊缝和过渡层、堆焊层；E 316 L 适用于 Z 2 CND 17-12、Z 2 CN 18-10、控氮 Z 3 CND 17-12、控氮 Z 2 CN 18-10 和 Z 3 CND 19-10 等材料的承载焊缝和过渡层、堆焊层。

2010版 ASME SFA-5.4/SFA-5.4M 标准（等同 2006 版 AWS A5.4/A5.4M）中 E 308 L、E 309 L 和 E 316 L 焊条的熔敷金属化学成分、力学性能分别列入表 12-16 和表 12-17。

我国 NB/T 20009.3—2010《压水堆核电厂用焊接材料 第 3 部分：1、2、3 级设备用不锈钢焊条》规定的焊条型号有 E 308 L、E 309 L、E 316 L 等 3 种，这些焊条的熔敷金属化学成分、力学性能分别列入表 12-18 和表 12-19。此外，E 308 L 和 E 316 L 焊条应进行熔敷金属的晶间腐蚀试验，试样应无晶间腐蚀倾向。

表 12-14   熔敷金属化学成分 W_t （%）

焊条型号	C	Si	Mn	P	S	Ni	Cr	Mo	Co	N_2
E 308 L[①]	≤0.035	≤0.90	≤2.50[②]	≤0.025	≤0.025	9.00～12.00	18.00～21.00	≤0.50	≤0.20 目标≤0.15	提供数据
E 309 L[①]	≤0.030	≤0.90	≤2.50	≤0.025	≤0.025	11.00～14.00	22.00～25.00	≤0.50	≤0.20 目标≤0.15	—
E 316 L[①]	≤0.035	≤0.90	≤2.50	≤0.025	≤0.025	12.00～14.00	18.00～20.00	2.00～3.00	—	提供数据

① E 308 L 焊条和 E 316 L 焊条熔敷金属 δ 铁素体含量为 5%～15%，目标值 5%～12%；E 309 L 焊条熔敷金属 δ 铁素体含量 8%～18%。

② 作堆焊层焊缝时，应限制 Mn 含量。

表 12-15   熔敷金属力学性能

焊条型号	焊缝状态	室温拉伸			350℃拉伸			360℃拉伸			KV（室温）（J）	
		$R_{p0.2}$ (MPa)	R_m (MPa)	A (%)	$R_{p0.2}$ (MPa)	R_m (MPa)	A (%)	$R_{p0.2}$ (MPa)	R_m (MPa)	A (%)	平均	最小
E 308 L	焊态	≥210	520～670	≥30	≥125	—	—	—	—	—	≥60	≥42
E 309 L		—	—	—	—	—	—	—	—	—	—	—
E 316 L		≥210	520～670	≥30	≥140	—	—	≥130	—	—	≥60	≥42

表 12-16 　　　　　　　　　　　熔敷金属化学成分 W_t 　　　　　　　　　　　（%）

焊条型号	C	Cr	Ni	Mo	Mn	Si	P	S	Cu
E 308 L	≤0.04	18.0～21.0	9.0～11.0	≤0.75	0.5～2.5	≤1.00	≤0.04	≤0.03	≤0.75
E 309 L	≤0.04	22.0～25.0	12.0～14.0	≤0.75	0.5～2.5	≤1.00	≤0.04	≤0.03	≤0.75
E 316 L	≤0.04	17.0～20.0	11.0～14.0	2.0～3.0	0.5～2.5	≤1.00	≤0.04	≤0.03	≤0.75

注　如果在分析的过程中发现有其他元素存在，则应进一步分析，以确定这些元素的总含量（Fe 除外）不超过 0.5%。

表 12-17 　　　　　　　　　　　熔敷金属力学性能

焊条型号	焊缝状态	室温拉伸			KV（J）
		$R_{p0.2}$（MPa）	R_m（MPa）	A（%）	
E 308 L	焊态	—	≥520	≥35	—
E 309 L	焊态	—	≥520	≥30	—
E 316 L	焊态	—	≥490	≥30	—

表 12-18 　　　　　　　　　　　熔敷金属化学成分 W_t 　　　　　　　　　　　（%）

焊条型号	C	Si	Mn	P	S	Ni	Cr
E 308 L	≤0.035	≤0.90	0.5～2.5	≤0.025	≤0.015	9.00～12.00	18.00～21.00
E 309 L	≤0.030	≤0.90	0.5～2.50	≤0.025	≤0.015	11.00～14.00	22.00～25.00
E 316 L	≤0.035	≤0.90	0.5～2.50	≤0.025	≤0.015	12.00～14.00	18.00～20.00

焊条型号	Mo	Co	B	Cu	N	Nb	—
E 308 L	≤0.50	≤0.15	≤0.0018	≤0.10	提供分析数据	提供分析数据	
E 309 L	≤0.50	≤0.15	≤0.0018	≤0.10	提供分析数据	提供分析数据	
E 316 L	2.00～3.00	≤0.15	≤0.0018	≤0.10	提供分析数据	提供分析数据	

注　1. 如果在分析的过程中发现有其他元素存在，则应进一步分析，以确定这些元素的总含量（Fe 除外）不超过 0.5%。

　　2. E308L 作堆焊用焊条时，控制 Mn≤2.00%。

　　3. 要求 E308L 焊条和 E316L 焊条熔敷金属 δ铁素体含量 5%～15%，目标值 5%～12%；要求 E309L 焊条熔敷金属 δ铁素体含量 8%～18%。

表 12-19 　　　　　　　　　　　熔敷金属力学性能

焊条型号	焊缝状态	室温拉伸			350℃拉伸			360℃拉伸			KV（室温）（J）	
		$R_{p0.2}$（MPa）	R_m（MPa）	A（%）	$R_{p0.2}$（MPa）	R_m（MPa）	A（%）	$R_{p0.2}$（MPa）	R_m（MPa）	A（%）	平均	最小
E 308 L E 309 L	焊态	≥210	520～670	≥30	≥125	提供试验数据	提供试验数据	—	—	—	—	≥60
E 316 L		≥210	520～670	≥30	≥140	提供试验数据	提供试验数据	≥130	提供试验数据	提供试验数据	—	≥60

12.2.4　镍基合金焊条

RCC-M 2007 版第 IV 卷 S 册填充材料数据单（S 2985，S 2986）列出的镍基合金焊条型号有 ASME AWS A5.11 的 E NiCrFe-3、E NiCrFe-7。这 2 种焊条的熔敷金属化学成分和力学性能分别列入表 12-20 和表 12-21。E NiCrFe-3 适用于镍基合金、16MND5、18MND5 等材料的承载焊缝和过渡层、堆焊层，不锈钢材料的过渡层；E NiCrFe-7 适用于镍基合金、RCC-M 中 M 4107/M 4108/M 4109 所列材料、16MND5、18MND5 等材料的承载焊缝和过渡层、堆焊层，不锈钢材料的过渡层。

2010 版 ASME SFA-5.11/SFA-5.11M 标准（等同 2005 版 AWS A5.11/A5.11M）中可用于核级设备焊接的镍基合金焊条有 E NiCrFe-2、E NiCrFe-3 和 E NiCrFe-7。这些焊条的熔敷金属化学成分和力学性能分别列入表 12-22 和表 12-23。

我国 NB/T 20009.4—2013《压水堆核电厂用焊接材料　第 4 部分：1、2、3 级设备用镍基合金焊条》规定的焊条型号有 E NiCrFe-3，E NiCrFe-7，这 2 种焊条的熔敷金属化学成分、力学性能分别列入表 12-24 和表 12-25。这 2 种焊条熔敷金属晶间腐蚀性能要求由供需双方协议。

表 12-20　　　　　　　　　　　　　熔敷金属化学成分 W_t　　　　　　　　　　（%）

焊条型号	C	Si	Mn	P	S	Ni	Cr	Mo
E NiCrFe-3	≤0.100	≤1.00 目标≤0.60	5.00 ~9.50	≤0.020	≤0.015	≥59.00	13.00 ~17.00	—
E NiCrFe-7	≤0.045	≤0.65	≤5.00	≤0.020	≤0.010	余量	28.00 ~31.50	≤0.50

焊条型号	Co	Cu	Ti	Fe	Ta+Nb	其他	N_2	Al
E NiCrFe-3	≤0.10	≤0.50	≤1.00	6.00~10.00	1.00~2.50 目标1.80~2.50	≤0.50	—	—
E NiCrFe-7	≤0.10	≤0.50	≤0.50	8.00~12.00	1.20~2.20	提供	提供	提供

表 12-21　　　　　　　　　　　　　熔敷金属力学性能

焊条型号	焊缝状态	室温拉伸			350℃拉伸			KV（室温）（J）	
		$R_{p0.2}$ (MPa)	R_m (MPa)	A (%)	$R_{p0.2}$ (MPa)	R_m (MPa)	A (%)	平均	最小
E NiCrFe-3	焊态	≥250	550~800	≥30	≥190	—	—	≥60	≥42
E NiCrFe-7		≥240	550~800	≥30	≥190	—	—	≥60	≥42

表 12-22 熔敷金属化学成分 W_t (%)

焊条型号	C	Mn	Fe	P	S	Si	Cu	Ni
E NiCrFe-2	≤0.10	1.0~3.5	≤12.0	≤0.03	≤0.02	≤0.75	≤0.50	≥62.0
E NiCrFe-3	≤0.10	5.0~9.5	≤10.0	≤0.03	≤0.015	≤1.0	≤0.50	≥59.0
E NiCrFe-7[②]	≤0.05	≤5.0	7.0~12.0	≤0.03	≤0.015	≤0.75	≤0.50	余量

焊条型号	Co	Al	Ti	Cr	Nb+Ta	Mo	其他元素总和
E NiCrFe-2	[①]	—	—	13.0~17.0	0.5~3.0[③]	0.5~2.5	≤0.50
E NiCrFe-3	[①]	—	≤1.0	13.0~17.0	1.0~2.5[③]	—	≤0.50
E NiCrFe-7[②]	[①]	≤0.50	≤0.50	28.0~31.5	1.0~2.5	≤0.5	≤0.50

① 当订货方指定时，Co≤0.12%。

② 当订货方指定时，B≤0.005 %，Zr≤0.020%。

③ 当订货方指定时，Ta≤0.30%。

表 12-23 熔敷金属力学性能

焊条型号	焊缝状态	室温拉伸			350℃拉伸			KV（室温）（J）	
		$R_{p0.2}$（MPa）	R_m（MPa）	A（%）	$R_{p0.2}$（MPa）	R_m（MPa）	A（%）	平均	最小
E NiCrFe-2	焊态	—	≥550	≥30	—	—	—	—	—
E NiCrFe-3		—	≥550	≥30	—	—	—	—	—
E NiCrFe-7		—	≥550	≥30	—	—	—	—	—

表 12-24 熔敷金属化学成分 W_t (%)

焊条型号	C	Mn	Fe	P	S	Si	Cu	Ni
E NiCrFe-3	≤0.100	5.00~9.50	6.00~10.00	≤0.020	≤0.010	≤0.60	≤0.50	≥59.00
E NiCrFe-7	≤0.045	≤5.00	8.00~12.00	≤0.020	≤0.010	≤0.65	≤0.50	余量

焊条型号	Co	Al	Ti	Cr	Nb+Ta	Mo	其他	N
E NiCrFe-3	≤0.10	—	≤1.00	13.00~17.00	1.00~2.50	—	≤0.5	—
E NiCrFe-7	≤0.10	≤0.50	≤0.50	28.00~31.50	1.20~2.20	≤0.50	提供数据	提供数据

表 12-25　　　　　　　　　　　　　　　熔敷金属力学性能

焊条型号	焊缝状态	室温拉伸			350℃（或360℃）拉伸			KV（室温）（J）	
		$R_{p0.2}$（MPa）	R_m（MPa）	A（%）	$R_{p0.2}$（MPa）	R_m（MPa）	A（%）	平均	最小
E NiCrFe-3	焊态或热处理态	≥250	550~800	≥30	≥190	提供数据	提供数据	—	≥60
E NiCrFe-7		≥240	550~750	≥30	≥190	提供数据	提供数据		≥60

12.2.5　碳钢气体保护电弧焊药芯焊丝

RCC-M 2007 版标准第 IV 卷 S 册填充材料数据单（S 2850）列出的碳钢气体保护电弧焊药芯焊丝型号有 AWS A5.20 的 E 70 T 1 型药芯焊丝，其熔敷金属化学成分和力学性能分别列入表 12-26 和表 12-27。该焊丝可用于 RCC-M 中 M 1111 所列材料、EN 10028-2 和 EN 10025-2 标准中所列材料的承载焊缝、过渡层焊缝。

2010 版 ASME SFA-5.20/SFA-5.20M 标准（等同 2005 版 AWS A5.20/A5.20M）中 E 70 T-1 焊丝的熔敷金属化学成分和力学性能分别列入表 12-28 和表 12-29。E 70 T-1 在 ASME SFA-5.20M（2010 版）中的牌号为 E 490 T-1C。

我国 NB/T 20009.5—2013《压水堆核电厂用焊接材料　第 5 部分：1、2、3 级设备用碳钢气体保护电弧焊药芯焊丝》规定的焊丝型号有 E 50×T-1、E 50×T-1M，这些焊丝的熔敷金属化学成分、力学性能分别列入表 12-30 和表 12-31。它们与 2007 版 RCC-M、2010 版 ASME SFA-5.20/SFA-5.20M 等几个标准中的型号对照如表 12-32 所示。

表 12-26　　　　　　　　　熔敷金属化学成分 W_t　　　　　　　　　（%）

焊丝型号	C	Si	Mn	P	S	Ni	Cr	Cu
E 70 T 1	提供数据	提供数据	提供数据	≤0.020[1] ≤0.020[2]	≤0.025	提供数据	提供数据	≤0.25[1] ≤0.30[2]

[1] 对核 1 级部件。

[2] 对除核 1 级外的部件。

表 12-27　　　　　　　　　　　　　　　熔敷金属力学性能

焊丝型号	焊缝状态	室温拉伸			其他温度拉伸			KV（室温）（J）		KV（　℃）（J）		RT_{NDT}（　℃）
		$R_{p0.2}$（MPa）	R_m（MPa）	A（%）	$R_{p0.2}$（MPa）	R_m（MPa）	A（%）	平均	最小	平均	最小	
E 70 T 1	消应力热处理	由母材决定						≥56[1] ≥40[2]	≥40[1] ≥28[2]	[3] —	[3] —	[3] —

[1] 对核 1 级部件。

[2] 对除核 1 级外的部件。

[3] 根据设备规范书要求确定。

表 12-28　　　　　　　　　熔敷金属化学成分[1] W_t　　　　　　　　　（%）

焊丝型号	C	Mn	Si	P	S	Cr[2]	Ni[2]	Mo[2]	V[2]	Al[2]	Cu[2]
E 70 T-1	≤0.12	≤1.75	≤0.90	≤0.03	≤0.03	≤0.20	≤0.50	≤0.30	≤0.08	—	≤0.35

[1] 表中所列所有元素均应分析，所列元素含量总和不大于 5%。

[2] 仅为有意加入时，报告这些元素的分析结果。

表 12-29　　　　　　　　　　　　　熔敷金属力学性能

焊丝型号	焊缝状态	室 温 拉 伸			其他温度拉伸			KV（$-20℃$）（J）	
		$R_{p0.2}$（MPa）	R_m（MPa）	A（%）	$R_{p0.2}$（MPa）	R_m（MPa）	A（%）	平均	最小
E 70 T-1	—	≥390	490~670	≥22	—	—	—	—	≥27

表 12-30　　　　　　　　　　　熔敷金属化学成分（W_t%）

焊条型号	C	Si	Mn	P	S	Ni	Cr	Mo	V	Cu
E 50×T-1 E 50×T-1M	≤0.12	≤0.90	≤1.75	≤0.025	≤0.015	≤0.50	≤0.20	≤0.30	≤0.08	≤0.25

表 12-31　　　　　　　　　　　　熔敷金属力学性能

焊条型号	焊缝状态	室 温 拉 伸			KV（$0℃$）（J）		KV（$-20℃$）[2]（J）	
		$R_{p0.2}$（MPa）	R_m（MPa）	A（%）	平均	最小[1]	平均	最小[1]
E 50×T-1 E 50×T-1M	焊态或热处理态	≥390	490~670	≥22	≥60	≥42	≥27	≥20

① 一组 3 个试样，仅允许有 1 个试样的试验结果低于平均值。

② 当设计有要求时，应进行－20℃下冲击试验。

表 12-32　　　　　　　　　　不同标准药芯焊丝型号对照表

NB/T 20009.5—2013	ASME SFA-5.20（2010 版）等同 AWS A5.20（2005 版）	ASME SFA-5.20M（2010 版）等同 AWS A5.20M（2005 版）	RCC-M（2007 版）
E 50×T-1	E7×T-1	E49×T-1	E 70 T 1
E 50×T-1M	E7×T-1M	E49×T-1M	

注　符号"×"表示推荐的焊接位置：0 表示平焊和横焊位置；1 表示全位置。

12.2.6　MAG 焊用碳钢焊丝

RCC-M 2007 版标准第 IV 卷 S 册填充材料数据单（S 2840）列出的碳钢气体保护电弧焊焊丝型号为 AWS A5.18 的 ER 70 S 6 型焊丝，其熔敷金属化学成分和力学性能分别列入表 12-33 和表 12-34。该焊丝可用于 RCC-M 中 M 1111 材料、EN 10028-2 和 EN 10025-2 标准中所列材料的承载焊缝、过渡层焊缝。

2010 版 ASME SFA-5.18 标准（等同 2005 版 AWS A5.18）中 ER 70 S-6 焊丝的熔敷金属化学成分和力学性能分别列入表 12-35 和表 12-36。

表 12-33　　　　　　　　　熔敷金属化学成分 W_t　　　　　　　　　（%）

焊丝型号	C	Si	Mn	P	S	Cu
ER 70 S 6	≤0.15	≤1.20	≤2.00	≤0.025	≤0.025	≤0.25[1] ≤0.30[2]

① 对核 1 级部件。

② 对除核 1 级外的部件。

表 12-34　　　　　　　　　　　熔敷金属力学性能

焊丝型号	焊缝状态	室温拉伸			其他温度拉伸			KV（室温）（J）		KV（ ℃）（J）		RT_{NDT}（ ℃）
		$R_{p0.2}$（MPa）	R_m（MPa）	A（%）	$R_{p0.2}$（MPa）	R_m（MPa）	A（%）	平均	最小	平均	最小	
ER 70 S 6	消应力热处理	由母材决定						≥60[1]	≥42[1]	[3]		[3]
								≥40[2]	≥28[2]	—		—

[1] 对核 1 级部件。

[2] 对除核 1 级外的部件。

[3] 根据设备规范书要求确定。

表 12-35　　　　　　　　　　　熔敷金属化学成分 W_t　　　　　　　　　（%）

焊丝型号	C	Mn	Si	P	S	Ni	Cr	Mo	V	Cu
ER 70 S-6	0.06~0.15	1.40~1.85	0.80~1.15	≤0.025	≤0.035	≤0.15	≤0.15	≤0.15	≤0.03	≤0.50

表 12-36　　　　　　　　　　　熔敷金属力学性能

焊丝型号	焊缝状态	室温拉伸			其他温度拉伸			KV（−30℃）（J）	
		$R_{p0.2}$（MPa）	R_m（MPa）	A（%）	$R_{p0.2}$（MPa）	R_m（MPa）	A（%）	平均	最小
ER 70 S-6	—	≥400	≥480	≥22	—	—	—	≥27	

12.2.7　TIG 焊用碳钢焊丝

RCC-M 2007 版标准第 Ⅳ 卷 S 册填充材料数据单（S 2870）列出的碳钢 TIG 焊用焊丝型号为 AWS A5.18 的 ER 70 S 型焊丝，其化学成分列入表 12-37。该焊丝可用于 EN 10028-2 和 EN 10025-2 标准中所列材料的 TIG 打底焊缝和密封焊缝。

2010 版 ASME SFA-5.18 标准（等同 2005 版 AWS A5.18）中 ER 70 S-6 焊丝的化学成分和熔敷金属力学性能分别列入表 12-38 和表 12-39。

我国 NB/T 20009.6—2012《压水堆核电厂用焊接材料　第 6 部分：1、2、3 级设备用碳钢气体保护电弧焊焊丝》规定的 TIG 焊焊丝型号有 ER 50-3、ER 50-6，这 2 种焊丝的化学成分、熔敷金属力学性能分别列入表 12-40 和表 12-41。

表 12-37　　　　　　　　　　　焊丝化学成分 W_t　　　　　　　　　（%）

焊丝型号	C	Si	Mn	P	S	Ni	Cr	Cu
ER 70 S	提供数据	提供数据	提供数据	≤0.030	≤0.025	提供数据	提供数据	≤0.30[1]

[1] 对堆焊层。

表 12-38　　　　　　　　　　　焊丝化学成分 W_t　　　　　　　　　（%）

焊丝型号	C	Mn	Si	P	S	Ni	Cr	Mo	V	Cu
ER 70 S-6	0.06~0.15	1.40~1.85	0.80~1.15	≤0.025	≤0.035	≤0.15	≤0.15	≤0.15	≤0.03	≤0.50

表 12-39 熔敷金属力学性能

焊丝型号	焊缝状态	室温拉伸			其他温度拉伸			KV（－30℃）（J）	
		$R_{p0.2}$（MPa）	R_m（MPa）	A（%）	$R_{p0.2}$（MPa）	R_m（MPa）	A（%）	平均	最小
ER 70 S-6	焊态	≥400	≥480	≥22	—	—	—	≥27	—

表 12-40 焊丝的化学成分 W_t （%）

焊条型号	C	Mn	Si	S	P
ER 50-3	0.06～0.15	0.90～1.40	0.45～0.75	≤0.015	≤0.025
ER 50-6	0.06～0.15	1.40～1.85	0.80～1.15	≤0.015	≤0.025

焊条型号	Ni	Cr	Mo	V	Cu
ER 50-3	≤0.15	≤0.15	≤0.15	≤0.03	≤0.25
ER 50-6	≤0.15	≤0.15	≤0.15	≤0.03	≤0.25

表 12-41 熔敷金属力学性能

焊条型号	焊缝状态	室温拉伸			300℃拉伸			KV（0℃）（J）		KV（温度①）（J）	
		$R_{p0.2}$（MPa）	R_m（MPa）	A（%）	$R_{p0.2}$（MPa）	R_m（MPa）	A（%）	平均	最小②	平均	最小②
ER 50-3	焊态	≥400	490～640	≥22	≥215	提供数据	提供数据	≥60	≥42	≥27	≥20
ER 50-6	热处理态	根据母材确定									

① 当设计有要求时，应进行该温度下的冲击试验。ER 50-3 焊丝试验温度为－20℃，ER 50-6 焊丝试验温度为 －30℃。

② 一组 3 个试样，仅允许有 1 个试样的试验结果低于平均值。

12.2.8 低合金钢气体保护电弧焊药芯焊丝

RCC-M 2007 版标准第 Ⅳ 卷 S 册填充材料数据单（S 2880）列出的低合金 Mn-Mo-Ni 钢（强辐照区外）气体保护电弧焊药芯焊丝型号为 AWS A5.20 的 E 70 T 2 型焊丝，其熔敷金属化学成分和力学性能分别列入表 12-42～表 12-44。该焊丝可用于 RCC M M 2114 所列材料的承载焊缝、过渡层焊缝。

2010 版 ASME SFA-5.20 标准（等同 2005 版 AWS A5.20）中对 E 70 T-2 焊丝的熔敷金属各元素化学成分无具体要求，但 Cr、Ni、Mo、V、Al、Cu 等元素为有意加入时，需报告这些元素的分析结果；熔敷金属元素含量总和（Fe 除外）应不大于 5%。该焊丝熔敷金属力学性能如表 12-45 所示。

表 12-42 熔敷金属化学成分 W_t （%）

焊丝型号	C	Si	Mn	P	S	Ni	Cr	Mo	Co	Cu	V
E 70 T 2	≤0.100	0.15～0.60	0.80～1.80	≤0.025	≤0.025	≤1.20	≤0.30	0.35～0.65	≤0.10	≤0.15	≤0.04

表 12-43　　　　　　　　　　　　熔敷金属拉伸性能

焊条型号	焊后消应力处理	室温拉伸			350℃拉伸			360℃拉伸		
		$R_{p0.2}$ (MPa)	R_m (MPa)	A (%)	$R_{p0.2}$ (MPa)	R_m (MPa)	A (%)	$R_{p0.2}$ (MPa)	R_m (MPa)	A (%)
E 70 T 2	615℃×15h	≥400	550～800	≥20	≥300	—	—	—	—	—

表 12-44　　　　　　　　　　　　熔敷金属冲击性能

焊条型号	焊后消应力处理	KV (0℃) (J)		KV (−20℃) (J)		KV (　℃) (J)		RT_{NDT} (　℃)
		平均	最小	平均	最小	平均	最小	
E 70 T 2	615℃×15h	≥60	≥42	≥40	≥28	①	①	①

① 根据设备要求确定。

表 12-45　　　　　　　　　　　　熔敷金属力学性能

焊丝型号	焊缝状态	室温拉伸			其他温度拉伸			KV (　℃) (J)	
		$R_{p0.2}$ (MPa)	R_m (MPa)	A (%)	$R_{p0.2}$ (MPa)	R_m (MPa)	A (%)	平均	最小
E 70 T-2	—	—	≥490	—	—	—	—		

12.2.9　不锈钢钨极气体保护电弧焊焊丝

RCC-M 2007 版标准第 IV 卷 S 册填充材料数据单（S 2910，S 2915）列出的不锈钢钨极气体保护电弧焊（TIG）焊丝型号有 AWS A5.9 的 ER 308 L、ER 316 L，其化学成分和熔敷金属力学性能分别列入表 12-46 和表 12-47。ER 308 L 相当于 NF EN 12072 标准中的 W 199 L 型号焊丝，可用于 Z 2 CN 18-10、控氮 Z 2 CN 18-10、Z 3 CN 18-10、Z3 CN 20-09 等材料的承载焊缝、过渡层焊缝、TIG 焊打底焊缝和堆焊层。ER 316 L 相当于 NF EN 12072 标准中的 W 19 12 3 L 型号焊丝，可用于控氮 Z 3 CND 17-12、Z 2 CN 18-10、控氮 Z 2 CN 18-10、Z 2 CND 17-12、Z 3 CND 19-10 等材料的承载焊缝、过渡层焊缝、TIG 焊打底焊缝和堆焊层。

2010 版 ASME SFA-5.9/SFA-5.9M 标准（等同 2006 版 AWS A5.9/A5.9M）中可用于核级设备的不锈钢焊丝有 ER 308 L、ER 309 L 和 ER 316 L。这些焊丝的化学成分和熔敷金属力学性能分别列入表 12-48 和表 12-49。

我国 NB/T 20009.7—2012《压水堆核电厂用焊接材料　第 7 部分：1、2、3 级设备用不锈钢焊丝和填充丝》规定的钨极气体保护电弧焊焊丝有 ER 308 L、ER 309 L 和 ER 316 L 等 3 种。这 3 种焊丝的化学成分、熔敷金属力学性能分别列入表 12-50 和表 12-51。应按 GB/T4334—2008 标准中 E 方法对 ER 308 L、ER 316 L 的熔敷金属试样进行晶间腐蚀试验，试样应无晶间腐蚀倾向。

表 12-46　　　　　　　　　　　　焊丝化学成分 W_t　　　　　　　　　　　（%）

焊丝型号	C	Si	Mn	P	S
ER 308 L	≤0.030	≤0.60	1.00～2.50	≤0.025	≤0.020
ER 316 L	≤0.030	≤0.60	1.00～2.50	≤0.025	≤0.020

续表

焊丝型号	Ni	Cr	Mo	Co	—
ER 308 L	9.00～11.00	19.00～21.50	≤0.50	≤0.20	—
ER 316 L	12.00～14.00	18.00～20.00	2.00～3.00	≤0.20	—

注　要求 ER 308 L 焊丝和 ER 316 L 焊丝熔敷金属 δ 铁素体含量为 5%～15%，目标值 5%～12%。

表 12-47　　　　　　　　　　　熔敷金属力学性能

焊丝型号	焊缝状态	室温拉伸			350℃拉伸			360℃拉伸			KV（室温）（J）	
		$R_{p0.2}$ (MPa)	R_m (MPa)	A (%)	$R_{p0.2}$ (MPa)	R_m (MPa)	A (%)	$R_{p0.2}$ (MPa)	R_m (MPa)	A (%)	平均	最小
ER 308 L	焊态	≥210	520～670	≥30	≥125	—	—	—	—	—	≥60	≥42
ER 316 L		≥210	520～670	≥30	≥140	—	—	≥130	—	—	≥60	≥42

表 12-48　　　　　　　　　　　焊丝化学成分 W_t　　　　　　　　　　　（%）

焊丝型号	C	Cr	Ni	Mo	Mn	Si	P	S	N	Cu	V
ER 308 L	≤0.03	19.5～22.0	9.0～11.0	≤0.75	1.0～2.5	0.30～0.65	≤0.03	≤0.03	—	≤0.75	—
ER 309 L	≤0.03	23.0～25.0	12.0～14.0	≤0.75	1.0～2.5	0.30～0.65	≤0.03	≤0.03	—	≤0.75	—
ER 316 L	≤0.03	18.0～20.0	11.0～14.0	2.0～3.0	1.0～2.5	0.30～0.65	≤0.03	≤0.03	—	≤0.75	—

注　其他元素含量之和（Fe 除外）不大于 0.50%。

表 12-49　　　　　　　　　　　熔敷金属力学性能表

焊丝型号	焊缝状态	室温拉伸			KV(J)
		$R_{p0.2}$ (MPa)	R_m (MPa)	A (%)	
ER 308 L	焊态	—	≥520	≥35	
ER 309 L	焊态	—	≥520	≥30	
ER 316 L	焊态	—	≥490	≥30	

表 12-50　　　　　　　　　　　焊丝化学成分 W_t　　　　　　　　　　　（%）

焊丝型号	C	Si	Mn	P	S	Ni
ER 308 L	≤0.030	≤0.60	1.00～2.50	≤0.025	≤0.020	9.00～11.00
ER 309 L	≤0.030	0.30～0.65	1.00～2.50	≤0.025	≤0.020	12.00～14.00
ER 316 L	≤0.030	≤0.60	1.00～2.50	≤0.025	≤0.020	12.00～14.00
焊丝型号	Cr	Mo	Co	Cu	N	Nb
ER 308 L	18.50～21.50	≤0.50	≤0.20	提供数据	提供数据	提供数据
ER 309 L	23.00～25.00	≤0.75	提供数据	≤0.75	提供数据	提供数据
ER 316 L	18.00～20.00	2.00～3.00	≤0.20	提供数据	提供数据	提供数据

注　ER 308 L 焊丝和 ER 316 L 焊丝熔敷金属 δ 铁素体含量应为 5%～15%，目标值 5%～12%；ER 309 L 焊丝熔敷金属 δ 铁素体含量应为 8%～18%。

表 12-51　　　　　　　　　　　　　熔敷金属力学性能

焊丝型号	焊缝状态	室温拉伸			350℃（或360℃）拉伸			KV（室温）（J）
		$R_{p0.2}$（MPa）	R_m（MPa）	A（%）	$R_{p0.2}$（MPa）	R_m（MPa）	A（%）	最小
ER 308 L	焊态	≥210	520～670	≥30	≥125	提供数据	提供数据	≥60
ER 309 L		提供数据	≥520	≥30	提供数据	提供数据	提供数据	提供数据
ER 316 L		≥210	520～670	≥30	≥140	提供数据	提供数据	≥60

12.2.10　镍基合金钨极气体保护电弧焊焊丝

RCC-M 2007 版标准第 IV 卷 S 册填充材料数据单（S 2980，S 2981）列出的镍基钨极气体保护电弧焊（TIG）焊丝型号有 AWS A5.14 的 ER Ni Cr 3、ER Ni-Cr-Fe 7，其化学成分和熔敷金属力学性能分别列入表 12-52 和表 12-53。ER Ni Cr 3 可用于 Ni 基合金和 RCC-M M 1111 所列材料的 TIG 焊打底焊缝和封底焊缝，16MND5、18MND5 材料的承载焊缝、过渡层、TIG 焊打底焊缝、密封焊缝和堆焊层；ER Ni-Cr-Fe 7 可用于 Ni 基合金、M 4107/M 4108/M 4109/M 1111 所列材料和不锈钢等材料的 TIG 焊打底焊缝和密封焊缝，16MND5、18MND5 材料的承载焊缝、过渡层、TIG 焊打底焊缝、密封焊缝和堆焊层。

2010 版 ASME SFA-5.14/SFA-5.14M 标准（等同 2005 版 AWS A5.14/A5.14M）中可用于核级设备的镍基焊丝有 ER NiCr-3、ER NiCrFe-7。这些焊丝的化学成分和熔敷金属力学性能分别列入表 12-54 和表 12-55。

我国 NB/T 20009.8—2012《压水堆核电厂用焊接材料　第 8 部分：1、2、3 级设备用镍基合金焊丝和填充丝》规定的钨极气体保护电弧焊焊丝有 ER NiCr-3、ER NiCrFe-7 和 ER NiCrFe-7A 等 3 种。这 3 种焊丝的化学成分、熔敷金属力学性能分别列入表 12-56 和表 12-57。规程还规定应对 ER NiCr-3、ER NiCrFe-7 和 ER NiCrFe-7A 的熔敷金属试样进行晶间腐蚀试验，试样应无晶间腐蚀倾向。

表 12-52　　　　　　　　　　　　焊丝化学成分 W_t　　　　　　　　　　（%）

焊丝型号	C	Si	Mn	P	S	Ni	Cr	Mo
ER NiCr 3	≤0.100	≤0.50	2.50～3.50	≤0.020	≤0.015	≥67.00	18～20.00	—
ER Ni-Cr-Fe 7	≤0.040	≤0.50	≤1.00	≤0.020	≤0.010	余量	28.00～31.50	≤0.50

焊丝型号	Co	Cu	Ti	Fe	N_2	Ta+Nb	Al	其他
ER NiCr 3	≤0.10	≤0.50	≤0.75	≤3.00	≤0.50	2.00～3.00	—	—
ER Ni-Cr-Fe 7	≤0.10	≤0.30	≤1.00	8.00～12.00	≤0.030	≤0.10	≤1.10	提供数据

表 12-53　　　　　　　　　　　　　　　　　　熔敷金属力学性能

焊丝型号	焊缝状态	室温拉伸			350℃拉伸			360℃拉伸			KV（室温）（J）	
		$R_{p0.2}$（MPa）	R_m（MPa）	A（%）	$R_{p0.2}$（MPa）	R_m（MPa）	A（%）	$R_{p0.2}$（MPa）	R_m（MPa）	A（%）	平均	最小
ER NiCr 3	焊态	≥240	550～800	≥30	≥190	—	—	—	—	—	≥60	≥42
ER NiCrFe 7		≥240	550～800	≥30	≥190	—	—	—	—	—	≥60	≥42

表 12-54　　　　　　　　　　　　　　　　　焊丝化学成分 W_t　　　　　　　　　　　　　（%）

焊丝型号	C	Mn	Fe	P	S	Si	Cu	Ni	Co
ER NiCr-3	≤0.10	2.5～3.5	≤3.0	≤0.03	≤0.015	≤0.50	≤0.50	≥67.0	①
ER NiCrFe-7②	≤0.04	≤1.0	7.0～11.0	≤0.02	≤0.015	≤0.50	≤0.30	余量	

焊丝型号	Al	Ti	Cr	Ta+Nb	Mo	其他	—	—	—
ER NiCr-3	—	≤0.75	18.0～22.0	2.0～3.0		≤0.50			
ER NiCrFe-7②	≤1.10	≤1.0	28.0～31.5	≤0.10	≤0.50	≤0.50			

① 订货可要求 Co≤0.12%。

② Al+Ti≤1.5%。

表 12-55　　　　　　　　　　　　　　　　　　熔敷金属力学性能

焊丝型号	焊缝状态	室温拉伸			KV（J）
		$R_{p0.2}$（MPa）	R_m（MPa）	A（%）	
ER NiCr-3	焊态	—	≥550	—	—
ER NiCrFe-7	焊态	—	≥550	—	—

表 12-56　　　　　　　　　　　　　　　　　焊丝化学成分 W_t　　　　　　　　　　　　　（%）

焊丝型号	C	Mn	Fe	P	S	Si	Cu	Ni
ER NiCr-3	≤0.100	2.50～3.50	≤3.00	≤0.015	≤0.010	≤0.50	≤0.50	≥67.00
ER NiCrFe-7	≤0.040	≤1.00	8.00～12.00	≤0.015	≤0.010	≤0.50	≤0.30	余量
ER NiCrFe-7A①	≤0.040	≤1.00	7.00～11.00	≤0.015	≤0.010	≤0.50	≤0.30	余量

焊丝型号	Co	Al	Ti	Cr	Nb+Ta	Mo	其他	N
ER NiCr-3	≤0.10	—	≤0.75	18.00～22.00	2.00～3.00		≤0.50	提供数据
ER NiCrFe-7	≤0.10	≤1.10	≤1.00	28.00～31.50	≤0.10	≤0.50	提供数据	≤0.030
ER NiCrFe-7A①	≤0.10	≤1.10	≤1.00	28.00～31.50	0.5～1.0	≤0.50	≤0.50	—

① B≤0.005；Zr≤0.02；Al+Ti≤1.5。

表 12-57　　　　　　　　　　　　　熔敷金属力学性能

焊丝型号	焊缝状态	室温拉伸			350℃（或360℃）拉伸			KV（室温）（J）	
		$R_{p0.2}$（MPa）	R_m（MPa）	A（%）	$R_{p0.2}$（MPa）	R_m（MPa）	A（%）	平均	最小
ER NiCr-3	焊态或热处理态	≥240	550～800	≥30	提供数据	≥190	提供数据	≥60	≥42
ER NiCrFe-7		≥240	550～800	≥30	提供数据	≥190	提供数据	≥60	≥42
ER NiCrFe-7A		≥240	550～800	≥30	提供数据	≥190	提供数据	≥60	≥42

12.2.11　埋弧焊用碳钢焊丝及焊剂

RCC-M 2007 版标准第 Ⅳ 卷 S 册填充材料数据单（S 2860）列出的埋弧焊用碳钢焊丝及焊剂为 AWS A5.17 的 E 70 EM12K 型焊丝及焊剂，其焊丝化学成分、熔敷金属化学成分和力学性能分别列入表 12-58 和表 12-59。该焊丝可用于 EN 10028-2 和 EN 10025-2 标准中所列材料的焊接。

2010 版 ASME SFA-5.17/SFA-5.17M 标准［等同 97（R2007）版 AWS A5.17/A5.17M］中可用于核级设备的焊丝及焊剂有 F43AX-EM12K，F43PX-EM12K，F48AX-EH12K，F48PX-EH12K。这些焊丝的化学成分和焊丝焊剂熔敷金属力学性能分别列入表 12-60 和表 12-61。

我国 NB/T 20009.9—2013《压水堆核电厂用焊接材料　第 9 部分：1、2、3 级设备埋弧焊用碳钢焊丝及焊剂》规定的型号按焊剂-焊丝组合的熔敷金属力学性能和热处理状态进行划分，其完整的型号为 F×××-E×××，其中首字母"F"表示焊剂；"F"后面的第 1 位数字表示熔敷金属抗拉强度的最小值；其后的字母表示试件的状态，"A"表示焊态，"P"表示焊后热处理状态；第 3 位数字表示熔敷金属冲击功不小于 27J 时的最低试验温度；"-"后面表示所使用的焊丝类别或牌号，包括 EM 12 K 和 EH 12 K，相当于 AWS A5.17 中的 EM 12 K 和 EH 12 K。这些组合焊丝-焊剂型号的熔敷金属化学成分、力学性能分别列入表 12-61～表 12-64。

表 12-58　　　　　　　　　焊丝和熔敷金属化学成分 W_t　　　　　　　　（%）

分析对象	C	Si	Mn	P	S	Ni	Cr	Cu	其他元素
焊丝	0.07～0.15	≤0.35	0.85～1.25	≤0.025[①] ≤0.030[②]	≤0.025	—	—	≤0.25[①] ≤0.30[②]	≤0.50
熔敷金属	提供数据	提供数据	提供数据	≤0.025[①] ≤0.030[②]	≤0.025	提供数据	提供数据	—	—

① 对核 1 级部件。

② 对除核 1 级外的部件。

表 12-59　　　　　　　　　　　　　熔敷金属力学性能

焊丝焊剂型号	焊缝状态	室温拉伸			其他温度拉伸			KV（室温）（J）		
		$R_{p0.2}$（MPa）	R_m（MPa）	A（%）	$R_{p0.2}$（MPa）	R_m（MPa）	A（%）	平均	最小	备注
E 70 EM12K	消应力热处理	由母材决定						≥60	≥42	核 1 级部件
								≥40	≥28	除核 1 级外的部件

表 12-60　　　　　　　　　　　　　　　　焊丝化学成分 W_t　　　　　　　　　　　　　　（％）

焊丝型号	C	Mn	Si	S	P	Cu
EM 12 K	0.05～0.15	0.80～1.25	0.10～0.35	≤0.030	≤0.030	≤0.35
EH 12 K	0.06～0.15	1.50～2.00	0.25～0.65	≤0.025	≤0.025	≤0.35

注　如存在其他元素，则这些元素（除 Fe 外）的总量不得超过 0.5％。

表 12-61　　　　　　　　　　　　　　　　熔敷金属力学性能

焊丝-焊剂组合型号	焊缝状态	室温拉伸			其他温度拉伸			KV（温度①）（J）	
		$R_{p0.2}$（MPa）	R_m（MPa）	A（％）	$R_{p0.2}$（MPa）	R_m（MPa）	A（％）	平均	最小
F43AX-EM12K	焊态	≥330	430～560	≥22	—	—	—	≥27	≥20
F43PX-EM12K	热处理态	≥330	430～560	≥22	—	—	—	≥27	≥20
F48AX-EH12K	焊态	≥400	480～660	≥22	—	—	—	≥27	≥20
F48PX-EH12K	热处理态	≥400	480～660	≥22	—	—	—	≥27	≥20

① 冲击试验温度根据焊丝-焊剂组合类别决定：
　　F××0-E×××：0℃；
　　F××2-E×××：−20℃；
　　F××3-E×××：−30℃；
　　F××4-E×××：−40℃；
　　F××5-E×××：−50℃；
　　F××6-E×××：−60℃。

表 12-62　　　　　　　　　　　　　　　　焊丝化学成分 W_t　　　　　　　　　　　　　　（％）

焊丝型号	C	Mn	Si	S	P	Cu
EM12K	0.07～0.15	0.85～1.25	0.10～0.35	≤0.015	≤0.025	≤0.25
EH12K	0.06～0.15	1.50～2.00	0.25～0.65	≤0.015	≤0.025	≤0.25

注　如存在其他元素，则这些元素的总量（除 Fe 外）不大于 0.5％。

表 12-63　　　　　　　　　　　　　　　　熔敷金属化学成分 W_t　　　　　　　　　　　　　（％）

焊丝型号	C	Si	Mn	P	S	Ni	Cr	Cu
EM 12 K	提供数据	提供数据	提供数据	≤0.025	≤0.015	提供数据	提供数据	≤0.25
EH 12 K	提供数据	提供数据	提供数据	≤0.025	≤0.015	提供数据	提供数据	≤0.25

表 12-64　　　　　　　　　　　　　　　　熔敷金属力学性能

焊丝-焊剂组合型号	焊缝状态	室温拉伸①			300℃拉伸			KV（0℃）（J）		KV（温度②）（J）	
		$R_{p0.2}$（MPa）	R_m（MPa）	A（％）	$R_{p0.2}$（MPa）	R_m（MPa）	A（％）	平均	最小	平均	最小
F4AX-EM12K	焊态和（或）消除应力热处理状态	≥330	420～600	≥22	≥160	提供数据	提供数据	≥60	≥42	≥27	≥20
F4PX-EM12K											
F5AX-EH12K	焊态和（或）消除应力热处理状态	≥400	490～640	≥22	≥215	提供数据	提供数据	≥60	≥42	≥27	≥20
F5PX-EH12K			470～630								

① 室温 $R_m \times A$ 应大于 10 500。
② 冲击试验温度见表 12-61 注①。

12.2.12 埋弧焊用低合金钢焊丝及焊剂

RCC-M 2007 版标准第 IV 卷 S 册填充材料数据单（S 2830A，S 2830B）列出的埋弧焊用低合金 Mn-Mo-Ni 钢焊丝及焊剂为 AWS A5.23 的 EF 2 焊丝及焊剂；但用于强辐照区时，其熔敷金属化学成分和力学性能要求有所不同，分别见表 12-65～表 12-67。在强辐照区外，EF 2 用于 16MND5、18MND5、20MND5 和 RCC-M M 1111 所列材料的承载焊缝、过渡层焊缝；在强辐照区，EF 2 用于 RCC-M M 2111、M 2111bis 所列材料的承载焊缝、过渡层焊缝。

2010 版 ASME SFA-5.23/SFA-5.23M 标准（等同 2007 版 AWS A5.23/A5.23M）中没有直接用于核级 Mn-Ni-Mo 型低合金钢的焊丝或焊丝-焊剂组合类别，但与此有关的有 EF 1、EF 2 和 EF 3 等类别。这些焊丝和焊缝金属化学成分分别列入表 12-68 和表 12-69。将不同的焊丝-焊剂组合，可以获得不同力学性能的焊缝金属，如 F49XX-EXX-XX，F55XX-EXX-XX，F62XX-EXX-XX。上述焊缝金属的力学性能见表 12-70。

我国 NB/T 20009.10—2013《压水堆核电厂用焊接材料 第 10 部分：1 级设备埋弧焊用低合金钢焊丝及焊剂》规定的型号以焊剂-焊丝的组合代号来表示，其完整的型号为 F×××-E××××，其中首位字母"F"表示焊剂；"F"后面的 2 位数字表示熔敷金属抗拉强度的最小值；其后的字母表示试件的状态，"A"表示焊态，"P"表示焊后热处理状态；试件状态后的数字表示熔敷金属冲击功不小于 27J 时的最低试验温度（焊剂型号中的末位数字与冲击试验温度的关系见表 12-71）；"-"后面表示所使用的焊丝类别或牌号，位于首位的字母"E"指焊丝。该标准采用的焊丝为 Mn-Mo-Ni 类别，包括 EF 2 G 和 EF 3 G，其中 EF 2 G 用于强辐照区，EF 3 G 用于非强辐照区；对应的熔敷金属代号分别为 F 2 G 和 F 3 G。这些焊丝及其熔敷金属的成分、力学性能分别列入表 12-72～表 12-75。

表 12-65　　　　　　　　　　熔敷金属化学成分 W_t　　　　　　　　　　（%）

使用区域	C	Si	Mn	P	S	Ni	Cr	Mo	Co	Cu	V
EF 2 (S 2830A) 强辐照区外	≤0.100	0.15～0.60	0.80～1.80	≤0.025	≤0.025	≤1.50	≤0.30	0.35～0.65	—	≤0.25	≤0.04
EF 2 (S 2830B)	≤0.100	0.15～0.60	0.80～1.80	≤0.010	≤0.015	≤1.20	≤0.30	0.35～0.65	≤0.03	≤0.07	≤0.02

表 12-66　　　　　　　　　　熔敷金属力学性能

使用区域	焊后消应力处理	室温			350℃			360℃		
		$R_{p0.2}$ (MPa)	R_m (MPa)	A (%)	$R_{p0.2}$ (MPa)	R_m (MPa)	A (%)	$R_{p0.2}$ (MPa)	R_m (MPa)	A (%)
EF 2 (S 2830A) 强辐照区外	615℃ ×15h	①	①～800	≥20	①	—	—	①	—	—
EF 2 (S 2830B)		≥400	550～800	≥20	≥300	—	—	—	—	—

① 根据母材确定下限值。

表 12-67　　　　　　　　　　　　　　　熔敷金属冲击性能

使用区域	焊后消应力处理	KV（0℃）（J）		KV（−20℃）（J）		KV（其他温度）（J）		RT_{NDT}（℃）
		平均	最小	平均	最小	平均	最小	
EF 2（S 2830A）强辐照区外	615℃×15h	≥60	≥42	≥40	≥28	①	①	①
EF 2（S 2830B）		≥60	≥42	≥40	≥28	①	①	①

① 根据设备要求确定。

表 12-68　　　　　　　　　　　　　　焊丝化学成分 W_t　　　　　　　　　　（%）

AWS 类别	C	Mn	Si	S	P	Ni	Mo	Cu
EF1	0.07～0.15	0.90～1.70	0.15～0.35	≤0.025	≤0.025	0.95～1.60	0.25～0.55	≤0.35
EF2	0.10～0.18	1.70～2.40	≤0.20	≤0.025	≤0.025	0.40～0.80	0.40～0.65	≤0.35
EF3	0.10～0.18	1.50～2.40	≤0.30	≤0.025	≤0.025	0.70～1.10	0.40～0.65	≤0.35

注　1. 如存在其他元素，则这些元素的总量（除 Fe 外）不大于 0.5%。

　　2. 加上"N"（核级）作为后缀的是供选用的附加代号，如 EF 3 N，对某些元素的含量限制如下：P≤0.012%，V≤0.05%，Cu≤0.08%。

表 12-69　　　　　　　　　　　　　　熔敷金属化学成分 W_t　　　　　　　　　（%）

AWS 类别	C	Mn	Si	S	P	Cr	Ni	Mo	Cu
F 1	≤0.12	0.70～1.50	≤0.80	≤0.030	≤0.030	≤0.15	0.90～1.70	≤0.55	≤0.35
F 2	≤0.17	1.25～2.25	≤0.80	≤0.030	≤0.030	—	0.40～0.80	0.40～0.65	≤0.35
F 3	≤0.17	1.25～2.25	≤0.80	≤0.030	≤0.030	—	0.70～1.10	0.40～0.65	≤0.35

注　1. 如存在其他元素，则这些元素的总量（除 Fe 外）不大于 0.5%。

　　2. 加上"N"（核级）作为后缀的是供选用的附加代号，对某些元素的含量限制如下：P≤0.012%，V≤0.05%，Cu≤0.08%。

表 12-70　　　　　　　　　　　　　　熔敷金属力学性能

焊丝-焊剂组合型号	焊缝状态	室温拉伸			其他温度拉伸			KV（温度①）（J）	
		$R_{p0.2}$（MPa）	R_m（MPa）	A（%）	$R_{p0.2}$（MPa）	R_m（MPa）	A（%）	平均②	最小
F49XX-EXX-XX	620±15℃×1h	≥400	490～660	≥22	—	—	—	≥27	≥20
F55XX-EXX-XX		≥470	550～700	≥20	—	—	—	≥27	≥20
F62XX-EXX-XX		≥540	620～760	≥17	—	—	—	≥27	≥20

① 冲击试验温度根据焊丝-焊剂组合型号决定：

　　　　F××0-E×××：0℃；

　　　　F××2-E×××：−20℃；

　　　　F××3-E×××：−30℃；

　　　　F××4-E×××：−40℃；

　　　　F××5-E×××：−50℃；

　　　　F××6-E×××：−60℃；

　　　　F××7-E×××：−70℃；

　　　　F××10-E×××：−100℃。

② 带"N"（核级）的焊缝金属在室温下应至少有 102J 的夏比 V 形缺口冲击能量水平。

表 12-71   **NB/T20009.10 标准焊丝-焊剂型号中表示冲击试验温度的代号**

焊丝-焊剂型号	冲击功（J）	试验温度（℃）
F×××3 -E××-××		−30
F×××4 -E××-××		−40
F×××5 -E××-××		−50
F×××6 -E××-××	≥27	−60
F×××7 -E××-××		−70
F×××10 -E××-××		−100
F×××Z—E××-××	无冲击要求	

表 12-72   **焊丝化学成分 W_t**   （%）

焊丝型号	C	Mn	Si	S	P	Ni	Cr	Mo	V	Cu
EF 2 G	≤0.12	1.20～2.20	≤0.30	≤0.015	≤0.010	≤1.20	≤0.30	0.40～0.65	≤0.02	≤0.07
EF 3 G	≤0.12	1.20～2.20	≤0.30	≤0.015	≤0.015	≤1.50	≤0.30	0.40～0.65	≤0.04	≤0.25

注   对 EF2G 焊丝应考虑微量元素 Sn、Sb、B、As 的考核要求；Co≤0.03%。

表 12-73   **熔敷金属化学成分 W_t**   （%）

熔敷金属型号	C	Mn	Si	S	P	Ni	Cr	Mo	Cu	V
EF 2 G	≤0.10	0.80～1.80	0.15～0.60	≤0.015	≤0.010	≤0.85	≤0.30	0.35～0.65	≤0.07	≤0.02
EF 3 G	≤0.10	0.80～1.80	0.15～0.60	≤0.015	≤0.025	≤1.50	≤0.30	0.35～0.65	≤0.25	≤0.04

注   1. 对强辐照区应考虑微量元素 Sn、Sb、B、As 的考核要求。
      2. 对强辐照区 Co≤0.03%。

表 12-74   **熔敷金属拉伸试验**

焊丝-焊剂组合型号[①]	焊缝状态	室温拉伸			350℃（或 360℃）拉伸		
		$R_{p0.2}$ (MPa)	R_m (MPa)	A (%)	$R_{p0.2}$ (MPa)	R_m (MPa)	A (%)
F55P×-EF2G-F2G	模拟消除应力热处理状态	≥400	550～700	≥20	≥300	提供数据	提供数据
F62P×-EF3G-F3G		根据母材确定	[②]～800	≥20	根据母材确定	提供数据	提供数据

① 符号"×"根据表 12-71 确定。

② 根据母材确定抗拉强度下限值。

表 12-75　　　　　　　　熔敷金属夏比 V 形缺口冲击试验和 RT_{NDT} 试验

焊丝-焊剂型号[1]	KV（20℃）（J）		KV（0℃）（J）		KV（−20℃）（J）		RT_{NDT}（℃）
	强辐照区[2]	非强辐照区[2]	平均	最小[3]	平均	最小[3]	
F55P×-EF2G-F2G	≥104	—	≥60	≥42	≥40	≥28	[4]
F62P×-EF3G-F3G	—	≥72	≥60	≥42	≥40	≥28	

① 还应根据符号"×"和表 12-71 要求进行相应冲击试验。

② 一组 3 个试样，每个试样的试验结果均应满足此值要求。

③ 一组 3 个试样，仅允许有 1 个试样的试验结果低于平均值，但不小于单个最小值。

④ 熔敷金属的落锤试验结果应符合对母材的规定要求或符合下列要求：辐照区以外的焊缝金属 RT_{NDT}≤−12℃；辐照区的焊缝金属 RT_{NDT}≤−20℃。

12.2.13　埋弧焊用不锈钢焊丝及焊剂

RCC-M 2007 版标准第 IV 卷 S 册填充材料数据单（S 2940，S 2945，S 2950）列出的埋弧焊用不锈钢焊丝及焊剂有 AWS A5.9 的 ER 308 L、ER 316 L 和 ER 309 L，其焊丝成分、熔敷金属化学成分和力学性能分别列入表 12-76 和表 12-77。ER 308 L 相当于 NF EN 12072 标准中的 SA 19 9 L 型号焊丝，可用于 Z 2 CN 18-10、控氮 Z 2 CN 18-10、Z 3 CN 20-09 等材料的承载焊缝、过渡层焊缝和堆焊层；ER 316 L 相当于 NF EN 12072 标准中的 S 19 12 3 L 型号焊丝，可用于 Z 2 CND 17-12、Z 2 CN 18-10、控氮 Z 2 CN 18-10、控氮 Z 2 CND 17-12 等材料的承载焊缝、过渡层焊缝和堆焊层；ER 309 L 相当于 NF EN 12072 标准中的 S 23-12 L 型号焊丝，可用于 16MND5、18MND5 和 RCC-M M 1111 所列材料的承载焊缝、过渡层焊缝和堆焊层。

2010 版 ASME SFA-5.9/SFA-5.9M 标准（等同 2006 版 AWS A5.9/A5.9M）中可用于核级设备的不锈钢焊丝有 ER 308 L、ER 309 L 和 ER 316 L。这些焊丝的化学成分和力学性能分别列入表 12-78 和表 12-79。

我国 NB/T 20009.11—2013《压水堆核电厂用焊接材料　第 11 部分：1、2、3 级设备埋弧焊用不锈钢焊丝和焊剂》给出的埋弧焊用不锈钢焊丝和焊剂有 ER 308 L、ER 309 L 和 ER 316 L 等 3 种。这 3 种焊丝的熔敷金属化学成分、力学性能分别列入表 12-80 和表 12-81。标准还要求对 ER 308 L、ER 316 L 的熔敷金属试样进行晶间腐蚀试验，试样应无晶间腐蚀倾向。

表 12-76　　　　　　　　焊丝与熔敷金属化学成分 W_t　　　　　　（%）

焊丝型号		C	Si	Mn	P	S	Ni	Cr	Mo	Co	N_2
ER 308 L[1]	焊丝	≤0.025	≤0.60	1.00~2.50	≤0.020	≤0.020	9.00~11.00	19.00~22.00	≤0.50	≤0.20	
	熔敷金属	≤0.030	≤1.00	1.00~2.50[2]	≤0.025	≤0.025	9.00~11.00	19.00~22.00	≤0.50	≤0.20	提供数据
ER 309 L[1]	焊丝	≤0.025	≤0.60	1.00~2.50	≤0.020	≤0.020	11.00~14.00	23.00~25.00	≤0.50	—	—
	熔敷金属	≤0.030	≤1.00	1.00~2.50	≤0.025	≤0.025	11.00~14.00	22.00~25.00	≤0.50	—	提供数据

焊丝型号		C	Si	Mn	P	S	Ni	Cr	Mo	Co	N₂
ER 316 L[①]	焊丝	≤0.025	≤0.60	1.00~2.50	≤0.020	≤0.020	11.00~14.00	18.00~20.00	2.00~3.00	—	
	熔敷金属	≤0.030	≤1.00	1.00~2.50	≤0.025	≤0.025	11.00~14.00	18.00~20.00	2.00~3.00	—	提供数据

① ER 308 L 焊丝及其熔敷金属、ER 316 L 焊丝及其熔敷金属 δ 铁素体含量应为 5%~15%，目标值 5%~12%；ER 309 L 焊丝熔敷金属 δ 铁素体含量 8%~18%。

② 对堆焊层，限制 Mn≤2.00%。

表 12-77　　　　　　　　　　　　　熔敷金属力学性能

焊丝型号	焊缝状态	室温拉伸			350℃拉伸			360℃拉伸			KV（室温）（J）	
		$R_{p0.2}$ (MPa)	R_m (MPa)	A (%)	$R_{p0.2}$ (MPa)	R_m (MPa)	A (%)	$R_{p0.2}$ (MPa)	R_m (MPa)	A (%)	平均	最小
ER 308 L	焊态	≥210	520~670	≥30	≥125	—					≥60	≥42
ER 309 L		—	—	—	—	—						
ER 316 L		≥210	520~670	≥30	≥140			≥130			≥60	≥42

表 12-78　　　　　　　　　　　　焊丝化学成分 W_t　　　　　　　　　　（%）

焊丝类别	C	Cr	Ni	Mo	Mn	Si	P	S	N	Cu	V
ER 308 L	≤0.03	19.5~22.0	9.0~11.0	≤0.75	1.0~2.5	0.30~0.65	≤0.03	≤0.03	—	≤0.75	—
ER 309 L	≤0.03	23.0~25.0	12.0~14.0	≤0.75	1.0~2.5	0.30~0.65	≤0.03	≤0.03	—	≤0.75	—
ER 316 L	≤0.03	18.0~20.0	11.0~14.0	2.0~3.0	1.0~2.5	0.30~0.65	≤0.03	≤0.03	—	≤0.75	—

注　其他元素（除 Fe 外）含量之和不大于 0.50%。

表 12-79　　　　　　　　　　　　　熔敷金属力学性能

焊丝型号	焊缝状态	室温拉伸			KV(J)
		$R_{p0.2}$ （MPa）	R_m （MPa）	A （%）	
ER 308 L	焊态	—	≥520	≥35	—
ER 309 L	焊态	—	≥520	≥30	—
ER 316 L	焊态	—	≥490	≥30	—

表 12-80　　　　　　　　　　　焊丝与熔敷金属化学成分 W_t　　　　　　　（%）

焊丝型号		C	Si	Mn	P	S	Ni
ER 308 L	焊丝	≤0.025	≤0.60	1.00~2.50	≤0.020	≤0.020	9.00~11.00
	熔敷金属	≤0.030	≤1.00	1.00~2.50	≤0.025	≤0.020	9.00~11.00
ER 309 L	焊丝	≤0.025	≤0.60	1.00~2.50	≤0.020	≤0.020	11.00~14.00
	熔敷金属	≤0.030	≤1.00	1.00~2.50	≤0.025	≤0.020	11.00~14.00
ER 316 L	焊丝	≤0.025	≤0.60	1.00~2.50	≤0.020	≤0.020	10.00~13.00
	熔敷金属	≤0.030	≤1.00	1.00~2.50	≤0.025	≤0.020	10.00~13.00

续表

焊丝型号		Cr	Mo	Co	Cu	N	Nb
ER 308 L	焊丝	18.00～22.00	≤0.50	≤0.20	提供数据	提供数据	提供数据
	熔敷金属	18.00～22.00	≤0.50	≤0.20	提供数据	提供数据	提供数据
ER 309 L	焊丝	23.00～25.00	≤0.50	≤0.20	提供数据	提供数据	提供数据
	熔敷金属	22.00～25.00	≤0.50	≤0.20	提供数据	提供数据	提供数据
ER 316 L	焊丝	18.00～20.00	2.20～3.00	提供数据	提供数据	提供数据	提供数据
	熔敷金属	17.00～20.00	2.00～3.00	提供数据	提供数据	提供数据	提供数据

注　ER 308 L 焊丝和 ER 316 L 焊丝熔敷金属 δ 铁素体含量应为 5%～15%，目标值 5%～12%；ER 309 L 焊丝熔敷金属 δ 铁素体含量 8%～18%。

表 12-81　　　　　　　　　　　　　熔敷金属力学性能

焊丝型号	焊缝状态	室温拉伸			350℃（或者360℃）拉伸			KV（室温）（J）	
		$R_{p0.2}$（MPa）	R_m（MPa）	A（%）	$R_{p0.2}$（MPa）	R_m（MPa）	A（%）	平均	最小
ER 308 L	焊态	≥210	520～670	≥30	≥125	提供数据	提供数据	—	≥60
ER 309 L		提供数据	≥520	≥30	提供数据	提供数据	提供数据		提供数据
ER 316 L		≥210	520～670	≥30	≥140	提供数据	提供数据	—	≥60

12.2.14　堆焊用不锈钢焊带及焊剂

2007 版 RCC-M 标准第 Ⅳ 卷 S 册填充材料数据单（S 2960，S 2970）列出的堆焊用不锈钢焊带焊剂有 AWS A5.9 的 EQ 308 L 和 EQ 309 L，其焊带和熔敷金属化学成分列入表 12-82。EQ308L 相当于 NF EN 12072 标准中的 S 199L 型号焊带，可用于 Z2 CN 18-10、Z2 CND 17-12 等材料的堆焊层；EQ 309 L 相当于 NF EN 12072 标准中的 S 23 12 L 型号焊带，可用于 16MND5、18MND5、P355GH（NF EN 10028-2）和 RCC-M M 1111 等材料的堆焊层。

2010 版 ASME SFA-5.9/SFA-5.9M 标准（等同 2006 版 AWS A5.9/A5.9M）中用于核级设备的不锈钢焊带有 EQ308L 和 EQ309L。这些焊带的化学成分列入表 12-83。

我国 NB/T 20009.13—2013《压水堆核电厂焊接材料　第 13 部分：1、2、3 级设备用不锈钢堆焊用焊带和焊剂》给出的埋弧堆焊用不锈钢焊带和焊剂有 EQ308L 和 EQ309L。这 2 种焊带的熔敷金属化学成分列入表 12-84。该规程还要求对 EQ308L 熔敷金属进行晶间腐蚀试验，试验结果应无晶间腐蚀倾向；EQ309L 熔敷金属不要求进行晶间腐蚀试验。

表 12-82　　　　　　　　　　　焊带与熔敷金属化学成分 W_t　　　　　　　　　　（%）

焊带型号		C	Si	Mn	P	S	Ni	Cr	Mo	Co
EQ 308 L[①]	焊带	≤0.020	≤0.60	≤2.00	≤0.025	≤0.025	10.00～12.00	19.00～23.00	—	≤0.20 目标≤0.15
	熔敷金属	≤0.030	≤1.50[②]	≤2.00	≤0.025	≤0.025	9.50～11.50	19.00～21.00		≤0.20 目标≤0.15

续表

焊带型号		C	Si	Mn	P	S	Ni	Cr	Mo	Co
EQ 309 L①	焊带	≤0.025	≤0.60	≤2.00	≤0.025	≤0.025	11.50~14.00	22.00~25.00	—	③
	熔敷金属	≤0.040	≤1.50②	≤2.00	≤0.025	≤0.025	11.50~13.50	22.00~26.00	≤0.50	③

① EQ 308 L 熔敷金属 δ 铁素体含量应为 7%~17%，目标值 5%~12%；EQ 309 L 熔敷金属 δ 铁素体含量应为 12%~22%。

② 对 90mm 宽焊带，Si≤1.2%。

③ 对压力容器，Co≤0.20%，目标≤0.15%。

表 12-83 焊带化学成分 W_t （%）

焊带型号	C	Cr	Ni	Mo	Mn	Si	P	S	N	Cu	V
EQ 308 L	≤0.03	19.5~22.0	9.0~11.0	≤0.75	1.0~2.5	0.30~0.65	≤0.03	≤0.03	—	≤0.75	—
EQ 309 L	≤0.03	23.0~25.0	12.0~14.0	≤0.75	1.0~2.5	0.30~0.65	≤0.03	≤0.03	—	≤0.75	—

注 其他元素（除 Fe 外）含量之和不大于 0.5%。

表 12-84 熔敷金属化学成分 W_t （%）

焊带型号		C	Si②	Mn	P	S	Ni
EQ 308 L①	焊带	≤0.020	≤0.60	≤2.0	≤0.025	≤0.020	10.00~12.00
	熔敷金属	≤0.030	≤1.00	≤2.0	≤0.025	≤0.020	9.5~11.5
EQ 309 L①	焊带	≤0.025	≤0.60	≤2.0	≤0.025	≤0.020	11.50~14.00
	熔敷金属	≤0.040	≤1.00	≤2.0	≤0.025	≤0.020	11.5~13.5

焊带型号		Cr	Mo	Co③	Cu	N	Nb
EQ 308 L①	焊带	20.0~23.0	提供数据	≤0.20	提供数据	提供数据	提供数据
	熔敷金属	19.0~21.0	提供数据	≤0.20	提供数据	提供数据	提供数据
EQ 309 L①	焊带	23.0~25.0	提供数据	≤0.20	提供数据	提供数据	提供数据
	熔敷金属	22.0~26.0	≤0.50	≤0.20	提供数据	提供数据	提供数据

① EQ 308 L 熔敷金属 δ 铁素体含量应为 5%~15%，目标值 5%~12%；EQ 309 L 熔敷金属 δ 铁素体含量应为 12%~22%。

② 对于 90mm 宽焊带，Si 含量应不大于 1.20%。

③ Co 含量的目标值不大于 0.15%。

12.2.15 镍基合金堆焊用焊带和焊剂

RCC-M 2007 版标准第 Ⅳ 卷 S 册填充材料数据单（S 2990）列出的镍基合金堆焊用焊带和焊剂为 AWS A5.14 的 EQ NiCr 3，其焊带和熔敷金属化学成分见表 12-85。它主要用于 16MND5、18MND5 材料的堆焊层。

2010 版 ASME SFA-5.14/SFA-5.14M 标准（等同 2005 版 AWS A5.14/A5.14M）中可用于核级设备的镍基焊带有 EQ NiCr-3、EQ NiCrFe-7 和 EQ NiCrFe-7A。这些焊带的化学成

分列入表 12-86。

我国 NB/T 20009.12—2013《压水堆核电厂用焊接材料　第 12 部分：1 级设备镍基合金堆焊用焊带和焊剂》规定的焊带有 EQ NiCr-3、EQ NiCrFe-7 和 EQ NiCrFe-7A 等 3 种。这 3 种焊带及其熔敷金属化学成分列入表 12-87。规程还要求对 EQ NiCr-3、EQ NiCrFe-7 和 EQ NiCrFe-7A 的熔敷金属试样进行晶间腐蚀试验，试样应无晶间腐蚀倾向。

表 12-85　　　　　　　　　　　　　　EQ NiCr 3 焊带和熔敷金属化学成分 W_t　　　　　　　　　　　（%）

类别	C	Si	Mn	P	S	Ni	Cr
焊带	≤0.10	≤0.25	2.50~3.50	≤0.010	≤0.015	≥67.00	18.00~22.00
熔敷金属	提供数据	≤0.60 目标≤0.40	提供数据	≤0.020	≤0.015	提供数据	提供数据

类别	Co	Cu	Ti	Fe	Ta+Nb	其他元素之和
焊带	≤0.10	≤0.50	≤0.75	≤3.00	2.00~3.00	≤0.50
熔敷金属	提供数据	提供数据	—	≤10.00	≥2.00	—

表 12-86　　　　　　　　　　　　　　　焊带化学成分 W_t　　　　　　　　　　　　　　（%）

焊带型号	C	Mn	Fe	P	S	Si	Cu	Ni
EQ NiCr-3	≤0.10	2.5~3.5	≤3.0	≤0.03	≤0.015	≤0.50	≤0.50	≥67.0
EQ NiCrFe-7[3]	≤0.04	≤1.0	7.0~11.0	≤0.02	≤0.015	≤0.50	≤0.30	余量
EQ NiCrFe-7A[4]	≤0.04	≤1.0	7.0~11.0	≤0.02	≤0.015	≤0.50	≤0.30	余量

焊带型号	Co	Al	Ti	Cr	Ta+Nb	Mo	其他元素之和
EQ NiCr-3	[1]	—	≤0.75	18.0~22.0	2.0~3.0[2]	—	≤0.50
EQ NiCrFe-7[3]	—	≤1.10	≤1.0	28.0~31.5	≤0.10	≤0.50	≤0.50
EQ NiCrFe-7A[4]	0.12	≤1.10	≤1.0	28.0~31.5	0.5~1.0	≤0.50	≤0.50

① 订货可要求 Co≤0.12%。

② Ta≤0.30%。

③ Ti+Al≤1.5%。

④ Ti+Al≤1.5%，B≤0.005%，Zr≤0.02%。

表 12-87　　　　　　　　　　　　　焊带及其熔敷金属化学成分 W_t　　　　　　　　　　　（%）

焊带型号		C	Mn	Fe	P	S	Si	Cu	Ni
EQ NiCr-3	焊带	≤0.100	2.50~3.50	≤3.00	≤0.010	≤0.010	≤0.25	≤0.50	≥67.00
	熔敷金属	≤0.100	2.50~3.50	≤10.00	≤0.020	≤0.015	≤0.60	≤0.50	≥59.00
EQ NiCrFe-7[1]	焊带	≤0.040	≤1.00	8.00~12.00	≤0.020	≤0.010	≤0.50	≤0.30	余量
	熔敷金属	≤0.045	≤5.00	8.00~12.00	≤0.020	≤0.010	≤0.65	≤0.30	余量
EQ NiCrFe-7A[2]	焊带	≤0.040	≤1.00	7.00~11.00	≤0.020	≤0.015	≤0.50	≤0.30	余量
	熔敷金属	≤0.045	≤5.00	8.00~12.00	≤0.020	≤0.010	≤0.65	≤0.30	—

续表

焊带型号		Co	Al	Ti	Cr	Nb+Ta	Mo	其他	N
EQ NiCr-3	焊带	≤0.10	—	≤0.75	18.00~22.00	2.30~3.00	—	≤0.50	提供数据
	熔敷金属	≤0.10	—	—	提供数据	≥2.00	—	≤0.50	提供数据
EQ NiCrFe-7①	焊带	≤0.10	≤1.10	≤1.00	28.00~31.50	≤0.10	≤0.50	≤0.50	≤0.030
	熔敷金属	≤0.10	≤1.10	≤0.50	28.00~31.50	≤0.10	≤0.50	≤0.50	提供数据
EQ NiCrFe-7A①	焊带	≤0.10	≤1.10	≤1.00	28.00~31.50	0.5~1.0	≤0.50	≤0.50	提供数据
	熔敷金属	≤0.10	≤1.10	≤0.50	28.00~31.50	≤2.50	≤0.50	≤0.50	提供数据

① 对于 EQ NiCrFe-7 焊带，要求 Al+Ti≤1.5；熔敷金属要求 B≤0.005，Zr≤0.02，Al+Ti≤1.5。

② 对于 EQ NiCrFe-7A 焊带及熔敷金属，要求 B≤0.005，Zr≤0.02，Al+Ti≤1.5。

12.2.16　堆焊用钴基合金焊条

2010 版 ASME SFA-5.13 标准（等同 2000 版 AWS A5.13）中用于核级设备的钴基合金焊条类别有 ECoCr-A、ECoCr-B、ECoCr-C 和 ECoCr-E。这些焊条未经稀释焊缝金属化学成分见表 12-88。

用钴基合金焊条得到的多层焊缝典型硬度值如下：

ECoCr-A：33~47 HRC；

ECoCr-B：34~47 HRC；

ECoCr-C：43~58 HRC；

ECoCr-E：20~32 HRC。

我国 NB/T 20009.14—2013《压水堆核电厂用焊接材料　第 14 部分：1、2、3 级设备用硬质合金堆焊焊接材料》规定的堆焊用钴基合金焊条型号包括 ECoCr-A，ECoCr-B 和 ECoCr-E。这 3 种焊条的熔敷金属化学成分列入表 12-89。该规程还规定，应在多层堆焊未经稀释的焊缝金属表面进行硬度测量，至少测量 10 个点的 HRC 硬度值，其硬度应满足：

ECoCr-A：39~47 HRC；

ECoCr-B：47~53 HRC；

ECoCr-E：28~35 HRC。

RCC-M 标准中未列入钴基合金焊条。

表 12-88　　　　　　　　焊条未经稀释焊缝金属化学成分 W_t　　　　　　　（%）

焊条型号	C	Mn	Si	P	S	Cr	Ni	Mo	Fe	W	Co	其他①
ECoCr-A	0.7~1.4	≤2.0	≤2.0	≤0.03	≤0.03	25~32	≤3.0	≤1.0	≤5.0	3.0~6.0	余量	≤1.0
ECoCr-B	1.0~1.7	≤2.0	≤2.0	≤0.03	≤0.03	25~32	≤3.0	≤1.0	≤5.0	7.0~9.5	余量	≤1.0

续表

焊条型号	C	Mn	Si	P	S	Cr	Ni	Mo	Fe	W	Co	其他[1]
ECoCr-C	1.7~3.0	≤2.0	≤2.0	≤0.03	≤0.03	25~33	≤3.0	≤1.0	≤5.0	11~14	余量	≤1.0
ECoCr-E	0.15~0.40	≤1.5	≤2.0	≤0.03	≤0.03	24~29	2.0~4.0	4.5~6.5	≤5.0	≤0.50	余量	≤1.0

① 如果在分析过程中发现有其他元素存在，应确定这些元素的含量以保证它们的总量不超过"其他"的规定值。

表 12-89　　　　　　　　　　熔敷金属化学成分 W_t　　　　　　　　　　（%）

焊条型号	C	Mn	Si	S	P	Cr	Ni	Mo	Fe	W	Co	其他[1]
ECoCr-A	0.7~1.4	≤2.0	≤2.0	≤0.03	≤0.03	25.0~32.0	≤3.0	≤1.0	≤5.0	3.0~6.0	余量	≤1.0
ECoCr-B	1.0~1.7	≤2.0	≤2.0	≤0.03	≤0.03	25.0~32.0	≤3.0	≤1.0	≤5.0	7.0~9.5	余量	≤1.0
ECoCr-E	0.20~0.30	≤1.2	≤2.0	≤0.03	≤0.03	25.0~29.0	1.75~3.75	4.8~6.1	≤5.0	≤0.5	余量	≤1.0

① 如果在分析过程中发现有其他元素存在，应确定这些元素的含量以保证它们的总量不超过"其他"的规定值。

12.2.17　堆焊用钴基合金焊丝和填充丝

2010 版 ASME SFA-5.21 标准（等同 2001 版 AWS A5.21）中用于核级设备的钴基合金焊丝和填充丝类别有 ERCoCr-A、ERCoCr-B、ERCoCr-C 和 ERCoCr-E。这些焊丝和填充丝化学成分见表 12-90。

用钴基合金焊丝和填充丝得到的多层焊缝典型硬度值如下：

ERCoCr-A：33~47 HRC；

ERCoCr-B：34~47 HRC；

ERCoCr-C：43~58 HRC；

ERCoCr-E：20~35 HRC。

我国 NB/T 20009.14—2013《压水堆核电厂用焊接材料　第 14 部分：1、2、3 级设备用硬质合金堆焊焊接材料》规定的堆焊用钴基合金焊丝和填充丝型号包括 ERCoCr-A，ERCoCr-B 和 ERCoCr-E。这 3 种焊丝的化学成分列入表 12-91。该规程还规定，应在多层堆焊未经稀释的焊缝金属表面进行硬度测量，至少测量 10 个点的 HRC 硬度值，其硬度应满足：

ERCoCr-A：39~47 HRC；

ERCoCr-B：47~53 HRC；

ERCoCr-E：28~35 HRC。

RCC-M 标准中未列入钴基合金焊丝和填充丝。

表 12-90 焊丝化学成分 W_t （%）

焊丝型号	C	Mn	Si	P	S	Cr	Ni	Mo	Fe	W	Co	其他[①]
ERCoCr-A	0.9~1.4	≤1.0	≤2.0	≤0.03	≤0.03	26~32	≤3.0	≤1.0	≤3.0	3.0~6.0	余量	≤0.5
ERCoCr-B	1.2~1.7	≤1.0	≤2.0	≤0.03	≤0.03	26~32	≤3.0	≤1.0	≤3.0	7.0~9.5	余量	≤0.5
ERCoCr-C	2.0~3.0	≤1.0	≤2.0	≤0.03	≤0.03	26~33	≤3.0	≤1.0	≤3.0	11.0~14.0	余量	≤0.5
ERCoCr-E	0.15~0.45	≤1.5	≤1.5	≤0.03	≤0.03	25~30	1.5~4.0	4.5~7.0	≤3.0	≤0.50	余量	≤0.5

① 如果在分析过程中发现有其他元素存在，应确定这些元素的含量以保证它们的总量不超过"其他"的规定值。

表 12-91 焊丝化学成分 W_t （%）

焊丝型号	C	Mn	Si	S	P	Cr	Ni	Mo	Fe	W	Co	其他[①]
ERCoCr-A	0.9~1.4[②]	≤1.0	≤2.0	≤0.03	≤0.03	26.0~32.0	≤3.0	≤1.0	≤3.0	3.0~6.0	余量	≤0.5
ERCoCr-B	1.2~1.7	≤1.0	≤2.0	≤0.03	≤0.03	26.0~32.0	≤3.0	≤1.0	≤3.0	7.0~9.5	余量	≤0.5
ERCoCr-E	0.18~0.32	≤1.0	≤2.0	≤0.03	≤0.03	25.0~29.0	1.75~3.75	4.8~6.1	≤3.0	≤0.5	余量	≤0.5

① 如果在分析过程中发现有其他元素存在，应确定这些元素的含量以保证它们的总量不超过"其他"的规定值。
② 采用氧-乙炔火焰堆焊工艺，C 的含量为 0.8%~1.4%。

第 3 节 核级设备用焊接填充材料的质量管理

12.3.1 焊接材料的评定

为了保证焊接接头的各项性能符合产品技术条件和相应的标准要求，需要对焊接材料进行评定。该评定主要是对材料牌号（或商标号）的评定，包括焊材供货状态的试验，熔敷金属试验和焊接接头试验。焊材供货状态的试验和熔敷金属试验由供货商进行，供货商对评定材料的每一种牌号编制熔敷金属评定卡片；焊接接头评定试验应由设备制造商进行，当焊接工艺评定试验包括了焊接接头评定试验的内容时，可以免去此项试验。

12.3.1.1 评定数量

用于评定试验的材料按批号选取。导致批号变化的参数有：

（1）焊接材料的几何尺寸。

（2）钢的炉罐号。

（3）根据材料成分和涂料配方，由焊接材料制造厂所确定的焊剂、合金粉末或涂料的批号。

12.3.1.2 评定的有效范围

当所评定的焊接材料在原材料、焊剂成分或涂料配方以及制造工艺发生变化而导致材料性能和使用范围变化时，必须由供货商通知设备制造商，并重新进行评定试验。

1. 母材的钢种和厚度

焊接接头评定的母材有效厚度范围按表 12-92 规定。钢种及厚度改变时，只需要对焊接接头进行重新评定。

表 12-92　　　　焊接材料评定母材有效厚度范围

试件厚度（mm）	有效厚度范围（mm）
20～25（手工焊） 30～40（自动、半自动焊）	≤50
50～60	全厚度

2. 焊接材料的几何特性

每一直径的焊丝和每一宽度的焊带都要做一组完整的焊丝焊剂组和焊带焊剂组熔敷金属试验和焊接接头试验。

对于药皮焊条，当对同一牌号的一个最大直径焊条和一个最小直径焊条进行评定之后，处于两者之间的同一牌号的焊条可以不进行熔敷金属试验。但对于焊接接头试验应考虑要评定的所有直径的药皮焊条。

3. 焊接方法和电流种类

焊接方法、电流种类和直流电极性的改变要重新进行评定试验。

4. 焊缝类型

焊缝类型仅与焊接接头的评定试验有关。对通过堆焊层评定的材料，不能代替承载焊缝的评定；但经过承载焊缝评定的材料，在化学成分满足要求的情况下，可代替堆焊层的评定。

5. 焊接位置

在某一位置下进行焊接接头评定试验的材料，只允许在该位置下焊接。但在 2 个已评定的基本位置之间的所有位置是等效的；在经过适当验证后，非平焊位置评定的焊接材料，可以扩大到平焊位置。

6. 焊接参数

下述参数增大时需重新进行评定：

（1）药皮焊条电弧焊中规定的电流值。

（2）手工气体保护焊中规定的电流、电压值。

（3）自动、半自动焊中规定的最大热输入量。

对于自动、半自动焊，焊接接头试验应采用最大热输入量。

7. 热处理

当与焊接有关的热处理发生以下变化时，需重新进行评定：

（1）降低规定的最低预热温度或提高规定的最高层间温度。

（2）改变消除应力热处理规范。

12.3.1.3　供货状态焊接材料评定项目与合格标准

1. 几何尺寸试验

对于焊条，任意选取 5 根药皮焊条，根据相关焊条标准验证几何尺寸。

对于焊丝和焊带，在任意相距 0.5m 的 3 个截面上分别进行尺寸检验。焊丝的直径、允许偏差和椭圆度应符合相关标准的规定。

2. 物理性能试验

（1）焊条药皮和焊剂碱度测定。任意选取 5 根焊条和适量焊剂，按下式进行碱度（B）的测定：

$$(B) = \frac{\text{CaO} + \text{MgO} + \text{BaO} + \text{CaF}_2 + \text{Na}_2\text{O} + \text{K}_2\text{O} + 0.5(\text{MnO} + \text{FeO})}{\text{SiO}_2 + 0.5(\text{Al}_2\text{O}_3 + \text{TiO}_2 + \text{ZrO}_2)}$$

式中所有化合物均以重量百分数表示。

对于烧结型焊剂要求（B）$\geqslant 2.5$。

（2）焊条药皮强度试验。任选 5 根焊条，将焊条由水平位置自由落下到厚度不小于 14mm，处于水平位置光滑平整的钢板上。直径小于 4mm 的焊条落下高度为 1m；直径不小于 4mm 的焊条落下高度为 0.5m。要求落下的焊条药皮破坏只发生在焊条两端，破坏的总长度不应超过 30mm。

（3）焊条药皮耐潮性试验。取不少于 5 根焊条，将其浸泡在静水中，2h 后药皮不能有胀开和剥落现象。

（4）药皮焊条和焊剂的含水量检验。药皮焊条和焊剂含水量应符合订货技术条件要求。对于碱性低氢型焊条，药皮含水量应不大于 0.15%。

（5）焊剂颗粒度、机械夹杂物检验。焊剂颗粒度、机械夹杂物应符合相关标准或供货技术条件的规定。

（6）合金粉末粒度检验。采用等离子喷焊时，合金粉末粒度应为 $70\sim300\,\mu\text{m}$；采用氧乙炔喷焊时，合金粉末粒度应为 $50\sim106\,\mu\text{m}$。

3. 工艺性能试验

（1）药皮焊条工艺性能试验。采用对接接头形式，试件长度应能足够焊完 1 根焊条，起焊后至焊条熔化一半时停弧约 3s，再引弧，直至焊完 1 根焊条。试验时观察焊条熔化及焊缝成形情况和再引弧情况。待焊件焊完冷却后，除去熔渣，检查焊缝表面质量，然后去掉表面层 $1\sim2$mm，检查焊缝内部质量。要求电弧易引燃，焊接过程中燃烧平稳，药皮均匀熔化，无成块脱落现象，再引弧容易，焊缝成形良好。

（2）焊剂的焊接工艺性能试验。焊剂配焊丝或配焊带进行熔敷焊接，逐道观察焊剂的脱渣性能及焊道熔合、成形、咬边情况。要求焊剂应具有良好的工艺性能和脱渣性，焊缝表面无气孔、夹渣、咬边、粘渣等缺陷。

（3）焊条 T 形接头角焊缝试验。对焊缝进行表面质量检查和焊脚尺寸、焊缝凸度检查，然后将角焊缝沿纵向弯断，对断裂表面进行检查。要求角焊缝表面经目视检查无裂纹、焊瘤、夹渣及表面气孔、咬边；角焊缝的焊脚尺寸、凸形角焊缝的凸度及角焊缝两焊脚长度之差符合相应焊条标准的规定或订货技术条件的要求。

12.3.1.4 熔敷金属试验评定项目与合格标准

1. 化学成分分析

化学成分分析试样应取自熔敷金属中。化学成分分析结果应满足订货技术条件的要求。

2. 熔敷金属拉伸试验

拉伸试样为圆棒形试样，并按焊缝轴线方向截取。一般情况下只要求做常温拉伸试验。当设计有要求时，需要做高温拉伸试验。试验结果应符合订货技术条件的规定。

3. 熔敷金属冲击韧性试验

冲击试样的轴线应垂直于焊缝的轴线方向，缺口底部应垂直于试件表面并位于焊缝的轴线中心。

对于碳钢和低合金钢焊接材料的冲击韧性试验，在 0℃和－20℃各做 1 组（3 个试样）试验。$KV(0℃)$ 3 个试样平均值应不小于 60J，其中允许有 1 个试样可以不小于 42J。KV（-20℃）3 个试样平均值应不小于 40J，其中允许有 1 个试样可以不小于 28J。

对于奥氏体不锈钢和镍基合金焊接材料（不包括堆焊层材料）冲击韧性试验，在常温做 1 组（3 个试样）试验。对于奥氏体不锈钢、镍基合金焊材熔敷金属，应保证室温时 3 个试样平均值不小于 60J，只允许有 1 个试样低于平均值且不小于 42J。

4. 熔敷金属扩散氢含量的测定

熔敷金属中扩散氢含量应符合订货技术条件的要求，对于碱性低氢型焊条应不大于 5.0mL/100g（水银法）。

5. 熔敷金属的硬度试验

硬度试验结果应符合表 12-93 的规定。

表 12-93	合金粉末熔敷金属硬度要求		
材　料　等　级	21 级	6 级	12 级
硬度（HRC）	26～40	38～50	44～54

6. 晶间腐蚀试验

对于奥氏体不锈钢焊接材料应进行晶间腐蚀试验，试验结果要求试样两面均应无晶间腐蚀倾向。当 C≤0.035% 时，对于 Cr≥19.00% 的超低碳 19-9 型材料和 Cr≥17.00% 的超低碳 18-10-3 型材料，可不要求进行此项试验。

7. δ 铁素体含量测定

对奥氏体不锈钢焊接材料熔敷金属，应进行 δ 铁素体含量测定。测定根据 Delong 图（如图 12-1 所示）确定。要求 δ 铁素体含量应为 5%～15%，最好 5%～12%。对于堆焊过渡层用的奥氏体不锈钢焊材，δ 铁素体含量应为 8%～18%。

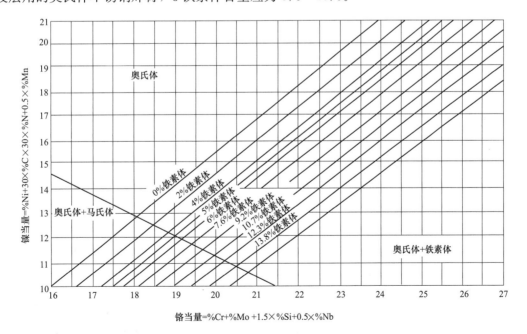

图 12-1　Delong 图

12.3.1.5　焊接接头评定项目与合格标准

焊接接头至少进行以下项目的评定，其试验方法、合格标准与焊接工艺评定要求相同：

（1）无损检验。

（2）金相检验。

（3）化学成分分析。

（4）力学性能试验。

12.3.2　焊接材料的验收

为了保证核岛机械设备在制造、安装中所用的成批焊材具有稳定的质量，并保证其质量符合订货技术条件的要求，需要对核电厂核岛机械设备制造、安装、检修和改造中所用焊接材料进行验收。

12.3.2.1　焊接材料验收卡片

核电工程的焊接材料采购必须有设计院发布的采购技术规格书。一般将技术要求制成焊接材料评定卡片。NB/T 20002.2—2013《压水堆核电厂核岛机械设备焊接规范　第2部分：焊接填充材料的验收》采用的焊接材料验收标准卡片见表12-94；该标准中的表2～表32以焊材标准卡片的形式，给出了NB/T 20009.1～NB/T 20009.13标准中所列焊接材料的名称、化学成分、焊态或热处理后的力学性能以及所适用焊接的母材。

焊材制造厂应编制焊接材料验收技术条件，该技术条件应满足相关标准的要求。当焊材有评定要求时，其验收规范的内容应符合焊材评定卡片的规定。焊接材料验收规范至少应包括焊接方法，焊接工艺参数，道间温度和任何规定的焊后热处理，取样示意图，验收项目、试验方法和合格标准。

12.3.2.2　焊接材料验收数量

焊接材料应按批验收。批的定义为：

1. 实心焊丝、焊带和可熔化嵌条

具有相同的牌号，并至少满足采用一个炉号的材料在一个生产周期内所生产的一种规格的产品数量。

2. 药芯焊丝

具有相同的牌号，并至少满足以下批量分类要求：是在一个生产周期内生产的一种型号和规格的产品数量，但不超过45000kg；该批焊材应采用一个炉号或控制化学成分的盘条、钢带或管材生产，药芯填充物应符合以下规定之一：①按组合干配料标识的药芯填充物，应由一个单一干配料或组合干配料组成；②按控制化学成分标识的药芯填充物，应由一个或多个组合干配料组成。这些药芯填充物经过充分试验，证明用于这批药芯焊丝的所有组合干配料成分相当。试验至少应包括化学成分分析，其结果应符合焊接材料制造厂的规定范围。试验程序和试验结果应有记录。

3. 焊条

具有相同的牌号，并至少满足以下批量分类要求：是在连续24h（即连续的正常班次）生产时间内生产的一种型号和规格产品数量，但不超过45000kg；该批焊材应采用一个湿搅拌料或控制化学成分的湿搅拌料与一个炉号或控制化学成分的焊芯生产。

4. 焊剂

具有相同的牌号，在一个生产周期内，用相同原材料混合物所生产的产品数量。

每批焊剂应与验收和制造中使用的每批焊丝或焊带相匹配，不可分开使用。

表 12-94　　　　　　NB/T20002. 2—2013 采用的焊接材料验收卡片

名称：		焊接方法：		焊接填充材料卡号：			
标准：				No			
钢种：		焊材类型：					

（1）化学成分（质量分数,%）

	C	Si	Mn	P	S	Ni	Cr	Mo	Co	Cu	V	Fe	N	Ta+Nb	其他元素
焊接材料															
熔敷金属															

（2）力学性能

①拉伸性能

温度	室温				其他温度			
焊态或和热处理态	$R_{p0.2}$ （MPa）	R_m （MPa）	A （%）	Z （%）	$R_{p0.2}$ （MPa）	R_m （MPa）	A （%）	Z （%）

②冲击性能

焊态或和热处理态	冲击吸收能量 KV(J)								RT_{NDT} （℃）
	室温		℃		℃		℃		
	平均	最小	平均	最小	平均	最小	平均	最小	

（3）焊缝类型

母材	焊缝			母材	焊缝		
	1	2	3		1	2	3

说明

12.3.2.3　焊接材料外观和尺寸验收

1. 焊条

每批焊条按照需要数量至少在 3 个部位平均取有代表性样品。对所抽取的样品用肉眼或 5 倍放大镜进行外观检查，并从中选出 10 根进行尺寸测量。

焊条的外观和尺寸应满足下列要求：

（1）药皮应均匀、紧密地包覆在焊芯周围，整根焊条上不允许有裂纹、气泡、杂质、剥落等缺陷及受潮变质现象。

（2）焊条引弧端药皮应倒角，焊芯端面应外露，沿长度方向的露芯长度不应大于焊芯直径的 1/2 或 1.6mm 两者中的较小值，沿圆周方向的露芯不应大于圆周的一半。

（3）焊条夹持端应充分裸露，在靠近夹持端的药皮上应印有醒目的焊条型号或牌号。

（4）焊条偏心度应符合焊条标准或订货技术条件的规定。

（5）焊条直径、长度应分别符合相应焊条标准的规定。

2. 焊丝和焊带

焊丝或焊带表面用肉眼检查或 5 倍放大镜检查，当发现缺陷时应用砂纸或锉刀清除表面缺陷后测量焊丝直径或焊带厚度，以确定表面缺陷的深度。

焊丝或焊带尺寸用准确度为 0.01mm 的量具，在同一横截面的两个互相垂直的方向进行测量，每盘焊丝或焊带测量的部位应不少于 3 处。

焊丝和焊带外观质量和尺寸应符合以下要求：

（1）表面光滑，无锈蚀、氧化皮、划痕或超过允许公差的局部缺陷；焊丝直径及允许偏差符合规定，焊丝椭圆度不应超过直径允许偏差的 75%；焊带厚度、宽度允许偏差及旁弯等局部缺陷应符合订货技术条件的规定。

（2）成盘焊丝或焊带应由同一炉号或同一批号的材料组成。当存在接头时应适当处理，使焊丝在焊接设备上能够均匀、不间断地送进而不影响焊接过程和质量。

（3）焊丝盘的内径、盘重，焊丝盘上的弹射度和螺旋度应满足订货技术条件的要求。

3. 焊剂

每批焊剂取样不少于 200g，取样方法采用四分法。所用称样天平感量不大于 1mg。

肉眼或 5 倍放大镜进行外观检验，采用过筛法进行焊剂颗粒检验，并采用目视法挑选各种机械夹杂物（碳粒、原材料颗粒、铁屑、铁合金凝珠及其他杂物）并称重，检验焊剂中的机械夹杂物。

焊剂颗粒应均匀，颜色应纯正，无受潮变质现象；焊剂碳剂、铁屑等机械夹杂物不应大于焊剂重量的 0.30%；焊剂颗粒度应符合相关标准或订货技术条件的规定。

12.3.2.4　焊接材料的性能试验

NB/T 20002.2—2013《压水堆核电厂核岛机械设备焊接规范　第 2 部分：焊接填充材料的验收》规定的对于每批焊材按照焊缝类型（承载焊缝和隔离层焊缝；TIG 焊打底焊缝和密封焊缝；堆焊层）的性能检验项目见表 12-95。用于补焊的填充材料至少应进行与待补焊焊缝原填充材料相同的一系列试验。

表 12-95 NB/T 2000. 2—2013 要求的焊材验收性能检验项目

检验项目			化学成分	δ铁素体测定	晶间腐蚀	常温拉伸	设计温度位伸	KV（常温）	KV(0℃和-20℃)	模拟管子管板焊缝焊接①
供货状态焊丝和焊带	碳钢或低合金钢 TIG 焊和 MIG 焊焊丝		1, 2							
	奥氏体不锈钢 TIG 焊和 MIG 焊焊丝		1, 2, 3	1, 2, 3						
	镍基合金 TIG 焊和 MIG 焊焊丝		1, 2, 3							
	碳钢或低合金钢 埋弧焊焊丝		1							
	奥氏体不锈钢 埋弧焊焊丝		1, 3	1, 3						
	奥氏体不锈钢焊带		3							
	镍基合金焊带		3							
	可熔化嵌条		2	2						
无稀释熔敷金属	焊条	碳钢或低合金钢	1			1	1	1		
		奥氏体不锈钢	1, 3	1, 3	1, 3	1	1	1		
		马氏体合金钢	1			1	1	1		
		镍基合金	1, 3			1	1	1		3
	实心焊丝	（TIG 焊）碳钢或低合金钢	1			1	1	1		
		（TIG 焊和 MIG 焊）奥氏体不锈钢	1, 3	1, 3	1, 3	1	1	1		
		（TIG 焊）镍基合金	1			1	1	1		3
		（埋弧焊）碳钢或低合金钢	1			1			1	
		（埋弧焊）奥氏体不锈钢	1, 3	1, 3	1, 3	1	1	1		
		（MIG 焊丝和 MAG 焊）碳钢或低合金钢	1			1	1		1	
	碳钢或低合金钢药芯焊丝		1			1	1		1	
	奥氏体不锈钢焊带/焊剂		3	3	3					
	镍基合金焊带/焊剂		3							3

注 1—承载焊缝和隔离层焊缝；2—TIG 打底焊缝和密封焊缝；3—堆焊层。

① 如果镍基合金管板堆焊有要求。

1. 供货状态焊丝、焊带和可熔化的嵌条

对于气体保护焊焊丝，盘（卷、桶）焊丝每批抽取一盘（卷、桶），直条焊丝任取一最小包装单位；其他焊接方法用焊丝和焊带，应从每批焊丝或焊带中抽取3%，但不少于2盘（卷）。

化学成分分析可采用任何适宜的方法，仲裁试验按GB/T 223适用部分进行湿法分析。要求焊丝、焊带化学成分符合标准卡片的规定。对于核反应堆一回路介质直接接触的堆焊层和直接暴露在反应堆辐照区的焊缝，材料中的含钴量应满足下列要求：

对于碳钢和低合金钢：Co≤0.03%；

对于奥氏体不锈钢：Co≤0.20%，目标值Co≤0.15%；

对于镍基合金：Co≤0.15%。

铁素体含量测定，对于奥氏体不锈钢焊材，根据已知化学成分，按照Delong图确定铁素体含量（如图12-1所示）。当铁素体含量超过Delong图范围时，可参照WRC-1992图确定。不锈钢焊丝、焊带中的δ铁素体含量应为5%～12%；但对于309 L型焊带，δ铁素体含量可为8%～18%。

2. 熔敷金属

（1）化学成分。

1）化学分析试样应取自无母材稀释影响的熔敷金属试件的中心部位或按焊材技术条件堆焊的熔敷金属试块。在有争议时，堆焊熔敷金属试块可作为仲裁试样。

2）当要求进行熔敷金属拉伸试验时，化学分析试样应取自圆形横截面拉伸试样的延伸部分或该试样的拉断部分。

3）对于堆焊层，应在堆焊层表面以下2mm的深度范围内取金属屑进行化学成分分析。

4）化学成分分析可采用任何适宜的方法，仲裁试验按GB/T 223适用部分进行湿法分析。

5）化学成分应符合焊材标准卡片的规定或焊材验收规范。

（2）δ铁素体含量测定。对奥氏体不锈钢焊材应测定熔敷金属中δ铁素体含量。δ铁素体含量的测定采用铬镍当量法，按照Delong图（如图12-1所示）计算δ铁素体含量的百分比。不锈钢焊条熔敷金属中的δ铁素体含量应为5%～15%（最好5%～12%），但对于309L型焊条，铁素体含量可为8%～18%。

（3）拉伸试验。对用于承载焊缝和隔离层焊缝的焊材，应进行熔敷金属拉伸试验。除了室温下的拉伸试验，还应进行与产品母材要求相同的高温拉伸试验。在熔敷金属试件的中心部位取纵向拉伸试样1个（室温和高温）。检验结果要求熔敷金属的抗拉强度、屈服强度和断后伸长率应达到标准卡片的规定。

（4）冲击韧性试验。

1）对用于承载焊缝和隔离层焊缝的焊材，应进行熔敷金属的冲击试验。

2）对于奥氏体不锈钢和镍基合金，在室温下做1组KV冲击，3个试样为1组；对于碳钢和低合金钢，按焊材标准卡片或焊材验收规范中要求的每一温度下做1组KV冲击，3个试样为1组。取样时，试样的缺口轴线应垂直于试件表面。

3）熔敷金属冲击吸收能量应满足焊材标准卡片或焊材验收规范的规定，并不低于下述要求：

a. 对用于碳钢和低合金钢1级设备和主要的二次侧部件的焊材，0℃时，3个试样平均值不小于 60J，只允许有 1 个试样低于平均值且不小于 42J；−20℃时，3 个试样平均值不小于 40J，只允许有 1 个试样低于平均值且不小于 28J。

b. 对用于碳钢和低合金钢 2 级和 3 级设备的焊材，0℃时 3 个试样平均值不小于 40J，只允许有 1 个试样低于平均值且不小于 28J。

c. 对于奥氏体不锈钢和镍基合金的焊材，常温下 3 个试样的平均值不小于 60J，只允许有 1 个试样低于平均值且不小于 42J。

（5）晶间腐蚀试验。奥氏体不锈钢熔敷金属应作晶间腐蚀试验。试样无晶间腐蚀倾向时合格。

12.3.3　焊接材料的储存

12.3.3.1　储存条件

焊接材料的存储环境应能确保材料的性能。为此，存储条件应为密封、干燥的环境，必要时应加热。设备制造厂负责保持存储环境的最低温度和最大相对湿度，并应遵守焊接填充材料评定数据单规定的要求。

12.3.3.2　入库

材料经检验验收合格后，包装应进行入库确认。这里的包装是指：焊条包装（或可包装若干独立焊条的较大包装），焊丝卷、盘、束，包装焊剂的袋、罐。

材料在入库后应在相应验收试验后做上标识。

12.3.3.3　储存期间

若某一地点用于同时存储验收试验后的材料、待验收试验的材料或其他材料，则应采用物理措施隔离，且相互之间应保持足够距离。

在存储过程中，焊接填充材料的包装应保持完好。任何变质产品或标识丢失的产品应作报废处理。

在搬运药皮焊条时，应特别注意避免损伤焊条药皮。

12.3.3.4　储存管理

已检验验收的焊接填充材料进行储存管理时应为每批次或每炉焊接填充材料标识下述内容：

（1）名称。

（2）尺寸。

（3）验收试验后入库数量。

（4）验收试验的日期。

（5）有效期。

（6）焊接填充材料的批号（如焊丝-焊剂组）。

（7）出库日期。

（8）出库数量。

（9）报废材料的解除储存文件或通知的编号。

12.3.3.5　出库

焊接填充材料出库时，必须向仓库管理人员交付一份至少包括以下内容的文件：

（1）名称。

（2）尺寸。

（3）数量。

（4）批号。

（5）某给定部件或焊缝选定的焊接填充材料。

库房管理人员核对信息无误后发放焊接填充材料。为保证焊接填充材料在规定期限内得到使用，避免库存超期引起不良后果，焊接填充材料的发放应遵循先入先出的原则。

库存期超过规定期限的焊条、药芯焊丝及烧结型焊剂，或虽未到期但保管中受潮、变质的焊接填充材料，需复验合格后方可发放使用，否则按不合格焊接填充材料处理。

12.3.4　焊接填充材料的使用

12.3.4.1　烘干和保管

供货商应根据焊接填充材料评定的要求，在评定卡片中标识相应烘干和保管的条件（保温时间）。

烘箱应有指示所装入的焊接填充材料的牌号、批号和烘干条件的标牌。烘箱一般每次只能装入 1 种牌号的焊接填充材料。在烘干条件相同和不同牌号焊接填充材料间有实体间隔条件下，可在烘箱中装入几种不同牌号的焊接填充材料。

焊条、焊剂烘干时，为保证烘干温度均匀，一次装堆不应过多，通常厚度不超过60mm。应多层分离，使用鼓风均热或用远红外加热。

焊条、焊剂烘干后使用时须存放于保温容器或加热柜内。使用期间，焊条或焊剂在室温下停留不能超过 4h，否则应重新烘干。重新烘干的次数不得超过焊接填充材料评定数据单上规定的次数。

焊工或焊接操作工都应备有一个能保持焊条干燥的手提式保温筒，并在使用时接通电源。

对于已拆包但尚未使用的焊条和焊剂，只有满足入库的条件下，且采用符合规定的标识和新包装方法的程序，才允许其重新入库。

12.3.4.2　焊剂的循环使用

使用在核级设备上的焊剂，一般情况下不推荐焊剂循环使用，特别是对于含有金属元素铬的烧结型焊剂。

如果循环使用焊剂，循环使用的焊剂应和新的同批号焊剂混合，其比例不能超过最后混合物的 50%；在混合前，应采用适当的方法清除循环使用焊剂中的熔渣颗粒和粉尘；设备制造厂须确保将混合焊剂的粒度大小控制在焊接填充材料评定数据卡片所规定的数值范围内。

12.3.4.3　焊接过程中焊接填充材料的标识

所有的焊接填充材料在整个使用过程中应能识别，为此应遵守下列要求。

（1）药皮焊条。每根焊条都应按照相关标准的规定打上标记。

（2）盘状焊丝。每一盘焊丝都应附有一个至少标明焊丝牌号、直径和批号的明显标签。没有标签的盘状焊丝均应报废。

（3）棒状焊丝。通过以下方式在每根焊丝上标明牌号：①用冷冲压标出特定号码；②用特定颜料涂在焊丝一端作标记。当选用第 2 种方法时，在每个工作地点附近应放置一块指示常规颜色和其对应的焊丝牌号的牌子，并且要求焊工必须从没有着色的一端开始焊接。

（4）卷状焊丝焊带。卷状焊丝或焊带上至少有一个标明其牌号和批号的标签，该标签在整个焊接期间应始终固定在卷状焊丝或焊带的一端。

（5）焊剂。应规定一套适用于标识焊剂牌号和批号的方式，以便能随时对每个焊剂作全面鉴别。

第 4 节　焊接填充材料使用经验反馈案例

12.4.1　压力容器接管安全端在高温水环境中的腐蚀失效

自 20 世纪 90 年代以来，特别是在 2000 年前后，美国、瑞典、日本等国压水堆核电厂压力容器接管安全端部位接触高温水冷却剂的内壁发生一系列失效事件，有的产生放射性主回路冷却剂泄露，造成巨大损失。这些失效主要是采用镍基合金 182 以及 82 焊接的场合，而主要原因是这些 600 类的镍基合金对一回路高温环境水中应力腐蚀破裂（即PWSCC）敏感。其中 2 个典型案例是瑞典的 Ringhals 4 和美国的 VC Summer 核电厂发生的破裂泄漏事件。

瑞典的 Ringhals 4 是一座由西屋公司设计的功率为 915 MW 的压水堆核电厂，1983 年开始服役，1993 年在役检测中超声波和涡流检测未在接管安全端部位发现可报告的指示，2000 年在役检测中超声波和涡流检测则发现在该部位修补区有 4 条轴向裂纹（其中 2 条裂纹未被涡流检出）。裂纹均在 182 合金的焊缝金属中，该部位曾经经过补焊修理；裂纹呈枝晶间分叉形状，离内壁越远，分叉越多。裂纹萌生的原因最初认为与该焊接件存在热裂纹以及表面经过补焊和冷加工有关，但后来美国太平洋西北国家实验室对这些裂纹及周围微观组织和成分的高分辨电镜分析表明，破裂发生在高角晶界，没有证据表明这些破裂晶界上存在导致热裂的低熔点相或溶质，也没有晶界沉淀和晶界偏聚；腐蚀产物分析表明这些裂纹都渗入过高温水，裂纹周围的焊缝金属有高密度位错，表明材料中的高残余应力对破裂有重要贡献。另一方面，在 Ringhals 3 压水堆同样位置上也发现类似的裂纹，但没有资料表明该区域曾经经过补焊修理。该裂纹萌生的原因至今未明，但裂纹扩展原因可以确定是高温水冷却剂中发生枝晶间的应力腐蚀开裂扩展。

美国的 VC Summer 核电厂功率为 885 MW，由西屋公司设计，1984 年投入商业运行，2000 年 10 月换料时发现一出水口安全端处有大量硼酸漏出。该焊接件材质结构为 A508-II/182/82/304，内表面经过多次补焊。检测表明，182 合金焊缝中存在热裂纹，电站运行过程中，主要是作为预堆边焊的 182 合金的内壁在高温水中萌生环向应力腐蚀裂纹，其在扩展中转向，在径向扩展到 82 合金中并且在轴向向外扩展，直至泄漏。裂纹的一侧径向扩展进入 A508 低合金钢后裂尖有所钝化，另一侧轴向扩展穿过 82 合金后进入 304 不锈钢区，发生沿晶应力腐蚀破裂，如图 12-2 所示。对该电站其他 2 个环路接管-安全端焊接件的无损检测表明，超声波检测未发现指示，而涡流检测发现有指示。

从 VC Summer 机组 3 个不同接管-安全端焊接件制取了 17 个试样做高温水应力腐蚀裂纹扩展实验，3 个焊接件上的结果合理地相似。只在 182 合金上进行了应力腐蚀裂纹扩展实验，但预料与 82 合金的裂纹扩展相似。发现这些焊接件的应力腐蚀裂纹扩展速率的离散性比 600 基体合金的要大，裂纹方向有非常重要的影响。在平行于焊缝凝固的枝晶方向上的裂纹扩展速率比穿过枝晶的高出 5～10 倍，这是会导致泄漏的最危险方向。根据 ASME 标准第Ⅵ卷 IWB3640 关于奥氏体合金管道的接受准则（缺陷允许最大深度为管壁厚度的 75%）、涡流检测的缺陷指示、182 合金高温水应力腐蚀裂纹扩展数据和有关公式，计算出水口最危险的轴向缺陷扩展到允许最大深度所需时间为 3.2 年；进水口温度较低因而应力腐蚀裂纹扩展速率要慢一个数量级，而且进水口的接管-安全端焊接件上也未发现有轴向缺陷。针对环向缺陷的类似计算表明，含缺陷的出水口的允许服役时间为 3.4 年，含缺陷的进水口的允许服役时间为 25 年以上。

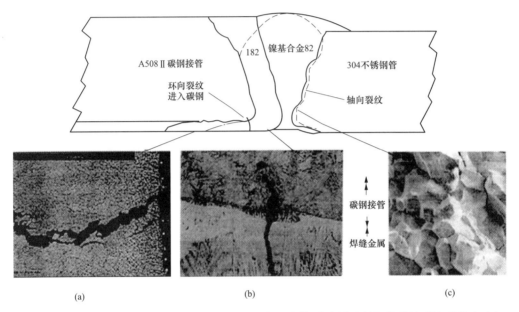

图 12-2　美国的 VC Summer 压水堆核电厂压力容器接管-安全端异材焊接件处裂纹形貌及示意
（a）镍基合金焊缝内的裂纹剖面；（b）镍基焊缝内的裂纹扩展穿过界面进入 A508II 低合金钢的剖面；
（c）界面附近不锈钢发生沿晶应力腐蚀破裂的断口表面

12.4.2　安全端异种钢接头外壁开裂

核电厂许多关键部位存在高合金奥氏体钢/低合金铁素体钢异质焊接接头，其中一个典型结构是连接不锈钢主管与低合金钢反应堆压力容器接管的安全端焊接件（如图 12-3 所示）。安全端焊接接头有 2 种制造工艺，一种是堆焊超低碳不锈钢（典型材料 E309L、E308L）隔离层，再使用不锈钢焊材进行安全端与接管的对接焊；另一种是堆焊镍基合金（典型材料 182、82 和 52 等）隔离层，之后采用镍基合金焊材进行对接焊。

该类异质焊接件运行中曾在外壁开裂失效，即失效发生在接触隔热材料和大气的环境，这主要是用不锈钢焊条的场合。Ran 等综述了 1973～1991 年期间美国压水堆异材焊接件的破裂状况，表明主要原因是：①焊接过程中的热裂；②不锈钢敏化和污染物共同导致的应力腐蚀破裂，这些污染物来自隔热材料或维修后清洁不干净的遗留物。Cattant 等报导了在法国压水堆安全端外壁上发现的下列缺陷：①点蚀：位于母材紧靠 F/A 界面的铁素体内；②晶界破裂：位于 309 奥氏体不锈钢堆焊的第 1 层里。现场和模拟实验分析认为属于大气腐蚀，应力和空气中的 SO_2 对其有促进作用。

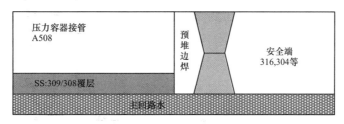

图 12-3 连结反应堆压力容器低合金钢接管与不锈钢主管的安全端焊接件结构示意

参 考 文 献

[1] 李光福. 压水堆压力容器接管-主管安全端焊接件在高温水中失效案例和相关研究 [J]. 核技术，2013，36（4）：232-237.

[2] THOMAS L E, VETRANO J S, BRUEMMER S M, et al. High-resolution analytical microscopy characterization of environmentally assisted cracks in Alloy 182 weldments [C/CD], Proceedings of Eleventh International Symposium on Environmental Degradation of Materials in Nuclear Power Systems-Water Reactors, Aug. 2003, Stevenson, WA, USA, CD-ROM.

[3] BAMFORD W H, FOSTER J, HSU K R, et al. Alloy 182 weld crack growth and its impact on service-induced cracking in operating PWR plant piping [C/CD], Proceedings of Tenth International Symposium on Environmental Degradation of Materials in Nuclear Power Systems-Water Reactors, Aug. 2001, USA：NACE International, CD-ROM.

[4] RAN G V, RISHED R D , KUREK D, et al. Experience with bimetallic weld cracking. Proceedings of International Symposium Fontevraud III, Contributions of materials investigion to the resolution of problems encountered in pressurized water reactors, 1994, Fontevraud, France, French Nuclear Energy Society, v01. 1 ：146-153.

[5] CATTANT E, BOUVIE R O de, ECONOMOU J, et al. Proceedings of International Symposium Fontevraud III, Contributions of materials investigion to the resolution of problems encountered in pressurized water reactors, 1994, Fontevraud, France, French Nuclear Energy Society, v 01. 1：125-137.

第13章

EPR、AP1000、高温气冷堆、华龙一号主要用材的介绍

第1节　EPR 机组主要用材

EPR（European Pressurized Reactor）是 20 世纪 90 年代末，法玛通公司和西门子公司联合开发设计的新一代改进型 1600MW 级压水堆核电机组，其设计综合了法国 N4 核电厂和德国 Konvoi 核电厂的优点和经验反馈。

EPR 是在传统第二代压水堆核电技术的基础上，采用"加"的设计理念，安全系统全部由两个系列增加到四个系列，即用增加安全系统冗余度来提高安全性。核电厂安全系统的设计是在传统压水堆核电厂的技术基础上，吸收压水堆设计、建造和运行经验反馈，并采用循序渐进式而不是革新式的设计改进原则；EPR 的专设安全系统沿用传统压水堆核电厂使用的能动安全系统，但在系统设计和布置上进行了较大改进；EPR 还特别注重对严重事故的预防和缓解措施的设计；EPR 实际上消除了放射性大剂量释放的风险，把现场外的应急措施限制在电站十分有限的范围内。EPR 机组一回路主要设备的材料的制造规范为 RCC－M 2007，EPR 机组设备用主要金属材料见表 13-1。

表 13-1　　　　　　　　　　　　EPR 机组设备用主要金属材料

部　件	材料	采购要求（RCC-M 2007）
反应堆压力容器		
筒体、底封头、管嘴、顶盖、顶盖法兰	16MND5	M2111、M2112
管嘴安全端	Z2 CND 18 12 控氮	—
控制棒驱动机构管座贯穿管、仪表贯穿件	NC30Fe	M4105
螺栓 & 螺母	40 NCDV 7～03	M2312
蒸汽发生器		
壳体、管板	20MND5	M2115
传热管	NC30Fe	M4105
管束支撑隔板	Z10C13	M3203
管束围板、双层围板	P265GH	M1122
主泵		
主泵泵壳、扩散器、进水导管、叶轮	Z3CN20.09M	M3401

部　　件	材料	采购要求（RCC-M 2007）
泵轴	Z6CNNd18.11	M3309
稳压器		
筒体、上封头、下封头	18MND5	M2119
温度、液位和取样管嘴、热元件套管	Z2CND17.12	M3307
反应堆冷却剂主管道		
反应堆冷却剂主管道	X2CrNi19.10 控氮	M3321
二回路汽水管道		
管道	P11	ASTM A335
管道	P91	ASTM A335
管道	A106B	ASTM A106M

13.1.1　反应堆压力容器

反应堆压力容器由筒体和顶盖两部分组成，材料采用 16MND5 低合金钢，容器内壁对焊一层 7.5mm 厚的 308L 和 309L 不锈钢。EPR RPV 的材料制造规范参照 RCC-M 2007 版，相比于 RCC-M 2000 版＋2002 补遗，16MND5 在材料成分上降低了磷、硫含量，以提高材料的耐辐照性能，见表 13-2。除了成分要求更加严格，力学性能要求也更高，见表 13-3。

表 13-2　RCC-M（2000 版＋2002 补遗）和 RCC-M（2007 版）中 16MDN5 成分对比 W_t（％）

技　术　条　件	C	Mn	P	S	Si	Ni
RCC-M M2111（2000 版＋2002 补遗）	≤0.22	1.15~1.60	≤0.008	≤0.008	0.10~0.30	0.50~0.80
RCC-M M2112（2000 版＋2002 补遗）	≤0.22	1.15~1.60	≤0.012	≤0.012	0.10~0.30	0.50~0.80
RCC-M M2111（2007 版）	≤0.22	1.15~1.60	≤0.08	≤0.005	0.10~0.30	0.50~0.80
RCC-M M2112（2007 版）	≤0.22	1.15~1.60	≤0.008	≤0.008	0.10~0.30	0.50~0.80
技　术　条　件	Mo	Cr	Cu	V	Al	Co
RCC-M M2111（2000 版＋2002 补遗）	0.43~0.57	≤0.25	≤0.08	≤0.01	≤0.04	≤0.03
RCC-M M2112（2000 版＋2002 补遗）	0.43~0.57	≤0.25	≤0.20	≤0.01	≤0.04	≤0.03
RCC-M M2111（2007 版）	0.43~0.57	≤0.25	≤0.08	≤0.01	≤0.04	≤0.03
RCC-M M2112（2007 版）	0.43~0.57	≤0.25	≤0.20	≤0.01	≤0.04	≤0.03

表 13-3　RCC-M（2000 版＋2002 补遗）和 RCC-M（2007 版）中 16MDN5 力学性能对比

性　能　指　标		拉　伸				
		$R_{p0.2}$（MPa）	R_m（MPa）	A_{5d}（％）	$R_{p0.2}^t$（MPa）	R_m（MPa）
温度（℃）		室温			350	
RCC-M M2111（2000 版＋2002 补遗）	轴向	—	—	—	—	—
	周向	≥400	550~670	≥20	≥300	≥497
RCC-M M2112（2000 版＋2002 补遗）	轴向	—	—	—	—	—
	周向	≥400	550~670	20	300	497

续表

性　能　指　标		拉　伸				
		$R_{p0.2}$（MPa）	R_m（MPa）	A_{5d}（%）	$R'_{p0.2}$（MPa）	R_m（MPa）
温度（℃）		室温			350	
RCC-MM2111（2007 版）	—	—	—	—	—	—
	—	≥400	550～670	20	300	497
RCC-M M2111（2007 版）	—	—	—	—	—	—
	—	—	—	—	—	—

性　能　指　标		冲　击				
		最小平均值（J）	最小单个值[①]（J）	最小平均值（J）	最小单个值[①]（J）	最小单个值（J）
温度（℃）		0		−20		20
RCC-M M2111（2000 版＋2002 补遗）	轴向	56	40	40	28	104
	周向	80	60	56	40	120
RCC-M M2112（2000 版＋2002 补遗）	轴向	56	40	40	28	72
	周向	72	56	56	40	88
RCC-MM2111（2007 版）	—	80	60	40	28	104
	—	80	60	56	40	120
RCC-M M2111（2007 版）	—	80	60	40	28	72
	—	80	60	56	40	88

① 每组 3 个试样中，最多只允许 1 个结果低于规定的最小平均值。

　　EPR 的 RPV 法兰接管筒体为整体锻造。筒体法兰上钻有 52 个螺孔，用以安装螺栓与顶盖密封。螺栓和螺母用材为 40 NCDV 7.03。

　　RPV 顶盖由半球形顶盖和上法兰焊接而成，在顶盖上焊有 4 只吊耳、1 根排气管、89 个控制棒驱动机构管座贯穿管、16 个堆芯测量仪表管座贯穿件和 1 个热电偶贯穿件，这些贯穿件材料均采用因科镍 690 合金制造。

13.1.2　蒸汽发生器

　　蒸汽发生器壳体和管板均采用 20MND5 制造，管板上钻有 11960 个管孔。U 形传热管插入孔内，两端焊接到管板上，然后 U 形管冷端胀入管板内，以消除管子和管孔之间的任何间隙。U 形传热管选用因科镍 690 合金制造，以增加抗晶间腐蚀性能。在沿管束直管段上共有 9 块管束支撑隔板，材料为 Z10C13 马氏体不锈钢，其与传热管的磨损系数是非常理想的。

　　管束围板包围着传热管束，把再循环水和汽水混合物分开。双层围板与管束围板同轴，和管束围板共同构成管束冷端一侧的半环形下降通道。管束围板和双层围板材料为 P265GH。

13.1.3　主泵

　　主泵泵壳、扩散器、进水导管、叶轮均为铸造不锈钢 Z3CN20.09M，泵轴为不锈钢锻件 Z6CNNd18.11。

13.1.4　稳压器

稳压器筒体、上封头、下封头均采用 18MND5 制造，在内表面堆焊一层 308L 和 309L 不锈钢。温度、液位和取样管嘴都采用奥氏体不锈钢 Z2CND17.12 制造。稳压器底部竖直安装 108 根电加热器元件棒，并设有 8 根备用元件棒，这些元件棒装配在加热元件套管中，加热元件套管也采用奥氏体不锈钢 Z2CND17.12 制造。

13.1.5　主管道

CPR1000 反应堆冷却剂主管道材料为 Z3CN20.09M（RCC-M M3402），为铸造奥氏体不锈钢，铁素体含量为 12%～20%，在运行温度下长期服役存在热老化脆化现象，即材料的断裂韧性将随服役时间延长而下降。

EPR 反应堆冷却剂主管道材料为 X2CrNi19.10（控氮）（RCCM M3321），为锻造奥氏体不锈钢，铁素体含量小于 1%，与铸造奥氏体不锈钢 Z3CN20.09M（RCC-M M3402）相比，避免了热老化脆化的风险。X2CrNi19.10 与 Z3CN20.09M 在化学成分与力学性能都有差异，见表 13-4 和表 13-5。

表 13-4　　　　X2CrNi19.10（控氮）与 Z3CN20.09M 化学成分对比 W_t　　　　（%）

材料（技术条件）	C	Si	Mn	S	P	Cr
X2CrNi19.10（RCC-M M3402）（2007 版）	≤0.035	≤1.00	≤2.00	≤0.015	≤0.030	18.80～20.00
Z3CN20.09M（RCC-M M3402）（2000 版＋2002 补遗）	≤0.04	≤1.50	≤1.50	≤0.015	≤0.030	19.00～21.00
材料（技术条件）	Ni	Mo	N	Cu	Co	B
X2CrNi19.10（RCC-M M3402）（2007 版）	9.00～10.00	—	≤0.080	≤1.00	≤0.20（最佳≤0.10）	≤0.0018
Z3CN20.09M（RCC-M M3402）（2000 版＋2002 补遗）	8.00～11.00	—	—	≤1.00	—	—

表 13-5　　RCC-M(2000 版＋2002 补遗)和 RCC-M（2007 版）中 16MDN5 力学性能对比

性能指标	拉　　伸					KV 冲击
	$R_{p0.2}$（MPa）	R_m（MPa）	A_{5d}（%）	$R^t_{p0.2}$（MPa）	R_m（MPa）	最小平均值（J）
温度（℃）	室温			350		室温
X2CrNi19.10（RCC-M M3402）（2007 版）	210	510	35	125	368	100
Z3CN20.09M（RCC-M M3402）（2000 版＋2002 补遗）	210	480	35	120	320	80

13.1.6　二回路汽水管道

EPR 在设计时已经考虑到二回路管道的流动加速腐蚀（Flow-Accelerated Corrosion，

FAC）问题，因此在敏感管道及部件上，采用高铬含量的材料。

　　主给水管道的功能是将来自主给水泵的主给水通过高压加热器后送入蒸汽发生器。EPR 设计中，4 台主给水泵出口有一个 DN1000 的联箱，两列高压加热器出口也有一个 DN1000 的联箱，在主给水管道材料选取上，ALSTOM 推荐分段选取，即 APA 泵出口处到高加进口处的管道使用 ASTM A335 P91，从高加出口处到与核岛接口处使用 ASTM A335 P11。P91 与 P11 的化学成分和力学性能对比见表 13-6 和表 13-7。

表 13-6　　　　　　　　　P11 与 P91 化学成分对比 W_t　　　　　　　　　（%）

材料（技术条件）	C	Mn	Si	P	S
P11（ASTM A335-2011）	0.05～0.15	0.30～0.60	0.50～1.00	≤0.025	≤0.025
P91（ASTM A335-2011）	0.08～0.12	0.30～0.60	0.20～0.50	≤0.020	≤0.010

材料（技术条件）	Cr	Mo	其他
P11（ASTM A335-2011）	1.00～1.50	0.44～0.65	—
P91（ASTM A335-2011）	8.00～9.50	0.85～1.05	V0.18～0.25 N0.030～0.070 Ni≤0.40 Al≤0.02 Cb0.06～0.10 Ti≤0.01 Zr：≤0.01

表 13-7　　　　　　　　　P91 与 P11 室温力学性能对比

材料（技术条件）	屈服强度（MPa）	抗拉强度（MPa）	纵向断后伸长率（%）	横向断后伸长率（%）
P11（ASTM A335-2011）	≥205	≥415	≥22	≥14
P91（ASTM A335-2011）	≥415	≥585	≥20	≥13

　　由表 13-6 对比可知，P11 及 P91 的铬含量均有下限 1% 及 8% 的技术要求，均满足耐 FAC 的性能要求。

　　主蒸汽管道的作用是将来自蒸汽发生器的主蒸汽送入汽轮机和汽水分离再热器，设计压力为 99bar，设计温度为 311℃。目前在建 CPR1000 项目以及广东大亚湾岭澳二期核电厂，使用的材料是 WB36CN1（对应近似牌号为 GB/T 24512.2 中 HD15Ni1MnMoNbCu），正在我国浙江三门和山东海阳在建的另外一种三代核电技术 AP1000，由美国西屋公司负责总体设计，西屋公司针对主蒸汽管道推荐采用的材料为 ASTM A106B 碳钢管道。两种材料的化学成分和力学性能对比见表 13-8 和表 13-9。从表 13-8 可以看出，WB36CN1 有对铬下限含量 0.2% 要求，而 A106B 材料没有该方面的规定，从这一点上 WB36CN1 在设计上满足 EPR 机组管道耐 FAC 的性能要求。从表 13-9 可以看出，WB36CN1 比 A106B 强度要高很多。

表 13-8　　　　　　WB36CN1 及 A106B 材料化学成分比较 W_t　　　　　　（%）

材料（技术条件）	C	Mn	Si	Cr	P	S
WB36CN1（企标）	0.1～0.17	0.8～1.2	0.25～0.5	0.2～0.3	≤0.016	≤0.005
HD15Ni1MnMoNbCu（GB/T 24512.2-2009）（熔炼成分）	0.10～0.17	0.80～1.20	0.25～0.50	0.15～0.30	≤0.025	≤0.015
A106B（ASTM A106-2013）	≤0.3	0.29～1.06	0.10	≤0.40	≤0.035	≤0.035

材料（技术条件）	Al	Nb	Mo	Cu	Ni	N	V
WB36CN1（企标）	≤0.05	0.015～0.025	0.25～0.4	0.5～0.8	1.0～1.3	≤0.02	—
HD15Ni1MnMoNbCu（GB/T 24512.2-2009）（熔炼成分）	≤0.050	0.015～0.025	0.25～0.40	0.5～0.8	1.00～1.30	≤0.020	≤0.02
A106B（ASTM A106-2013）	—	—	≤0.15	≤0.4	≤0.4	—	≤0.08

表 13-9　　　　　　WB36CN1 及 A106B 材料室温力学性能对比

材料（技术条件）	屈服强度（MPa）	抗拉强度（MPa）	纵向断后伸长率（%）	横向断后伸长率（%）
WB36CN1（企标）	≥440	610～760	≥19	≥17
HD15Ni1MnMoNbCu（GB/T 24512.2）	≥440	620～780	≥19	≥17
A106B（ASTM A106-2013）	≥240	≥415	≥22	≥12

WB36CN1 钢是德国曼内斯曼公司企业标准中的一个钢种，是在碳锰钢基础上添加 Ni2Cu2Mo 合金发展起来的。特点是强度高，使用温度为 400℃，也可用作管壁温度达 500℃的高温管道，目前国内核电厂主要使用的是 WB36CN1 进口管材，已在成都无缝钢管厂及武汉重工锻造公司实现了国产化 WB36CN1 钢管，并已供应岭澳二期核电厂使用。A106B 碳钢，多用于国内 600MW 及以下亚临界机组高压给水管，有超过 15 年的使用历史和业绩，国内外未见相关质量问题的报道，国内厂家可以大量生产。从表 13-9 可以看出，A106B 材料的强度比 WB36CN1 小一半左右，但制造成本相对较低。从设计的角度，在相同介质参数下，选用 WB36CN1，可以节省三分之一的壁厚，但由于其合金元素种类多，制造成本较 A106B 高。基于以上因素的综合考虑，目前 EPR 机组主汽管道选用了性价比较高的 A106B 材料。

第 2 节　AP1000 机组主要用材

AP1000 是美国西屋公司开发的二环路压水型反应堆，通过采用非能动安全设施以及简化的电厂设计，从而使核电厂具有良好的安全性与经济性的第三代核电技术。表 13-10 为用于 AP1000 机组反应堆冷却剂压力边界的核安全 1 级部件和反应堆冷却剂管道承压部件的材料技术条件。对于反应堆压力容器部件、蒸汽发生器部件、反应堆冷却剂泵、稳压器、堆芯补水箱和非能动余热排出热交换器的材料技术要求，表 13-10 分别注明了级别、等级或类型。

表 13-10 中的材料遵循 ASME 规范规定，奥氏体不锈钢铸件中的铁素体含量不超过 20FN（FN 为铁素体数的测量单位）。用于反应堆冷却剂压力边界铁素体基体材料的焊接材

料必须符合或等效于 ASME 规范第 II 卷材料技术要求 SFA5.5、SFA5.23 和 SFA5.28 的要求，并通过 ASME 规范第 III 卷所要求的评定。用于反应堆冷却剂压力边界奥氏体不锈钢材料的焊接材料必须符合 ASME 第 II 卷 SFA5.4 和 SFA5.9 的材料技术要求，并通过 ASME 规范第 III 卷所要求的评定。用于连接类似于铁素体基体材料和奥氏体材料的异材焊缝的镍铬铁合金焊接材料必须符合 ASME 第 II 卷 SFA5.11 和 SFA5.14 的材料技术要求，并通过 ASME 规范第 III 卷所要求的评定。

表 13-10　　　　　　　　　反应堆冷却剂压力边界材料技术条件

部件	材　料	基本（CL）、等级（GR）或类型（TP）
反应堆压力容器部件		
顶板（除堆芯部分）	SA533 或 SA508	TP B CL 1 或 GR 3 CL 1
筒体、法兰和接管锻件	SA508	GR 3 CL 1
核管安全端	SA182	F316、F316L、F316LN
控制棒驱动机构部件	SB167	N06690
	SB166	N06690
	或 SA182	或 F304、F304L、F304LN、F316、F316L、F316LN
仪表管部件，上封头	SB167	N06690
	SB166	N06690
	和 SA182	和 F304、F304L、F304LN，F316、F316L、F316LN
	或 SA479	或 304、304L、304LN，316、316L、316LN
顶盖螺栓	SA~540	GR B23 CL 3 或 GR B24 CL 3
堆焊层和焊缝	SFA5.4	308L
	SFA5.9	309L
	SFA5.11 和 SFA5.14	ENiCrFe7 和 ERNieCrFe7
辐照监督管座	InconelX750，外表层为 Inconel600 并镀银	—
蒸汽发生器部件		
承压板材	SA533	TP B CL 1 或 CL 2
承压锻件（包括接管和管板）	SA508	CL 1A 或 CL 3，CL 2
接管安全端	SA182	F316、F316L、F316LN
	SA336	F316L
	或 SB564	或 N06690
封头	SA508	GR 3，CL 2
管	SB163	N06690
人孔螺栓/螺母	SA193	GR B7
	SA194	GR 7
稳压器部件		
承压板材	SA533	TP B CL 1 或 CL 2
承压锻件	SA508	GR 3，CL 2
接管安全端	SA182	F316、F316L、F316LN
	SA336	F316L
	或 SB564	或 N06690

部件	材　料	基本（CL）、等级（GR）或类型（TP）
人孔螺栓/螺母	SA193	GR B7
	SA194	GR 7
反应堆冷却剂泵		
承压锻件	SA182 SA508 或 SA336	F304、F304L、F304LN F316、F316L、F316LN GR 1 F304、F304L、F304LN，F316、F316L、F316LN
承压铸件	SA351	CF3A 或 CF8A
管	SA213 SA376 或 SA312	TP304、TP304L、TP304LN、TP316、TP316L、TP316LN TP304、TP304LN、TP316L、TP316LN
承压板材	SA240	304、304L、304LN，316、316L、316LN
封头螺栓	SA193 SA540	GR B7 或 GR B24，CL 2 和 CL 4，或 GR B23，CL 2、CL 3 和 CL 4
反应堆冷却剂管道		
反应堆冷却剂管道	SA376 SA182	TP304、TP304LN，TP316、TP316LN，F304、F304L、 F304LN，F316、F316L、F316LN
反应堆冷却剂配件、接管	SA376 SA182	TP304、TP304LN，TP316、TP316LN F304、F304L、F304LN、F316、F316L、F316LN
波动管	SA376 或 SA312	TP304、TP304LN、TP316、TP316LN F304、F304L、F304LN、F316、F316L、F316LN
控制棒驱动机构		
耐压壳	SA336	F304、F304L、F304LN、F316、F316L、F316LN
控制棒行程套管	SA336	F304、F304L、F304LN、F316、F316L、F316LN
堆芯补水箱		
承压板材	SA533 或 SA210	Type B，Cl 1 或 304、304L、304LN，316、316L、316LN
承压锻件	SA508 或 SA182 SA336	GR 3 CL 1 或 F304、F304L、F316、F316L F304、F304L、F316、F316L
非能动余热排出交换器		
承压板材	SA533 或 SA240	Type B，Cl 1 或 304、304L、304LN，
承压锻件	SA508 或 SA336	GR 3 CL 2 或 F304、F304L、F304LN
阀		
阀体	SA182 或 SA351	F304、F304L、F304LN，F316、F316L、F316LN 或 CF3A、CF3M、CF8
阀盖	SA182 SA240 或 SA351	F304、F304L、F304LN，F316、F316L、F316LN 304、304L、304LN，316、316L、316LN 或 CF3A、CF3M、CF8

部件	材　料	基本（CL）、等级（GR）或类型（TP）
阀盘	SA182 SA561 或 SA351	F304、F304L、F304LN， F316、F316L、F316LN TP630（H1100 或 H1150） 或 CF3A、CF3M、CF8
阀杆	SA479 SA564 或 SB637	316、316LN 或 XM～19 Type 630（H1100 或 H1150） Alloy N07718
承压螺栓	SA453 SA564 SA193	GR 660 Type 630（H1100） GR B8
承压螺母	SA453 或 SA194	GR 660 或 GR 6 或 8

第 3 节　高温气冷堆主要用材

　　高温气冷堆是用化学惰性和热工性能良好的氦气作为冷却剂，石墨作为反射层、慢化剂和堆芯结构材料，采用包覆燃料颗粒弥散在机体中的全陶瓷型燃料元件的一种反应堆，高温气冷堆结构示意图如图 13-1 所示。以下以清华大学设计的 10MW 高温气冷堆（HTR-10）为例，对反应堆压力容器、堆内构件、蒸汽发生器的材料进行介绍。此外，也对高温气冷堆氦气轮机的候选材料进行了分析。

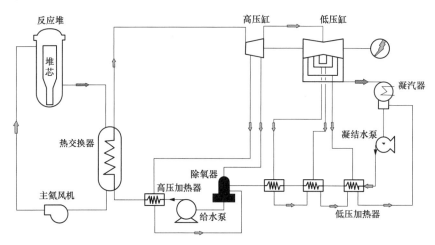

图 13-1　高温气冷堆结构示意图

13.3.1　反应堆压力容器

　　HTR-10 反应堆压力容器按照 ASME 规范一级设备进行设计、制造、检验和试验。由于 HTR-10 反应堆压力容器的快中子辐照水平较低，寿期末（HTR-10 堆寿期为 20 年）中

子注量低于 $1 \times 10^{17} (cm^2)$ （$E > 1MeV$），辐照损伤量较小，故 HTR-10 反应堆压力容器的材料选用早期核反应堆压力容器的材料，而没有选用当前所广泛采用的 Mn-Mo-Ni 系列材料。

HTR-10 反应堆压力容器上封头、圆筒形筒体、下封头、支承底座和耳架选用 ASME SA516 Gr. 70 钢板；筒体法兰、顶盖法兰、热气导管穿管等采用 15MnNi 锻件。作为反应堆压力容器主要用材的 ASME SA516 Gr. 70 钢板，根据 ASME 规范第 III 卷附录要求，其设计应力强度与韧性要求参见表 13-11 与表 13-12。

表 13-11　　　　　　　　　　SA516 Gr. 70 钢板的设计应力强度

温度（℃）	40	100	150	200	250	300	350
设计应力强度（MPa）	161	159	155	150	143	132	127

表 13-12　　　　　　　　　　SA516 Gr. 70 钢板材料韧性要求

温度（0℃）			$RT_{NDT} + 33℃$		上平台
$KV(J)$		$LE(mm)$	$KV(J)$	$LE(mm)$	$KV(J)$
设计要求值	三个试样的平均值不小于 60 三个试样中最小值不小于 54	三个试样中，每个不小于 0.85	三个试样中，每个不小于 68	三个试样中，每个不小于 1.0	不小于 102

注　LE 为侧膨胀值。

反应堆压力容器热电偶贯穿件由贯穿筒体、铠装热电偶组件和焊接保护管组成，为适应堆芯测量要求，选用分度号为 K 型（NiCr-NiAl）铠装热电偶，套管材料为 316L，MgO 绝缘材料，测量端为绝缘型结构。

13.3.2　堆内构件

HTR-10 正常运行时，压力容器设备内一直充满氦气，金属堆内构件设备所承受的温度在 104～321℃ 之间，事故工况下其最高平均壁面温度可达 500℃ 左右，为此堆内构件的主体材质（包括上法兰段、上支撑板、监督材料、出球连接管和热气导管法兰等）选用耐高温的 12Cr2Mo1R 合金钢板材（类似美国钢材 SA387-22-2）和 12Cr2Mo1 合金钢锻件（类似美国钢材 SA336 F22）。

13.3.3　蒸汽发生器

高温气冷堆蒸汽发生器的材料根据早期经验已经基本确定，即预热段采用碳钢，蒸汽发生器壳体采用 SA508 GR. 3 钢，蒸发段和微过热段采用低合金钢（2Cr1Mo)，主蒸汽管板、管箱、过热段采用镍基合金（Incoloy 800）。对于 HTR-10 来说，由于蒸汽温度仅为 440℃（200MW 模块式高温堆蒸汽温度为 530℃），过热段与传热管都采用 2Cr1Mo 材料。在设计和制造过程中遵循了 ASME 规范第 II、III、V、IX、XI 卷，核设备 1989 年规范案例以及 RCC-M 第 V 卷的规定。

13.3.4　氦气轮机

氦气轮机涡轮叶片早期采用镍基铸造超耐热合金和钼基合金。镍基铸造超耐热合金包括合金 713LC、M21 和 MarM004。合金 713LC 是一种铸造镍基沉淀强化合金，通过大量的 γ' 相强化。合金 M21 是一种通过钨的存在使沉淀硬化和固溶硬化联合的低铬镍基合金。由于它在典型的高温气冷堆氦气环境中优良的耐腐蚀性，已选择 M21 用于涡轮叶片。合金 Mar-M004 是根据合金 713LC 研制的，并且由于添加铪而表现出更高的韧性，在氦气环境中表现出与 IN713LC 类似的蠕变性能。钼基合金主要为 MoTZM，其在氦气环境中表现出非常好的抗蠕变强度，真空电弧熔炼的 Mo-TZM 表现出其蠕变断裂强度比 IN 713LC 高 3 倍。目前已考虑将其用作涡轮第一级叶片。

涡轮轮盘使用铸造和锻造的镍基超耐热合金。在过去高温气冷堆项目中，合金 IN706 被看作是用于轮盘的标准材料。合金 IN706 是一种大量加入合金成分的材料，由于在高温下，IN718 比 IN706 表现出更高的力学性能，因此已有相关研究建议把 IN718 作为涡轮轮盘材料。

汽轮机静子的候选材料是 Nimonic90，蜗壳的候选材料是 Nimonic105，推荐的汽轮机轴系的候选材料是 Jnco 901 和 Nimonic 80A。

第 4 节　华龙一号主要用材

华龙一号是由中国两大核电企业中国核工业集团公司（简称中核或 CNNC）和中国广核集团（简称中广核或 CGN）在我国 30 余年核电科研、设计、制造、建设和运行经验的基础上，根据福岛核事故经验反馈以及我国和全球最新安全要求，研发的先进百万千瓦级压水堆核电技术。

作为中国核电"走出去"的主打品牌，在设计创新方面，华龙一号提出"能动和非能动相结合"的安全设计理念，采用 177 个燃料组件的反应堆堆芯、多重冗余的安全系统、单堆布置、双层安全壳，全面平衡贯彻了"纵深防御"的设计原则，设置了完善的严重事故预防和缓解措施，其安全指标和技术性能达到了国际三代核电技术的先进水平，具有完整自主知识产权。

华龙一号实现了先进性和成熟性的统一、安全性和经济性的平衡、能动与非能动的结合，具备国际竞争比较优势，有望短时间内填补中国国内技术空白，具备参与国际竞标条件。

华龙一号关键设备用材主要参考 RCC-M 2007 版和 ASME 锅炉及压力容器规范 2007 版＋2008 补遗等标准。其中用于反应堆冷却剂承压边界符合 RCC-M1 级一回路设备的典型材料规格；用于停堆和安全注射所要求的系统符合 RCC-M1 级和 RCC-M2 级辅助设备的典型材料规格。所使用的蒸汽发生器部件材料符合可适用的 ASME 标准，其他部件材料符合可适用的 RCC-M 的要求。

用于反应堆冷却剂压力边界铁素体基材连接的焊接材料符合 RCC-M S 2000 的要求，按照 RCC-M S 5000 和 S 2000 要求进行焊接材料的评定和验收。

用于反应堆冷却剂压力边界奥氏体不锈钢基材连接的焊接材料符合 RCC-M S 2000 的要求。按照 RCC-M S 5000 和 S 2000 要求进行焊接材料的评定和验收。

用于镍-铬-铁合金与同种基材连接的焊接材料，和与不同的铁素体基材或奥氏体基材连接的焊接材料符合 RCC-M S 2000 的要求。这些材料按照 RCC-M S 5000 和 S 2000 要求进行焊接材料的评定和验收。具体材料规格见表 13-13。

表 13-13　　　　　　　　　　　反应堆冷却剂压力边界材料技术条件

部　件	材　料	技　术　规　范
反应堆压力容器部件		
上下封头（锻件）	16MND5	RCC-M M 2131
下封头过渡段（锻件）	16MND5	RCC-M M 2113
堆芯筒体（锻件）	16MND5	RCC-M M 2111 或 M 2111 bis
法兰-接管段筒体（锻件）	16MND5	RCC-M M 2113＋M 2112 或 M 2111 bis
进、出口接管（锻件）	16MND5	RCC-M M 2114
顶盖法兰（锻件）	16MND5	RCC-M M 2113
RHP 支承（锻件）	18MND5	RCC-M M 2119
排气管安全端和检漏管贯穿件	Inconel X750，外表层为 Inconel 600 并镀银	RCC-M M 3304
检漏管安全端	—	RCC-M M 3301 或 3306
排气管贯穿件	NC 30 Fe	RCC-M M 4109
径向支承块	—	RCC-M M 4102
密封件：螺栓	40 NCDV07.03	RCC-M M 2311＋M 5140
密封件：螺母	40 NCDV07.03	RCC-M M 2312＋M 5140
密封件：垫圈	40 NCDV07.03	RCC-M M 2312
接管安全端	—	RCC-M M 3301
堆焊层	308L＋309L	过渡层 RCC-M S 2970；表面层 RCC-M S 2960
蒸汽发生器部件		
二次侧承压壳体（锻件）	SA 508	ASME SA-508 Gr. 3Cl. 2
上封头（锻件）	SA 508	ASME SA-508 Gr. 3Cl. 2
一次侧管嘴（锻件）	SA 508	ASME SA-508 Gr. 3Cl. 2
管板（锻件）	SA 508	ASME SA-508 Gr. 3Cl. 2
水室封头（锻件）	SA 508	ASME SA-508 Gr. 3Cl. 2
水室隔板	SB 168	ASME SB-168 UNS N06690
传热管	Inconel 690 合金	ASME SB-163 UNS N06690
传热管支承板	SA 240	ASME SA-240 Type 410S
稳压器部件		
承压壳体（锻件）	18MND5	RCC-M M 2133
上下封头（锻件）	18MND5	RCC-M M 2143
接管（锻件）	18MND5	RCC-M M 2119
测量接管和电加热元件套管（锻件）	—	RCC-M M 3301 或 M 3306

续表

部　件	材　　料	技　术　规　范
接管安全端（锻件）	—	RCC-M M 3301
螺栓	—	RCC-M M 5110＋M 5140
螺母	—	RCC-M M 5120＋M 5140
堆焊层	—	第一堆焊层 RCC-M S 2970，其他堆焊层 RCC-M S 2960
反应堆冷却剂泵		
泵壳（铸件）	Z3CN20-09M	RCC-M M 3401
承压锻件	SA 508M Grade 3 Class 1 ＋ E308L，E309L＋M3301 Z2 CDN 18-12（控氮）	RCC-M M 3301/M 2117
泵轴	1.4313 X5CrNi134 或 Z6CNNb18-11	RCC-M M 3309
叶轮	1.4313 X5CrNi134 或 Z3CN20-09M	RCC-M M3405
飞轮	26NiCrMoV145 或 20NCD14-7	RCC-M M2321
反应堆冷却剂管道		
反应堆冷却剂环路管道（锻件）	X2 CrNi 19.10 控氮	RCC-M M 3321
反应堆冷却剂配件、接管	X2 CrNi 19.10 控氮 X2 CrNiMo 18.12 控氮	RCC-M M 3321，RCC-M M 3301/M3321
波动管	X2 CrNiMo 18.12 控氮	RCC-M M 3321
堆内构件		
堆芯吊篮法兰	Z2 CN19-10 NS	RCC-M M3301
堆芯吊篮下部、中部和上部筒体	Z2 CN19-10 NS	RCC-M M3301 或 M3310
下支承板	Z3 CN18-10NS	RCC-M M3302
下部燃料销	Z2 CND 17-12 冷加工	RCC-M M3308
堆芯围筒	Z2 CN19-10 NS	RCC-M M3310
连接螺栓	Z2 CN19-10 NS	RCC-M M3308
定位销	Z2 CN19-10 NS	RCC-M M3308
流量分配组件	Z2 CN19-10 NS	RCC-M M3301
流量分配组件连接螺栓 M24	Z2 CND 17-12 或 Z6CND17-12	RCC-M M3308 和 M5140
流量喷嘴	Z2 CN19-10 NS	RCC-M M3306
四位一体定位键	Z2 CN19-10 NS	RCC-M M3301
辐照样品监督管支架	Z2 CN19-10 NS	RCC-M M3307 或 M3310
径向支承键嵌入件	NC 30 Fe	RCC-M M4102
径向支承键嵌入件螺栓和嵌入销	NC 15Fe TNb A	RCC-M M4104
键槽嵌入件	Z2 CN19-10 NS	RCC-M M3301 或 M3310
键槽嵌入键连接螺栓	Z2 CN17-12 或 Z6 CN17-12	RCC-M M3308 或 M5140

续表

部　件	材　料	技　术　规　范
键槽嵌入键连接销	Z2 CN17-12	RCC-M M3308
上支承板（USP）	Z3 CN18-10 NS	RCC-M M3302
上支承板法兰及裙座	Z2 CN19-10 NS	RCC-M M3301 或 M3310
堆芯上板（UCP）	Z2 CN19-10 NS	RCC-M M3301 或 M3310
上部燃料组件定位销	Z2 CND 17-12 冷加工	RCC-M M3308
上支承柱法兰	Z2 CN19-10 NS	RCC-M M3301 或 M3310
上支承柱柱体	Z2 CN19-10 NS	RCC-M M3304
上部和下部起吊旋入件	NC 15 Fe TNb A	RCC-M M4102 或 M4104
顶盖	Z2 CN19-10 NS 或 Z2 CN18.10 或 Z2 CND18.12NS 或 Z2 CND17.12	RCC-M M3307
上法兰	Z2 CN19-10 NS 或 Z2 CN18.10 或 Z2 CND18.12NS 或 Z2 CND17.12	RCC-M M3307
上部导向格板	Z2 CN19-10 NS 或 Z2 CN18.10 或 Z2 CND18.12NS 或 Z2 CND17.12	RCC-M M3307
下法兰	Z2 CN19-10 NS 或 Z2 CN18.10 或 Z2 CND18.12NS 或 Z2 CND17.12	RCC-M M3307
中法兰	Z2 CN19-10 NS 或 Z2 CN18.10 或 Z2 CND18.12NS 或 Z2 CND17.12	RCC-M M3307
中部导向格板	Z2 CN19-10 NS 或 Z2 CN18.10 或 Z2 CND18.12NS 或 Z2 CND17.12	RCC-M M3307
特殊导向格板	Z2 CN19-10 NS 或 Z2 CN18.10 或 Z2 CND18.12NS 或 Z2 CND17.12	RCC-M M3307
下部导向格板	Z2 CN19-10 NS 或 Z2 CN18.10 或 Z2 CND18.12NS 或 Z2 CND17.12	RCC-M M3307
定位销	Z2 CN19-10 NS 或 Z2 CN18.10 或 Z2 CND18.12NS 或 Z2 CND17.12	RCC-M M3306
防转杆	Z2 CN19-10 NS 或 Z2 CN18.10 或 Z2 CND18.12NS 或 Z2 CND17.12	RCC-M M3306
暗销	Z2 CN19-10 NS 或 Z2 CN18.10 或 Z2 CND18.12NS 或 Z2 CND17.12	RCC-M M3306
上部导向筒	Z2 CN19-10 NS 或 Z2 CN18.10 或 Z2 CND18.12NS 或 Z2 CND17.12	RCC-M M3304
C 形筒	Z2 CN19-10 NS 或 Z2 CN18.10 或 Z2 CND18.12NS 或 Z2 CND17.12	RCC-M M3304
45°和 90°双孔管	Z2 CN19-10 NS 或 Z2 CN18.10 或 Z2 CND18.12NS 或 Z2 CND17.12	RCC-M M3307 或 M3306
半方管	Z2 CN19-10 NS 或 Z2 CN18.10 或 Z2 CND18.12NS 或 Z2 CND17.12	RCC-M M3307
紧锁帽	Z2 CN19-10 NS 或 Z2 CN18.10 或 Z2 CND18.12NS 或 Z2 CND17.12	RCC-M M3306

部　　件	材　　料	技　术　规　范
1/2″螺栓	Z2 CND17.12 或 Z2CND 18.12 或 Z6 CND 17.12	RCC-M M5140 和 M3308
压紧弹簧	Z12C13	RCC-M M3205
阀		
阀体	—	RCC-M M1122/M 3301/M 3306 RCC-M M1112/M3402
阀盖	—	RCC-M M1122/M 3301/M3306 RCC-M M3402/M1112
阀瓣	—	RCC-M M 3301 RCC-M M 3402
承压螺栓	—	RCC-M M 5110 RCC-M M 5140
承压螺母	—	RCC-M M 5120 RCC-M M 5140

13.4.1　反应堆压力容器

华龙一号反应堆压力容器材料规范与 RCC-M 规范要求一致，可参见表 13-14。对反应堆压力容器堆芯区的铁素体材料，铜、磷、硫、镍、钒的最大限值限制如下表，以减少在役期间对辐照脆性的敏感性。

表 13-14　　　　　　　反应堆压力容器对辐照脆化敏感元素的限制

元　　素	母材（％）	焊缝金属（％）
Cu	0.05	0.05
P	0.008	0.010
S	0.005	0.005
Ni	0.8	0.8
V	0.01	0.01

反应堆压力容器使用的主要焊接材料牌号及遵循的标准如下：

低合金钢焊丝：EF2，AWS A5.23；

低合金钢焊条：E8018，AWS A5.5；

不锈钢焊带：过渡层：309L（SA23.12L），NFA35-583；

　　　　　　　表面层：308L（SA19.9L），NFA35-583；

不锈钢焊丝（埋弧焊）：过渡层：309L（SA23.12L），AWS A5.9 和 NFA81-318；

　　　　　　　　　　　表面层：308L（SA19.9L），AWS A5.9 和 NFA81-318；

不锈钢焊丝（TIG 焊）：过渡层：ER309L，AWS A5.9；

　　　　　　　　　　表面层：ER308L（Z3CN 20-10），AWS A5.9 和 NFA35-583；

不锈钢焊条：过渡层：E309L（Z23-12L），AWS A5.4 和 NFA81343；

　　　　　　表面层：E308L（Z19-9L），AWS A5.4 和 NFA81343；

镍基合金焊丝：ER Ni-Cr-Fe 7，UNS N06052，AWS A5.14；

镍基合金焊条：ER Ni-Cr-Fe 7，UNS W86 152，AWS A5.11。

13.4.2　蒸汽发生器

华龙一号蒸汽发生器所采用的压力边界和安全相关材料的选择和制造，均应符合 ASME 第卷Ⅲ卷第 1 册 NB 篇和 10 CFR50 附录 B 的要求，并按照 NCA 3800 篇的要求进行鉴定。非压力边界材料和非安全相关材料的选择和制造，应符合 ASME 第Ⅱ卷、ASTM、ANSI 标准和其他等效可用商业标准的要求。

蒸汽发生器传热管材料选用因科镍 690 合金（SB-163 UNS N06690），该材料在国内外核电厂中广泛使用。下封头水室隔板材料为因科镍 690 合金（SB-168 UNS N06690），一次侧冷却剂接管安全端材料选用 Z2 CND18.12（控氮），满足 RCC-M 规范 M3301 的要求，并与一次侧主管道的材料 X2CrNi19.10（RCC-M M3321）匹配。与反应堆冷却剂接触的下封头、进出口接管和一次侧人孔的内表面堆焊 308L/309L 不锈钢。管板一次侧堆焊因科镍 690 合金，传热管与管板堆焊层采用密封焊，并且在管板孔全深度范围进行液压胀管，在液压胀管之前对每根传热管密封焊缝进行氦气检漏试验。

13.4.3　主泵

华龙一号主泵主要零部件材料牌号和要求见表 13-13，主泵中所有接触反应堆冷却剂的零件，除了密封件、轴承和特殊零部件外，其他都是不锈钢进行制造。泵壳可采用全不锈钢铸造泵壳，或可采用锻造泵壳＋内部堆焊不锈钢＋进出口安全端。叶轮固定在泵轴的下端，应可承受高温。当温度不同时，叶轮的位置应与泵轴下端同心，导叶应通过螺纹连接固定值密封腔室上。泵壳应能承受一回路的各种运行工况并保证完整性。

13.4.4　主管道

华龙一号主管道由奥氏体不锈钢锻造而成。主管道母材的选取综合考虑了重要反馈和制造技术水平的改进，满足反应堆冷却剂系统制造的技术准则，需考虑下列各项要求。

（1）良好的力学性能，带有足够大的余量（按照设计要求）；

（2）高韧性；

（3）耐腐蚀性；

（4）易加工和良好的焊接性；

（5）利于制造和在役检查；

（6）尽量少的焊缝数量；

（7）长期运行以后便于更换（在 60 年寿期内如果需要）。

基于此，用于制造主管道（含波动管）的材料应选择冲蚀腐蚀尽可能小，确保适合工作环境。热段、冷段和过渡段选用的材料为奥氏体不锈钢材料，都选用同一牌号的钢：控氮 X2CrNi19.10，执行 RCC-M M3321。波动管的材料选用：控氮 X2CrNiMo18.12，执行 RCC-M M3321。焊接的辅助管道接管嘴选用：控氮 Z2CN19-10，执行 RCC-M M3301。部件通过锻造而成，其锻造比约为 3，这样能够获得好的晶粒度和均匀的力学性能。部件以热处理状态交货，以消除其在役期间发生晶间腐蚀的风险。

13.4.5　稳压器

华龙一号稳压器主要部件材料采购技术规范见表 13-13，稳压器是一个立式圆筒形容器，带有上下两个球形封头。容器主体材料选用合金钢，在所有与反应堆冷却剂直接接触的内表面上堆焊奥氏体不锈钢，主要接管的安全端采用奥氏体不锈钢锻件，测量接管和电加热器套管采用奥氏体不锈钢锻棒。

常用物理量符号及英文缩写

符号	名词术语及名称	符号	名词术语及名称
A	断后伸长率（%），旧称用 δ 表示	A_1	平衡状态下奥氏体、铁素体和渗碳体共存的温度（℃）
A_3	亚共析钢在平衡状态下奥氏体和铁素体共存的温度（℃）	A_{c1}	钢加热，开始形成奥氏体的温度（℃）
A_{c3}	亚共析钢加热时，所有铁素体均转变为奥氏体的温度（℃）	A_{ccm}	过共析钢加热时，所有渗碳体和碳化物完全溶入奥氏体的温度（℃）
A_{r1}	钢高温奥氏体化后冷却时，奥氏体分解为铁素体和珠光体的温度（℃）	A_{r3}	亚共析钢高温奥氏体化后冷却时，铁素体开始析出的温度（℃）
A_{rcm}	过共析钢高温奥氏体化后冷却时，渗碳或碳化物开始析出的温度（℃）	A_{KV}	试样缺口为 V 形的冲击韧性（J/cm²）
c	比热容[J/(kg·K)]	A_{KU}	试样缺口为 U 形的冲击韧性（J/cm²）
E	弹性模量（MPa）	B	磁感应强度（T）
G	切变模量（MPa）	d_0	试样直径（mm）
H_0	矫顽力（A/m）	F	载荷（N）
J	J 积分（N/mm）	H	磁场强度（A/m）
J_{Ic}	延性断裂韧度（N/mm）	I	电流强度（A）
J_R	材料的裂纹扩展阻力曲线	K_{Ic}	平面应变断裂韧性（N/mm³/²）
KU	试样缺口为 U 形的冲击吸收功（J）	KV	试样缺口为 V 形的冲击吸收功（J）
L_0	试样标距长度（mm）	M	扭矩（N·mm）
m	质量（t）	P	铁损（W/kg）
pH	溶液的酸碱度	R	导体电阻（Ω）
Ra	再活化率，即最大再活化电流与最大阳极极化电流之比，用于定量评价奥氏体不锈钢的晶间腐蚀倾向	R_e	屈服强度（MPa）
RE	稀土元素	$R_{p0.2}$	条件屈服强度（MPa），旧称用 $\sigma_{0.2}$ 表示
R_m	抗拉强度（MPa），旧称用 σ_b 表示	R_{eH}	上屈服强度（MPa）
R_{eL}	下屈服强度（MPa）	S_u	某温度下的抗拉强度（MPa）
R_y	某温度下的屈服强度（MPa）	S_m	许用应力（MPa）
S_0	试样原横截面积（mm²）	Z	断面收缩率（%），旧称用 Ψ 表示
S_a	疲劳试验过程中施加给试样的应力	W_P	磷元素的含量（%）
V	物体的体积（m³）	W_t	元素的含量（%）
W_C	碳元素的含量（%）	ε	应变（%）
W_S	硫元素的含量（%）	Φ	扭转角（°）
σ	应力（MPa）	σ_{bc}	抗压强度（MPa）
Δl	绝对伸长量（mm）	σ_{-1}	光滑试样对称循环下的弯曲疲劳极限（MPa）
ν	泊松比	δ	持久塑性（%）
σ_{bb}	抗弯强度（MPa）	τ	剪切强度（MPa）
σ_τ^t	持久强度（MPa）	t_R	熔点（℃）
τ_b	抗扭强度（MPa）	α	线膨胀系数（1/K 或 1/℃）
$\tau_{0.3}$	条件切应力（MPa）	q	热流量密度（W/m²）
ε_k	稳态蠕变速率（%/h）		
α	热扩散率（m²/s）		
λ	热导率[W/(m·K)]		

符号	名词术语及名称	符号	名词术语及名称
μ	磁导率（H/m）	γ	电导率（S/m）
ρ	电阻率（$\Omega \cdot$ m）	ρ	密度（kg/m^3 或 t/m^3）
da/dN	疲劳裂纹扩展速率（mm/周）	ΔK_{th}	疲劳裂纹扩展门槛值（$N/mm^{3/2}$）
COD	裂纹张开位移（mm）	FTP	塑性破坏转变温度（℃）
FTE	弹性破坏转变温度（℃）	$FATT$	断口形貌转变温度（℃）
A	奥氏体	B	贝氏体
F	铁素体	M	马氏体
M_s	马氏体转变开始温度（℃）	M_f	马氏体转变终了温度（℃）
P	珠光体	S	索氏体
T	屈氏体	Ld	莱氏体
HB	布氏硬度	HBS	以钢球为压头的布氏硬度
HBW	以硬质合金球为压头的布氏硬度	HR	洛氏硬度
HRA	洛氏 A 标度硬度	HRB	洛氏 B 标度硬度
HRC	洛氏 C 标度硬度	HV	维氏硬度
HS	肖氏硬度	ID	内径
OD	外径	Th	壁厚
DT	尺寸检查	ET	涡流检查
MT	磁粉检查	PT	渗透检查
RT	射线检查	UT	超声波检查
VT	目视检查	FN	铁素体数的测量单位
ACI	美国合金铸造学会	AISI	美国钢铁学会
ANSI	美国国家标准学会	AOD	氩氧精炼
AP1000	百万瓦级先进压水堆	ASME	美国机械工程师协会
ASTM	美国材料与试验协会	AWS	美国焊接学会
BWR	沸水反应堆	CANDU	坎杜堆
CASS	铸造奥氏体不锈钢	CCT	过冷奥氏体连续冷却转变曲线
CNG	中国广核集团	CNNC	中国核工业集团公司
CRDM	控制棒驱动机构	CPR1000	万千瓦级改进型百压水堆
EDF	法国电力公司	EOMR	制造完工报告
EPR	欧洲压水堆	EPRI	美国电力研究协会
FAC	流动加速腐蚀	HTMP	性能热处理
HWR	重水反应堆	IGSCC	晶间应力腐蚀开裂
LF	钢包精炼	LWR	轻水反应堆
MAG	熔化极活性气体保护电弧焊	MIG	惰性气体保护焊
MSR	汽水分离再热器	NDT	无塑性转变温度
NISA	日本核能与工业安全机构	NRC	核管会
RCC-M	压水堆核岛机械设备设计和建造规则-M 篇	PWR	压水反应堆
SAE	美国汽车工程师协会	SCC	应力腐蚀开裂
SEM	扫描电镜	SHTMP	模拟性能热处理
SSRHT	模拟消除应力热处理	TEM	透射电镜
TEP	热电势	TIG	钨极气体保护电弧焊
TTS	不锈钢热处理温度、时间与其晶间腐蚀感性之间关系的曲线图	TTT	过冷奥氏体等温转变曲线，亦称"C"曲线
UNS	金属与合金牌号统一数字体系的简称	VOD	真空吹氧脱碳

参 考 文 献

［1］林诚铬. 非能动安全先进压水堆核电技术［M］. 北京：原子能出版社，2010.

［2］刘俊杰，张征明，何树延，等. 10MW 高温气冷堆反应堆压力容器的出厂水压试验［J］. 核动力工程，2001，22（2）：160-164.

［3］ASME 锅炉及压力容器规范第 III 卷　NB 分卷　一级设备［S］，2007.

［4］查美生，仲朔平，陈仁锔. 10MW 高温气冷实验堆反应堆压力容器热电偶贯穿件［J］. 核动力工程. 2001，22（1）：30-35.

［5］王毅，韩建成，李巨峰. 高温气冷堆核电站示范工程金属堆内构件设备的国产化实践［J］. 电力建设，2010，31（12）：122-127.

［6］厉日竹，傅激扬，李笑天. HTR-10 蒸汽发生器设计［J］. 高技术通讯，1999（12）：51-54.

［7］吉桂明，王冲. 氦气轮机装置的高温材料［J］. 热能动力工程，2006，（1），5～9.